TUJIE ZHUANGZAIJI GOUZAO
YU CHAIZHUANG WEI XIU

图解
装载机构造与拆装维修

张育益　张　珩　主编

U0228704

化学工业出版社

·北京·

本书以目前国内保有量最大、使用频度较高的典型装载机为主线，首先概要说明了装载机的用途、分类、型号编制、主要性能参数及总体构造；接着运用图解的形式，系统介绍了装载机的动力装置、传动系统、转向系统、制动系统、行走系统、电气系统、工作装置液压系统的结构原理、拆装维修及常见故障诊断与排除；最后结合装载机使用实际，给出了装载机驾驶、作业、安全规定及安全操作注意事项等。

　　本书资料翔实、内容通俗、图文并茂、实用性强，可供装载机管理、操作、维修人员使用，也可供大中专院校工程机械及相关专业的师生参考。

图书在版编目（CIP）数据

图解装载机构造与拆装维修/张育益，张珩主编.
北京：化学工业出版社，2012.5（2019.10重印）
ISBN 978-7-122-14138-5

Ⅰ．图… Ⅱ．①张…②张… Ⅲ．①装载机-构造-图解②装载机-装配（机械）-图解③装载机-维修-图解
Ⅳ．TH243-64

中国版本图书馆 CIP 数据核字（2012）第 082818 号

责任编辑：张兴辉　　　　　　　　　　　文字编辑：陈　喆
责任校对：徐贞珍　　　　　　　　　　　装帧设计：王晓宇

出版发行：化学工业出版社（北京市东城区青年湖南街 13 号　邮政编码 100011）
印　　装：北京盛通数码印刷有限公司
787mm×1092mm　1/16　印张 26½　字数 657 千字　2019 年 10 月北京第 1 版第 7 次印刷

购书咨询：010-64518888　　　　　　　　售后服务：010-64518899
网　　址：http://www.cip.com.cn
凡购买本书，如有缺损质量问题，本社销售中心负责调换。

定　　价：89.00 元　　　　　　　　　　　　　　版权所有　违者必究

《图解装载机构造与拆装维修》
编写人员

主　　编	张育益　张　珩
副 主 编	于战果　孙开元　段秀兵　李国锋　张　扬
参编人员	郝振洁　陈锦耀　王桂强　张晓宏　张小锋
	王开勇　张文斌　匡小平　杨　震　蔺振江
	苏欣平　郭爱东　刘文开　武建平　张晓燕
	张艳玲　李　莉
主　　审	张晓勇

前 言

图解装载机构造与拆装维修

  随着我国经济建设的快速发展,工程机械在国内外市场的需求量逐年增加。装载机是中国工程机械行业最具代表性的产品之一。据统计,目前装载机市场保有量已超过几十万台,从业人员高达十几万。为了适应装载机行业发展的要求,满足广大装载机驾驶和维修技术人员的培训和自学需要,不断提高装载机的使用能力和维修水平,我们将从事30年的专业教学和维修经验,梳理归纳,编著成书,奉献给工程机械的管理者和使用者。

  本书以目前国内保有量最大、使用频度较高的典型装载机为主线,首先说明了装载机的用途、分类、型号编制、主要性能参数及总体构造;接着以图片、表格和文字相结合的方式介绍了装载机的动力装置、传动系统、转向系统、制动系统、行走系统、电气系统、工作装置液压系统的结构原理、拆装维修及常见故障诊断与排除;最后结合装载机使用实际,给出了装载机驾驶、作业、安全规定及安全操作注意事项等。

  本书内容通俗易懂、图文并茂、实用性强,可供装载机管理、操作、维修人员使用,也可供大中专院校工程机械及相关专业的师生参考。

  本书之所以能付梓,要感谢天津柳工机械天津维修站的杨明经理,他为笔者进一步了解、掌握新型装载机的技术性能给予了诸多方便;感谢中国人民解放军96552部队的丁世英高级工程师、张先锋工程师、刘庆云技师,中国人民解放军总装备部工程兵驻郑州地区军代室秦随江高级工程师,天津工程机械研究院节能技术研究所传动技术研究室主任崔国敏工程师等,他们在百忙中不但慷慨提供技术资料,而且提出了许多宝贵的、建设性的意见和建议,这对笔者顺利完成书稿奠定了很好的基础;此外,还参阅了相关参考文献,在此一并表示衷心的感谢。

  由于笔者水平有限,书中难免有不足之处,恳请广大读者批评指正。

编 者

目 录

图解装载机构造与拆装维修

第8章 工作装置液压系统构造与拆装维修

第9章 装载机使用

参考文献

第1章

概述

1.1 装载机作用及工作特征

装载机属于铲土运输机械类，广泛应用于建筑、公路、铁路、水电、港口、矿山、料场及国防等各个行业和部门，用来装卸散状物料，清理场地和短距离搬运物料，也可进行轻度的土方挖掘工作。它的作业对象是各种土壤、沙石料、灰料及其他筑路用散状物料等，主要完成铲装、搬运、卸载、平整散状物料等作业，也可对岩石、硬土进行轻度铲掘作业，如果换装不同作业装置，还可以用来吊装、叉装物体和装卸原木等，完成推土、起重、装卸等工作（图1-1）。

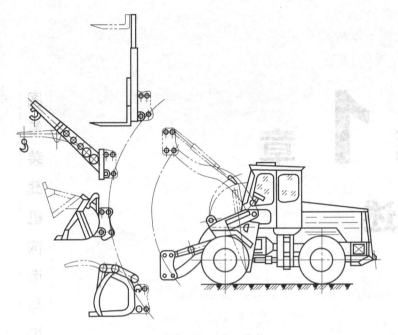

图1-1 装载机的可换工作装置

轮式装载机具有自重轻、行走速度快、机动性好、作业循环时间短、作业效率高和操作轻便等特点。轮式装载机不损伤路面，可以自行转移工地，并能够在较短的运输距离内当运输设备用。所以在工程量不大、作业点不集中、转移较频繁的情况下，轮式装载机的生产率大大高于履带式装载机。因而轮式装载机在国内外得到迅速发展，成为土石方工程施工的主要机种之一，是现代化施工中不可缺少的装备。随着轮式装载机向大型化方向发展，它已开始越来越多地与自卸汽车相配合，用于装卸爆破后的矿石等。

1.2 装载机的类型和型号编制规则

1.2.1 装载机的类型

根据不同的使用要求，装载机发展形成了不同的结构类型。通常装载机可以按以下几方面来分类：按发动机功率可分为小型、中型、大型和特大型四种，按行走方式分为轮胎式和履带式，按机架结构形式的不同可分为整体式和铰接式，按使用场合的不同可分为露天用装载机和地下用装载机等。常用装载机的分类特点及适用范围见表1-1。

表 1-1 装载机分类、特点及适用范围

分类形式	分类	特点及适用范围
发动机功率	小型	功率小于 74kW
	中型	功率 74～147kW
	大型	功率 147～515kW
	特大型	功率大于 515kW
传动形式	机械传动	结构简单,成本低,传动效率高,使用维修方便;传动系统冲击振动大,操纵复杂、费力。仅 0.5m³ 以下的装载机采用
	液力机械传动	传动系统冲击振动小,传动件寿命高,随外载自动调速,操作方便、省力。大中型装载机多采用
	液压传动	无级调速,操作简单,启动性差,液压元件寿命较短。仅小型装载机采用
	电传动	无级调速,工作可靠,维修简单,设备质量大,费用高。大型装载机采用
行走系统结构	轮胎式装载机 ①铰接式车架 ②整体式车架	重量轻,速度快,机动灵活,效率高,不易损坏路面;接地比压大,通过性差,稳定性差,对场地和物料块度有一定要求;转弯半径小,纵向稳定性好,生产率高。不但适用于路面,而且可用于地下物料的装载运输作业 车架是一个整体,转向方式有后轮转向、全轮转向、前轮转向及差速转向。仅小型全液压驱动和大型电动装载机采用
	履带式装载机	接地比压小,通过性好,重心低,稳定性好,附着性能好,比切入力大,速度低,灵活机动性差,制造成本高,行走时易损路面,转移场地需拖运。用在工程量大、作业点集中、路面条件差的场合
装载方式	前卸式	前端铲装卸载,结构简单,工作可靠,视野好。适用于各种作业场地
	回转式	工作装置安装在可回转 90°～360° 的转台上。侧面卸载不需调车,作业效率高;结构复杂,质量大,成本高,侧稳性差。适用于狭小的场地作业
	后卸式	前端装料,后端卸料,作业效率高,但作业安全性差,目前应用不广泛
转向方式	偏转车轮转向	以轮式底盘的车轮作为转向,采用整体式车架。由于其机动灵活性差,除少数小型装载机外,现在一般不采用这种方式
	铰接转向	采用铰接车架,利用前后车架之间的相对偏转进行转向。具有转弯半径小、机动灵活、可以在狭小场地作业等优点,是目前最常见的机型
	滑移转向	一种利用两侧车轮线速度差而实现机械转向的通用底盘,可以原地转向 360°,采用轮式行走机构,全轮驱动,滑移转向。整机外形尺寸小,且可实现原地转向。适用于作业场地狭小、地面起伏不平、作业内容变换频繁的场合
按铲斗额定装载量分	小型<1m³	小巧灵活。配上多种工作装置,可用于市政工程的多种作业
	中型 1～5m³	机动性能好,配有多种作业装置。能适应多种作业要求,可用于一般工程施工和装载作业
	大型 5～10m³	铲斗容量大,主要用于大型土石方工程
	特大型≥10m³	主要用于露天矿山的采矿场,如和挖掘机配合,能完成矿砂、煤等物料的装车作业

1.2.2 装载机型号编制规则

根据部标 JB 1603—1975 规定,国产装载机产品型号含义如下:

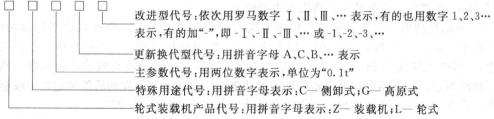

改进型代号:依次用罗马数字 Ⅰ、Ⅱ、Ⅲ、… 表示,有的也用数字 1、2、3…
表示,有的加 "-",即 -Ⅰ、-Ⅱ、-Ⅲ、… 或 -1、-2、-3、…

更新换代型代号:用拼音字母 A、C、B、… 表示

主参数代号:用两位数字表示,单位为 "0.1t"

特殊用途代号:用拼音字母表示:C— 侧卸式;G— 高原式

轮式装载机产品代号:用拼音字母表示:Z— 装载机;L— 轮式

标记示例:
ZL50——额定装载质量为 5t 的第一代轮式装载机;

ZL50Ⅱ——额定装载质量为 5t 的第一代轮式装载机，第二次改进型产品；

ZL50-3——额定装载质量为 5t 的第一代轮式装载机，第三次改进型产品；

ZL50C——额定装载质量为 5t 的第二代产品；

ZLC50C——额定装载质量为 5t 的侧卸式第二代产品；

ZLG50G——额定装载质量为 5t 的高原型改进型产品；

ZLM50E——额定装载质量为 5t 的木材型改进型产品。

装载机行业型号编制自贯彻部标以来，为规范化管理产生了巨大效益，同时也带来许多问题，大家千篇一律，没有个性，不利于市场竞争、不利于品牌建设、不利于打进国际市场。因此，从 20 世纪末到 21 世纪初，国内主要装载机制造企业都制订了具有个性化编号的企业标准，出现了规范化的产品编号。比如：柳工用"CLG"作为本企业所有产品的代号，后面紧跟的数字分别表示产品类别、主参数及序列号，例如：CLG856，"CLG"是中国柳工主机产品的代号，"8"是柳工轮式装载机类型产品代号，"5"表示额定装载质量为 5t 的轮式装载机，后面的"6"为第 6 序列号等。徐工的装载机产品代号用"LW"加上后面的数字表示，"LW"为徐工轮胎式液力机械装载机代号，如果是轮胎式全液压装载机，则用"LQ"表示，后面的数字分别代表主参数、等级、环境参数，再后面的字母表示改进后的产品等。例如 LW560G 表示额定装载质量为 5t 的液力传动的轮式装载机，等级为 6 级（最高级别），"0"表示正常工作环境，"G"表示改进型的产品。龙工及临工都用"LG"加上后面的数字表示，厦工用"XG"加上后面的数字表示等，各有其含义，但都代表本企业个性化的装载机产品，为广大用户选择、购置性能更好、质量更优、服务更好、价格合理的装载机提供了方便条件。

1.3 装载机的主要技术参数及组成

1.3.1 装载机的性能参数

标志装载机性能的主要技术规格有：铲斗斗容量、额定载重量、发动机的功率和转速、整机重量、行驶速度、轮胎规格、整机外形尺寸、最大牵引力、最大掘起力、轴距、轮距、最小离地间隙、最小转弯半径、最大卸载高度、最大卸载距离、动臂升降时间、转斗时间、工作装置动作三项和以及各主要部件的型号、规格等。

① 铲斗斗容量 铲斗斗容量分为几何斗容量和额定斗容量两种。几何斗容量是指铲斗的平装容积，即由铲斗切削刃与挡板（无挡板者为斗后壁）最上边的连线，沿斗宽方向刮平后留在斗中的物料的容积。额定斗容量是指铲斗在平装的基础上，在铲斗四周以 1∶2 的坡度加以堆尖时的物料容量。在产品说明书中，一般未注明时，均指额定斗容量，通常用"m^3"表示。

② 额定载重量 它是指在保证装载机稳定工作的前提下，铲斗的最大承载能力，通常以"kg"为单位。它反映了装载机的生产能力。

③ 发动机功率 它是表明装载机作业能力的一项重要参数，分有效功率与总功率。有效功率是指在 29℃和 9.9×10^5 Pa 压力情况下，在发动机飞轮上实有的功率（亦称飞轮功率）。国产装载机上所标的功率一般是指总功率，即包括发动机有效功率和风扇、燃油泵、润滑油泵、滤清器等辅助设备所消耗的功率。用总功率（即发动机的额定功率或标定功率）乘以 0.9~0.95 的系数，可求得有效功率的值，单位为"kW"。

此外，内燃机的标定功率又根据不同的使用情况，可选用 1h 功率、12h 功率或持续功率。多数装载机一般采用 12h 功率为标定功率值。

④ 整机质量（工作质量） 它是指装载机装备应有的工作装置和随车工具，加足燃油，润滑系统、液压系统和冷却系统加足液体，并且带有规定形式和尺寸的空载铲斗及司机标定质量（75±3）kg 时的主机质量。它关系到装载机使用的经济性、可靠性和附着性能，单位为"kg"。

⑤ 最大行驶速度 它是指铲斗空载，装载机行驶在坚硬的水平路面上，前进和后退各挡能达到的最大速度，它影响装载机的生产率和安排施工方案，单位为"km/h"。

⑥ 最小转弯半径 它是指自后轮外侧（或中心）或铲斗外侧所构成的弧线至回转中心的距离，单位为"mm"。

⑦ 最大牵引力 它是指装载机驱动轮缘上所产生的推动车轮前进的作用力。装载机的附着重量愈大，则可能产生的最大牵引力越大，单位为"kN"。

⑧ 最大掘起力 它是指铲斗切削刃的底面水平并高于底部基准平面 20mm 时，操纵提升液压缸或转斗液压缸在铲斗切削刃最前面一点向后 100mm 处产生的最大向上铅垂力，单位为"kN"。

⑨ 最大卸载高度 它是指铲斗倾斜角一般在 45°～60°，最大举升高度时，斗尖到地面的垂直距离，单位为"mm"。

⑩ 最大卸载距离 它是指在最大卸载高度时，斗尖到前轮前缘的水平距离，单位为"mm"。

⑪ 倾翻载荷 它是指装载机停在硬的、较平整的水平路面上，带基本型铲斗为操作质量，动臂处于最大平伸位置，铲斗后倾，铰接式装载机处于最大偏转位置的条件下，使装载机后轮离开地面绕前轮与地面接触点向前倾翻时，在铲斗中装载物料的最小质量，通常以"kg"为单位。

⑫ 工作装置动作三项和 它是指铲斗提升、下降、卸载三项时间的总和，单位为"s"。

⑬ 外形尺寸 装载机的外形尺寸，用其长度、宽度、高度表示。长度是指铲斗尖至车体末端的水平距离。宽度是指装载机横向左右最外侧之间的距离。高度是指装载机铲斗落地时，装载机最高点到地面之间的垂直距离，如图 1-2 所示。

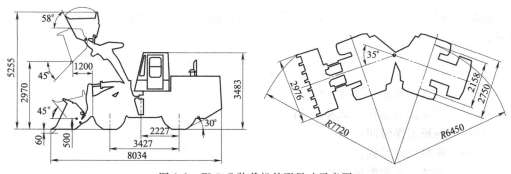

图 1-2 ZL50C 装载机外形尺寸示意图

目前国产装载机主要机型技术参数见表 1-2。

表 1-2 国产装载机主要机型技术参数

产品型号		ZL50C	CLG856	XG956	LW220
额定斗容量/m³		3	1.8～5.6	3	2
额定载重量/kg		5000	5000	5000	2000
发动机	型号	WD615G.220	6CTA8.3-C215	C6121ZG19t	LR4108G75
	额定功率/kW	154.4	162	162	64
	额定转速/r·min⁻¹	2200	2200	2200	2450

产品型号		ZL50C	CLG856	XG956	LW220
最大掘进力/kN		167±5	158	170	52
整机质量/kg		16500±200	16800±200	17600	6000
车速/km·h⁻¹	Ⅰ挡 前进(后退)	0～10/0～13	0～6.5	0～6.96	0～6
	Ⅱ挡 前进(后退)	0～34	0～11.5	0～12.4	0～24
	Ⅲ挡 前进(后退)	—	0～23	0～25.5	—
	Ⅳ挡 前进	—	0～37	0～38.5	—
最大卸载高度/mm		2970±50	3100	≥2990	>2350
卸载距离(最大卸载高度时)/mm		1200±50	1035±50	≥1410	>850
外形尺寸 /mm	长	8034±100	8060±100	8150	5520
	宽	2750±50	2750±50	2885	1900
	高	3483±50	3467±50	3545	2850
轴距/mm		3427±30	3315±30	3200	2200
轮距/mm		2150±10	2150±10	2240	1490
最小离地间隙/mm		485±20	431±20	428	300
最大爬坡度/(°)		30	30	28～30	30
最小转弯半径/mm	铲斗外侧	7720±50	6193	6950	5200
	后轮中心	6450±50	6232	—	—
动臂提升时间/s		≤6.5	≤6.5	≤6.56	≤5
工作装置动作三项和/s		≤11.5	11.5	≤11.1	≤10
轮胎规格		23.5-25	23.5-25	23.5-25-16PR	16/70-24
生产厂家		广西柳州机械股份有限公司	广西柳州机械股份有限公司	厦门工程机械股份有限公司	徐州徐工特种工程机械有限公司

1.3.2 装载机的生产率

（1）技术生产率

装载机在单位时间内不考虑时间利用情况时，其生产率即为技术生产率，由式（1-1）计算：

$$Q_T = \frac{3600qk_Ht_T}{tk_s} \quad (m^3/h) \tag{1-1}$$

式中 q——装载机额定斗容量，m^3；

  k_H——铲斗充满系数，见表1-3；

  t_T——每班工作时间，h；

  k_s——物料松散系数；

  t——每装一斗的循环时间，s。

t 由公式（1-2）计算：

$$t = t_1 + t_2 + t_3 + t_4 + t_5 \tag{1-2}$$

式中 t_1、t_2、t_3、t_4、t_5——铲装、载运、卸料、空驶和其他所用的时间，s。

（2）实际生产率

装载机实际可能达到的生产率 Q_T 可用公式（1-3）计算：

$$Q_T = \frac{3600qk_Hk_Bt_T}{tk_s} \quad (m^3/h) \tag{1-3}$$

式中 q——装载机额定斗容量，m^3；

k_H——铲斗充满系数，见表1-3；

t_T——每班工作时间，h；

k_s——物料松散系数；

k_B——时间利用系数。

表1-3 装载机铲斗充满系数

土石种类	充满系数	土石种类	充满系数
砂石	0.85~0.9	普通土	0.9~1.0
湿的土砂混合料	0.95~1.0	爆破后的碎石、卵石	0.85~0.95
湿的砂黏土	1.0~1.1	爆破后的大块岩石	0.85~0.95

1.3.3 装载机的总体组成

轮式装载机主要由动力装置（发动机）、底盘、工作装置、液压系统、电气系统五大部分组成。

图1-3所示为我国目前最具代表性的第二代ZL50型轮式装载机（以下简称装载机）的总体结构。它由柴油机系统、传动系统、防滚翻及落物保护装置、驾驶室、空调系统、转向系统、液压系统、车架、工作装置、制动系统、电气仪表系统、覆盖件和操纵系统等组成。

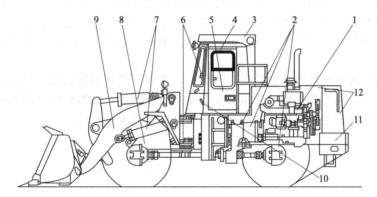

图1-3 轮式装载机总体结构

1—柴油机系统；2—传动系统；3—防滚翻及落物保护装置；4—驾驶室；5—空调系统；6—转向系统；7—液压系统；8—车架；9—工作装置；10—制动系统；11—电气仪表系统；12—覆盖件

（1）动力装置

装载机采用的动力装置主要是柴油发动机。它布置在后部，驾驶室在中间，这样整机的重心位置比较合理，驾驶员视野较好，有利于提高作业质量和生产率。动力从柴油发动机传递到液力变矩器，再经过万向联轴器，传递到变速箱。通过变速箱，动力分别传递到前、后桥驱动车轮行走。

（2）底盘

装载机底盘包括传动系统、行走系统、转向系统和制动系统四大部分。

① 传动系统。装载机的传动系统有机械式、液力机械式、液压式和电传动四种，小型装载机多为机械式，由于作业工况适应性太差，已淘汰；大、中型装载机广泛采用液力机械式；中型装载机多采用液压式；大型装载机多采用电传动形式。

② 行走系统。是装载机底盘的重要组成部分之一，主要由车架、车桥和车轮等组成，它使装载机各总成、部件连接成一个整体；支承全部重量，吸收振动，缓和冲击，并传递

各种力和力矩。车架有整体式与折腰式之分。轮式装载机多为铰接式（也称折腰式）车架。

③ 转向系统。装载机的转向系统有机械式转向、液压助力式转向和全液压式转向等多种。目前轮式装载机大都采用液压助力式和全液压式。实现行驶和作业中经常改变其行驶方向或保持直线行驶方向。

④ 制动系统。是轮式装载机的重要部件，通常设有行车制动系统、紧急和停车制动系统，用来使行驶的装载机减速或停车，以提高装载机的作业速度和作业生产率。

（3）工作装置

装载机工作装置由油泵、动臂、铲斗、杠杆系统、动臂油缸和转斗油缸等构成。油泵的动力来自柴油发动机。动臂铰接在前车架上，动臂的升降和铲斗的翻转，都是通过相应液压油缸的运动来实现的。

（4）液压系统

装载机的液压系统随动力传动系统的形式不同而异。对于液力机械传动的装载机，除工作装置和转向采用液压传动外，其动力换挡变速器的换挡操纵系统也采用液压控制；通常由油泵、油缸、换向阀、分流阀、油液和油箱等组成。通过油液把动力传给工作装置，实现装卸散状物料、清理场地和短距离搬运货物的目的。

（5）电气系统

装载机的电气设备由电源系统、用电装置及电气控制与保护装置等组成。电源系统包括蓄电池、发电机、调节器和电源系统工作情况指示装置；用电装置包括启动装置、内燃机电控系统（指各种控制开关、继电器、熔断器和电气线路）、仪表与信号装置、照明装置等。

轮式装载机的发动机布置在后部，驾驶室在中间，这样整机的重心位置比较合理，驾驶室视野良好，有利于提高作业质量和生产率。工作装置由动臂铰接在前车架上，动臂的升降和铲斗的翻转都是通过相应的液压缸活塞杆的运动来实现的。

第 **2** 章

动力装置构造与拆装维修

发动机是将自然界某些能量直接转换为机械能并拖动某些机械进行工作的机器。将热能转化为机械能的发动机，称为热力发动机。能量的释放与转化过程是在汽缸内部进行的热力发动机，称为内燃机。

装载机用内燃发动机品种非常多。如目前市场销量较大的 ZL50C 型装载机，选用的柴油发动机有上柴 6135K-9a、康明斯 6CTA8.3-C215、潍柴 WD615.220 等。

2.1　内燃机的总体构造

▶ 2.1.1　内燃机的组成

作为一种进行能量转换的复杂机械，柴油机由多种机构和部件组成。对于目前种类繁多的柴油机，虽然其具体结构不尽相同，但结构大同小异，主要由以下几部分组成。

① 曲柄连杆机构　主要由机体组、活塞连杆组、曲轴飞轮组等组成。通过曲柄连杆机构，柴油机把活塞的往复直线运动转变为曲轴的旋转运动，以完成柴油机的工作循环。

② 配气机构　主要由气门组和气门传动机构组成。其主要功能是按一定的顺序完成进、排气门的开启和关闭，保证柴油机及时地吸入新鲜空气和排出燃烧后的废气。

③ 燃油燃料系　主要包括喷油泵、输油泵、调速器、喷油器和燃油滤清器等。它的功能是定时、定量、定压地向燃烧室喷入柴油，保证燃料及时、迅速、完全燃烧。

④ 润滑系　主要由油底壳、机油泵、机油滤清器、润滑油管及各种阀件组成。其主要功能是向各摩擦表面输送润滑油，以减少柴油机零件的磨损和降低零件间的摩擦阻力，同时也起到了冷却、清洗、密封和防锈的作用。

⑤ 冷却系　主要由散热器、风扇、水泵、汽缸体和汽缸盖中的冷却水套、节温器等组成。其作用是将零件所吸收的热量及时地传导出去，保证柴油机在正常温度下可靠地工作。

▶ 2.1.2　内燃机产品名称和型号编制规则

内燃机产品名称应符合 GB/T 1883.1 的规定，均按所采用的燃料命名，例如柴油机、汽油机等；内燃机型号由阿拉伯数字、汉语拼音或国际通用的英文缩略字母组成。主要由四部分组成。

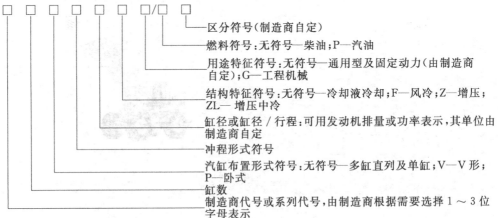

柴油机型号编制示例：

R175A——单缸、四行程、缸径 75mm、冷却液冷却（R 为系列代号、A 为区分符号）。

485G——四缸直列、四行程、缸径 85mm、冷却液冷却、工程机械用。

6135K-9a——六缸直列、四行程、缸径 135mm、冷却液冷却、工程机械用，第九种变型产品。

WD615.220——冷却液冷却、柴油机、6 缸直列、系列编号（通常是用单缸排量的 10 倍圆整值作为该机型的系列代号，该机型的单缸排量为 1.621L，扩大 10 倍为 16.21L，经圆整取 0 或 5 作尾数，即为 15）、变型编号（国外引进）。

6CTA8.3-C215——六缸直列四行程、柴油机、涡轮增压、中冷、排量 8.3L、应用代码（工程用）、最大功率 215kW。

◈ 2.1.3 四行程柴油机工作原理

（1）柴油机的基本术语

柴油机工作的基本术语及工作简图见图 2-1。

① 上止点：活塞距曲轴中心最远时，汽缸壁与活塞顶平面所对应的位置。

② 下止点：活塞距曲轴中心最近时，汽缸壁与活塞顶平面所对应的位置。

③ 活塞行程（S）：活塞上、下止点间的距离。

④ 曲轴半径（r）：从曲轴主轴颈中心线到连杆轴颈中心线的垂直距离。

⑤ 汽缸工作容积（V_h）：活塞从上止点到下止点所扫过的汽缸容积。

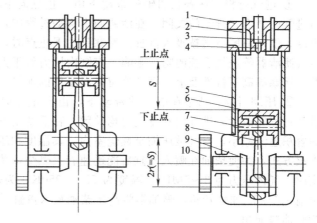

图 2-1 单缸柴油机的工作简图

1—汽缸盖；2—进气门；3—排气门；4—喷油器；
5—汽缸；6—活塞；7—活塞销；8—连杆；
9—曲轴；10—飞轮

⑥ 排量（V_{st}）：柴油机所有汽缸的工作容积总和，称为柴油机的工作容积，俗称排量，单位为升（L）。

⑦ 燃烧室容积（V_C）：活塞在上止点时，活塞顶上面的空间叫燃烧室，其容积称为燃烧室容积。

⑧ 汽缸总容积（V_a）：活塞在下止点时，活塞顶上面整个空间的容积。它等于汽缸工作容积 V_h 与燃烧室容积 V_C 的总和。

⑨ 压缩比（ε）：汽缸总容积与燃烧室容积的比值称为压缩比。

压缩比是柴油机的一个重要参数，它对柴油机的工作性能有很大影响，它表明汽缸内空气被活塞压缩的程度。压缩比越大，在压缩终了时空气的压力和温度就越高，燃烧速度也越快，因而柴油机的功率也就越大，经济性就越好。柴油机的压缩比一般为 16～22 或更高。

（2）四行程柴油机的工作原理

发动机的功能是将燃料在汽缸内燃烧产生的热能转换为机械能，从而输出动力。上述能量转换过程是通过不断地依次反复进行"进气—压缩—做功—排气"四个连续过程来实现的。发动机汽缸内进行的每一次将热能转换为机械能的过程叫做一个工作循环。

在一个工作循环内，曲轴旋转两周，活塞往复四个行程，称为四行程发动机。四行程柴油机的工作原理如图 2-2 所示。

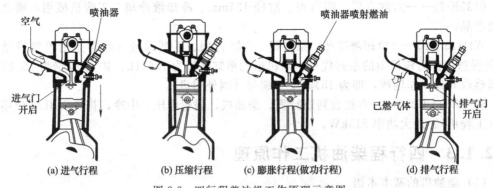

图 2-2　四行程柴油机工作原理示意图

① 进气行程。活塞在曲轴的带动下由上止点向下止点移动，如图 2-2 (a) 所示。此时进气门开启，排气门关闭。在活塞向下移动过程中，其上方容积逐渐增大，形成一定真空度。于是新鲜空气被吸入汽缸。活塞到达下止点时，进气门关闭，停止进气。由于受到空气滤清器等进气系统的阻力影响，汽缸内压力低于大气压力，为 80～95kPa；由于汽缸壁、活塞等高温机件及上一循环残留高温废气的加热，气体温度为 300～340K。

② 压缩行程。活塞在曲轴的带动下，由下止点向上止点运动，如图 2-2 (b) 所示。进气行程完成后，进气门和排气门均关闭，在活塞由下止点向上止点运动的过程中，汽缸内容积逐渐减小，空气被压缩至燃烧室内，其温度和压力均升高。由于柴油机采用压燃的点火方式，为使柴油在喷入汽缸后能迅速着火燃烧，柴油机的压缩比都较大，压缩行程结束时，气体压力为 3～5MPa，温度为 750～950K。为使柴油能及时燃烧，在压缩行程结束前 10°～35°曲轴转角，喷油器将高压柴油喷入汽缸。从喷油开始至上止点的曲轴转角称为喷油提前角。

③ 做功行程。活塞由上止点向下止点运动，如图 2-2 (c) 所示。此时，进气门和排气门仍关闭，混合气在高温、高压下自行点火燃烧，并产生大量热能，使汽缸中的温度、压力急剧升高，气体迅速膨胀，高温高压气体推动活塞由上止点向下止点运动，并经连杆带动曲轴旋转做功，从而实现了将燃料的化学能转变为热能，并最终转化为机械能。活塞到达下止点，做功行程结束。

做功行程中汽缸内的温度最高可达 1800～2200K，气体瞬时压力可达 6～9MPa，随着做功行程的进行，汽缸内的温度和压力逐渐下降，至排气门开启时，汽缸内气体的温度降至 1000～1200K，压力为 0.5MPa。

④ 排气行程。活塞由下止点向上止点运动，如图 2-2 (d) 所示。在排气行程中，进气门关闭，排气门开启。由于燃烧后的废气仍高于外界的大气压，在气体压差和活塞上行的排挤下，废气被迅速排出汽缸。为了减少排气阻力和残余的废气量，一般排气门在活塞到达下止点前 30°～80°曲轴转角时开启，至上止点 10°～35°曲轴转角时关闭。排气终了时汽缸内的废气压力略高于大气压，为 105～125kPa，温度为 700～900K。

在排气行程结束后，曲轴依靠飞轮的惯性继续旋转，使上述四个行程周而复始地进行。由以上四行程柴油机的工作循环可知：一是四个行程中只有做功行程产生动力，是主要行程。其余三个行程均要消耗能量，是辅助行程，但同时又是不可缺少的。二是每个循环曲轴旋转两周（720°），每一个形程曲轴旋转半周（180°），进气行程时进气门开启，排气行程时排气门开启，其余两个行程中进、排气门均关闭。三是柴油机启动时，需要外力使曲轴旋转，以完成进气、压缩行程，当做功行程完成后，曲轴和飞轮利用储存的能量，使柴油机的工作循环继续下去。

2.2 曲柄连杆机构结构与拆装维修

2.2.1 曲柄连杆机构的功用及组成

曲柄连杆机构的功用是把燃气作用在活塞顶上的力转变为曲轴的转矩，以向工作机械输出机械能。曲柄连杆机构的主要零件可以分为机体组、活塞连杆组和曲轴飞轮组等。

2.2.1.1 机体组

发动机机体组主要由汽缸体、汽缸盖、汽缸盖衬垫以及油底壳等零件组成。机体组是发动机的支架，是曲柄连杆机构、配气机构和发动机各系统主要零件的装配基体，各运动件的润滑和受热部件的冷却也都要通过机体组来实现。因此，可以说，机体组把发动机的各种机构和系统组成一个整体，保持了它们之间必要的相互关系。

（1）汽缸体

水冷发动机的汽缸体通常与上曲轴箱铸成一体，称为汽缸体-曲轴箱，也可简称为汽缸体。汽缸体上半部有一个或若干个为活塞在其中运动导向的圆柱形空腔，称为汽缸；下半部为支撑曲轴的曲轴箱，其内腔为曲轴运动的空间。具体结构形式分为一般式汽缸体（WD615.67 型柴油机采用）、龙门式汽缸体（6CTA 型柴油机采用）和隧道式汽缸体（6135K 型柴油机采用）三种形式，如图 2-3 所示。6135K 型及 WD615 型柴油机汽缸体和上曲轴箱的结构如图 2-4、图 2-5 所示。

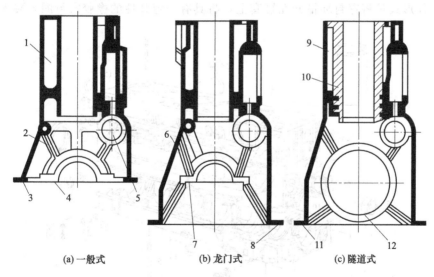

(a) 一般式　　　　(b) 龙门式　　　　(c) 隧道式

图 2-3　汽缸体的结构形式

1、9—水套；2、6—加强筋；3、8、11—油底壳安装平面；4、7—主轴承座孔加工平面；
5—凸轮轴座孔；10—湿式缸套；12—主轴承座孔

汽缸直接镗在汽缸体上叫做整体式汽缸，整体式汽缸强度和刚度较好，能承受较大的载荷。如果用耐磨的优质材料制成汽缸套，然后再装到用价格较低的一般材料制造的汽缸体内，这样不但降低了制造成本，而且汽缸套可以从汽缸体中取出，因而便于修理和更换，并可大大延长汽缸体的使用寿命。汽缸套有干式和湿式两种。

①干缸套［图 2-6（b）、(c)］　不直接与冷却液接触，壁厚一般为 1～3mm。干缸套

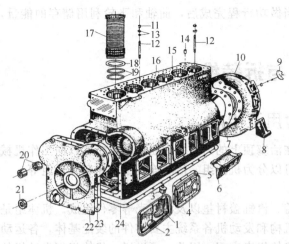

图 2-4　6135K 型柴油机汽缸体

1—通气管；2—通气管盖；3—滤芯部件；
4—下侧盖板；5、7—密封垫；6—喷油泵支架；
8—支架；9—指针盖板；10—飞轮壳；11—螺母；
12—螺栓；13—垫圈；14—定位套筒；15—螺栓孔；
16—机体；17—汽缸套；18—汽缸套垫片；
19—阻水圈；20—凸轮轴衬套；21—油封；22—正时齿
轮室盖；23—前盖板垫片；24—油底壳垫片

的外圆表面和汽缸套座孔内表面均需精加工，以保证必要的形位精度，便于拆装。WD615 型、6CTA 型柴油机均采用干缸套并以上端定位。干缸套的优点是汽缸体刚度大，汽缸中心距小；缺点是传热性较差、温度分布不均匀、容易发生局部变形，同时加工面多、加工要求高、拆装要求也高。

②湿缸套［图 2-6（d）～（h）］与冷却液直接接触，6135K 型柴油机采用这种缸套。壁厚一般为 5～9mm。缸套的外表面有两个保证径向定位的凸出圆环带 B 和 A［图 2-6（d）］，分别称为上支承定位带和下支承密封带。缸套的轴向定位是利用上端的凸缘 C［图 2-6（d）］。为了密封气体和冷却液，有的缸套凸缘 C 下面还装有纯铜垫片。

缸套的上支承定位带直径略大，与缸套座孔配合较紧密。下支承密封带与座孔配合较松，通常装有 1～3 道橡胶密封圈来密封冷却液。常见的密封结构形式有两种，一种形式是将密封环槽开在缸套上，将具有一定弹性的橡胶密封圈 8 装入环槽内

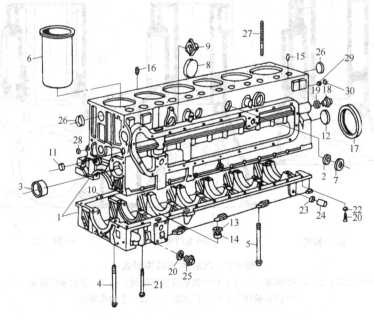

图 2-5　WD615 型柴油机汽缸体、曲轴箱

1—汽缸体和曲轴箱；2、7、26、28、29—碗形塞；3—凸轮轴衬套；4、5—主轴承螺栓；6—汽缸套；8—左侧面碗形塞；
9—通风弯管；10—圆柱销；11—油道碗形塞；12—后端面碗形塞；13、14—密封圈、套管；15—圆柱销；
16—弹性圆柱销；17—后油封；18、19—螺塞、垫圈；20、22—内六角螺栓、垫圈；21—螺栓；
23、24—碗形塞回油短管；25—螺塞；27—汽缸盖双头螺栓；30—密封垫圈

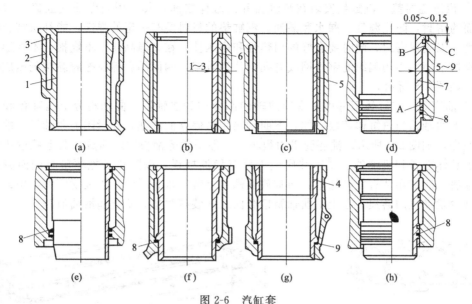

图 2-6　汽缸套

1—汽缸壁；2—冷却水套壁 ；3—冷却水套 ；4—上置半截缸套；5—干缸套；

6—可卸式干缸套；7—可卸式湿缸套；8—橡胶密封圈；9—铜密封圈

［图 2-6（d）］；另一种是安置密封圈的环槽开在汽缸体上 ［图 2-6（e）］，这种结构对缸体的削弱很小，但汽缸内的工艺较差，因此不如第一种结构应用广泛。

缸套装入座孔后，通常缸套顶面略高于汽缸体上平面 0.03～0.15mm。这样，当紧固汽缸盖螺栓时，可将汽缸盖衬垫压得更紧，以保证汽缸的密封性，防止冷却液和汽缸内的高压气体窜漏。

湿缸套的优点是在汽缸体上没有密闭的水套，因而铸造方便，容易拆装更换，冷却效果也较好；其缺点是汽缸体刚度差，易产生漏水、漏气现象。

（2）汽缸盖与汽缸盖衬垫

① 汽缸盖　汽缸盖安装在汽缸体的上面，从上部密封汽缸并构成燃烧室。它经常与高温高压燃气相接触，因此承受很大的热负荷和机械负荷。

汽缸盖一般采用灰铸铁、合金铸铁或铝合金铸成，6135K 型和 WD615 型柴油机汽缸盖由灰铸铁制成，具有强度高、不易变形的优点，但传热较慢。

为制造和维修方便、减少缸盖变形对汽缸密封的影响，功率较大的柴油机多采用分开式汽缸盖，即一缸一盖、两缸一盖或三缸一盖。缸径较小、缸盖负荷较小的柴油机则采用整体式汽缸盖。图 2-7 所示为发动机汽缸盖示意图。

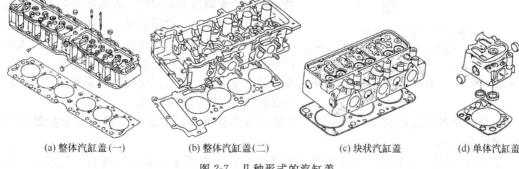

(a) 整体汽缸盖(一)　　(b) 整体汽缸盖(二)　　(c) 块状汽缸盖　　(d) 单体汽缸盖

图 2-7　几种形式的汽缸盖

　　② 汽缸盖衬垫　汽缸垫安装在汽缸盖和汽缸体之间，其作用是保证汽缸盖与汽缸体接触面的密封，防止漏气、漏水和漏油。汽缸垫的材料要有一定的弹性，能补偿结合面的不平度，以确保密封，同时要有好的耐热性和耐压性，在高温高压下不烧损、不变形。目前发动机采用中心用编织的钢丝网或有孔钢片为骨架，两面用石棉及橡胶黏结剂压成的汽缸垫，如图 2-8 所示。

　　③ 油底壳　汽缸体下部用来安装曲轴的部分称为曲轴箱。曲轴箱分上曲轴箱和下曲轴箱，上曲轴箱与汽缸体铸成一体，下曲轴箱用来储存润滑油，并封闭上曲轴箱，故又称为油底壳，如图 2-9 所示。油底壳受力很小，一般采用薄钢板冲压而成，其形状取决于发动机的总体布置和机油的容量。油底壳内装有稳油挡板，以防止机械颠簸时油面波动过大。油底壳底部还装有放油螺塞，通常放油螺塞上装有永久磁铁，以吸附润滑油中的金属屑，减少发动机的磨损。在上下曲轴箱接合面之间装有衬垫，防止润滑油泄漏。

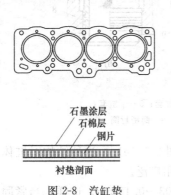

图 2-8　汽缸垫

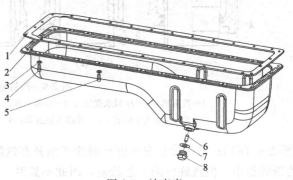

图 2-9　油底壳

1—密封垫；2—油底壳放油螺塞；3—垫圈；4、5—螺栓；
6—放油螺塞磁铁；7—组合密封垫圈；8—螺塞

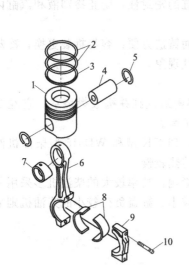

图 2-10　活塞连杆组

1—活塞；2—活塞环（气环）；3—油环；4—活塞销；5—卡环；6—连杆；7—连杆小头衬套；8—连杆轴承；9—连杆轴承盖；10—连杆螺栓

2.2.1.2　活塞连杆组

　　活塞连杆组由活塞、活塞环、活塞销、连杆、连杆轴瓦等组成，如图 2-10 所示。

　　（1）活塞

　　活塞的功用是承受气体压力，并通过活塞销和连杆驱使曲轴旋转。活塞顶部还是燃烧室的组成部分。在发动机运转过程中，活塞直接与高温气体接触，受热严重，而散热条件又很差，所以活塞工作时温度很高，顶部高达 600～700K，且温度分布很不均匀；活塞顶部承受的气体压力很大，特别是在做功行程，柴油机高达 6～9MPa，这就使得活塞产生冲击，并承受侧压力的作用；活塞在汽缸内以很高的速度（8～12m/s）往复运动，且速度在不断地变化，这就产生了很大的惯性力，使活塞受到很大的附加载荷。活塞在这种恶劣的条件下工作，会产生变形并加速磨损，还会产生附加载荷和热应力，同时受到燃气的化学腐蚀作用。

　　根据活塞各部分所起作用的不同，活塞可分为活塞顶部、活塞头部和活塞裙部三部分，如图 2-11 所示。

　　① 活塞顶部　活塞顶部是燃烧室的组成部分，主要用于承受气体压力，其形状、大

小都与燃烧室的形式有关，都是为了满足可燃混合气形成和燃烧的要求。活塞顶部形状可分为四种，平顶、凸顶、凹顶和凹坑，如图2-12所示。6135K型、6CTA型、WD615型柴油机均采用"ω"形燃烧室，并加工有进、排气门避让坑。燃烧室位置和容积随机型不同而有所不同。所有机型燃烧室中心向喷油泵方向偏置4～9mm。活塞顶部有一向前标记，装配时，此标记应朝前，以保证装配后燃烧室的位置正确。

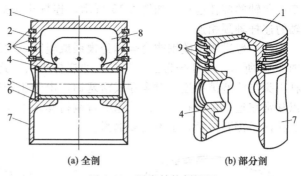

图 2-11　活塞结构剖视图

1—活塞顶；2—活塞头；3—活塞环；4—活塞销座；5—活塞销；
6—活塞销卡环；7—活塞裙；8—加强肋；9—环槽

② 活塞头部　活塞头部指第一道活塞环槽与活塞销孔之间的部分。头部一般有数道环槽，用以安装起密封作用的活塞环，因此又将头部称为防漏部。柴油机压缩比高，一般有四道环槽，上部三道安装气环，最下一道安装油环。

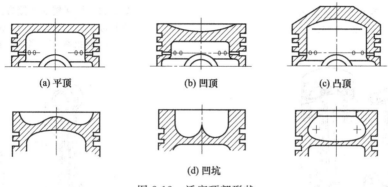

(a) 平顶　　　　　(b) 凹顶　　　　　(c) 凸顶

(d) 凹坑

图 2-12　活塞顶部形状

③ 活塞裙部　活塞裙部指从油环槽下端面起至活塞最下端的部分，它包括装活塞销的销座孔。活塞裙部对活塞在汽缸内的往复运动起导向作用，并承受侧压力。裙部的长短取决于侧压力的大小和活塞直径。

（2）活塞环

活塞环是具有弹性的开口环，有气环和油环之分，如图2-13所示。

气环的作用是保证汽缸与活塞间的密封性，防止漏气，并且把活塞顶部吸收的大部分热量传给汽缸壁，由冷却水带走。

油环起布油和刮油的作用。油环下行时刮除汽缸壁上多余的机油，上行时在汽缸壁上铺涂一层均匀的油膜，这样既可以防止机油窜入汽缸燃烧掉，又可以减小活塞、活塞环与汽缸壁间的摩擦阻力。此外，油环还能起到封气的辅助作用。

（3）活塞销

活塞销的作用是连接活塞和连杆小头，并把活塞承受的气体压力传给连杆。

活塞销与活塞销座孔及连杆小头衬套孔的连接配合有两种方式，即全浮式和半浮式，如图2-14所示。

（4）连杆

连杆的作用是连接活塞与曲轴，并把活塞承受的气体压力传给曲轴，使活塞的往复运动变成曲轴的旋转运动。如图 2-15 所示，连杆小头通过活塞销与活塞相连，连杆大头与曲轴的连杆轴颈相连。

连杆一般采用中碳钢或合金钢经模锻或辊锻，然后经机加工和热处理而成。连杆结构如图 2-16 所示。连杆分为三个部分，即连杆小头、连杆杆身和连杆大头（包括连杆盖）。连杆小头与活塞销相连。对全浮式活塞销，由于工作时小头孔与活塞销之间有相对运动，所以常常在连杆小头孔中压入减摩的青铜衬套。半浮式活塞销与连杆小头是紧配合，所以小头孔内不需要衬套，也不需要润滑。

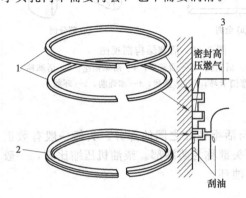

图 2-13　活塞环
1—气环；2—油环；3—活塞

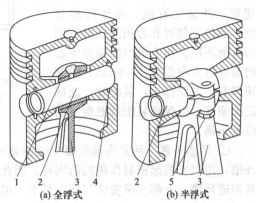

(a) 全浮式　　(b) 半浮式

图 2-14　活塞销的连接方式
1—连杆衬套；2—活塞销；3—连杆；
4—活塞销挡圈；5—紧固螺栓

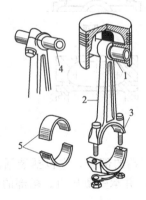

图 2-15　连杆
1—连杆小头；2—杆身；3—连杆大头；
4—活塞销；5—连杆轴瓦

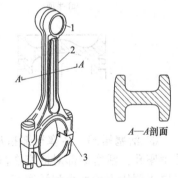

A—A剖面

图 2-16　连杆结构
1—连杆小头；2—杆身；3—连杆大头

连杆杆身通常做成"I"字形断面，抗弯强度好，重量轻，大圆弧过渡，且上小下大。

连杆大头与曲轴连杆轴颈的连接方式有整体式和分开式两种。一般都采用分开式，分开式又分为平分和斜分两种，如图 2-17 所示。

连杆大头分开可取下的部分叫连杆盖。连杆与连杆盖配对加工，加工后，在它们同一侧打上配对记号，安装时不得互相调换或变更方向。

为了减小摩擦阻力和曲轴连杆轴颈的磨损，连杆大头孔内装有瓦片式滑动轴承，简称连杆轴瓦，轴瓦由上、下两个半片组成，如图 2-18 所示。目前多采用薄壁钢背轴瓦，在其内表面浇铸有耐磨合金层，背面有很高的光洁度。

2.2.1.3　曲轴飞轮组

曲轴飞轮组由曲轴、飞轮及装在曲轴上的其他零件组成，有的还装有扭转减震器，如

图 2-19 所示。

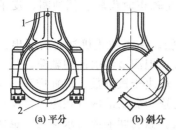

(a) 平分　　　(b) 斜分

图 2-17　分开式连杆大头

1—连杆装配标记；2—连杆盖装配标记

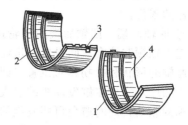

图 2-18　连杆轴瓦

1—钢背；2—油槽；3—定位凸键；4—减摩合金层

（1）曲轴

曲轴是柴油发动机最重要的机件之一，它与连杆配合，将作用在活塞上的气体压力变为旋转的动力，传给底盘的传动机构，同时驱动配气机构和其他辅助装置，如风扇、水泵、发电机等。

曲轴一般由主轴颈、连杆轴颈、曲轴臂、平衡块、前端和后端等组成，如图 2-20 所示。

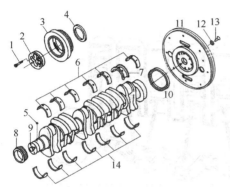

图 2-19　曲轴飞轮组

1—减震器螺栓；2—曲轴垫块；3—扭转减震器；
4—曲轴前油封；5—定位销；6—主轴承上瓦；
7—止推轴承；8—曲轴正时齿轮；9—曲轴；
10—曲轴后油封；11—飞轮总成；12—飞轮螺
栓垫圈；13—飞轮螺栓；14—主轴承下瓦

图 2-20　曲轴

1—前端轴；2—主轴颈；3—连杆轴颈；
4—曲轴；5—平衡重；6—后凸缘盘

① 主轴颈　主轴颈是曲轴的支承部分，通过主轴承支承在曲轴箱的主轴承座中。主轴承的数目不仅与发动机汽缸数目有关，还取决于曲轴的支承方式。两个主轴颈之间有一个连杆轴颈的曲轴称为全支承曲轴。两个主轴颈之间有两个连杆轴颈的曲轴称为非全支承曲轴。6135K 型、WD615 型、6CTA 型柴油机曲轴均为全支承曲轴。

② 连杆轴颈　连杆轴颈通过曲轴臂与主轴颈连成一体，一般制成实心，与主轴颈之间钻有贯通油道，以便机油从主轴颈工作表面进入连杆轴颈工作表面，润滑连杆轴颈。直列式柴油机连杆轴颈数与汽缸数相同。6135K 型柴油机连杆轴颈为空心，以减少质量和旋转时的离心力。

③ 曲轴臂　曲轴臂起连接主轴颈和连杆轴颈的作用。连杆轴颈连同其两端的曲轴臂称为曲拐。

④ 平衡块　平衡块和曲轴臂连成一体，与连杆轴颈相对，用来平衡曲轴转动时连杆

轴颈和曲轴臂等产生的离心力。

⑤ 曲轴前端　曲轴前端用来安装止推垫圈、曲轴正时齿轮、挡油圈、皮带轮、扭转减震器的零件。

⑥ 曲轴后端　曲轴后端的飞轮接合盘固定飞轮。为了防止机油向后漏出，曲轴在最后一道主轴颈和接合盘间设置了甩油盘及回油螺纹，把润滑油引回曲轴箱。

曲轴的形状和曲拐相对位置（即曲拐的布置）取决于汽缸数、汽缸排列形式和发动机的点火顺序。安排多缸发动机的点火顺序应注意使连续做功的两缸相距尽可能远，以减轻主轴承的载荷，同时避免可能发生的进气重叠现象。做功间隔应力求均匀，也就是说，发动机在完成一个工作循环的曲轴转角内，每个汽缸都应点火做功一次，而且各缸点火的间隔时间以曲轴转角表示，称为点火间隔角。四行程发动机完成一个工作循环，曲轴转两圈，其转角为 $720°$，在 $720°$ 的曲轴转角内发动机的每个汽缸应该点火做功一次，且点火间隔角是均匀的，因此四行程发动机的点火间隔角为 $720°/i$（i 为汽缸数目），即曲轴每转 $720°/i$，就应有一个缸做功，以保证发动机运转平稳。

四行程六缸直列发动机的点火间隔角为 $720°/6=120°$，这种曲拐布置如图 2-21 所示。6 个曲拐分别布置在三个平面内，各平面夹角为 $120°$，曲拐的具体布置有两种方案，第一种发火次序是：1—5—3—6—2—4，这种方案应用比较普遍，其工作循环在表 2-1 中列出；另一种发火次序是：1—4—2—6—3—5。

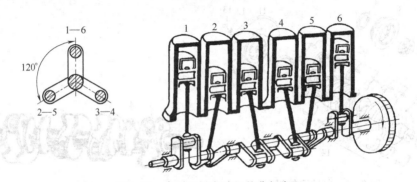

图 2-21　直列六缸发动机的曲拐布置

表 2-1　直列六缸发动机工作循环（发火次序：1—5—3—6—2—4）

曲轴转角/(°)		第一缸	第二缸	第三缸	第四缸	第五缸	第六缸
0~180	0~60	做功	排气	进气	做功	压缩	进气
0~180	60~120	做功	排气	压缩	排气	压缩	进气
0~180	120~180	做功	进气	压缩	排气	做功	进气
180~360	180~240	排气	进气	压缩	排气	做功	压缩
180~360	240~300	排气	进气	做功	进气	做功	压缩
180~360	300~360	排气	压缩	做功	进气	排气	压缩
360~540	360~420	进气	压缩	做功	进气	排气	做功
360~540	420~480	进气	压缩	排气	压缩	排气	做功
360~540	480~540	进气	做功	排气	压缩	进气	做功
540~720	540~600	压缩	做功	排气	压缩	进气	排气
540~720	600~660	压缩	做功	进气	做功	进气	排气
540~720	660~720	压缩	排气	进气	做功	压缩	排气

（2）飞轮

飞轮的主要作用是储存做功行程的能量，用于克服进气、压缩、排气行程的阻力和其他阻力，使曲轴能均匀地旋转。飞轮外缘的齿圈与启动电机的驱动齿轮啮合，供启动发动机用；离合器也装在飞轮上，利用飞轮后端面作为驱动件的摩擦面，对外传递动力。

飞轮是高速旋转件，因此要进行精确地平衡校准，达到静平衡和动平衡。飞轮是一个很重的铸铁圆盘，用螺栓固定在曲轴后端的接盘上，具有很大的转动惯量。飞轮轮缘上镶有齿圈，齿圈与飞轮紧配合，有一定的过盈量，齿圈加热后热套在飞轮上。其结构如图2-22所示。

在飞轮轮缘上作有记号（刻线或销孔），供找压缩上止点用（四缸发动机为1缸或4缸压缩上止点，六缸发动机为1缸或6缸压缩上止点）。当飞轮上的记号与外壳上的记号对正时，正好是压缩上止点。

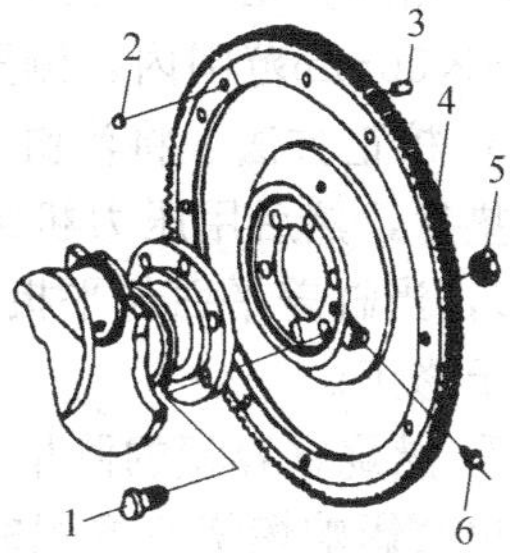

图2-22 飞轮
1—螺栓；2—上止点记号；
3—定位销；4—齿圈；
5—螺母；6—润滑脂油嘴

▐ 2.2.2 曲柄连杆机构的检测与维修

曲柄连杆机构检测与维修的主要作业内容是：检测零部件的技术状况，对磨损后的零件进行必要的修复或更换，最后按技术要求进行组装和调试，恢复其良好的技术状况。

2.2.2.1 汽缸盖与汽缸体的检测与维修

（1）汽缸体（盖）的检测与维修

① 汽缸体的检测　汽缸体水套裂纹检测用水压法：将缸体水套的出口封闭，用水压机以0.3～0.4MPa的压力向水套内压水，保持5min，检视外表各部，如有渗水，即表明该处有裂纹。

a. 汽缸体上、下平面度偏差检测　将汽缸体放置在平板上，用长度大于汽缸体长度的刀口尺或光轴，搁置在缸体平面上，对出现漏光处用厚薄规进行检测。要求缸体平面在每50mm×50mm范围内的平面度偏差不大于0.05mm，在整个长度平面上偏差，汽缸体长度小于600mm的铸铁和铝合金缸体为0.15mm。汽缸体长度大于600mm的铸铁缸体为0.25mm；铝合金缸体为0.35mm。超过极限时，应进行修磨。

b. 曲轴轴承孔同轴度检测　用与承孔尺寸相同的综合量规检测曲轴轴承孔、凸轮轴轴承孔的同轴度误差。若同轴度误差在标准规定范围之内，量棒可通过承孔。否则量棒通不过。通常，长棒用于检测整个汽缸体上全部曲轴；短棒用于检测相邻两承孔的同轴度误差。

c. 汽缸体的后端面对曲轴轴承孔轴线的垂直度误差的检测　用定位套和芯轴（芯轴必须有轴向定位），将千分表固定在芯轴上，使表架导杆与芯轴轴线垂直，在转动芯轴的同时，使千分表沿导杆移动，测出最大的端面全跳动量，即为所测误差。

d. 曲轴轴承轴线与凸轮轴轴承轴线的平行度误差检验　在曲轴轴承孔和凸轮轴轴承孔中装上定心套，将测量芯棒插入套中，用千分尺测量芯棒两端两轴线间距离差，应不大于0.10mm。

② 缸体上平面的修理　缸体上平面的平面度超过极限时应予修理，修理的方法是铣削或磨削。为保证铣削、磨削后汽缸轴线与曲轴轴线相互垂直，必须选择定位基准。一般以缸体主轴的前后两个承孔与轴承盖的接合面为基准。为不使缸体上平面铣削后，由于汽缸行程的减小而影响压缩比，通常铣削量应控制在0.24～0.25mm。

（2）汽缸盖的修理

汽缸盖常见的损伤有翘曲、烧蚀、裂纹等。

① 汽缸盖平面度的检测和校正　汽缸盖平面的变形是由于铸造过程中回火处理不妥，安装时紧固螺栓转矩不均匀或在修理过程中拆下时（特别是热车）放置不妥所造成。

a. 测量方法　将刀口直尺搁在缸盖平面上，用厚薄规在有缝隙处进行测试，在 50mm×50mm 范围内，侧置气门式发动机汽缸盖下平面的平面度误差应不大于 0.05mm。

b. 校正方法　将汽缸变形的突面向上，放置在平板上，两端下面垫以 0.5～0.7mm 厚的垫片，然后用压力机或螺杆向凸面处逐渐加压，同时用喷灯向变形处加热到 300～400℃，当缸盖平面与平板贴合后，保持到冷却，取下复测。如有局部变形，再用刮削方法给予修正。

② 燃烧室容积的测量和调整　汽缸盖平面经磨削后，会使燃烧室容积变小，局部腐蚀后也会影响燃烧室容积的变化，当燃烧室容积超过原厂规定时，就会影响怠速运转的稳定性。因此，必须进行测量和调整。

a. 测量方法　汽缸盖燃烧室容积的测量，应彻底清除燃烧室的油污、积炭和结胶之后进行，并使汽缸盖处于水平位置。一般用水或混合液（80％的煤油与 20％的机油）做测量用液体。测量时，将确定体积的物体注入，通过压力表反映容积的大小。

b. 校正方法　容积偏小：可在燃烧室底部铣去一层金属，或用电蚀法将表面蚀去一层。容积偏大：可在燃烧室的侧壁加焊一层金属。

③ 拆装汽缸盖螺栓时的注意事项　使用正确的操作工艺程序拆装汽缸盖螺栓，是防止汽缸盖变形、冲坏汽缸垫的有效措施。拆装汽缸盖螺栓时，应按原厂规定的顺序进行。若无原厂规定时，拆卸螺栓应从两端向中间分几次拧松；装合时，应从中间向两端顺序拧紧，最好分三次拧紧。第一次随手依次拧紧；第二次按规定转矩的三分之二拧紧。拆卸汽缸盖，应待发动机冷却后进行。汽缸盖螺栓的拧紧力矩，有原厂标准的按原厂标准拧紧，无原厂标准时，可参照表 2-2 进行。

表 2-2　部分螺栓的拧紧力矩

螺栓材料		螺栓直径/mm							
		6	8	10	12	14	16	18	20
钢号	硬度	拧紧力矩/N·m							
35～45	225～285HB	6～8	18～23	32～42	55～70	90～101	140～170	220～230	280～320
40Cr	33～39HBC	10～12	22～26	46～54	75～95	140～170	160～220	230～280	340～390

（3）汽缸的修理

① 汽缸的测量　通过测量汽缸的磨损程度、根据汽缸的磨损量确定发动机的技术状态。汽缸磨损超出使用极限，则应更换缸套或对汽缸进行镗磨修理。

汽缸的磨损情况，通常用内径量表（也叫量缸表）进行测量，方法（见图 2-23）如下：

a. 将百分表装入表杆上端孔内，当表针稍有摆动，即可用锁紧螺母将百分表固紧，一般表面与活动测杆在同一方向。

b. 根据所测汽缸直径，选择长度合适的接杆，旋上固定螺母，将接杆装入量缸表杆下端的接杆座内。

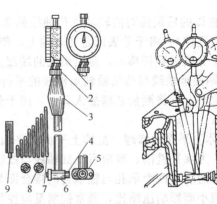

图 2-23　量缸表组成及使用方法

1—百分表；2—锁母螺杆；3—表杆；
4—接杆座；5—活动测杆；6—支承架；
7—接杆；8—固定螺母；9—加长杆

c. 将量缸表的测杆插入汽缸上部，调整接杆长度，当表针转动 1~1.5 圈时为合适，而后拧紧接杆上的固定螺母。

d. 根据汽缸的磨损规律，在活塞环行程内找出汽缸磨损最大处，转动表盘使 "0" 位对正指针。

测量时应前后摆动量缸表，使测杆垂直于汽缸轴线，测量才能准确（前后摆动量缸表，表针均指示到某一最小值时，即表示测杆已垂直于汽缸轴线）。

e. 将量缸表上移至缸肩处或在汽缸内找一最小直径处，此时表针所指的位置与表上 "0" 位之差，即为汽缸的磨损量。

f. 取出量缸表，用外径千分尺测量量缸表在汽缸内最大直径处的测杆长度，即为汽缸磨损后的最大直径。

② 汽缸孔磨损的使用极限　汽缸孔磨损超出使用极限，即同台柴油机只要有一只汽缸每 100mm 缸径磨损量超过 0.40mm，或其圆度或圆柱度超过使用限度（每 100mm 缸径，圆度不大于 0.125mm，圆柱度不大于 0.4mm），则应更换缸套或对汽缸进行镗磨修理。

③ 汽缸的修理

a. 湿缸套的换配　取出旧缸套：拆除旧缸套时，可轻轻敲击缸套底部，用手或拉器取出。汽缸体内的金属锈、污垢应清除干净。汽缸套与汽缸体的结合处及密封圈接触的汽缸体孔壁必须光滑，防止因凹凸不平而漏水。

换配新缸套：汽缸体上下承孔的圆柱度公差为 0.015mm，承孔与汽缸套的配合间隙为 0.05~0.15mm。在安装前，应先将未装密封圈的汽缸套放入承孔内，把汽缸套压紧时汽缸套端面应高出汽缸体上平面 0.03~0.24mm，各缸高出差不大于 0.03mm，过高可锉修汽缸套上平面，过低可在汽缸套突缘下垫紫铜丝调整。汽缸套压入时，应装上新的涂有白漆的橡胶密封圈，以防漏水。

注意事项：汽缸套因压入时用力不大，汽缸套内径受影响较小，因而通常不进行光磨加工；若汽缸套压入后，汽缸的圆度或圆柱度误差增大时，应拉出缸套，检查和修整承孔的锈蚀部位。汽缸套压入后，密封圈不得变形，应密封良好，必要时，进行水压试验，以不渗漏为合适。

b. 干缸套的镶配　选择汽缸套：汽缸套外表面粗糙度应不超过 $Ra0.80\mu m$；圆柱度公差不超过 0.02mm；缸套下端外缘应有 $3\times15°$ 或 $10\times45°$ 的倒角。

取出旧缸套：旧缸套可用专用工具拉出或用镗缸机镗掉。旧缸套取出后，应检查缸套承孔是否符合要求。缸套与承孔配合应有适当的过盈量，一般发动机缸套与缸孔的配合过盈量为 0.05~0.08mm。

新汽缸套的压入：清洁汽缸和汽缸套后在缸套的外壁上涂以机油，插入汽缸用直角尺找正，用压床或专用工具压入。为防止变形，应隔缸压入。将每个缸孔内表面涂以乐泰620 胶；将汽缸套（外径减少 0.05~0.07mm）压入汽缸孔；然后用专用工具轻轻敲打缸套，使缸套与汽缸孔的下止口充分接触。

修整平面：汽缸套压入承孔后，其端面应与汽缸体上平面平齐，如遇高出缸体平面，可用锉刀修平。若突缘槽镗深，可在突缘下边垫以铜丝。

2.2.2.2　活塞连杆组的检测与维修

（1）活塞的选配

活塞的修理尺寸与汽缸的修理尺寸相适应，分标准尺寸和加大尺寸。

发动机修理时，应根据汽缸的磨损情况，选配活塞、确定汽缸的修理尺寸，更换活塞时应注意以下几点：

① 同一台发动机上，应选用同一厂牌、同级、同组活塞，以便使材料、性能、质量及尺寸一致。

② 同组活塞直径差应不超过 0.025mm，其质量差一般不大于 8g。否则，重新选配。

③ 活塞头部与裙部直径差、裙部圆度、圆柱度公差应符合技术要求。

（2）活塞环的选配

活塞环应有与活塞、汽缸相对应的修理尺寸。发动机大修时，应选用与汽缸、活塞相同修理尺寸的活塞环。目前有的配件生产商，已将活塞、活塞环及活塞销，经选配按不同的规格成套供应，这样既方便了修理，又可提高修理质量。

为了保证活塞环与活塞环槽、汽缸的良好配合，在活塞环的选配中，应做好以下的检查：

① 端隙 活塞环留有端隙，是为防止活塞受热膨胀后卡死在汽缸内。端隙值如表 2-3 所示。

检查活塞环端隙时，将活塞环平正地放入汽缸内，用活塞顶部将其推平，然后用厚薄规测量开口处间隙，如图 2-24 所示。端隙过大时，应重新选配活塞环；端隙过小时，应对环口的一端加以锉修，如图 2-25 所示。锉修时应注意环口平整；锉修后外口应去掉毛刺，以防锋利的环口拉伤汽缸。

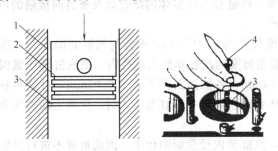
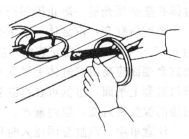

图 2-24 测量活塞环端隙　　　　　　　　　　　　图 2-25 锉修活塞环
1—汽缸；2—活塞；3—活塞环；4—厚薄规

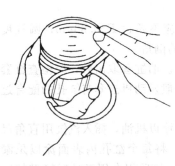

图 2-26 检查活塞环侧隙

② 侧隙 一般第一道环为 0.05～0.09mm，其余各道环为 0.03～0.07mm。侧隙过大，将影响活塞环的密封作用；过小，活塞环受热膨胀后可能卡死在环槽内。

检查活塞环侧隙时，将活塞环放入环槽内，用厚薄规按图 2-26 所示的方法测量。

③ 背隙：背隙即活塞环安装在活塞上放入汽缸后，活塞环内圆面与环槽底之间的间隙。因此间隙难以直接测量，通常背隙以槽深与环厚之差来表示。一般应低于槽岸 0～0.75mm，过低会漏气、窜油，应重新选配。

检查活塞环侧隙、背隙的经验方法是：将活塞环装入活塞环槽内，并能转动自如，无松旷感觉，环低于槽岸为合适。常用机型活塞环的装配间隙见表 2-3。

（3）活塞销的选择

发动机大修时，与活塞一起更换新的活塞销。一般情况下，活塞销座孔上、活塞销端面、连杆小头上都有相应的颜色标记，不同的颜色表示不同的配合公差带，选配时按照颜色配对选配活塞、活塞销。活塞销的质量要求是：表面粗糙度≤$Ra0.20\mu m$；无锈蚀斑点；圆柱度公差不大于 0.00125mm；应选配同厂、同级、同组活塞销，以便使重量、尺寸一致。

表 2-3　活塞环装配间隙　　　　　　　　　　　　　　　　　　　　mm

	发动机型号	6135K	WD615	6CTA
端隙	第一道气环	0.60～0.80	0.40～0.60	0.35～0.60
	其余气环	0.50～0.70	0.25～0.40	0.35～0.65
	油环	0.40～0.60	0.35～0.55	0.30～0.60
侧隙	第一道气环	0.13～0.165	0.07～0.102	0.070～0.150
	其余气环、油环	—	0.05～0.085	0.02～0.130
背　隙		0～0.60	0～0.75	0～0.70

（4）连杆衬套的修配

① 连杆衬套的选择　连杆衬套外径与连杆小头孔的配合，应有一定的过盈量，以保证衬套在工作时不走外圆。连杆衬套与连杆小头及活塞销的配合，应符合表 2-4 的规定。

活塞销与连杆衬套的配合要求是：在常温下应有一定的配合间隙，见表 2-4；接触面应达到 75％以上。

② 衬套的修配　活塞销与衬套的正确配合，是通过对衬套的试配、修刮加工来实现的。

试配：在试配中，当用手掌能将销子推入衬套的 1/3～2/5 时，将销子压入或用手锤垫铜锉打入衬套内，并夹在虎钳上，往复扳动连杆，研磨后将活塞销锉出，查看接触印痕情况进行修刮。

修刮：根据接触印痕和松紧度进行修刮。其要领是：刀与衬套的修刮面成 30°～40°角，以免修刮面积过大，未接触的部位也被刮掉。修刮时，应按由里向外、刮重留轻、刮大留小的原则进行，开始时两端边缘应少刮或不刮，防止刮成喇叭口，待松紧度和接触面接近合适时，再稍修刮两端。当修刮至能用手掌的力量将销子推入衬套时，松紧度为合适，接触面应达到 75％以上。

表 2-4　连杆衬套与活塞销及连杆的配合　　　　　　　　　　　　　mm

机　型		6135K	WD615	6CTA
衬套与连杆小端孔的过盈量		0.05～0.10	0.065～0.145	0.05～0.08
衬套与活塞销	大修标准	0.035～0.063	0.065～0.145	0.020～0.067
	使用限度	0.15	0.16	0.10

（5）连杆的检修

连杆在使用中，杆身会发生弯曲和扭曲、衬套与轴承磨损、螺栓孔磨损、大头接合面损伤等。

① 弯曲检测　连杆弯曲检测如图 2-27 所示。

将连杆安装在支承轴上，并用标准力矩拧紧，同时装上修配好的活塞销。

将连杆轴承孔套装在检验器的横轴上，转动轴端螺钉，使横轴上的定心块向外张，将连杆固定在检验器上。

将检验器小角铁的 V 形面靠在活塞销顶面上，拧紧小角铁固定螺钉。观察小角铁三个爪头与平面的接触情况，即可查出连杆的弯曲方向和程度。也可将两根与连杆轴颈和

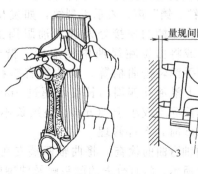

图 2-27　连杆弯曲检测
1—量规；2—活塞销；3—检测器平面

活塞销直径相同的轴分别装在连杆的大小头孔中,将连杆直立,大头朝下,支于两块相等的"V"形铁中,"V"形铁放在平板上。用支架将百分表支于连杆顶部,支架放置在平板上,用百分表测量销轴两端相距 100mm 的两点高度差,即为弯曲度。如弯曲度超过 0.05mm,应校正。

② 扭曲检查 连杆扭曲的检测如图 2-28 所示。

在弯曲检查的基础上,将小角铁下移,使其侧面接触,观察小角铁与活塞销两端的接触情况,即可测出扭曲方向和扭曲量。也可将与连杆轴颈和活塞销直径相等的两根轴分别装于大、小孔中,将连杆横放支于平板上的"V"形铁上,用支于支架上的百分表测其销轴两端相距 100mm 的两点缸间的高度差,即为扭曲度。扭曲度大于 0.01mm 时,应校正。

③ 连杆弯曲的校正 连杆弯曲的校正如图 2-29(a)所示。将连杆放入校正器内,弯

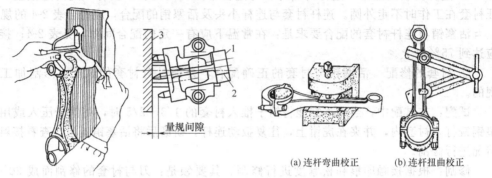

图 2-28 检查连杆的扭曲量
1—量规;2—活塞销;3—检测器平面

(a)连杆弯曲校正　(b)连杆扭曲校正
图 2-29 连杆校正

曲的凸面向上,在连杆受压处垫上垫铁,用扳手转动校正器上螺钉,压紧连杆小端,使其向上弯曲、保持一定时间后松开螺钉,取出连杆。为防止发生弹性失效,可用喷灯对连杆稍许加温。连杆校正后要重新检验。

④ 校正连杆扭曲 连杆扭曲校正如图 2-29(b)所示。转动校正器手柄,使连杆向校正方向扭曲,保压一段时间后松压,用喷灯对连杆稍许加温。校正后重新检查,不符合要求再校。

2.2.2.3 曲轴-飞轮组的检测与维修

(1)曲轴的检测与维修

曲轴常见的损伤有裂纹、轴颈磨损和轴弯曲。

① 曲轴裂纹的检查 将曲轴清洗干净后支在支架上,用榔头敲击各曲柄臂,如发出清脆的"铛、铛"声,表示无裂纹,如发出嘶哑的沉闷声,则表示有裂纹。一般裂纹处在轴颈和曲柄的连接处及润滑油眼周围。为进一步查明裂纹所在,可用显微镜仔细观察,或将曲轴在煤油中浸泡后、揩干曲轴表面,在轴颈上均匀涂抹一层白粉。然后,用手锤轻击曲柄臂。如曲轴有裂纹,则在裂纹处会渗出油汁将白粉染成黄褐色。轴颈上沿油孔四周的长度不超过 5mm 的裂纹或有未伸向圆弧和油孔处的纵向裂纹,轴颈长等于或小于 40mm,裂纹长不超过 10mm;轴颈长大于 40mm,裂纹长不超过 15mm 时,允许修理。

② 曲轴弯曲的检查 将曲轴两端支在平板上的"V"形架上。用百分表进行测量,如图 2-30 所示。将百分表的测头触及曲轴中部的主轴颈,用手慢慢转动曲轴一周,观察百分表指针变化,百分表的跳动量(圆跳动)小于 0.15mm 时,可结合修磨轴颈加以修

正；当弯曲度大于 0.15mm 时，应进行校正；当弯曲度超过 0.20mm 时，应报废。

③ 曲轴磨损部位的测量。轴颈磨损量、圆度及圆柱度应用外径千分尺测量，测量的位置如图 2-31 所示，在每一个轴颈上都要沿轴向测量两个位置（Ⅰ—Ⅰ和Ⅱ—Ⅱ），在每个位置上还要进行互相垂直的两个方向（甲—甲和乙—乙）的测量。在同一方向测得的Ⅰ和Ⅱ直径差值即为圆柱度；同一位置测得的甲和乙方向直径差值即为圆度；测得

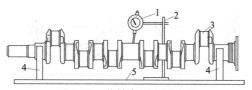

图 2-30　曲轴弯扭变形检验
1—百分表；2—表架；3—曲轴；
4—V 形架；5—检验平台

的最小直径与标准直径（或上次的修理尺寸）的差值，即为轴颈的磨损量。轴颈的圆度及圆柱度值标准见表 2-5。若超过规定值，应对曲轴进行光磨。

（2）曲轴轴承的修配

曲轴轴承在使用中的损坏，主要是磨损、疲劳剥落和烧熔。在发动机大修时，必须更换新轴承。

① 轴承座孔的检查　在修配轴承前，应首先检查轴承座孔是否符合要求，轴承座孔的圆度、圆柱度误差不大于 0.015mm。方法是：擦净轴承座，装上轴承盖，按规定扭力拧紧固定螺栓，用量缸表检查座孔的圆度、圆柱度，超过规定时，可在轴承盖两端堆焊加工或加垫调整，不允许锉修轴承盖。

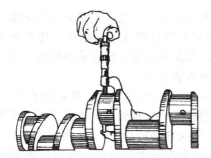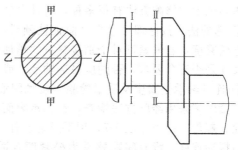

图 2-31　曲轴轴颈磨损的测量

表 2-5　曲轴修理技术标准　　　　　　　　　　　　　　　　　　　　　　　　mm

柴油机型号	主轴颈圆度与圆柱度			连杆轴颈圆度与圆柱度		
	标准	允许不修	使用限度	标准	允许不修	使用限度
6135K	0～0.01	0.01	0.02	0.015	0.03	0.08
WD615	圆度、圆柱度不大于 0.01，使用极限 0.015					
6CTA	圆度、圆柱度不大于 0.01					

② 轴承的选配　轴承的选配方法是：

a. 根据轴颈选轴承　根据曲轴轴颈光磨后的修理尺寸，选用同一级修理尺寸的轴承。方法是：轴颈标准尺寸－轴颈现有尺寸＝选配轴承缩小尺寸。

b. 轴承长度合规定　新选配的轴承装入座孔后，两端均应高出座孔平面 0.05mm，如图 2-32（a）所示，以保证轴承与座孔紧密贴合。检查轴承长度的经验做法是：将轴承在座孔内装好，扣合轴承盖，在轴承盖与座结合的平面一边，插入厚度为 0.05mm 的铜皮，把另一边的螺栓按规定扭力拧紧，当把夹有铜皮的一边螺栓拧紧到 14.7N·m 时，铜皮抽不出，说明轴承长度合适；若铜皮能抽出，说明轴承过长，应在无突榫的一端将轴承适当锉低；如果有铜皮的一边螺栓未拧至力矩数，铜皮就抽不出，说明轴承短，应重新

选配。

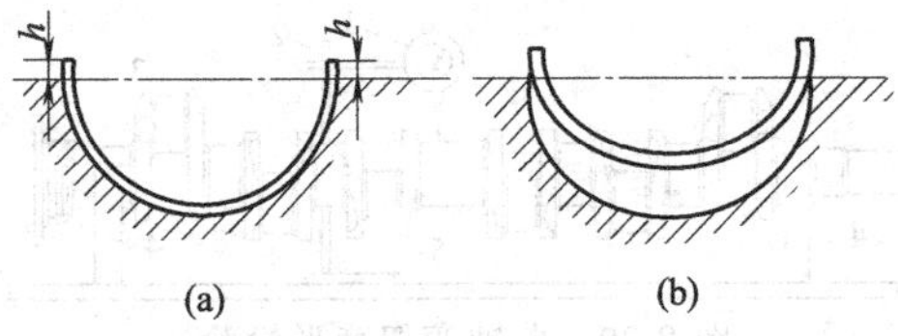

图 2-32　轴承装入座孔的要求

c. 背面光滑突榫好　轴承背面必须光滑，定位突榫应完好无损，如过低，可用尖铣铣出理想的突榫，若突榫损坏，应重新选配轴承。

d. 弹性合适无哑声　在自由状态下，把新轴承放入轴承座孔后，轴承的弯度要小于座孔的弯度，如图 2-32 （b） 所示，以利于轴承装入座孔后轴承能借自身的弹力与座贴合紧，有利于散热。敲击轴承查听，如有沙哑声，说明合金与底板贴合不牢，应重新选配。

除上述要求外，轴承合金表面，不应有裂纹和漏出底板的砂眼存在。

（3）轴承的修配方法

经光磨后曲轴轴颈与轴承的配合，其径向间隙应符合表 2-6 的规定，轴承表面的光洁度应达到一定的要求。

表 2-6　曲轴轴颈与轴承配合的径向间隙　　　　　　　mm

机　型	6135K	WD615	6CTA
连杆轴承	0.06～0.100	0.059～0.120	0.033～0.117
主轴承	0.047～0.070	0.095～0.163	0.031～0.120

曲轴轴承的修配方法有很多种，每种方法又有不同的形式，这里主要介绍选配法。

① 选配法　按修理尺寸光磨曲轴轴颈后，选用同级经过精加工的轴承，按要求装复后检查松紧度，若偏紧可对个别接触重的稍加修刮，若配合过紧，则应检查轴承座孔，轴承的尺寸是否符合要求，否则应另选轴承，或用其他方法加工。

② 连杆轴承松紧度及质量检验　接触印痕应星点满布、轻重一致，接触面在 75% 以上。松紧度多采用经验方法检查，在轴承表面涂一层机油，套在轴颈上按规定扭力扭紧连杆螺栓、螺母，扭力见表 2-7，用手甩动连杆，连杆能绕曲轴转动 1～1.5 圈为合适；沿曲轴轴向扳动连杆，没有间隙感觉为松紧度合适。并检查连杆大端与曲轴臂之间的轴向间隙，一般为 0.17～0.35mm，超过 0.50mm 时，应在连杆大端侧面堆焊铜或焊一层轴承合金，并进行修配。

表 2-7　曲轴轴承螺栓（母）扭力　　　　　　　　N·m

发动机型号	6135K-9A	WD615.67	6CTA-8.3C215
主轴承	—	250～275	176
连杆轴承	255～272	120～160	120

③ 曲轴主轴承松紧度及质量检验　松紧度检查是将轴承涂上机油，将曲轴装好。轴承盖螺栓按规定扭力拧紧。用双手腕力，能将曲轴扳动成圈转动为合适，接触面应在 75% 以上，星点满布，均匀一致。

（4）曲轴轴承配合间隙的检查

曲轴轴承间隙是指曲轴的径向和轴向间隙。这两种间隙都是为了适应发动机在工作中机件受热膨胀时的需要而设定的。

① 曲轴径向间隙的检查　轴承与曲轴轴径之间的间隙，称为曲轴的径向间隙。检查的方法有：

a. 将轴承盖螺栓按规定顺序及拧紧力矩拧紧后，用适当的力矩（四道轴承的用 30～40N·m，七道轴承的用 60～70N·m）转动曲轴，以试其松紧度。或用双手转动曲轴臂，使曲轴旋转，试其松紧度。这种方法简单易行，但要有一定的技术经验。

b. 用内径千分尺和外径千分尺分别测量轴颈的直径和轴承的内径，测得这两个尺寸的差，就是它们之间的间隙。一般径向间隙为 0.025～0.050mm。

c. 在轴颈和轴承之间，放一比轴承标准间隙约大两倍的软铅片，按规定力矩拧紧轴承盖，然后卸下盖，取出铅片，用千分尺测其厚度，这个厚度就是曲轴轴承的径向间隙。

② 曲轴轴向间隙的检查　曲轴轴向间隙是指止推轴承止推端面与轴颈定位肩之间的间隙。间隙过小，会使机件因热膨胀而卡住；间隙过大，曲轴前后窜动，则会使活塞连杆组机件产生不正常磨损。止推轴承表面逐渐磨损，使间隙改变，形成轴向位移。因此，在主轴承修配完后，应对曲轴轴向间隙进行检查和调整。其检查方法有如下两种：

a. 用百分表检查　把百分表的测杆触头抵在曲轴的前端或其他与曲轴轴线垂直的平面上，前后撬动曲轴，表针的摆差即为曲轴的轴向间隙，如图 2-33 所示。

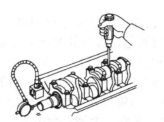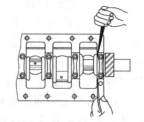

图 2-33　检查曲轴轴向间隙

b. 用塞尺检查　如图 2-33 所示，用撬棒将曲轴撬向后端，用塞尺在第一道曲轴臂与止推轴承之间进行测量。轴向间隙过大或过小时，应通过换用不同厚度的止推轴承的方法进行调整。常见车型曲轴轴向间隙应符合表 2-8 的规定。

表 2-8　曲轴轴向间隙　　　　　　　　　　　　　　　　　　　　　mm

发动机型号	6135K-9A	WD615.67	6CTA-8.3C215
曲轴轴向间隙	0.130～0.370	0.052～0.225	0.127～0.320

（5）曲轴轴承在使用中的检查与调整

为了防止轴承早期损坏，通常在发动机工作一段时间或运行一定里程后（一般在进行二级维护时），应检查主轴承和连杆轴承的磨合情况。

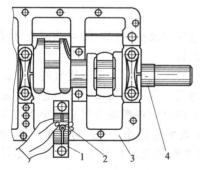

图 2-34　曲轴主轴承配合间隙的检查
1—主轴承盖；2—铜皮；3—汽缸体；4—曲轴

① 就车检查曲轴主轴承与轴颈的配合间隙　拆下全部火花塞和油底壳，用手摇柄摇转曲轴，以感觉曲轴转动时的阻力。

拆下被检查的轴承盖（垫片勿丢失或装错），擦去轴承和轴颈表面的油污，然后将厚度为标准间隙厚度的铜皮剪成 25mm×13mm 的铜片（铜片四角要剪成圆角，并用油石磨去毛刺，以防刮伤轴承），纵向放于轴承表面一侧，如图 2-34 所示。并在表面涂少许机油，放好两端垫片，装回轴承盖，按规定力矩拧紧轴承盖螺栓。

摇转曲轴感觉阻力变化，若阻力明显增加，为轴承间隙合适；阻力增加不明显，为间隙稍大；阻力毫无增加，为间隙过大。

② 轴承与轴颈配合间隙的调整　在维护作业中，轴承与轴颈配合间隙的调整，均采用抽减垫片的方法。间隙稍大的轴承，可调换垫片（去厚用薄）予以调整；间隙过大的轴承，应酌情抽减垫片，抽减垫片时，两边应相等，以保持两端垫片数相等。轴承调整后的最小间隙应不低于规定间隙的上限标准。

若抽去原来全部垫片间隙仍大，则应换用新轴承，在材料缺乏或短期使用时，可在无油孔轴承（下片轴承）的背面垫以薄铜皮。

全面调整轴承时，应从中间一道开始，例如，七道轴承时则按 4、3、5、2、6、1、7 的顺序进行。各道轴承的松紧度应调整一致，以免松紧度差别过大而使发动机产生异响。

若发现个别轴承疲劳损坏或严重烧蚀，应就车更换。但更换个别轴承时，配合间隙应适当放大些，要与其他各道轴承的配合接近一致，以免破坏各运动机件之间的协调关系，而引起异响。

2.2.2.4 飞轮及飞轮壳的检修

（1）飞轮的检修

① 飞轮齿圈的检修　齿圈牙齿若系单面磨损，可将齿圈翻面使用；个别牙齿损坏，可继续使用；齿圈两面均磨损超过齿长的 25%，牙齿连续损坏四个以上时，应更换新齿圈。更换齿圈时，对齿圈加热到 $350\sim400℃$ 时，齿圈便会自行脱落，装复也只需对齿圈加热即可。齿圈与飞轮的配合应有 $0.25\sim0.97mm$ 的过盈。

② 飞轮工作面的检修　飞轮与离合器接触的工作面，如有严重烧蚀、龟裂或磨损、沟槽深度超过 $0.50mm$ 时应光磨，否则，会引起离合器发抖、打滑和加速摩擦片磨损。光磨后飞轮工作面的总厚度，不得小于标准厚度 $1.20mm$。工作面允许有一至二道环形沟痕存在。

（2）飞轮壳的检修

飞轮壳不得有裂纹；安装变速器和启动机的螺钉孔丝扣损坏不得超过 2 扣；飞轮壳与缸体配合的定位销钉，如有松动、变形，应更换。

飞轮壳与汽缸体结合后，飞轮壳安装变速器的平面应与曲轴轴心线垂直。端面圆跳动不应超过 $0.20mm$；超过时，可在飞轮壳与汽缸体结合面处加垫调整。

2.3 配气机构的构造与拆装维修

2.3.1 配气机构的功用及组成

2.3.1.1 配气机构的功用

配气机构的功用是适时地开启和关闭各个汽缸的进气门及排气门，使可燃混合气或新鲜空气及时进入燃烧室，并将燃烧后的废气及时排出汽缸。

影响发动机充气效率的因素很多，如进气系统自身对气流的阻力造成进气终了时缸内压力下降，上一循环未排净的残余废气及燃烧室、活塞顶、气门等高温零件对进入汽缸的新气加热，使进气终了时气体温度升高，导致实际充入汽缸的可燃混合气总是小于在大气状态下充满汽缸工作容积的新鲜气体的质量，即充气效率总是小于 1。对于配气机构而言，提高充气效率主要应减小进、排气阻力，合理设置配气正时，使吸气和排气尽可能充分。

2.3.1.2 配气机构的组成

（1）配气机构布置形式和工作情况

四行程发动机采用气门式配气机构，气门式配气机构形式较多，可按以下不同的布置方式进行分类。装载机发动机气门的布置形式为顶置气门式。

顶置式气门配气机构的进、排气门均布置在汽缸盖上，如图 2-35 所示。它主要由气门、气门导管、气门弹簧、弹簧座、锁片、摇臂轴、摇臂、推杆、挺柱和凸轮轴组成。

① 工作过程　当汽缸的工作循环需要气门打开进行换气时，曲轴通过正时齿轮驱动凸轮轴旋转，使凸轮轴上的凸轮通过挺柱、推杆、调整螺钉推动摇臂摆转，摇臂的另一端

便向下推动气门杆，使气门开启，同时使气门弹簧进一步压缩。随着凸轮转动，气门升程逐渐加大，当凸轮升至桃尖时气门全开，凸轮继续转动，此时凸轮的凸起部分的顶点转过挺柱，对挺柱的推力逐渐减小，气门在其弹簧张力的作用下，开度逐渐减小，直至完全关闭，即完成一次进气或排气过程。压缩和做功行程中，气门在弹簧张力作用下严密关闭，使汽缸密闭。

由于四行程发动机每完成一个工作循环，曲轴转两圈，而各缸只进、排气一次，也即凸轮轴只需转一圈，所以曲轴与凸轮轴的传动比为2∶1。

顶置气门布置方式的特点是：气门行程大，虽结构较为复杂，但它的燃烧室紧凑，有利于燃烧及散热，有利于提高压缩比，改善发动机的动力性。

② 凸轮轴布置形式　凸轮轴的布置形式可分为下置、中置和上置三种。气门顶置式配气机构的凸轮轴可以上置、中置或下置，侧置式气门配气机构的凸轮轴只能下置。

下置凸轮轴式配气机构：将凸轮轴布置在曲轴箱内的称为下置凸轮轴式，如图2-35所示。这种配气机构应用最为广泛，其特点是，气门与凸轮轴相距较远，因此气门是通过挺柱、推杆、摇臂传递运动和力，因传动环节多、路线长，在高速运动时，整个系统会产生弹性变形，影响气门运动规律和开启、关闭的准确性，所以它不适应高速车用发动机。但因曲轴与凸轮轴距离较近，可以简化两者之间的传动装置，有利于整机的布置。

中置凸轮轴式配气机构：当发动机转速较高时，为了减小气门传动机构的往复运动质量，可将凸轮轴位置移到汽缸体的上部，由凸轮轴经过挺柱直接驱动摇臂，而省去推杆，这种结构称为中置凸轮轴式配气机构，如图2-36所示。

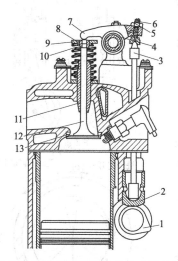

图2-35　顶置气门下置凸轮轴式配气机构
1—凸轮轴；2—挺柱；3—推杆；4—摇臂轴；
5—锁紧螺母；6—调整螺钉；7—摇臂；
8—气门锁片；9—气门弹簧座；10—气门弹簧；
11—气门导管；12—气门；13—气门座

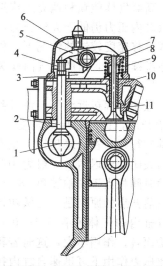

图2-36　中置凸轮轴式配气机构
1—凸轮轴；2—挺柱；3—支架；4—调整螺钉；5—摇臂；
6—摇臂轴；7—锁片；8—气门弹簧座；9—气门弹簧；
10—气门导管；11—气门

上置凸轮轴式配气机构：上置凸轮轴式配气机构的凸轮轴布置在汽缸盖上，如图2-37所示。该图所示的是顶置气门上置单凸轮轴式发动机，一个凸轮轴驱动进、排气摇臂，进气摇臂驱动进气门开闭，排气摇臂驱动排气门开闭。

对于上置凸轮轴式配气机构，通常气门的驱动有两种形式，一种是凸轮轴直接驱动气门，另一种是通过摇臂驱动气门。

（2）配气定时

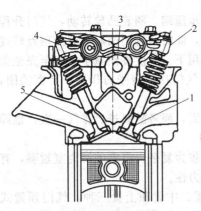

图 2-37　上置凸轮轴式配气机构
1—排气门；2—排气摇臂；3—凸轮；
4—进气摇臂；5—进气门

配气定时就是进、排气门的实际开闭时刻，通常用相对于上、下止点曲拐位置转角的环形图来表示。这种图形称为配气定时图（图 2-38）。

现代发动机的曲轴转速都很高，活塞每一个行程历时都很短，例如，WD615.67 柴油发动机在最大功率时的转速为 5600r/min，一个行程历时仅为 60/(5600×2)s＝0.0054s。这样短时间的进气或排气过程，往往会使发动机充气不足或排气不净，从而使发动机的功率下降。因此，现代发动机都采用延长进、排气时间的方法，即气门的开启和关闭时刻并不正好是曲拐处在上止点和下止点的时刻，而是分别提前和延迟一定的曲轴转角，以改善进、排气状况，从而提高发动机的动力性。

如图 2-38 所示，在排气行程接近终了、活塞到达上止点之前，即曲轴转到曲拐离上止点的位置还差一个角度 α 时，进气门便开始开启，直到活塞过了下止点重又上行，即曲轴转到曲拐超过下止点位置以后一个角度 β 时，进气门才关闭。这样，整个进气行程持续时间相当于曲轴转角 180°＋α＋β。α 角一般为 10°～30°，β 角一般为 40°～80°。

进气门提前开启的目的是保证进气行程开始时进气门已开大，新鲜气体能顺利地充入汽缸。当活塞到达下止点时，汽缸内压力仍低于大气压力，在压缩行程开始阶段，活塞上移速度较慢的情况下，仍可以利用气流惯性和压力差继续进气，因此进气门晚关一点是有利于充气的。

同样，做功行程接近终了、活塞到达下止点前，排气门便开始开启，提前开启的角度 γ 一般为 40°～80°。经过整个排气行程，在活塞越过上止点后，排气门才关闭，排气门关闭的延迟角 δ 一般为 10°～30°。整个排气过程的持续时间相当于曲轴转角 180°＋γ＋δ。

排气提前开启的原因是：当做功行程的活塞接近下止点时，汽缸内的气体虽有 0.3～0.4MPa 的压力，但就活塞做功而言，作用不大，这时若稍开排气门，大部分废气在此压力作用下可迅速自缸内排出；当活塞到达下止点时，汽缸内压力已大大下降（约为 0.115MPa），这时排气门的开度进一步增加，从而减少了活塞上行时的排气阻力，高温废气迅速排出，还可防止发动机过热。当活塞到达上止点时，燃烧室内的废气压力仍高于大气压力，加之排气时气流有一定的惯性，所以排气门迟一点关，可以使废气排放得较干净。

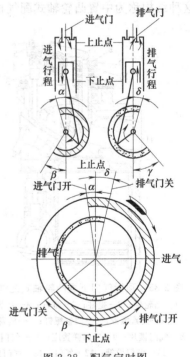

图 2-38　配气定时图

由图 2-38 可见，由于进气门在上止点前即开启，而排气门在上止点后才关闭，这就出现了一段时间内排气门和进气门同时开启的现象。这种现象称为气门重叠，重叠时期的曲轴转角称为气门重叠角。由于新鲜气流和废气流的流动惯性都比较大，在短时间内是不会改变流向的，因此只要气门重叠角选择适当，就不会有废气倒流入进气管和新鲜气体随同废气排出的可能性，这对换气是有利的。

（3）气门间隙

发动机工作时，配气机构的各个零件，如气门、挺柱、推杆等都因受热膨胀而伸长，如果气门及其传动件之间不留间隙，则在热态时，就会因受热膨胀而顶开气门，破坏气门与气门座之间的密封，造成发动机在压缩和做功行程中漏气，而使功率下降。为了消除这种现象，通常配气机构在常温装配时，须留有一定的间隙，这一间隙就称为气门间隙。为了能对气门间隙进行调整，在摇臂（或挺杆等）上装有调整螺钉及其锁紧螺母。

（4）配气机构的主要零件与组件

配气机构中，其主要零件都可以分为气门组和气门驱动组两大部分。

① 气门组　包括气门、气门座、气门导管、气门弹簧、气门弹簧座及锁片等，如图2-39所示，其主要功用是维持气门的关闭。

a. 气门　是燃烧室的组成部分，又是气体进、出燃烧室通道的开关，要承受很大的力冲击、温度冲击和高速气流冲击。

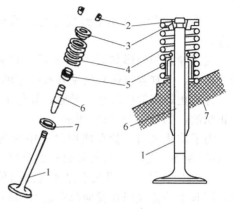

图 2-39　气门组

1—气门；2—气门锁块；3—气门弹簧上座圈；
4—气门弹簧；5—气门油封；6—气门导管；
7—气门弹簧下座圈

气门由头部和杆部两部分组成。气门的工作条件非常恶劣，气门头部的工作温度很高，气门头部要承受气体压力、气门弹簧力及传动组零件惯性力的作用，冷却和润滑条件差，接触汽缸内燃烧生成物中的腐蚀介质。

因此，要求气门必须具有足够的强度、刚度、耐热、耐蚀和耐磨能力。由于进、排气门的工作条件不同，进气门的材料采用合金钢（如铬钢或镍铬钢等），排气门由于热负荷大，一般采用耐热合金钢（硅铬钢、硅铬钼钢等）。

气门头顶部的形状有平顶、凸顶和凹顶等，如图2-40所示。

气门头部与气门座接触的工作面，是与杆部同心的锥面。通常将这一锥面与气门顶平面的夹角称为气门锥角，如图2-41所示。常见的气门锥角为30°和45°。为了减小进气阻力，提高汽缸的充气效率，进气门的头部直径做得比排气门的大。

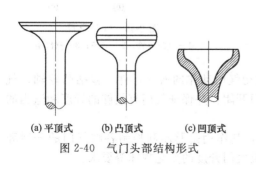

(a)平顶式　(b)凸顶式　(c)凹顶式

图 2-40　气门头部结构形式

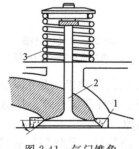

图 2-41　气门锥角

1—气门座；2—气门；3—气门弹簧

气门杆一端与气门头部相连，另一端，即气门杆尾部，与气门弹簧座相连接。气门杆尾部结构与气门和弹簧座的连接方式有关。常见有锁块式固定，如图2-39所示。锁块式固定是气门杆尾部切有凹槽，在凹槽上装有两个半锥形锁块2，在气门弹簧4的弹力作用下，气门弹簧上座圈3内锥面压住两个半锥形锁块，使其紧箍在气门杆尾部。由于在气门杆尾端车有凹槽，使凹槽处的强度被削弱。

b. 气门座　汽缸盖的进、排气道与气门锥面相结合的部位称为气门座。气门座的作用是靠其内锥面与气门锥面的紧密贴合密封汽缸。气门座可在汽缸盖上直接镗出，但相当多的车用发动机汽缸盖采用铝合金材料，这种材料不耐磨，同时气门座在高温下工作，磨损严重。为提高汽缸盖的使用寿命和便于修理更换，一般用较好的材料（耐热合金钢、合金铸铁等）单独制作一个气门座圈，然后镶嵌到汽缸盖上，如图 2-42 所示。

气门座圈是一个圆环，它以较大的过盈量压在汽缸盖的气门座窝上。气门座圈与汽缸盖的过盈量要合适，如果过盈量不足，则在工作时座圈易脱落而损坏发动机。为了防止气门座圈松脱，有的在气门座圈外圆上车有环槽，以备压入后缸盖材料塑性变形嵌入环槽中。

c. 气门导管　作用是给气门的运动导向，保证气门直线运动，使气门与气门座贴合良好。

气门导管的外形如图 2-43 所示。它为圆柱形管，其外表面有较高的加工精度、较低的粗糙度，与缸盖（体）的配合有一定的过盈量，以保证良好地传热和防止松脱。

为防止过多的机油进入导管，导管上端面内孔处不应倒角，外侧面带有一定锥度，以防止积油，如图 2-43（c）所示。

为了防止气门导管在使用过程中脱落，有的发动机对气门导管用卡环定位，如图 2-43（b）所示。这样导管的配合过盈量可小些。

d. 气门弹簧　作用在于保证气门回位。在气门关闭时，保证气门及时关闭和紧密贴合，同时也防止气门在发动机振动时因跳动而破坏密封；在气门开启时，保证气门不因运动时产生的惯性力而脱离凸轮。为此，气门弹簧应具有足够的刚度和安装预紧力。

气门弹簧多为圆柱形螺旋弹簧，如图 2-41 所示。材料为高碳锰钢、铬钒钢等冷拔钢丝，加工后要经过热处理。其一端支承在汽缸盖或汽缸体上，而另一端则压靠在气门杆端的弹簧座上。弹簧座用锁片固定在气门杆的末端。

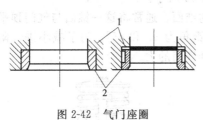

图 2-42　气门座圈
1—汽缸盖；2—气门座圈

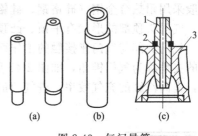

图 2-43　气门导管
1—气门导管；2—卡环；3—汽缸盖

② 气门驱动组　是指从正时齿轮开始至推动气门动作的所有零件，包括凸轮轴、气门挺杆、推杆和摇臂等。其功用是定时驱动气门开闭，并保证气门有足够的开度和适当的气门间隙。

a. 凸轮轴　是气门驱动组中最主要的零件，其作用是驱动和控制各缸气门的开启和关闭，使其符合发动机的工作顺序、配气相位及气门开度的变化规律等要求。

凸轮轴主要由凸轮和凸轮轴颈等组成。多缸发动机的凸轮轴，按汽缸工作顺序，配置了一系列的凸轮。根据发动机的总体布置，在一根凸轮轴上，可以单独配置进气凸轮或排气凸轮，也可以同时配置进气凸轮和排气凸轮，如图 2-44 所示。

b. 凸轮　是凸轮轴的主要工作部分，它在工作时承受气门间歇性开启的冲击载荷。

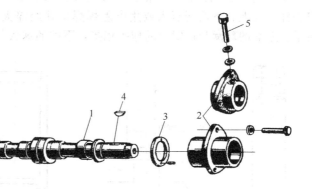

图 2-44　凸轮轴结构

1—凸轮轴；2—推力轴承；3—隔圈；4—半圆键；5—接头螺钉

由于它与挺杆或摇臂的接触近于线接触，接触面积小，接触压力很大，磨损较快，因而要求凸轮表面应有良好的耐磨性，同时两者之间材料及其热处理的组合也非常重要，否则很容易在这对摩擦副的工作表面上发生刮伤和剥落等损伤。为了保证气门开闭规律的正确性，凸轮还应有足够的刚度。凸轮轴的材料一般用优质钢模锻而成，并经表面高频淬火（中碳钢）或渗碳淬火（低碳钢）处理。

为了承受斜齿轮产生的轴向力，防止凸轮轴在工作中产生轴向窜动，凸轮轴需要轴向定位。止推片安装在正时齿轮与凸轮第一轴颈之间，且留有一定的间隙，从而限止了凸轮轴的轴向移动量。调整止推片的厚度，可控制其轴向间隙大小。

c. 凸轮轴的传动方式　曲轴与凸轮轴之间的传动方式有齿轮传动、链传动和带传动。

凸轮轴下置、中置的配气机构大多采用圆柱形定时齿轮传动。一般曲轴与凸轮轴之间的传动只需一对定时齿轮，加装中间齿轮。为了使齿轮啮合平顺，减小噪声和磨损，正时齿轮多用斜齿并用不同材料制成。为了保证装配时的配气正时，齿轮上都有正时记号，装配时必须使记号对齐，如图 2-45 所示。

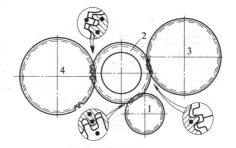

图 2-45　正时齿轮的传动及正时记号

1—曲轴齿轮；2—惰轮；3—凸轮轴正时齿轮；
4—喷油泵传动齿轮

链条传动和齿形带传动：链条传动噪声小，一般用于中置或顶置凸轮轴式发动机上。曲轴通过链条驱动凸轮轴，在链条侧面有张紧机构和链条导板，利用张紧机构可以调整链条的张力。

d. 气门挺杆　是凸轮的从动件，它的作用是将凸轮的推力传给推杆或气门。

常见的普通挺杆有菌形挺杆、平面挺杆和筒形挺杆，如图 2-46 所示。挺杆常用碳钢、合金钢、合金铸铁和冷激铸铁等制成，它与凸轮轴的材料必须有合理的组合配对。

平面挺杆由于结构简单、重量轻，被广泛用于车用发动机上。

由于配气机构中存在间隙，在高速运行时会产生很大的振动和噪声，这对某些要求行驶平稳和低噪声的车用发动机来说是很不适宜的。为解决这一问题，有的发动机上采用了液压挺杆。它消除了配气机构中的间隙，减小了各零件的冲击载荷和噪声，同时凸轮轮廓可设计得比较陡一些，使气门开启和关闭更快，以减小进、排气阻力，改善发动机的换气，提高发动机的性能，特别是高速性能。

e. 推杆   作用是将从凸轮轴经过挺杆传来的推力传给摇臂。常用的推杆是一根细长空心杆，其上、下两端压入或用电阻焊焊接并经淬火和精加工的凹、凸球头，如图 2-47 所示。上端的球窝与摇臂上的球头相接，下端的球头与挺杆的球窝相配。

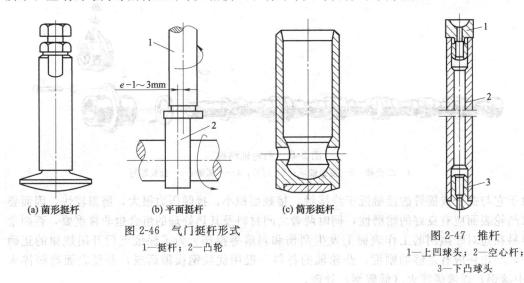

图 2-46   气门挺杆形式
1—挺杆；2—凸轮

(a) 菌形挺杆   (b) 平面挺杆   (c) 筒形挺杆

图 2-47   推杆
1—上凹球头；2—空心杆；
3—下凸球头

f. 摇臂   作用是将推杆或凸轮传来的力改变方向，作用到气门杆端以推开气门，如图 2-48 所示。气门摇臂一般制成不等长的，两边臂长的比值（称摇臂比）为 1.2～1.8，其中长臂一端用来推动气门。

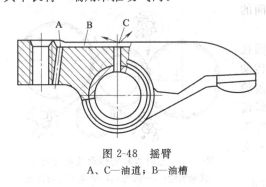

图 2-48   摇臂
A、C—油道；B—油槽

摇臂的短臂上带有调整螺钉（没有使用液压挺杆时），在调整螺钉上带有锁紧螺母，以调整配气机构的气门间隙。

摇臂与气门杆尾端接触部分由于接触应力高，且相对滑移，因此磨损严重，为此在该部分常堆焊耐磨合金或做成圆弧面状。摇臂内还钻有润滑油道和油孔。

摇臂一般用 45 中碳钢模锻或球墨铸铁精密铸造而成。为了提高其耐磨性，摇臂的轴孔内镶有青铜衬套或装有滚针轴承与摇臂轴配合转动，有些高速发动机摇臂采用轻质合金铸铝，圆弧面上堆焊一层耐磨合金。

g. 摇臂组   结构如图 2-49 所示。摇臂通过摇臂轴支承在摇臂轴支座上，摇臂轴支座安装在汽缸盖上，摇臂轴为空心管状结构。摇臂与推杆端、摇臂与摇臂轴间的润滑可采用来自挺杆座、挺杆、推杆、摇臂内油道或来自汽缸体、汽缸盖、摇臂内孔的压力机油润滑。为了防止摇臂窜动，在摇臂轴上每两摇臂之间都装有弹簧。

2.3.2   气门组零件的检验与修理

发动机工作时，气门组零件常见的损伤有：气门和气门座工作面磨损起槽、变宽；烧蚀后出现斑点和凹陷；气门杆磨损和弯曲；气门杆与气门导管配合松旷；气门弹簧自由长度缩短、弹力减退和变形、甚至折断等。

（1）气门的检验

① 气门的工作面磨损起槽、变宽或烧蚀出现斑点、凹陷时，应进行光磨。当磨损严

重，不能通过光磨的方法修复时，则应更换。

② 气门杆的磨损（磨损最大部位一般在杆部与导管上下端接触的部位），可用千分尺在磨损最大部位和杆未磨损处对比测量，磨损量超过 0.05mm 时，或用手摸有明显阶梯形感觉，应更换气门。

③ 气门头部锥面对杆部圆柱面斜向圆跳动误差应不大于 0.03mm；气门杆的直线度误差应不大于 0.02mm，检查方法如图 2-50 所示。超过规定时，可用冷压的方法进行校正。方法是：将气门杆用铜皮裹住夹在虎钳上，尽量使气门头靠近虎钳平面，用手锤轻轻敲击气门头，则可校正偏摆。将气门放在木头上，用铜锤或木槌敲击气门杆，则可校正弯曲。

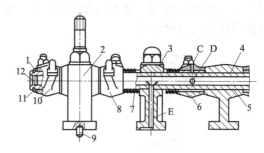

图 2-49 摇臂组
1—垫圈；2、3、4—摇臂轴支座；5—摇臂轴；
6、8、10—摇臂；7—弹簧；9—定位销；
11—锁簧；12—堵头；C、D、E—油孔

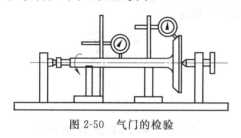

图 2-50 气门的检验

气门杆的直线度可在平板上滚动，用厚薄规测量缝隙检查。

④ 气门杆下端面，如磨损有凹陷，应磨平。

⑤ 气门杆端面不平。可用磨端面架的"V"形槽和平形砂轮的端面进行修磨，累计磨削量应不大于 1.50mm。

⑥ 气门杆锁片槽部如磨损，则应更换气门。

（2）气门座的维修

① 气门座圈的镶换　气门座经多次铰磨后，工作面将逐渐下降，当下降到一定深度后，会影响充气系数和降低气门弹簧的弹力。因此，当气门座工作面的上边缘低于缸盖下平面 1.50mm 或原镶的座圈有裂纹、松动时，均应重镶气门座圈。

气门座圈内外壁的粗糙度不超过 1.6μm，座圈与座圈孔的配合应有适当的过盈量，一般进气门为 0.075～0.12mm，排气门为 0.10～0.16mm，以保持座圈与孔的过盈配合。

气门座圈的镶入，可用冷缩座圈或热胀座圈孔的方法。一般将座圈放入液氮中（-196℃）泡 15～20s 而后取出座圈，迅速放入座圈孔即可。也可将座圈加热至 100℃ 左右，垫以软金属，迅速将座圈铳入。

② 气门的试配　新气门或光磨过的气门应进行试配，要求接触部位在中部或中下部。宽度为 1.5～2.0mm，如图 2-51 所示，如接触面偏上或偏下，应用铰刀进行修整，若接触面距气门斜面上沿或下沿有 1mm 以上时，允许使用。否则，应更换气门或座圈。

③ 气门的研磨　为了提高气门与气门座的密封性。光磨后的气门与气门座，或在保养时发现气门与气门座有较轻的烧蚀或斑点，可采取研磨的方法，使气门与气门座的工作面获得良好的配合。

④ 清洗气门、气门座及气门导管　在气门工作面上涂一薄层粗气门研磨砂，气门杆上涂些机油，将气门杆插入导管内，捻转木柄或起子，使气门在气门座上研磨，如图 2-52 所示。有条件的可采用电动或气动气门研磨机研磨气门。研磨时，应经常改变气门与座的相对位置，使工作面上各点都能相互研磨。研磨时，不要过分用力，严禁上下拍打气门，以免气门工作面出现凹痕。同时应经常检查其接触情况，当气门与气门座工作面研磨出一条较整齐而无斑痕、麻点的接触环带时，可将粗研磨砂洗去，换用细研磨砂研磨，研

磨到气门工作面上出现一条整齐的 1.5～2.0mm 宽的灰色无光的环带时，洗去细砂，涂上机油再研磨几分钟即可。

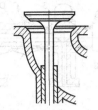

图 2-51　气门与气门座的正确接触位置

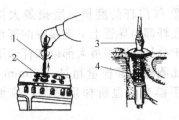

图 2-52　研磨气门

1—木柄；2—橡皮碗；3—起子；4—弹簧

⑤ 气门与气门座密封性的检验　方法有以下几种：一是用如图 2-53 所示的检验仪，将仪器的空气室罩在气门座上用手压紧，挤压橡皮球，使空气室内具有 70kPa 的压力，如在半分钟内压力不下降，即为合格。二是用铅笔在气门工作面上每相距 8mm 左右画一条线，装入气门导管内轻压使气门转动 1/4 圈，若将铅笔所画线条全部切断为合乎要求，如图 2-54 所示。三是将气门与气门座擦干净，用气门轻拍数下，气门与座上出现明亮而完整的光环为好。当密封不合要求时，应采取适当措施解决。

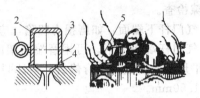

图 2-53　气门密封性检验

1—气压表；2—空气室；3—进气孔；4—气门；5—橡皮球

图 2-54　画线法检查气门密封性

⑥ 气门平面与缸盖底平面沉陷量的检查　检查方法如图 2-55 所示。6135K 型柴油机此距离为 0.25～0.35mm；WD615 型进气门为 1.2mm，排气门为 1.2～1.4mm。

（3）气门弹簧的检验

气门弹簧的自由长度和弹力，可用气门弹簧检测仪进行检验，其结果应符合技术规定。也可用新旧对比的方法检验，即取一只标准张力的弹簧与被检弹簧一起放在平板上，看其自由长度是否一样，然后在两弹簧间垫一块铁板一起夹在虎钳上，压缩后若两者长度一致或相差不多，即为弹力合格。经检查弹力和自由长度不符合规定时，应更换。气门弹簧的变形，在自由状态下弹簧轴线对支承面的垂直度，其误差不得超过 2°；各道弹簧的外径，应在同一平面上，其误差不得超过 1mm，否则应更换，检查方法如图 2-56 所示。弹簧如有裂纹，应更换。

图 2-55　气门平面与汽缸盖底平面之间距离的测量

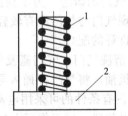

图 2-56　气门弹簧的检验

1—被检气门弹簧；2—角规

◾ 2.3.3 气门传动组零件的检验与维修

2.3.3.1 气门挺杆的检修

气门挺杆直径的磨损，一般不得超过 0.05mm，气门挺杆与导孔的配合间隙超过规定时，应换新，也可通过电镀或刷镀加粗挺杆直径，铰大导孔的方法进行修复。当导孔直径加大至 1.5mm 以上时，应将导孔镶套，恢复其与挺杆的标准配合尺寸。镶套时的过盈量为：青铜套为 0.1～0.15mm，铸铁套为 0.015～0.025mm。

气门挺杆应光滑，球面对杆部轴心线的斜向圆跳动公差应不大于 0.05mm。挺杆球面的磨损情况，可用样板检查。样板圆弧与球面应处处贴合为良好。否则出现缝隙大于一定值时，应更换或修磨挺杆球面。

（1）气门摇臂、摇臂轴及推杆的维修

① 摇臂轴的磨损应不超过 0.025mm，否则应电镀修复或更换。

② 摇臂轴与摇臂衬套的配合间隙检查。用测径向圆跳动法检查摇臂轴的直线度，全长上误差应不大于 0.10mm，摇臂衬套与摇臂轴的配合间隙应符合表 2-9 的规定，超过时可更换摇臂衬套修复，气门摇臂衬套外径与承孔配合过盈一般为 0.092～0.19mm。装配衬套时，衬套油孔应与摇臂上的油孔对正，以保证机油流动畅通。

表 2-9　摇臂轴与摇臂衬套的配合间隙 mm

机　型	标　准	使用限度
6135K-9A	0.030～0.087	—
WD615.67	0.040～0.119	0.15

③ 摇臂轴弹簧折断、变形，应更换；装复摇臂轴支座时，有油槽的支座应与缸盖上油孔对正，不许混装，否则将破坏润滑；气门摇臂脚应与气门杆端头对正，其误差应不大于 0.50mm；摇臂脚与气门杆接触处如磨损、有轻微凹陷不平时，可放在油石上修磨；若磨损过大、有明显凹坑时，应堆焊修复或更换。

④ 气门推杆不得弯曲（直线度公差为 1.2mm），推杆上端与调整螺钉接触的球座及推杆下端球头应光滑，如有裂损、变形和磨损起槽时，应予修复或更换。

（2）凸轮轴与轴承的维修

① 凸轮轴的检验与维修　首先检查凸轮轴的弯曲，以两端轴颈为支点，如图 2-57 所示，径向跳动不得大于 0.03mm，超过 0.10mm 时，可用冷压校正法校正。其次检查凸轮的升程，不低于规定的 5% 时，允许不修磨凸轮，但应检查凸轮基圆，凸轮基圆对凸轮轴轴线的径向圆跳动公差：大修标准为 0.03mm，大修允许不大于 0.05mm。当凸轮表面有击伤、麻点、毛糙时应修磨。凸轮顶端磨损超过

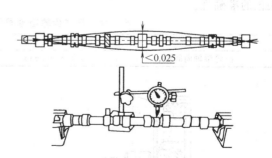

图 2-57　检查凸轮轴弯曲变形

1.00mm 时，应对凸轮顶端堆焊后予以修磨，以恢复原有的尺寸和形状，或者更换。凸轮轴上的机油泵驱动齿轮，如有毛糙或齿面磨损超过 0.50mm 时，应予修复。齿轮个别牙齿损坏，在不影响使用的情况下，允许磨掉锐角后继续使用。驱动输油泵的偏心轮表面粗糙度不得超过 0.80μm。偏心轮磨损，超过 2.00mm 时，应予堆焊修复或更换凸轮轴。凸轮轴各轴颈的圆柱度公差：大修标准为 0.005mm，大修允许不大于 0.015mm，使用限度为 0.025mm。凸轮轴装正时齿轮的轴颈径向圆跳动公差和轴向止推端面的端面圆跳动误

差，均应不大于 0.035mm。

② 凸轮轴轴承的修配　凸轮轴轴承与轴颈配合间隙大于 0.15mm 或发动机大修时，都应更换新轴承，以恢复轴颈与轴承的正常配合。根据凸轮轴轴颈的尺寸，选择同级修理尺寸的轴承。凸轮轴承与承孔的配合应有一定的过盈量。过盈量过大，轴承装入承孔困难且易损坏，过小则定位不牢靠。

根据轴颈尺寸刮削轴承的方法是：把轴承套在相应的轴颈上，转动轴承数圈后取下，根据接触情况修刮轴承合金，修刮后再把轴承套在轴颈上转动，取下轴承后根据接触情况再次修刮，如此反复进行。当刮削至轴承与轴颈间插入的厚薄规厚度＝轴承与承孔的配合过盈量＋轴承与轴颈的配合间隙，拉动厚薄规时稍有阻力为合适。这样，当把轴承压入承孔后，由于轴承内径的缩小量接近轴承与承孔配合的过盈量，即可得到所需的配合间隙。刮削时，要尽量做到使轴承壁厚均匀，以保证各道轴承的同心度。

铣下汽缸体的后端盖，拆除旧轴承。新轴承压入时应注意对正油孔，各道凸轮轴承不得装错，以免影响摇臂机构的润滑。

将凸轮轴装入轴承孔内转动数圈，根据松紧度和接触面的情况进行适当的修刮。检验配合松紧度的方法是：在轴承内涂机油，转动凸轮轴数圈后，用手指拨动正时齿轮时，应转动灵活、无卡阻现象，上下扳动凸轮轴无明显的间隙感觉。

（3）正时齿轮的检验与修复

正时齿轮与曲轴正时齿轮的啮合间隙应符合规定。超过使用限度时，或同一对齿轮啮合间隙沿齿轮圆周相隔 120°三点测量，间隙差超过 0.10mm 时，应更换齿轮。啮合间隙可用厚薄规插入两齿间或用百分表抵在齿轮上的方法进行测量。

凸轮轴正时齿轮不得有裂损，齿形及内孔应完整。齿毂松动时，应更换。

凸轮轴上装正时齿轮的键槽损坏，允许另开新槽，但要在正时齿轮上重新标出正时记号，以防影响配气相位。

（4）凸轮轴轴向间隙的检查与调整

凸轮轴轴向间隙应符合表 2-10 的规定，检查方法如图 2-58 所示，用厚薄规测量，也可直接测量止推突缘与隔圈的厚度差。当止推突缘磨损使轴向间隙超过规定时，应更换标准厚度的止推突缘，不得任意减薄隔圈的厚度。否则，将改变凸轮的轴向位置，影响配气相位的准确性。

表 2-10　正时齿轮啮合间隙及凸轮轴轴向间隙　　　　　　　　　　mm

发动机型号	6135K-9A	WD615.67	6CTA-8.3C215
凸轮轴轴向间隙	0.195～0.645	0.10～0.40	0.12～0.46

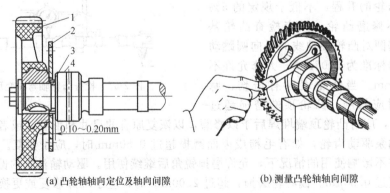

(a) 凸轮轴轴向定位及轴向间隙　　　　　　(b) 测量凸轮轴轴向间隙

图 2-58　凸轮轴轴向间隙的测量

1—凸轮轴正时齿轮；2—止推突缘；3—隔圈；4—凸轮轴第一道轴颈

2.3.3.2 气门脚间隙的调整

气门脚的间隙会因配气机构零件的磨损而发生变化，间隙过大，会使气门的升程减小，引起充气不足，排气不畅，而且会带来不正常的敲击声；间隙过小，会使气门关闭不严，造成漏气，易烧蚀气门与气门座的工作面。因此，要按规定调整好气门脚间隙，以保证发动机正常的工作。气门脚间隙见表 2-11。

表 2-11　常见发动机气门脚间隙　　　　　　　　　　　mm

发动机型号	6135K-9A	WD615.67	6CTA-8.3C215
进气门	0.25～0.30	0.30	0.30
排气门	0.30～0.35	0.40	0.61

气门脚间隙的检查和调整，要在气门完全关闭、气门挺杆落至最低位置时进行。为了达到上述要求，通常是在汽缸压缩终了时，调整该缸的进、排气门。检查调整方法有两种。

（1）逐缸调整法

① 摇转曲轴使飞轮上的上止点记号与飞轮壳检查孔上的刻线对正，或曲轴皮带轮上的标记与指针对正，此时是一缸或六缸压缩终了的位置，可以调整一缸或六缸进、排气门的间隙。

② 调整时应先松开锁紧螺母，旋松调整螺钉，在气门杆与摇臂脚之间插入规定厚度的厚薄规，如图 2-59 所示，用起子拧进调整螺钉，使摇臂脚轻轻压住厚薄规，拉动厚薄规有轻微阻力，固定调整螺钉的位置。拧紧锁紧螺母，再用厚薄规复查一次。

③ 当一缸或六缸的两只气门脚间隙调好后，摇转曲轴120°，按发火顺序调整下一缸进、排气门脚间隙，依次类推，逐缸调整完毕。

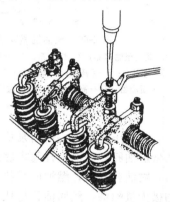

图 2-59　气门脚间隙的调整

（2）两次调整法

多缸发动机摇转曲轴两圈，可以调整完所有的气门脚间隙，这是由发动机的工作循环、点火顺序、连杆轴颈的配角和气门实际开闭角度确定的，在一缸或六缸（四缸）处于压缩终了上止点时，除调整本缸的气门脚间隙外，其他缸有的气门脚间隙也可调整。

常用的六缸发动机，发火顺序多是 1—5—3—6—2—4，进、排气门都采取早开迟闭，工作循环又都相同，依这几个方面，即可推出可调气门，见表 2-12。它是将发动机的汽缸序号、气门序号和气门排列位置，根据发动机的工作循环和点火顺序，列表分析各缸的工作状态，确定可调与不可调的气门。

表 2-12　常见发动机两次调整法调整气门顺序

发动机型号		6135K-9A	WD615.67	6CTA-8.3C215
汽缸工作顺序		1—5—3—6—2—4	1—5—3—6—2—4	1—5—3—6—2—4
气门排列顺序		进排进排进排 进排进排进排	进排进排进排 进排进排进排	进排进排进排 进排进排进排
可调 气门	一缸在压缩上点	1,2,3,6,7,10	1,2,3,6,7,10	1,2,3,6,7,10
	六缸在压缩上点	4,5,8,9,11,12	4,5,8,9,11,12	4,5,8,9,11,12

2.4　柴油机燃料系的结构与拆装维修

2.4.1　柴油机燃料系的功用及组成

2.4.1.1　燃料系的功用

柴油机燃料系的功用是完成燃料的储存、滤清和输送工作，并按柴油机不同工况的要

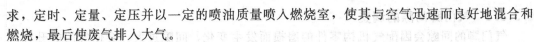

求，定时、定量、定压并以一定的喷油质量喷入燃烧室，使其与空气迅速而良好地混合和燃烧，最后使废气排入大气。

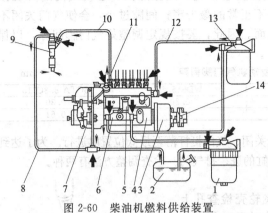

图 2-60　柴油机燃料供给装置

1—柴油粗滤清器；2—燃油箱；3—供油提前角自动调节器；
4—喷油泵；5—手压泵；6—输油泵；7—调速器；8—回油管；
9—喷油器；10—高压油管；11—溢油阀；12—低压油管；
13—柴油细滤清器；14—联轴器

2.4.1.2　燃料系的组成

柴油机燃料系由燃料供给装置、空气供给装置、混合气形成装置及废气排出装置四部分组成。

① 燃料供给装置　燃料供给装置通常由喷油泵、喷油器、高压油管及附属装置组成，如图 2-60 所示。

燃料系统可分为低压与高压两个油路。所谓低压，是指从燃油箱到喷油泵入口的这段油路中的油压，因它是由输油泵建立的，而输油泵的出油压力一般为 0.15～0.3MPa，故这段油路称为低压油路。高压油路是指从喷油泵到喷油器的这段油路，该油路中的油压是由喷油泵建立的，一般在 10MPa 以上。

在低压油路中，输油泵从燃油箱内将柴油吸出，经燃油滤清器滤去杂质后进入喷油泵的低压油腔，喷油泵柱塞将燃油压力提高，经高压油管至喷油器，当燃油压力达到指定值时，喷油孔开启，燃油成雾状喷入燃烧室，形成混合气。喷油器内从针阀偶件间隙中泄漏的极少量燃油，经回油管与从喷油泵低压腔溢油阀溢出的过量燃油，一起返回燃油箱。为保证发动机各缸供油的一致性，各缸高压油管的直径和长度应相等。

② 空气供给装置　该装置由空气滤清器、进气管、汽缸盖等组成。增压柴油机还装有进气增压装置。

③ 混合气的形成装置　该装置由燃烧室组成。

④ 废气排出装置　该装置由汽缸盖内的排气道、排气管及排气消声器组成。

2.4.1.3　柴油机燃料系主要零部件的构造

（1）喷油器

喷油器是柴油机燃油燃料系统的重要部件之一，其主要作用是使燃油在一定的压力下，以雾状的形式喷入燃烧室，并合理分布，以便与空气混合形成最有利燃烧的可燃混合气。根据混合气形成与燃烧的要求，喷油器应具有一定的喷射压力和射程，合适的喷雾锥角和雾化质量；喷停要迅速，不发生燃油滴漏，以免恶化燃烧过程；最好的喷油特性是在每一循环的供油过程中，开始喷油少，中期喷油多，后期喷油少，以便工作柔和，改善后期燃烧条件。

闭式喷油器在高压油管与喷孔之间设有一个针阀断油元件，在弹簧预紧力与液体压力的作用下，针阀保持关闭位置，而只有在一定的燃油压力作用下才被打开开始喷油。闭式喷油器按其喷油嘴的结构形式，又可分为孔式和轴针式两种基本形式。

① 孔式喷油器　目前，装载机上用的 6135K 型、WD615 型和 6CTA 型柴油机均采用闭式喷油嘴的孔式喷油器，如图 2-61 所示。它主要用于直喷式燃烧室的柴油机中，可以喷射出几束锥角不大、贯穿度大的喷柱。一般喷油孔的数目为 1～8 个，喷孔直径为 0.2～0.8mm，喷孔数目与方向取决于各种燃烧室对喷雾质量的要求以及喷嘴在燃烧室内的布置。下面以 6135K 型柴油机喷油器为例进行叙述。

喷油器安装在汽缸盖上方，主要由针阀、针阀体、喷油器体、推杆、调压弹簧、调压螺钉及锁紧螺母、喷油嘴头固定螺母等组成。

针阀和针阀体用优质合金钢制成，两者合称喷油嘴头偶件，是一副精密配合偶件。喷油嘴头通过固定螺母连接在喷油器体的下端。针阀体上制有环形油槽、孔道和油针室。孔道使环形油槽和油针室连通。针阀上部的圆柱表面用以同针阀体的相应内圆柱面作高精度的滑动配合，配合间隙为 0.001～0.0025mm。此间隙过大则可能产生漏油而使油压下降，影响喷雾质量；间隙过小则针阀将不能自由滑动。

中部的两个圆锥面全部露出在针阀体的油针室中，其作用是承受油压造成的轴向推力，以使针阀上升，称为承压制。针阀下端的圆锥面与针阀体上相应的内圆锥面配合，以实现喷油器内腔的密封，称为密封锥面。针阀上部的圆柱面和下端的锥面同针阀体上相应的配合面通常经过精磨后，再互相研磨而保证其配合精度。所以，选配和研磨好的一副油嘴头偶件不能互换。

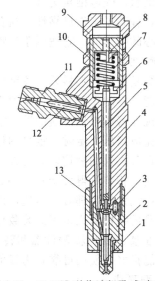

图 2-61　6135K 型柴油机孔式喷油器
1—针阀；2—针阀体；3—定位销；4—喷油器体；
5—推杆；6—弹簧座；7—调压弹簧；8—调压螺钉；
9—上帽；10—锁紧螺母；11—进油管接头；
12—滤芯；13—喷油嘴头固定螺母

喷油器体内安装有推杆，推杆下端顶住针阀，上端通过弹簧座装有调压弹簧，弹簧上端通过弹簧座用调压螺钉压紧，平时使针阀封闭喷孔。拧动调压螺钉可以改变喷油压力。针阀升程为 0.4～0.5mm，由针阀的台阶与喷油器体下端面间的间隙限制。

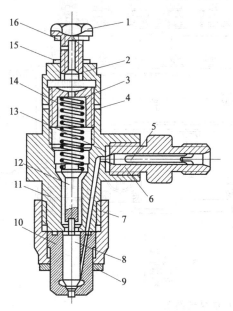

图 2-62　轴针式喷油器结构
1—回油管接头螺栓；2—调压螺钉护帽；3—调压螺钉；
4、9、13、15、16—垫圈；5—滤芯；6—进油管接头；
7—紧固螺套；8—针阀；10—针阀体；11—喷油器体；
12—顶杆；14—调压弹簧

上帽上部可装回油管螺栓（有的回油管螺栓装在喷油器体上）。为防止漏油，在锁紧螺母上下之间垫有密封圈。当柴油机工作时，从喷油泵来的高压柴油进入喷油器，再经喷油器体和针阀体中的油道进入针阀体中部的环状空间（高压油腔）。油压作用在针阀的承压锥面上，形成一个向上的轴向推力。此推力克服调压弹簧的预压力及针阀偶件之间的摩擦力，使针阀上移，针阀下端锥面离开针阀体锥形环带，打开喷孔，柴油以高压喷入燃烧室中；喷油泵停止供油时，高压油路内压力迅速下降，针阀在调压弹簧作用下及时回位，将喷孔关闭。

② 轴针式喷油器　轴针式喷油器的结构基本上与孔式喷油器相近，只是喷嘴头部结构不同，如图 2-62 所示。轴针的头部伸出在喷孔外，其形状可做成柱体或锥体。喷孔直径为 1～3mm，与轴针形成一个圆环形狭缝。喷雾形状呈空

心筒状或锥状,喷雾锥角为 4°~6°。由于轴针在孔内上、下移动,有自洁作用,不易积炭、堵塞,提高了工作可靠性。喷孔的加工也容易,但要求轴针与孔的同心度要高,不然会出现偏心的喷雾体。它适用于对喷雾要求不高的涡流室式燃烧室和预燃室式燃烧室。

(2)喷油泵

喷油泵是柴油机燃料系的关键部件,它的工作好坏直接影响柴油机的动力性、经济性和排放性能。它的作用是根据柴油机工况的变化,调节燃料量,并提高燃料压力,按规定的时间与规律将燃料供给喷油器。它与喷油器等其他元件共同决定喷射过程。

为了完成定压、定时、定量的任务,喷油泵应满足如下要求:一是按柴油机工作顺序供油,而且各缸供油量均匀。各缸喷油量的不均匀度不大于 3%~4%。二是各缸供油提前角要相同,相差不得大于 0.5°~1° 曲轴转角。三是各缸供油延续时间要相等。四是油压的建立和供油的停止都必须迅速,以防止滴漏现象的发生。

喷油泵的结构形式很多。装载机用柴油机的喷油泵按作用原理不同大体可分为三类:柱塞式喷油泵、喷油泵-喷油器和转子分配式喷油泵。柱塞式喷油泵发展和应用的历史较长,因性能良好、使用可靠,为目前大多数柴油机所采用。

① B 型喷油泵

a.B 型喷油泵构造。柱塞式喷油泵主要由分泵、油量调节机构、传动机构和泵体组成。

6135K 型柴油机采用 B 型喷油泵,固定在柴油机机体一侧的支架上,由柴油机曲轴经正时齿轮驱动。喷油泵凸轮轴和驱动轴用联轴器连接,调速器装在喷油泵的后端,如图2-63 所示。

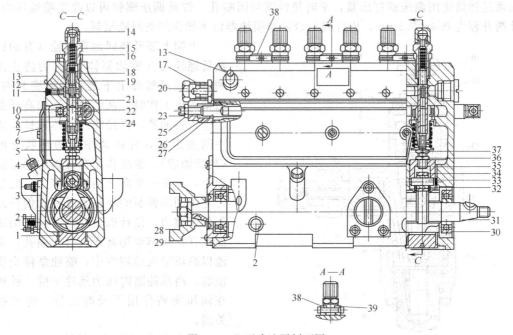

图 2-63 B 型喷油泵剖面图

1—螺塞;2—放油螺塞;3—泵体;4—油尺;5—弹簧下座;6—柱塞弹簧;7—检视口盖;8—弹簧上座;
9—油量控制套筒;10—锁紧螺钉;11—柱塞套定位螺钉;12—出油阀座;13—放气螺钉;14—护帽;
15—出油阀压紧座;16—出油阀弹簧;17—防污圈;18—出油阀;19—高压密封垫圈;20—进油管接头;
21—柱塞套;22—调节圈;23、36—锁紧螺母;24—柱塞;25—最大供油量限制螺钉;26—螺套;
27—调节齿杆;28—从动盘凸缘;29—轴承盖;30—滚动轴承;31—凸轮轴;32—衬套;33—滚轮销;
34—滚轮;35—滚轮体;37—调整螺钉;38、39—夹板

• 泵体：为整体式，中间由水平隔壁分成上室和下室两部分。上室安装分泵和油量控制机构，下室安装传动机构并装有机油。

上室有安装柱塞套的垂直孔，中间开有横向低压油道，使各柱塞套与周围的环形油腔互相连通。油道一端安装进油管接头。上室正面两端分别设有放气螺钉，需要时，可放出低压油道内的空气。

中间水平隔壁上有垂直孔，用于安装滚轮传动部件。在下室内存放润滑油，以润滑传动机构；正面设有机油尺和安装输油泵的凸缘。输油泵由凸轮轴上的偏心轮驱动。上室正面设有检视口，打开检视口盖，可以检查和调整供油间隔角、供油量和供油均匀性。

• 分泵：是喷油泵的泵油机构，其个数与汽缸数相等。各分泵的结构相同，主要包括柱塞套和柱塞、柱塞弹簧及弹簧座、出油阀和出油阀座、出油阀弹簧和出油阀压紧座等。

柱塞套和柱塞是一对精密配合偶件，配合间隙为 0.0015～0.0025mm。配对后的柱塞偶件不可互换。

柱塞上部的圆柱表面铣有用于调节供油的螺旋形斜槽，以及连通泵油腔和斜槽的轴向直槽（图 2-64）。柱塞中部切有浅环槽，以储存少量柴油，有利于润滑。柱塞下部有两个凸耳，卡在油量控制套筒的槽内，使柱塞可随着油量控制套筒一起转动。柱塞套装入泵体座孔中。柱塞套上有两个油孔与泵体的低压油腔相通。为防止柱塞套在泵体内转动，用定位螺钉定位。

柱塞弹簧上端通过弹簧上座顶在泵体上；下端通过下座卡在柱塞下端锥形体上。柱塞弹簧使柱塞推着滚轮传动部件始终紧靠在凸轮上。

出油阀和出油阀座也是一副精密偶件。阀与阀座孔经配对研磨，配合间隙为 0.01mm 左右，配对后的出油阀偶件不可互换。出油阀偶件是个单向阀，如图 2-64 所示。出油阀的圆锥面是密封面，以防高压油管内的柴油倒入喷油泵的低压油腔。中部的圆柱面称为减压环带，其作用是使喷油泵停

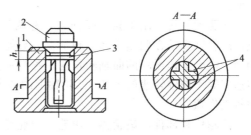

图 2-64 出油阀偶件
1—出油阀座；2—出油阀；3—减压环带；
4—切槽

止供油，而且能使高压油管内保持一定的剩余油压，以便下次开始供油及时准确，避免喷油器出现滴油现象。出油阀下部是十字形断面，既能导向，又能通过柴油。

出油阀偶件位于柱塞套上面，两者接触平面要求密封。当拧入压紧座时，高压密封垫圈将出油阀座与柱塞套压紧，同时使出油阀弹簧将出油阀紧压在阀座上。

出油阀的密封装置有两个：一个是出油阀座与出油阀压紧座之间的高压密封铜垫圈，以防高压油漏出；另一个是出油阀压紧座与泵体之间的低压密封橡胶圈，用于防止低压油腔漏油。

• 油量控制机构：可根据柴油机负荷和转速的变化，相应转动柱塞以改变喷油泵的供油量，并可对各缸供油的均匀性进行调整。

B 型泵采用齿杆式油量控制机构，主要由油量控制套筒、调节齿轮和调节齿杆组成，如图 2-65 所示。柱塞下端的凸耳嵌入油量控制套筒的切槽中，油量控制套筒松套在柱塞套下部。在油量控制套筒上部套装有调节齿轮，用螺钉锁紧。各分泵的调节齿轮与同一调节齿杆相啮合。调节齿杆的一端与调速拉杆相连。当拉动调速器手柄时，调节齿杆便带动各缸调节齿轮，连同油量控制套筒使柱塞相对于固定不动的柱塞套转动一个角度，从而改变了柱塞螺旋斜槽与柱塞套上进油孔的相对位置，使供油量得到调节。为限制喷油泵最大

供油量，在泵体前端装有最大供油量限制螺钉，拧出或拧进此螺钉，可以改变调节齿杆最大行程。最大供油量限制螺钉在喷油泵出厂时已调试好，一般不要自行调整。

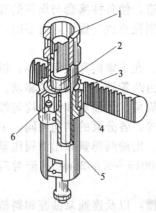

图 2-65 齿杆式油量控制机构

1—柱塞套；2—柱塞；3—调节齿杆；4—调节齿轮；
5—油量控制套筒；6—固定螺钉

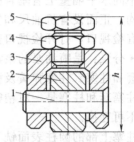

图 2-66 滚轮传动部件

1—滚轮销；2—滚轮；3—滚轮体；
4—锁紧螺母；5—调整螺钉

齿杆式油量控制机构的特点是：传动平稳，工作可靠；但制造困难，成本较高，维修不便。

• 驱动机构：用于驱动喷油泵，并调整供油提前角，由凸轮轴、滚轮传动部件等组成。凸轮轴支承在两端的圆锥轴承上，其前端装有联轴器，后端与调速器相连。为保证在相当于一个工作循环的曲轴转角内，各汽缸都喷油一次，四冲程柴油机的喷油泵凸轮轴的转速应等于曲轴转速的 1/2。凸轮轴上的各个凸轮的相对位置必须符合所要求的多汽缸柴油机工作顺序。

滚轮传动部件由滚轮体、滚轮、滚轮销、调整螺钉、锁紧螺母等组成，如图 2-66 所示，其高度采用螺钉调节。滚轮销长度大于滚轮体直径，卡在泵体上的滚轮传动部件导向孔的直槽中，使滚轮体只能上下移动，不能转动。

b. B 型喷油泵的工作原理。

• 泵油原理：当凸轮轴转动时，凸轮按柴油机的工作顺序使滚轮传动部件压缩柱塞弹簧，推动柱塞上行，而柱塞弹簧的伸张使柱塞下行；柱塞的上下运动实现了进油、压油、停止供油等工作，如图 2-67 所示。

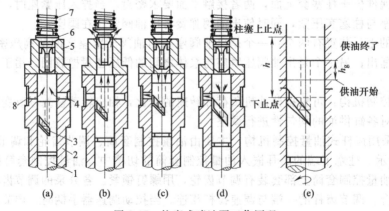

图 2-67 柱塞式喷油泵工作原理

1—柱塞；2—柱塞套；3—斜槽；4、8—油孔；5—出油阀座；6—出油阀；7—出油阀弹簧进油：当柱塞下移到两个油孔、同柱塞上面的泵油腔相通时［图 2-67（a）］，从输油泵经滤清器压送来的柴油自低压油腔经油孔被吸入并充满泵油腔。

压油：在柱塞自下止点上移的过程中，起初有一部分柴油又从泵油腔被挤回低压油腔，直到柱塞上部的圆柱面将油孔完全封闭时为止；此后，柱塞继续上行［图 2-67（b）］，由于柱塞和柱塞套的精密配合，柱塞上部油压迅速升高，当压力升高到足以克服出油阀弹簧的张力时，出油阀即开始上升；当出油阀上的减压环带离开出油阀座时，高压柴油便自泵油腔通过高压油管向喷油器供油。

停止供油：柱塞继续上移，当斜槽和油孔开始接通时［图 2-67（c）］，也就是泵油腔和低压油腔接通，泵油腔内的柴油便经柱塞中的孔道、斜槽和油孔流回低压油腔。这时，泵油腔中油压迅速下降，出油阀在弹簧张力作用下立即回位，喷油泵供油即停止。此后，柱塞仍继续上行，直到上止点为止，但不再泵油。

• 供油量的调节原理：供油量的调节包括供油量的调节和供油均匀性的调整。

供油量的调节：由上述的泵油过程可知，柱塞往复运动的总行程是不变的，即柱塞行程 h 由凸轮的升程决定，柱塞每循环的供油量大小决定于供油行程，即决定于从柱塞完全封闭油孔后至柱塞斜槽与油孔接通所对应的柱塞行程 h_g，h_g 为柱塞的有效行程。由于切槽是斜的，所以转动柱塞就可以改变供油行程，将柱塞按图 2-67（e）所示向左转一个角度，供油行程和供油量即增加；向右转动一个角度，供油行程和供油量即减少。当柱塞转到图 2-67（d）所示位置时，柱塞根本不可能完全封闭油孔，柱塞的有效行程 h_g 为零，即喷油泵处于不供油位置，柴油机停止工作。

B 型泵柱塞的转动是通过调速器移动调节齿杆，带动调节齿轮和油量控制套筒的转动来实现的。由于各分泵的调节齿轮与同一调节齿杆相啮合，所以，当调节齿杆移动某一距离时，各分泵柱塞同时转一个相同角度，因此，保证了各汽缸供油量同时改变同一数值。

供油均匀性的调整：如果各分泵供油量不一样，就应进行调整。B 型泵的调整方法是：拧松调节齿轮锁紧螺钉，转动油量控制套筒，带动柱塞转动来实现。向右转动油量控制套筒，该分泵供油量增加；向左转动则供油量减少。

• 供油提前角的调整：喷油泵供油的迟早决定喷油器喷油的迟早。为保证形成良好的混合气和燃烧过程的完善，喷油泵必须有一定的供油提前角。所谓供油提前角，是指喷油泵开始供油的时刻活塞所在的位置，到活塞移至上止点时曲轴所转过的角度。机型不同，供油提前角也不同。喷油泵供油提前角的调整方法分单个调整和整体调整两种。

单个调整：通过改变滚轮传动部件的高度来实现。滚轮传动部件高度增大，柱塞封闭柱塞套上进油孔的时刻提前，供油提前角增大；反之，供油提前角减小。改变滚轮传动部件的高度只能调整单个分泵的供油提前角，因此，通过对各分泵的调整以达到多缸柴油机的各汽缸供油提前角一致，即各分泵供油间隔角一致。

B 型泵滚轮传动部件的高度通过调整螺钉来调整，拧出调整螺钉，供油提前角增大，反之则减小。

整体调整：通过联轴器的调整，改变喷油泵凸轮轴与柴油机曲轴的相对角位置来实现。调整时，把两个螺钉松开，中间凸缘盘（和从动凸缘盘）就可以沿弧形孔相对于主动盘转过一定角度，这就同时改变了各汽缸的开始供油时刻，即供油提前角。这种联轴器可以调整的角度约为 30°。在中间凸缘盘和主动盘的外圆柱面上刻有表示角度数值的分度线。

• 供油提前角自动调节器：柴油机的最佳供油提前角是随循环供油量和柴油机转速变化的。循环供油量愈多，转速愈高，供油提前角应愈大。柴油机的供油提前角应尽可能接近最佳供油提前角。

调节器驱动盘也是联轴器从动盘。在驱动盘上有两根销轴，每一销轴上套装一只飞块。飞块上压装有拨销，其上装有衬套和滚轮。从动盘由制成一体的从动臂和套筒组成，从动盘用半圆键和螺母固装在凸轮轴前端。从动臂一侧靠在滚轮上，一侧压在弹簧上。弹簧另一端顶在弹簧座上，弹簧座则套在套装飞块的销轴上。从动盘套筒的外圆面与驱动盘内圆面滑动配合，起定位作用。驱动盘圆孔用螺栓封闭，并装有放油螺塞。后端用装有油封和密封圈的盖封闭。盖用螺栓固定在两根销轴上。调节器内装有用来润滑的柴油机机油。

调节器的工作如图2-68所示。它在联轴器驱动下沿图中箭头方向旋转（在从动盘后端看）。当调节器转速低于400r/min时，由于从动臂上弹簧张力的作用大于飞块离心力作用，弹簧通过从动臂和滚轮拨销，使飞块处于完全收拢位置（即调节器不运转的位置），此时，调节器不起增加供油提前角的作用，如图2-68（a）所示。

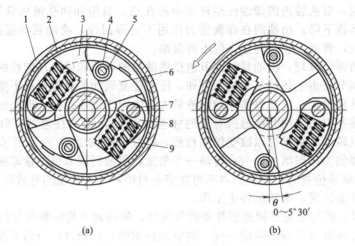

(a)   (b)

图 2-68　供油提前角自动调节器工作原理

1—驱动器；2—从动套筒；3—从动臂；4—滚轮；5—拨销；6—飞块；7—销轴；8—弹簧座；9—弹簧

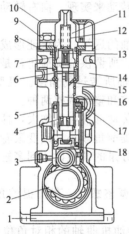

图 2-69　P 型喷油泵结构

1—底板；2—凸轮轴；3—挺柱滚轮；
4—控制套筒；5—柱塞弹簧；6—挡油环；
7—凸缘衬套；8—正时垫片；9—紧固螺母；
10—护罩；11—出油阀紧座；12—出油阀弹簧；
13—出油阀；14—泵体；15—柱塞套；16—柱塞；
17—调节拉杆；18—柱塞弹簧下座

当调节器转速高于 400r/min 时，从动臂上弹簧的张力作用小于飞块的离心力作用，飞块的拨销和滚轮一端向外张开，滚轮拨动从动臂并压缩弹簧，使从动盘相对驱动盘向图中箭头方向转动一个角度，从而自动增大供油提前角。调节器转速在 400～1000r/min 范围内变化，调节器供油提前角增大的范围为 0～5°30′。它是在联轴器确定的供油提前角 19°的基础上增大的，总供油提前角在 19°～24°30′ 的范围内变化，如图 2-68（b）所示。

② P 型喷油泵　P 型喷油泵是强化型直列式喷油泵，可以满足更大功率柴油机的需要，如图 2-69 所示。

P 型喷油泵没有侧窗，是完全封闭式，具有较高的强度和刚度，能够承受较高的泵端压力。喷油泵采用强制润滑，泵体上设有润滑油供油孔，凸轮室内润滑油面由回流口位置保证，喷油泵与调速器之间没有油封，两者相通，泵底各部分用底盖板密封。

P 型喷油泵的泵油系统采用预装悬挂式结构，柱塞套悬挂在法兰套内，由压入法兰套上的定位销定位，柱塞偶件、出油阀偶件、出油阀弹簧、减容体和出油阀垫片由出油阀紧座固定在法兰套内，坚硬的挡油圈由卡环固定在柱塞套的进、回油孔处，防止燃油喷射结束时逆流冲蚀泵体。泵油系统作为一个整体，悬挂在泵体安装孔内，由螺栓固定。低压密封采用"O"形密封圈，法兰套开有腰形孔，可以在10°范围内转动柱塞套，以调整各分泵油量均匀度。法兰套与泵体之间的垫片可调整供油预行程和各分泵供油间隔角度，以保证凸轮型线在最佳工作段上。

P型喷油泵油量调节机构主要由角型供油拉杆与油量控制套筒组成，如图2-70所示。角型供油拉杆是通过拉杆衬套安装在泵体上，套在柱塞套外圈上的油量控制套筒上的钢球与供油拉杆方槽啮合，柱塞下端的扇形块嵌在油量控制套筒的下部槽内。拉动供油拉杆，通过油量控制套筒带动柱塞转动，从而可改变柱塞与柱塞套的相对位置，达到改变供油量的目的。

P型泵增压补偿器（启动加浓装置）如图2-71所示。装有增压器的柴油机用于工程机械后，若加大喷油泵的供油量，固然能提高柴油机的标定功率，但低速时，增压器供气不足，进气压力较低，送至汽缸中的空气量减少，这时，如果供油量不变，则喷入汽缸中的燃油不能得到充分燃烧，使油耗增加，排气管冒黑烟。为此，在喷油泵上加装冒烟限制器，则能使喷油泵在低速时适当地减少供油量，从而使喷入汽缸的燃油充分燃烧。

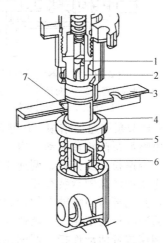

图2-70　P型喷油泵油量调节机构
1—柱塞；2—柱塞套；3—调节拉杆；
4—控制套筒；5—柱塞回位弹簧；
6—柱塞调节臂；7—钢球

启动时，将调速器负荷手柄置于最大负荷位置，把冒烟限制器轴置于启动位置。这时，供油拉杆移到启动油量位置，并与启动限位螺钉接触。启动结束后，供油拉杆在调速器的作用下，向减油方向移动，移动拉杆在回位弹簧的作用下，轴退回原始位置，如图2-72所示。

柴油机启动后，由于柴油机转速较低，增压供气不足，来自增压柴油机进气支管中的空气进入冒烟限制器膜片的上方空间，所产生的压力不能将弹簧压缩，使供油拉杆不能前移，如图2-73所示。

随着柴油机转速的升高，增压器的供气量增加，增压压力增大。当增压压力达到某值（膜片上方的压缩空气产生的压力），开始推动弹簧下移，如图2-74所示。通过杆件作用，供油拉杆向增油方向移动。转速继续升高，增压压力达到另一值时，弯角摇杆上的限位螺钉与满载限位螺钉接触，供油拉杆达到全负荷位置。转速再升高，由于限位螺钉的作用，使膜片不能下移。

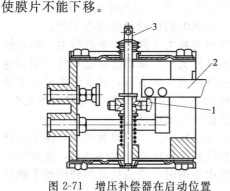

图2-71　增压补偿器在启动位置
1—限位螺钉；2—供油拉杆；3—移动轴

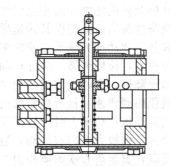

图2-72　增压补偿器在启动后

（3）调速器

① B型泵调速器。全程式调速器不仅能稳定怠速和限制超速，而且能控制柴油机在

允许的转速范围内任何转速下稳定地工作。

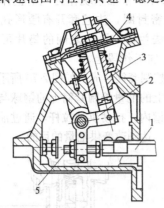 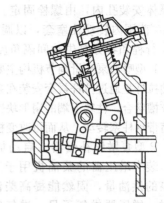

图 2-73　增压器气压低时　　　　　　　　　图 2-74　增压器气压高时

1—供油拉杆；2—弯角摇杆；3—导向套；
4—膜片；5—限位螺钉

a. B 型泵调速器结构　B 型泵所配用的调速器为全程离心式调速器，安装在喷油泵后端，由喷油泵凸轮轴驱动，由调速齿轮、离心铁座架、离心铁、伸缩轴、调速杠杆、调速弹簧、调速拉杆及弹簧、调速手柄、停车手柄、低速稳定器等组成，如图 2-75 所示。离心铁座架用滚珠轴承装在托架上，受调速齿轮的驱动，它上面通过销子灵活地装有两块离心铁，其尾部与伸缩轴上的推力轴承接触。伸缩轴在离心铁座架内孔中可左右移动，顶部顶在调速杠杆的滚轮上。调速杠杆下端通过杠杆轴装在调速器后壳上，可绕其轴转动，上端与调速拉杆活动连接。调速拉杆另一端通过拉杆接头与喷油泵调节齿杆相连。拉杆上套装拉杆弹簧，在调速杠杆通过弹簧带动调速拉杆和调节齿杆加大供油量时，由于弹簧的缓冲作用，使柴油机转速上升平稳。而在减速时，调速杠杆直接带动调速拉杆和调节齿杆，故使减油迅速。调速弹簧一端通过滑轮销与调速杠杆连接，另一端装在调速手柄的内摇臂上。左右扳动调速手柄，可以改变调速弹簧的预紧力，即可改变供油量。停车手柄通过其内臂直接控制调速拉杆和调节齿杆，平时由于停车手柄轴上的弹簧作用，使其内臂靠在调速器外壳上，从而不起作用。

调速器后壳上还装有低速稳定器，以控制柴油机的最低稳定转速。操纵机构上装有低速限制螺钉和高速限制螺钉，以限制调速手柄的移动距离。调速器通过在其内加注机油进行润滑。机油油面应与机油平面螺钉的下沿平齐。下部有放油螺钉。

b. 工作原理　柴油机在运转中，当转速在调速手柄控制的位置、以一定的转速运转时，离心铁的离心力与调速弹簧的拉力及整套机构的摩擦力相互得到平衡，于是离心铁、调速杠杆及各机件之间的相互位置亦保持不变，这时，燃油的供给量也基本不变。

当柴油机负荷减轻而其转速增高时，离心铁的离心力将大于调速弹簧的拉力，离心铁向外张开，顶动推力轴承，使伸缩轴向右移动推调速杠杆滚轮，从而使调速杠杆克服调速弹簧的拉力，拉伸弹簧，绕杠杆轴向右摆动，带动拉杆和齿杆向右移，减少供油量，柴油机转速便降低，离心铁的离心力也减小，直到离心铁的离心力与弹簧的拉力再次平衡时，柴油机便回到调速手柄所控制的规定转速（转速比负荷减轻前略高）。

当柴油机负荷增大时，转速降低，离心铁的离心力也减小，调速弹簧收缩，调速拉杆在调速弹簧的拉力下向左摆动，通过拉杆弹簧带动拉杆和齿杆向左加大供油量，使柴油机转速提高，直至离心铁的离心力与调速弹簧的拉力再次平衡时，柴油机又回到调速手柄控制的规定转速（转速比负荷增大前略低）。

当拉动调速手柄进行加速和减速时，通过内摇臂改变调速弹簧的拉力，即可改变柴油机的供油量。

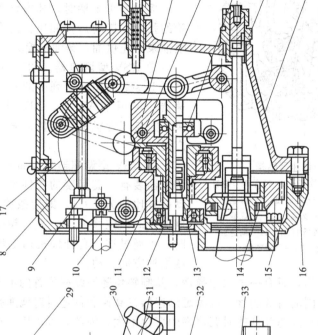

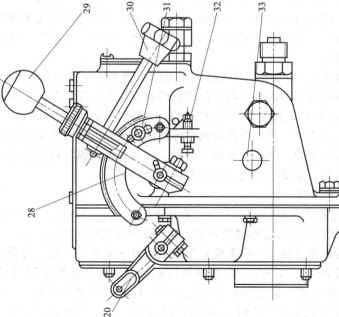

图 2-75　B 型泵调速器结构

1—杠杆轴；2—调整杠杆；3—滚轮；4—操纵轴；5—内摇臂；6—调速弹簧；7—螺塞；8—调速拉杆；9—拉杆接头；10—调节齿杆；11—托架；12—离心
铁座架；13—伸缩轴；14—调速齿轮；15—调速器前壳；16—放油螺钉；17—拉杆弹簧；18—拉杆销钉；19—拉杆支承手柄；20—停车手柄；21—滑轮销；
22—离心铁；23—离心铁销；24—离心铁销；25—推力轴承；26—转速表接头；27—调速器后壳；28—扇形齿板；29—调速手柄；
30—微调手柄；31—低速限制螺钉；32—高速限制螺钉；33—机油平面螺钉；

图解装载机构造与拆装维修

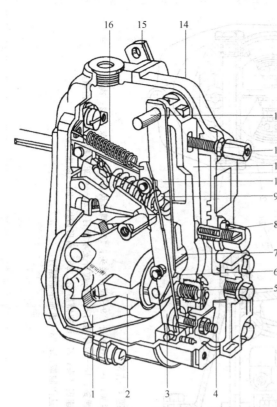

图 2-76　RSV 型调速器结构

1—飞锤；2—调速套筒；3—拉杆；4—行程调节螺钉；
5—校正弹簧；6—T 字块；7—支架轴；8—怠速稳定
弹簧；9—调速弹簧；10—支架；11—支撑杆；
12—怠速限位螺钉；13—支撑杆销；14—调速器
后壳；15—操纵手柄；16—启动弹簧

当调速手柄放在最低供油位置时，即调速手柄内摇臂放松了调速弹簧，由于离心铁的作用，调速杠杆紧靠在低速稳定器上，离心铁的离心力和低速稳定器弹簧的张力相互得到平衡，如转速略有增减，弹簧即被压缩或伸张，使油量减少或增加，从而保持柴油机低速时运转平稳。如果柴油机低速运转不稳定时，可缓慢地拧动低速稳定器调节螺钉，直到转速波动不大为止（一般规定转速波动在 ±30r/min 范围内）。柴油机出厂时，低速稳定器已经调整好，平时不能随便乱动。

扳动停车手柄时，其内臂克服拉杆弹簧的张力，拨动齿杆和拉杆向右移动，使喷油泵停止供油，柴油机熄火。

② RSV 型调速器。RSV 型调速器是德国 Bosch 公司 S 系列中的一种全程式调速器，可用于 M、A、AD、P 等型喷油泵，能与工程机械柴油机配套，用途十分广泛。

a. RSV 型调速器结构如图 2-76 所示。调速器装有一套紧凑的杆件系统，可使浮动杠杆比约为 2∶1，即齿条移动 2mm 而调速套筒只位移 1mm。当飞锤张开或合拢时，可通过这一套杆件机构把齿杆向减油或增油方向移动。

调速弹簧采用拉簧结构，只有一根拉力弹簧，其倾斜角随操纵杆位置的不同而发生变化，使高速和低速时有不同的有效刚度，以满足调速器在高速和低速时对调速弹簧的不同要求，从而保证了调速器在高速和低速时调速率的变化不大。因此，可以用一根弹簧代替其他类型调速器中几根弹簧。

调速器装有可变调速率机构。RSV 型调速器在飞锤和弹簧不更换的情况下，在一定范围内可以改变调速器的调速率，即改变调速器调速弹簧安装时的预紧度。它用摇臂上的调节螺钉进行调整（图 2-77），以适应不同用途柴油机对调速器调速率的要求。

当操纵杆每变更一个位置时，就相应改变调速弹簧的有效张力（改变变形量和角度），使调速器起作用，转速发生变化，达到全程调节作用。因为油量操纵杆直接作用于调速弹簧，所以，操纵油量踏板时，感觉用力比其他类型调速器稍大。

b. RSV 型调速器工作原理。

• RSV 型调速器调速特性曲线（图 2-78）：调速手柄在全速位置时，图中曲线 Ⅰ 在 $F \to E$ 为启动加浓位置；$E \to D$ 为启动弹簧控制区；$D \to C$ 为最大校正位置；$C \to B$ 为校正弹簧控制区，其中，B 为校正开始点，C 为校正结束点；$B \to A$ 为齿杆标定行程位置，A 为标定工况，即调速器作用点；$A \to L$ 为调速弹簧控制区，L 为怠速稳定弹簧开始作用点；$L \to G \to H$ 为调速弹簧与怠速稳定弹簧合力控制区，G 相当于柴油机最大空转工况，H 为高速停油点。调速手柄在怠速位置时，图中曲线 Ⅱ 在 $D \to J$ 为调速弹簧在怠速位置时

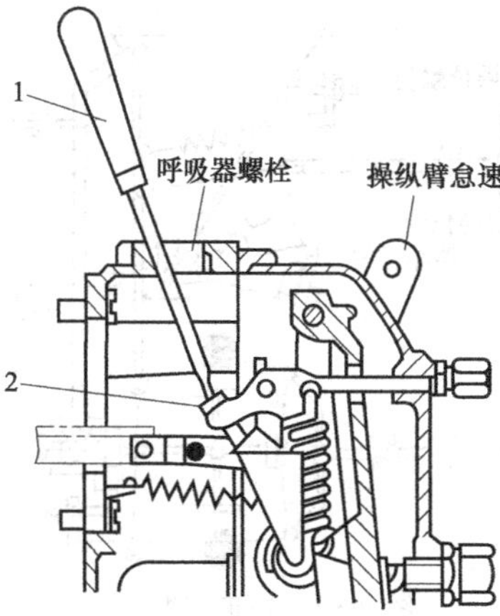

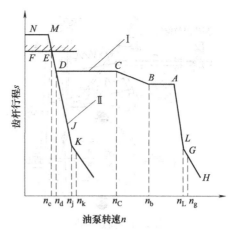

图 2-77　RSV 型调速器转速变化率调整装置
1—旋具；2—调整螺钉

图 2-78　RSV 型调速器调速特性曲线
Ⅰ—全速位置；Ⅱ—怠速位置

的控制区，$J \rightarrow K$ 为调速器弹簧和怠速稳定弹簧合力控制区，K 为怠速工况。n_k 相当于柴油机怠速转速。

• 启动工况（图 2-79）：操纵手柄在高速位置时，由于泵转速低，在调速弹簧的作用下，支撑杆头部顶在油量限位螺钉处，启动弹簧拉动拉杆，把油泵拉杆拉到启动加浓位置。当柴油机启动、转速上升到飞锤离心力超过启动弹簧作用力时，滑套在离心力的作用下移动，通过支架及拉杆拉动油泵拉杆向减油方向移动，启动过程结束。

• 怠速工况（图 2-80）：操纵手柄处于自由状态，当柴油机转速继续上升时，调速套筒上的丁字块接触支撑杆，接着推开支撑杆，直到支撑杆压缩稳定弹簧。这时，启动弹簧加上调速弹簧和稳定弹簧的合力矩与飞锤的离心力矩平衡，油泵在怠速位置稳定，供给怠速油量，柴油机以怠速运转。

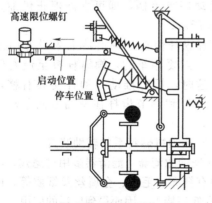

图 2-79　启动工况

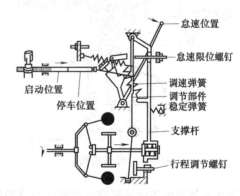

图 2-80　怠速工况

• 低速工况：踩下油量踏板，调速弹簧力增加，齿杆向加油方向移动，供油量增加，柴油机转速升高。油量踏板继续往下踩，齿杆继续移动，直至齿杆上的限位突起碰上联动杆为止，油量不再上升，油量踏板弹簧力不再增加，但转速继续上升，飞锤离心力逐渐平衡了弹簧力，转速再升，支撑杆被推动，但在齿杆连接杆离开联动杆之前，油量也不能减少。

齿杆连接杆脱离联动杆后，供油量逐渐下降。移动油量踏板位置，柴油机可于怠速和最高空转转速之间的任一转速达到稳定状态。

• 高速工况（图 2-81）：将油量踏板踩到底，即调速手柄靠住高速限位螺钉，柴油机转速上升，直达高速调速曲线上所对应的转速。如果负荷低于额定负荷，柴油机在高于额

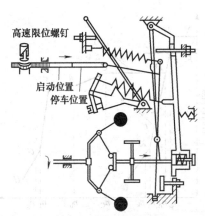

图 2-81 高速工况

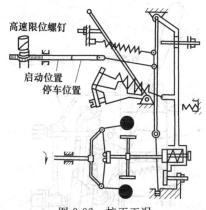

图 2-82 校正工况

定转速的某一转速范围内稳定；若负荷为额定工况负荷，则柴油机处于额定工况，转速为额定转速；若负荷为零，柴油机转速即升高到最高空转转速。

• 校正工况（图 2-82）：柴油机负荷从额定值负荷起增加，转速逐渐下降，飞锤离心力矩开始小于调速弹簧力矩，但由于支撑杆被行程调节螺钉挡住，齿杆不动，油泵只能供给额定油量，不能增加。故柴油机输出转矩与负荷不平衡，转速继续下降，离心力逐渐减小，校正弹簧开始将顶杆顶出，压迫飞锤合拢，从而使油泵供油量增加。若转速继续下降到校正转速，则顶杆行程达到最大，齿杆达到校正行程，油泵供给校正油量，柴油机发出最大转矩。若负荷减少，转速上升，校正器顶杆被压入校正器，在这一段转速曲线上，校正弹簧参与飞锤平衡，能在任一转速范围内达到稳定状态。

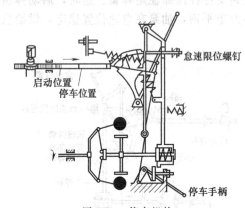

图 2-83 停车机构

• 停车：用停车手柄停车。调速器的停车机构可在任一转速起作用。遇有紧急情况，只要扳动停车手柄，即可立即停止供油，如图 2-83 所示。

用操纵杆停车。调速器上未设专门的停车装置，需要停车时，操纵杆扳至最右停车位置。这时，摇臂推动导动杆使其右移，并带动浮动杆和调节齿杆往减油方向移动，直到停车。

（4）柴油机燃料系的辅助装置

① 柴油滤清器　滤清器多用过滤式，滤芯的材料有绸布、毛毡、金属丝及纸质等。由于纸质滤芯是用树脂浸泡制成，具有滤清效果好、成本低等特点，因而得到广泛的应用。

a. 柴油滤清器有粗、细之分。粗滤器一般安装在输油泵之前，细滤器安装在输油泵之后，或两者都装在输油泵之前。粗滤器用来清除柴油中较大的杂质，细滤器用来最后清除柴油中的微小杂质，保证柴油在进入喷油泵之前获得彻底可靠的滤清。

b. 滤清器一般有单级式和双联式两种。如图 2-84 所示，双联式滤清器是由两个结构基本相同的滤清器串连而成，两个滤清器盖合制成一体，第一级粗滤是低质滤芯，第二级细滤是航空毛毡及纺绸滤芯。

c. 柴油滤清器的特点。

• 滤清器盖上有放气螺钉。拧开螺钉，抽动手动输油泵，可以排除滤清器和低压油路内的空气。

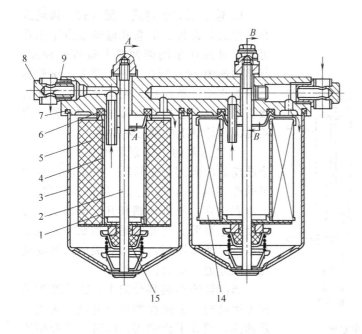
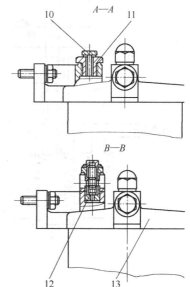

图 2-84　双联式柴油滤清器

1—绸滤布；2—紧固螺杆；3—外壳；4—滤筒；5—毛毡；6—密封圈；7—橡胶密封圈；8—油管接头；9—衬垫；
10—放气螺钉；11—螺塞；12—限压阀；13—盖；14—纸滤芯；15—滤芯垫

• 有的滤清器盖上装有限压阀，当低压油路的油压达到 0.15MPa 时即开启，使柴油流回油箱，以保持滤芯的过滤能力和保证喷油泵正常工作。

• 滤清器外壳底部多设有放污螺塞，以便定期排除杂质和水分。

② 输油泵

a. 输油泵的作用是克服管路与滤清器的阻力，保证燃料在低压油路内循环，并在一定压力下提供足够数量的燃料给喷油泵。输油泵的供油能力应为发动机全负荷最大喷油量的 3～4 倍。

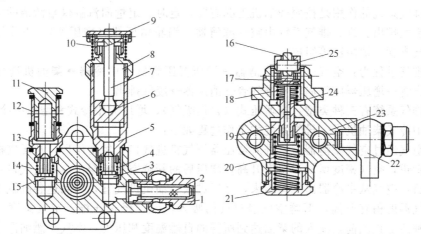

图 2-85　活塞式输油泵

1—进油管接头；2—滤网；3—进油阀；4—弹簧；5—手泵体；6—手泵活塞；7—手泵杆；8—手泵盖；
9—手泵销；10—手泵柄；11—出油管接头；12—套；13—油管接头；14—弹簧；
15—出油口；16—滚轮；17—滚轮架；18—滚轮弹簧；19—活塞；20—活塞弹簧；
21—螺塞；22—进油管接头；23—泵体；24—推杆；25—滚轮销

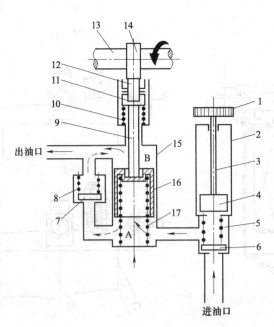

图 2-86　活塞式输油泵工作原理

1—手压泵拉钮；2—手压泵体；3—手压泵杆；4—手压泵活塞；5—进油单向阀弹簧；6—进油单向阀；7—出油单向阀；8—出油单向阀弹簧；9—推杆；10—推杆弹簧；11—挺柱；12—滚轮；13—喷油泵凸轮轴；14—偏心轮；15—输油泵体；16—输油泵活塞；17—活塞弹簧

b. 输油泵有活塞式、膜片式、齿轮式和叶片式等几种。活塞式输油泵由于工作可靠，目前在车用柴油机上被普遍使用，其结构如图 2-85 所示。它由手泵、滚轮传动输油机构、单向阀、壳体及进、出油管接头等组成。它安装在喷油泵的一侧，由喷油泵凸轮轴上的偏心轮驱动。

c. 输油泵的工作原理如图 2-86 所示。当凸轮的凸起部分下转时，活塞因回位弹簧的作用向下运动，其上泵腔容积增大，产生真空度，使进油阀打开，燃油从进油孔吸入上泵腔。与此同时，活塞下泵腔容积减小，油压增高，出油阀关闭，燃油受压进入通道而输出。

当凸轮的凸起部分向上，将活塞推动向上运动时，上泵腔的油压升高，关闭了进油阀，顶开了出油阀。同时下泵腔中产生了真空度，于是柴油自上泵腔通过单向阀即出油阀经通道流入下泵腔。如此周而复始，使燃油不断地被吸进、输出。在输油泵的供油量大于喷油泵的需要时，油路中的压力上升，此压力作用在活塞的后面，如压力大于活塞弹簧压力，输油泵便不工作。因此这种泵能在低压油路中维持一定的压力。

在输油泵上装有手动油泵，可以用它作上下运动来泵油，使柴油机启动时喷油泵充满油并可清除燃油系统内的空气。当不使用时，将手柄拧紧，以防空气进入。

2.4.1.4　进、排气系统

进、排气系统的作用是按照柴油机工况需要，定时、定量向汽缸供给清洁的空气，将燃烧后的废气排出。进、排气系统由空气滤清器、涡轮增压器（增压器）、中冷器、进气支管、排气支管、消声器等组成。

进、排气过程为：空气→空气滤清器→增压器压气机→中冷器→柴油机进气管→汽缸→排气支管→增压器废气涡轮→排气管→消声器→废气排出。

进、排气系统有三种类型：非增压式（自然吸气）、增压无中冷式和增压中冷式。

增压中冷式柴油机进、排气系统的工作过程如下：

新鲜空气经过空气滤清器后，进入增压器压气机进气口；经增压后，从压气机出气口进入进气管道，空气密度增加、温度升高；增压后的新鲜空气流至中冷器进气口，经过中冷器冷却后，空气从中冷器出气口出来，然后进入柴油机进气管，当到达各缸缸盖进气道内时，空气温度稍有升高，新鲜空气经过气门吸入汽缸，经过压缩，空气温度、密度骤增，活塞到达上止点前，喷入的柴油达到所需的自燃温度和压力，空气与燃油混合燃烧后膨胀做功。进入排气冲程时，排气门打开，废气经过汽缸盖气道、排气支管，进入增压器涡轮，高温废气推动涡轮高速旋转后从涡轮出气口排出，经过消声、除炭粒后排入大气。

（1）空气滤清器

空气滤清器的作用是清除进入汽缸的空气中所含的尘土和沙粒，以减少汽缸、活塞和活塞环等零件的磨损。经试验表明，如不装空气滤清器，汽缸磨损将增加 8 倍，活塞磨损增加 3 倍，活塞环磨损增加 9 倍，大大缩短了柴油机的使用寿命。因此，柴油机使用时，必须装空气滤清器。

6135K 型、6CTA 型柴油机空气滤清器为纸质干式空气滤清器。WD615 型柴油机空气滤清器采用纸质和毛毡串联滤芯。毛毡滤芯也称安全滤芯，带有导流罩和集尘皮囊，其上还有空气滤清器指示灯开关，如图 2-87 所示。

空气经集风道进入空气滤清器，经导流罩，空气在滤清器壳和滤芯间的间隙旋转，空气中较大的颗粒和尘埃因离心作用而甩向滤清器壳，并顺壳内壁落入底壳及集尘皮囊中，经过离心净化后的空气再经纸质滤芯和毛毡安全

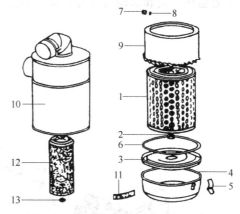

图 2-87　WD615 型柴油机空气滤清器
1—滤芯；2、13—螺母；3—中间底垫；4—底壳；5—锁扣；6—密封圈；7、8—指示灯开关；9—导向器；10—滤清器壳；11—集尘皮囊；12—安全滤芯

滤芯，滤去较细的灰尘。经过滤后的空气经安全滤芯的中央通道进入柴油机进气管或增压器进气口。

当空气滤清器未堵塞时，进气管内的吸力（负压）未达到克服弹簧弹力而使触点闭合的程度；当空气滤清器堵塞到一定程度，进气管内的吸力大（负压大），克服弹簧弹力使触点闭合构成回路，仪表板上空气滤清器红色指示灯闪烁不停，以提醒操作者应保养空气滤清器。

（2）进、排气装置

① 进、排气支管。为避免排气支管高温对进气支管的影响而降低充气量，可将进气、排气支管分别装于汽缸盖的两侧。

② 主进气预热装置。柴油机所用的柴油黏度大、蒸发性差，不易形成可燃混合气。由于靠压缩自燃，柴油机冷启动困难较大。为改善柴油机低温启动性能，可采用进气预热装置。

WD615 型柴油机采用火焰式启动预热装置，如图 2-88 所示。当温度过低时，启动前，应先将钥匙开关旋至预热位置，待 50s 后预热指示灯闪烁即可启动柴油机。此时，按下启动按钮后，电磁阀接通，来自燃油滤清器的燃油经燃油管后，通过电磁阀进入燃油管并喷向两个红热的电热塞而燃烧着火。由于两个电热塞安装在柴油机进气支管上，进入汽缸内的空气得到了预热，从而使柴油机能够迅速启动。

（3）废气涡轮增压器

① 增压器的组成　涡轮增压

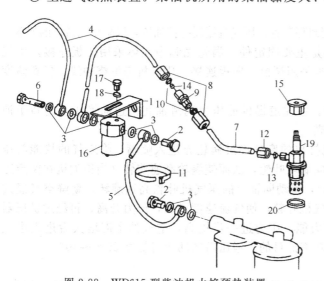

图 2-88　WD615 型柴油机火焰预热装置
1—角形支架；2、6—空心螺栓；3—密封垫圈；4、5、7—燃油管；8—管接头螺母；9—卡套式直通接头体；10、13—卡套；11—塑料紧箍带；12—联管螺母；14—衬套；15—内六角螺塞；16—电磁阀；17—六角螺栓；18—弹簧垫圈；19—电热塞；20—密封垫圈

器主要由压气机和涡轮两部分组成，如图 2-89 所示。

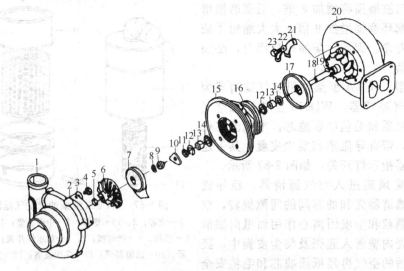

图 2-89 涡轮增压器

1—压气机壳；2、21—压板；3、22—锁片；4、23—螺栓；5—螺母；6—压气机叶轮；7—挡油罩；
8、19—密封环；9—密封套；10—推力轴承；11—止推环；12、14—弹性挡圈；13—浮动轴承；
15—压气机后盖板；16—中间壳；17—隔热板；18—转子轴和涡轮；20—涡轮壳

a. 压气机部分：主要由压气机叶轮、压气机壳等零件组成。

b. 涡轮部分：主要由涡轮叶轮及轴、涡轮壳等零件组成。涡轮轴与涡轮焊接成一体。压气机叶轮以间隙配合装在涡轮轴上，用螺母压紧。涡轮与轴总成、压气机叶轮，经过精确的单体动平衡，以保证高速旋转时正常工作。

c. 增压器的转子支承采用内支承形式。全浮动式轴位于两叶轮之间的中间体内，转子的轴向力靠止推轴承端面来承受。全浮式轴承是轴与轴套之间径向间隙全靠一定压力的润滑油将转子浮起的一种轴承。

d. 在涡轮端和压气机端均设有密封环装置。压气机端还有挡油罩，以防止润滑油的泄漏。

e. 压气机壳、涡轮壳、中间体是主要固定件。涡轮壳和中间体采用压板连接。压气机壳与中间体之间通过扩压器后板也采用螺栓、压板连接。压气机壳可绕轴线在任意角度内进行安装。

f. 增压器的润滑采用压力润滑。主油道提供的压力润滑油直接通向增压器的转子油腔，然后通过回油管直接流回油底壳。

② 增压器的工作原理 柴油机排出的废气经过涡轮壳进入喷嘴，将废气的热能与压力能变成动能，并以一定的方向流向涡轮叶轮，从而使涡轮高速旋转（当柴油机在额定工况转速时，转速将超过 10000r/min），带动同轴上的压气机叶轮高速旋转，新鲜空气经过空气滤清器被吸入到高速旋转的压气机叶轮，使气流速度增加，压力升高，再经过扩压器与压气机壳，使气流的动能变成压力能，压力进一步提高，空气的密度增大后进入进气管，以实现进气增压，提高柴油机功率的目的。增压后的功率可提高 20%～40%。

③ 增压器的特点

a. 滞后现象 由于废气涡轮的工作相对于柴油机汽缸内的工作有一定的滞后，同时，由于涡轮、压气机叶轮高速旋转的惯性，柴油机改变工况时，响应迟缓，排烟增加，加速性较自然吸气（非增压）式稍差，这就是增压器的滞后现象。

b. 压气机喘振现象 压气机工作不稳定，气流出现强烈振荡，引起叶片发生强烈振动，产生很大噪声，压气机出口压力显著下降，同时伴有很大的压力波动，柴油机工作不稳，这就是压气机的喘振现象。引起这种现象的主要原因是当流量小于设计值较多时，在增压器叶道内和工作轮叶片进口产生强烈的气流分离所致。

c. 涡轮的阻塞现象 气流在涡轮喷嘴出口截面处达到高速时，流量不随膨胀比增大而增加的现象称为涡轮阻塞现象。

d. 超速现象 主要是增压器流量不够大，当增压柴油机未达到额定工况时，增压器转速已达极限，继续增加柴油机功率，增压器将超速运行，这是不允许的，应重新选配合适的增压器。

(4) 中冷器

中冷器（空气中间冷却器的简称）为空气冷却设备，作用是克服因增压后空气温度升高、密度减小而产生的不良影响，使增压后的空气降低到适宜的进气温度，以增加空气密度，提高充气效率，可使柴油机功率提高 8%～10%。

中冷器的构造如同散热器，如图 2-90 所示。中冷器芯管壁上带有散热片，置于散热器前部，并与其安装在一起。中冷器进气口位于底部，出气口位于上部。

(5) 消声器

消声器的作用是降低从排气管所排出废气的温度和压力，以减小噪声并消除废气中的火焰和火星，如图 2-91 所示。其工作原理是消耗废气流的能量，平衡气流的压力波动。

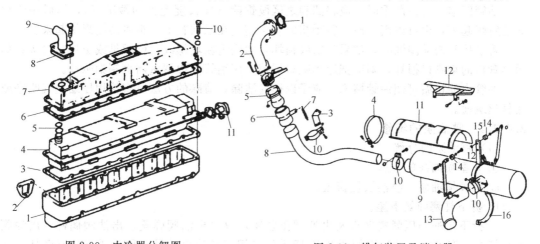

图 2-90 中冷器分解图
1—中冷器体；2—进气支管垫片；3、8—垫片；
4—中冷器芯；5—O 形圈；6—中冷器盖垫片；
7—中冷器盖；9—出水接头；10—螺钉；
11—进水管接头

图 2-91 排气装置及消声器
1—密封垫；2、8、13—排气管；3—角板；4—紧固带总成；
5—法兰盘；6—连接管；7—回位弹簧；9—排气消声器；
10—管箍；11、12—隔热板总成；14—橡胶金属软垫；
15—托架总成；16—卡箍

一般多采用多次改变废气流动的方向，通过节流、膨胀增加流动阻力、吸声和冷却等来实现消声。在结构上，消声器不仅要起消声作用，而且还要求尽量使背压小，以免影响排气而降低柴油机功率。

▶ 2.4.2 柴油机燃料系的检修

2.4.2.1 油箱及油管的维修

(1) 油箱

油箱常见的问题是破裂、过脏。破裂一般是由于固定不稳或碰撞造成的。过脏，一方面是加油口滤网损坏，加进了被污染的油，或者未按规定拧开排污螺塞，及时排出油箱底部的水和沉淀物所致；另一方面是人为造成的，如用脏布伸到油箱蘸油洗手等。

油箱的检查包括：检查外形，看有无凹陷、破裂渗漏、油箱内积垢等。进行油箱裂纹检查时，可将油箱浸入水中，通入压缩空气，有气泡放出的部位则表明存在裂纹。

油箱内沉积的污垢会妨碍燃料系统的畅通，应予以彻底清除。先用洗油冲洗，然后用压缩空气吹净。

油箱裂纹应进行焊修，可根据具体情况，采用锡焊或气焊。为防止施焊时油箱受热使内部的油蒸气产生爆燃造成危险，焊前应将油放出并清洗干净，而且还应将油箱盖及油量传感器的浮子组端盖拆下，以使空气流通。焊修后，应在 0.03～0.05MPa 的压力下进行水压试验，也可以把油箱浸入水中，通以压缩空气试验。

油箱外形不应有大的凹陷，否则，应予整形修复。

加油口的滤网损坏后应换新。油箱盖应与加油口紧密吻合；盖上的通气孔应保持畅通，以免空气不能进出油箱，增大油泵的吸油阻力，减少供油量，甚至不能供油。

(2) 油管

油管的主要损伤是产生凹陷、弯折、破裂、接头松动、管内积垢等。凹陷或弯折严重时必将减少油管的有效截面，增加燃油的流动阻力，造成供油量减少。破裂和接头松动主要是接头螺纹损坏、接头平面及垫圈磨损、变形所致，不仅使之漏油，造成浪费，且空气进入油管后，会使供油不畅，甚至中断。

油管凹陷、弯折严重时，应将凹扁之区段锯除（在长度允许的情况下），然后用气焊方法对焊起来，也可以用一段直径稍粗的管子套接在原油管上，再将两端焊接起来。

管子接头松动漏油时，如果是螺纹损坏，则应重新攻螺纹、配螺母或更换管接头；如果是管口的喇叭口损坏，则应把原喇叭口锯掉，用油管翻边器重新翻制喇叭口。

油管内的积垢可使油管堵塞，应予以彻底清除。清除的方法可直接用压缩空气吹净或用铁丝疏通。

2.4.2.2　喷油泵的维修

(1) 喷油泵的分解

① B 型喷油泵的分解

a. 拆掉输油泵、喷油泵侧盖板。

b. 拆下柱塞弹簧下座。

c. 拆下出油阀压紧座夹板及出油阀压紧座，取出出油阀弹簧、出油阀偶件。出油阀座拆卸方法有二：一种是用如图 2-92 所示的专用工具拉出；另一种是通过柱塞套从下向上顶出。

d. 拧松柱塞套定位螺钉，从上方取出柱塞套，并与柱塞成对放置。从下方取出油量控制套，并抽出齿杆。

e. 拆下凸轮轴前端的接合器及轴承盖，拆下调速器前壳固定螺钉，取下调速器前壳，抽出凸轮轴。

f. 拆下泵座底部各螺塞或堵盖，从下方取出挺杆组。

修理中常常遇到单个更换柱塞偶件的情况。此时，如将整个喷油泵分解更换，既麻烦也没有必要。为此，对于柱塞尾部能从油量控制套上方通过的柱塞副，可采用以下的简便方法进行更换。

拆下出油阀压紧座及出油阀偶件，拧松柱塞套固定螺钉，再将欲换柱塞偶件之分泵挺杆降至下方（通过转动凸轮轴），取下柱塞弹簧下座圈。然后，左右手各拿一把旋具，一把旋具将柱塞弹簧向上压缩，另一把旋具从柱塞尾端撬动柱塞，则柱塞即可连同柱塞套一起从泵体上方取出，如图 2-93 所示。此时，亦可用钢丝钩钩住柱塞套的油孔拉出。

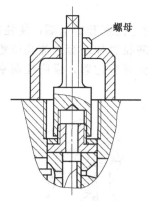

图 2-92 专用工具拆卸出油阀座

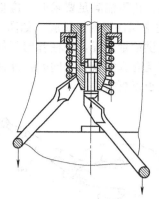

图 2-93 柱塞偶件的单个更换

② P 型喷油泵的分解

a. 将喷油泵固定于虎钳上，用内六角扳手拆下螺堵。

b. 转动凸轮轴，当各缸凸轮位于上止点时插入滚轮体保持器，并转动滚轮体保持器，使凸轮与滚轮不接触。

c. 拆下调速器总成；拆下提前器螺塞，拧下凸轮轴螺母，用专用工具拆下提前器总成；拆下输油泵总成；拧松螺栓，拆下底盖板。

d. 拆下固定中间轴承螺栓及轴承盖螺栓；取下轴承盖、凸轮轴及中间轴承。

e. 将滚轮体压装工具装于泵体安装孔内，压动杠杆，取下滚轮体保持器及滚轮体压装工具。

f. 从泵体内依次取出滚轮体总成，用钢丝钩住弹簧下座润滑油孔，将弹簧下座与柱塞一起拉出（拉出的柱塞一定要放在干净的轻油容器内并记住各缸位置），并取出柱塞弹簧、油量控制套筒和弹簧上座。

g. 用旋具拆下护罩螺钉并取下护罩；用套筒扳手拆下固定法兰套的螺母，将泵油系总成拆下（拆下的泵油系总成要与先拆下的柱塞成对地放在一起）。

h. 用专用扳手拆下拉杆紧固螺套，取下定位销；拆下拉杆限位器，拆下拉杆。

i. 将泵油系总成固定于虎钳上，用套筒扳手松开出油阀紧座，并取出减容器、出油阀弹簧、密封垫、出油阀偶件。

j. 拆下柱塞套外面的 O 形圈、钢丝挡圈及挡油圈，并取下柱塞套。

（2）喷油泵零件的检修

① 柱塞偶件的检查　柱塞与柱塞套是一对精密偶件，两者的配合间隙在 0.001～0.003mm。虽然燃油燃料系有滤清器，但很难避免有细小的杂质进入喷油泵，从而对柱塞偶件产生磨损和拉伤。柱塞偶件磨损后，会使开始喷油时刻滞后、供油结束时刻提前、供油量下降，造成柴油机动力下降、启动困难和怠速不稳、易熄火故障。因此，喷油泵调试前必须对柱塞偶件进行如下检查。

a. 外观检查　在干净的煤油或轻柴油中清洗柱塞与柱塞套，观察柱塞与柱塞套配合部位，特别是柱塞上部和导向部分。如发现柱塞表面严重变色（磨损部位往往呈白色）、柱塞螺旋槽、直槽及槽边剥落式锈蚀，柱塞裂纹、变形、柱塞套裂纹等现象，则必须成对更换柱塞偶件。

b. 柱塞滑动性能试验　将浸过煤油的柱塞偶件倾斜 60°，把柱塞从柱塞套中拉出 2/3，当松开手时，柱塞应能靠自重完全滑进柱塞套内。将柱塞旋转至不同位置，反复进行上述试验，如图 2-94 所示。如果柱塞在局部位置上有阻滞现象，应根据外观检查的情况进行认真清洗，仍不能满足要求时，应更换柱塞偶件。

c. 柱塞偶件密封性试验　如图 2-95 所示，用食指堵住柱塞套的上端，使柱塞处于中等或最大供油量位置，将柱塞向下拉动（注意不要将柱塞拉过柱塞套进油孔位置）。如此时食指感觉有真空吸力，同时松开柱塞时，柱塞仍能回到原来位置，说明柱塞密封合格，否则，应予以更换。

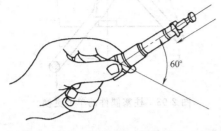

图 2-94　柱塞滑动性能试验

图 2-95　柱塞密封性试验

② 出油阀偶件的检查　出油阀与出油阀座也是一对精密偶件。当出油阀磨损严重时，会使减压环带或锥面密封失效，产生后燃和滴油现象，使柴油机燃烧恶化、动力下降，严重时，还会发生敲缸。因此，必须对出油阀密封性进行检查。

a. 外观检查　将出油阀偶件在干净的煤油或轻柴油中清洗，用肉眼或放大镜观察出油阀锥面，如发现减压环带磨损严重（即出油阀锥面有清晰的较宽或较深的白色磨损痕迹），或减压环带有明显的纵向拉痕，则应更换。同时，应观察出油阀与阀座有无裂痕和锈蚀。

b. 滑动性能试验　将出油阀座放正，抽出出油阀的 1/3 高度，然后松开，出油阀应能靠自重缓缓落座。转动出油阀至任意位置，都应符合这一要求。如果有阻滞现象，应更换出油阀。

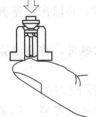

图 2-96　减压环带密封性试验

c. 密封性能试验　将出油阀完全落座，用嘴吸出油。阀座底口如果不漏气，则可将嘴唇吸住，否则，应进行研磨或更换。如图 2-96 所示，减压环带的密封试验可用手指将出油阀底口堵住，然后按下出油阀芯，当松开出油阀芯时，阀芯会自动上弹，说明减压环带密封合格，否则应换用新件。

③ 喷油泵其他零件的检查

a. 柱塞凸缘与控制套的检查　检查柱塞凸缘与油量控制套槽之间的间隙，一般为 0.02～0.08mm，超过 0.12mm 时应更换控制套。

b. 挺杆总成的检查　观察挺杆与滚轮的磨损、锈蚀情况，用千分表测量挺杆滚轮与滚轮衬套之间、滚轮衬套与滚轮轴之间总的径向间隙，当间隙超过 0.2mm 时，应更换挺杆总成。

检查挺杆与泵体之间的间隙，若超过 0.2mm，则应更换挺杆或泵体。

c. 凸轮轴的检查　观察凸轮表面的磨损、锈蚀和裂纹及有无剥落，根据损坏情况决定用油石修磨或更换。当凸轮磨损超过 0.2mm、凸轮轴弯曲超过 0.15mm 或凸轮高度超出使用极限时，均应更换凸轮轴。

d. 柱塞弹簧的检查　柱塞弹簧应无断裂、锈蚀，自由长度应符合标准，弹簧中心最大偏移量不得超过 1.5mm，否则，应进行更换。

e. 油量控制机构的检查　油量控制拉杆（齿杆）与油量控制套之间游动间隙须控制在 0.25～0.30mm。

f. 滚动轴承的检查　滚动轴承检验时一般不拆散，通过清洗后的外观检视、空转试验与必要时测量内部间隙，即可鉴定其质量是否合格。

外部检视：发现下列损伤时，应予更换：滚道和滚动体因烧蚀而变色；滚道上有击痕、擦伤；滚道、滚动体上有裂纹、脱层、剥落及大量黑斑；在隔离环上有穿透的裂纹及铆钉缺少或松动；滚珠轴承隔离环端面磨损，其深度超过0.3mm。

空转试验：将轴承进行空转，看轴承旋转是否自如，有无噪声、卡滞现象。轴承旋转不均匀，可从手上的感觉判断出来。

间隙测量：滚珠轴承的磨损情况，可通过测量其径向间隙和轴向间隙来判定。

g. 泵体的检查　泵体如有裂纹、磨损、螺纹部分损伤等应更换。

（3）喷油泵的装配

喷油泵零件经清洗、修复或更换后，即可进行总成的装配。为保证装配质量，应特别注意清洁工作和零件的装配精度。装配前，必须将零件用清洁柴油彻底清洗，精密偶件应当单独放置在清洁的柴油盆中。

① B型喷油泵的装配

a. 装齿杆、齿杆调节螺套（或校正器）、柱塞、油量控制套。装油量控制套时，将泵体倒置，使齿杆后端的环槽记号与泵体外端面对齐，然后将油量控制套连齿圈一起装入。装入后，应使齿圈的开口正对操作者，齿圈与油量控制套的刻线相互对齐，如图2-97所示。最后将柱塞凸耳拨正，使凸耳上有"X、Y"记号的一面朝外，并使凸耳卡入控制套滑槽内。

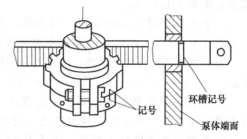

环槽记号
记号
泵体端面

图2-97　齿杆、齿圈与油量
控制套的装配位置记号

b. 装柱塞副、出油阀副及出油阀压紧座柱。柱塞副若须更换，更换时应检查其型号是否符合要求，也可以与原件相比较，确认一下，避免错误。因为外形相同的柱塞套，可以有不同的柱塞直径。如果与原柱塞直径不符，将会改变喷油泵的供油量；就是同一直径的柱塞，柱塞螺旋切边也还有"左旋"、"右旋"之分。如果选错，将会造成加、减油方向相反的后果。另外，同一台喷油泵应安装同一组的偶件。

柱塞套装配时，必须使其具有半月槽（定位槽）的一边对正柱塞套定位螺钉。拧紧定位螺钉后，柱塞套应能沿轴向少量移动（1～2mm），但不能有转动。如果柱塞上下没有活动量，说明被挤住，这样柱塞套将产生变形，柱塞易被卡死。为此，在拧定位螺钉时，应用手从下方轻微转动柱塞套，以使螺钉正好插入柱塞套半月槽中。如果柱塞套能转动，会造成供油量混乱，为此，定位螺钉垫片应平整，厚度要适当。

出油阀副装配时，应注意出油阀下端面与柱塞套上端面的清洁，以便保证接合面的紧密，避免漏油。出油阀垫圈必须完好无损，不得有裂纹和变形，否则应换新。装好出油阀副及其垫圈后，则依次装上出油阀弹簧、低压密封垫圈、出油阀压紧座等。出油阀压紧座应按规定力矩拧紧，一般拧紧力矩为50～60N·m。力矩太大会引起出油阀座、柱塞套和泵体变形，甚至损伤出油阀垫圈。拧紧时，最好回松几次再拧紧，避免造成压不紧和受力不均而引起零件的变形。

c. 装柱塞弹簧上座、柱塞弹簧和挺杆组。挺杆组装配前，应先测量其安装高度（即滚轮最低点至正时调整螺钉上平面之间的高度）。此高度应符合原厂规定。

d. 装凸轮轴。在装凸轮轴之前，先将调速器前壳体装配上（因凸轮轴后轴承座在其上），再装上前端盖。

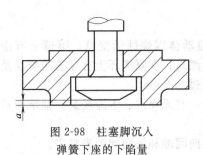

图 2-98　柱塞脚沉入
弹簧下座的下陷量

e. 装凸轮轴接合器、弹簧下座。喷油泵总成装配后，转动凸轮轴，当柱塞处于上止点位置时，柱塞应有不小于 0.3mm 的行程余量。柱塞弹簧下座装入后，应检查柱塞尾部沉入弹簧下座的下陷量（图 2-98）。此下陷量 $a \geqslant 0.3$mm。若无下陷量或柱塞尾端超出弹簧下座平面，那么，挺杆体上行时将通过柱塞压缩弹簧。在这种情况下，当柱塞转动时，就会扭转弹簧，引起调节齿杆运动发涩。

f. 装上输油泵、喷油泵侧盖板（侧盖板也可在调试完毕后再装上）。

② P 型喷油泵的装配

a. 将法兰套固定在虎钳上，将柱塞套装进法兰套内，并使定位槽与法兰套的定位销一致（柱塞放在干净的容器内并做好标记）；将出油阀偶件、密封垫圈、出油阀弹簧和减容器装入法兰套内。

b. 将出油阀紧座装上新的 O 形圈，涂匀润滑脂后，用力矩扳手拧入法兰套内。标准紧固力矩为 110N·m。

c. 将柱塞套外圆装配垫圈、挡油圈，用钢丝挡圈加以固定（要使柱塞套进回油孔与挡油圈孔上下错开）；将泵油系各要求部位套入新的 O 形圈，并在 O 形圈上涂匀润滑脂。

d. 将泵油系部件装入泵体，注意不要损伤 O 形圈；用力矩扳手均匀地紧固两个螺母。标准紧固力矩为 40～45N·m；将供油拉杆及定位销装入泵体，用专用工具将紧固螺套拧紧。

e. 装配油量控制套筒，要使钢球落入拉杆槽内；装入弹簧上座和柱塞弹簧；将柱塞与弹簧下座一起装入泵体，使柱塞进入柱塞套内。

f. 将滚轮体部件装入泵体。在泵体固定孔内装上滚轮体压装工具，按压滚轮体，同时，一点一点地推动拉杆，直到使柱塞扁块装进控制套内。然后，将滚轮体保持器插入螺塞孔内，将滚轮体固定在上止点位置，取下压装工具。

g. 把中间轴承装在凸轮轴上，与凸轮轴一起装进泵体，然后用螺栓固定中间轴承；装配调速器前壳，调整装在调速器侧的调整垫片的厚度，使各凸轮位于相对的各缸中心。位置偏差不超出 ±0.5mm，如图 2-99 所示。

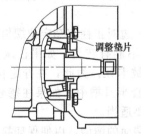

图 2-99　调速器前壳处的调整垫片

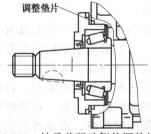

图 2-100　轴承盖驱动侧的调整垫片

h. 装配轴承盖，调整装配在驱动侧的调整垫片的厚度，使凸轮轴的轴向间隙为 0.02～0.06mm，如图 2-100 所示。

i. 装配完毕，拉杆装上弹簧秤，测量拉杆的滑动阻力。其滑动阻力不大于 130g；转动滚轮体保持器和凸轮轴，使凸轮与滚轮接触，取下滚轮体保持器并紧固螺堵。

j. 装上底盖板及其他零件。

（4）喷油泵的调试

① B 型泵的调试

a. 供油时刻的检查和调整　供油时刻的检查方法有测时管法、溢油法、接触压力法和喷油法四种。在调试中选用哪种方法好，视所具备的条件和个人技术熟悉程度而定。现仅对测时管法介绍如下。

先在靠联轴器一边的分泵（即第一分泵）高压油管接头上装一测时管（图 2-101），撬动柱塞，使测时管中充满柴油，再用嘴吹去少许。沿喷油泵旋转方向慢慢拨转凸轮轴，当测时管中的油面刚一波动时，立即停止转动，此时便是第一分泵的供油开始时刻。

第一分泵供油时刻确定后，按照喷油泵的供油顺序，以第一分泵为准，调整其他各分泵的供油间隔角度。如六缸机的供油顺序是1—5—3—6—2—4。在调整第五分泵的供油时刻时，应从第一分泵开始供油时刻在刻度盘上的角度数开始，旋转 60° 正好是第五分泵开始供油时刻。各分泵供油间隔角度误差应在 0.5° 的范围内。

这种方法设备简单，测量准确，所以一般较为常用。不足之处是操作麻烦，效率不高。

在喷油泵供油时刻调整好后，应检查柱塞在上止点时活动余隙（即柱塞顶面与出油阀底面之间的间隙）。此间隙一般为 0.3～1.0mm。检查 B 型泵时，拨转凸轮轴，使柱塞处于上止点，然后用旋具往上撬动柱塞，使其上升至极限位置。此时，将塞尺插入柱塞尾端与挺杆调整螺钉之间，检查间隙。

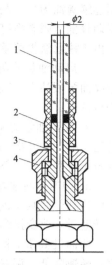

图 2-101　测时管的
结构和安装
1—玻璃管；2—橡胶管；
3—高压油管接头；
4—连接螺母

b. 齿杆行程的检查与调整　调整齿杆行程的目的是保证齿杆有足够大的供油活动范围。将油门操纵臂置于最大供油位置。拧动齿杆限位工具上的调整螺钉，使调整螺钉与齿杆端面相碰，并使调速器中拉杆螺钉尾部与拉杆支承块的间隙为 2～3mm，如图 2-102 所示。

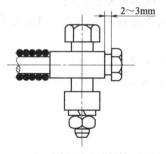

图 2-102　拉杆螺钉尾部与
支承块的间隙

c. 高速起作用和高速断油转速的试验与调整　试验时，使试验台在接近额定转速下运转，把喷油泵油门操纵臂向最大供油方向推到底，然后再慢慢增加泵的转速，同时注意观察齿杆的变化。当齿杆开始向减少供油方向移动时，这时的转速就是调速器的高速起作用转速。在高速起作用转速的基础上，逐渐将转速升高至规定的断油转速，油泵应迅速停止供油，这时的转速就是调速器的高速断油转速。

一般情况下，高速起作用转速比额定转速高 10r/min；高速断油转速比高速起作用转速高 30～50r/min。

通过试验，若高速起作用转速和高速断油转速不符合要求，可调整高速限制螺钉，用以变更油门操纵臂位置，从而改变高速弹簧的弹力，使其达到规定的转速。退出高速限制螺钉，作用点转速增高；反之，则转速降低。

调整时，如断油转速过高，往往是由于柱塞副磨损、高速弹簧较硬、齿杆安装不当或卡住所致。

d. 额定油量的检查与调整　启动试验台后，使喷油泵转速由低向高增至额定转速，并把油门操纵臂置于最大供油位置，当齿杆固定无任何游动时，喷油 100 次（或 200 次），各缸供油量应达到技术规范所示额定油量的要求。

如果供油量达不到要求，可通过调整齿杆端部调节螺套的螺钉来达到。供油量基本符合要求时，再调整调节齿圈与油量控制套筒的相对位置，使供油均匀性达到要求。额定油量的不均匀度一般要求不大于 3%。

e. 怠速油量的调整　将凸轮轴转速调至怠速转速，油门操纵臂调节到喷油雾器尖端连续滴油为止，测量喷油100次（或200次），怠速油量应符合要求。如果不符合要求，则调整低速限制螺钉（亦即改变油门操纵臂的位置）。怠速时，如各缸油量不均匀，主要是由于柱塞磨损严重所致。

f. 启动油量的调整　使喷油泵以100r/min的转速运转，操纵臂扳到全负荷位置，测量喷油泵喷油100次（或200次）的供油量。不符合要求时，通过改变齿杆限位器的位置进行调整。

g. 校正油量的调整　将油门操纵臂放在最大供油位置，将凸轮轴转速调至校正供油转速，喷油300次，供油量值应符合规定。供油量过大或过小，可在允许的范围内适当改变校正行程进行调整。

h. 调速器转速稳定性的检查和调整　检查时，油门操纵臂固定在额定转速位置，提高转速到开始减少供油，保持转速不变，调节齿圈和齿杆，不应有游动现象。凸轮轴在任一转速时，改变操纵手柄位置，调节齿圈和齿杆不应有游动现象。

柴油机低速不稳定时，可调整低速稳定器。调整螺钉顺时针转动，则转速升高，反之，转速降低。调好后拧紧锁紧螺母。

② P型喷油泵的调试

a. 将喷油泵装于试验台上，接通管路，放尽空气。

b. 预行程的调整。

• 用套筒扳手拆下第一缸的出油阀紧座、出油阀及出油阀弹簧。

• 把测量仪器拧紧在法兰套内。

• 把供油拉杆保持在全负荷位置；按规定方向缓慢转动凸轮轴，使第一缸的柱塞在下止点位置时，将百分表针置于"0"点位置。

• 在喷油泵的进油口处通入0.015MPa的试验油。此时，试验油从溢流管流出。

• 转动凸轮轴，使柱塞从下止点缓慢上升。直到试验油从溢流管不流为止，这时百分表上的读数为预行程。

• 预行程的调整可通过改变法兰套下面的调整垫片的厚度来确定。

• 调整完毕取下测量装置，将出油阀、出油阀弹簧等装入法兰套内，按紧固力矩110N·m紧固出油阀紧座。

③ 各缸供油夹角的调整

a. 松开喷油器的溢流阀，使燃油流出。

b. 以第一缸为基准，按规定方向转动凸轮轴，测量各缸柱塞刚好关闭柱塞套的进、回油孔时刻（此时，对应的喷油器溢流管的燃油一般按每10滴/8~12s的流出量即可），其误差为±0.5°。

c. 供油夹角若超出规定值时，可使用调整垫片来满足要求。

2.4.2.3　调速器维修

（1）调速器分解

① B型泵调速器的分解

a. 拆检视孔盖，放松操纵臂，撬下调速弹簧。

b. 将连接齿杆的拉杆螺钉与调速杠杆的连接拆开，拧下调速器后壳固定螺钉，取下调速器后壳组件。

c. 取出伸缩轴和止推轴承。拆下离心铁固定螺钉，卸下离心铁座架。

d. 拆下调速器驱动齿轮固定螺母，用专用工具拉出调速器驱动齿轮。卸下驱动齿轮端部的弹簧卡环和挡片，扭力弹簧即可取出。

② P型泵调速器的分解

a. 调速器后壳部件的拆卸 拆卸调速器后壳座盖；拆卸稳定器部件；拆卸校正与怠速部件；拧松高速限位螺钉。

拆卸连接调速器前后壳的 6 个螺栓。拆卸齿杆连接杆与调节齿杆分离。拆卸时，要从上面用螺钉旋具把板簧推下去，然后使调速器后壳部件水平移动，以便从调节齿杆孔拆卸连接杆销钉。用尖嘴钳拆卸启动弹簧。

b. 飞锤部件的拆卸 用凸轮轴螺母专用扳手拆卸紧固飞锤部件的凸轮轴圆螺母。

用 M20×1.5 的凸轮轴拉模旋入飞锤支架的螺纹部分，旋转把手，就可使飞锤部件脱离（注：飞锤部件一般不作进一步的拆卸，如有损伤，应更换整套部件）。

c. 调速器后壳部件中相关零件的拆卸 拆卸支撑杆闷头螺塞并抽出支撑杆销钉，松开调速手柄上的螺栓，拆卸调速手柄、半圆键、垫圈、套筒与垫片。用旋具拆卸两只开口挡圈。用木槌轻敲弹簧摇臂，以拆卸两个摇臂轴套。

拆卸支撑杆部件与支架部件，取下调速弹簧与弹簧摇臂。

拆卸丁字块与调速轴套部件，使其分离。

（2）调速器检修

所有零件如有严重磨损、裂纹等必须更换，油封、O 形圈及密封垫片一律换新。

（3）调速器的装配

① B 型泵调速器部分的装配

a. 装调速器驱动齿轮。

b. 装离心铁座架和伸缩轴。

c. 装拉杆螺钉和调速器后壳。装上拉杆螺钉，并把其与调速器后壳内的调速杠杆用销子连接，然后装合调速器后壳。

d. 装调速弹簧。调速弹簧一头钩在调速杠杆的滑轴销上，另一头钩在油门操纵轴的摇杆上。

e. 装转速表传动轴和低速稳定器。

② P 型泵调速器部分的装配

P 型泵的装配顺序与拆卸相反，应注意：

a. 凸轮轴螺母拧紧力矩为 60N·m。

b. 各密封表面涂密封胶装配。

c. 各调整部件，如怠速弹簧总成、校正器、怠速稳定器等需要调整油泵时装配，然后装配后盖。

d. 装配后各运动部件应灵活、无阻滞。

（4）调速器的调试

① 调节齿杆零位的设定 拆卸调速器后壳座盖、怠速部件、校正器部件、稳定器部件，装好齿杆行程表。

调整带槽限位螺钉位置，临时使调速器起作用转速约为 600r/min，提高转速至飞锤全部张开，将调节齿杆向停油方向推到底，此时定为调节齿杆零位（在以后的调整中，此零位不允许变动）。

② 飞锤行程分配的调整 调节大头调节螺钉和大油门挡钉位置。两者的合理搭配可以保证调速器有良好的高、低速行程分配。

高速行程：保证调速器断油至飞车有一定的调节齿杆行程，同时又要保证飞车时有一定的调节齿杆行程储备。

低速行程：保证能够顺利断油，同时又要防止喷油泵在高转速情况下供油（油门手柄在怠速位置）。

③ 负校正行程的调整　使油门手柄与大油门挡钉接触，调整负校正调节螺栓位置，提高或降低喷油泵转速，检查负校正行程是否符合规范要求。

④ 额定供油量的调整　使油门手柄与大油门挡钉接触，提高油泵转速至额定值。调整大油门挡钉位置，使调节齿杆位置达到额定转速，调整喷油泵各缸供油量，使之符合规范要求。

⑤ 启动及最高转速的调整　使油门手柄与大油门挡钉接触，将喷油泵转速提高至标定值，检查调节齿杆开始移动时的转速（启动转速）是否符合规范要求。如不符合，可调整带槽限位螺钉位置，同时检查调速器的断油与最高转速是否符合规范要求。

⑥ 怠速油量的调整　使油门手柄与怠速限位螺钉接触，拧进事先准备好的怠速部件，运转喷油泵，检查调速器的起作用及结束转速，应符合规范要求，调节怠速限位螺钉位置，喷油泵怠速供油量应符合规范要求。

⑦ 校正供油量的调整　使油门手柄与大油门挡钉接触，喷油泵以低于校正点的转速运行。旋入校正器部件，使调节齿杆移动的距离符合校正行程的要求。同时检查校正行程中调节齿杆位移走向及校正供油量是否符合规范要求。

⑧ 稳定器部件的调整　操纵油门手柄与怠速限位螺钉接触，喷油泵以怠速运转，拧入事先准备好的稳定器部件，使其触头与下齿杆连接杆正好接触后再拧进1mm，紧固后再检查喷油泵停油转速是否符合要求，若不符，稳定器应多退出一点。

⑨ 启动供油量的调整　操纵调速手柄靠向带槽限位螺钉位置，喷油泵以启动转速运转，调节启动加浓部件位置，检查启动供油量是否符合规范要求。

⑩ 复查　各部件调整后，最后应全面复查一次，如发现不符合规范要求，应重新调整。同时应注意：无论在何种状态，转动停车手柄，喷油泵应完全停油。

2.4.2.4 喷油器的检修

(1) 喷油器维护

① 喷油器拆装

a. 拆卸。由发动机上拆下喷油器之前，应清洁喷油器周围，最好用压缩空气吹净喷油器座四周，拆卸时，用一扳手固定喷油器本体，再用一个扳手松开固定螺母。严禁只用一个扳手拆卸，否则喷油器定位球会在缸盖孔中转动，损坏缸盖；喷油器拆下后，应采用内孔刷子清洁喷油器孔。

b. 安装。安装喷油器时，必须使用新铜垫圈，并且只能装用一个。安装时要将喷油器的定位与缸盖孔中相应的凹槽对准，使用24mm长套筒扳手拧紧紧固螺母，防止损坏螺纹和回油口密封面。喷油器紧固螺母的拧紧力矩为60N·m。

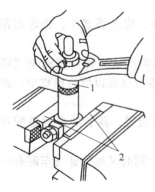

图 2-103　喷油器的拆卸
1—喷油器帽；2—铜或铝垫片

② 喷油器解体　喷油器分解时首先应注意工作场地及所用的设备、工具、油盆、清洗油液等的清洁，同时，操作时应细心，以免碰坏零件的精密表面。分解喷油器时，将喷油器夹于台虎钳上，如图 2-103 所示，并在台虎钳的钳口两边衬铜皮或铝片，以免损伤喷油器件。其操作步骤如下：

a. 首先将喷油器放在油盆中，把外表面刷洗干净，操作时注意保护针阀偶件头部，并应用软毛刷刷洗。轴针式喷油器的轴针伸出在针阀体外面，要特别注意不要碰坏。

b. 将喷油器夹在有铜钳口的台虎钳上，旋下针阀偶件锁紧帽，拆下针阀偶件。应注意不碰伤喷油器体下端的研磨平面，所以在拆下针阀偶件后，应旋上针阀偶件锁紧帽，保护该平面。

c. 分解针阀偶件。针阀如果被卡住在针阀体内时不可硬拔，应浸在干净的煤油中，经过相当长时间再拔（有时需浸 24~48h）。拔时将针阀上面的柄部用台虎钳轻轻夹住，用木块护住针阀体平面轻轻敲击。应注意不得用台虎钳夹住针阀体，以免针阀体变形。针阀与针阀体是精密偶件，拆下后仍应成对配合存放，不得搞错，并注意保护精密加工的表面。

d. 将喷油器体夹在台虎钳上，拆下喷油器体上的调压螺针和螺母、调压弹簧和弹簧座以及杆等其他零件，并在清洁柴油中仔细清洗，除去污物。

③ 喷油器清洗　分解后的针阀偶件应放在清洁的柴油中进行清洗和清除积炭。按图 2-104 (a)、图 2-104 (b) 所示，用软毛刷或细铜丝刷清除针阀体和针阀外部积炭，按图 2-104 (c) 所示，用直径比喷孔小的探针清理针阀体喷孔积炭；按图 2-104 (d) 所示，清理喷孔背部的积炭；按图 2-104 (e) 所示，用黄铜制的弯头刮刀（刀头形状与压力室形状相似），伸入压力室内转动而刮除针阀体内压力室中的积炭，按图 2-104 (f) 所示，用铜针清理针阀体油路；最后按图 2-104 (g) 所示，将针阀偶件放在专用工具内用柴油清洗。

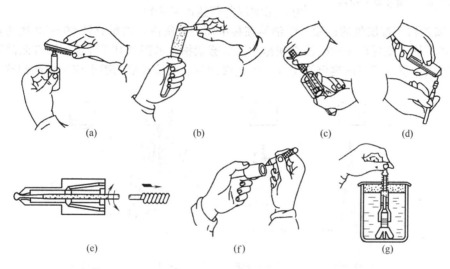

图 2-104　清洗针阀偶件并清除积炭

④ 喷油器的装配　将所有零部件仔细清洗干净、检验合格后方可进行装配。

a. 将喷油器体夹在装有纯铜钳口的台虎钳上，装入顶杆、弹簧座、调压弹簧，放入调压弹簧支承螺母，再旋入调压螺母。

b. 倒转夹住喷油器体外壳，并洗净配合平面，将清洗干净的针阀与针阀体装合放在喷油器体的平面上，必须使针阀柄部准确地装入顶杆孔中，装上针阀偶件护帽并旋紧，装上油管接头和螺母等其他零件。但应注意换用起密封作用的新纯铜垫圈。

(2) 喷油器的检验与调整

装配好的喷油器应放在喷油器试验器上调整，如图 2-105 所示。首先向喷油器试验器的油箱内加注用滤清纸滤过的柴油，并放净空气。同时检验并保证试验器有良好的密封性，如将油压增至 25MPa 后，在 3min 内油压下降应不大于 0.89MPa，则表示试验器密封性良好。喷油器检验前应用柴油仔细清洗，并检查油针与喷油嘴的灵活性，拧动油针，应均匀而无咬卡现象。

① 喷油压力的检验和调整　将喷油器接装在试验器高压油管上。用手柄压油，当开始喷油时压力表所指的数值即为喷油压力数值，其值应与原厂规定数值相符。若压力过高或过低，可拧松喷油器上端固定螺母，然后拧动调整螺钉进行调整，以改变调压弹簧对顶

图 2-105　喷油器试验器

杆的压力，达到正常的喷油压力。如压力过低，可拧入调整螺钉；若压力过高，则拧出调整螺钉。调好后，应拧紧固定螺母。各缸喷油器喷油压力应调整一致，各缸相差不超过 245kPa。

② 喷油器油针与喷油嘴的密封性试验　喷油压力调整正常后，应检查喷油嘴的密封性。用手泵泵到压力表指示 16MPa，然后，以每分钟约 10 次的速度匀称地揿动手泵直到压力达到 17.2MPa 时开始喷油。这段时间内，喷孔允许有微量的潮湿，但不允许有滴油现象。否则表明锥面密封差，应重新清理喷油嘴或研磨密封锥面。油针和喷油嘴锥形接合部分密封性检查，一般以低于标准喷油压力 2.0MPa 的油压保持 20s，喷油嘴端部不得有滴漏和湿润现象。油针与喷油嘴圆柱接合部的密封性用于保证喷油压力，用油压降落速度来确定。

③ 喷油器喷雾质量的检验　喷油器在标准压力范围内，以每分钟 60～70 次的速度压动试验器手柄，喷射出来的柴油必须是均匀的雾状物。如图 2-106 所示，没有眼睛可见的油流或油滴，发出清脆的响声为正常。停止喷油后立刻检查喷油嘴上应无成滴油珠。

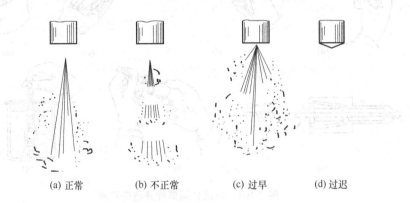

(a) 正常　　　(b) 不正常　　　(c) 过早　　　(d) 过迟

图 2-106　喷油质量的检验

单孔轴针式喷射的角度一般为 45°±3°，喷射角度的偏差不大于 3°。检查方法是将纸屏放在喷油嘴下面相距 200mm 处，经过一次喷射后，在纸屏上的圆形油渍的直径应为 165mm，这个尺寸与标准的喷射角度（45°）正好相符合。

多孔针阀式则应注意各个喷孔喷油的均匀情况，油渍应和喷孔数相符，各个油渍的形状和范围应相似。

在检验喷油器时，应注意防止高压油束伤及眼睛和手臂，同时还要注意防火。

（3）喷油器的检修

① 经过清洗的零部件，应进行仔细的检查，对于精密加工的表面，可利用放大镜加以检查，并视情况进行修理。

② 经过清洗后的针阀偶件可以进行简单的滑动性试验，以检查偶件是否能应用。检查的方法是将沾有清洁柴油的针阀放入针阀体内，然后将针阀倾斜 45°，将针阀拉出全长的 1/3，放手后针阀应靠其自身的重量，缓慢而又顺利地全部滑下，不能有任何阻碍、卡住等现象。

对于喷油嘴偶件，如发现有严重缺陷时应调换新品，对于缺陷不严重的可用研磨方法进行修复。一般针阀、针阀体和喷油器体之间遇有下列情况，则可以进行研磨修正。

① 针阀与针阀体配合不够光滑，滑动试验不符合要求时，可在针阀上抹上清洁的凡士林或柴油，将针阀柄部夹在有纯铜钳口的台虎钳上，套上针阀体，用手进行左右转动研磨。研磨时不要拍击，时间不要太长，以免过度磨损。研磨几分钟后应将偶件清洗，并作滑动性试验，直至符合要求。

② 针阀与针阀体锥形密封面有轻微损伤（用放大镜观察针阀的锥形密封面可发现），可用手工研磨密封锥面，如图 2-107 所示。研磨时，在密封锥面上涂些氧化铬膏。注意不要涂到喷针和导向部分，以免造成部分磨损过大，甚至报废。

③ 调试油嘴时，如果雾化尚好，断油也干脆，但慢压油时有漏油现象，这表明喷孔部分有磨损，需要进行缩孔。缩孔的目的是缩小因磨损而扩大了的喷孔，提高喷油质量及射程，减少废气侵入。缩孔后还要进行研磨，恢复缩孔后被损坏了的喷油部分的配合间隙，加强封闭严密性。缩孔的方法如图 2-108 所示，在针阀体中央放一个滚珠（喷孔直径为11mm，放直径 3mm 的滚珠；喷孔直径为 1.50mm，用直径 4mm 的滚珠；喷孔直径为 2mm，用直径 6mm 的滚珠），用小锤轻轻地将滚珠敲击一下，进行缩孔。要特别注意，因为喷孔是可以多次缩孔修复的，所以第一、第二次敲击时，用力应轻。如缩孔后不能恢复指标，或用力较大损坏了喷孔部分的配合间隙和封闭部分的严密性，则必须再进行研磨。

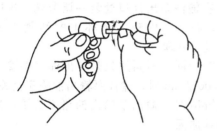

图 2-107　手工研磨密封锥面

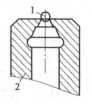

图 2-108　缩孔
1—滚珠；2—针阀体

④ 对检验不合格或不可修复的零件应换用新件。

2.4.2.5　输油泵检修

（1）输油泵的分解、检验与装复

① 将输油泵夹于垫有铜皮的虎钳上；拆下手油泵、进、出油管接头，并取出进、出油阀和弹簧。拧下螺塞，取出弹簧、活塞及推杆。

② 泵体应无裂纹；活塞、推杆等配合表面不应有腐蚀和划痕；阀门与座应密封良好，否则应进行研磨；弹簧弹性应良好、无锈蚀。

③ 膜片式输油泵，摇臂或凸轮损坏、磨损，膜片损坏应更换。

④ 装复时，所有零件应清洗干净，更换密封圈，按分解时相反顺序装复。

（2）输油泵试验

修复后的输油泵必须进行试验，以检查判断其工作性能及修复质量。检查可在喷油泵试验台上进行，也可以直接在柴油发动机上进行。试验步骤如下：

① 运转磨合试验　修复后的输油泵，应进行磨合试验 10min 左右，检查其溢油孔滴油现象，1min 不得超过 3 滴。磨合过程中，输油泵应无过热现象。

② 密封性能试验　拧紧手油泵手柄，堵住输油泵出油口，然后将输油泵浸入煤油中，并从进油口输入 0.2MPa 的压缩空气，如图 2-109 所示。输油泵进出油管接头、手油泵与泵体接合处及活塞室螺塞处，应无气泡冒出。用量筒收集测量自滚轮架与泵体之间漏出的空气量，应不大于 30mL/min。否则，应查明原因修复。

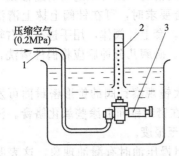

图 2-109 输油泵密封性试验
1—输油管；2—量筒；3—输油泵

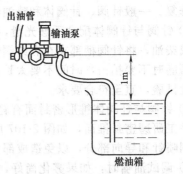

图 2-110 手动泵吸油性能试验

③ 手动泵吸油性能试验 用内径 8mm 的软管连接输油泵及油面比输油泵低 1m 的柴油箱进行吸油，如图 2-110 所示。以 60～80 次/min 的速度推拉手油泵手柄，若在 30 次内从出油口泵出柴油，且无空气吸入，表明手油泵吸油性能良好。以 60r/min 的转速驱动输油泵，1min 内从出油口开始出油，说明输油泵输油能力较强；2min 内仍不出油，则应查明原因，并予修理排除。

④ 输油量检验 将输油泵安装到试验台上，在输油泵出油口处装一调节阀，将压力调至 156kPa，再将试验台转速调至 1000r/min，在 15s 内输入量杯中的油量不少于 300mL 为正常，若少于 200mL，则应查明原因，进行修理。

⑤ 输油压力性能试验 管路的连接与图 2-109 相同，不同的只是在出油口端安装一个压力表，然后在油泵转速 $n=700r/min$ 和 $n=1200r/min$ 时，输油泵输出油路完全关闭，最大油压不低于 0.35MPa。在油泵转速 $n=600r/min$ 时，输油泵输出油路不关闭，最大输油压力应为 0.25MPa。若低于 0.15MPa，应查找原因。

2.4.2.6 进、排气系统维修

（1）进、排气管及消声器积垢清除

清除方法是：用钢丝刷或钝口锉刮除，也可将进、排气管放入每升水加氢氧化钠（烧碱）25g、碳酸钠（纯碱）35g、水玻璃 1.5g、液态肥皂 25g 配成的化学溶液中浸泡 2～3h，溶液温度为 90～95℃，使积炭软化后清除，然后用水彻底冲洗，再用压缩空气吹干净。

清除消声器内积炭时，用木槌轻轻敲击外壳，使积炭受振动而脱落。如积炭过多，可拆开一端，用长柄钢丝刷清除干净后，再焊修装复。

（2）进、排气管检修

进、排气管如有裂纹、缺口应堆焊修复。装配平面有翘曲时，应在全长上测量，六缸柴油机不得超过 0.50mm，否则，应予以修磨或校正。

（3）空气滤清器保养

干式、纸质滤芯空气滤清器清除污垢时，取出滤芯，在平板上轻拍端面，然后用压缩空气从内向外吹，以清除滤芯上的灰尘。使用中，如发现滤芯因使用过久而堵塞、表面破损时，必须更换滤芯。

安装空气滤清器时，各接合部位的橡胶垫、垫圈必须保证有良好的密封性。空气滤清器盖上的螺母不得拧得太紧，以防损坏滤芯。

（4）涡轮增压器的维修

涡轮增压器叶轮的转速很高，对润滑条件要求也很高。在工作中，增压器常出现的损伤有：压气机叶轮损坏、排气涡轮损坏、油封损坏、轴颈磨损、轴承损坏等。因此，在柴油机修理中，对增压器的检修不可忽视。

① 涡轮增压器分解

a. 在压气机壳体、涡轮壳体与中间壳体上做好装配位置记号，再松开紧固螺栓，拆下压气机壳体和涡轮壳体。

b. 垂直夹紧涡轮轴，松开压气机叶轮固定螺母。

c. 将中间壳体放在压床上，垂直压出涡轮轴。取出压气机叶轮、卡环、涡轮止推盘。

d. 松开气封板固定螺钉，取下气封板、气封环、机油导向盘、衬套、止推盘、止推垫。

e. 卸下卡环、取出浮动轴承。

② 涡轮增压器零件检修

a. 涡轮、压气机叶轮、气封板、气封环等表面不得有碰伤、划伤、裂纹等缺陷。各气流通道表面应光洁，不得有积炭、尘土、油污等。

b. 气封环、密封环、O形密封圈不得有损伤，橡胶件不得有老化、变形和发胀现象，否则应更换。

c. 涡轮增压器的气封零件不得有严重磨损、烧结或失去弹性的现象。气封间隙如下：径向为 0.25～0.35mm；轴向为 0.5～1.20mm。采用活塞环密封的零件，其开口间隙为 0.20～0.35mm。

d. 止推盘、止推垫不得有擦伤、沟槽，磨损严重应更换。

e. 涡轮增压器安装浮动轴承或滑动轴承的内孔表面粗糙度 $Ra0.63～1.25\mu m$，端面粗糙度 $Ra1.25\mu m$，外圆轴线对内孔轴线的同轴度公差为 $\phi0.01mm$，外圆及内孔的圆柱度公差为 0.01mm，端面对内孔轴线的垂直度公差为 0.01mm，且轴承不得有麻点、烧蚀、发卡等现象，否则应更换。

f. 涡轮轴轴颈表面粗糙度 Ra 值为 $0.32\mu m$。涡轮轴径向摆差在距轴端部 10mm 处测量。其摆差值不得大于 0.007mm。

g. 涡轮增压器的锁紧保险装置应完好，不得有任何损伤，否则应更换。

③ 涡轮增压器装配

a. 装配注意事项。

• 各欲装配零部件须经检验，质量一定要合格，且应清洁干净。

• 各气道、气封通道、油封通道应畅通。

• 压气机叶轮、涡轮等零件应符合原平衡要求，装配位置不得调换。如需要更换涡轮轴，应连同压气机叶轮一起更换或换后重新进行动平衡校验。

b. 装配顺序。涡轮增压器的装配顺序通常按与拆卸相反的顺序进行。

• 将涡轮轴上涂以机油，垂直夹紧在虎钳上。

• 装上卡环，浮动轴承涂以机油装入，再装入卡环限位。将两个卡环的环口转到相反方向，装上中间壳体。

• 装上止推垫、止推盘和机油导向盘。

• 装入衬套、气封环、卡环。两卡环的开口方向应相反。

• 在气封板的环槽内装上 O 形密封圈，将气封板装入，并用内六角螺钉紧定。

• 将压气机叶轮与涡轮轴上的记号对正，加压装入。拧紧锁紧螺母，拧紧力矩为 18N·m。转动叶轮，应轻快灵活。

• 将压气机壳接合面、涡轮壳接合面涂上密封胶，对正分解时所做记号装复，拧紧紧固螺栓，拧紧力矩为 14～16N·m。

c. 修复后的要求。

• 涡轮增压器经修复后，其润滑油的回油温度、冷却水的出水温度不得高于 90℃，润滑油压力在额定负荷时应不低于 0.2MPa。

Chapter 1

Chapter 2

Chapter 3

Chapter 4

Chapter 5

Chapter 6

Chapter 7

Chapter 8

Chapter 9

• 涡轮增压器在运转中不得有不正常的振动和噪声，不得有油、气等的渗漏，壳体不得有过热现象。

• 经修复后的涡轮增压器应能达到预期的增压效果，增压后的主要技术指标应符合规定。

• 涡轮增压器在柴油机的各种工况下，应都能平稳高效率运转、无喘振现象。

（5）中冷器的维修

水对中冷器的污染会给柴油机性能带来不利影响。它会降低空气压力和密度，降低冷却器的冷却能力，使充气温度上升、密度减小。

上述不利影响将使柴油机动力性下降，冒黑烟。

① 拆卸

a. 拆下进、出水接头。

b. 从中冷器体上拆下中冷器芯和盖。

c. 从中冷器芯中拆出 O 形圈并扔掉。

② 清洗

a. 用蒸汽清洗中冷器盖和壳体。

b. 用无损于黄铜的溶剂清洗冷却器芯，并用压缩空气吹干。

③ 装配

a. 将中冷器体放到工作台上，安放位置应与柴油机上的安装位置相同。

b. 将垫片放到中冷器体上，将新的 O 形圈涂清洁机油后，装到中冷器芯的进水和出水接头上，将中冷器芯装入体中。

c. 将进水接头和新垫片装到中冷器芯的进水口时，不可损坏 O 形圈。用手拧紧螺钉，将接头紧固到体上。

d. 将垫片装入中冷器芯的安装法兰上，务必将垫片、中冷器芯和体上的螺钉孔对准，装上盖，但此时不要将螺钉拧紧到规定拧紧力矩。

e. 将出水接头和新垫片装到盖上，装上螺钉和铜垫片，用手拧紧螺钉。注意：务必将 O 形圈装到准确位置并且完好无损。

f. 拧上中冷器盖、中冷器芯和中冷器体的连接螺钉，此时，不要拧紧至规定拧紧力矩。

g. 拧上进水接头与中冷器体的连接螺钉，拧紧到 37～43N·m。

h. 拧紧中冷器盖与中冷器体的连接螺钉到 34N·m，先拧紧中间的螺钉，然后从中间到两端每边拧 1 个，依次交替进行。

④ 试验 中冷器装配后，为检验其质量，还应进行压力试验。

试验时，取一段软管，其一端用管塞堵住，将下边水接头堵住。在另一只（上边那只）水接头上接空气管和压力表，对中冷器芯加压，检查其渗漏情况。空气或水的压力为 0.45MPa。如有渗漏，则中冷器芯必须更换。

2.4.3 柴油机燃料系常见故障诊断与排除

2.4.3.1 柴油机故障的征象

柴油机在使用过程中，由于零件的自然磨损和变形、使用维护不当、装配和修理质量不良等原因，使柴油机性能下降，出现不正常的现象，甚至不能继续工作，这种现象称为故障。当柴油机发生故障时，往往通过一个或几个征象表现出来。一般这些征象都具有可观、可听、可嗅、可触摸、可测量的性质。总结起来有以下几方面：

① 工作不正常：如不易启动、转速不稳、不能带负荷、自动停车等。

② 声音不正常：如发出不正常的敲击声、放炮声、吹嘘声等。

③ 温度不正常：如排气管过热、机油过热、冷却水过热、轴承过热等。

④ 外观不正常；如排气管冒白烟、黑烟、蓝烟、漏油、漏水、漏气等。

⑤ 消耗不正常：如柴油、冷却水、机油等消耗量增加，油面及水面升高或降低。

⑥ 气味不正常：如排气带很浓的柴油和机油的气味，以及不正常的臭味和焦味等。

柴油机故障的发生大部分是由于使用时不遵守操作规程，不注意保养工作，装配和调整不正确以及一些零件的磨损而引起的。因此，正确的使用和及时的保养是防止和减少故障的有效办法。但有时发生了故障，也应当仔细地分析故障发生的原因，及时加以排除。

2.4.3.2　柴油机燃料系故障的判断方法

故障的原因是多种多样的，它们的外部表现也是错综复杂的，某一故障的原因会产生多种故障现象。例如供油时间过晚，可以表现为排黑烟、动力不足、过热、启动困难等现象。同样，一种现象也可能由多种原因引起，例如排黑烟，可能是供油量过大、喷油雾化不良、喷油过晚、汽缸压力低或空气不足等造成的。要迅速、准确地诊断故障，就必须从故障现象入手，根据故障现象出现的时机、特征以及伴随的其他故障现象，结合结构和工作原理进行分析、归纳，采用一定的判断方法，由简到繁、由易到难、由表到里找出故障原因所在。

（1）油路密封性的检查方法

柴油机燃料系油路，按内部工作压力的不同分为高压油路和低压油路。

① 拧松喷油泵的放气螺钉，用手泵泵油，油中混有气泡，如果持续泵油气泡能够排尽，说明是低压油路——输油泵出油口到喷油泵之间进气，低压油路的进气部位在柴油机工作中会漏油，因为这段油路的油压高于大气压。

② 拧松喷油泵的放气螺钉，当用手泵泵油无油排出或油中气泡始终排不尽时，说明吸油路——油箱到输油泵之间进气了，吸油路进气将导致不能启动或工作中自行熄火，可采取如下方法检查：拆下输油泵进油口接头，另接一根油管，插入油箱中泵油，如果油路中气泡能排尽，说明是吸油路漏气，具体漏气部位可采用油箱加压或用胶布包裹可疑部位的方法检查。

③ 某一缸高压油路中出油阀和喷油器同时不密封，汽缸内的气体沿着喷油器、高压油管和出油阀进入喷油泵的低压油路，从而造成柴油机缓慢熄火。某缸喷油器和出油阀同时不密封，汽缸内压缩行程中气体压力将超过油路中的油压，但是，这种进气的过程较为缓慢，一般要在启动后工作较长的时间才能导致发动机熄火。在排除油路中的空气后，又能顺利启动并工作一段时间，但随着工作时间的增长，空气又会逐渐进入低压油路，发动机又会缓慢熄火。遇到这样的故障，应急的办法是调换出油阀的安装位置，将不密封的喷油器与不密封的出油阀分开。

（2）油路堵塞部位的检查方法

燃料系油路常因滤清器的滤芯、滤网或油管堵塞而造成不来油。检查油路堵塞部位的方法如下：

松开喷油泵上的放气螺钉，拉动手泵手柄，柴油应随着手泵的拉压而有规律地向外喷出，否则，说明油路不畅通。

根据拉压手泵手柄时阻力的大小可以判断堵塞部位，如果拉动手泵手柄时阻力较大，通常是吸油油路堵塞。常见故障有油箱吸油管堵塞或油箱开关未打开等，吸油油路具体堵塞部位的查找可采用从不同部位向油箱内吹气的方法，如在输油泵进油管向油箱吹气，听不到冒泡声，而在粗滤器进油管向油箱吹气能听到冒泡声，说明堵塞发生在粗滤器。

如果压动手泵手柄阻力较大，松开燃油细滤器进油口接头后用手泵泵油时，来油顺畅，则说明堵塞发生在燃油细滤器滤芯等。逐段检查，逐段排除，就可查找出堵塞部位。

（3）输油泵工作情况的检查方法

即使手泵工作正常，如果输油泵工作不良，仍会造成发动机工作不供油或供油不足。

输油泵的工作情况按下面的方法检查：

松开喷油泵的放气螺钉，用启动机带动发动机旋转，输油泵工作正常时，放气螺钉处应有柴油喷出，如果不喷油或喷油不畅，说明输油泵工作不正常。

注意在检查输油泵时，必须将手泵手柄旋紧，否则可能影响输油泵的工作。

（4）就车检查喷油器是否密封的方法

拆下高压油管喷油泵一端的接头螺母，将高压油管插入盛有柴油的容器中，然后利用启动机带动发动机旋转，观察插在油中的高压油管内是否有气泡排出，若有气泡排出，说明该缸的喷油器不密封，造成不密封的原因可能是锥面不密封或针阀卡死在开启位置。

（5）就车检查喷油压力和喷雾质量的方法

在缺乏喷油器试验器的条件下，可在车上利用 T 形接头，将车上的喷油器与标准喷油器进行对比，检查喷油压力和喷雾质量，其方法是：

拆下要检查的喷油器和该缸的高压油管，将喷油器装到 T 形高压油管的一端上，另一端装上事先调好的标准喷油器，然后将 T 形高压油管的一端装在喷油泵上。拧松其余各缸的高压油管，将加速踏板踩到底，用启动机带动发动机旋转，观察喷油器的喷油情况，如果两个喷油器不同时喷油，应该调整被检查喷油器的喷油压力，使两个喷油器同时喷油，如果被检查喷油器喷油质量不好，应进行检修。

（6）检查发动机单缸工作情况的方法

发动机各缸的工作情况，可运用单缸工作检查方法进行判别。

① 感温法　冷车启动后的最初阶段，手摸发动机各排气歧管，根据各缸排气歧管温度上升快慢的差别，可大致判断各缸汽缸内燃烧进行的好坏，若某缸排气歧管的温度较其余各缸低，可能是该缸的喷油量过小或不喷油，也许是喷雾不良造成燃烧不良或根本没有燃烧。

② 听音法　用听诊器、木棍、铁棒等物做传音工具，在喷油器体上听发动机运转时的声音，若听到的敲击声较大，则可能是供油量太大或喷油时间过早；若听到的只是连续不清脆的响声，则可能是没有发火燃烧。

③ 观色法　通过观察发动机排出废气的颜色来判断发动机燃烧过程进行完善程度。在光线充足、背景明亮的环境下，柴油机排出的烟色通常为浅灰色，负荷较大时正常烟色为深灰色。发动机排黑烟，说明燃料燃烧不完全，发动机过冷、环境温度过低可能造成发动机在启动时和启动初期排白烟。如果柴油中含水，也会造成发动机排白烟。鉴别白烟是油雾还是水雾，可将手心挡在排气口附近，根据凝结在手上的液体判别。发动机排蓝烟，这是机油进入汽缸被燃烧造成的，当发动机断续排烟，往往是个别缸燃烧不良引起的。

④ 断油法　逐缸切断供油，观察发动机转速、烟色和运转声音的变化情况，以此判断断油汽缸的工作是否正常。

将发动机转速控制在怠速稍高（600～700r/min）的地方，切断某缸供油后，如果发动机转速明显下降，同时运转声音变得不均，说明该缸工作正常；反之，则说明该缸基本不工作。

切断供油前，发动机有排黑烟、敲缸等故障，切断供油后，故障现象消失或大为减轻，说明该缸就是故障缸，反之，则故障不在该缸。

⑤ 比较法　分析故障时，若对某一机件有怀疑，可以用技术状态正常的备件去替换，根据替换后工作情况的变化，来判明原件的技术状态是否正常。一般对喷油器的故障可以采用这种检查方法，这时可以换上一个备用喷油器，以判断原用喷油器是否产生了故障。

⑥ 试探法　在分析故障原因时，往往由于经验缺乏，不能肯定故障的原因，而要进行某些试探性的调整和拆卸，以观察故障征象的变化，来寻找或反证故障产生的部位。如怀疑活塞组在汽缸内磨损严重，可向缸内灌点机油，若汽缸压缩性变好了，说明所怀疑的

故障原因正确。试探时必须遵守"少拆卸"的原则，并在确有把握恢复原有状态的情况下才能进行。

⑦ 变速法　在升降柴油机转速的瞬时，注意观察故障征象的变化情况，从中选择出适宜的转速，使故障的征象表现得更为突出。一般情况下多采用低转速运转，因为这时柴油机转得慢，故障征象持续时间长，便于人们观察和检查。如检查配气机构，由于气门间隙过大引起敲击声时，就采用这种方法。

在实际工作中，应根据具体情况灵活运用。在检查故障时，适当选用其中几种方法综合应用，就能省时省力、很快诊断出故障所在。

2.4.3.3　柴油机燃料系常见故障诊断与排除

柴油机燃料系常见的故障主要有启动困难，冒白烟，功率不足，不能持续工作，爆燃，冒黑烟，运转不稳并伴有熄火现象等。

（1）柴油机启动困难

① 故障现象

a. 启动机以正常的转速带动柴油机运转，但柴油机不启动。

b. 启动机带动柴油机转动中排气管无冒烟现象或冒烟甚少，柴油机仍不能启动。

c. 柴油机有间断的"突噜、突噜"声，但仍不能启动。

② 故障原因

a. 低压油路有故障。

•油箱内无油或油面太低，吸油管吸不上油。

•低压油管破裂，油管接头松动漏油。

•供油系统中有空气或管路堵塞，如进出柴油滤清器的油管，使用时间过长，或更换了不耐油的橡胶管，管内极易产生内部脱落物质而发生堵塞。

•柴油中有水，冬季结冰，造成管路不通；冬季使用的柴油标号不符合要求，造成柴油析出的结晶堵塞滤清器及油管。

•不按规定保养、更换柴油滤清器滤芯，造成堵塞。

•喷油泵溢流阀弹簧折断，或阀门关闭不严，使柴油从低压油路中流回柴油箱，而不能使低压油路中保持一定的油压。

b. 输油泵有故障。

•止回阀装配不当或使用时间过长，阀座面磨损过度；止回阀装配歪斜不平整或弹簧失去作用。

•滤网堵塞。

•输油泵泵油活塞卡死、弹簧折断、磨损严重，使输油泵不能正常供油。

•输油泵推杆咬住。

•手油泵活塞密封不严。

c. 喷油泵有故障。

•调节齿杆咬住，柱塞因弹簧折断而卡住，使调节齿杆始终停留在停车位置。

•柱塞磨损过度或柱塞在柱塞套中卡住。

•凸轮磨损严重，使柱塞和挺杆的间隙过大，造成泵油量下降。

•油量调整齿圈的锁紧螺栓松动或脱落，使泵的供油量改变。

•出油阀有污物堵塞、出油阀弹簧折断漏油、出油阀卡住。

•喷油泵联轴器损坏、联轴器角度调整板固定螺栓松动，使供油时间变化。

•喷油泵传动轴和传动齿轮连接松脱，造成喷油泵不工作。

•中间正时齿轮或喷油泵传动齿轮打坏。

Chapter 1
Chapter 2
Chapter 3
Chapter 4
Chapter 5
Chapter 6
Chapter 7
Chapter 8
Chapter 9

　　d. 喷油器有故障。
　　• 喷油泵接头松动或高压油管破裂。
　　• 喷油器堵塞或针阀因过热而卡死。
　　• 喷油器偶件磨损严重漏油、雾化不良。
　　• 喷油器喷油压力过低。
　　• 喷油器损坏。
　　e. 供油传动系有故障。
　　• 调速器传动杆件磨损过度，使调节齿杆的拉杆不能达到启动油量和额定供油量的位置。
　　• 停油汽缸卡死在最低油位，而不能使柴油机着火，或停油汽缸的连接部分脱落。
　　• 操纵杆件连接销轴磨损严重，不起控制作用。
　　③ 故障判断和排除
　　a. 首先检查油箱的油位。如果无油或油位太低，应添加。油加足以后，用手油泵泵油，并打开柴油滤清器上的放气螺钉，检查油路中是否有空气，如有空气应排净。如果空气排不净，应检查油管接头是否松动和油管有无破裂。检查时，可以将接头和可能有破裂的管路擦净，再用手油泵泵油检查有无渗漏。
　　b. 用手油泵泵油，如果供油不畅，应首先重点检查低压油路中柴油粗、细滤清器及输油管路是否堵塞，其次检查输油泵的工作性能。
　　c. 用手油泵泵油，并打开柴油滤清器上的螺塞，检查柴油中是否有水珠，如果有水，应放出油箱、滤清器中的油、水，重新加入合格的柴油。
　　d. 拆下喷油器，在喷油器试验台上检查、校正喷油压力及柴油雾化状态。
　　e. 通过上述的检查，如果一切正常，应检查喷油泵的工作情况。检查传动齿轮是否松脱打坏、供油提前角是否变化、联轴器固定螺栓是否松动、角度调整板固定螺栓是否松动。
　　如果启动柴油机，喷油泵轴转动，应拆卸喷油泵高压油管接头，用启动机带动柴油机，并将油门加大，而喷油泵油管接头处没油流出，应检查和校验喷油泵（校验喷油泵应在校验台上进行）。
　　（2）柴油机排气管冒白烟
　　① 故障现象　发动机不易启动，启动时排气管冒白烟或灰白烟。
　　② 故障原因
　　a. 柴油机温度低，柴油不易燃烧，排出白色烟雾。
　　b. 供油提前角过小，未充分燃烧的柴油呈白色油雾排出。
　　c. 柴油中有水，受热后呈水蒸气排出。
　　d. 排气制动碟阀损坏，造成排气不畅，进气量不足。
　　③ 诊断与排除
　　a. 遇到柴油机因温度低而排气管冒白烟的故障，在冬季，应充分利用保温装置，如加装保温套，或用蒸汽和喷灯加热油底壳（注意不能烤伤油气、电气管线），待柴油机温度正常后，冒白烟现象可自行消失。
　　b. 松开喷油泵联轴器连接螺栓，调整供油提前角至规定值。
　　c. 更换排气制动碟阀，使排气畅通，进气量充足，燃烧充分。
　　（3）柴油机功率不足
　　① 故障现象　装载机加速性能下降、爬坡能力降低、排烟增多，以及柴油机温度高、额定转速低和运转不均匀，且尤以柴油机运转不均匀为多见。
　　② 故障原因
　　a. 柴油滤清器堵塞；输油泵供油压力过低等。

b. 喷油泵磨损，使泵油量下降。

c. 喷油器雾化不良。

d. 增压器轴承磨损，转子有碰擦现象；压气机、涡轮的进气管路沾污、阻塞或漏气。

③ 诊断与排除

a. 遇到此故障时，首先检查油管是否有破裂、漏气处，然后更换燃油滤清器芯，排除管路中的空气，故障仍未消除，则应查看输油泵的供油压力，若供油压力不足，则分解修复输油泵。

b. 当低压油路工作正常，故障可能是喷油泵供油不足引起的，则应检查喷油泵的工作情况，检查偶件的配合情况，必要时拆卸、分解喷油泵，更换磨损严重的柱塞偶件，并重新校验喷油泵。

c. 当中压油路工作正常，故障可能在喷油器，则应就车检查喷油器的工作状况。

d. 若上述情况均良好，仍出现转速下降，进气压力降低，漏气或不正常的声音等，则应检查涡轮增压器的工作情况，是否存在轴承磨损，转子是否有碰擦现象，有无压气机、涡轮的进气管路沾污、阻塞或漏气等现象。

（4）柴油机不能持续工作

① 故障现象　柴油机运转中自动熄火，用手油泵泵油，柴油机能启动，但不久又自动熄火。

② 故障原因

a. 输油泵故障。用手油泵泵油，喷油泵油腔内空气放净后，柴油机可以启动运转，而手油泵停止后，柴油机熄火，说明输油泵工作不良或不泵油。

b. 低压输油管路漏气。漏气一般发生在油箱至输油泵进油口处。这段管路若发生漏气，输油泵吸油时产生的负压会使大量空气进入喷油泵，使喷油泵喷油中断，柴油机自动熄火。

③ 诊断与排除

a. 出现此故障后，应首先用手油泵泵油排除供油系统中的空气。如空气难以排净，应仔细检查油箱至输油泵之间的管路是否破裂或接头松动。

b. 排除管路故障后，如果柴油机仍不能持续工作，应拆卸、分解、清洗、检查输油泵，排除输油泵故障。

（5）柴油机热启动困难

① 故障现象　柴油机在热状态下熄火后，蓄电池电量充足，启动机性能良好，柴油机汽缸压缩压力正常，但仍然无法用启动机启动。

② 故障原因　发生此故障的原因为喷油泵柱塞磨损严重。因为柴油机在冷态下启动，喷油泵的温度较低，柴油黏度较大，尽管喷油泵柱塞磨损较大，但泄漏较少，故还能顺利启动。而热态下，柴油黏度降低，泄漏严重，所以启动困难。

喷油泵柱塞磨损严重的主要原因有以下几个方面：

a. 使用的柴油不符合规定，杂质太多。

b. 柴油滤芯长期使用未更换、破损，造成过滤不佳，柴油中杂质多。

c. 柴油中水的含量多，造成喷油泵柱塞及出油阀锈蚀。

③ 诊断与排除　出现热启动困难的情况后，应拆卸、分解喷油泵，更换磨损严重的柱塞偶件，并重新校验喷油泵。

（6）柴油机爆燃

① 故障现象　柴油机运转时，有类似钢球的敲击声，且响声随转速和负荷增加而增大，供油提前角调小后，响声减弱或消失。

② 故障原因　柴油机运行中产生爆燃，其实质是柴油机早燃的外在表现。柴油机正

Chapter 1

Chapter 2

Chapter 3

Chapter 4

Chapter 5

Chapter 6

Chapter 7

Chapter 8

Chapter 9

常运行时，是以规定的供油提前角向汽缸内喷射柴油。但当供油提前角过大或燃烧室积炭严重时，喷入汽缸内的柴油会在高温（或积炭产生的红热点）下过早燃烧。由于此时活塞处在上止点以前，仍将继续上行而压缩已经燃烧的混合气，使汽缸内压力急剧升高，此时，尚未燃烧的可燃混合气在高温、高压的作用下，将以极高的速度爆炸燃烧，即所谓的爆燃。爆燃会对柴油机各部机件产生不良影响，使用中一定要防止爆燃的发生。引起柴油机爆燃的原因如下：

a. 供油提前角过大。由于喷油泵联轴器固定螺栓松动，造成提前角过大。每次二级保养时，应校对调整供油提前角。

b. 柴油的质量差。

c. 柴油机长时间高速、高温运行，柴油机温度过高而产生爆燃。

d. 由于长期使用劣质柴油，燃烧室积炭严重，也会产生爆燃。

③ 诊断与排除　出现爆燃的故障时要及时调整供油提前角，并使用符合国标的柴油。如仍不能排除时，应拆下汽缸盖，清除燃烧室积炭，故障即可排除。另外，不要使柴油机长时间在高温下工作。

（7）柴油机冒黑烟

① 故障现象　装载机运行中排气管大量冒黑烟，常伴有作业无力、柴油机温度过高、工作异常等现象。

② 故障原因

a. 喷油器喷油雾化不良，有滴油现象。

b. 喷油泵供油量过多。

c. 冒烟限制器不起作用。

d. 柴油质量太差。

③ 诊断与排除

a. 在校验台上正确调整喷油泵供油量和冒烟限制器起作用的时机，调整好供油提前角。

b. 检查调整喷油器，保持雾化良好，不滴油。

c. 使用符合要求的柴油。

（8）柴油机运转不稳并伴有熄火现象

① 故障现象　柴油机在运转过程中工作不稳并伴有熄火现象。

② 故障原因

a. 柴油方面的原因。通常是柴油的质量不好或油中有水。

b. 柴油燃料系方面的原因。

• 柴油中有空气，使柴油机供油量不均匀，造成柴油机运转不稳。

• 喷油泵各缸的供油量不一致，造成柴油机转速不稳。

• 个别汽缸喷油器工作不良。

• 喷油泵个别柱塞弹簧折断或出油阀弹簧折断，造成供油量不一致。

• 喷油泵调速器内的调速弹簧变形。

• 调速器内离心铁运动不灵活。

• 调速器的拨叉固定螺栓松动。

• 调速器联动机构松脱。

③ 诊断与排除

a. 确认柴油质量。如果柴油质量差、有水，则应更换。

b. 检查排除喷油器故障，可用逐缸断油法找出有故障的喷油器。

c. 排除喷油泵和调速器故障。喷油泵及调速器分解后，应按规定要求进行维修，并在试验台上对其各项性能进行调试。

2.5 发动机润滑系的构造与拆装维修

柴油机工作时，各零件表面都以很小的间隙作高速、相对运动，互相之间剧烈摩擦，产生高温，甚至烧毁机械零件。为保证柴油机正常工作，必须对运动的零部件表面加以润滑。

2.5.1 润滑系的功用和润滑方式

2.5.1.1 润滑系的功用

将清洁、压力和温度适宜的润滑油送至柴油机各摩擦表面进行润滑，并将各摩擦表面流出的润滑油回收，经冷却和滤清后循环使用，从而起到下列作用：

① 润滑作用。使零件的两个摩擦表面之间形成一定的油膜，减少磨损和功率损失。

② 冷却作用。润滑油在润滑各摩擦表面的同时，吸收各摩擦表面的热量，降低各摩擦表面的温度。

③ 清洁作用。润滑油在循环流动中，可清除摩擦表面的磨屑，并将其带走。

④ 密封和防锈作用。附着于零件表面的油膜还可以提高零件的密封效果和防止氧化锈蚀。

2.5.1.2 润滑方式

柴油机工作时，由于各运动机件的工作条件和所承受的载荷及相对运动的速度不同，所要求的润滑强度也不相同，因而应采用相应的润滑方式。

① 压力润滑　以一定的压力将润滑油输送到摩擦表面间隙中，形成油膜，保证润滑。曲轴主轴承、连杆轴承、凸轮轴轴承及摇臂轴等均采用压力润滑。

② 飞溅润滑　是利用柴油机工作时连杆大头、曲轴臂和平衡铁等运动零件，将油底壳中的机油激溅成细小的油雾，同时，从连杆轴承泄出的机油也被溅洒成细小的油滴，滴落在摩擦表面或经集油孔将油雾、油滴收集并引入摩擦表面而得到润滑。汽缸壁、配气机构的凸轮、挺杆等均采用飞溅润滑。

③ 定期加注润滑　柴油机辅助系统中的水泵、发电机轴承等，由于载荷小，摩擦损失不大，只需定期加注润滑脂润滑。

2.5.2 润滑系主要机件构造与工作原理

为了保证压力润滑所必需的油压和润滑油的循环，润滑系中必须有能建立足够压力的机油泵，有能储存一定数量机油的油底壳，有能完成油路循环的油道和油管，以及能控制油压的限压阀等。

为了保证输送到各运动零件表面的润滑油的清洁，在润滑系中还设有机油滤清器。在有些装载机上还设有机油散热器。此外，润滑系中还有机油压力表或机油压力指示灯，以及机油温度表等。

可见，润滑系主要由机油泵、机油滤清器、机油冷却器、限压阀、油管及油道、机油压力表、机油温度表和量油尺等机件组成。

2.5.2.1 机油泵

机油泵的作用是把机油以一定的压力和流量、连续不断地送至柴油机各机件的摩擦面，并保证机油在润滑油路中的循环流动。下面以 WD615 型柴油机机油泵为例进行介绍。

WD615 型柴油机机油泵为齿轮式双组机油泵，结构如图 2-111 所示。一组机油泵（主泵）用来保证润滑系循环油路的机油供给，另一组机油泵（副泵）把后集油槽内的机油泵到前集油槽，以保证主泵工作。主、副泵组成一体，主泵在前，副泵在后。它安装在

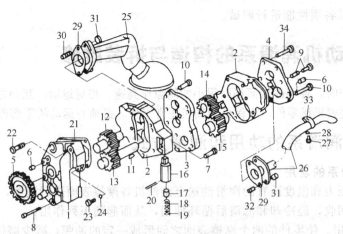

图 2-111　WD615 型柴油机机油泵

1—机油泵前盖；2—机油泵壳体；3—机油泵中间隔板；4—机油泵后盖；5—机油泵驱动齿轮；6—圆柱销；
7、8、9、34—小六角头螺栓；10—圆柱头内六角螺钉；11—半圆键；12、13、14、15—机油泵齿轮；
16—限压阀体；17—限压阀；18—弹簧；19、29—垫片；20—开口销；21—机油
泵垫片；22、23、27—螺栓；24、28—波形弹性垫片；25—集滤器总成；
26—吸油管总成；30、32—双头螺柱；31—自锁螺母；33—卡箍

曲轴箱的第一道主轴承盖上，由曲轴齿轮通过中间齿轮驱动。主泵体左侧进油口与主泵集滤器相通，右侧出油口与机油冷却器相通。副泵体右侧进油口与副泵集滤器相通，左侧出油口装有出油管，泵出的机油流到前集油槽。主、副泵齿轮均为直齿轮，主泵齿轮副分别与其轴过盈配合。主动轴通过衬套支承于主泵盖和副泵体上，前端通过半圆键安装驱动齿轮。从动轴支承于主、副泵盖和中间隔板衬套内。主动齿轮用半圆键与主泵从动轴接合，从动轴支承于主泵体和副泵盖轴孔内，并用开口销与主泵体固定。轴中间铣有一平面，轴上松套有带衬套的从动齿轮，安装时平面朝下，既保证轴润滑，又不减少齿轮与轴的接触面积。从动齿轮开有一油孔，保证转动时润滑。

在主泵盖、中间隔板及副泵盖的两轴孔之间并偏向出油腔一侧开有卸压槽，既可卸压，又可保证齿轮轴的润滑。中间隔板的中部有一贯通的小孔，主泵通过此孔向副泵供给少量机油，以保证后集油槽无油时副泵的润滑。主泵盖上有供传动齿轮组润滑的出油量孔。泵体、泵盖和隔板之间靠平面密封，并由定位销定位。

2.5.2.2　机油滤清器

柴油机工作时，为防止金属屑、炭渣和灰尘等杂质进入摩擦表面，加速机件磨损，堵塞油道，柴油机润滑系中均装有机油集滤器和机油粗、细滤清器，用来保持机油的清洁，减轻机件磨损，延长机油的使用期限和机件的使用寿命。

（1）机油集滤器

机油集滤器用来滤去机油中较大的机械杂质，一般由收集器、滤网、底盖或卡簧组成，如图 2-112 所示。收集器上面装有吸油管与机油泵进油口连接，下面装有金属过滤网，滤网具有弹性，将中央环口压在底盖下。底盖与收集器接合，在边缘形成狭缝，以便进油。

（2）机油粗滤器

粗滤器用以滤去机油中粒度较大（直径为 0.05～0.1mm）的杂质。它对机油的流动阻力较小，故串联于机油泵与主油道之间。粗滤器根据滤芯的不同可以有各种不同的结构形式。柴油机常用纸质滤芯式粗滤器。

纸质滤芯式粗滤器的构造如图 2-113 所示。滤清器壳体由铸铁上盖和板料压制的外壳组成。滤芯用经过树脂处理的微孔滤纸制成；滤芯的两端由环形密封圈密封。机油由上盖

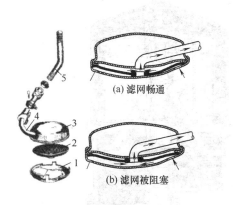

图 2-112　浮式集滤器
1—罩；2—油网；3—浮子；
4—吸油管；5—固定管

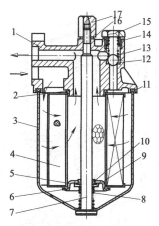

图 2-113　纸质滤芯式粗滤器
1—上盖；2、6—滤芯密封圈；3—外壳；4—纸质滤芯；5—托板；
7—拉杆；8—滤芯压紧弹簧；9—压紧弹簧垫；10—拉杆
密封圈；11—外壳密封圈；12—球阀；13—旁通阀弹簧；
14、16—密封垫圈；15—阀座；17—螺母

上的下孔（进油孔）流入，通过滤芯滤清后，经上盖上的上孔（出油孔）流入主油道。当滤芯被积污堵塞、其内外压差达到 0.15～0.18MPa 时，旁通阀的球阀即被顶开，大部分机油不经滤芯滤清，直接进入主油道，以保证主油道所需的机油量。

纸质滤芯的芯筒是滤芯的骨架，用薄铁皮制成，其上加工出许多圆孔。微孔滤纸一般都折叠成折扇形和波纹形，以保证在最小体积内有最大的过滤面积，并提高滤芯高度。滤芯用塑胶与上、下端盖黏合在一起。

微孔滤纸经过酚醛树脂处理，具有较高的强度、抗腐蚀能力和抗水湿性能。因此，纸质滤清器具有体积小、重量轻、结构简单、滤清效果好、过滤阻力小、成本低和保养方便等优点，目前在国内外得到了广泛的应用。此外，还有刮片式和绕线式滤芯的粗滤器。

（3）机油细滤器

细滤器用于清除直径为 0.01mm 以上的杂质，与主油道并联，滤清后的机油直接回油底壳。目前，多采用离心式机油细滤器（如 6135K 型柴油机）。

离心式细滤器由壳体、盖、转子、限压阀等组成，如图 2-114 所示。转子体和转子盖上分别压青铜衬套作为转子轴承。转子体内有两出油管，其上口罩有滤网，下端与水平喷嘴相通。两个喷嘴的喷射方向相反。

当主油道内油压大于 0.25MPa 时，细滤器限压阀被推开，机油经转子轴的中心孔和径向孔流入转子内，充满转子内腔，在机油压力作用下，通过滤网、出油管，从水平喷嘴喷出。在喷射反作用力作用下，转子以很高转速旋转，当主油道油压为 0.4MPa 时，转子转速达 5000r/min 以上。转子内的机油在离心力的作用下，将杂质甩向四周，并积存在转子内壁，滤清后的机油流回油底壳内。

离心式细滤器是利用离心力的作用原理，将机油中的机械杂质分离出来。来自主油道的机油进入细滤器后，由底座和转子中心孔道进入转子总成内腔，然后从两个喷嘴喷出，转子在反作用力推动下旋转。机油压力越高，转子体转速越快，当油压达到约 0.3MPa 时，转子转速达 5000r/min 以上。机油中的污物被离心力甩向转子壁并沉积在转子壁上，达到滤清机油的目的。干净的机油喷出后流回发动机的油底壳。当主油道压力低于 0.098MPa 时，进油限压阀关闭，此时机油不经过细滤器，全部进入主油道，以保证发动机的润滑。

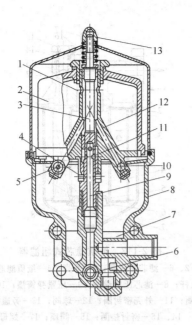

图 2-114　离心式细滤器

1—进油孔（由转子内腔进入转子体）；2—转子盖；3—转子轴；4、14—止推轴承；5—喷嘴；
6—滤清器进油孔；7—滤清器出油孔；8—壳体；9—带中心孔转子轴；10—通喷嘴油道；
11—中心孔；12—转子体；13—压紧螺套；15—转子总成；16—转子止推轴承；
17—挡油盘；18—底座；19—限压阀；A—通散热器；B—通主油道；C—通油底壳

　　离心式细滤器滤清能力高，通过能力好，且不受沉淀物影响，不需更换滤芯，只需定期清洗即可。但对胶质滤清效果较差，一般只做分流式细滤器。

2.5.2.3　限压阀与旁通阀

　　在润滑系中一般设有几个限压阀和旁通阀，以确保润滑系正常工作。

（1）限压阀

　　限压阀用以限制润滑系中机油的最高压力。机油泵泵送机油的压力必须适当，压力过低，不易将机油压入摩擦表面而造成润滑不良；压力过高，将使喷到活塞与汽缸壁间的机油过多，渗入燃烧室而引起积炭严重和浪费机油，严重时还会使油管和机油压力表传感器等机件损坏。发动机工作时，机油泵的泵油压力是随发动机转速增加而增高的，并且当润滑系中油路淤塞、轴承间隙过小或使用的机油黏度过大时，也将使供油压力增高。因此，在润滑系机油泵和主油道中设有限压阀，限制机油最高压力，以确保安全。常见限压阀有柱塞式和钢球式，其结构如图 2-115 所示。

　　当机油泵和主油道上机油压力超过预定的压力时，克服限压阀弹簧作用力，顶开柱塞阀或球阀，一部分机油从侧面通道流入油底壳内，使油道内的油压下降至设定的正常值后，阀门关闭。

（2）旁通阀

　　旁通阀用以保证润滑系内油路畅通。当机油滤清器、机油散热器堵塞时，机油通过并联在这些部

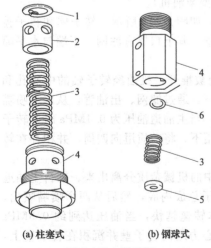

(a) 柱塞式　　　**(b) 钢球式**

图 2-115　限压阀

1—锁环；2—柱塞阀；3—弹簧；4—阀套；5—弹簧座；6—球阀

件上的旁通阀直接进入润滑系的主油道，防止主油道断油。旁通阀与限压阀的结构基本相同，只是其安装位置、控制压力、溢流方向不同，通常旁通阀弹簧刚度要比限压阀弹簧刚度小得多。

2.5.2.4 油尺、机油压力表

油尺用来检查油底壳内油量和油面的高低。它是一只金属杆，下端制成扁平状，并有刻线。装载机行驶过程中，机油会有所消耗，为使发动机正常运转，务必定期检查机油油面高度。检查机油油面时，必须将车停在水平路面上，关闭发动机后等待几分钟，待机油全部流回油底壳后拔出油尺，用干净布擦去油迹，重新将其插入，再次拔出即可准确测得油面高度。机油油面必须处于油尺上下刻线之间。

机油压力表用以指示发动机工作时润滑系中机油压力的大小。一般都采用电热式机油压力表，它由油压表和传感器组成，中间用导线连接。传感器装在粗滤器或主油道上，它把感受到的机油压力传给油压表。油压表装在驾驶室内仪表板上，显示机油压力的大小值。

2.5.2.5 曲轴箱通风装置

发动机工作时，一部分可燃混合气和废气会经活塞环泄漏到曲轴箱内，其中的汽油蒸气凝结后，将使润滑油变稀；同时，废气的高温和废气中的酸性物质及水蒸气将侵蚀零件，并使润滑油性能变坏；另外，由于混合气和废气进入曲轴箱，使曲轴箱内的压力增大，温度升高，易使机油从油封、衬垫等处向外渗漏。为此，一般装载机发动机都有曲轴箱通风装置，以便及时将进入曲轴箱内的混合气和废气抽出，使新鲜气体进入曲轴箱，形成不断的对流。曲轴箱通风方式一般有两种，一种是自然通风，另一种是强制通风。

（1）自然通风

从曲轴箱抽出的气体直接导入大气中的通风方式称为自然通风。柴油机多采用这种通风方式。如图 2-116 所示，在与曲轴箱连通的气门室盖或润滑油加注口接出一根下垂的出气管，管口处切成斜口，切口的方向与行驶的方向相反。利用行驶和冷却风扇的气流，在出气口处形成一定真空度，将气体从曲轴箱抽出。

（2）强制通风

从曲轴箱抽出的气体导入发动机的进气管，吸入汽缸再燃烧，这种通风方式称为强制通风。汽油机一般都采用这种曲轴箱强制通风方式。这种方式可以将窜入曲轴箱内的混合气回收使用，有利于提高发动机的经济性，同时也可降低对环境的污染。如图 2-117 所示为曲轴箱强制通风装置。

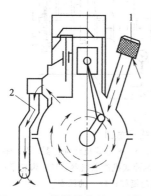

图 2-116　曲轴箱自然通风装置
1—空气滤清器；2—出气管

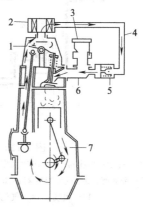

图 2-117　曲轴箱强制通风装置
1—汽缸盖后罩盖；2—空气滤清器；
3—化油器；4—通风管路；5—单向阀；
6—进气歧管；7—曲轴箱

曲轴箱强制通风装置广泛采用 PCV 阀（单向阀）方式。漏入曲轴箱内的新鲜混合气和废气在进气管真空度作用下，经挺杆室、推杆孔进入汽缸盖后罩盖内，再经小空气滤清器、管路、单向阀进入歧管，与化油器提供的新鲜混合气混合后，进入燃烧室参加再燃

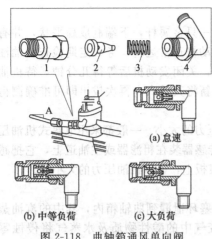

图 2-118　曲轴箱通风单向阀
1—阀体；2—阀芯；3—弹簧；4—阀座

烧。新鲜空气经汽缸盖前罩盖上的小空气滤清器进入曲轴箱。为了降低曲轴箱通风抽出的机油消耗，除了在汽缸盖后罩盖内装有挡油板外，在后罩盖上部还装有起油气分离作用的小滤清器，在管路中串联曲轴箱通风单向阀。曲轴箱通风单向阀如图 2-118 所示。

急速时，发动机进气歧管内真空度最大，单向阀被吸压在阀座上，曲轴箱内的废气经单向阀上的小孔进入进气歧管，既保证了通风效果，又保证了急速稳定，见图 2-118（a），等负荷时，发动机进气歧管内真空度下降，阀在弹簧的张力作用下离开阀座，使通风量适当增大，保证了曲轴箱内的气体抽出和空气的更新，见图 2-118（b）。

大负荷时，阀门完全打开，通风量最大，保证了曲轴箱内新旧气体的大量对流，见图 2-118（c）。

2.5.2.6　润滑系的润滑油路

图 2-119 所示为 6135Q 型柴油机润滑系统示意图。该润滑系中曲轴的主轴颈、连杆轴颈、凸轮轴轴颈、摇臂轴等均采用压力润滑，其余部分采用飞溅润滑。

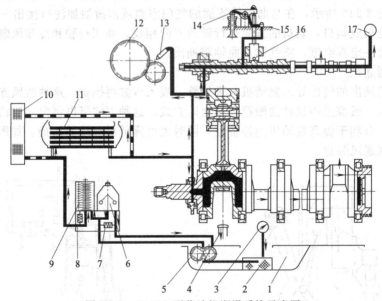

图 2-119　6135Q 型柴油机润滑系统示意图

1—油底壳；2—集滤器；3—机油温度表；4—加油口；5—机油泵；6—离心式机油细滤器；7—调压阀；
8—旁通阀；9—机油粗滤器；10—风冷式机油散热器；11—水冷式机油散热器；12—齿轮泵；
13—喷嘴；14—气门摇臂；15—汽缸盖；16—气门挺柱；17—油压表

2.5.3　润滑系检测与修理

润滑系技术状况的好坏，根据机油压力高低、机油耗量以及润滑油的品质来决定。机

油压力过高或过低都将影响运动件的润滑。机油压力过低将使摩擦零件表面得不到足够的润滑，冷却不良，工作条件恶化，造成零件的过早磨损，严重时会造成烧瓦等事故。

2.5.3.1 机油油量和油质的检测

① 油平面高度的检查。将机械停放在平坦的地方，在发动机启动前进行。若途中检查时，须等发动机熄火 10~15min 后再进行。检查时，将机油标尺抽出擦净后再插入，再次抽出标尺，查看机油标尺的油迹。要求油面必须在上线和下线之间，最低不能低于下线标记，加注润滑油时，应使油面接近上线。若油面高于上线标记时，应仔细检查油标尺上有无水珠和燃油，查明原因。

② 机油质量的好坏，一般用眼观察可大致分辨机油的污染情况。若机油比较清澈，表示污染不严重；若机油显示雾状，油色混浊或浮化，表示被水严重污染；若机油呈灰色，闻之有燃油气味，则表示被燃油稀释；若用手指捻搓机油，有细粒感，则表示含杂质较多。其次用油滴斑点也可以检验。爆裂试验也是检测机油油质的方法之一，其方法是：把薄金属片或金属箔加热到110℃以上，然后滴上一滴机油，视其是否产生爆裂现象，若有爆裂则说明油中有水。此法可验出 0.1% 水分。

③ 机油的更换，要求发动机在热车状态下，将曲轴箱、机油粗细滤清器内的机油全部放尽。然后清洗曲轴箱和油道。用相当标准容量 60%~80% 的洗油从加机油口加注于曲轴箱，然后使发动机怠速运转 2~3min，待清洗完毕后放尽清洗油，清洗机油粗、细滤清器，更换纸质滤芯，清洗曲轴箱通风装置，最后加入规定牌号和规定数量的新机油。

2.5.3.2 机油泵维修

评定机油泵工作性能的主要指标是：泵油压力及输油量，其次是转动灵活、无噪声。故在修理之前，先对机油泵进行检验，在确认不能维持最低指标时再进行修理。

(1) 机油泵的常见损伤

机油泵最主要的故障是不来油或泵油压力过低。泄漏是造成机油泵工作性能变坏的关键原因。齿轮的齿顶、齿侧、内孔（或衬套油孔）、端面及端盖的磨损，还有限压阀及座的磨损等，这些部位摩擦磨损的结果，使机油泵齿轮的齿顶间隙、齿侧间隙、齿端间隙，以及轴与孔、阀与座的配合间隙增大，导致机油泵工作时，高压腔的机油通过增大的间隙向低压腔回流，使油泵的泵油压力降低和泵油量减少。

其次是机油泵在工作中响声大。除齿轮本身的磨损原因外，主要是由于驱动齿轮的固定螺母松动造成的。

(2) 机油泵的检修

各型柴油机机油泵大体相同，都为齿轮式机油泵。现以 6135K 型柴油机的单级齿轮泵为例，介绍其分解和零件的检修。

① 机油泵的分解

a. 拧下机油泵前端固定螺母，拆下传动齿轮。

b. 取下推力轴承。

c. 取下半圆键，取下机油泵后端钢丝挡圈。

d. 松开四个紧固机油泵盖的螺栓，取下机油泵盖，注意定位销应完好。

e. 取下主、从动齿轮与轴。

② 机油泵零件的检修

a. 泵壳的检验与修理　泵壳经使用后主要的损伤是：机油泵轴承座孔磨损、泵体裂纹和螺孔损坏等。

主动轴与泵壳承孔的配合间隙超过规定或晃动泵轴有明显松旷感觉时，除检查、修复泵轴外，也可将泵壳承孔用镶套法修复。无法修复时，可更换机油泵总成。

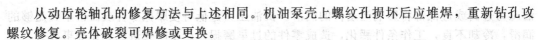

从动齿轮轴孔的修复方法与上述相同。机油泵壳上螺纹孔损坏后应堆焊，重新钻孔攻螺纹修复。壳体破裂可焊修或更换。

b. 泵盖的检验与修理　泵盖磨损、凹陷应不超过0.05mm，否则，应研磨修复。

c. 泵轴的检验与修理　主、从动轴的磨损超过0.05mm时，应镀铬加粗，并磨至所需尺寸；如从动轴有明显单面磨损，可将其压出，把磨损面调转180°，再压入承孔继续使用；从动轴与从动齿轮承孔的配合间隙一般为0.013～0.10mm，使用限度不得超过0.15mm；从动轴与壳孔的配合过盈量一般为0.01～0.05mm；主动轴齿轮键块和键槽如有损坏或松旷，均应修复或更换。

d. 齿轮的检查与修理　主、从动齿轮与传动齿轮齿面如有毛刺，可用油石磨光。齿轮端面的平面度公差应不大于0.05mm；主、从动齿轮的啮合间隙一般为0.05～0.25mm，使用限度不超过0.25mm，检查方法如图2-120所示。相隔120°三点测量时，间隙差不超过0.10mm，超过使用限度时，应成对更换主、从动齿轮。测量时，应注意从动齿轮孔与轴的磨损带来的影响。

用塞尺检查齿顶与泵壳内壁的间隙，应符合规定。检查方法如图2-121所示。

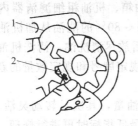
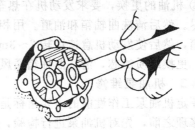

图2-120　主、从动齿轮啮合间隙的检查　　　图2-121　齿顶与外壳之间间隙的检查
　　　　1—机油泵；2—塞尺

③ 机油泵的装复　机油泵装复时，应按与拆卸相反的顺序进行，并应复查各部机件的配合情况。

a. 传动部分应转动灵活、无卡滞现象。

b. 主、从动齿轮端面与泵盖之间应有一定的间隙。6135K型柴油机此间隙为0.05～0.115mm。检查方法：可在泵体上沿两齿轮中心连线方向上放一钢板尺，然后用塞尺测量齿轮端面与钢板尺间的间隙。此间隙不符合要求时，可增减泵壳与泵盖之间的垫片进行调整或修磨泵壳与泵盖的接触面。

c. 装配时，还应检查主动轴的轴向间隙。其最大间隙不得超过主、从动齿轮端面与泵盖之间的间隙，否则应进行调整。

④ 机油泵的试验　一般用经验法进行检查。将油泵放入机油中，出油口露在油面上，转动泵轴时如有一股有力的油柱涌出，即为良好。

然后把油泵安装到柴油机上，运转至正常温度后，检查机油压力，看是否合乎该机型的标准。如不符合标准，应调整限压阀。若机油泵及限压阀均无故障，而压力仍不能达到正常标准，则应检查机油是否过稀，机油滤清器及油道是否堵塞，机油压力表和传感器是否良好，主轴承和连杆轴承及凸轮轴轴承的配合间隙是否过大等。

2.5.3.3　机油滤清器的维修

(1) 集滤器的检修

集滤器滤网有严重破损或弹性不足时应更换；装复时，滤网边缘应贴紧并把罩夹牢，以免受振动脱落；集滤器与油底壳之间应留有间隙。

(2) 机油滤清器的维修

① 刮片式粗滤器的维修　滤清器滤芯在拆开后，除报废者外，皆需先进行清洗，后作检查、修理。

135 系列柴油机所使用的刮片式粗滤器（图 2-122）可以整体清洗，但一般是拆成片清洗。清洗的方法是用毛刷蘸煤油刷洗。清洗完后，在平台上检查钢质滤片，有变形者，应进行校正；严重变形或折断者，均应进行更换并补齐。装复后的滤清器手柄，在正反方向上均应转动灵活，且没有轴向间隙感觉，否则，用增减滤片和刮片数量的方法调整。

图 2-122　刮片式粗滤器的清洗

② 旋装式滤清器的维修　WD615 型、6CTA 型柴油机所安装的旋装式滤清器，为保证工作的可靠性，一般在使用一定期限后拆下换用新的滤清器。

③ 离心式机油滤清器的修理　135 系列柴油机所使用的离心式细滤器的主要故障是转子转速降低，使滤清效能下降。试验证明，当转子转速低于 5000r/min 时，滤清性能将降低 1/2～1/3。影响转速降低的主要原因是转子轴及其轴承（衬套）的磨损、喷嘴喷孔的磨损等。

转子的转速可用测量转子惯性旋转时间的经验方法判断。其方法是：按额定压力供给转子以适当黏度的润滑油，在转子已正常高速旋转后停止供油。此时，在离心式滤清器近旁仔细倾听转子惯性旋转时的"嗡嗡"声，从停车到转子停止转动的时间不少于 40s，即表示转子工作转速在 5500r/min 以上。经检查后，如转子转速低于规定要求，则应对以下部位进行修理。

a. 修理方法　在修理前，必须先将转子内腔沉积的脏物清除干净。清理中，忌用金属工具刮削，以防破坏转子的平衡性。

转子轴与轴承之间的配合间隙应为 0.045～0.094mm，不得大于 0.20mm。间隙太大，转子产生晃动，影响转子转速，应进行修理。

转子轴轴颈的修理与一般轴类零件相同。转子轴上支撑转子的凸肩，如磨损出现凹凸不平，应车削平，并磨削光洁。

定位缺口

图 2-123　转子体与转子座的定位缺口

更换轴承（衬套）时，可将转子壳体、转子盖在油中加热到150℃，压入新轴承。然后按转子轴颈尺寸对轴承进行铰削。加工时，需保证上、下轴承的同轴度。

喷孔直径一般为 1.6～2.2mm。因为转子的旋转靠喷嘴喷射机油束时产生的反作用力所推动，所以，喷孔的直径对转子的旋转速度起关键性的作用。当孔径磨损时，转速将急剧下降，应更换喷嘴。

b. 组装时的注意事项　组装时，转子体和转子盖相对位置的标记（箭头）应对齐，以保持转子的动态平衡，如图 2-123 所示。

注意转子本身造成漏油的部位应完好。一是转子体与转子盖间的接合环带应完好。二是转子盖固定螺母垫圈应完备，并且两螺母的拧紧力要均匀。三是转子轴与轴承间的间隙要合乎要求。

转子在转动时，不能受到机械阻力。当用手推动时，转子应转动灵活并无跳动。

2.5.3.4　曲轴箱通风装置的检修

为了保持曲轴箱通风装置经常处于良好的状态，对曲轴箱通风装置必须进行定期维护检查，使它保持畅通完好。

① 滤网的维修：将其在清洁的汽油中清洗后，用压缩空气吹干。滤网装入总成前，需在干净的机油中浸渍，以增强对灰尘的吸附和过滤作用。

②管路的维修：通风管路如有连接松动、堵塞或破裂漏气等，应及时修理或更换。

③ 单向阀的维修：拆下单向阀，检查是否灵活和密封。如有发卡、锈死或弹簧失去弹性时应及时更换。

良好的通风装置能使发动机在正常工作时，曲轴箱内有一定的真空度（78kPa），否则，应重新检修。

2.5.4 润滑系常见故障诊断与排除

润滑系常见故障有：机油变质；机油消耗异常；机油压力过高；机油压力过低。

2.5.4.1 机油压力过低

（1）故障现象

① 机油压力表指示压力低于规定值。

② 刚启动时，机油表指示压力正常，而后迅速降至"0"左右。

③ 低压报警指示灯亮。

（2）故障原因

① 机油表或机油传感器失灵，以致不能准确指示机油压力。

② 机油不足，未达到规定容量。

③ 机油黏度过低，以致达不到规定的压力。此时，应考虑是否机油牌号不对或无燃油或有水漏入油底壳内。

④ 机油管路堵塞或折断、漏油；机油集滤器滤网被堵塞；机油粗滤器滤芯堵塞，同时，旁通阀失灵；机油散热器堵塞，同时，旁通阀失灵，造成主油道机油供应不足。

⑤ 机油泵磨损严重、齿轮啮合间隙过大或齿轮与泵盖间隙过大，造成机油泵泵油不足，导致机油压力过低；机油泵限压阀由于长时间磨损，输出的机油从限压阀流回油底壳内，造成机油压力过低。

⑥ 主油道限压阀调节压力过低，使主油道压力降低。

⑦ 柴油机使用时间较长，曲轴主轴承、连杆轴承磨损而与轴颈间隙过大，导致机油压力降低，严重时还会出现异响。

⑧ 柴油机过热引起机油温度过高，从而使机油过稀，容易导致机油压力过低。

2.5.4.2 机油压力过高

（1）故障现象

① 机油压力表指示压力超过规定值（机油压力表和传感器良好）。

② 柴油机动力降低。

（2）故障原因

① 机油黏度过高。未按规定地域或季节情况使用相应牌号的润滑油。

② 机油泵限压阀调整不当或卡死，造成机油泵出油口油压升高。

③ 机体主油道有堵塞，或通向曲轴承的油道有堵塞。

④ 主轴承、连杆轴承的间隙过小，机油流通渠道减少，因而使机油压力增高。

2.5.4.3 机油消耗量过大

（1）故障现象

机油消耗量逐渐增多。排气管冒蓝烟。

（2）故障原因

① 柴油机曲轴前后油封漏油。

② 增压器压气机端漏油。空气滤清器堵塞严重，造成工作负荷过大，从空气滤清器到进气管形成压力降，使增压器压气机端产生渗漏。

③ 加机油过量，使曲轴箱内压力偏高，造成渗漏。

④ 空气滤清器阻塞，造成机油耗量过多。

⑤ 机油质量不符合要求。

⑥ 曲轴箱通风装置阻塞，使油耗增加。

⑦ 空气压缩机活塞、活塞环和缸壁磨损严重，机油从排气阀排出。

2.5.4.4 油底壳内油面升高

（1）故障现象

在检查油面时，机油油位应在量油尺上、下刻度之间。有时发现机油液面没下降，反而增加，说明油底壳中的机油混入了其他杂质。

（2）故障原因

① 机油中有水

a. 水堵松脱或损坏而漏水。若水堵孔腐蚀严重或碰损，应用铣刀扩孔少许，再选大一号水堵或自己加工一个水堵换上。

b. 汽缸垫损坏或缸盖裂纹，水进入气门推杆孔而顺流到油底壳内。汽缸垫冲烧时，往往伴有"哧哧"的响声；有时，水漏入汽缸中，此时燃烧排气的烟色为白雾状。可用逐缸断油法判断哪一个缸损坏，找准后更换汽缸垫。若是缸体裂纹或砂眼，则可视情况修理或更换。

c. 机体上有砂眼，导致水进入油道，或直接漏入油底壳内。可卸下油底壳查看，若发现主轴承孔处出水，则说明油道与水套相通。若检查冷却液，其内一定有机油漂浮其上。若无机油漂浮，则说明砂眼在其他部位。

d. 机油散热器破裂或开焊。按机油散热器检修方法修复。

② 机油中混入燃油

a. 某缸喷油器损坏、针阀卡死、裂纹、喷油头烧损等，燃油进入汽缸成柱状，不能雾化，流入油底壳内，使油面升高。发生这种现象常伴有柴油机振动增大、动力减小、排气管大量冒黑烟等。可用逐缸断油法，判断是哪个喷油器有故障，找出后更换喷油头或喷油器总成。

b. 喷油泵内部泄漏柴油。由于燃油不清洁，导致柱塞副磨损过度而泄入喷油泵内，经回油管进入油底壳内而使油面上升，同时，伴有柴油机动力不足现象。应检修喷油泵。

c. 输油泵活塞密封圈损坏，导致柴油漏入泵体内，而顺机油回油管泄入油底壳内，引起机油面升高，须修复或更换输油泵。

以上是机油中混入燃油使油面升高的三个可能出现故障的部位，其中，a 很容易判断，而 b、c 就不易区别。但只需更换输油泵，则可轻而易举地区别出来。若油面不再升高，动力正常，则说明原输油泵有故障，否则就可断定原喷油泵没有故障。

③ 漏入液压油　机油液面升高若是漏入了液压油，则不存在上述特征现象，取出机油看有无异味和颜色变化。混入机油中的杂质不外乎水、燃油、液压油三种。首先观察颜色。若有水渗入，机油应呈乳白色，磁性螺塞上应有水滴；其次闻其味道，是否有燃油气味；最后检查液压油是否有所减少，及外部液压系统有无渗漏之处。发现上述情况，应及时找出故障部位并加以排除，以免引起更大事故发生。

2.5.4.5 机油使用期限过短

（1）故障现象

机油使用不到规定期限就出现了变脏、变稀、变色、机械杂质多等现象。

（2）故障原因

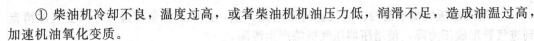

① 柴油机冷却不良，温度过高，或者柴油机机油压力低，润滑不足，造成油温过高，加速机油氧化变质。

② 柴油机汽缸漏气严重，大量燃油漏入油底壳内，使机油变稀。废气窜入曲轴箱也会加速机油变质。

③ 汽缸垫损坏，水堵及喷油器衬套腐蚀损坏，使冷却液进入油底壳内，使机油变质；燃烧不良，燃油进入油底壳内造成机油变质；液压油进入油底壳内造成机油变质。

④ 机油滤清器过滤不佳，造成机油中杂质多。

机油变质后切勿继续使用，要查明原因予以排除，并更换机油，以防发生更大机械事故。

2.6 发动机冷却系的构造与拆装维修

2.6.1 冷却系的功用及组成

冷却系的主要功用是把受热零件吸收的部分热量及时散发出去，保证发动机在最适宜的温度状态下工作。

冷却系按照冷却介质的不同可以分为风冷和水冷。把发动机中高温零件的热量直接散入大气而进行冷却的装置称为风冷系；而把这些热量先传给冷却水，然后再散入大气而进行冷却的装置称为水冷系。由于水冷系冷却均匀、效果好，而且发动机运转噪声小，因此目前装载机发动机上广泛采用的是水冷系。

2.6.1.1 水冷系的组成及水路

水冷系是以水作为冷却介质，把发动机受热零件吸收的热量散发到大气中去。目前发动机上采用的水冷系大都是强制循环式水冷系，利用水泵强制水在冷却系中进行循环流动。它由散热器、水泵、风扇、冷却水套和温度调节装置等组成，如图 2-124 所示。

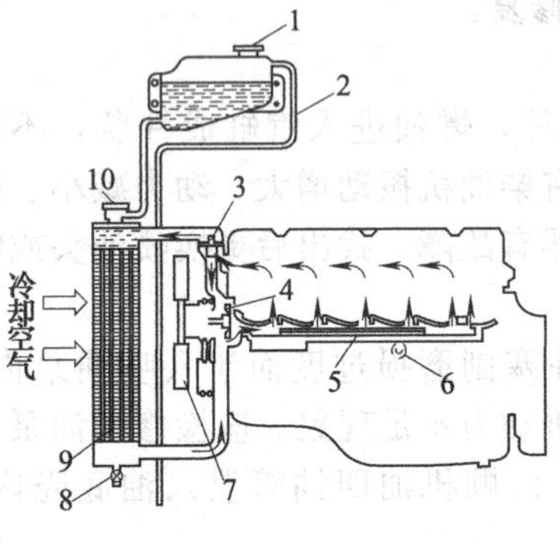

散热器一般置于装载机前端横梁上，风扇放在散热器后面，这样可以利用装载机行驶时的迎风气流对散热器进行冷却。与风扇同轴的水泵，将散热器内的冷却水加压后通过汽缸体进水孔压送到汽缸体水套和汽缸盖水套内，冷却水在吸收了机体的大量热量后经汽缸盖出水孔流回散热器。由于有风扇的强力抽吸，空气流由前向后高速通过散热器，因此，受热后的冷却水在流过散热器芯的过程中，热量不断地散发到大气中去。冷却后的水流到散热器的底部，又被水泵抽出，再次压送到发动机的水套中。如此不断循环，把热量不断地送到大气中去，使发动机不断地得到冷却。

图 2-124 水冷系的组成与水路
1—储水箱；2—通气管；3—节温器；
4—水泵；5—油冷却器；6、8—放水螺塞；
7—风扇；9—散热器；
10—散热器盖

为了使发动机在不同的负荷和转速条件下保持适宜的温度，冷却系中还设有冷却温度调节装置，如百叶窗、节温器、风扇离合器等。此外，为了使驾驶员随时掌握冷却系的工作情况，还设有水温表或水温警告灯等指示装置。有的装载机上的暖风装置是利用冷却水带出的热量来达到取暖的目的。为了提高燃油雾化程度，还可以利用冷却水的热量对进入进气歧管内的混合气进行预热。

通常，冷却水在冷却系内的循环流动路线有两条，一条为小循环，另一条为大循环，如图 2-125 所示。所谓大循环，是水温高时，水经过散热器而进行的循环流动；而小循环就是水温低时，水不经过散热器而进行的循环流动，从而使水温很快升高。冷却水是进行大循环还是小

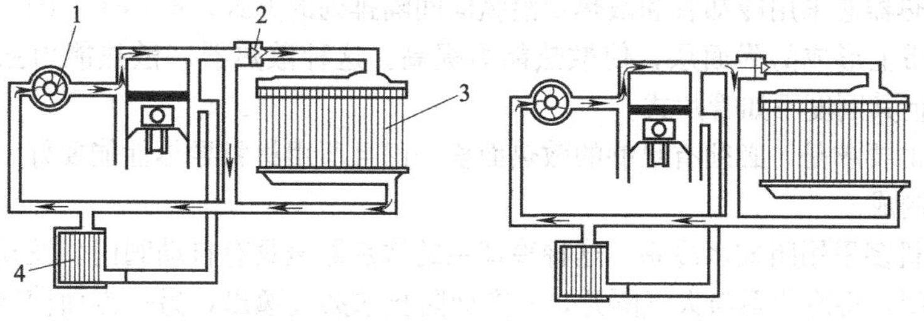

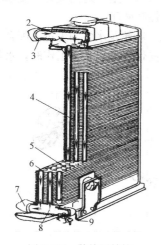

(a) 大循环　　　　　　　　　(b) 小循环

图 2-125　冷却水的大循环和小循环

1—水泵；2—节温器；3—散热器；4—暖风加热器

循环，由节温器来控制。

2.6.1.2　水冷系的主要部件构造及工作原理

(1) 散热器

散热器的功用是增大散热面积，加速水的冷却。冷却水经过散热器后，其温度可降低 10～15℃。为了将散热器传出的热量尽快带走，在散热器后面装有风扇，与散热器配合工作。

散热器又称为水箱，由上水室、散热器芯和下水室等组成，其结构如图 2-126 所示。

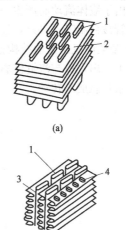

(a)

(b)

图 2-126　散热器结构

1—散热器盖；2—上水室；3—散热器进水管；
4—散热器芯；5—冷却管；6—散热片；
7—散热器出水管；8—下水室；9—放水开关

图 2-127　散热器芯结构

1—冷却管；2—散热片；3—散热带；4—缝孔

散热器上水室顶部有加水口，冷却水由此注入整个冷却系并用散热器盖盖住。在上水室和下水室分别装有进水管和出水管，进水管和出水管分别用橡胶软管与汽缸盖的出水管和水泵的进水管相连。在散热器下面一般装有减震垫，防止散热器受振动损坏。在散热器下水室的出水管上还有放水开关，必要时可将散热器内的冷却水放掉。

散热器芯由许多冷却管和散热片组成，设置散热片是为了增加散热器芯的散热面积。散热器芯的构造形式有多种，常用的有管片式和管带式两种，如图 2-127 所示。

管片式散热器芯冷却管的断面大多为扁圆形，它连通上、下水室，是冷却水的通道。与圆形断面的冷却管相比，扁形管不但散热面积大，而且万一管内的冷却水结冰膨胀，扁形管可以借其横断面变形而避免破裂。采用散热片不但可以增加散热面积，还可增大散热器的刚度和强度。这种散热器芯强度和刚度都较好，耐高压，但制造工艺较复杂，成本高。

管带式散热器芯采用冷却管和散热带沿纵向间隔排列的方式，散热带上的小孔是为了破坏空气流在散热带上形成的附面层，使散热能力提高。这种散热器芯散热能力强，制造工艺简单，成本低，但其刚度不如管片式。

对散热器的要求是，必须有足够的散热面积，而且所用材料导热性能要好，因此，散热器一般用铜或铝制成。

目前发动机多采用闭式水冷系，这种冷却系的散热器盖具有自动阀门。发动机热态工作正常时，阀门关闭，将冷却系与大气隔开，一方面防止水蒸气逸出，另一方面使冷却系内的压力稍高于大气压力，从而可增高冷却水的沸点。

图 2-128　水泵的工作情况
1—泵壳；2—叶轮；3—泵轴；
4—进水口；5—出水口

（2）水泵

水泵的主要作用是对冷却水加压，加速冷却水的循环流动。目前，柴油机广泛采用机械离心式水泵。它具有结构简单、尺寸小而泵水量大等优点。

离心式水泵由壳体、叶轮和水泵轴等机件组成，其工作原理如图 2-128 所示。水泵轴与叶轮固装在一起。当叶轮旋转时，水泵中的水被叶片带动一起旋转，并在离心力的作用下向叶轮的边缘甩出，经外壳上与叶轮成切线方向的出水口被压送到水套中。叶轮中心处由于液体流动而产生一定的真空度，对水泵进水口产生一定的吸力，使水箱中的冷却液经进水管被强制吸进水泵，连续泵水形成冷却系内的强制循环。

WD615 型柴油机水泵的结构如图 2-129 所示，皮带轮、叶轮及水泵轴为过盈配合，水泵盖铸在汽缸体上，出水口与汽缸体右侧进水道连通，水泵由皮带传动。水泵工作时，水封环随叶轮转动，而水封总成不转动。

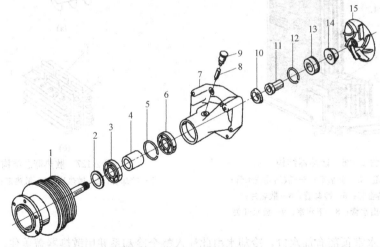

图 2-129　WD615 型柴油机水泵
1—皮带轮；2—挡环；3、6—轴承；4—隔套；5、12—弹性挡圈；7—泵壳；8—油杯座；
9—油杯；10—油封；11—衬套；13—水封；14—水封挡圈；15—叶轮

（3）风扇

风扇的功用是提高通过散热器芯的空气流速，增加散热效果，加速水的冷却。风扇通常安排在散热器后面，并与水泵同轴。当风扇旋转时，对空气产生吸力，使之沿轴向流动。空气流由前向后通过散热器芯，使流经散热器芯的冷却水加速冷却。

装载机用发动机的风扇有两种形式，即轴流式和离心式，如图 2-130 所示。轴流式风扇所产生的风的流向与风扇轴平行，离心式风扇所产生的风的流向为径向。轴流式风扇效率高、风量大、结构简单、布置方便，因而得到了广泛的应用。

图 2-130（a）所示的轴流式风扇由叶片、托板铆接而成，叶片则由薄钢板冲压成形，横断面多为圆弧形。这种风扇也叫做螺旋桨式轴流风扇。为了降低风扇噪声，使叶片具有良好的空气动力性能，已开始大量使用具有翼型断面叶片的整体铝合金铸造或用尼龙、聚丙烯等合成树脂注塑的轴流式风扇，如图 2-130（b）所示。这种风扇由 2～8 片叶片组成，常见为 4、5、6 片。为减小叶片旋转时的气流噪声，叶片常做成不等距的或叶片数为奇数。

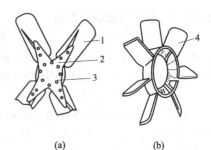

图 2-130　风扇
1—叶片；2—铆钉；3—托板；
4—翼型叶片

（4）硅油风扇离合器

一般水冷式柴油机的冷却风扇都是直接装在水泵轴上。其扇风量随柴油机转速的变化而变化，不是根据冷却水温度的变化而变化。这样，风扇的冷却使用效率大大降低，风扇白白地耗费柴油机的功率。WD615 型柴油机采用了硅油风扇离合器，使扇风量随冷却水的温度变化而变化，从而降低了功率消耗，节约油料并缩短了柴油机的启动时间，减少磨损，还降低了柴油机的噪声。硅油风扇离合器的结构如图 2-131 所示。

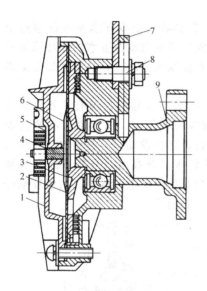

图 2-131　硅油风扇离合器
1—前盖；2—主动板；3—从动板；
4—阀销；5—双金属感温器；6—阀片；
7—锁止块；8—锁止螺钉；9—主动轴

工作原理：硅油风扇离合器由散热器后面的空气温度感应双金属片控制。当柴油机出水温度在 86℃左右时，风扇离合器双金属片周围温度在 65℃左右，双金属片开始卷曲，使感温器阀片开始偏转，打开从动板上的进油孔。这时，储油室内硅油经过进油孔流入工作室，又经主动板上的油孔流入主动板和壳体沟槽的间隙内。硅油的黏性把主动部分和从动部分粘在一起，风扇离合器啮合，风扇转速可达 2650～2850r/min，转矩为 8.8～10.8N·m，硅油在储油室和工作室之间进行不间断的闭式循环；当柴油机出水温度低于 75℃时，风扇离合器双金属片周围气温在 45℃左右，此时，阀片关闭从动板上的进油孔，储油室内的硅油不能进入工作室，但工作室内的硅油继续从回油孔返回储油室。最后受离心力的作用，工作室内的硅油被甩空，风扇离合器呈脱离状态，风扇随离合器壳体在主动轴上打滑。这时转速较低，一般在 800r/min 左右。在柴油机运转中，若发现离合器失灵，可将风扇后面两个螺栓松开，把锁止块插到主动轴内再拧紧螺栓。这样，主动轴与壳体锁成一体，风扇变成直接驱动。

（5）水套和分水管

水套是指汽缸体和汽缸盖内、汽缸及燃烧室周围的夹层冷却水流动的地方。汽缸体与汽缸盖接合面间有孔眼相通，便于冷却水的循环，汽缸体下部装有放水开关，可将水套内的水放掉。为使多缸柴油机各缸冷却情况基本一致，以及使排气门座等温度较高的部位得到优先冷却，在汽缸体或汽缸盖内装有前后纵贯的分水管。分水管一般用铜皮或不锈钢制成，从汽缸体或汽缸盖前端进水口处插入水套内。管壁在对准各缸排气门座和汽缸上部的部位开有孔眼，水泵泵入的冷却水从这些孔眼中流向各排气门座和汽缸上部周围，使其得到优先冷却。至于汽缸下端，因其温度并不高，它的冷却靠冷却水上下对流来实现。

2.6.1.3　冷却强度调节装置

冷却强度调节装置是根据发动机不同工况和不同使用条件，改变冷却系的散热能力，即改变冷却强度，从而保证发动机经常在最有利的温度状态下工作。改变冷却强度通常有两种调节方式，一种是改变通过散热器的空气流量；另一种是改变冷却液的循环流量和循环范围。

(1) 改变通过散热器的空气流量

通常利用百叶窗和各种自动风扇离合器来实现改变通过散热器的空气流量。百叶窗可以调节空气流量并防止冬季冻坏水箱，多用人工调节，也有采用自动调节装置的。自动风扇离合器是根据发动机的温度自动控制风扇的转速，调节扇风量，以达到改变通过散热器的空气流量。它不仅能减少发动机的功率损失，节省燃油，而且还能提高发动机的使用寿命，降低发动机的噪声。

自动风扇离合器有硅油式、机械式和电磁式。目前应用最多的是硅油式风扇离合器。硅油式风扇离合器是一种以硅油为转矩传递介质，利用散热器后面气流温度控制的液力传动离合器，它结构简单、工作效果好，并具有明显节省燃油的优点。

(2) 改变通过散热器的冷却水的流量

通常利用节温器来控制通过散热器冷却水的流量。节温器装在冷却水循环的通路中（一般装在汽缸盖的出水口），根据发动机负荷大小和水温的高低自动改变水的循环流动路线，以达到调节冷却系冷却强度的目的。节温器有蜡式和膨胀筒式两种，目前多数发动机采用蜡式节温器。

① 蜡式节温器　如图2-132所示，它是一种单阀式蜡式节温器。在橡胶管和感应体之间的空间里装有石蜡，为提高导热性，石蜡中常掺有铜粉或铝粉。常温时，石蜡呈固态，阀门压在阀座上。这时阀门关闭了通往散热器的水路，来自发动机缸盖出水口的冷却水，经水泵又流回汽缸体水套中，进行小循环。当发动机水温升高时，石蜡逐渐变成液态，体积随之增大，迫使橡胶管收缩，从而对反推杆上端头产生向上的推力。由于反推杆上端固定，故反推杆对橡胶管、感应体产生向下反推力，阀门开启。

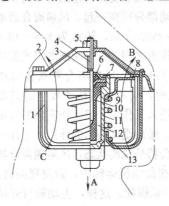 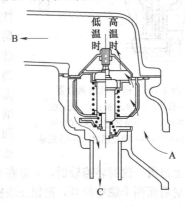

图 2-132　蜡式节温器

1—下支架；2—上支架；3—感应体壁；4—反推杆；
5—螺母；6—密封圈；7—隔圈；8—阀座；9—阀门；
10—橡胶管；11—感应体；12—石蜡；13—弹簧；
A—阀门开启方向；B—水的流向；C—通水泵

图 2-133　节温器工作过程

当发动机水温达到80℃以上时，阀门全开，来自汽缸盖出水口的冷却水流向散热器，而进行大循环。节温器工作过程如图2-133所示。

② 膨胀筒式节温器　膨胀筒式节温器的膨胀筒是具有弹性的、折叠式的、用黄铜制成的密闭圆筒，内装有易于挥发的乙醚。如图2-134所示，它是双阀门式，主阀门和侧阀

门随膨胀筒上端一起上下移动。膨胀筒内液体的蒸汽压力随着周围温度的变化而变化，故圆筒高度也随温度而变化。

当发动机在正常热状态下工作时，即水温高于80℃时，冷却水应全部流经散热器，形成大循环。此时节温器的主阀门完全开启，而侧阀门将旁通孔完全关闭，如图2-134（b）所示。当冷却水温低于70℃时，膨胀筒内的蒸汽压力很小，使圆筒收缩到最小高度，主阀门压在阀座上，即主阀门关闭，同时侧阀门打开，如图2-134（a）所示。此时切断了由发动机水套通向散热器的水路，水套内的水只能由旁通孔流出，经旁通管进入水泵，又被水泵压入发动机水套，

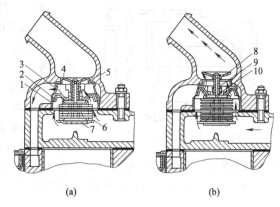

图 2-134　膨胀筒式节温器
1—外壳；2—侧阀门；3—旁通孔；4—通气孔；
5—阀座；6—膨胀筒；7—支架；8—主阀门；
9—导向支架；10—杆

冷却水并不流经散热器，只在水套与水泵之间进行小循环，从而防止发动机过冷，并使发动机迅速而均匀地热起来。当发动机的冷却水温度在70～80℃范围内时，主阀门和侧阀门处于半开闭状态，此时一部分水进行大循环，而另一部分水进行小循环。

节温器是冷却系中用来调节冷却温度的重要机件，它的工作是否正常，对发动机工作温度影响很大，间接地影响了发动机的动力性能和耗油量。因此，节温器不可随便拆除。

2.6.2　冷却系的检测与维修

试验表明，当发动机其他工况相同，冷却水温度降低到30℃时，汽缸磨损量要比温度为80℃时大4～5倍；当冷却水温度从90℃降到40℃时，耗油量增加30%，功率降低10%。因此，对发动机冷却系必须认真检修。

2.6.2.1　散热器的维修

（1）散热器常见的损伤及其原因

① 散热器水道内壁沉积的水垢过厚。水道中水垢过厚的主要原因是长期使用硬水的结果。另外，使用的冷却水不清洁，含有泥土及油污。这些油泥和沉积的水垢合在一起，贴敷于水道壁，造成散热器散热效能降低，使柴油机过热以至于"开锅"。

② 散热片被擦倒，空隙被油泥、尘土等杂质堵塞，造成散热不良。

③ 散热管压扁、堵塞。

④ 散热器漏水。这是最常遇到的故障。散热器漏水除碰伤、机械碰伤擦破外，大多是由于机械振动造成锡焊缝开裂，如上下水室与水管的接缝开裂，水管的焊缝开裂，以及散热器使用日久，水管产生腐蚀破洞等。

（2）散热器漏水的检查

散热器在修理之前必须进行漏水检查。为便于查找漏水的确切部位，应在检查漏水之前，彻底清洗水箱内部的油泥及水垢。检查漏水的方法有以下几种：

① 在散热器试验台上检查　将水加满散热器，并加压至0.05～0.1MPa，在5min内观察其渗漏情况。进出水口必须堵好。

② 气压法　如图2-135所示，把散热器放置于一水池中，用胶管接溢水管，胶管另一端接打气筒，将进、出水口堵严，然后往里打气。在气压为0.05～0.1MPa时观察有无气泡。

③ 灌水法　最好用热水，灌入散热器内，并轻轻振动，观察水的渗漏情况。

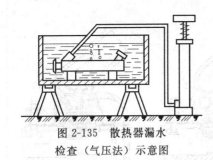

图 2-135 散热器漏水
检查（气压法）示意图

（3）水套、散热器的清洗与修理

① 水套的清洗与修理

a. 清洗水套内的水垢和杂质时，应先拆出节温器，将水从正常循环的反方向压入（即从出水管处压入），直到放出的水清洁为止。也可加入适当的清除水垢的溶液，使水垢溶解，然后用水冲洗。

b. 就车清洗水套、散热器时，可用表 2-13 的配方溶液及清洗方法清洗。清洗后，应对水套和散热器分别进行冲洗，以免来自汽缸体水套内的铁锈或水垢将散热器水管堵死，为提高冲洗效果，冲洗的水流方向应与冷却水循环方向相反。

表 2-13　清洗液成分和清洗方法

类别	溶液成分		清洗方法	备　注
1	苛性钠(烧碱) 煤油 水	750g 150g 10kg	将溶液过滤后加入冷却系中，停 0～12h，启动柴油机，使其怠速运转 15～20min，直到溶液开始有沸腾现象为止，放出溶液，再用清水冲洗	适用于铸铁汽缸盖、水套的清洗
2	碳酸钠(洗衣碱) 煤油 水	1000g 500g 10kg		
3	2.5%盐酸溶液		将盐酸溶液加入冷却系中，使柴油机怠速运转 1h，放出溶液，以超过冷却系容量 3 倍的清水冲洗	

c. 水套如有裂纹或破洞应进行修理。

d. 柴油机的分水管如腐蚀损坏应更换。

② 散热器的清洗与修理

a. 散热器的清洗。散热器除就车清洗外，在柴油机大修时，可将外表清洁的散热器放置在洗涤池内，清洗脱除水垢，方法如下：

• 在洗涤池内放入含有 3%～5%碳酸钠的水溶液，加热并使温度保持在 80～90℃，将散热器放置在洗涤池内，泡 5～8h 后取出，放入清洗池中，用温水冲洗。

• 在洗涤池内放入含有 10%～15%苛性钠的水溶液，加热使散热器在其中浸煮 25～30min，然后用清水冲洗。

水垢严重的散热器可用 3%～5%盐酸溶液，并按每升溶液加入 3～5g 六亚甲基四胺，然后加热至 60～70℃，清洗约 30min，再用碱水清洗中和，最后用热清水冲洗。

b. 散热器的修理。

• 上、下水室损坏应更换，彻底清除上、下水室和芯的污垢，再将上、下水室焊好。

• 如水室或外层芯破漏，可用锡焊修复；破漏较大时，可用铜皮挂锡后，对破漏处实施锡焊修补；如内层水管破漏，可将外层散热片剪掉，用尖烙铁直接焊修；若水管破损漏水严重，又无条件接通时，允许把水管压扁、焊死（一般不多于 3 根，总数不超过水管总数的 5%），继续使用，或换用新芯；如芯和散热片损坏过多，应换用新散热器。

• 散热器进、出水管破漏应更换；放水开关漏水，应拆下研磨或更换。

散热器修复后，应再次进行试验。

2.6.2.2　水泵的维修

（1）水泵的分解

各型柴油机的水泵大致相同。现以 6135K 型柴油机水泵为例进行介绍，如图 2-136 所示。

① 拆下风扇皮带轮。

② 拆下泵盖及垫片。

③ 取出轴承弹性挡圈，压出水泵轴。

④ 若只需取出橡胶水封，则拆下叶轮即可。

（2）水泵零件的检验与修理

① 水泵壳的检验与修理　水泵壳破裂、卡环槽损坏应焊修，或用环氧树脂胶粘接；螺孔损坏可扩大孔径重新攻螺纹，或焊补后再钻孔攻螺纹；轴承座孔如磨损

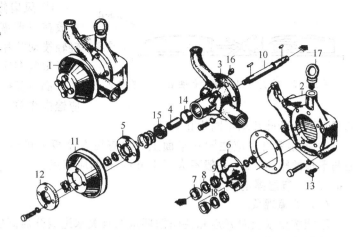

图 2-136　6135K 型柴油机水泵
1—泵总成；2—涡流壳；3—水泵体；4—轴套；5—盖盘；6—叶轮；
7—水封体；8—O 形陶瓷环；9—O 形衬圈；10—水泵轴；11—皮带盘；
12—风扇接盘；13—放水阀；14、15—轴承；16—直通式压注油杯；
17—吊环螺钉；18—封水圈装配部件

超过允许限度，可对轴承外圆刷镀，以恢复其与轴承座孔的正常配合；泵壳与盖板的接合面的平面度公差，一般不大于 0.05mm，否则应予修平。

② 叶轮的检验与修理　叶轮如破裂应焊修或更换，磨损过度应更换；水封座腔与水封座有破损时，应修复或更换；叶轮轴孔磨损超过 0.04mm 时，应镗孔镶套修复。

③ 水泵轴的检验与修理　水泵轴磨损后可采用镀铅刷镀的方法修复，无法修复时可更换；如有腐蚀，可用挂锡的方法将斑点、凹陷填平，然后再修圆。

④ 水封的检查　橡胶水封老化、变形和破裂时，均应换用新品。

（3）水泵的装复与试验

① 水泵的装复

a. 将水泵轴承、轴套和水泵轴装好，并装上轴承弹性挡圈。

b. 装上水封。水封装复时要注意放正，水封内缘不要与轴相碰，以免磨损；再装上叶轮，拧紧固定螺栓。

c. 在泵轴前端装上皮带轮毂，用螺栓固定紧，再装上皮带轮及风扇叶片。

d. 装上润滑脂嘴并加注润滑脂。

② 水泵的试验　水泵的试验通常有经验法和试验法两种。

a. 经验法　用手转动泵轴无卡滞现象；堵住进水口，然后将水加入叶轮工作室，转动泵轴，检视孔应无水漏出。如有卡滞和漏水现象，应按零件检查项目，查明原因加以排除。

b. 试验法　有条件的修理单位，对修复后的水泵要在试验台上进行性能试验。主要有两项内容：一是水泵出水口压力，另一项是排水量。试验应在水泵的额定转速下进行。

2.6.2.3　风扇的维修

① 风扇皮带轮上的轴孔或轴承座孔磨损时，可扩大镶套修复或更换。

② 风扇叶片的铆钉松动，可用重铆或焊补的方法使它可靠地固定。当铆钉孔磨损成椭圆形时，可以修孔，用加大铆钉重新铆上。

③ 风扇叶片和叶片架产生裂缝时，可用气焊修补，然后进行表面修整。产生变形时，可用冷校正法修复。每片的倾斜角度应相等。一般柴油机为 30°，变形严重者应更换。

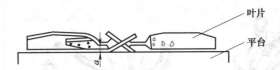

图 2-137 检查风扇各叶片是否在同一平面上

④ 风扇修理后必须作静平衡试验。把它放在刀形架上，如图 2-137 所示，用手轻轻拨动叶片，使其自由转动几圈停下来，这样重复多次，每次停后居于下边的一个叶片都不变换，则说明那一叶片的重量大，应锉去少许，以减轻重量，再次试验，直到居于下边的叶片均不同为止。

⑤ 风扇各叶片应在同一平面上。检查可在平板上进行，如图 2-137 所示。要求其端面与平板的距离"a"一般不大于 1mm，否则应校正。

2.6.2.4　节温器的检查

（1）故障现象

不能按要求及时开启和关闭循环水的有关水道或开启高度不够、关闭不严等，造成柴油机过热或过冷。

（2）检查项目

主要是节温器的开启温度。其方法是：清除节温器上的水垢，把节温器放入盛有热水的器皿中，将节温器和温度计悬于水杯中（注意不要接触杯壁），加热容器，检查节温器开始开启温度（图 2-138）。然后继续加热，检查节温器全开时的温度（图 2-139），最后停止加热，检查节温器是否在关闭位置。

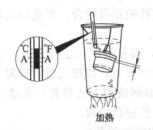

图 2-138　检查节温器开始开启温度

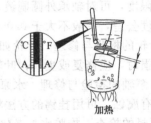

图 2-139　检查节温器全开时的温度

节温器损坏、活门升程不符合使用要求时，必须更换节温器。

2.6.3　冷却系常见故障诊断与排除

2.6.3.1　发动机温度过高

冷却系的主要故障是发动机温度过高，过高主要分：冷却水足但温度过高，冷却水不足温度过高，工作中突然温度过高三种情况。

（1）冷却水足，温度过高

① 故障现象　发动机冷却水符合标准，且无漏水，但作业中动力不足，水温度超过 90℃甚至沸腾（俗称开锅）。

② 故障原因　风扇皮带过松或打滑；节温器大循环或分水管工作不良；散热器出水管被吸瘪或管壁脱层堵塞；散热器散热片倾倒过多或水管堵塞；风扇叶变形，角度不当；缸体水套水垢沉积过多，以及其他原因，如点火时间过迟，混合气过浓或过稀等。

③ 诊断与排除　先检查风扇叶片是否变形，皮带是否过松打滑。若良好再检查水循环系统是否正常，胶管是否吸瘪、管壁是否脱层、节温器是否失效，散热器是否堵塞，叶片是否倾倒过多、缸体水垢是否沉积太多，分水管损坏或堵塞。若通过检查仍过热，则应考虑技术使用方面的原因。

（2）冷却水不足，温度过高

① 故障现象　发动机冷却系容纳不了规定的冷却水量；在作业中冷却水消耗异常。

② 故障原因　散热器积垢过多，部分堵塞、漏水或进排气阀失效；水泵漏水；冬季冷却水未放净结冰，汽缸道孔与汽缸沟通；气门室壁破裂漏水，冷却系其他部位漏水。

③ 诊断与排除　首先，检查冷却水容量是否足够，散热器是否良好，冷却系各部是否漏水，如上述检查符合要求，应检查散热器和缸体水套内水垢沉积堵塞情况。冬季要注意检查散热器是否结冰，查看水泵是否漏水。若冷却系外部不漏水，而冷却水消耗仍然较快，要考虑到冷却系内部有无漏水，即拔出机油尺发现有水，则为汽缸内壁或进气通道内壁破裂漏水或汽缸垫水道处冲坏与汽缸沟通。同时还应检查散热器的排气阀是否失效。

（3）发动机突然过热

① 故障现象　水温表指针很快指示到100℃的位置；发动机功率明显下降；冷车发动时，水温迅速升高并沸腾，在补充冷却水后转为正常。

② 故障原因　风扇皮带断裂或发电机固定支点松动移位；节温器主阀门脱落；水泵轴与叶轮松脱，冷却系严重漏水；汽缸垫冲坏，水泵与汽缸沟通，高压气流进入水道。

③ 诊断与排除　在作业中发动机突然过热，应注意充电指示灯（电流表）的动态，若提高发动机转速，充电指示灯亮，或电流表显示不充电，说明风扇皮带断裂造成水泵不工作。若手触试散热器、发动机，发现发动机温度高，散热器温度低，说明水泵轴与叶片松脱。若冷车发动时温度迅速升高、冷却水沸腾，多为节温器主阀门脱落。必要时检查汽缸垫是否损坏。

2.6.3.2　发动机温度过低

① 故障现象　温度表指示值低于发动机正常工作温度，发动机工作乏力，消声器时有放炮声；燃油消耗增加。

② 故障原因　严寒地区未使用保温设施；节温器失效；发动机润滑油过多。

③ 诊断与排除　检查发动机润滑油量，若过多，应放出，保留适量润滑油，然后检查节温器是否失效，若失效应更换。

Chapter 3

第 **3** 章

传动系统构造与拆装维修

装载机动力装置和驱动轮之间的所有传动部件总称为传动系统。

3.1 传动系统的组成及工作原理

3.1.1 传动系统的功用与类型

3.1.1.1 传动系统的功用

传动系统的功用是将动力装置输出的动力按需要传给驱动轮和其他操纵机构。因此，传动系统必须满足以下要求。

(1) 降低转速，增大转矩

柴油机输出的动力具有转矩小、转速高、转矩和转速变化范围小的特点，这个特点与装载机运行或作业时所需的大转矩、低速度以及转矩、速度变化范围大之间存在矛盾。为此，采用传动系统将发动机的动力按需要适当降低转速、增加转矩后传到驱动轮上，使之适应装载机运行或作业的需要。

(2) 实现装载机倒退行驶

装载机作业或行驶过程中，需要倒退行驶，而柴油机不能反向旋转，所以传动系统必须保证在柴油机旋转方向不变的情况下，使驱动轮反向旋转。

(3) 必要时中断传动

柴油机不能带负荷启动，而且启动后的转速必须保持在最低稳定转速以上，否则就可能熄火。所以在装载机启动之前，必须将柴油机与驱动轮之间的传动路线切断。此外，在柴油机不停止运转的情况下，为了使装载机能暂时停驻等，传动系统应保证在必要时切断动力。

(4) 差速作用

当装载机转弯行驶时，左右车轮在同一时间内滚过的距离不同，为了防止装载机在转弯时车轮相对地面滑动，引起转向困难并导致传动系统内某些零件和轮胎磨损严重等问题，在驱动桥内通常装有差速器，使左右车轮可以不同的角速度旋转。

3.1.1.2 传动系统的类型

装载机传动系统一般分为机械式动力传动系统、液力机械式动力传动系统、全液压式动力传动系统和电力传动系统四种。

(1) 机械式动力传动系统

机械式动力传动系统的布置同汽车的传动系统一样，是由干式离合器、普通变速器、分动箱、传动轴、前后驱动桥，以及轮边减速器等部件组成。该传动系统由于对装载机的作业工况适应性太差，很快被液力变矩器所取代，目前，已基本停止使用。

(2) 液力机械式动力传动系统

液力机械式动力传动系统（简称液力传动系统，如图 3-1 所示）由液力变矩器 2、动力换挡变速器 3、传动轴 4 与 5、前后驱动桥 6 以及轮边减速器 7 等组成。

发动机的动力经变矩器传给动力换挡变速器，再经传动轴分别传给前、后驱动桥。为进一步增大转矩，驱动桥半轴输出的动力经过轮边减速器减速后，再传给轮胎。

图 3-2 是柳工 ZL50G 型装载机动力传动路线。图 3-3 是厦工 ZL50 型装载机动力传动路线。图 3-4 是柳工 CLG856 型装载机动力传动路线。图 3-5 是郑工 955A 型装载机动力传动路线。图 3-6 是常林 ZLM50E-5 型装载机动力传动路线。

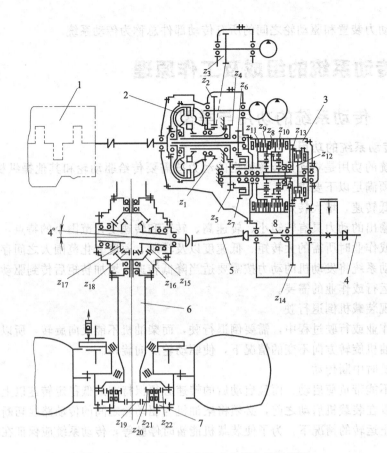

图 3-1　液力机械式动力传动系统布置示意图

1—柴油机；2—变矩器；3—动力换挡变速器；4、5—传动轴；

6—驱动桥；7—轮边减速器；8—后桥脱开机构

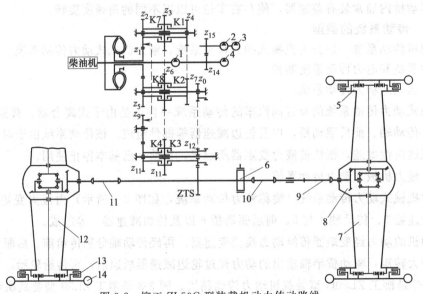

图 3-2　柳工 ZL50G 型装载机动力传动路线

1—变速泵；2—转向泵；3—先导泵；4—工作泵；5—轮边减速器；6、13—制动器；7—前桥；8—主传动器；

9—前传动轴及支撑总成；10—中间传动轴；11—后传动轴；12—后桥；14—车轮

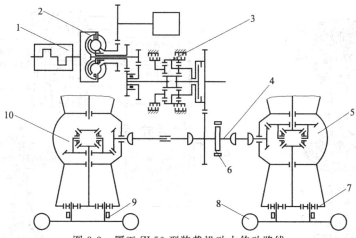

图 3-3　厦工 ZL50 型装载机动力传动路线

1—柴油机；2—变矩器；3—变速器；4—传动轴；5、10—前、后桥主传动器；6—停车制动器；

7—轮边减速器；8—车轮；9—行车制动器

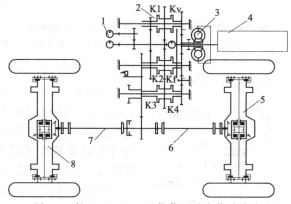

图 3-4　柳工 CLG856 型装载机动力传动路线

1—齿轮泵；2—ZF 变速箱；3—变矩器；4—发动机；5—后驱动桥；6—后传动轴；7—前传动轴；8—前驱动桥

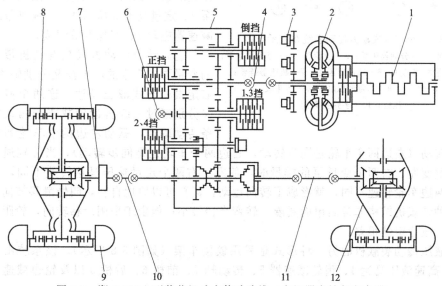

图 3-5　郑工 955A 型装载机动力传动路线（变矩器有锁紧离合器）

1—柴油机；2—变矩器；3—齿轮箱；4—第一传动轴；5—变速器；6—辅助泵；7—主传动器；

8—前桥；9—车轮；10—前传动轴；11—后传动轴；12—后桥

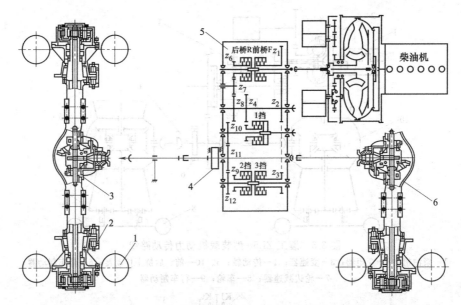

图 3-6 常林 ZLM50E-5 型装载机动力传动路线
1—轮胎；2—制动系统；3—前桥；4—手制动器；5—变速器；6—后桥

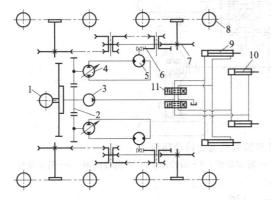

图 3-7 全液压式动力传动系统布置示意图
1—发动机；2—分动器齿轮；3—齿轮泵；4—变量柱塞泵；
5—定量柱塞马达；6—减速器齿轮；7—减速器链轮；
8—车轮；9—动臂液压缸；10—转斗液
压缸；11—多路换向阀

（3）全液压式动力传动系统

全液压式动力传动系统如图 3-7 所示。它实为液压机械式动力传动系统，除了工作装置和转向系统采用液压传动外，车轮的行走也靠液压传动与机械传动相结合，故称为全液压传动装载机。

国产全液压传动的装载机大致有两种形式，其中一种是采用滑移式转向的全液压装载机（如图 3-7 所示）。该系统由变量泵 4、定量高速液压马达 5、减速器齿轮 6、减速器链轮 7、车轮 8 等组成。

它的动力传动方式是发动机带动双联的变量泵，产生的压力油又分别输送给左、右定量柱塞式液压马达，这两个液压马达又分别经过一级直齿轮减速和两级链轮链条传动减速，驱动左边两个车轮和右边两个车轮转动（左边两个车轮是同步转动，右边两个车轮也是同步转动），当分别通过操纵杠杆，改变左、右两个变量泵的排量时，使左、右两个定量液压马达转速不同，从而使左、右两边车轮转速不同，就形成了转向运动，甚至可以原地自转，叫做滑移转向。

此种装载机结构非常简单而紧凑，转弯半径最小；但由于采用滑移转向，轮距和轴距比较小，故稳定性很差。

全液压传动装载机的另一种形式是采用铰接车架（如图 3-8 所示）。该系统由变量泵 3、定量高速液压马达 4、齿轮减速器 5、传动轴 7、前桥 6、后桥 9 以及轮边减速器 8 等组成。

变量泵可直接装在发动机动力输出端，液压泵产生的压力油经油管引到高速液压马达后，压力能又转化为机械能，再经过一级圆柱齿轮减速，将动力传给前桥，同时又经传动轴，将动力也传给后桥，前后桥都经轮边减速器进一步降速，增加扭矩，带动轮胎旋转。其车速的变化依靠改变变量泵的排量来实现，其前进与后退也靠改变变量泵的输入与输出方向来实现。装载机的转向是靠一独立的转向系统控制转向液压缸活塞杆的运动，推动前车架实现折腰转向。

（4）电力传动系统

图 3-9 为大型装载机的电动轮式传动系统。它的每个驱动轮都由一台电动机和一套传动机构组成，来自直流发电机的动力驱动轮边的直流电动机，通过轮边减速装置驱动车轮转动。

综上所述，目前，国产轮式装载机的动

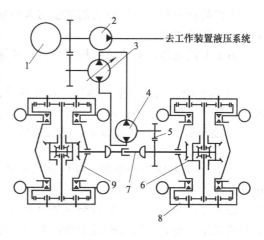

图 3-8　全液压式传动装载机

1—发动机；2—定量泵；3—变量泵；4—定量马达；
5—齿轮减速器；6—前桥；7—传动轴；
8—轮边减速器；9—后桥

力传递主要有两大类型，一类是以柳工、厦工为代表，采用双涡轮变矩器和行星式动力换挡变速器传递动力，另一类是以郑工、常林为代表，采用双导轮（常林单导轮）变矩器和定轴式动力换挡变速器传递动力。不管是哪一种传递方式，采用液力机械传动的占主导地位，它主要由变矩器、变速器、传动轴和驱动桥等零部件组成。下面将分别进行叙述。

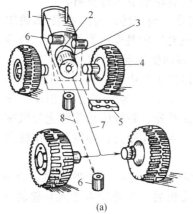

(a)

1—柴油机；2—交流发电机；3—直流发电机；
4—电动轮；5—操纵机构；6—辅助机构电动
机;7—直流线路；8—交流线路

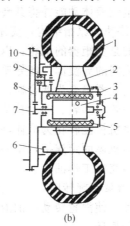

(b)

1—轮胎；2—轮辋；3—定子支架；4—电动机转子；5—电动机定子；
6—轮边减速器内齿圈;7—第一级驱动齿轮；8—第一级从动齿轮；
9—第二级驱动齿轮；10—车架

图 3-9　装载机电动轮式传动系统布置示意图

3.1.2　变矩器构造及工作原理

3.1.2.1　变矩器的特点

① 能自动调节输出扭矩和转速，使装载机可以根据道路状况和阻力大小自动变更速度和牵引力以适应不断变化的各种工况。

挂挡后，从起步到该挡的最大速度之间可以自动无级变速，起步平稳，加速性能好。

遇有坡度或突然的道路障碍，无需换挡而能够自动减速、增大牵引力并以任意小的速度行驶，越过障碍。外阻力减小后，又能很快地自动增速，以提高作业效率。

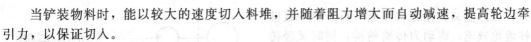

当铲装物料时，能以较大的速度切入料堆，并随着阻力增大而自动减速，提高轮边牵引力，以保证切入。

由于上述优越性而使装载机的平均行驶速度提高，缩短了每一循环的周期，提高了生产率。

② 具有两个（或一个）涡轮，从低速重载工况过渡到高速轻载工况，相当于两挡速度，并且是自动实现的，使变速器的排挡数显著减少，简化了结构，降低了制造成本。

③ 变矩比大，高效区域宽，使装载机能够充分利用发动机的功率，发挥牵引力和速度，经济性能好。

④ 以油为介质的变矩器取代机械连接的主离合器，工作油吸收和消除了来自发动机和外载两方面的振动和冲击，保护了柴油机和传动系统，提高了装载机的使用寿命，减少了维修工作量和费用。当外载荷突然增大或不可克服时，发动机也不会熄火，保证了各个油泵的工作，提高了装载机的安全性和可靠性。

⑤ 由于振动和冲击的消除，主离合器的省略、无级变速和换挡次数的减少，大大减轻了驾驶员操作的劳动强度，精神上不至于过度紧张，从而提高了装载机的舒适性。

3.1.2.2 液力变矩器的简单原理

液力传动的基本原理可以通过一组由离心泵-涡轮机构组成的简单系统来加以说明（图 3-10）。柴油机带动离心泵旋转，离心泵从液槽中吸入液体，并带动液体旋转。旋转的液体在离心力的作用下以一定的速度进入导管。从离心泵排出的高速流动的液体经导管冲击涡轮机的叶片，使涡轮转动，涡轮轴带动负荷做功，流过涡轮的液体速度减小并改变方向后回流至液槽，如此循环往复。在以上过程中，离心泵将柴油机的装载机械能变成了液体的动能，涡轮机接收液体动能并将其转化为机械能，由涡轮轴输出给负荷。

离心泵-涡轮组是传动的原始结构，变矩器是由其"演化"而来的。与离心泵-涡轮组相对应，离心泵对应的是变矩器的泵轮，以 B 表示；涡轮机对应的是变矩器的涡轮，以 T 表示；在泵轮与涡轮之间的导流部件即导轮，以 D 表示。假如变矩器中只有泵轮和涡轮，而没有导轮，则此时变矩器蜕变为偶合器。因此，简单变矩器主要由三个具有一定弯曲角度的叶片工作轮，即泵轮、涡轮、导轮构成（图 3-11、图 3-12）。泵轮与柴油机相连，接收柴油机的动力，并将机械能转化为液体动能；涡轮与负荷相连，将液体动能转化为机械能输出给负荷；导轮与机体固定连接，主要作用是对涡轮产生反作用力。导轮与工作轮共同形成环形内腔，腔内充满工作油液。

如图 3-11 所示，当泵轮旋转时，工作油液自泵轮口端进入泵轮叶片间的通道，自 b 端甩出，冲向涡轮叶片，使涡轮转动，油液从涡轮的 c 端流出后，经导轮再进入泵轮的 a 端，以这样的顺序进行循环。

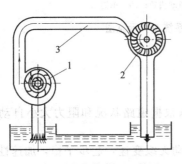

图 3-10 液力传动原理简图

1—离心泵；2—涡轮机；3—导管

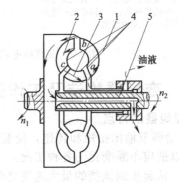

图 3-11 变矩器简图

1—泵轮；2—涡轮；3—导轮；4—工作轮内环；5—涡轮轴

从能量变化的角度看，变矩器的泵轮是将内燃机曲轴输出的机械能，转换成工作液体的动能。具有一定动量的工作液体，再去冲击涡轮，使涡轮旋转，液体的动能又转变成机械能，自涡轮轴输出。而导轮由于固定不动，因此没有能量输出。

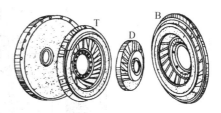

图 3-12　变矩器工作轮
T—涡轮；D—导轮；B—泵轮

3.1.2.3　典型装载机变矩器构造与工作原理

（1）郑工 955A 型装载机变矩器的构造与工作原理

郑工 955A 型装载机变矩器是单级三相双导轮变矩器，只有一个涡轮，故称单级。各工作轮有三种不同的组合方式，故称三相变矩器。三种工况中既具有变矩工况，又有偶合器工况。

① 结构　郑工 955A 型装载机变矩器如图 3-13 所示（某些郑工 955A 型装载机变矩器没有安装锁紧离合器，如图 3-14 所示），主要由泵轮 5、涡轮 9、第一导轮 8 和第二导轮 6 组成，其结构简图见图 3-15。

泵轮的叶轮和支承部分是分体的。叶轮用铝合金精密铸造而成，支承部分用钢材制成，两者铆接在一起，以增加其整体强度。泵轮通过螺钉与变矩器盖 11 连接，两者之间用 O 形橡胶圈密封。在变矩器盖上通过螺钉固定着定位接盘 24，变矩器这端借此支承在柴油机飞轮后端的中心孔上。变矩器盖上用螺钉连接着弹性盘 14。弹性盘通过螺钉与柴油机飞轮连接。柴油机飞轮转动时，将带动弹性盘、变矩器盖、泵轮一起旋转。泵轮旋转后，叶片带动油液旋转，离心力将叶片间的油液由里向外抛出，冲击涡轮旋转。

涡轮为向心式，通过螺钉固定在传动套 25 上。传动套通过花键与涡轮轴 17 连接。传动套上有孔与涡轮轴中心油道相通，以便高压油进入锁紧离合器 15 活塞室。涡轮轴中间直径较小，与配油盘 3 留有间隙，以使变矩器内油液由此经三联阀到散热器散热。涡轮轴后端通过花键和锁紧螺母固定动力输出接盘。涡轮在来自泵轮的工作油液冲击下旋转，通过涡轮轴将动力传给变速器。

在第一导轮 8 和第二导轮 6 上分别铆有单向离合器外圈 7。单向离合器内圈 10 是共用的。内圈靠内花键套装在配油盘上。由于配油盘是通过螺栓固定在机体上，因而内圈不能转动。

单向离合器是完成变矩器工作轮不同组合相互转换的关键部件，其作用是限制导轮的转动，使得导轮可以和泵轮、涡轮在相同的方向上自由转动，但不能反向转动。

单向离合器由滚柱、滑销、弹簧、外圈、内圈、空心轴（导轮座）等组成（图 3-16）。其中，滚柱为楔紧元件，在弹簧和滑销的作用下，夹在内、外圈之间。内圈用花键套装在导轮座上固定不动，内圈与滚柱接触的表面有一定的斜度。当外圈（与导轮相连接）具有顺时针转动趋势时，滚柱在弹簧力和摩擦力的作用下，卡在内、外圈组成的楔形滚道上，利用摩擦力来保证滚柱处在楔紧、锁定状态。而当外圈逆时针转动时，滚柱则处于松动状态，允许外圈逆时针单向转动。

导轮和单向离合器应保证安装正确，使导轮的旋转方向与柴油机曲轴旋转方向相同，而向另一方向旋转导轮时，则不能转动。为使第一和第二导轮的位置不装错，应使单向离合器的内圈及第一、第二导轮的箭头（出厂时已作此记号）指向柴油机一方。如无箭头标记，则应把叶片多的第一导轮装在靠涡轮一侧。

② 工作原理　变矩器的泵轮、涡轮、导轮安装在一个密闭空腔内。空腔内充满油液。当柴油机转动时，通过弹性盘和后盖带泵轮旋转。油液从泵轮流出，经涡轮、导轮再返回泵轮。油液经过的这个环形路线称为循环圆（图 3-15、图 3-17）。

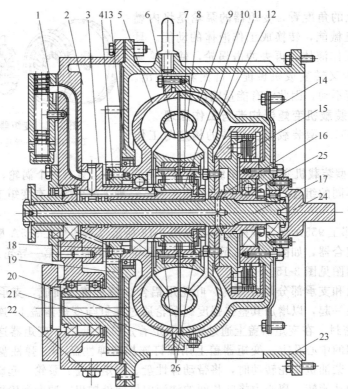

图 3-13 郑工 955A 型装载机变矩器（有锁紧离合器）

1—三联阀；2—齿轮箱部分；3—配油盘；4、16—O 形橡胶圈；5—泵轮；6—第二导轮；7—单向离合器外圈；
8—第一导轮；9、12—涡轮；10—单向离合器内圈；11—变矩器盖；13—油封；14—弹性套；15—锁紧离合器；
17—涡轮轴；18—主动齿轮；19—从动齿轮；20—橡胶圈；21、22—放油塞；
23—壳体；24—定位接盘；25—传动套；26—挡板

　　泵轮内的油液一方面随泵轮作圆周运动，一方面在离心力作用下，沿叶片的切线方向甩出，冲击涡轮叶片，使涡轮旋转。冲击涡轮后的油液冲向第一、第二导轮。冲击的绝对速度 V（方向和大小）取决于相对速度 W（主要受泵轮即柴油机转速的影响）和牵连速度 U（主要受涡轮的转速即负荷大小的影响）。绝对速度发生变化，直接导致涡轮液流冲击导轮叶片角度的变化。从涡轮低速时的正面（凹面）逐渐变化为反面（凸面）。

　　导轮叶片正面或反面受液流冲击时所形成的冲击力矩的方向不同。正面时，冲击力矩的方向与泵轮、涡轮的旋转方向相反；反面时，冲击力矩的方向与泵轮、涡轮的旋转方向相同。由于导轮是通过单向离合器与机体连接，只能限制其一个方向的转动。当冲击力矩的方向与泵轮、涡轮的旋转方向相反时，单向离合器锁紧，通过油液给涡轮一个反力矩，导轮发挥正常作用；当冲击力矩的方向与泵轮、涡轮的旋转方向相同时，单向离合器放松，导轮丧失正常作用。单级三相变矩器正是利用液流冲击导轮叶片方向的改变，从而改变单向离合器的工作状态，实现变矩器工作状态的转换，以适应装载机不同工况对动力的需要。

　　郑工 955A 型装载机变矩器在三个不同工况下呈现出不同的特点：

　　当涡轮处于低速区：从涡轮流出的油液冲击第一、第二导轮叶片的正面，液流作用在两导轮上的冲击力矩使两个单向离合器锁紧，涡轮的输出转矩等于泵轮转矩和第一、第二导轮转矩之和，涡轮的速度越低，输出的力矩越大，有利于装载机起步及大负荷工况。

　　当涡轮处于中速区：从涡轮流出的油液冲击第一导轮叶片的反面、第二导轮叶片的正面，液流作用在第一导轮上的冲击力矩使单向离合器放松，作用在第二导轮上的冲击力矩使单向离合器锁紧，涡轮的输出转矩等于泵轮转矩和第二导轮转矩之和，涡轮输出转矩较低速工况有所下降。

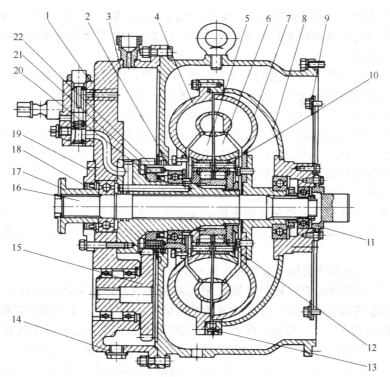

图 3-14　郑工 955A 型装载机变矩器（未安装锁紧离合器）

1—三联阀；2、18、21—油封；3—齿轮箱；4—泵轮；5—第二导轮；6—第一导轮；7—涡轮；8—变矩器后盖；
9—弹性盘；10—自由轮外圈；11—法兰盘；12—自由轮；13、14—放油塞；15—被动齿轮；16—涡轮轴；
17—法兰盘；19—油封座；20—配油盘；22—主动齿轮

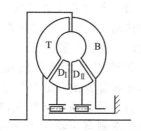

图 3-15　郑工 955A 型装载机变矩器结构简图

T—涡轮；B—泵轮；D_I—第一导轮；D_{II}—第二导轮

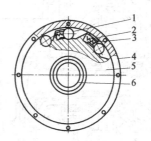

图 3-16　单向离合器

1—滚柱；2—滑销；3—弹簧；4—外圈；
5—内圈；6—空心轴

当涡轮处于高速区：从涡轮流出的油液冲击第一、第二导轮叶片的反面，液流作用在两导轮上的冲击力矩使两个单向离合器放松，此时，工作轮只有泵轮和涡轮，变矩器变为偶合器，涡轮的输出转矩等于泵轮转矩。这是变矩器的一个特殊情况，有利于装载机在负荷较小的情况下工作。

综上所述，郑工 955A 型装载机变矩器工作轮有三种组合方式：一是低速工况，泵轮、涡轮旋转，第一、第二导轮均被锁紧；二是中速工况，泵轮、涡轮旋转，第一导轮

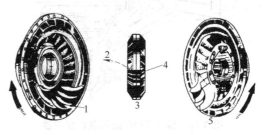

图 3-17　郑工 955A 型装载机变矩器工作轮

1—泵轮；2—第二导轮；3—导轮；4—第一导轮；5—涡轮

放松、第二导轮锁紧；三是高速工况，泵轮、涡轮旋转，第一、第二导轮均被放松。变矩器工作状态的转换随涡轮转速的变化自动进行，其输出转矩自动适应外负荷的变化需要。

③ 锁紧离合器

a. 功用　锁紧离合器可将液力传动变为机械传动，以提高传动效率和行驶速度。在特殊情况下柴油机难以启动时，锁紧离合器锁紧后，可以拖启动柴油机。

b. 结构　锁紧离合器主要由主动毂、从动毂、主从动片、碟形弹簧和活塞等组成。

主动毂通过螺钉固定在变矩器后盖上，从动毂焊接在传动套上；在两毂内、外齿间交替装有主、从动片和内、外压盘，由活塞和挡圈限位。活塞滑套在传动套上，可以前、后移动，上面的导向销用来给压盘导向，以保证压盘随活塞平移。

c. 工作原理　高压油进入活塞室，推动活塞右移，压平碟形弹簧并将内压盘、主从动片和外压盘紧压在一起，使泵轮和涡轮变成一体，柴油机动力直接传给涡轮轴。

解除油压时，在碟形弹簧作用下，活塞左移，主动片和从动片分离，切断动力，离合器分离。

(2) 厦工 ZL50 型装载机变矩器的构造与工作原理

厦工 ZL50 型装载机变矩器是单级双相双涡轮变矩器，两个涡轮单独工作或共同工作，可使重载低速时效率提高，减少变速器的挡位设置，简化了变速器的结构。其特性比较适合装载机的作业需要。目前，国产 ZL 系列装载机大多采用这种形式的变矩器。

① 结构　双涡轮变矩器主要由一个泵轮 10、第一涡轮 6 和第二涡轮 8 及一个导轮 9 组成，见图 3-18。由于两个涡轮相邻而置，所以该变矩器仍为单级。

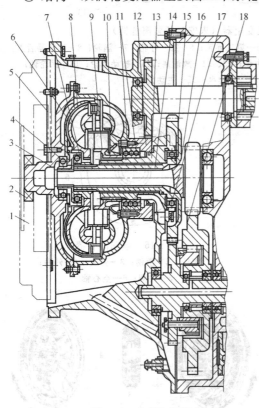

图 3-18　厦工 ZL50 型装载机变矩器

1—飞轮；2、4、7、11、17—轴承；3—罩盖；5—弹性盘；6—第一涡轮；8—第二涡轮；9—导轮；10—泵轮；12—驱动齿轮；13—导轮座；14—第二涡轮套管轴；15—第一涡轮套管轴；16—密封环；18—超越离合器外环齿轮

壳体左端与柴油机飞轮壳相连接，右端与变速器箱体固定。泵轮与罩盖用螺栓固定，罩盖 3 轴端支承在飞轮中心孔内，通过弹性盘 5 与飞轮 1 连接成一体，与柴油机一起转动。液压泵驱动齿轮 12 与泵轮固定，用以驱动各个液压泵。

第一涡轮用弹性销与涡轮罩铆接固定，并以花键套装在涡轮轴 15 上。轴的左右两端分别支承在循环圆外壳内和变速器中。轴的右端制有齿轮，并与超越离合器的外环齿轮 18 啮合，通过超越离合器有选择地将第一涡轮轴上的动力输入变速器。

超越离合器的结构和工作原理与郑工 955A 型装载机变矩器中支承导轮的单向离合器基本相同。弹簧一端支承在压盖上，另一端顶住并通过隔离环施压力给滚柱，使其与外环齿轮和内环凸轮以滚道接触。外环齿轮和内环凸轮同向旋转。若前者转速高于后者，离合器接合，第一涡轮轴上的动力输入变速器；反之，离合器分离，第一涡轮失去了与负荷（变速器）的连接，涡轮也就丧失了工作轮的作用。

第二涡轮以花键套装在第二涡轮套管

轴 14 上。套管轴上制有齿轮，可将第二涡轮上的动力输入变速器，轴的左、右两端分别支承在第一涡轮轮毂和导轮套管轴内。

导轮通过花键与导轮座 13 相连。导轮座与变矩器壳体相固定，并作为泵轮的右端支承，其花键部位还装有导油环，并用弹簧挡圈限位。

② 工作情况　厦工 ZL50 型装载机变矩器的工作原理如图 3-19 所示。由四个工作轮组成的变矩器工作腔内充满液压油。泵轮 B 通过弹性连接盘、罩盖与柴油机飞轮一起以 n_B 速度转动，接受柴油机飞轮输出的机械能并将其转换为油液的动能。高速运动的油液按图示方向冲击涡轮，第一涡轮 T_1、第二涡轮 T_2 吸收液流的动能并还原为机械能，分别以 n_{T1} 和 n_{T2} 的速度旋转。第一涡轮的动力通过齿轮 z_1 和 z_2 的啮合传送给超越离合器；第二涡轮的动力通过齿轮 z_3、z_4 的啮合直接传给变速器。导轮 D 与壳体相连固定不动。液流冲击导轮叶片时，在叶片的导向作用下，液流方向回偏，使涡轮输出的力矩值改变。当装载机处于高速轻载工况时，齿轮 z_4 亦即内环凸轮的转速 n_2 高于外环齿轮 z_2 的转速 n_1，滚柱沿 A 向旋转，外环齿轮 z_2 空转，涡轮 T_1 丧失了工作轮的作用，无动力输出。此时，仅涡轮 T_2 单独工作。

当装载机处于低速重载工况时，外载荷迫使齿轮 z_4 的转速 n_2 下降，低于外环齿轮 z_2 的转速 n_1，滚柱沿 B 向旋转而被楔紧，两个齿轮 z_2 和 z_4 成为一体旋转，将来自涡轮 T_1 和 T_2 的动力汇集输出。此时，两个涡轮 T_1 和 T_2 共同工作。

大超越离合器的这种接合和分离随外载荷的变化而自动进行，不需要人为控制。

(3) 常林 ZLM50E-5 型装载机变矩器的构造与工作原理

① 结构　液力变矩器主要由泵轮 6、导轮 7、涡轮 8、泵壳 9 等零件组成（见图 3-20）。三个工作轮（泵轮、涡轮、导轮）均装在充满油液的泵壳中。各叶轮上的弯曲叶

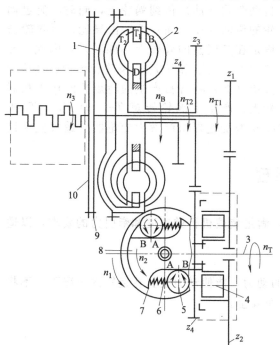

图 3-19　厦工 ZL50 型装载机变矩器工作原理

1—罩轮；2—工作腔；3—输出轴；4—大超越离合器；
5—滚柱；6—弹簧；7—外环齿轮；8—内环凸板；
9—弹性板；10—飞轮

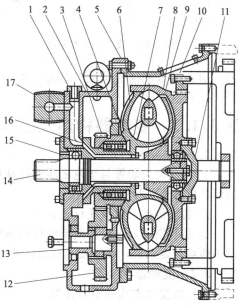

图 3-20　常林 ZLM50E-5 型装载机变矩器结构

1—接头；2—箱体；3、12—齿轮；4—油盘盖；
5—壳体；6—泵轮；7—导轮；8—涡轮；9—泵
壳；10—齿圈；11—泵壳轴；13—连接套；14—涡
轮轴；15—油封环；16—导轮座；17—回油阀

子均用铝合金与叶轮整体铸成。泵轮用螺栓与泵壳连接，泵壳上的外齿与齿圈 10 啮合，齿圈用螺栓固定在柴油机飞轮上。涡轮用花键套在涡轮轴 14 上。而导轮用螺栓与导轮座 16 连接，导轮座与箱体 2 相连，固定不动。

② 工作情况　工作时，液力变矩器的三个工作轮的叶片组成一个封闭的循环油路，从柴油机传来的功率经齿圈、泵壳传至泵轮。工作油液进入泵轮后，由于泵轮旋转，油液因离心力作用，顺着泵轮叶片向外流动，从泵轮外缘出口处流出进入涡轮，冲击涡轮叶片，使涡轮转动，从而带动涡轮轴旋转，输出动力。油液流经涡轮后再冲向导轮，由于导轮固定，给予工作油液以一定的反作用力矩。这个力矩与泵轮给予工作油液的力矩合在一起，全部传给了涡轮。因此，从涡轮所获得的力矩便大于柴油机输入的转矩，起到了增大转矩即变矩的作用，使装载机可以根据道路状况和铲装时阻力的大小，自动改变速度和牵引力，以适应各种情况。阻力增大时，速度减慢而牵引力增大；反之，阻力减小时，速度加快，牵引力也随之减小。同时，速度和牵引力都可用油门控制在一定范围进行无级调节，起步平稳，无冲击。

液力变矩器还起着一般机械传动的主离合器作用，保护柴油机和传动系统免受冲击，也不会熄火，从而延长了柴油机的使用寿命。

(4) 柳工 ZL50G 型装载机变矩器的构造与工作原理

① 结构　液力变矩器主要由泵轮、涡轮、导轮组成。

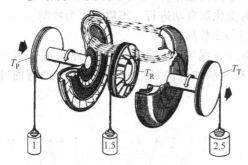

图 3-21　液力变矩器原理

② 工作情况　如图 3-21 所示，从柴油机传到泵轮上的转矩 T_P 驱动泵轮旋转，使变矩器内的传动介质（油）高速循环流动，其流向是：泵轮→涡轮→导轮。泵轮的转矩通过传动介质（油）传到涡轮上，同时，流过涡轮的传动介质（油）再冲击导轮，而导轮被固定在变矩器的外壳上不能转动，因此，导轮给涡轮反作用力 T_R。泵轮和导轮通过传动介质（油）将各自产生的转矩共同作用在涡轮上，产生了涡轮转矩 T_T，即 $T_T = T_P +$

T_R，从而改变柴油机传来的转矩。ZF-4WG200 型变速器所配液力变矩器的最大变矩比 T_T/T_P 可达 3.2。

3.1.3　变速器构造及工作原理

3.1.3.1　变速器的功用

① 改变动力装置与车轮之间的传动比，满足装载机行驶速度和牵引力的要求，以适应装载机作业和行驶的需要。

② 实现倒挡，以改变行驶方向。

③ 实现空挡，可以切断传给行走系统的动力，能使动力装置在运转的情况下，不将动力传给行走系统，便于发动机的启动和停车安全。

3.1.3.2　变速器的类型

(1) 按操纵方式的不同分类

按操纵方式的不同可以分为人力换挡变速器和动力换挡变速器两种。人力换挡变速器构造简单，工作可靠。但采用人力操纵，劳动强度大。同时在换挡时，动力的切断时间长，影响装载机作业效率的提高，并使装载机在恶劣路面上行驶时的通过性差，因此，除极少数小型装载机外，基本停止使用。

动力换挡变速器结构复杂，体积也比较大，但操纵轻便，换挡快，换挡时切断动力的时间短，能实现在大负荷下换挡不停车，这大大有利于提高装载机的生产效率。因此，现代装载机上多采用。

（2）按轮系形式的不同分类

按轮系形式的不同可以分为定轴式变速器和行星式变速器两种。变速器中所有的齿轮都是固定的旋转轴线，这种轴线均固定的变速器称为定轴式变速器。

变速器中有的齿轮的轴线在空间旋转（即没有固定的轴线），这种轴线旋转的齿轮称为行星轮。装有这种行星轮的变速器称为行星式变速器。目前，两种形式的变速器在装载机上均有采用。

3.1.3.3　典型装载机变速器构造与工作原理

（1）郑工955A型装载机变速器构造与工作原理

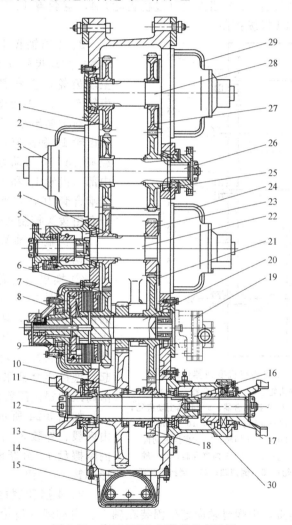

图3-22　郑工955A型装载机变速器

1—倒挡齿轮；2—正挡联齿轮；3—正挡离合器；4—1、3挡齿轮；5—绞盘输出接盘；6—2、4挡联齿轮；7—壳体；
8—2、4挡离合器；9—低挡主动齿轮；10—高低速啮合套；11—前桥接盘；12—滑动轴承；13、14—滤网；
15—油底壳；16—输出轴；17—后桥接盘；18—高挡从动齿轮；19—转向辅助油泵；20—2、4挡轴；
21—高挡主动齿轮；22—1、3挡轴；23—1、3挡联齿轮；24—1、3挡离合器；25—输入法兰；
26—输入轴；27—倒挡联齿轮；28—倒挡轴；29—倒挡离合器；30—后桥输出滑套

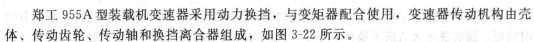

郑工 955A 型装载机变速器采用动力换挡，与变矩器配合使用，变速器传动机构由壳体、传动齿轮、传动轴和换挡离合器组成，如图 3-22 所示。

① 壳体　变速器壳体 7 通过两个吊钩固定在车架上，壳体的盖上固定着变速操纵阀及其杠杆。油底壳又作变矩器、变速器储油池。

② 传动部分　传动部分主要由轴、齿轮和啮合套组成。

如图 3-22、图 3-23 所示，变速器中共配置了六根轴，即输入轴 I 26、倒挡轴 II 28、1、3 挡驱动轴 III 22、2、4 挡驱动轴 IV 20、前桥输出轴 V 16、后桥输出轴 VI。

输入轴 I 右侧固装着倒挡驱动齿轮，左侧空套着正挡联齿轮。它与轴的连接关系由正挡离合器控制。

倒挡轴 II 上固装着倒挡轴动力输出齿轮——倒挡齿轮，空套着动力输入齿轮——倒挡联齿轮，由倒挡离合器控制倒挡联齿轮。

1、3 挡轴 III 上固装着 1、3 挡齿轮（过桥齿轮）4，空套着 1、3 挡联齿轮 23，齿轮 23 由 1、3 挡离合器 24 操纵控制。

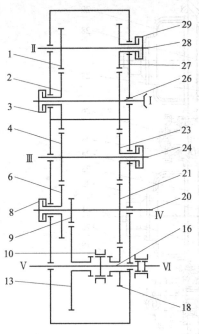

图 3-23　郑工 955A 型装载机变速器传动简图
1—倒挡齿轮；2—正挡联齿轮；3—正挡离合器；4—1 挡齿轮；6—2、4 挡联齿轮；8—2、4 挡离合器；9—低速主动齿轮；10—高低速啮合套；13—低挡从动齿轮；16—输出轴；18—高挡从动齿轮；20—2、4 挡轴；21—高挡主动齿轮；23—1、3 挡联齿轮；24—1、3 挡离合器；26—输入轴；27—倒挡联齿轮；28—倒挡轴；29—倒挡离合器

2、4 挡轴 IV 上固装着低速挡（1、2 挡）主动齿轮 9 及高速挡（3、4 挡）主动齿轮，空套着 2、4 挡联齿轮 6，齿轮 6 由 2、4 挡离合器 8 操纵控制。

前桥输出轴 V 上空套着低速挡从动齿轮 13 和高速 3、4 挡从动齿轮 18，经啮合套 10 将动力传到轴 V 上。轴 V 中部（齿轮 13 和 18 之间）滑装有高低挡啮合套 10，与轴 V 用花键连接。啮合套由拨叉控制实现高低挡动力传递。

后桥输出轴 VI 可用滑套使动力接入或切断。

③ 换挡离合器　郑工 955A 型装载机变速器中设有四个结构完全相同的换挡离合器，两个用于变速，两个用于进退换向。其作用是在选择相应挡位时，将联齿轮与传动轴连接在一起。换挡离合器采用多片湿式离合器，由高压油提供压紧力。

如图 3-24 所示，换挡离合器主要由内毂、外毂 3、内压盘 6、外压盘 2、内摩擦盘 4、外摩擦盘 5、活塞 22 和碟形弹簧 23 等组成。

2、4 挡和倒挡换挡离合器的从动毂（外毂）经花键连接，由螺母轴向定位固装在轴上。主动毂（齿轮部分与毂制为一体）通过轴套空套在轴上。内、外摩擦盘各自经内外齿与内外毂啮合并间隔套装。摩擦盘两侧装有内外盘，内盘紧靠活塞，活塞滑装在外毂内，并由定位销与内盘连接，只能轴向位移。当通入压力油后推动活塞右移，使主、从动摩擦盘接合，动力从齿轮经离合器摩擦盘传到传动轴上。1、3 挡离合器和前进挡离合器的动力则由传动轴经离合器摩擦盘传给齿轮。当油压解除后，碟形弹簧使活塞退至原位。活塞受高压油和碟形弹簧的控制。不通油时，活塞在碟形弹簧张力的推动下，靠于外毂内端面。

当变速操纵阀挂上某一挡时，高压油便进入相应换挡离合器的活塞室，活塞在高压油的作用下克服碟形弹簧的弹力而向右移动，使内、外摩擦盘紧压在内外压盘之间，从而把内、外毂（即传动轴和联齿轮）连成一体，离合器接合。

将变速操纵阀置于空挡时，解除活塞室高压油的压力，活塞在碟形弹簧作用下恢复原位，内外摩擦盘之间的压力消失，离合器分离。

为使离合器分离迅速，在外毂上装有快速泄油阀（图 3-24 中 7、8）。

郑工 955A 型装载机变速器设有 4 个前进挡和 4 个倒退挡。每个挡位都由正挡或倒挡离合器和一个变速离合器同时工作，并在高低挡啮合套的配合下而得到，三者缺一不可。各挡动力传递途径如图 3-22、图 3-23 所示。

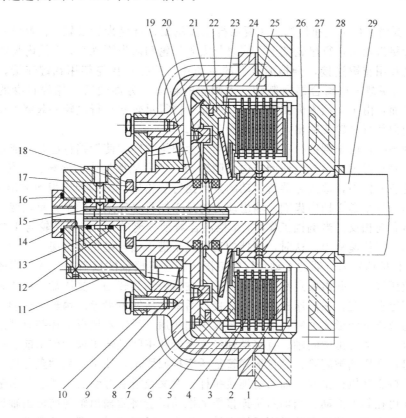

图 3-24 郑工 955A 型装载机变速器换挡离合器

1、25—挡圈；2—外压盘；3—外毂；4、5—内、外摩擦盘；6—内压盘；7、8—油阀及座；9—轴承；10—垫片；11—端盖；12、16、19—O 形密封圈；13—铜套；14—油堵；15—油管；17、18—螺母及锁片；20—密封填料；21—活塞环；22—活塞；23—碟形弹簧；24—离合器罩；26—大铜套；27—联齿轮；28—挡环；29—轴

挂前进 1、3 挡时，正挡和 1、3 挡离合器接合；挂前进 2、4 挡时，正挡和 2、4 挡离合器接合。

前进 1 挡：Ⅰ→3→2→4→Ⅲ→24→23→21→Ⅳ→9→13→10→Ⅴ，

前进 2 挡：Ⅰ→3→2→4→6→8→Ⅳ→9→13→10→Ⅴ，

前进 3 挡：1→3→2→4→Ⅲ→24→23→21→16→10→Ⅴ，

前进 4 挡：1→3→2→4→6→8→Ⅳ→21→16→10→Ⅴ。

挂倒退 1、3 挡时，倒挡和 1、3 挡离合器接合；挂倒退 2、4 挡时，倒挡和 2、4 挡离合器接合。

倒退 1 挡：Ⅰ→27→29→1→4→Ⅲ→24→23→Ⅳ→9→13→10→Ⅴ；

倒退 2 挡：Ⅰ→27→29→1→4→6→8→Ⅳ→9→13→10→Ⅴ；

倒退 3 挡：Ⅰ→27→29→1→4→Ⅲ→24→23→21→16→10→Ⅴ；

倒退 4 挡：1→27→29→1→4→6→8→Ⅳ→21→16→10→Ⅴ。

（2）厦工 ZL50 型装载机变速器构造及工作原理

厦工 ZL50 型装载机变速器为行星齿轮式动力换挡变速器，设有两个前进挡和一个倒退挡，主要由变速传动机构和液压控制系统组成，如图 3-25 所示。

变速传动机构主要由箱体、变速机构、前后桥驱动机构、逆传动机构等组成（图 3-26）。

箱体与变矩器壳体连接在一起，固定在车架上，右侧有加油口，上部有通气孔，底部有放油口。

1 挡和倒挡为行星变速机构，主要由行星齿轮架、行星齿轮及轴 1、内齿圈和太阳齿轮组成。行星齿轮装在行星轮架上，同时与太阳齿轮和内齿圈啮合。1 挡内齿圈与 1 挡离合器的主动片用花键连接，倒挡离合器的主动片与倒挡行星轮架用花键连接。当挂 1 挡时，1 挡内齿圈被 1 挡离合器所制动。太阳轮的转动一方面使行星轮绕自身的轴线作自转，另一方面，由于 1 挡内齿圈被制动，因此 1 挡行星轮架与行星轮一起绕太阳轮的轴线作公转，动力从行星轮架输出，传动比为 $1+K$。

当挂倒挡时，由于倒挡行星轮架被制动，太阳轮的转动使倒挡行星轮只能作自转而不能作公转，并且通过行星轮迫使倒挡内齿圈转动，动力从倒挡内齿圈输出，传动比为 K。倒挡行星变速机构中，被离合器所制动的是倒挡行星轮架，由倒挡内齿圈输出动力。而 1 挡机构被制动的则是 1 挡内齿圈，输出动力的是 1 挡行星轮架，两个行星轮变速机构输出动力的旋转方向相反。当倒挡工作时，1 挡离合器是分离的，1 挡行星轮与 1 挡内齿圈处于空转状态，不传递动力。这时，倒挡的动力只是借 1 挡行星轮架传递。

2 挡（直接挡）离合器的主动盘以螺钉固定在直接挡轴的接盘上。从动摩擦盘以其外缘卡装在液压缸上，并由固定在受压盘上的圆柱销限制其转动。受压盘、液压缸和中间轴输出齿轮固定在一起。在液压缸内装有直接挡活塞，活塞可沿导向销轴向移动，但不能转动。活塞与液压缸间形成油室，经油道与操纵阀相通。活塞左侧以卡环装有碟形弹簧。当离合器接合时，动力由中间轴、直接挡轴经离合器和中间轴输出齿轮传给前、后桥驱动机构。分离时，高压油被解除，靠盘形弹簧把活塞推回原位，使主、从动盘分离。

前、后桥驱动机构主要由前后桥连接拉杆、拨叉及滑套等组成。滑套与后输出轴用花键连接，并可在其上滑动。当前后桥连接拨叉推动滑套将后输出轴与前输出轴连接时，前输出轴上的动力部分从滑套传递到后输出轴，形成前后桥驱动，即 4 轮驱动。

各挡动力传动途径（图 3-25、图 3-26）如下：

前进 1 挡：动力由主动输入轴→太阳轮→1 挡行星齿轮（1 挡离合器接合，1 挡内齿圈被制动）→1 挡行星架→直接挡连接盘→直接挡受压盘→直接挡液压缸→主动齿轮→输出轴齿轮→前后桥驱动轴。

前进 2 挡（直接挡）：动力由主动输入轴→太阳轮→直接挡轴（2 挡离合器接合）→直接挡离合器→直接挡承压盘→直接挡液压缸→主动齿轮→输出轴齿轮→前后桥驱动轴。

倒挡：动力由中间轴→太阳轮→倒挡行星齿轮（倒挡离合器接合，倒挡行星架制动）→倒挡内齿圈→一挡行星轮架→直接挡连接盘→直接挡受压盘→直接挡液压缸→主动齿轮→输出轴齿轮→前、后桥驱动轴。

（3）ZL50C 型装载机行星式动力换挡变速器

① 结构　ZL50C 型装载机行星式动力换挡变速器结构如图 3-27 所示，与该变速器配

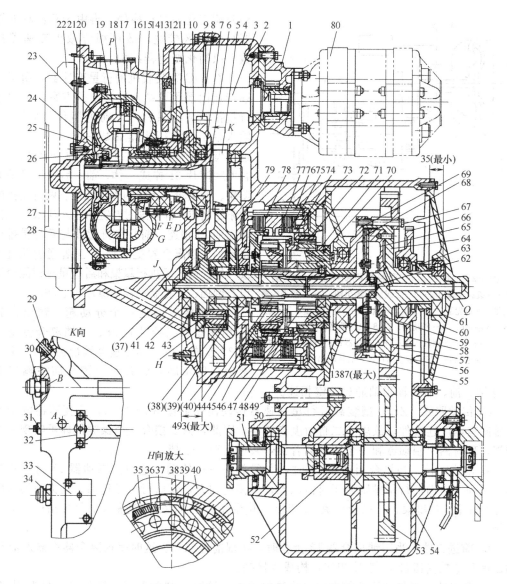

图 3-25 厦工 ZL50 型装载机变速器结构

1—变速泵；2、20、21—垫；3—轴齿轮；4—箱体；5—输入一级齿轮；6—铜套；7、11—油封；8—输入二级齿轮；
9、12—密封环；10—导轮座；13—壳体；14、67—螺栓；15—导油环；16—泵轮；17—弹性销；18—第一涡轮；
19—第二涡轮；22—飞轮；23—涡轮罩；24—钢钉；25—罩轮；26—涡轮毂；27—导轮；28—弹性盘；29—油
温表接柱；30、34—管接头；31—螺塞；32、33—压力阀；35—滚柱；36、37—弹簧；38—隔离环；39—内环
凸轮；40—外环齿轮；41—中间输入轴；42—轴承；43—太阳轮；44—连接齿套；45—倒挡行星轮；46—倒挡
行星轮架；47—1挡行星轮；48—倒挡内齿圈；49—前后桥连接拉杆；50—前后桥连接拨叉；51—后输出轴；
52—滑套；53—输出轴齿轮；54—前输出轴；55—中盖；56—圆柱销；57—中间轴输出齿轮；58—1挡行星轴；
59—盘形弹簧；60—端盖；61—球轴承；62—直接挡轴；63—离合器滑套；64—直接挡液压缸；65—直接挡
活塞；66—输出齿轮；68—直接挡离合器；69—直接挡受压盘；70—直接挡连接盘；71—1挡行星轮架；
72—1挡油缸；73—1挡活塞；74—1挡内齿圈；75—1挡离合器；76—固定销轴；77—弹簧销轴；
78—倒挡离合器；79—倒挡活塞；80—双联泵

用的液力变矩器具有一级、二级两个涡轮（称双涡轮液力变矩器），分别用两根相互套装
在一起的并与齿轮做成一体的一级、二级输出齿轮（轴），将动力通过常啮合齿轮副传给
变速器。由于常啮合齿轮副的速比不同，故相当于变矩器加上一个两挡自动变速器，它随

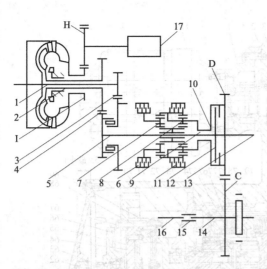

图 3-26 厦工 ZL50 型装载机变速器传动简图

1——级涡轮输出轴；2—二级涡轮输出轴；3——级涡轮输出轴减速齿轮副；4—二级涡轮输出轴增速齿轮副；5—变速器输入轴；6、11—制动器；7、8—1、倒挡行星排；9—2挡输入轴；10—2挡承压盘；12—离合器；13—2挡油缸轴；14—前桥输出轴；15—啮合套；16—后桥输出轴；17—油泵

外载荷变化而自动换挡。再由于双涡轮变矩器高效率区较宽，故可相应减少变速器挡数，以简化变速器结构。

ZL50C 型装载机的行星变速器，由于上述特点而采用了结构较简单的方案，由两个行星排组成，只有两个前进挡和一个倒挡。输入轴 12 和输入齿轮做成一体，与二级涡轮输出齿轮 4 常啮合；二挡输入轴 26 与二挡离合器摩擦片 31 连成一体。前、后行星排的太阳轮、行星轮、齿圈的齿数相同。两行星排的太阳轮制成一体，通过花键与输入轴 12、二挡输入轴 26 相连。前行星排齿圈与后行星排行星架、二挡离合器受压盘 32 三者通过花键连成一体。前行星排行星架和后行星排齿圈分别设有倒挡、一挡制动器摩擦片 38、39。

变速器后部是一个分动箱，输出齿轮 25 用螺栓和二挡油缸 28、二挡离合器受压盘 32 连成一体。同变速器输出齿轮 23 组成常啮合齿轮副，后者用花键与前桥输出轴

24 连接。前、后桥输出轴通过花键相连。

② 传动路线　ZL50 型装载机行星变速器传动简图如图 3-28 所示，该变速器两个行星排间有两个连接件，故属于二自由度变速器。因此，只要接合一个操纵件即可实现一个排挡，现有两个制动器和一个闭锁离合器，共可实现三个挡。

a. 前进一挡　当接合制动器 11 时，实现前进一挡传动。这时，制动器 11 将后行星排齿圈固定，而前行星排则处于自由状态，不传递动力，仅后行星排传动。动力由输入轴 5 经太阳轮从行星架、二挡受压盘 10 传出，并经分动箱常啮合齿轮副 C、D 传给前、后驱动桥。

b. 前进二挡　当闭锁离合器 12 接合时，实现前进二挡。这时闭锁离合器将输入轴 5、输出轴和二挡受压盘 10 直接相连，构成直接挡。

c. 倒退挡　当制动器 6 接合时，实现倒退挡。这时，制动器将前行星排行星架固定，后行星排空转不起作用，仅前行星排传动。

装载机行星齿轮式变速器中有两种不同形式的换挡元件，一种是制动器，另一种是闭锁（或换挡）离合器。两者的主要区别是：制动器的油缸是固定的，离合器的油缸是旋转的；制动器是把某一个旋转构件固定在箱体上实现制动，而离合器是把两个旋转构件刚性地连接在一起，实现整个组成机构的闭锁。

(4) 常林 ZLM50E-5 型装载机变速器构造与工作原理

① 变速器特点、结构及工作原理　本机为平行轴常啮合液压换挡式变速器，由于箱内各传动齿轮常啮合，延长了齿轮的使用寿命，采用液压换挡箱体结构紧凑，并使换挡迅速、轻便、平稳、无撞击声。

变速器结构如图 3-29 所示，主要由前进、后退挡轴、倒挡轴、中间轴、1 挡轴、2、3 挡轴、输出轴、挡位阀及箱体等主要部分组成。

操纵挡位阀时，液力变矩器、变速器油路系统的油泵提供的压力油经过进油阀提供 1.47～1.80MPa 的压力油，经挡位阀到各挡离合器，使离合器接合，实现换

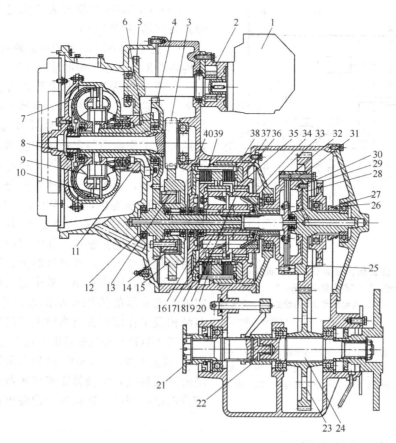

图 3-27　ZL50C 型装载机行星式动力换挡变速器结构

1—工作油泵；2—变速油泵；3—一级涡轮输出齿轮；4—二级涡轮输出齿轮；5—变速油泵输入齿轮；6—导轮座；
7—二级涡轮；8—一级涡轮；9—导轮；10—泵轮；11—分动齿轮；12—变速器输入齿轮（轴）；13—单向离合
器滚子；14—单向离合器凸轮；15—单向离合器外环齿轮；16—太阳轮；17—倒挡行星轮；18—倒挡行星架；
19—一挡行星轮；20—倒挡齿圈；21—后桥输出轴；22—前后桥离合套；23—变速器输出齿轮；24—前桥输出轴；
25—输出齿轮；26—二挡输入轴；27—离合套；28—二挡油缸；29—"三合一"机构输入齿轮；30—二挡活塞；
31—二挡摩擦片；32—二挡离合器受压盘；33—倒挡、一挡连接盘；34—一挡行星架；35—一挡油缸；
36—一挡活塞；37—一挡齿圈；38—一挡制动器摩擦片；39—倒挡制动器摩擦片；40—倒挡活塞

挡（见图 3-30）。

　　② 离合器结构与工作原理　变速器内有 5 个结构相同的液压换挡离合器。前进、后
退挡离合器安装在前进、后退轴上。1 挡离合器安装在 1 挡轴上。2、3 挡离合器安装在
2、3 挡轴上。

　　如图 3-30 所示，离合器由轴承盖 10、轴 8、缸体 6、齿圈 5、活塞 4、主动摩擦片 2、
从动摩擦片 3、齿轮 1 和 9、弹簧 7 等零件组成。

　　离合器的接合与分离由手柄操纵挡位阀进行。当压力油由轴承盖 10 进油口进入缸体
6，推动活塞 4，使离合器主动摩擦片 2 与从动摩擦片 3 接合，而传递转矩，动力由齿轮
传出；当切断压力油来路后，活塞 4 在弹簧 7 的作用下恢复原位，主、从动摩擦片彼此自
由分离。前进、后退离合器各有主动片 7 片、从动片 6 片，1、2 挡离合器有主动片 14
片、从动片 13 片，3 挡离合器有主动片 6 片、从动片 5 片。从动片表面各有 0.5mm 厚的
铜基粉末冶金层，主动片材料为 65Mn。在轴和齿轮上还有冷却油孔，从散热器来的经过
冷却后的油，经过轴承盖及轴和齿轮上的油道通向各组摩擦片，起润滑和冷却作用。

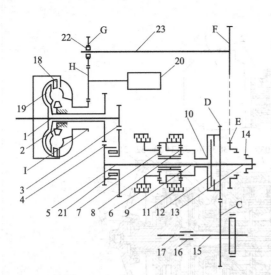

（5）CLG856 型轮式装载机电液换挡定轴式变速器（4WG200）

① 概况　4WG200 型变速器外形及其内部结构如图 3-31 所示，传动系统见图 3-32。

从图 3-31 及图 3-32 中可以看出，该变速器总成是由三元件简单变矩器与四个前进挡、三个后退挡组成的定轴式变速器组成，其结构及工作原理与定轴式变速器没有根本区别，其区别在于安装布置上稍有不同。定轴式变速器，变矩器、变速器是分置的，之间用主传动轴连接，而 4WG200 型变速器，其变矩器与变速器是直接连接为一体。另外，4WG200 型变速器，其内部所有的齿轮采用的是鼓形齿，且都经过磨齿，因此其承载能力更强，噪声更小，整个总成的体积比定轴式变速器的体积要小得多，更加紧凑，但结构及工作原理没有本质上的区别。

② 4WG200 型变速器电液控制系统　4WG200 型变速器，其变速操纵为微电脑集成控制的电液换挡，驾驶员完成变速器操作相当于按电钮，同时，操纵的合理性可由电脑安

图 3-28　ZL50 型装载机行星变速器机械传动简图
1—一级涡轮输出轴；2—二级涡轮输出轴；3—一级涡轮输出减速齿轮副；4—二级涡轮输出增速齿轮副；5—变速器输入轴；6、11—制动器；7、8—前、后行星排；9—二挡输入轴；10—二挡受压盘；12—闭锁离合器；13—二挡油缸轴；14—离合套；15—前桥输出轴；16—前、后桥离合器；17—后桥输出轴；18—一级涡轮；19—二级涡轮；20—转向泵；21、22—单向离合器；23—轴排完成。

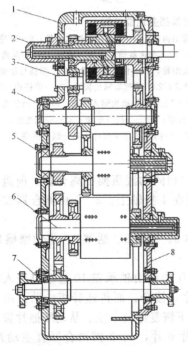

图 3-29　常林 ZLM50E-5 型装载机变速器结构
1—变速器箱体；2—前进、倒退挡总成；3—倒挡轴；4—中间轴总成；5—1 挡总成；6—2、3 挡总成；7—输出轴总成；8—变速器盖

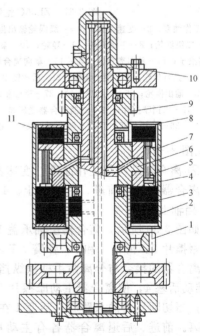

图 3-30　常林 ZLM50E-5 型装载机变速器液压换挡离合器
1、9—齿轮；2—主动摩擦片；3—从动摩擦片；4—活塞；5—齿圈；6—缸体；7—弹簧；8—轴；10—轴承盖；11—碟形弹簧

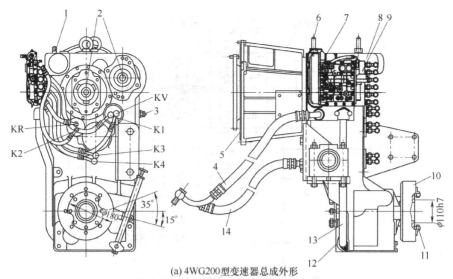

(a) 4WG200型变速器总成外形

1—透气塞；2—油泵接口；3—涡轮转速传感器；4、14—接冷却器出油口；5—SAE J617C(N02)；
6—吊耳；7—连接插座；8—滤油器；9—电液操纵阀；10—鼓式停车制动器；
11—螺栓(扭紧力矩为150N·m)；12—放油塞；13—吸油管

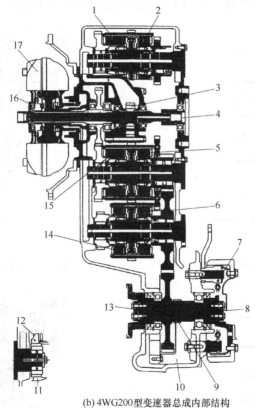

(b) 4WG200型变速器总成内部结构

1—KV前进离合器；2—K1离合器；3—变速泵；4—取力口；5—K2离合器；6—K3离合器；7—停车制动；
8—输出到前桥；9—车速表；10—油池；11—K4齿轮；12—KV齿轮；13—输出到后桥；14—K4离合器；
15—KV后退离合器；16—输入法兰；17—变矩器

图 3-31　4WG200 型变速器总成外形及内部结构

③ 4WG200 型变速器动力传递路线　CLG856 型装载机变速器设有 4 个前进挡和 3 个倒退挡。各挡动力传递路线如图 3-33～图 3-39 所示。

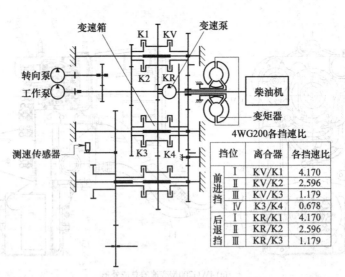

图 3-32　4WG200 型变速器传动系统

挡位		离合器	各挡速比
前进挡	Ⅰ	KV/K1	4.170
	Ⅱ	KV/K2	2.596
	Ⅲ	KV/K3	1.179
	Ⅳ	K3/K4	0.678
后退挡	Ⅰ	KR/K1	4.170
	Ⅱ	KR/K2	2.596
	Ⅲ	KR/K3	1.179

前进 1 挡（如图 3-33 所示）：$z_0 \rightarrow z_v \rightarrow z_{v1} \rightarrow z_1 \rightarrow z_2 \rightarrow z_3 \rightarrow z_出$。

前进 2 挡（如图 3-34 所示）：$z_0 \rightarrow z_v \rightarrow z_{v1} \rightarrow z_{R2} \rightarrow z_2 \rightarrow z_3 \rightarrow z_出$。

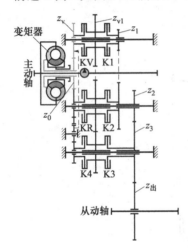

图 3-33　前进 1 挡动力传递路线

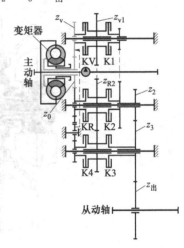

图 3-34　前进 2 挡动力传递路线

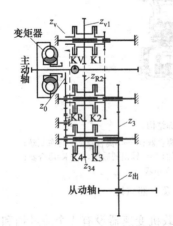

图 3-35　前进 3 挡动力传递路线

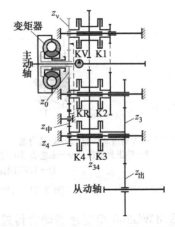

图 3-36　前进 4 挡动力传递路线

前进 3 挡（如图 3-35 所示）：$z_0 \rightarrow z_v \rightarrow z_{v1} \rightarrow z_{R2} \rightarrow z_{34} \rightarrow z_3 \rightarrow z_出$。

前进 4 挡（如图 3-36 所示）：$z_0 \rightarrow z_v \rightarrow z_中 \rightarrow z_4 \rightarrow z_{34} \rightarrow z_3 \rightarrow z_出$。

倒退 1 挡（如图 3-37 所示）：$z_0 \rightarrow z_R \rightarrow z_{R2} \rightarrow z_{v1} \rightarrow z_1 \rightarrow z_2 \rightarrow z_3 \rightarrow z_出$。

倒退 2 挡（如图 3-38 所示）：$z_0 \rightarrow z_R \rightarrow z_{R2} \rightarrow z_2 \rightarrow z_3 \rightarrow z_出$。

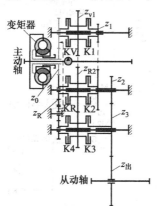

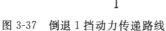

图 3-37　倒退 1 挡动力传递路线　　　　图 3-38　倒退 2 挡动力传递路线

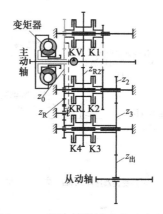

倒退 3 挡（如图 3-39 所示）：$z_0 \rightarrow z_R \rightarrow z_{R2} \rightarrow z_{34} \rightarrow z_3 \rightarrow z_出$。

④ 4WG200 型变速器油路原理　ZF 动力换挡变速箱 4WG200 油路原理如图 3-40 所示。

a. 4WG200 变速器前进一挡液压系统工作原理如图 3-41 所示。

· 电磁换向阀 M1 断电、M3 通电。

控制压力油：液压泵→滤油器→M3→挡位阀 1 左腔。

驱动压力油：液压泵→滤油器→压力控制阀→单向阀 1→挡位阀 2（右位）→挡位阀 1（左位）→KV。

· 电磁换向阀 M2、M4 通电。

控制压力油：液压泵→滤油器→M4→挡位阀 3 左腔；图 3-39　倒退 3 挡动力传递路线 液压泵→滤油器→M2→挡位阀 4 左腔。

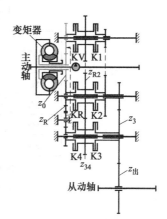

驱动压力油：液压泵→滤油器→压力控制阀→单向阀 2→挡位阀 3（左位）→挡位阀 4（左位）→K1。

b. 4WG200 型变速器前进二挡液压系统工作原理如图 3-42 所示。

· 电磁换向阀 M1 断电、M3 通电。

控制压力油：液压泵→滤油器→M3→挡位阀 1 左腔。

驱动压力油：液压泵→滤油器→压力控制阀→单向阀 1→挡位阀 2（右位）→挡位阀 1（左位）→KV。

· 电磁换向阀 M2 断电、M4 通电。

控制压力油：液压泵→滤油器→M4→挡位阀 3 左腔。

驱动压力油：液压泵→滤油器→压力控制阀→单向阀 2→挡位阀 3（左位）→挡位阀 4（右位）→K2。

c. 4WG200 型变速器前进三挡液压系统工作原理如图 3-43 所示。

· 电磁换向阀 M1 断电、M3 通电。

控制压力油：液压泵→滤油器→M3→挡位阀 1 左腔。

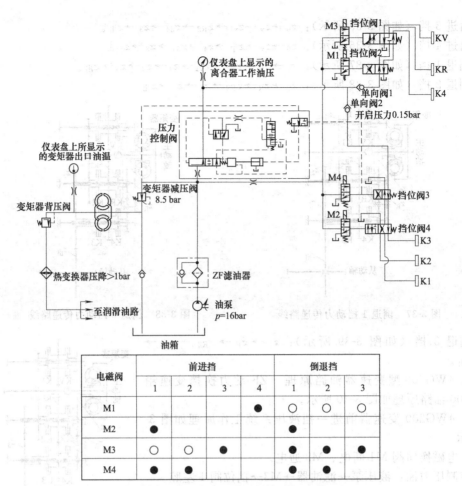

电磁阀	前进挡				倒退挡		
	1	2	3	4	1	2	3
M1				●	○	○	○
M2	●				●		
M3	○	○	●		●	●	●
M4	●	●			●	●	

注：●—电磁铁通电；○—可实现动力切断功能。

图 3-40　ZF 动力换挡变速箱 4WG200 油路

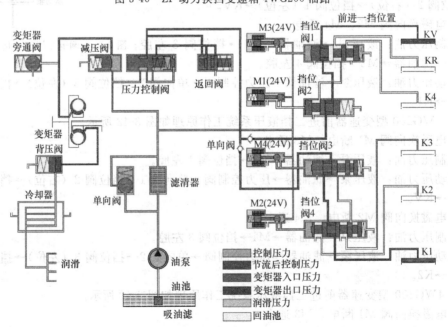

图 3-41　4WG200 型变速器前进一挡液压系统工作原理

Page-126

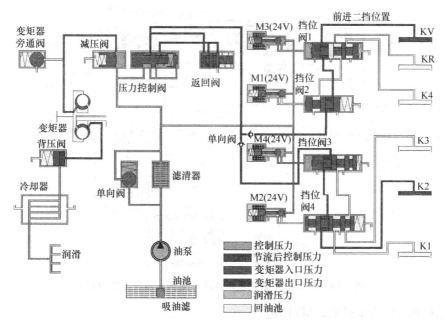

图 3-42　4WG200 型变速器前进二挡液压系统工作原理

驱动压力油：液压泵→滤油器→压力控制阀→单向阀 1→挡位阀 2（右位）→挡位阀 1（左位）→KV。

- 电磁换向阀 M2、M4 断电。

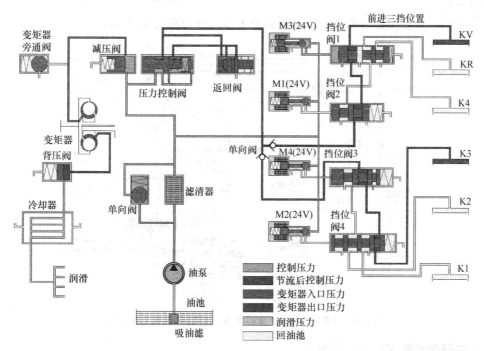

图 3-43　4WG200 型变速器前进三挡液压系统工作原理

驱动压力油：液压泵→滤油器→压力控制阀→单向阀 2→挡位阀 3（右位）→挡位阀 4（右位）→K3。

d. 4WG200 型变速器前进四挡液压系统工作原理如图 3-44 所示。

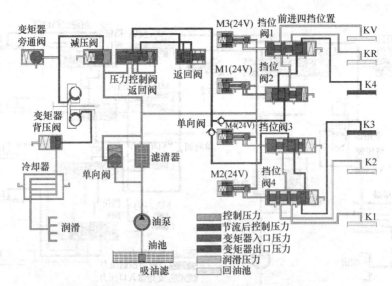

图 3-44 4WG200 型变速器前进四挡液压系统工作原理

• 电磁换向阀 M1 通电、M3 断电。

驱动压力油：液压泵→滤油器→压力控制阀→单向阀 1→挡位阀 2（左位）→挡位阀 1（右位）→K4。

• 电磁换向阀 M2、M4 断电。

驱动压力油：液压泵→滤油器→压力控制阀→单向阀 2→挡位阀 3（右位）→挡位阀 4（右位）→K3。

e. 4WG200 型变速器倒退一挡液压系统工作原理如图 3-45 所示。

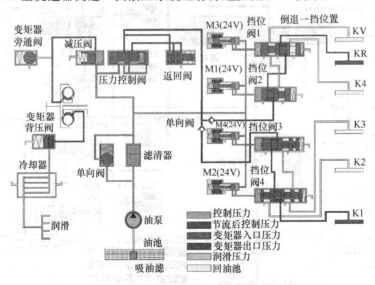

图 3-45 4WG200 型变速器倒退一挡液压系统工作原理

• 电磁换向阀 M1、M3 通电。

控制压力油：液压泵→滤油器→M3→挡位阀 1 左腔；液压泵→滤油器→M1→挡位阀 2 左腔。

驱动压力油：液压泵→滤油器→压力控制阀→单向阀 1→挡位阀 2（左位）→挡位阀 1（左位）→KR。

• 电磁换向阀 M2、M4 通电。

控制压力油：液压泵→滤油器→M4→挡位阀 3 左腔；液压泵→滤油器→M2→挡位阀 4 左腔。

驱动压力油：液压泵→滤油器→压力控制阀→单向阀 2→挡位阀 3（左位）→挡位阀 4（左位）→K1。

f. 4WG200 型变速器倒退二挡液压系统工作原理如图 3-46 所示。

• 电磁换向阀 M1、M3 通电。

控制压力油：液压泵→滤油器→M3→挡位阀 1 左腔；液压泵→滤油器→M1→挡位阀 2 左腔。

驱动压力油：液压泵→滤油器→压力控制阀→单向阀 1→挡位阀 2（左位）→挡位阀 1（左位）→KR。

• 电磁换向阀 M2 断电、M4 通电。

控制压力油：液压泵→滤油器→M4→挡位阀 3 左腔。

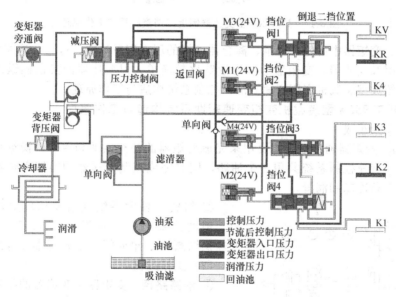

图 3-46　4WG200 型变速器倒退二挡液压系统工作原理

驱动压力油：液压泵→滤油器→压力控制阀→单向阀 2→挡位阀 3（左位）→挡位阀 4（右位）→K2。

g. 4WG200 型变速器倒退三挡液压系统工作原理如图 3-47 所示。

• 电磁换向阀 M1、M3 通电。

控制压力油：液压泵→滤油器→M3→挡位阀 1 左腔；液压泵→滤油器→M1→挡位阀 2 左腔。

驱动压力油：液压泵→滤油器→压力控制阀→单向阀→挡位阀 2（左位）→挡位阀 1（左位）→KR。

• 电磁换向阀 M2、M4 断电。

驱动压力油：液压泵→滤油器→压力控制阀→单向阀→挡位阀 3（右位）→挡位阀 4（右位）→K3。

3.1.4　变矩变速液压回路构造及工作原理

液力机械式动力传动系统液压操纵油路包括变速器的操纵油路，变矩器的补偿冷却油

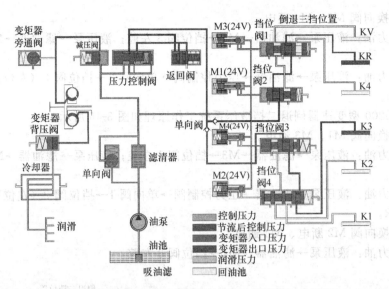

图 3-47　4WG200 型变速器倒退三挡液压系统工作原理

路，变速器、变矩器中齿轮、轴承、离合器摩擦的压力润滑油路，这三个油路中变矩器的补偿冷却油路和变速器、变矩器的润滑油路比较简单，但变速器的换挡操纵油路则较复杂，下面介绍典型装载机变矩变速器液压控制系统构造与工作原理。

3.1.4.1　郑工 955A 型装载机变矩变速辅助系统构造与工作原理

（1）功用及组成

① 功用　变矩器辅助系统主要用来完成变矩器的补充供油和冷却，操纵变矩器锁紧离合器，它与变速控制系统共用一个油路，同时完成控制变速器的换挡离合器以及对轴承、离合器进行冷却和润滑。

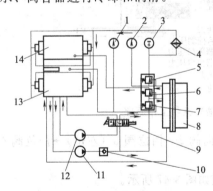

图 3-48　郑工 955A 型装载机变矩器辅助系统
1—主压力表；2—出口压力表；3—出口温度表；4—冷却器；5—出口压力阀；6—进口压力阀；7—主压力阀；8—变矩器；9—拖锁阀；10—单向阀；11—主油泵；12—辅助油泵；13—变速器；14—变速操纵阀

② 组成　辅助系统（图 3-48）主要由主油泵 11、辅助油泵 12、三联阀（5、6、7）、拖锁阀 9、变速操纵阀 14、单向阀 10、冷却器 4 等组成。

（2）工作过程

① 油路路径　变矩器、变速器的控制油路路径分为主油路和辅助油路。

a. 主油路　当柴油机工作时，带动主油泵工作，油液从变速器油底壳吸入，将压力油经单向阀送至三联阀。一部分压力油送到变速操纵阀，以便操纵变速器换挡离合器实现挂挡；另一部分压力油打开主压力阀进入变矩器。从变矩器出来的油经出口压力阀到散热器，经冷却的油送到变速器的换挡离合器及轴承处以冷却与润滑机件，之后再流入变速器油底壳。主油泵的油另一路去拖锁阀，以控制变矩器锁紧离合器。

b. 辅助油路　当柴油机电启动装置发生故障需要拖车启动时（装载机必须向前拖行），辅助油泵工作，从变速器油底壳吸油并将压力油送至拖锁阀，此时，操纵手柄放在拖车启动位置，压力油一路将变矩器锁紧离合器锁死；另一路压力油进入变速操纵阀以便挂挡。为防止辅助油泵的压力油流进主油泵，在主油泵出口处装有单向阀。

② 油泵 液压控制系统所采用的主油泵为 CB-F25C-FL 型反时针齿轮泵；辅助油泵为 CB-F18C-FL 型顺时针齿轮泵。

③ 三联阀 三联阀装在变矩器齿轮箱上，由主压力阀 2、进口压力阀 1 和出口压力阀 4 组成（图 3-49）。

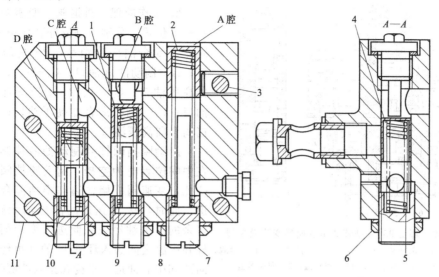

图 3-49 郑工 955A 型装载机变矩器辅助系统三联阀

1—进口压力阀；2—主压力阀；3—固定螺钉；4—出口压力阀；5—弹簧；6—锁紧螺母；

7—调整螺塞；8—铜垫；9、10—导杆；11—阀体

主压力阀、进口压力阀和出口压力阀装在一个阀体内，故称为三联阀。阀体上有通主油路的 A 腔、通变矩器的 B 腔、通变矩器回油路的 C 腔和通散热器的 D 腔。每个阀都由阀芯、弹簧和导杆等组成。

主压力阀是保证换挡离合器工作油路压力在 1.2～1.5MPa 范围内，以便操纵变速器的换挡离合器和变矩器的锁紧离合器。

进口压力阀设置在变矩器的进油口处，工作压力为 0.4～0.7MPa，作用是通过控制阀前压力的变化调节进入变矩器的油液流量。

出口压力阀设置在变矩器的出油口处，工作压力为 0.25MPa，作用是保证循环油路中有一定的油压，以防变矩器内进入空气。空气的进入会使变矩器产生噪声，降低传动效率和转矩，甚至造成叶片损坏。从变矩器出来的高温油经此阀到散热器冷却后，再去冷却和润滑各换挡离合器，最后流入油底壳。

阀体内有径向孔通过油管与变速器连通，以使阀芯与阀体之间渗入的油液泄回变速器，防止阀芯背面形成高压腔。

④ 变速操纵阀 变速器控制油路与变矩器辅助系统共用一个控制油路。主油泵输出的高压油经单向阀、三联阀送至变速操纵阀。

a. 结构 变速操纵阀是变速器选择挡位的主要控制元件，由进退阀、变速阀和制动脱挡阀组合而成（图 3-50）。

进退阀、变速阀和制动脱挡阀装在一个阀体内。阀体固定在变速器的上盖内，内有三个空腔。阀体与箱盖用螺钉固定。

进退阀、变速阀的阀杆结构完全相同，分别装在左、右两个空腔内。阀杆中部有钢球定位环槽。阀杆的三个位置靠定位钢球和弹簧限位。阀杆下端通过轴销连杆等与操纵杆连

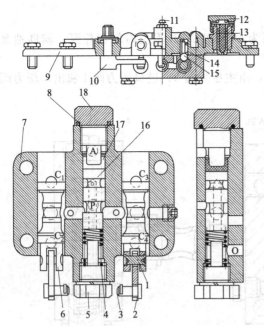

图 3-50　郑工 955A 型装载机变速器变速操纵阀

1—销轴；2—销轴叉；3—销；4、14—弹簧；5、18—螺塞
6—阀杆；7—阀体；8—O 形密封圈；9—变速器盖；
10—连杆；11—放气螺钉；12—透气罩盖；13—填料；
15—钢球；16—制动联动阀杆；17—橡胶皮碗

接，并在操纵杆的控制下，在空腔内滑动。制动脱挡阀的阀杆装在阀体的中间空腔内，其上装有橡胶皮碗。皮碗由螺塞限位。阀杆的另一端装有弹簧，弹簧一端顶在阀杆上，另一端顶在导向螺塞上。

b. 工作原理　进退阀、变速阀的阀杆有三个位置，分别受进退杆和变速杆控制。阀体上 6 个油口分别是：P—高压油进油口；A—制动油进油口；C_1—1、3 挡离合器高压油口；C_2—1、2、4 挡离合器高压油口；C_3—倒挡离合器高压油口；C_4—正挡离合器高压油口。

制动脱挡阀杆受制动油液控制。阀杆在中间位置时为空挡，制动脱挡阀杆堵住 O 孔，变速阀杆堵住通向换挡离合器的油道。此时，从 P 孔进的高压油无路可通，多余的压力油经三联阀进入变矩器；从阀杆和中腔之间渗入环槽 H 的油可经阀杆径向孔和中心油道、平衡孔排入油底壳。

当进退杆放在倒退位置时，阀杆向上，使孔 C_1 和油箱相通，孔 C_3 和进油路相通，从 P 孔来的压力油经油道进入孔 C_3，再经箱盖油道和油管进入倒挡离合器活塞室，使倒挡离合器接合。

当变速杆放在 1、3 挡位置时，阀杆向上，使孔 C_1 和进油路相通，从 P 孔来的压力油经油道进入孔 C_1，再经盖油道和油管进入 1、3 挡离合器活塞室，使 1、3 挡离合器接合。

此时，装载机将以倒退 1 挡或 3 挡（视高、低挡啮合套位置）行驶。

若将上述操纵阀再置于中间位置时，切断供油，两个离合器活塞室内的油分别从阀杆两端排入油底壳，压力消失，快泄阀打开，使换挡离合器迅速分离。

变速器每个挡位均由进退挡离合器、变速离合器、高低挡啮合套的工作状态决定，其原理与上例相同，不再重述。

制动脱挡阀杆的作用是：当装载机制动时，让变速器自动脱挡，使制动可靠，以节省柴油机动力。当踩下脚制动踏板时，从气液总泵来的制动油从孔 A 进入橡胶皮碗的顶部，推动阀杆下行，压缩弹簧，阀杆堵死 P 孔后，切断来油，同时打开 O 孔，使进入换挡离合器的压力油从 O 孔排入油底壳，离合器分离。

如果变矩器没有锁紧离合器，则辅助油路

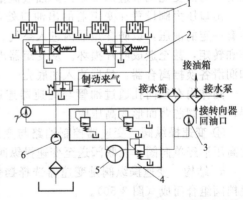

图 3-51　郑工 955A 型装载机变矩器辅助系统
（没有辅助油泵和拖锁阀）

1—离合器；2—变速分配阀；3—温度表；4—三联阀；
5—变矩器；6—CBF-E40CX；7—压力表

如图 3-51 所示，即没有辅助油泵和拖锁阀。其他部分基本没有变化。

3.1.4.2　厦工 ZL50 型装载机变矩变速器液压控制系统构造与工作原理

变矩器与变速器共用一个液压控制系统。控制变速器工作的核心元件是变速操纵阀。

① 变速操纵阀　变速操纵阀装在变速器箱体一侧，受驾驶室内的变速操纵杆控制，主要由调压阀（主压力阀）、弹簧蓄能器、变速分配阀、制动脱挡阀等组成（图 3-52）。

a. 调压阀　调压阀的作用是调节变速油压，把压力油一路通往变速分配阀，另一路通往变矩器，当油压过高（＞1.52MPa）时起安全保护作用。

b. 变速分配阀　分配阀的作用是控制变速器的两个制动器和一个离合器的工作。

分配阀的阀杆装在阀体的空腔内，有空挡、倒挡、Ⅰ挡和Ⅱ挡 4 个位置。移动阀杆可分别操作Ⅰ挡、倒挡制动器或Ⅱ挡离合器的接合或分离。

c. 弹簧蓄能器　弹簧蓄能器的作用是保证制动器或离合器迅速而平稳地接合，主要由滑块、弹簧和单向节流阀组成。

d. 制动脱挡阀　制动脱挡阀用于在制动时使变速器自动脱挡，主要由制动阀杆、弹簧、气阀活塞及杆等组成。

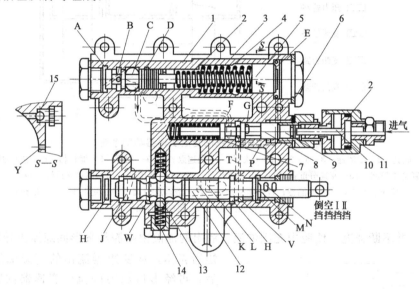

图 3-52　ZL50 型装载机变矩变速器变速操纵阀

1—调压阀杆；2、3、7、14—弹簧；4—调压阀；5—滑块；6—垫圈；8—制动阀杆；9—圆柱塞；
10—气阀活塞及杆；11—气阀体；12—分配阀杆；13—钢球；15—单向节流阀

② 油路路径　如图 3-53 所示，变速液压泵将油底壳的油压至滤油器和变速操纵阀。进入变速操纵阀的压力油一路经调压阀、制动脱挡阀进入变速分配阀，根据变速阀杆的不同位置分别进入一、二和倒挡液压缸，完成不同挡位的工作；另一路经进口压力阀通往变矩器。从变矩器出来的油经散热器、背压阀通过油道去润滑和冷却各个轴承、齿轮和制动器摩擦片，之后流回油底壳。

③ 辅助系统　ZL50 型装载机变矩器辅助系统主要用来完成变矩器的补充供油和冷却，操纵变矩器锁紧离合器，与变速控制系统共用一个油路，同时完成控制变速器的换挡离合器以及对轴承、离合器进行冷却和润滑。

辅助系统（图 3-53）主要由主压力阀、进口压力阀、出口压力阀等组成。

ZL50 型装载机变矩器辅助系统的油路途径是：齿轮泵从变速器油底壳将油液吸出，经滤清器进入主压力阀后分为两路：一路经进口压力阀从变矩器壳体的壁孔油道进入变矩

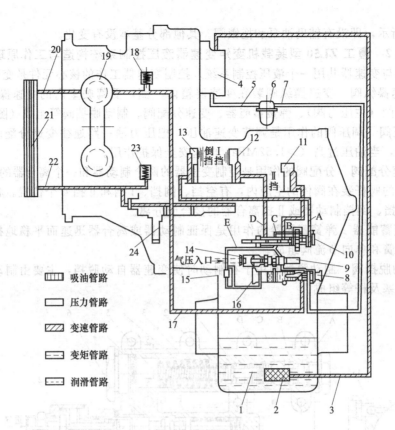

图 3-53 ZL50 型装载机变矩变速器辅助系统

1—油底壳；2—滤清器；3、5、20、22—软管；4—变速泵；5、7—油管；6—滤油器；8—主压力阀；
9—制动脱挡阀；10—变速分配阀；11—Ⅱ挡液压缸；12—Ⅰ挡液压缸；13—倒挡液压缸；14—气阀；
15—单向节流阀；16—蓄能器；17—箱壁油道；18—进口压力阀；19—变矩器；21—散热器；
23—出口压力阀；24—超越离合器

器工作腔，并不断补充，使腔内充满油液。

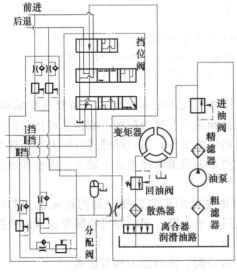

图 3-54 常林 ZLM50-5 型装载机变矩
变速液压控制系统

溢出的油液由空腔经环形间隙流出导轮座和变矩器壳体，从变矩器流出的高温油经散热器后，再经出口压力阀流回变速器油底壳。另一路压力油经制动阀进入变速操纵阀。

主压力阀的作用是保证油路具有一定的工作压力，以便操纵变速器的换挡离合器和制动器。

进口压力阀设置在变矩器的进油口处，工作压力为 0.56MPa，作用是通过控制阀前压力的变化调节进入变矩器的流量。

出口压力阀设置在变矩器的出油口处，工作压力为 0.28～0.45MPa，作用是保证循环圆中有一定的油压，以防变矩器内进入空气。

3.1.4.3 常林 ZLM50-5 型装载机变矩变速器液压控制系统构造与工作原理

（1）组成

常林 ZLM50-5 型装载机变矩变速液压控制系统结构及其分配阀、挡位阀见图 3-54～图 3-56。

（2）变矩器及变速器油路原理

分配阀与挡位阀叠加后装在变速器上部右侧的底板上，由变矩器进油阀来的 1.47～1.86MPa 的压力油，首先进入分配阀。分配阀起控制流量和稳压的作用。挡位阀由阀体、方向控制阀杆、挡位控制阀杆、制动卸载阀杆、进气连接盖等组成。操纵方向或挡位阀杆时，根据阀杆所处的位置，进入阀体的压力油分别进入前进、后退挡离合器或各挡位离合器，推动活塞，使离合器接合，完成装载机前进、后退动作或速度变换的功能。制动时，气压作用于切断阀的气缸，活塞移动，方向挡位离合器油路被切断，与回油路相通，离合器压力消失，摩擦片分离脱开，实现动力切断。

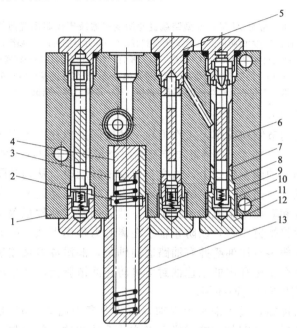

图 3-55　常林 ZLM50-5 型装载机变矩变速液压控制系统分配阀

1—阀体；2、10—弹簧；3、7—蓄能滑套；4—蓄能滑芯；5、12—固定螺钉；6—阀芯；8-单向阀；
9—单向滑套；11—弹簧座；13—蓄能阀罩

3.1.5　万向传动装置

装载机由于总体布置上的关系，变速器与驱动桥之间往往有一段距离，变速器的输出轴线与前、后桥输入轴线不在同一水平面内，且在水平面的投影也不在一条直线上；而且装载机在转向过程中，装在车架上的变速器与装在前车架上的前桥，位置也在不断变化，为了解决它们之间的传递转矩问题，保证可靠地把动力从变速器传递到前、后车桥上，在变速器输出轴与驱动轿输入轴之间除有万向节外，在两个万向节之间还应有传动轴，这样万向节和传动轴就组成了万向传动装置。

万向传动装置一般由万向节和传动轴等组成。

3.1.5.1　万向节

万向节有弹性和刚性两种，弹性万向节依靠弹性元件的弹性变形来适应两传动轴交角的变化。由于弹性元件的弹性变形量有限，一般用于两组交角不大于 5°的万向传动中。轮式装载机大都采用刚性万向节。刚性万向节有不等角速万向节（又称普通十字轴万向节）和等角速万向节两种。

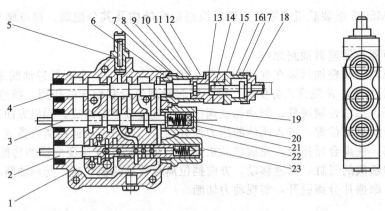

图 3-56　常林 ZLM50-5 型装载机变矩变速器液压控制系统挡位阀

1—阀体；2—挡位阀杆；3—方向阀杆；4—制动卸载阀杆；5—压力表接头；6—垫圈；7—制动杆连接套；
8—限位套；9—制动杆始复弹簧；10—垫圈；11—螺钉；12—柱塞套；13—柱塞；14—活塞杆；
15—活塞杆导套；16—活塞杆回位弹簧；17—橡皮碗；18—进气连接盖；19—方向杆挡位体；
20—挡位弹簧；21—钢球限位锥体；22—挡圈；23—挡位杆体

（1）十字轴式万向节

普通十字轴式万向节结构简单，工作可靠，两轴间夹角允许大到 15°～20°。如图 3-57 所示，它一般由一个十字轴 4、两个万向节叉和四个滚针轴承组成。两万向节叉 2 和 6 上的孔分别套在十字轴 4 的两对轴颈上。这样当主动轴转动时，从动轴既可随之转动，又可绕十字轴中心在任意方向摆动。为了减少摩擦损失，提高传动效率，在十字轴轴颈和万向节叉孔间装有滚针 8 和套筒 9 组成的滚针轴承。然后用螺钉和轴承盖 1 将套筒 9 固定在万向节叉上，并用锁片将螺钉锁紧，以防止轴承在离心力作用下从万向节叉内脱出。为了润滑轴承，十字轴上一般装有注油嘴并有油路通向轴颈，润滑油可从注油嘴注到十字轴轴颈的滚针轴承处。装在金属座孔内的毛毡油封 7 可防止润滑脂流出及尘垢进入轴承。安全阀 5 能保护油封不致因油压过高而损坏。

为了提高其密封性能，近年来在十字轴万向节中多采用图 3-58 所示的橡胶油封。实践证明，使用橡胶油封，其密封性能远优于老式的毛毡或软木垫油封。当用注油枪向十字轴内腔注入润滑油而使内腔油压大于允许值时，多余的润滑油便从橡胶油封内圆表面与十字轴轴颈接触处溢出，故在十字轴上无需安装安全阀。

（2）等角速万向节

双万向节虽能近似达到等角速传动，但在某些情况下，例如转向驱动桥，由于受到空

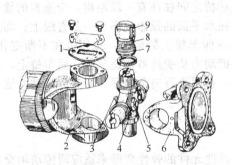

图 3-57　普通十字轴式万向节

1—轴承盖；2、6—万向节叉；3—油嘴；4—十字轴；
5—安全阀；7—油封；8—滚针；9—套筒

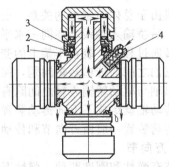

图 3-58　十字轴润滑油道及密封装置

1—油封挡盘；2—油封；3—油封座；4—注油嘴

间位置的限制，要求万向传动装置结构紧凑，尺寸小，而转向轮的最大转角受作业机械机动性的要求，常达到$30°\sim40°$，甚至更大。因而双万向节传动很难适应，故需要用只一个就能实现等角速度传动的万向节。目前应用较多的等角速万向节有球叉式、三销式和球笼式三种。

① 双联式等角速万向节 双联式万向节实际上是一套传动轴长度缩减至最小的双万向节等速传动装置。图3-59中的双联叉3相当于两个在同一平面上的万向节叉。欲使轴1和轴2的角速度相等，应保证$\alpha_1-\alpha_2$双联叉的对称线平分所连两轴的夹角。

图3-60为双联式万向节的结构实例。在万向节叉6的内端有球头，与球碗的内球面配合，球碗座2则镶嵌在万向节叉1内端。球头与球碗的中心与十字轴中心的连线中点重合。当万向节叉6相对万向节叉1在一定角度范围内摆动时，双联叉5也被带动偏转相应角度，使两十字轴中心连线与两万向节叉1和6的轴线的交角差值很小，从而保证两轴角速度接近相等，其差值在容许范围内，故双联式万向节具有准等速性。

双联式万向节允许有较大的轴间夹角，且具有结构简单、制造方便、工作可靠的优点，故在转向驱动桥中的应用逐渐增多。

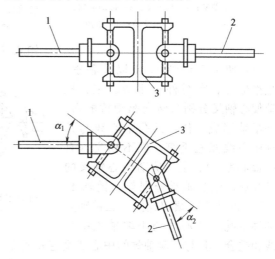

图 3-59 双联式万向节示意图
1、2—轴；3—双联叉

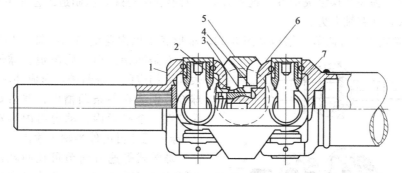

图 3-60 双联式万向节结构实例
1、6—万向节叉；2—球碗座；3—衬套；4—防护圈；5—双联叉；7—油封

② 球叉式等角速万向节 图3-61所示为球叉式等角速万向节的构造。主动叉1和从动叉2分别与内、外半轴制成一体。在每个叉上都有4个曲面凹槽，装配后形成两个相交的环形槽，作为4个传动钢球的滚道。定心球4放在两叉中心的凹槽内，以定中心。当车轮转向时，两个叉子绕定心球相对转动一个角度。为了能将钢球顺利地装入槽内，在定心球上铣出一凹面，凹面中央有一深孔。装配时，先将定位销5装入从动叉中央的孔内，并放入定心球，然后在两球叉槽中陆续放入3个传动钢球，再将定心球的凹面对准尚未放钢球的凹槽，以便放入第四个钢球，然后再将定心球的孔对准带定位销5的从动叉孔，提起从动叉使定位销落入定心球孔内。最后将锁销6插入从动叉上与定位销垂直的孔中，限制定位销的轴向移动，保证定心球的正确位置。

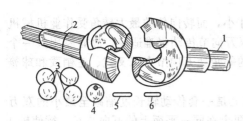

图 3-61 球叉式等角速万向节

1—主动叉；2—从动叉；3—传动钢球；
4—定心球；5—定位销；6—锁销

1、3，两个三销轴 2、4 以及轴承、止推垫片、密封件等组成。主、从动偏心轴叉分别与转向驱动桥的内、外半轴制成一体，叉孔中心线与叉轴中心线互相垂直，但不相交（有一偏心距 e）。主、从动偏心轴叉的叉孔通过滚针轴承分别与三销轴 4、2 两侧的两个轴颈相铰接。三销轴大端轴承孔的中心线与小端轴颈中心线相重合，且与两侧轴颈的中心线垂直并相交。两三销轴的小端轴颈通过滚针轴承互相插入对方的大端轴承孔中，故两三销轴可相对转动。

三销式万向节的最大转角可达 45°，采用这种万向节的转向驱动桥可使车辆获得较小的转向半径，提高了操纵灵活性。这种万向节的形状虽特殊，但制造工艺并不复杂。缺点是体积较大，并有轴向力。

④ 球笼式等速万向节　结构见图 3-63。

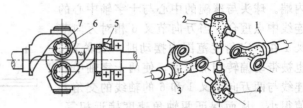

图 3-62 三销式等角速万向节

1—主动偏心轴叉；2、4—三销轴；3—从动偏心轴叉；5—轴承；
6—滚针轴承座；7—销紧螺母等角速万向节

球叉式等角速万向节工作时，正、反转动时都只有两个钢球传力。因此，钢球和凹槽间的压力较大，容易磨损，使用中钢球容易脱落，且曲面凹槽加工也较复杂。其优点是结构紧凑、简单，主、从动轴间夹角可达 32°～33°。

近年来，有些球叉式万向节中省去了定位销和锁止销，中心钢球上也没有凹面，而是靠压力装配，这样，结构更为简单，但拆装不便。

③ 三销式等角速万向节　图 3-62 所示为三销式等角速万向节。它主要由主、从动偏心轴叉

星形套 4 以内花键与内半轴 5 相连，其外表面有 6 条凹槽，形成内滚道。球形壳 2 的内表面有相应的 6 条凹槽，形成外滚道。6 个钢球 6 分别装在各条凹槽中，并由球笼 3 使之保持在一个平面内。动力由内半轴 5 经钢球 6、球形壳 2 再由外半轴 1 输出。

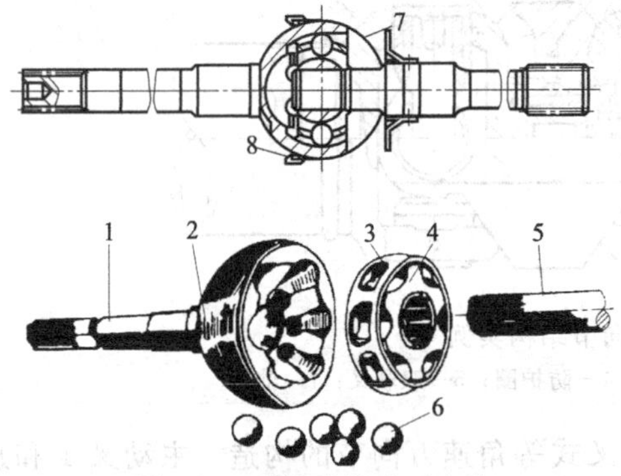

球笼式等速万向节可在两轴最大交角为 42°的情况下传递转矩，且在工作时，无论传动方向如何，6 个钢球全部传力。与球叉式万向节相比，其承载能力强、结构紧凑、拆装方便，因此应用越来越广泛。

3.1.5.2　传动轴构造

（1）功用

传动轴的长度较大，转速较高，并且由于所连接的两部件（变速器与驱动桥）之间的相对位置在行驶中也经常变化，因而要求传动轴在长度方面也要能改变，以保证正常传递转矩。

（2）特点

① 广泛采用空心轴。因在传递相同的转矩时，空心轴较实心轴的刚度要大，且重量轻，节省钢材。

图 3-63 球笼式等速万向节

1—外半轴；2—球形壳；3—球笼；4—星形套；
5—内半轴；6—钢球；7—外罩；8—油封

② 传动轴的质量应沿圆周均匀分布。这是因为传动轴是高速转动件，质量沿圆周分布不均匀所产生的离心力将使传动轴产生剧烈振动。为此，在结构上采用钢板卷制并对焊成管形圆轴，而不用无缝钢管（壁厚不易保证均匀）。在和万向节叉装配后，要经动平衡试验，并用焊小块钢片（称平衡片）的办法获得平衡。平衡后，在叉和轴上刻上记号，以便拆装时保持原来的位置。

③ 传动轴制成两段，中间用花键轴和花键套相连接。这样，传动轴的总长度可允许有伸缩，以适应其长度变化的需要。花键的长度应保证传动轴在各种工况下，既不脱开、又不顶死。花键套与万向节叉制成一体，亦称花键套叉。花键套上装有油嘴，以润滑花键部分。花键套前端用盖堵死（但中间有小孔与大气相通），后端装有油封，并用带螺纹的油封盖拧在花键套的尾部，以压紧油封，如图 3-64（a）所示。

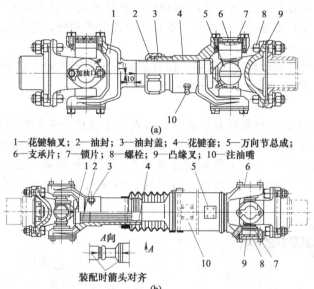

1—花键轴叉；2—油封；3—油封盖；4—花键套；5—万向节总成；
6—支承片；7—锁片；8—螺栓；9—凸缘叉；10—注油嘴

1—堵盖；2—花键轴叉；3—注油嘴；4—油封；5—平衡贴片；
6—锁片；7—滚针轴承油封；8—万向节滚针轴承；9—滚针轴承盖；10—传动轴

图 3-64　传动轴的结构形式

传动轴和万向节装配好后，都要经过动平衡试验，并且在花键套和传动轴上刻有记号，如图 3-64（b）所示，拆装时要注意按平衡时所刻记号进行装配，以保持原来的相对位置。

为了减少花键轴和花键套之间的磨损，提高传动效率，近来有些工程机械上采用滚动花键来代替滑动花键（图 3-65）。

3.1.6　驱动桥的组成及工作原理

驱动桥是传动系统中最后一个大总成，它是指变速器或传动轴之后，驱动轮之前的所有传力机件与壳体的总称。

3.1.6.1　驱动桥的功能及组成

（1）驱动桥的功能

轮式装载机驱动桥的基本功能是通过主传动及轮边减速，降低从变速器输入的转速，增加转矩，来满足主机的行驶及作业速度与牵引力的要求。同时，还通过主传动将直线方向的运动转变为垂直横向方向的运动，从而带动驱动轮旋转，使主机完成沿直线方向行驶的功能。另外，通过差速器完成左右轮胎之间的差速功能，以确保两边行驶阻力不同时仍

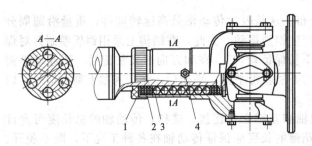

图 3-65 滚动花键传动轴
1—油封；2—弹簧；3—钢球；4—油嘴罩

能正常行驶。

轮式装载机的驱动桥除完成基本功能外，它还是整机的承重装置、行走轮的支承装置、行车制动器的安装与支承装置等。因此，驱动桥在轮式装载机中是一个非常重要的传动部件。

（2）驱动桥的类型

轮式装载机驱动桥由于行车制动器的结构形式及安装部位的不同分为两类，一类是干式外置前盘式制动器的驱动桥，就是通常所指的驱动桥，如图 3-66 所示；另一类是制动器在驱动器壳体的内部，浸在油里面的驱动桥，通常称为内藏湿式多片式制动器驱动桥，如图 3-67 所示。

截至目前，轮式装载机驱动桥应用最多、保有量最大的是干式外置前盘式制动器的驱动桥。因此，重点介绍 ZL50 型轮式装载机驱动桥。

（3）驱动桥组成

ZL50 型轮式装载机驱动桥分前桥和后桥，其区别在于主传动中的螺旋锥齿轮副的螺旋方向不同。前桥的主动螺旋锥齿轮为左旋，后桥则为右旋。其余结构相同。ZL50 型轮式装载机驱动桥的结构见图 3-66。该驱动桥主要由桥壳、主传动器（包括差速器）、半轴、轮边减速器（包括行星齿轮、内齿轮、行星轮、行星齿轮轴、太阳轮等）、轮胎及轮辋等。

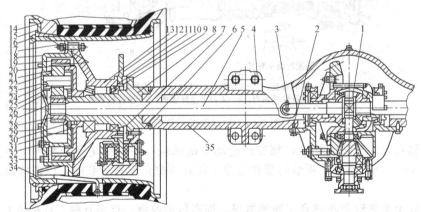

图 3-66 驱动桥总成
1—主传动器；2、4、32—螺栓；3—透气管；5—半轴；6—盘式制动器；7—油封；8—轮边支承轴；9—卡环；10、31—轴承；11—防尘罩；12—制动盘；13—轮毂；14—轮胎；15—轮辋缘；16—锁环；17—轮辋螺栓；18—行星齿轮；19—内齿轮；20、27—挡圈；21—行星轮；22—垫片；23—行星齿轮轴；24—钢球；25—滚针轴承；26—盖；28—太阳轮；29—密封垫；30—圆螺母；33—螺塞；34—轮辋；35—桥壳

桥壳安装在车架上，承受车架传来的载荷并将其传递到车轮上。桥壳又是主传动器、半轴、轮边减速器的安装支承体。

主传动器是一级螺旋锥齿轮减速器，传递由传动轴传来的转矩和运动。

差速器是由两个锥形的直齿半轴齿轮、十字轴及四个锥形直齿行星齿轮、左右差速器壳等组成的行星齿轮传动副。它对左、右两车轮的不同转速起差速作用，并将主传动器的转矩和运动传给半轴。

左、右半轴为全浮式，将从主传动器通过差速器传来的转矩和运动传给轮边减速器。

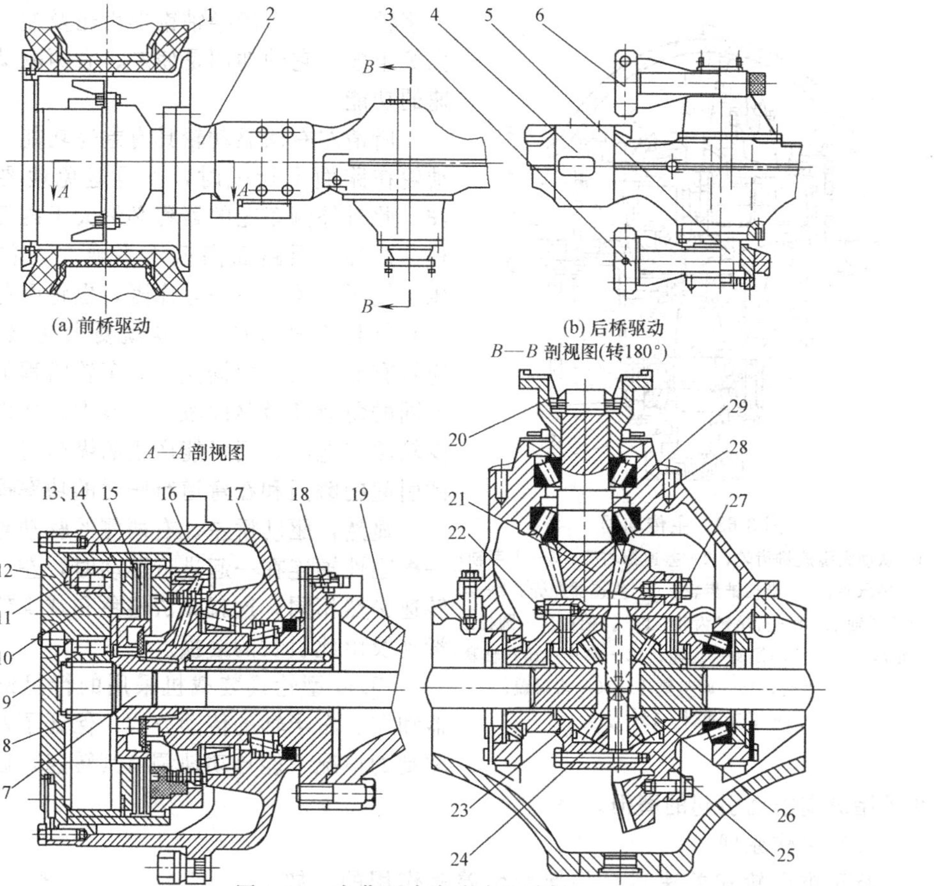

(a) 前桥驱动

(b) 后桥驱动
B—B 剖视图(转180°)

A—A 剖视图

图 3-67　内藏湿式多片式驱动桥

1—轮胎轮辋总成；2—前驱动桥；3—后驱动支架；4—后支撑轴；5—后支撑支架；6—前摆动支架；7—半轴；8—太阳轮；
9—行星轴轴承；10—行星轮轴；11—行星轮；12—行星轮架；13—内齿轮；14—内齿轮支架；15—行星制动器；16—轮壳；
17—组合骨架油封；18—轮边减速支承轴；19—桥壳；20—连接法兰；21—主动螺旋锥齿轮；22—差速锁；23—差速器
左壳；24—十字轴；25—差速器行星轮；26—半轴齿轮；27—差速器右壳；28—托架；29—大螺旋锥齿轮

3.1.6.2　主传动器的结构及工作原理

（1）功用

主传动器（又称主减速器）的功用是把变速器传来的动力降低转速，增大转矩，并将动力的传递方向改变90°，然后经差速器传至轮边减速器。

（2）组成及特点

图 3-68 为主传动器的结构。主传动器由两部分组成：一部分是由主动螺旋锥齿轮和从动大螺旋锥齿轮组成的主传动；另一部分是由差速器左壳、差速器右壳、锥齿轮、半轴锥齿轮、十字轴等组成的差速器。托架为主传动器及差速器的支承体。主动螺旋锥齿轮直接安装在托架上，从动大螺旋锥齿轮安装在差速器右壳上，与差速器总成一起也安装在托架上。动力由变速器通过传动轴传到主动螺旋锥齿轮上，驱动大螺旋锥齿轮带动差速器总成一起旋转，再通过差速器的半轴齿轮将动力传给与半轴齿轮用花键相连的半轴上，完成主传动的动力传递。同时，改变了动力的传递方向，将主动螺旋锥齿轮的直线运动传给与之轴线成90°的大螺旋锥齿轮的横向运动。

3.1.6.3　差速器结构及工作原理

（1）功用及组成

ZL50 型轮式装载机驱动桥中的差速器如图 3-68 所示，是由四个锥直齿（行星齿轮）、

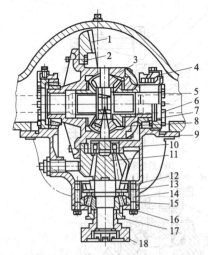

图 3-68　主传动器

1—从动大螺旋锥齿轮；2—差速器右壳；3—十字轴；
4—轴承座；5—半轴锥齿轮；6—差速器左壳；7—圆
锥滚子轴承；8—行星锥齿轮；9—托架；10—圆柱滚
子轴承；11—主动螺旋锥齿轮；12—垫片；13—轴套；
14—轴承套；15—调整垫片；16—密封盖；
17—骨架油封；18—法兰

十字轴、左、右齿半轴锥形齿轮及左、右差速器壳等组成。它的功用是使左、右两驱动轮具有差速的功能。

所谓左右两驱动轮具有差速功能，是指当驱动轮在路面上行驶时，不可避免地要沿弯道行驶，此时外侧车轮的路程必然大于内侧车轮的路程，此外，因路面高低不平或左、右轮胎的轮压、气压、尺寸不一等原因，也将引起左、右驱动轮行驶路程的差异，这就要求在驱动的同时，应具有能自动地根据左、右车轮路程的不同而以不同的角速度沿路面滚动的能力，从而避免或减少轮胎与地面之间可能产生的纵向滑动，以及由此引起的磨损和在弯道行驶时的功率损耗。

显然，驱动桥左、右两侧的驱动轮简单地用一根刚性轴连在一起进行驱动时，左、右车轮的转速必然相同，这就无法避免和减少轮胎的纵向滑动及由此引发的磨损。

ZL50 型轮式装载机采用的行星锥齿轮差速器和左、右半轴的传动方式，保证了左、右轮在驱动的情况下能自动地调节其转速，以避免或减少轮胎纵向滑动引起的磨损。

（2）工作原理

行星锥齿轮式差速器是如何产生差速作用的？如图 3-69 所示，驱动桥主传动中的主动螺旋锥齿轮是由发动机输出的转矩经变矩器、变速器、传动轴来驱动的，而从动大螺旋锥齿轮是由主动螺旋锥齿轮驱动的。假定传给从动大螺旋锥齿轮的力矩为 M_0，那么这个力矩通过与大螺旋锥齿轮装成一体的左、右两个半轴锥齿轮上的总驱动力矩也是 M_0，若锥齿轮的轮心离半轴轴线的距离为 r，则十字轴作用在四个行星齿轮处的总作用力为 $P = M_0/r$。这个力通过半轴齿轮带动左、右半轴。P 力作用在行星轮的轮心处，它离左、右半轴齿轮啮合处的距离是相等的，所以传给左、右两轮的驱动力矩也是相等的，若此时地面对半轴轴线的阻力矩也相等，那么行星齿轮和半轴齿轮之间不产生相对运动，半轴与差速器壳及从动大螺旋锥齿轮的阻力矩也相等，那么行星齿轮和半轴齿轮之间不产生相对运动，半轴与差速器壳及从动大螺旋锥齿轮以相同的转速一起转动，好像左、右驱动轮是由一根轴连在一起驱动的一样。

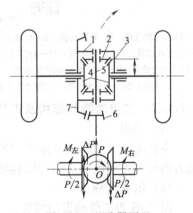

图 3-69　差速器原理

1—差速器右壳；2—锥齿轮；3—差速器左壳；4—半轴锥齿轮；5—十字轴；6—主动螺旋锥齿轮；7—从动大螺旋锥齿轮

倘若由于某种原因，左、右两轮与地面接触处对半轴轴线作用的阻力矩不相等。例如，左轮的阻力矩为 $M_左$，右轮的阻力矩为 $M_右$，它们之间的差值为 ΔM，即 $|M_左 - M_右| = \Delta M$，若力矩 ΔM 大于使行星齿轮转动时所需克服内部阻力的力矩时，行星齿轮就会绕其自身的轴线 O 转动起来，使左半轴齿轮与右半轴齿轮以相反的方向转动。由此

可见，只要左、右两轮的阻力矩相差一个克服差速器内部转动摩擦力的力矩，就能使左半轴与右半轴分别以各自的转速转动，也就起到了差速的作用。

因此，ZL50 型轮式装载机采用的这种差速器，只能将相同的驱动力矩传给左、右驱动轮，当两侧驱动轮受到不同的阻力矩时，就自动改变速度，直至两轮的阻力矩基本相等。即装这种差速器的驱动桥在传递力矩时，左、右驱动轮之间只能差速，而不能差力。

从驱动桥沿弯道行驶来看，此时外侧车轮要比沿直线行驶时滚过较长的路程，若差速器中行星齿轮转动时的摩擦力企图阻止车轮沿路面上较长的轨迹滚动，那么将在轮胎与地面之间产生滑动，地面也将对轮胎作用一个滑动摩擦力，阻止轮胎在地面滑动，从而使车轮滚转并克服行星齿轮的内部摩擦阻力，这样，外侧驱动轮就滚过了较长的路程，避免或减少了轮胎在地面上可能产生纵向滑动而引起磨损。

内侧车轮在沿弯道行驶时，要比沿直线行驶时滚过较短的路程，使之不产生纵向滑动的原理和外侧车轮是相同的。

3.1.6.4 轮边减速器

轮边减速器是传动系中的最后一个装置，故亦称最终传动装置，主要用于进一步减小转速，增大转矩。

轮边减速器是一个单排行星齿轮机构，所以叫行星齿轮减速器。其内齿圈经花键固定在桥壳两端头的轮边支承上，它是固定不动的。行星架和轮辋由轮辋螺栓固定成一体，因此轮辋和行星架一起转动，其动力通过半轴、太阳轮再传到行星架上。

轮边行星传动的原理参见图 3-70。由图可见，半轴带动用花键与之连成一体的太阳轮，以 $n_太$ 转速与方向转动，与太阳轮相啮合的行星齿轮则以相反方向转动，由于齿圈固定不动，因此行星架以转速 $n_架$、与太阳轮相同的方向转动，$n_架$ 小于 $n_太$，因此得到减速。

轮式装载机的轮边减速器的结构基本一致。图 3-71 所示为郑工 955A 型装载机采用的轮边减速器的结构。它主要由太阳轮 13、行星轮 9、内齿圈 6 和支承这些齿轮的行星轮架 14、轮毂 16、连接盘 1 及支承轴 3 等组成。内齿圈用花键连接在支承轴上。行星轮架与轮毂可转动，由半轴将动力传给太阳轮。太阳轮带动行星齿轮和行星轮架，并传给轮毂，然后带动车轮转动。

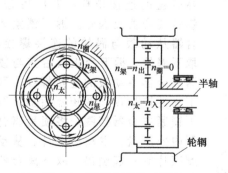

图 3-70　轮边行星传动原理

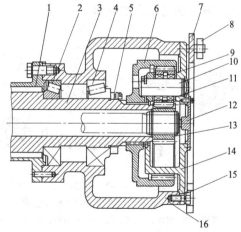

图 3-71　郑工 955A 型装载机轮边减速器
1—连接盘；2、4、11—轴承；3—支承轴；5—圆螺母；
6—内齿圈；7—压环；8—螺母；9—行星轮；10—轴；
12—端盖；13—太阳轮；14—行星轮架；
15—螺栓；16—轮毂

3.1.6.5 半轴及桥壳

（1）半轴

作用是将主传动器传来的动力传给最终传动，或直接传给驱动轮（在没有最终传动的情况下）。

轮式驱动桥的半轴是一根两端带有花键的实心轴，一端插在半轴齿轮的花键孔中，另一端插到最终传动的太阳轮的花键孔中，转矩经过行星齿轮与行星齿轮架传到轮毂上，带动驱动轮旋转。

由于轮毂通过两个滚锥轴承装到桥壳上，因此，驱动轮受到的各种反力（阻力矩除外）均由桥壳承受，半轴仅受到纯转矩作用，而不受任何弯矩。这种半轴的装配形式受力状态最好，故应用很广泛，称为全浮式半轴。

（2）驱动桥壳

轮式驱动桥壳是一根空心梁，其功用是支承并保护主传动器、差速器、半轴和最终传动等零部件，并通过适当方式与机架相连，以支承整机重量，并将路面的各种反力传给机架。

3.2 传动系统的拆装与维修

▌ 3.2.1 变矩器维修

3.2.1.1 变矩器的拆卸与分解

（1）郑工 955A 型装载机变矩器的拆卸与分解

变矩器拆卸时，首先放净变矩器内的液压油，然后拆去与变矩器相连的液压管路及连接件，拆下与传动轴连接的固定螺栓，以及与飞轮和飞轮壳连接的固定螺栓，再吊下变矩器，清洗其外表面。

① 拆下动力输出接盘和定位接盘。

② 涡轮轴的分解。撬开防动片，拧下花形固定螺母。从变矩器的前端卸下端盖和配油盘的连接螺栓，取下端盖，换上工装螺栓。从变矩器后端将轴（垫软金属）向前打出或压出，取下涡轮轴上的轴承。

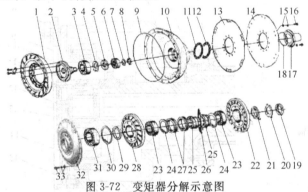

图 3-72 变矩器分解示意图

1—涡轮；2—支承；3、6、23、31—轴承；4、7、15、20—垫圈；5、8、19—螺母；9、18—O形圈；10—变速器后盖；11、12—调整垫片；13—弹性板；14—圆板；16、33—螺栓；17—法兰支撑；21—右定位环；22—第一导轮组合；24、30—挡圈；25—自由轮内圈；26—自由轮外圈隔板；27—楔块超越离合器；28—第二导轮组合；29—左定位环；32—泵轮总成

③ 变矩器后盖、锁紧离合器及涡轮的分解。拆下泵轮与变矩器后盖的连接螺栓，取出后盖、锁紧离合器及涡轮。拆下锁紧离合器从动毂与涡轮的连接螺栓，取下涡轮。拆下变矩器后盖与锁紧离合器主动毂的连接螺栓，取下弹性连接盘和变矩器后盖。取下锁紧离合器挡圈，将锁紧离合器内外压盘、主动摩擦片、从动摩擦片等一起倒出。取下离合器主动毂。撬开防动片，拧下固定螺母，在轴承端垫上方木块，利用锁紧离合器活塞的重力将锁紧离合器轴承冲出，取出碟形弹簧

及活塞。分解过程如图 3-72 所示。

　　④ 导轮的分解。撬开防动片，拧下花形固定螺母，将第一、二导轮和单向离合器（即自由轮）一同取出，同时取出隔套和泵轮轴承的挡圈。

　　⑤ 变矩器壳体、泵轮、主动齿轮的分解。拆下变矩器壳体与齿轮箱的连接螺栓，将变矩器壳体、泵轮、主动齿轮一起取出。拆下主动齿轮与泵轮的连接螺栓，将其分解。分解过程参见图 3-73、图 3-74。

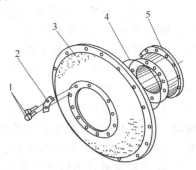

图 3-73　泵轮总成
1—螺栓；2—锁片；3—泵轮；
4—O 形圈；5—轮毂

　　⑥ 齿轮箱的分解。拆下配油盘前端的工装螺栓，取下配油盘。取下第一、二、三输出齿轮延长毂上的挡圈，压出第一、二、三输出齿轮。取下齿轮箱座孔上的挡圈，取出滚珠轴承等。分解过程如图 3-74 所示。

　　(2) 厦工 ZL50 型装载机变矩器的拆卸与分解
　　① 变矩器的拆卸
　　a. 放净变矩变速器内的液压油。
　　b. 拆下驾驶室。
　　c. 拆下柴油机与机架、弹性连接盘的连接螺栓及其他连接件，吊下柴油机。
　　d. 拆下变速器动力输出接盘与传动轴的连接螺栓。
　　e. 拆下变速器与机架的连接螺栓，吊下变矩变速器。
　　② 变矩器的分解

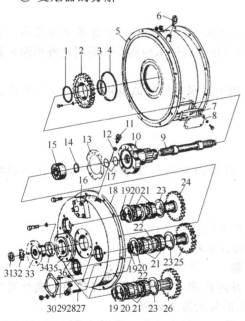

图 3-74　齿轮箱分解示意图
1、3—密封环；2—主动齿轮；4—油封；5—变矩器外壳；6—螺钉；7、13、30—纸垫；8—盖板；9—轴；10—配油盘总成；11—通气阀；12、32—垫圈；14、19、20、22、23—挡圈；15、21、31—轴承；16—三联阀总成；17—O 形圈；18—齿轮箱外壳；24—第三输出齿轮；25—第二输出齿轮；26—第一输出齿轮；27—螺柱；28—螺塞及垫圈；29—螺栓；33—法兰盘；34—J 形油封；35—法兰盖；36—垫片

　　a. 变矩器分解时，首先应将其从变速器上分离开来，并放于工作台上，然后分别取出涡轮输出轴、变矩变速泵驱动齿轮轴、转向泵驱动齿轮轴。

　　b. 拧下导轮座与壳体的连接螺栓，拆下进口压力阀，拆下出口压力阀。

　　c. 拆下弹性连接盘固定螺栓，取下外侧垫板、弹性连接盘和内侧垫板。

　　d. 拆下罩轮与泵轮的连接螺栓，用专用工具取出罩轮及一、二级涡轮总成。拆下导轮座上的卡环，取出导轮。

　　e. 打开泵轮固定螺栓锁片，拆除所有固定螺栓，取出锁片、压紧片和泵轮，用专用工具取出分动齿轮及轴承，取出金属密封环，用专用工具打出导轮座。

　　f. 从罩轮上取下涡轮组件，打出涡轮壳与一级涡轮连接的弹簧销，取出一级涡轮，用铳子打出二级涡轮。

3.2.1.2　变矩器主要零件的检验与修理

　　变矩器零件易出现的损伤有密封件损坏、轴承磨损、涡轮轴损伤，泵轮、涡轮、导轮擦伤及叶片裂纹等。

　　① 涡轮轴常见损伤有烧伤、花键磨损、轴颈磨损、密封环槽磨损等。

涡轮轴轻微烧伤或磨损时，可用油石修磨。烧伤或磨损严重时，一般应换用新件。花键磨损后，其配合间隙大于 0.30mm 时应换用新件。轴颈及密封环槽磨损，可采用机加工的方法进行修正后，再进行电镀或刷镀处理。

② 泵轮、涡轮、导轮常见损伤有擦伤，以及叶片点蚀、裂纹或折断等。泵轮、涡轮、导轮擦伤严重时，应换用新件。叶片如点蚀不严重时，可继续使用。点蚀严重或出现裂纹、折断现象时，均应换用新件。

③ 壳体。壳体为铸造件，检修时，应重点检查是否存在裂纹和变形。当出现裂纹或变形严重时，应换用新件。

④ 轴承。变矩器一般使用滚珠轴承。可直接用目视观察法检查或用百分表加磁性表座检查。滚动轴承常见损伤有滚道及滚动体磨损、疲劳剥伤、出现麻点，以及保持架损坏等。凡出现上述损伤时均应更换。

⑤ 导轮座可直接用目视观察法检查，主要检查环槽与旋转密封环的配合是否严密，环槽是否磨损。磨损明显时应换用新件。

⑥ 密封件主要损伤有老化、磨损、变形、硬化、变质。在修理时一般应换用新品。

3.2.1.3 变矩器的装配

装配前，应仔细清洗各零部件，各油道应保证畅通；装配中，不得用易掉纤维的物品（如棉纱）擦拭零件；装配后，用手转动泵轮与涡轮应轻便灵活。在装配过程中，应防止零件或工具等物品掉进变矩器壳体内，一旦发生，必须拆开清除。

(1) 郑工 955A 型装载机变矩器装配

① 齿轮箱的组装

a. 首先将第一、二、三输出齿轮的滚珠轴承和隔套装入齿轮箱前臂轴承座孔内，然后装上定位挡圈。再将第一、二、三输出齿轮分别压装到轴承内圈中，同时把外挡圈分别装到第一、二、三输出齿轮的延长毂上。

b. 将三个 O 形密封圈装配到配油盘内孔环槽中，同时把配油盘用三个短工装螺栓装到齿轮箱前壁上，并对正油孔。

② 主动齿轮、泵轮及变矩器壳体的组装

a. 将小骨架油封装在泵轮内孔中。

b. 将大骨架油封装在变矩器壳体内孔中，并将挡油盘和变矩器壳体套装在泵轮轮毂上。

c. 将主动齿轮装在泵轮的轮毂上。

d. 把变矩器壳体、泵轮、主动齿轮一起装到齿轮箱后壁上。

e. 将滚珠轴承装到泵轮孔中，并装上挡圈和定位环。

③ 第二导轮、单向离合器和第一导轮的组装

a. 将单向离合器装在第二导轮内孔中并放好内挡圈，再装上第一导轮单向离合器弹簧、顶套和滚柱，并用细绳或线将滚柱收紧，然后装上第二导轮。

b. 将第二导轮、第一导轮及单向离合器一同装在配油盘上，再装上隔套和防动片，然后拧紧锁紧螺母。导轮装好后用手转动应灵活，其旋转方向应符合要求，最后折好防动片。

④ 涡轮、锁紧离合器及变矩器后盖的组装

a. 将涡轮置于锁紧离合器从动毂上，然后对称均匀地拧紧螺栓。

b. 在锁紧离合器从动毂传动套和活塞环槽内分别装入 O 形密封圈，然后装上离合器活塞及碟形弹簧，最后装上滚珠轴承及防动片，拧紧花形固定螺母。

c. 将锁紧离合器主动毂压装到轴承外圈上，然后依次装入内压盘、主动摩擦片、从

动摩擦片及外压盘，最后装上挡圈。

d. 装好变矩器后盖和弹性连接盘。

e. 在传动套内孔环槽内装入两个O形密封圈，然后从涡轮端将涡轮轴插入传动套花键孔内，最后将208滚珠轴承压装在涡轮轴与变矩器后盖之间。

f. 在涡轮轴后端装一工装环，另一端装一工装导向套，然后将涡轮、锁紧离合器、涡轮轴等一起装入配油盘中，再将工装环和工装套取下，在涡轮轴前部装上卡环。同时，将309滚珠轴承装在齿轮箱前壁轴承座孔中，最后拆下配油盘工装螺栓，装上端盖，调整好轴承轴向间隙为0.12~0.18mm，用长螺栓将配油盘和轴承盖一起固定在齿轮箱壳体上。

g. 在涡轮轴两端分别装上动力输出接盘和定位接盘。

（2）厦工 ZL50 型装载机变矩器的装配

① 将O形密封圈装到导轮座环槽内，将导轮座放入壳体座孔，并注意其上的油口与壳体上的油口对正，用专用工具打到位，拧上固定螺栓。

② 安装进、出口压力阀时，分别将弹簧套入阀杆，装上阀门后，安装到壳体阀座上，并用螺栓固定。

③ 在导轮座上装上密封环、分动齿轮。在导轮座与分动齿轮之间先装上轴承。

④ 装上泵轮、压紧片、锁片，拧上固定螺栓。将固定螺栓对称拧紧后，撬起锁片，以防螺栓在工作中松动。装上导轮，并用卡环限位。

⑤ 将二级涡轮通过轴承装入涡轮壳，转动二级涡轮，要求转动灵活、无卡滞现象。将一级涡轮装入一级涡轮壳，打入弹簧销，将一级涡轮固定在一级涡轮壳上。

⑥ 将一、二级涡轮组件通过轴承装入罩轮，在罩轮环槽内装上O形密封圈，将罩轮及一、二级涡轮总成装到泵轮上，用螺栓将罩轮与泵轮固定在一起。

⑦ 装上内侧圆垫板、弹性连接盘、外侧圆垫板，并用螺栓固定。

⑧ 将旋转油封唇口朝里装入导轮座内孔环槽，并在旋转油封表面涂上适量的润滑油，插入二级涡轮输出轴，并用专用工具将其上的轴承打入座孔，将另一旋转油封唇口朝里装入二级涡轮输出轴内孔环槽，并在旋转油封表面涂上适量的润滑油。

⑨ 将推力轴承套装到一级涡轮输出轴的轴颈上，将一级涡轮输出轴插入二级涡轮输出轴内孔。分别转动一、二级涡轮输出齿轮，要求转动灵活，无卡滞现象。

⑩ 分别装上转向泵驱动齿轮轴、变矩变速泵驱动齿轮轴。

变矩器装配后，用手转动弹性连接盘和两级涡轮轴，应轻松灵活，不得有卡滞或碰擦现象。进出口调压阀试验时，当压力在0.54MPa时进口调压阀应打开，当压力在0.22MPa时出

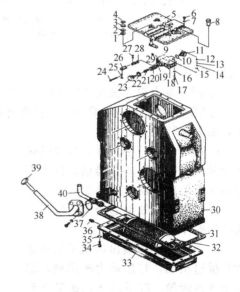

图 3-75　郑工 955A 型装载机变速器
箱体分解示意图

1—毛毡油封；2—压盖；3、22、7、35—垫圈；4、16—挡圈；5—变速箱盖；6、17、34—螺栓；8—通气塞；9—连杆总成；10、15、37—O形圈；11、36—螺塞；12、21—弹簧；13—销；14—钢球；18—阀体；19—平定环；20—隔离阀杆；23—导向螺塞；24—开口销；25—接柄销轴；26—接柄；27—阀杆销钉；28—分配阀杆；29—内六角螺塞；30—变速箱体；31—密封垫；32—滤油网总成；33—油底壳；38—加油管总成；39—油尺总成；40—吸油管总成

口调压阀应打开。

3.2.2 变速器维修

3.2.2.1 变速器的拆卸与分解

（1）郑工955A型装载机变速器的拆卸与分解

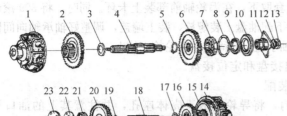

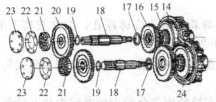

图3-76 郑工955A型装载机变速器内部分解示意图

1、23—端盖；2—齿轮（44齿）；3、17、19—右定位环；
4—正挡轴总成；5、8—挡圈；6—联齿轮（47齿）；7、21—轴承；
9—油封；10—轴承座；11—输入法兰；12—花键橡胶垫；
13—小带槽螺母；14—大离合器罩；15、24—变速离合器
总成；16—联齿轮（33齿）；18—倒挡轴总成；
20—齿轮（49齿）；22—调整垫片

如图3-75所示。

b. 拆下动力输入法兰（接盘）、各离合器罩端盖和离合器罩以及齿轮轴另一端的轴承盖，分别取出正挡离合器总成、倒挡离合器总成、1、3挡离合器总成、2、4挡离合器总成，如图3-76所示。

c. 离合器的分解。拆下齿轮轴轴头锁紧螺母，取出离合器轴，拆下离合器外毂上的挡圈，取出摩擦片、活塞，拆下离合器轴上的挡圈，取出联齿轮和挡环，如图3-77所示。

d. 拆下前动力输出接盘及轴承盖和后桥输出轴，打出动力输出轴，取出箱体内齿轮。拆下高低挡拨叉杆和拨叉，如图3-78所示。

e. 拆下变速器外部挂板总成、轴承上、下盖等，如图3-79所示。

（2）厦工ZL50型变速器的拆卸与分解

① 变速器的拆卸

a. 拆下驾驶室及与之相连的杆件、线路、管路等，放尽变速器内的液压油。

b. 拆下水箱及柴油机总成。

① 变速器的拆卸 变速器拆卸时，应先拆下驾驶室，然后拆下与变速器相连的油管、拉杆等，再拆下动力输入接盘以及动力输出接盘与传动轴相连的固定螺栓，最后拆下变速器与机架相连的固定螺栓，即可吊下变速器。

② 变速器的分解

a. 将变速器箱体外表清洗干净并放净箱体内的油液。拆下离合器上的油管及变速器盖，拆下连杆总成、分配阀杆、阀杆销钉、接柄及销轴、导向螺塞、弹簧、隔离阀杆、平定环、阀体、钢球、销、螺塞及O形圈等，拆下加油管总成；拆下变速箱油底壳上的螺栓，拿下密封垫、滤油网总成、吸油管总成等，

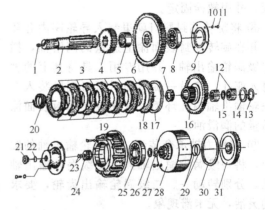

3-77 郑工955A型装载机变速器离合器分解示意图（一）

1—堵头；2—2、4挡轴总成；3—内摩擦片；4、6—齿轮；
4—隔套；5、7—挡圈；8、25—轴承；9—端盖；10、27—垫圈；
11—螺栓；12—滚针轴承；13、17—挡圈；14—右定位环；
15—隔环；16—联齿轮；18—外盘总成；19—外摩擦片总成；
20—弹簧；21—油堵；22、29—O形圈；23—轴用密封环；
24—钢套；26—螺母；28—毂体总成；30—密封圈；31—活塞

c. 拆下变速器动力输出轴与传动轴连接的螺栓和变速器与机架连接的螺栓，吊下变矩变速器总成。

② 变速器的分解

a. 将变矩器与变速器分开后，使变速器平放于工作台上，用顶丝对称顶出超越离合器，并取下。将变速操纵阀固定螺栓拧下后，取下变速操纵阀。

b. 拆下前动力输出轴固定螺母，取下手制动毂。拆下制动蹄支架固定螺栓，取下制动蹄支架。

c. 用顶丝对称顶出变速器端盖，使其脱离轴承后取下。吊出 2 挡离合器总成。

d. 拆下中盖固定螺栓，取出中盖。依次取出 1 挡油缸体及 1 挡活塞总成、限制片、回位弹簧及弹簧杆、1 挡齿圈及摩擦片、1 挡行星轮架总成、1、倒挡隔离架、倒挡摩擦片、倒挡行星轮架总成，用专用工具取出倒挡活塞。

e. 拆下油底壳固定螺栓，取下油底壳。抽出拉杆摇臂与拨叉轴之间的连接销，拧出拨叉轴，取下拨叉。

f. 拆下后动力输出轴固定螺母，取下动力输出接盘，用专用工具分别拆下前、后动力输出轴轴孔内的油封座，取出卡环。

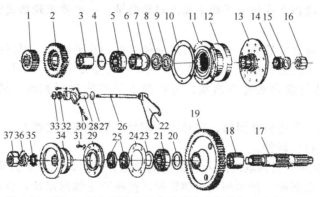

图 3-78　郑工 955A 型装载机变速器离合器分解示意图（二）

1—高低挡滑套；2、19—齿轮；3—高速齿轮套；4、20—止推垫；5、21—轴承；6—隔盘；7—挡油盘；8、9—油封；10—调整垫片；11、12—壳体；13—后输出法兰；14、35—花键橡胶垫；15、36—垫；16、37—螺母；17—输出轴；18—低速齿轮套；22—高低挡拨叉；23—挡圈；24—调整垫圈；25、32—油封；26—高低挡拨叉轴；27—O 形圈；28—拨叉轴支架；29—轴承座；30—钢球、弹簧、螺母及螺栓；31—螺母及螺栓；33—封头；34—前输出法兰总成

g. 用大锤敲击后动力输出轴，使前动力输出轴前端轴承脱离轴承座孔后，分别取出前动力输出轴、中间轴承、动力输出轴齿轮、后动力输出轴。

3.2.2.2　变速器主要零件的检验与修理

（1）壳体与盖

变速器壳体是变速器的基础件。壳体的技术状况对整个变速器总成的技术性能影响很大。变速器壳体与盖常见损伤有变形、裂纹和磨损等。

① 变形　变速器壳体与盖变形的原因：一是时效处理不当，在内应力作用下而产生变形。二是装载机在恶劣条件下行驶和作业时，壳体因承受很大的扭曲力矩而变形。三是焊修引起变形。四是轴承座孔镶套时，机

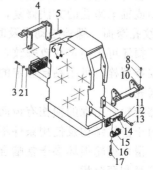

图 3-79　郑工 955A 型装载机变速器箱体外部零件拆除示意图

1、2、7、9、11、12、16—垫圈；3、5、8、13、17—螺栓；4、10—挂板总成；6—螺母；14—轴承上盖；15—轴承下盖

加工工艺和装配工艺不当引起变形。

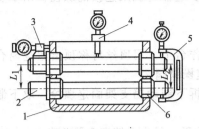

图 3-80　壳体变形的检验

1—壳体；2—辅助芯轴；3、4—百分表；
5—百分表架；6—衬套

修理时，对壳体进行检验是非常必要的。检验时，通常用专用量具进行。其方法是：将自制辅助芯轴和百分表固定在被测壳体上，如图 3-80 所示。

测量两轴平行度时，两芯轴外侧距离减去两芯轴半径之和即为中心距，两端中心距之差即为不平行度。这种测量方法只有当两芯轴在同一平面内时才准确。一般要求是，在 100mm 长度内其公差值为 0.025mm。

测量端面垂直度时，可用图 3-80 所示的左侧百分表，将其轴向位置固定，转动一周，表针摆动量即为所测圆周上的垂直度。一般要求在半径 100mm 处的端面圆跳动时，前端公差值为 0.10mm，后端公差值为 0.16mm。

测量壳体上平面与轴线间平行度时，可在上平面搭放一横梁，在横梁中部安放一百分表，使表头触及芯轴上表面，横梁由一端移至另一端，表针摆动量大小即反映了壳体上平面对轴心线的平行度以及壳体上平面平面度与翘曲量。一般要求轮胎式装载机平面度公差值为 0.15mm。

测量壳体与盖接合面翘曲不平时，可将壳体与盖扣在平板上，或将壳体与盖扣合在一起，用塞尺检查，当间隙超过 0.3mm 时，可用铲刀或锉刀修平，也可用平面磨床磨平。

② 裂纹　壳体与盖是否存在裂纹，可用敲击听声法进行判断，最好用探伤仪进行探伤。

壳体与盖裂纹，可用铸铁焊修、打补丁、塞丝、粘接等方法修补。当裂纹严重或裂至壳体轴承孔时，应换用新件。

③ 轴承座孔磨损　当轴承内进入脏物使滚动阻力增大时，轴承外圈可能产生相对座孔的转动，引起座孔磨损。轴承座固定螺钉松动使座产生轴向窜动，也会引起安装座孔的磨损，严重时，甚至影响轴和齿轮的正确工作位置，造成一系列的不良后果。

轴承座孔可用内径量表和外径千分尺配合测量。先用内径量表测出座孔直径，再用外径千分尺量取其内径量表上的尺寸。这个尺寸与轴承外径之差即为配合间隙。经验检验法是：将轴承装入座孔内试配，若有明显松旷，说明间隙过大。当配合间隙超过规定值时，应进行修理。

磨损较轻时，用胶黏剂粘接固定的方法修理，简便有效；磨损严重时，可用电镀、刷镀轴承外圈或轴承座孔的方法修复，还可以用电火花拉毛的方法修复轴承座孔。

④ 螺纹孔磨损　螺栓松动未及时拧紧，易造成螺纹孔磨损。

螺纹孔损坏可采用扩孔攻螺纹，或焊补后重新钻孔攻螺纹的方法修复。如螺纹孔磨损不严重，安装螺栓时可用粘接固定的方法修复。

（2）齿轮

变速器齿轮常出现的损伤有齿面磨损、齿面疲劳剥落、轮齿裂纹与断裂、齿轮花键孔磨损等。由于齿轮结构及使用条件不同，其损坏情况也不一样，一般规律是直齿轮损坏多于斜齿轮，滑动齿轮损坏多于常啮合齿轮。轮齿的断裂、齿端的磨损、齿面磨损成锥形多发生于啮合套和套合齿。

① 齿面磨损　齿轮传动中，齿面既有滚动摩擦，又有滑动摩擦，因此易产生摩擦、磨损，严重时会出现明显的刮伤痕迹。

齿面磨损检验的技术要求是：

a. 齿长磨损不应超过原齿长的 30％（套合齿为 20％）。

b. 弦齿厚磨损最大限度不应超过 0.4mm。

c. 齿轮啮合面积应不低于工作面积的 2/3。

d. 齿轮啮合间隙因机型不同而有所区别。装载机大修允许 0.40～0.60mm，使用极限为 0.60～0.90mm（套合齿啮合间隙一般不超过 0.60mm）。

齿面磨损有轻微台阶时，可用油石修整齿面后继续使用。形状对称的齿轮单向齿面磨损后，可换向使用。此法虽可使齿面啮合正确，但因齿厚减薄，齿侧间隙增大，易产生冲击和响声。齿面磨损严重时，应成对更换齿轮。

② 齿面疲劳剥伤　齿面疲劳剥伤也称疲劳点蚀，即在齿面节圆处形成麻点状蚀伤，严重时会出现大面积剥伤。这是轮齿表面承受过大交变、挤压应力造成疲劳破坏的一种现象。

齿面疲劳剥伤可直接看出，大修时，其疲劳剥伤面积应不超过齿高的 30％、齿长的 10％。否则，应成对换用新品。

③ 轮齿裂纹与折断　轮齿裂纹与折断的原因大多是齿轮啮合过紧或过松，在传动过程中引起过大冲击载荷或接触挤压应力所致。轮齿断裂多发生在根部。

（3）齿轮轴

变速器齿轮轴在工作过程中承受着交变扭转力矩、弯曲力矩，键齿部分还承受着挤压、冲击等负荷。常见的损伤有磨损、变形和折断等。

① 轴颈磨损　轴颈磨损主要是由于润滑不良、油液变质、被脏物卡滞所致。

与油封接触的轴颈磨损时，出现沟槽深度大于 0.2mm 时，应及时修理或更换。

轴颈磨损后可用磨削加工法消除形状误差，然后镀铬或镀铁以恢复过盈量。轴颈磨损严重时，可用镶套、堆焊、振动堆焊、埋弧焊、气体保护焊等方法修复。镶套时，其壁厚应为 3～4mm，加工时注意轴的阶梯圆角半径不应太小，且应光洁。轴颈修后的表面粗糙度为 0.8μm，径向圆跳动量公差值为 0.04mm。

② 花键磨损　轮胎式装载机键齿厚度磨损一般不得大于 0.20mm。

花键与键槽磨损时一般应换用新品。

③ 轴弯曲变形或断裂　齿轮轴弯曲变形是由于负荷过大所致，一般径向跳动公差值为 0.70mm。轴弯曲变形过大时，可进行冷压矫正或局部火焰加热矫正。

齿轮轴断裂多发生在阶梯台肩圆角处。齿轮轴断裂不易修复，应予以换新。

（4）超越离合器

正常情况下，拨动其中一个齿轮，应使该齿轮只能相对于另一个齿轮的一个方向转动，而相对于另一个方向则不能转动。若正反两个方向均能转动或出现卡滞现象时，说明超越离合器因零件损伤而失效。

检修时，当滚柱磨损量＞0.02mm 或直径差＞0.01mm 时，应全部更换。

外环齿轮内圆滚道磨损量＞0.02mm 时，应更换该齿轮。内环凸轮轻微磨损或有毛刺时，可用油石进行修磨。隔离环如有轻微的磨损、出现毛刺时，可用锉刀进行修整。当内环凸轮和隔离环损伤严重时，均应换用新件。

（5）行星轮架总成

行星轮架总成检修时，应重点检查行星齿轮、滚针及与行星齿轮配合端面的损伤情况。

行星齿轮的常见损伤部件主要在齿面、齿端、内孔磨损。当齿面磨损量＞0.25mm 或齿端磨损出现沟槽时，应换用齿轮。

当齿轮轴磨损量＞0.02mm，以及滚针磨损后，其直径差＞0.01mm 时，均应换用新件。

行星轮架的常见损伤主要是与行星齿轮配合端面的磨损。当磨损量＞0.5mm 时，可换用加厚的垫片进行调整；当磨损严重时，应更换行星轮架。

（6）液压离合器

① 活塞与油缸体的损伤　主要是相互配合的表面产生磨损，当出现毛刺时，可用锉刀修整。如磨损严重或有明显的拉伤现象时，应换用新件。

检修装载机的液压离合器时还应注意疏通活塞上的细小油孔，以保证内外密封圈的外胀及自动补偿作用。

② 摩擦片　ZL50 型装载机主、从动摩擦片的厚度分别为 3.8mm、3mm，使用极限分别为主动摩擦片 3.3mm、从动摩擦片 2.7mm。

（7）轴承

轴承可直接用目视观察法检查。滚动轴承常见损伤有滚道及滚动体磨损、疲劳剥伤、出现麻点、保持架损坏等。凡出现上述损伤时均应更换。

（8）操纵机构

变速杆主要损伤有磨损和弯曲、变形。变速杆上球节、定位槽（定位销）、下端头磨损严重时，易造成变速器乱挡。

3.2.2.3　变速器的装配与调整

（1）郑工 955A 型装载机变速器的装配与调整

郑工 955A 型装载机变速器装配时，应按 1、3 挡离合器，倒挡离合器，正挡离合器，2、4 挡离合器，动力输出轴等顺序进行。具体步骤如下：

① 用煤油或柴油初步清洗所有金属零件及箱体，再用变矩器油清洗干净，特别是 O 形密封圈要先用变矩器油浸泡。

② 装复变速油泵驱动齿轮及短轴，并调整好轴承间隙。

③ 组装 1、3 挡离合器，以及驱动齿轮和轴。

a. 将 1、3 挡离合器各零件以及驱动齿轮和轴，按与分解相反的顺序组成整体，并在轴端花形螺母处装一工装环，以便吊装使用。

b. 使变速器箱体后面向上，将 1、3 挡离合器及轴等装入箱体，卸下工装环，将花形螺母拧紧，折好防动片，装上离合器罩及端盖。在装配时，注意调整好轴承轴向间隙为 0.12～0.18mm。

c. 在轴的另一端装上锥形轴承及接盘，并调好轴承轴向间隙为 0.12～0.18mm。

④ 组装倒挡离合器、驱动齿轮及轴，步骤和方法同 1、3 挡离合器。

⑤ 组装正挡离合器、驱动齿轮及轴。将变速器箱体翻转 180°，装配步骤和方法同 1、3 挡离合器。

⑥组装 2、4 挡离合器，以及驱动齿轮和轴。

a. 将 2、4 挡离合器各零件，联齿轮及轴等按与分解相反的顺序组装成整体。

b. 按 1、3 挡离合器装配步骤方法装入箱体，装配时，注意从箱体内将驱动小齿轮、隔套、大驱动齿轮套装在轴上。

c. 卸下工装环，拧紧花形螺母，折好防动片，装上离合器罩及端盖，并调整好轴承轴向间隙为 0.12～0.18mm。

d. 从箱体后面装上轴承和接盘，并调整好轴承轴向间隙为 0.12～0.18mm。

⑦ 输出轴的组装。

a. 使箱体后面向上。

b. 将高速齿轮及止推垫套装在输出轴上，同时装上锥形轴承及速度计主动齿轮，并装上卡环。

c. 在箱体内将低速齿轮和高低速啮合套啮合并对准轴孔垫平，使传动轴垂直插入，装好高低速拨叉及轴。

d. 将按与分解相反的顺序组装好的后桥传动短轴及壳体一起装在变速器箱体上，并调整好锥形轴承轴向间隙为 0.12~0.18mm。此时，需从箱体内检查高低速齿轮常啮合位置是否正确。

e. 从箱体前面装上垫片和锥形轴承，并装上油封端盖，调整好轴承轴向间隙为 0.12~0.18mm，装上前桥传动。

⑧ 装滤清器及油底壳。

⑨ 将变速操纵阀装在变速器盖上，同时将盖装在变速器上部。

⑩ 加注变矩器油进行磨合试验。注意：变速器只有经磨合后，向机架上装复时，才允许将变速辅助泵装在箱体上，否则，磨合中因不泵油易烧坏油泵。

（2）厦工 ZL50 型装载机变速器的装配与调整

变速器零件检修后，应进行认真的清洗，并用压缩空气疏通箱体上所有油道，以保证变速器的装配质量。

① 动力输出轴

a. 装配时，将变速器壳体放在工作台上，依次装入中间轴承、动力输出轴齿轮和前动力输出轴、前端轴承、卡环、油封座。

b. 在箱体的另一侧分别装入后动力输出轴、后端轴承、卡环、油封座、动力输出接盘、O 形密封圈、平面垫圈、固定螺母，并以 530N·m 的拧紧力矩将固定螺母拧紧。

c. 将拨叉轴油封装入箱体座孔内，装上拨叉、拨叉轴，穿上连接销，并在连接销上插入开口销，以防连接销脱落。扳动拉杆摇臂进行试验，要求拨叉应能带动滑套在动力输出轴上灵活移动，并能定位。

d. 动力输出轴装好后，装上油底壳垫、油底壳。

② 倒挡

a. 将倒挡活塞密封圈分别装入活塞内外环槽内，在倒挡油缸体内壁涂上适量的润滑油，用专用工具将活塞装入倒挡油缸体内。

b. 倒挡行星轮架总成组装时，在行星齿轮内孔涂上适量的润滑脂，装入滚针、隔圈，在倒挡行星轮架上分别装上平面垫圈、行星齿轮、行星齿轮轴、止动片，并用螺栓将其固定，装上轴承。

c. 安装倒挡摩擦片时，应先装一片从动片，将倒挡行星轮架总成装入箱体，其余七片摩擦片应按主、从动摩擦片的顺序交替进行安装。

d. 装上隔离架，由箱体外侧插入定位销，以防隔离架转动。

③ 1挡

a. 1挡行星轮架总成组装时，在行星齿轮内孔涂上适量的润滑脂，装入滚针、隔圈，在 1挡行星轮架上分别装上平面垫圈、行星齿轮、行星齿轮轴、止动盘、太阳轮、直接挡连接盘，拧上螺栓将其固定。

b. 将组装好的 1挡行星轮架总成装入箱体，在 1挡齿圈上分别装入五片主、从动摩擦片。

注意：主、从动摩擦片安装时应交替进行。将 1挡齿圈及摩擦片一起装入箱体，再将其余各三片主、从动摩擦片安装到 1挡齿圈上。

c. 装上回位弹簧及弹簧杆，放入 1挡油缸限制片。

d. 将 1挡活塞密封圈分别装入活塞内外环槽内，在 1挡油缸体内涂上适量的润滑油，装上 1挡活塞。并将 O 形密封圈装在 1挡油缸体进油口处。

e. 将组装好的 1挡油缸体及 1挡活塞总成装入箱体，扣上中盖，对称拧上两个工装螺栓。待固定螺栓拧上后，取出工装螺栓，换上固定螺栓，并将所有固定螺栓拧紧。注意：在安装中盖之前，必须检查1挡油缸体端面与中盖凸肩端面之间的间隙。此间隙为0.04～0.12mm。

④ 2挡

a. 2挡离合器组装时，将离合器轴放到一主动摩擦片上，装上从动摩擦片和另一主动摩擦片，用螺栓将主动毂与主动摩擦片固定在一起。其从动摩擦片应能活动。

b. 将2挡油缸体装到中间轴输出齿轮上，使齿轮上的定位销进入油缸体的销孔内，并用专用工具将油缸体打到位。

c. 将2挡活塞密封圈分别装入活塞内外环槽内，在2挡油缸体内壁涂上适量的润滑油，将活塞装入油缸体，装上碟形弹簧，并用卡环限位。

d. 将装有摩擦片的离合器轴通过轴承安装到油缸体上，装上受压盘，拧上螺栓，并用铁丝锁紧，以防工作中松动。

e. 将2挡离合器总成装入箱体。此时，应在油缸体延长毂上垫上铜棒，并用大锤敲击，使下端轴承进入中盖座孔内。

f. 在端盖上装上旋转油封和O形密封圈。注意旋转油封唇口应向里，在端盖接合面上涂上密封胶，装上石棉纸垫。将端盖装到箱体上，拧上螺栓将其固定。注意：在安装端盖之前，必须检查端盖与球轴承两者相贴端面之间的间隙。该间隙为0.05～0.40mm。

⑤ 停车制动器及变速操纵阀

a. 在箱体前端装上制动蹄及支架，并用螺栓固定。装上制动毂、O形密封圈、平面垫圈，拧上固定螺母，并用530N·m的力矩拧紧固定螺母。

b. 在箱体的侧面装上石棉纸垫、变速操纵阀。

⑥ 超越离合器

a. 超越离合器组装时，先将螺栓穿入内环凸轮，在螺栓大头的一端垫上平板后平放于工作台上。装上隔离架、压板，用胶圈分别套住螺栓和隔离架，以防组装时螺栓和滚柱脱落，将滚柱装在隔离架上。

b. 将二轴小总成装入一级输入齿轮的内环，分别取出隔离架和螺栓上的两只胶圈，装上三根小弹簧。注意小弹簧装好后应有2～4mm的预压量，并使隔离架处于左旋姿势。装上二级输入齿轮，并用专用工具将其打到位，装上弹簧垫圈，拧紧螺母。

c. 装上隔离套并注意方向，装上轴承，用专用工具将轴承打到位。

d. 在箱体上装上调整圈、超越离合器总成。在齿轮轴上垫上铜棒，并用大锤敲击，使下端轴承进入箱体座孔。

在变矩器与变速器箱体接合面上装上石棉纸垫，用螺栓将变矩器和变速器箱体连接在一起，拧紧固定螺栓。当所有螺栓拧紧后，转动弹性连接盘，应灵活、无卡滞现象。分别装上变矩变速齿轮泵、工作齿轮泵、转向齿轮泵。

3.2.2.4 变速器的磨合与试验

变速器装复后应进行磨合试验，以提高相互配合零件的精度，检查装配质量，及早发现问题，及时排除，避免装车后返工。变速器磨合试验应在试验台上进行，无条件时也可在机架上进行。

① 无负荷磨合试验。无负荷磨合时，一般从低于第一轴额定转速300～400r/min开始，逐渐升高至额定转速，并逐次接合各挡位。磨合与试验可结合进行，一般各挡运转时间不得少于10～15min。对换修零件有关的挡位可适当延长磨合时间。各挡位运转都正常后，进行负荷磨合试验。

② 负荷磨合试验。进行各挡位的负荷磨合时，加载方法根据试验台的不同而不同。一般负荷磨合应在额定转速下进行，所加负荷应为各挡位额定负荷的35%、50%、75%

等。各挡位的负荷磨合总时间为 60～80min。

无试验台而在机架上由柴油机驱动磨合时，其程序与上述相同。视各挡位运转都正常后，可用手制动器使变速器受到一定负荷，查看在负荷情况下有无发响和脱挡现象。

磨合后，放净供磨合用的润滑油，换用加有 50％煤油的柴油清洗，检查各挡齿轮的啮合情况。新齿轮或修复过的齿轮，其啮合印痕应在齿面中部，啮合面积不小于工作面积的 1/2，原有齿轮不小于 2/3。如不符合要求，应进行修整后再进行磨合。

③ 变速器磨合试验时应注意以下几点：

a. 各挡换挡时均应灵活、可靠，不应有换挡困难、拨叉移动不灵活等现象。

b. 磨合后允许有轻微均匀的啮合声音，不应有不规则的剧烈噪声。

c. 变速器温升应正常，不应有局部过热现象，局部温度不应高于 50℃。

d. 变速器温升正常后，各处不得有漏油现象。

▶ 3.2.3　变矩变速液压系统维修

3.2.3.1　行走泵的维修

装载机上使用的油泵主要使用 CBG、CBF、CBP、CBJ 等系列。维修工艺参见有关章节的内容。

3.2.3.2　变速操纵阀的维修

变速操纵阀常见的损伤为阀体与阀杆配合面磨损。阀体与阀杆配合面的标准间隙为 0.050～0.091mm。当间隙大于 0.2mm 时应更换。

ZL50 型装载机安全阀弹簧安装长度为 98mm。当弹簧自由长度小于 134.2mm 时，应更换。当油温为（75±5）℃时，要求安全阀压力为 1.6MPa。压力不当时，应更换弹簧。

如果更换弹簧或阀芯后，系统的压力还低，则要更换变速操纵阀总成。

▶ 3.2.4　传动轴维修

3.2.4.1　ZL50 型装载机传动轴的拆卸与分解

ZL50 型装载机的传动轴，其拆卸与分解方法如下：

① 拆下传动轴总成：拧下传动轴两端的连接螺栓，即可取下传动轴总成。

② 取下防尘套卡箍，将防尘套移向一边，拧松锁紧螺母，取下伸缩套。

③ 分解万向节：先拆下盖板螺栓，取下盖板，然后用手握住传动轴或伸缩套，再用手锤敲击万向节叉边缘，使十字轴撞击轴承壳，将轴承壳拆出后，取出十字轴。敲击时，手锤不能敲在轴承壳的边缘处，以免变形而影响轴承壳的脱出。

3.2.4.2　传动轴的检验与修理

（1）传动轴总成的检验与修理

① 轴管。轴管常出现弯曲、凹陷和焊缝裂纹等缺陷。检验时，通常将传动轴轴管支承在两个"V"形垫块上，或夹持在车床上转动，用百分表检查。为检查准确，在全长上的测量点应不少于三个。一般轴心线全长直线度公差值为 1mm。轴管的直线度径向跳动设计要求不大于 0.3mm，大修时不得大于 1mm。上限适合于转速高且较长的传动轴，即长度 $L>1m$ 的传动轴。

当弯曲量在 5mm 以内时，可采用冷压法校正；弯曲量大于 5mm 时，应采用热压法校正。热校时，可先去掉花键轴和万向节叉，将轴管加热至 600～850℃，用直径比轴管孔径稍小的矫正芯棒穿入轴管内，架起芯棒两端，在轴管弯曲或凹陷处加垫块或用锤敲击校正。

② 花键轴。花键轴键齿和键槽的工作表面不得有横向裂纹、严重磨损和锈蚀，键齿与键槽不得出现扭曲现象，否则应换用新件。

花键轴键齿与花键套键槽的侧隙，大修时不得大于 0.3mm。一般配合检查时，其间隙大于 0.5mm 或键槽、键齿宽度磨损大于 0.25mm 时应更换。更换花键轴或万向节叉时，首先在车床上车去焊缝，同时在花键轴或万向节叉焊缝处车出 45°的倒角，在轴管焊缝处车出 60°倒角，并做好原接口位置的记号。然后，压出花键轴或万向节叉并清理焊缝，再对准记号将新的花键轴或万向节叉压入。在坡口的圆周上，先对称均匀地焊上六个定位点，再沿坡口圆周将其焊牢，如图 3-81 所示。清理焊渣后应进行检验。在车床上检验时，传动轴总成的轴管径向跳动不应大于 1mm，测量全长不得小于公称尺寸 10mm。有条件的应进行平衡试验。每端的平衡块不得大于三块。

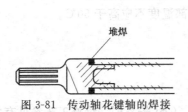

图 3-81　传动轴花键轴的焊接

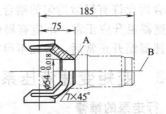

图 3-82　用局部更换法修复万向节滑动套

③ 花键套。花键套常出现键槽磨损、十字轴轴承座孔磨损、螺纹孔或黄油嘴孔磨损等损伤。

花键套键槽磨损后可采用局部更换法修理，如图 3-82 所示。更换花键轴套时，首先应将磨损的花键轴套从 A 处切去，切面 A 必须与中心线 B 垂直，要求不垂直度不得大于 0.10mm，A 面车出与新花键轴套相接的焊缝倒角为 7×45°。新的花键轴套有两种，一种是花键轴套的键槽已经做好，只需按技术要求焊接上即可，另一种是用 45 钢制造的花键轴套。按图 3-83 所示尺寸车削一个套管，然后将原滑动套与新制的花键套管套装在与内孔相配合的轴上，先在两连接的倒角处沿圆周对称焊上四点，再全部焊牢。清理焊渣后，精车内孔和端面，以端面为基准，拉内花键。最后钻黄油嘴孔和焊牢防尘盖。

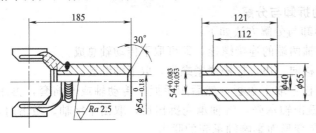

图 3-83　花键套的车制与镶接

对于磨损不大的花键槽，可将其拉削加宽，与采用加厚齿的花键轴配合使用。

黄油嘴螺纹孔损坏时，可旋转 180°重新钻孔攻螺纹。

（2）十字轴总成的检验与修理

十字轴常出现轴颈磨损、轴承和油封磨损、黄油嘴螺纹孔损伤等。修理时一般更换总成。

3.2.4.3　传动轴的装配与试验

在修理过程中，传动轴往往因为装配上的疏忽和错误，而破坏传动轴的平衡，使其不能正常工作，造成各运动件的早期磨损或损坏。因此，在装配时，必须做到：

① 安装传动轴伸缩节时，必须使传动轴两端万向节叉位于同一平面内（如有箭头记号，应使箭头相对），误差允许限度为 ±1°。如果键齿磨损松旷，应使后端万向节顺传动轴旋转方向（装载机前进时）超前偏转一个键齿即可。

② 装载机总装时，应尽量保持传动轴两端分别与变速器输出轴、主传动器输入轴所形成的夹角相等，一般不许作任何调整。若需调整时，其夹角一般不得比原厂规定的角度大 3°～5°。

③ 保证传动轴各零件本身回转质量的平衡。在装配传动轴时，防尘套上两只卡箍的

锁扣应错开 180°，不得任意改变原平衡的质量和位置。

④ 保证回转质量中心与传动轴旋转轴线的重合。为减少传动轴旋转质量中心偏离旋转轴线而造成的附加动载荷，制造厂已进行了动平衡试验。当传动轴的动平衡被破坏时，如动平衡块脱落，传动轴各零件回转质量不平衡、装配不当等，将使质量中心偏离旋转轴线而降低传动轴临界转速。试验证明，当万向节由于磨损出现间隙，就可能使传动轴在低于临界转速下产生振动、冲击，甚至会折断。为此，万向节组装后，不允许十字轴有轴向窜动，十字轴轴承与座孔不应有相对转动。消除轴向间隙，一般通过在轴承座背面加薄铜皮来解决。但必须注意各轴承座背面所加垫片厚度应一致，否则，十字轴中心线必然偏离传动轴旋转轴线，破坏传动轴的平衡。有条件的应进行传动轴的动平衡试验与调整。

3.2.5 驱动桥维修

3.2.5.1 驱动桥的拆卸与分解

轮式装载机驱动桥主要由主传动器和轮边减速器两部分组成。以 ZL50 型装载机驱动桥为例，其拆卸与分解步骤如下：

(1) 轮边减速器及制动器的拆卸与分解（参见图 3-84）

① 用千斤顶或支架支起机架，使驱动桥离地。拧下桥壳和轮边减速器的放油螺塞，放净其内的润滑油。

② 拧下轮辋螺母，从驱动桥上拆下轮胎轮辋总成。撬开锁环，卸下轮胎，将其分解。

③ 拆下钳盘式制动器。

④ 拧开轮边减速器端盖螺栓，取下端盖。取出太阳轮和半轴。用顶盖螺钉将行星轮架从轮毂上顶松，吊下行星轮架总成。

⑤ 用垫铁垫在行星轮架的背面，使行星齿轮处于上方，用软金属棒从上面将行星齿轮轴轻轻打出。取出行星齿轮及滚针。

⑥ 拧出限位螺钉，拧下圆螺母，取下内齿圈。

⑦ 用拉力器将轮毂连同圆锥滚子轴承、油封、卡环一起从轮边支承轴上拉出。拆下轮毂内的圆锥滚子轴承、卡环，取出油封。

⑧ 拆下制动盘。

⑨ 拆下附于桥壳上的管路以及与传动轴的连接件等。

⑩ 用千斤顶或支架支起桥壳，拆下驱动桥与机架的连接螺栓，然后放低千斤顶或支架，移出驱动桥。

(2) 主传动器的拆卸与分解（参见图 3-85）

① 拆下主传动器与桥壳的连接螺栓，吊下主传动器总成。

② 将主传动器安放在工作台上，并用螺栓将其固定在专用支架上。

③ 拆下左、右调整圈的锁紧片、轴承盖和调整圈（轴承盖在拆卸之前应作上装配标记）。取下差速器总成。

④ 拆下差速器壳的固定螺栓，将左、右差速器壳分开（分开前，应作上装配标记）。取出十字轴、行星齿轮、半轴齿轮、齿轮垫片等。

⑤ 用拉力器拆下左右差速器壳上的圆锥滚子轴承。

⑥ 拆下差速器壳与从动锥齿轮的固定螺栓，取下从动锥齿轮（取下之前，应作上装配标记）。

⑦ 拧下主动锥齿轮轴承座与主传动器壳体的固定螺栓，拆下主动锥齿轮小端卡环，取出主动锥齿轮总成。

⑧ 拆下输入接盘，取出密封盖。

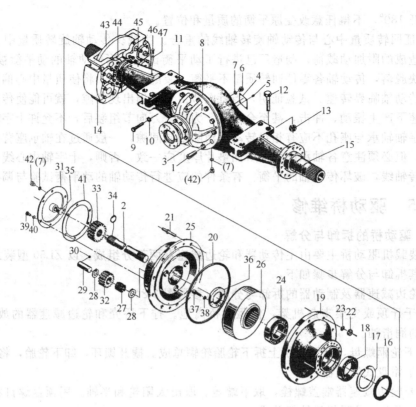

图 3-84　驱动桥（前桥）分解图

1—定位销；2—半轴；3—前桥主传动；4—桥铭牌；5—铆钉；6、42—螺塞；7—组合密封垫圈；8、28—垫片；
9、12、39、46—螺栓；10、23、38、40、47—垫圈；11—通气塞；13—锁紧螺母；14—夹钳总成；
15—前桥壳体轮边支承；16—油封；17—卡环；18、24—圆锥滚子轴承；19—轮毂；20—O 形密封圈；
21—轮辋螺栓；22—螺母；25—行星架；26—内齿轮；27—滚针；29—行星齿轮轴；30—钢球；
31—盖；32—行星齿轮；33—太阳轮；34—挡圈；35—轴；36—圆螺母；37—螺钉；41—密封垫；
43—制动盘；44—防尘罩；45—挡板

⑨ 固定轴承座的凸缘，用压具在主动锥齿轮的螺纹端施加压力，将其推离轴承座，取下调整垫片和轴套。

⑩ 用拉力器从主动锥齿轮轴上拉下圆锥滚子轴承。

3.2.5.2　驱动桥主要零件的检验与修理

（1）壳体

① 驱动桥壳体是驱动桥总成的基础零件，其结构形式有整体式和分开式两种，多数采用铸造成形并在两端压装钢管，以增加其强度。轮式装载机桥壳的材料一般为铸钢，半轴套管材料为 45Mn 无缝钢管。

桥壳的损伤主要有桥壳弯曲变形和断裂、桥壳裂纹、镶半轴套管座孔因长期承受冲击和挤压而磨损，以及安装轴承的轴颈磨损、螺纹孔、定位孔磨损或损坏等。

桥壳由于承受着装载机重力、牵引力、制动力、侧向力以及时效不够和焊接修理时的内应力等，使桥壳产生较大的弯曲、扭转、剪切等应力而变形，在装载机超负载作业或剧烈颠簸的情况下尤为严重。其前后弯曲是由于冲击过猛以及紧急制动所致。桥壳上应力最大的危险断面是在机架与驱动桥连接处附近，故此处易出现断裂。

桥壳弯曲而使两半轴不同轴，车轮运转不正常，传动效率降低，行驶阻力增大，滑动性能变差，轮胎磨损严重，同时使半轴受过大的弯曲应力，容易疲劳折断。

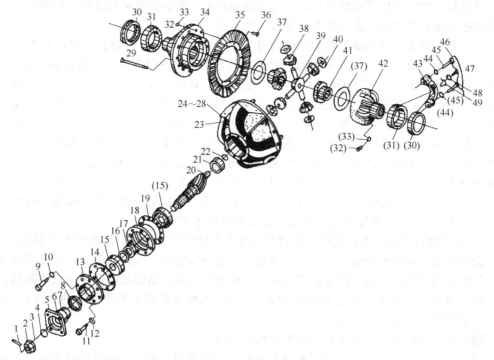

图 3-85　主传动器分解图

1—开口销；2、3—带槽螺母；4—O形密封圈；5—输入法兰；6—法兰；7—防尘盖；8—骨架油封；
9、11、26、29、36、45、47—螺栓；10、12、44、48—垫圈；13—密封圈；14—密封垫片；
15、21、31—圆锥滚子轴承；16、19—调整垫片；17—轴套；18—轴承座；20—主动锥齿轮；22—卡环；
23—主传动器壳体；24—止推螺栓；25—铜套；27—锁紧片；28、33—螺母；30—调整圈；32—销；
34—差速器右壳；35—从动锥齿轮；37—半轴齿轮垫片；38—行星齿轮；39—十字轴；40—行星齿轮垫片；
41—半轴齿轮；42—差速器左壳；43—轴承盖；46—保险铁丝；49—锁紧片

a. 桥壳变形。桥壳弯曲大修允许值为 0.75mm，极限值为 1mm。座孔的同轴度大修允许值为 0.10mm。端部螺纹损伤不得多于两扣，油封轴颈磨损不大于 0.15mm，机架与驱动桥连接螺栓孔磨损不大于 1.5mm。

桥壳弯曲的检验方法很多，不同形式的桥壳可采用不同的方法。常用的测量仪器有机械式、光学式等多种。检测时，须将半轴套管拉出，检验半轴套管座孔的同轴度来确定桥壳是否弯曲变形。通常采用如下方法：

• 将两轮毂装在桥壳上，并按要求调整好轴承紧度，装上合格的两半轴。从桥壳中部孔中检查两半轴端头是否对正，误差应不超过前述规定值。

• 二是用比桥壳长 50mm、直径比半轴套管内径小 2mm 的钢管插入桥壳内，如能自由转动，即为基本符合要求。

• 三是在套管内穿一细线，线的两端伸出套管外，并悬吊一重物使线拉直，此时细线如能与套管内壁均匀贴合，即符合要求。

为检验准确，应沿内孔圆周每隔 45°检查一次。

桥壳弯曲变形在 2mm 范围内时，可用冷压法进行校正。但应注意：校正变形量应大于原有变形量，并保持一段时间，同时用锤敲击以减少内应力，达到所需的塑性变形。当弯曲大于 2mm 时，应采用热压法校正，即将桥壳弯曲部分加热至 300～400℃，再进行校正。加热温度最高不得大于 700℃，以防金属组织发生变化而影响桥壳的刚度和强度。

b. 其他损伤。桥壳有裂纹时，应进行焊修。铸钢桥壳可用抗拉强度较高的焊条焊接。

可锻铸铁桥壳裂纹可用黄铜焊条钎焊，或用纯镍焊条、高钒焊条电弧冷焊。特别是高钒焊条是焊接可锻铸铁比较理想的焊条，焊接强度不低于母材。

焊接前，首先在距裂缝端部的延续方向 7mm 处钻一 ϕ5mm 的通孔，以防裂纹继续扩大。再沿裂纹开成 60°～90° 的 V 形槽，槽深在较厚的部位一般为工件厚的 2/3，较薄的部位为 1/2。焊接时，一般用直流反极性手工电弧焊。每焊一段（20～30mm）用小锤敲击焊缝，清除焊渣以降低温度，消除内应力，待工件温度降至 50～60℃ 时再焊下一段。为增加强度，可在焊缝处焊补加强附板。附板厚度为 4～6mm。焊后要检查桥壳变形情况。

半轴套管配合部位磨损及桥壳座孔磨损时，根据具体情况，可压出半轴套管，重新镗削半轴套管座孔至修理尺寸。而套管磨损部位则用电镀或振动堆焊修复至同级修理尺寸。半轴套管有裂纹应换用新品。轴头螺纹损坏应堆焊后重新加工至标准尺寸。桥壳螺纹孔磨损时，可进行扩孔、用镶套法或修理尺寸法修复。桥壳上机架与驱动桥连接螺栓孔磨损或偏移大于 2mm 时，应堆焊后重新钻孔，恢复原来位置和尺寸。

② 主传动器壳体。主传动器壳体常见损伤有壳体变形、裂纹、轴承座孔磨损等。

壳体变形是由于承受负荷过大，时效处理不充分而引起。壳体变形后，会使配合面及相互位置受到破坏，影响了齿轮的正确啮合，使噪声增大、磨损加剧和传动效率降低。

裂纹多发生在主传动器壳体与桥壳接合面处。其原因除桥壳承受的各种载荷作用外，牵引力引起的反作用转矩影响更大。

轴承座孔磨损多是因反复拆装使配合松旷所致。

当主传动器壳体变形量超过技术要求或轴承座孔磨损过甚时，有条件时可通过对轴承座孔进行铜焊或镶套后再机加工修复。近年来，开始采用厌氧胶填塞轴承外圈与座孔之间过大间隙的方法使之修复。这样修复速度既快、又能保证质量。

③ 差速器壳体。差速器壳体常见损伤有行星齿轮球面座磨损、与半轴齿轮相接触的止推平面磨损、半轴齿轮轴颈座孔磨损、十字轴座孔磨损及滚动轴承轴颈磨损等。

止推球面和止推平面磨损有明显的沟槽、其深度大于 0.2mm 时，可按修理尺寸镗削止推面，然后采用加厚球面垫圈及平垫圈的方法，以恢复齿轮的啮合间隙。

半轴齿轮轴颈座孔磨损超过 0.25mm 时，用镶套法修复。衬套壁厚应为 2～2.5mm，过盈量为 0.02～0.04mm。

十字轴座孔磨损有自然磨损和黏附磨损。自然磨损用镀铬法修复，黏附磨损可在两旧孔之间重新钻孔予以修复。钻孔时需经退火，修后重新进行淬火、正火处理。

滚动轴承轴颈磨损可用振动焊或刷镀法修复。修复时，先磨去轴颈的不圆度，然后刷镀。刷镀要留出 0.15mm 的磨削余量，最后光磨至公称修理尺寸。轴颈磨损在 0.3mm 以内时，可采用厌氧胶填充间隙修复。

螺纹孔磨损后螺钉微量松动时，可采用厌氧胶修复。损伤严重时，采用扩孔加大螺栓法修复。

（2）齿轮

驱动桥齿轮材料均为合金钢。齿轮常见损伤有齿面磨损、疲劳剥落，齿轮裂纹与轮齿折断等。

齿轮的检验一般多采用手摸感觉法和量具测量法进行。疲劳剥落、断裂损伤多采用目测法检查。

齿轮的检验技术要求如下：

a. 齿面磨损一般不得大于 0.5mm。

b. 主、从动锥齿轮的疲劳剥落面积不得大于齿面的 25%；轮齿损伤（不包括裂纹）不得大于齿长的 1/5 和齿高的 1/3。在上述情况下，主动锥齿轮轮齿损伤不得超过三个

（相邻的不超过两个）；从动锥齿轮轮齿损伤不得超过四个（相邻的不超过三个）。如仅损坏一齿，可酌量放宽。

c. 行星齿轮球面和半轴齿轮端面如有擦伤，其深度不得大于0.25mm，擦伤面宽度不得大于工作面的1/3，否则应予修磨。

d. 对于损伤不严重的斑点、毛刺、擦伤，可修磨后继续使用。

对于损坏超过规定的齿轮，一般应更换。如是主、从动锥齿轮，应成对更换（因为它们是配对研磨成形的偶件）。每对齿轮有相同的记号。主动锥齿轮记号印在轴端键槽上或两轴承轴颈之间，从动锥齿轮记号印在有轮齿一面的铆钉附近。如因配件困难，仅换一只齿轮，最好选择与原齿相似的旧齿轮，以尽量减少啮合不良而产生的响声。

从动锥齿轮还应检查铆钉是否松动。检查方法可用敲击法，即用手指抵触铆钉一端，用手锤敲击另一端，凭手感觉其窜动量。亦可用煤油渗透，而后锤击。如有煤油飞溅痕迹，说明铆钉松动。当发现铆钉松动时，应拆除重铆。铆接时应注意以下几点：

• 检查接合盘与齿轮的铆钉孔是否失圆。如失圆，应将孔修整为正圆，且更换加大的铆钉。

• 检查从动齿轮的偏摆度。偏摆度过大，会破坏主、从动锥齿轮的正常啮合，工作时发出不正常的响声。检查方法是将接合盘与齿轮用螺栓紧定，然后在从动锥齿轮背面检查。当偏摆量大于0.10mm时，应先修磨接合盘平面，然后铆接。

• 铆接方法一般采用冷铆，或将从动锥齿轮加热至100~160℃时进行铆接。铆钉的材料选用低碳钢，不宜采用中碳钢。铆钉直径与孔应有0.02~0.05mm的间隙。铆钉在冷状态下装入，然后用压床或铁锤铆紧。铆接时应对角交叉进行。

此外，也可以采用热铆，即把铆钉加热到85℃以上然后铆紧。但这种方法易使铆钉表面产生氧化皮，冷却后会脱落，受力时易松动。以上方法可视具体条件选用，但最好采用冷铆。

（3）半轴

半轴常见损伤有弯曲、扭曲、断裂和键齿磨损等。

半轴的检验技术要求如下：

a. 半轴弯曲变形，其弯曲量不得大于0.5mm。

b. 半轴键齿与键槽配合间隙不得大于0.75mm。

c. 键齿与键槽扭斜不得超过1mm。

检验半轴弯曲时，可将半轴夹在车床上或放在V形铁块上，用百分表进行测量。当弯曲量大于0.5mm时，应进行冷压校正。冷压时，施力点应在中间。因为半轴弯曲最大部位通常在中间。

半轴键齿与半轴齿轮内键槽的配合间隙大于0.75mm，或半轴键槽扭斜大于1mm时，一般应换用新件。对于两轴齿轮到后桥中间不等距，两半轴又相等的驱动桥，若半轴齿轮与半轴键齿配合间隙过大，可将两轴调换使用，使其啮合位置改变即可。

（4）轴颈和座孔

轴颈与座孔常见损伤是磨损松旷。检查的部位是轴承与轴颈及座孔、油封与轴颈，以及差速器十字轴与壳孔及行星齿轮的配合。

① 轴承与轴颈及座孔的配合

a. 主动锥齿轮轴承与轴颈及座孔

• 外轴承内径与轴颈的配合。轮胎式装载机多数为过盈配合，少数为过渡配合。一般为-0.038~-0.003mm，大修允许过盈量一般为0mm，使用极限为0~0.03mm。

• 外轴承外径与座孔的配合。轮胎式装载机多数为过渡配合，少数为过盈配合。

ZL50 型装载机标准为−0.026～0.024mm。

• 内轴承内径与轴颈的配合。轮式装载机多数为过盈配合，少数为过渡配合。其配合要求和外轴承内径与轴颈的配合相同。

• 内轴承外径与座孔的配合。轮式装载机多数为过渡配合，少数为过盈配合。其配合要求与外轴承外径与轴颈的配合相同。

• 主动锥齿轮轴为跨置式支承，要求主动锥齿轮导向轴承内径与轴颈的配合一般为−0.032～−0.015mm。导向轴承外径与座孔的配合有过盈配合、过渡配合、间隙配合三种。不同机型有不同要求。

b. 差速器轴承与轴颈及座孔　轮式装载机差速器轴承内径与差速器壳轴颈均为过盈配合，大修允许最小值为 0mm，极限值为 0～0.01mm。

差速器轴承外径与座孔的配合为过渡配合，大修允许最大间隙为−0.02～0.05mm，极限值为 0.04～0.08mm。

c. 轮毂内、外轴承与轴颈及座孔的配合　轮毂内、外轴承内径与半轴套管轴颈配合，多数为间隙配合，少数为过渡配合。大修允许最大间隙和使用极限各不相同，应按各机型规定执行。

轮毂内、外轴承外径与座孔的配合为过盈配合，一般大修允许值为−0.012～0mm，极限值为 0.02mm。

② 半轴套管磨损　半轴套管油封轴颈磨出沟槽或磨损超过限度时，应予修复。修复时，对没有油封座圈的油封轴颈，可采用镶套法。要求套的厚度为 6mm，宽为 20mm，套与轴管配合的过盈量为 0.02～0.09mm。对装有油封座圈的油封轴颈，可将座圈拆下更换或镀铬修复。

③ 十字轴轴颈与差速器壳孔及行星齿轮内孔的配合　差速器壳孔径与十字轴轴颈的配合多数为过渡配合，少数为间隙配合。行星齿轮孔径与十字轴轴颈的配合均为间隙配合。其大修允许值和使用极限值，按各机型的规定配合执行。超过规定应更换或电镀、刷镀修复。

④ 半轴齿轮轴颈与差速器壳孔的配合　半轴齿轮轴颈与差速器壳孔的配合均为间隙配合，其标准按各机型规定执行，大修允许最大间隙，轮式装载机一般为 0.20mm。使用极限一般为 0.35～0.40mm。超过规定可采用电镀、刷镀法进行修复。

3.2.5.3　驱动桥的装配与调整

（1）装配注意事项

① 零件的原始装配位置　在总成分解之前，对关键部位解体时，如侧隙大小、印痕情况、轴向间隙等，应在零件上做上记号，尤其注意将各处调整垫片分别放置，以便按原位置装配。如果全部打乱进行混装，则调整时会引起很多麻烦，浪费工时，影响修复质量。

② 零件装配前和装配中的检验　主传动器壳上的主、从动锥齿轮轴心线的位移量和垂直度、轴的支承刚度，以及各轴承外座圈的安装、磨损情况等，都会对齿轮的啮合有影响。从动锥齿轮与差速器壳凸缘上的接合端面和安装座孔的垂直度，也需要有较高的精度。否则，轮齿虽加工精确，但由于上述误差过大，仍得不到正确啮合。因此，应加强零件装配前和装配过程中的检验，以免给调整齿轮啮合间隙时带来困难。

③ 旧齿轮的调整　调整旧齿轮时，应按原啮合位置进行调整，否则齿形不吻合，工作时会发响。如原啮合位置与技术要求相差过大，则应修磨齿面或换用新齿轮，以免出现轮齿折断等危险。

④ 主动锥齿轮轴轴承的预紧度　所谓轴承的预紧度，就是在消除了滚锥轴承内外座

圈与滚动体之间的间隙后，再加以适当的压紧力，使滚锥轴承预先产生微量弹性变形。

⑤ 主、从动锥齿轮接触印痕的位置　从理论上看，对于两轴线垂直相交的螺旋锥齿轮，为使螺旋锥齿轮的轮齿能沿其全长接触，必须使两齿轮节锥的母线在节锥顶点汇合，并使两齿啮合的曲面具有完全一致的曲率半径。但是装载机在工作过程中，特别是在较大载荷的作用下，由于轴、轴承和壳体的变形，以及装配调整中误差的影响，两齿轮势必略有偏移，这将引起载荷偏向于轮齿的一端，造成应力集中、磨损加剧，甚至造成轮齿断裂。为消除这种影响，在齿轮制造时，规定两齿轮的轮齿不允许沿全长接触，只沿长度方向接触 1/3～1/2，以及接触区偏向于小端。这要依靠制造时使齿轮的凸面曲率半径稍小于凹面的曲率半径来达到。这种接触方式使齿轮副对位置偏差的敏感性有所降低。

目前，国产装载机主传动器所用的齿轮大多数为格里森制螺旋锥齿轮，齿形曲线为圆弧，按齿高分类属渐缩齿。接触区在承受载荷后，位置的变化是根据齿制不同而有所区别，这是由齿长曲线的性质决定的。格里森制圆弧锥齿轮承受载荷后，接触区的位置向大端移动，其长度和宽度均扩大。因此，在装配中，应将接触区偏向小端，如图 3-86 所示。

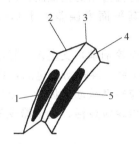
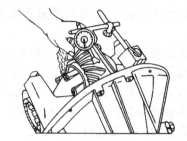

图 3-86　格里森制齿轮正确啮合时的印痕　　　　　图 3-87　用百分表检查齿侧间隙
1—接触区在齿的中部偏向小端 2～7mm 范围内；
2—前进啮合面；3—大端；4—倒退啮合面；5—控制在齿的中部

⑥ 齿侧间隙　齿轮工作时，应具有一定的齿侧间隙。此间隙是保证齿轮润滑的重要条件。间隙过小，不能在齿面之间形成一定厚度的油膜，工作时将产生噪声和发热，并加速齿面磨损和擦伤，甚至导致卡死和轮齿折断。当间隙过大时，齿面会产生冲击载荷，破坏油膜，并出现冲击响声，同样会加速齿面磨损，严重时也可能折断轮齿。

齿侧间隙值的大小，取决于端面模数和工作条件。端面模数愈大，工作条件恶劣，齿侧间隙值愈大。技术规范规定轮胎式装载机主、从动锥齿轮的侧隙一般为 0.2～0.6mm。主、从动锥齿轮齿面接触印痕和齿侧间隙，都是利用改变两齿轮中心距来调整的。因此，它们是互相联系又是互相矛盾的。在改变接触印痕时，侧隙也随着变化，而改变侧隙时，印痕又会随着改变。在调整时，往往出现侧隙达到要求，但印痕不符合要求，或印痕符合要求，而侧隙又不符合要求的矛盾。由于齿面接触印痕的好坏，是判断齿面接触面积、装配中心距离和齿形等是否合理的重要依据，因此，当印痕和侧隙出现相互矛盾时，印痕是矛盾的主要方面，应尽可能迁就印痕。但侧隙最大不应大于 1mm，否则须重新选配齿轮。

齿侧间隙测量方法如图 3-87 所示，亦可用压铅丝法进行测量。应多点测量，不同位置测得的间隙差，不得大于 0.15mm。

（2）驱动桥的装配与调整

① 主动锥齿轮轴的装配及轴承预紧度的调整　装配前，应将轴承等机件清洗干净，并涂以薄薄的一层机油，然后把轴承、调整垫片、隔套、轴承座分别装在主动锥齿轮轴上，再装上接盘和锁紧螺母等。应注意安装锁紧螺母时，应一边使轴承旋转，一边旋紧螺母，以免轴承在轴承座内歪斜。按规定力矩拧紧螺母后，检查轴承的预紧度。

轴承预紧度的调整：主动锥齿轮轴承预紧度都通过增减两轴承之间的调整垫片进行调整。增加垫片，轴承预紧度减小（间隙增大）；反之则增大（间隙减小）。主动锥齿轮轴轴向间隙最大允许值为 0.05mm。

检查轴承预紧度的大小常用的方法有两种：

a. 检查预紧力矩　当锁紧螺母按规定拧紧力矩拧紧后（一般不装油封），通过测定主动锥齿轮转动力矩大小来判定，具体做法如图 3-88 所示。

将轴承座夹持在虎钳上，用弹簧秤挂在接盘螺孔内，沿切线方向测量轴转动所需的拉力，应为 39.3～49.0N。测量时，主动锥齿轮轴必须顺着一个方向旋转不少于 5 圈以后进行，同时轴承必须经过润滑。

b. 经验检查法　用手推拉接盘，感觉不到有轴向间隙，且转动灵活，即为合格。调整时，选择适当厚度的垫片，当有明显轴向间隙时，应减少垫片。反之应增加垫片。

② 从动锥齿轮的装配及轴承紧度的调整　主传动器从动锥齿轮用螺栓按规定拧紧力矩固装在差速器壳上。装配时，各零件应注意清洗干净，并检查接合面和螺孔应光滑平整。螺栓固装后，应在车床上或专用台架上检查从动锥齿轮的偏摆度。出现偏摆度的原因主要是由于差速器壳与从动锥齿轮接合面不平，其平面度误差大于 0.05mm 时，应予修磨。

将装合好的差速器装入差速器轴承（即从动锥齿轮轴承）支座内，将轴承盖的固定螺母按规定拧紧力矩（ZL50 型装载机为 198N·m）拧紧。再转动调整圈，调整从动锥齿轮轴承紧度。调整过程中，在转动调整圈的同时，还应转动从动锥齿轮，以便检查从动锥齿轮轴承紧度是否合适。调整后的要求是转动从动锥齿轮应灵活、无卡滞现象，用撬棒撬动从动锥齿轮，应无轴向间隙感觉。

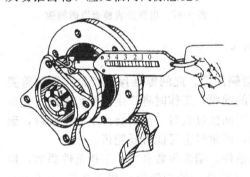

图 3-88　测量主动锥齿轮
轴承预紧度

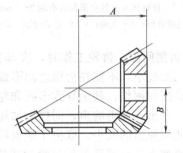

图 3-89　锥齿轮装配中心距示意图

A—主动锥齿轮装配中心距；B—从动锥齿轮装配中心距

③ 主、从动锥齿轮啮合印痕及啮合间隙的调整　为获得良好的齿面接触区，主、从动锥齿轮在制造时都经过成对研磨和检验。因此，在修理过程中，不能单独更换齿轮副中的某一件，也不能将配好的齿轮副搞乱，否则，在调整的过程中会遇到不必要的麻烦，甚至无法调出正确的啮合印痕和啮合间隙。

检验主、从动锥齿轮啮合位置是否正确，一般是用齿面的接触印痕来判断。在主动锥齿轮相邻的 3～4 个轮齿上涂以薄层均匀的红印油，对从动锥齿轮略施压力，然后转动主动锥齿轮，使其相互啮合数次后，观察齿面上的啮合印痕。

轮式装载机主、从动锥齿轮一般采用渐缩齿（格里森制齿），其长度为全齿长的 2/3，距小端的边缘为 2～4mm，距齿顶边缘为 0.8～1.6mm。齿轮正反面啮合印痕要求相同。如两者发生矛盾，应以正面啮合为主，但要以反面印痕能够保证齿轮正常工作为原则。

主传动器齿轮啮合位置的调整是在主、从动锥齿轮轴承紧度调整后进行。不正确的啮合印痕可通过移动主、从动锥齿轮，改变其中心距进行调整，如图 3-89 所示。

  a. 移动主动锥齿轮，改变中心距 A。可通过改变主动锥齿轮轴轴承座与主传动器壳体之间的调整垫片厚度来实现。

  b. 移动从动锥齿轮，改变中心距 B。可用改变从动锥齿轮左右两边轴承的调整垫圈进行调整，但不能改变从动锥齿轮轴承的紧度。

  调整锥齿轮啮合印痕的具体方法见表 3-1。

表 3-1　锥齿轮啮合印痕调整方法

被动齿轮面上接触痕迹的位置		调整方法	齿轮移动方向
		将从动锥齿轮向主动锥齿轮靠拢,若此时所得轮齿的齿隙过小时,则将主动齿轮移开	
		将从动锥齿轮自主动锥齿轮移开,若此时所得轮齿间的齿隙过大时,则将主动锥齿轮靠拢	
		将主动锥齿轮向从动锥齿轮靠拢,若此时所得轮齿间的齿隙过小时,则将从动锥齿轮移开	
		将主动锥齿轮自从动锥齿轮移开,若此时所得轮齿间的齿隙过大时,则将从动锥齿轮靠拢	

  为工作方便，可将上述调整方法简化为口诀：大进从、小出从、顶进主、根出主。如果在调整中印痕变化规律不符合上述四种情况，如图 3-90 所示的不正常时，其原因是齿轮齿形或轴线位置不正确，可用手砂轮修磨齿面。若经修磨仍不能修正，则应重新选配齿轮，不能勉强使用。

  ④ 差速器的装配与调整　差速器装配前，应将各垫片及齿轮的工作面上涂以润滑油。装配时，应注意垫片有油槽的一面朝向齿轮，并要求两半轴齿轮垫片的厚度差不大于 0.05mm。差速器两半壳装合时应注意记号，固定螺栓拧紧力矩是 78.4～98N·m。装合后，用手转动半轴齿轮，应灵活。

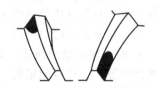

图 3-90　啮合印痕不正常示意图

  半轴齿轮大端的弧面与四个行星齿轮背面的弧面应在一个球面上。不合适时，应通过改变行星齿轮背面垫片的厚度来调整。调整后，重新检查齿轮在行星齿轮上转动是否灵活及间隙值是否合适。

  ⑤ 止推销及止推垫块的调整　单级主传动器的从动锥齿轮直径较大，工作时轴向力所形成的力矩可引起从动锥齿轮偏摆。因此，在从动锥齿轮背面与主动锥齿轮相对的壳体上装有止推销及止推垫块。止推垫块与从动锥齿轮背面的间隙应按各机型规定进行调整。如间隙过大，应更换青铜止推垫块；如间隙过小，应进行锉修。止推销的铆钉头应低于垫块平面 1mm。如发现铆钉头露出，应立即更换。否则，青铜止推垫块脱落将会损坏轮齿。

  郑工 955A 型装载机止推垫块（顶套）与从动锥齿轮背面间隙为 0.25mm。调整时，将止推螺栓拧至与从动锥齿轮背面靠拢，而后退回 1/8 圈，调好后拧紧锁紧螺母。

ZL50 型装载机止推垫块（顶套）与从动锥齿轮背面间隙为 0.2～0.4mm。调整时，将止推螺栓拧至与从动锥齿轮背面靠拢后，退回 1/4 圈，调好后拧紧锁紧螺母。

⑥ 轮毂轴承的调整

a. 轮边减速器在装配时，各齿轮及轴承等应涂抹齿轮油。齿轮转动应灵活自如，无卡滞现象。

b. 螺栓的拧紧力矩符合规定要求。

c. 轮毂安装好后，使轴承处于正确位置，然后拧紧圆头螺母（滚动轴承的间隙是靠调整圆头螺母来实现的），直到轮毂能勉强转动为止，然后将螺母倒退 1/10 圈。调整好滚动轴承的间隙后，应拧紧外侧螺钉。此时，轮毂应转动自如，不应有卡滞现象。

d. 前右轮边减速器与后右轮边减速器相同，前左轮边减速器与后左轮边减速器相同。

e. 端盖处加油口加入的润滑油注到从孔溢出为止。润滑油与主传动总成用油相同。将轮毂及轴承加足润滑油装在桥壳半轴套管上以后，一边转动轮毂，一边将轴承调整螺母拧紧，将螺母调到底后，再退回 1/6～1/4 圈。然后装上外油封、止动垫圈，最后用锁紧螺母锁紧。调整后，用手转动轮毂应灵活，轴向推拉时无间隙感觉。

（3）驱动桥的磨合与试验

驱动桥磨合和试验前，应按规定加注黏度比正常使用时低的润滑油。磨合与试验时主动轴的转速按各机型规定。正转、反转、无负荷、有负荷均应试验，且各运转时间不少于 10min。运转过程中，测量各轴承处的温度不应高于 60℃，即手摸时不应有过热感觉。倾听声音，不应有不正常的响声或高低速变化时的敲击声。检查各密封处，不应有漏油现象。运转时间根据检查中发现的具体情况而定，但最短不少于 1.5h。高速带负荷运转一般不超过 15min。

负荷运转形式有两种：一种是装车进行，另一种是台架试验。在车上进行时，应先将后桥顶起，将变速器挂入适应于传动转速的挡位，并将一边车轮制动器间隙适当调小，使各齿轮和轴承都具有一定的负荷。这种形式适于小型保修单位。

3.2.5.4 驱动轮轮毂检修

（1）驱动轮轮毂分解

首先支起车桥，按顺序拆下车轮、半轴、锁止装置、调整螺母，然后卸下轴承、轮毂与油封等。将所拆机件清洗干净，然后检查各机件的技术状况。

（2）驱动轮轮毂的检修

① 检查轮毂轴承滚柱、滚道应无严重锈蚀或疲劳剥落，否则应更换。轴承内径和轴颈配合间隙，应符合规定值，一般为 0.015～0.060mm。超过规定的使用限度，应更换轴承或修复轴颈。

② 检查轮毂油封如有损坏、断裂应更换。橡胶油封如有损坏、老化或弹簧损坏等均应更换。

③ 检查半轴套管不应有裂纹或弯曲变形，半轴套管螺纹损坏不应超过三牙，否则应修复或更换。

3.2.5.5 半轴的维修

半轴由于长期承受交变力矩的作用，极易产生疲劳损伤。常见的损伤有弯曲、扭曲、断裂、花键的磨损等。

① 半轴应用磁力探伤法或浸油敲击法进行探伤检查，不得有任何性质的裂纹。如有裂纹应换用新件。

② 以半轴轴线为基础，半轴中部未加工面的径向跳动应不得大于 1.3mm，如图 3-91

所示；半轴花键外圆柱面的径向跳动不得大于 0.25mm；半轴凸缘内侧端面圆对半轴轴心线的跳动误差不得大于 0.10mm，大修允许为 0.15mm，使用极限不大于 0.25mm。径向跳动超限，应进行冷压矫正；端面圆跳动超限，可车削端面进行修正，如图 3-92 所示。

③ 半轴油封轴颈不得有沟槽，磨损量不得大于 0.2mm，若不符合规定，可用镶配油封轴颈的方法恢复其基本尺寸。

④ 半轴花键与半轴齿轮及凸缘的键槽配合侧隙增大量较原厂规定不得大于 0.15mm。否则，应换用新件。

⑤ 半轴花键扭曲变形在保证装配侧隙条件下不得大于 0.8mm，否则，应换用新件。

⑥ 半轴轴承弯曲应不大于 0.5mm，若大于，应进行冷压校正。

⑦ 半轴键齿磨损，与半轴齿轮内键槽的配合间隙大于 0.75mm，或半轴键齿扭斜大于 1mm 时，应予以更换。

⑧ 半轴套管轴承轴颈磨损大于允许值时，可镀铬或振动堆焊后加工修复。

⑨ 半轴套管端紧固螺母螺纹损坏两牙以上的应予以修复。

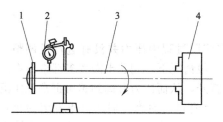 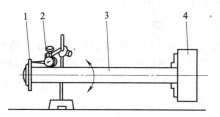

图 3-91 半轴变形的检测　　　　　　图 3-92 半轴凸缘平面垂直度的检测

1—半轴凸缘；2—百分表；3—半轴；4—三爪卡盘　　1—半轴凸缘；2—百分表；3—半轴；4—三爪卡盘

3.2.5.6 轮边减速器维修

① 轮边减速器壳体不得有任何性质的裂纹和损伤。

② 检查轮边减速器行星齿轮、接合套工作面，不得有裂纹、断齿和磨损过甚现象，否则必须予以更换。

③ 轮边减速器半轴油封在安装时应将刃口朝向半轴输入端方向（由于两个油封材质不同，应将有标记的油封装到输入端里边）。

④ 装配过程中，连接螺栓载入壳体一端必须涂以乐泰 262 螺纹锁固胶，行星齿轮架组件连接面应涂以乐泰 510 平面密封胶，并将油封部位和轴承内涂以润滑脂。

⑤ 轮边减速器行星齿轮齿侧间隙为 0.15～0.30mm。

3.2.5.7 驱动桥的试验与验收

（1）驱动桥的试验

① 驱动桥总成装配后，应在专门的试验台上进行无负荷（空转）及有负荷（车轮制动器制动时）正、反运转试验。试验前从桥壳上部的加油孔加入一定量的新的 80W/90 号普通叉车齿轮油，并拧紧加油孔螺塞。试验时，主动圆锥齿轮的转速：两级减速器为 1400～1500r/min；单级减速器为 1000r/min。各项试验的时间均不得少于 10min。

② 试验中各轴承区的温度不得高于 60℃；齿轮啮合时声音应均匀，在有负荷（车轮制动器制动时）正、反运转试验时不允许有敲击声或高低变化的异常响声；油封及各接合部位不允许有渗油、漏油现象；所有运动和非运动部件，不得有相互刮碰现象；试验合格后，应放净润滑油，清洗减速器，否则应重新装配与调整。

（2）驱动桥验收技术条件

① 检查主、从动圆锥齿轮的齿侧间隙和啮合印痕应符合要求，检查合格后，齿轮允许有均匀的啮合噪声，但在稳定转速条件下，不允许有高低变化的敲击声，各接合部位不

允许有漏油现象，轴承区温度应符合规定。

②加注的润滑油种类应符合要求，油面高度应符合车型规定。

③修复后的驱动桥应进行防锈处理。

3.3　传动系统常见故障诊断与排除

3.3.1　变矩变速系统常见故障诊断与排除

3.3.1.1　变矩变速液压系统压力不正常

（1）故障现象

变矩变速液压系统压力的高低，可反映在压力表上，正常情况下应该为 $1.4 \sim 1.6$ MPa，最低正常压力不得小于 1.1 MPa。如果工作时系统压力过高、过低或为"0"，则都不正常。

（2）故障原因及排除

①压力过高

a. 主压力阀压力调整过高或卡滞　装载机在使用过程中压力并没有进行过调整，而压力突然升高，则是因为主压力阀阀芯卡滞所致。一般情况下，阀芯卡滞大多都卡滞在压力低的位置，但如果阀芯内有异物，也能导致阀不易打开，从而压力升高到超出正常工作范围。

将阀拆下、分解、清洗，用少许氧化铝研磨软膏进行研磨，研磨至不发卡为止，然后清洗干净并装复，并对主压力、进口压力、出口压力重新进行调整（有条件时应该在试验台上进行）。

b. 压力表指示过高　柴油机不启动时，压力表指示应为"0"，如果不为"0"，而是预先指示一定的数值，则系统工作时的压力，将是实际压力加上预先指示的压力。遇到这种情况，应换上合格的压力表即可。

②压力过低

a. 变速器壳体内油面过低　箱体的侧面有两个油平面高低检视开关，油平面在高低检视开关之间为正常、合格。如果油平面过高，应将多余的油放出；如果油平面过低，应先查明原因，再采取相应的措施。

变速器壳体内油面偏低，油泵会吸进空气，油箱内产生气泡，同时还有噪声，压力表指示不稳，摆动剧烈。如果油平面过低，油泵会吸不上油，油压表会没有压力指示。如果维修或更换总成后，油面加到标准位置，启动装载机，开始时压力正常，但几秒钟后压力就迅速下降，降到低位开关位置以下，这种情况下只需将油加够即可。

工作油外漏，这种现象很容易观察到，先解决漏油问题；在维修过程中的流失，比如更换新油泵、散热器、油管等，更换后又没有添加上流失的那部分数量的油，应将油添加到标准高度。

b. 变速器油底壳内滤网太脏、堵塞，过油不畅　脏物的来源主要有：系统内有非正常的磨损、剥落，由于长期工作产生的磨屑，或者是零件表面的剥落物；装载机作业环境恶劣，而变速器通风后又不注意维护，致使尘土进入变速器内部，形成油泥；变速器在修理时不清洁，使用棉纱擦洗零件和变速器壳体内部表面时，棉纱的毛屑挂附在零件上，随着工作油的流动集中在滤网上。

变速器壳体内滤网过油不畅，过油能力受限，油泵吸油时，低压部分要产生一定的真空度，油泵的转速越高，产生的真空度就越大。滤网堵塞后，柴油机怠速时，从表上观察压力还基本正常，油门越大，压力反而越低，同时伴随有明显的噪声，装载机车轮的推进力也变小。

对于以上原因造成的滤网堵塞，一方面是结合换季保养定期清洗滤网。另一方面是注意对变速器的通风换气口的维护，不要让尘土轻易地进入变速器内。特别是在修理变速器时，不要用棉纱清洁，要用干净的毛刷和洗油清洗零件，油道和拐角不易观察到的地方，用压缩空气吹干净，粗糙不平的地方可用软面团粘干净即可。

c. 油泵的低压油管变形、变软，来油不畅　油泵通过油管从变速器的油底壳吸油。这种低压油管是耐油管，使用寿命较长。但如果长期在高温状态下工作，油管易变软；或者因为外力的作用，油管损坏，而更换的新油管不是耐油管、只是普通油管，虽然工作时间不长也易变软。油泵吸油时，低压管内要产生一定的真空度，油泵的转速越高，产生的真空度就越高。油管变软后，在管外大气压力的作用下，就会变扁，使过油能力变小。柴油机怠速时，从表上观察压力还基本正常，油门越大，压力反而越低，油管变成扁平，这也是与变速器油底壳内滤网太脏堵塞的区别。

油泵的低压油管变形、变软，造成来油不畅，应更换合格的耐油管，不能用普通的油管代替，以避免再出现相同的故障。

d. 油泵磨损后泄漏严重　油泵经过长时间的工作，会产生一定的磨损。如果新装载机使用时间不长，或者刚换上一个新油泵，使用时间不长又致磨损，则主要是因为：油泵质量太差；油中有杂质或金属屑，会加剧油泵的磨损；油泵输入轴与油泵轴不同轴，也会加剧油泵的磨损。

油泵磨损后，工作时就会产生泄漏，进而影响到整个系统的压力和流量。转速低时，产生的泄漏少些，转速高时，产生的泄漏多些，但转速高时增加的油流量比增加的泄漏量要大很多。所以油门小时，压力低些，各挡显得工作无力；油门大时，压力高些，各挡就工作有力一些，即压力随油门的变化而变化。

油泵磨损后，通常应换用新油泵。

e. 主压力阀密封不严、泄漏严重，或压力调整过低　主压力阀经过长时间的工作，阀芯和阀体磨损，阀芯卡滞，弹簧变软或折断，都会使系统的压力降低，特别是工作油不干净，油中有杂质时，阀芯磨损会加剧或者卡滞。如果在维修时，修理人员对阀的构造和性能特点不大了解，对故障原因没有进行科学系统的分析，随意分解或者调整三联阀，而使阀的调定压力改变，致使系统压力降低。阀的调定压力降低后，会出现各挡工作无力的现象。所不同的是，无论柴油机的转速升到多高，压力都不会明显同步上升，只会维持在一个较低的压力，并且变化不大。

维修方法：一是换用合格的工作油。二是研磨并清洗三联阀。三是重新调整主压力阀的压力，必要时应在试验台上试验。

f. 变速操纵阀磨损、泄漏严重　变速操纵阀的频繁操作，必然会产生磨损，从而出现泄漏，而且这种磨损不可补偿、不可逆转，只会越来越严重。这个逐渐变化的过程也伴随压力的逐渐下降。而且两个阀杆和阀芯的磨损程度也几乎相近。

当把操纵阀总成拆下后，用手径向推动阀芯，能感觉到间隙。

变速操纵阀磨损、泄漏严重，一般情况下只能换用新的变速操纵阀。

g. 换挡离合器磨损、泄漏严重　换挡离合器磨损出现泄漏，主要在活塞与壳体的活塞环之间、活塞及壳体与轴的O形密封圈之间、套与轴端头的O形密封圈之间产生。但各挡离合器的磨损和泄漏又不相同。因为各挡离合器的工作状态不相同，而且各个配合面只要有相对运动便会有磨损，往往是不经常接合的那个离合器的磨损最严重。如果前进、高低挡都挂在空挡时，压力正常，而挂某个挡时压力立即下降，则主要是这个挡的离合器磨损过甚，需要分解检修挡位离合器，更换损坏的零件，并且按要求进行装配。

③ 压力为"0"

a. 柴油机的动力没有传递过来　　如果柴油机的动力没有传递过来，油泵不能旋转，油压不能建立，压力表只能指示为"0"。其原因有：弹性连接盘与飞轮的连接螺栓切断；油泵轴与传动齿轮轴的平键被切断。

如果这时操作升降杆或者转动转向盘，都没有动作反应，则说明弹性连接盘与飞轮的连接螺栓被切断；如果有动作反应，则可能是油泵不旋转或还有别的原因。判断油泵轴与传动齿轮轴的平键是否被切断，可以将油泵的出油管拆下，用旋具拨动油泵齿轮，如果能转动，则说明平键被切断。

如果是弹性连接盘与飞轮的连接螺栓被切断，应查明被切断的原因并重新连接好；如果油泵轴与传动齿轮轴的平键切断，则应换上合格的平键。

b. 变速器壳体内油面过低

• 由于严重泄漏等原因，变速器油底壳内油很少或没有油，油泵自然吸不上油。这种情况只需检查油平面高度便能确定。需要先解决漏油的问题。

• 变矩器大修后最容易出现下列情况：刚开始时油面合格，启动柴油机试车，待油液补充到变矩器和管路后，油面就降低了，随之油压下降，甚至没有压力。解决办法是应该赶快将柴油机熄火，再将油加到标准油面。

c. 油泵磨损过甚、吸不上油　　装载机只要一启动，油泵就在转动，所以油泵的磨损是自然的。如果油液不干净，油泵装配不合适而造成偏心，油泵受到外来的轴向力或径向力过大等，都会加速油泵的磨损。油泵磨损严重后，内部各配合面之间的间隙超限，如果放置不用或者封存时间又较长，则油泵内部的油膜就不易保持，油泵对高低压腔就不能实行有效的隔离，低压部分就不会产生真空，油就吸不上来。

如果临时解决这个问题，只要往油泵内加一点工作油即可。如果要彻底解决问题，只能换用新油泵。

d. 压力表油管接头堵塞、油管被压平不能过油　　如果启动柴油机，压力表虽然没有压力显示，但挂上挡装载机行走良好，说明实际压力正常，只是显示不正常。原因可能是：压力表损坏、油管压扁不能过油、油管接头有脏物堵塞。排除方法：应更换油管或压力表。

3.3.1.2　变矩变速液压系统油温过高

（1）故障现象

装载机经过较长时间的工作后，变矩变速液压系统工作油的温度反映在油温表上的值80～95℃为正常，并且用手摸变矩器、变速器的壳体，感觉不是特别烫手。如果油温表上显示的温度超过100℃，接近120℃，或者手摸变矩器、变速器的壳体，感觉特别烫手，即为变矩变速器油温过高。系统的油温过高会造成密封零件易老化，工作油变稀，系统的压力下降。如此恶性循环，将缩短装载机的使用寿命，即使暂不影响装载机的工作，也要尽快排除故障。

（2）故障原因及排除

① 柴油机启动时间并不长，转速不高，变速器挂空挡并未运行，并且系统油压正常，而油温上升很快。

a. 柴油机启动运转并在空挡位置，即使是在怠速状态下，变矩器的动力输出轴也应该旋转。

如果输出轴不旋转，说明变矩器的传动效率低，输入的动力被转换成了热量。变矩器工作不正常，主要原因及排除方法是：

• 进口压力阀或出口压力阀的压力不正常。三联阀上的进口压力阀和出口压力阀的压力没有压力表显示，只是设置压力检测口能够检测。正常情况下进口压力为 0.64MPa，出口压力为 0.25MPa。如果阀内部有问题：弹簧折断、弹簧变软、阀芯卡滞等，都有可能使系统压力不合适，则需对三联阀进行解体检查和检修。

如果进出口压力阀的压力不合适、需要调整时，应接上压力表。没有压力表，只凭感觉试调，压力也不可能调整合格。如果仅仅试调，则要记住几个调整螺钉的原始位置（也就是调整螺钉头部高出阀体的高度）。如果调整螺钉往里拧 1～2 圈，变矩器的工作状况没有任何改变，就要将调整螺钉拧回到原始位置。

• 变矩器内部有机械摩擦。变矩器在工作时，几个工作轮（泵轮、涡轮、导轮）之间是有一定间隙的，转动时互不接触和摩擦。如果轴承磨损严重、工作轮叶片断裂、铆钉或者螺钉脱落，工作轮之间就会产生非正常的摩擦和磨损，从而导致工作油温上升。

如果是上述原因造成油温上升，在柴油机熄火后，将第一传动轴与变速器输入轴的接盘连接螺栓拆下，用手转动第一传动轴，会感到有明显的阻力，并且在变速器的油底壳的滤网上发现大量的银白色铝合金粉末，并且放出来的油为银白色。这种情况下，应对变矩器进行大修，更换所有损坏的零件，按要求进行正确装配。

b. 换挡离合器分离不彻底。如果变矩器工作正常，而变速器的某个换挡离合器用手摸时感觉发烫，则表明该挡位的离合器分离不彻底。不挂挡时，主动摩擦片和从动摩擦片之间应该没有大的摩擦力，即使相对运动也不会产生太多的热量。如果主动摩擦片和从动摩擦片有严重变形、碟形回位弹簧不回位、摩擦片之间有大的杂质，都会使某个挡位的离合器分离不彻底。排除方法：应对该换挡离合器进行分解检修。

② 装载机运行和作业的时间不长，但手摸变矩器、变速器的壳体，感觉特别烫手。

a. 系统油压正常，但作业或行驶无力，并且手摸变矩器的壳体，感觉比变速器的壳体的温度高，其原因往往是变矩器的导轮卡死。变矩器的导轮卡死，需要对变矩器进行解体检修。

• 内外滚道不光洁、变形、有麻坑等严重磨损，应将单向离合器小总成更换。

• 单向离合器的滚柱顶套内的弹簧因油泥堵塞不能回位，应更换工作油并对系统进行清洗。

• 单向离合器的滚柱弹簧变软，也会使导轮卡死，应更换弹簧。

b. 液压系统油压过低，导致变速器的挡位离合器主、从动摩擦片工作时打滑，引起发热。具体原因和判断及解决的方法应参照液压系统油压过低故障一起分析，并先排除液压系统油压低的故障。

③ 热平衡系统工作不良。热平衡系统的温度感应器失效，热平衡系统的计算模块出现故障，以及油泵和马达工作不良，也会使变矩变速液压系统油温高。

如果是热平衡系统工作不良，需要散热的各个冷却系统的温度都会高。

④ 长时间行驶和作业。

a. 散热器的散热效果差。变矩变速器的工作油通过散热器冷却散热，如果散热器内因油泥堵塞，散热管变形，散热管外部被尘土覆盖，散热效果就会变差，则变矩变速器工作油的温度也会高。

b. 环境温度高、连续作业时间长。在炎热的地区、夏季温度 40℃ 以上，连续作业 3～4h 以上，装载机大强度的作业，使系统的油温相对较高。因此，在这种情况下，应停止作业降温。

3.3.1.3 变矩器的齿轮箱内充满油

(1) 故障现象

变矩器齿轮箱的油面高度应该在回油管接头的位置，但变矩器齿轮箱的通气孔往外冒

油，则说明油面异常。

（2）故障原因及排除

① 油泵端面密封损坏。如果油泵端面密封损坏，特别是工作泵、先导泵、转向泵的端面密封损坏，大工作油箱的油将会减少，变速器的油面将会升高；变矩变速液压系统油泵端面密封损坏，压力也会下降。

油泵端面密封损坏的主要原因及排除方法：

a. 油封的质量有缺陷、老化，应更换油封。

b. 装载机封存时间过长，密封面发生粘连，装载机运动时密封面被撕裂。

c. 油泵的轴承磨损严重，油泵轴的密封面磨损，也易使油泵油封漏油。应更换油泵总成。

要判断是哪个油泵的端面密封损坏，应该考虑那个油泵的系统油箱的工作油是否减少，或者压力是否降低，同时，还可以将该油泵的固定螺栓拧松，将油泵撬出少许，启动柴油机，看连接处是否往外明显漏油。

② 泵轮处的骨架油封损坏。如果油泵端面密封都没有损坏，而变速器的油面又不升降，但变矩变速液压系统的出口压力略有下降，则表明泵轮处的骨架式油封损坏。

泵轮处的骨架式油封损坏后，变矩器内的油将从油封处漏到齿轮箱。此时，应更换油封。要更换油封，就需要将变矩器总成从装载机上吊下，全部分解，然后按要求装配。

③ 三联阀泄油过多。齿轮箱的轴承及齿轮靠三联阀的泄油润滑。如果三联阀泄油过多，也会使齿轮箱油面过高。同时，系统的压力也会明显偏低。此时，应更换三联阀总成。

④ 回油管堵塞。即使回油量不大，回油管如果堵塞、变形，回油不能及时回到变速器的油底壳，齿轮箱的油面也会上升。

维修方法：更换回油管。

3.3.1.4 变矩器异常尖叫声

（1）故障现象

启动柴油机，装载机不挂挡行走，从变矩器处发出一种异常的尖叫声，虽然装载机行走和作业大致正常，但这种情况也属于故障，要查明原因，及时解决。

（2）故障原因及排除

① 变矩器叶片发生汽蚀现象。

a. 三联阀卡死，致使进入变矩器的工作油的压力低。此时应该将阀分解、清洗、研磨，并在专门的试验台上调试，并更换清洁的工作油。

b. 系统油路有空气，是由于变速器的油面低、低压油管破损、接头漏气。当系统油路有空气时，变速器的工作油中会有大量气泡，并且压力表指针摆动。变速器内的油面低，可以从检视口观察到，将油量加到要求的高度即可；低压油管破损、接头漏气，低于油面部分会有油渗出，高于油面部分的接头涂抹肥皂水会有气泡产生。

c. 变矩器工作轮叶片损坏。此时需要将变矩器分解检修。

② 零件有损坏并发生位移。如轴承损坏，致使变矩器内的零件发生位移，工作时不直接接触的零件产生接触，出现摩擦和磨损，同时发出尖锐叫声。

零件产生磨损，工作油中可能同时有白色金属磨屑，油温上升快，油温异常，装载机行驶和作业无力。

变矩器内零件损坏，需要将变矩器拆下分解检修，更换损坏的零件，按要求进行装配。

3.3.1.5 装载机挂不上挡

（1）故障现象

装载机要行驶和作业，必须同时挂上不同的挡位。如果挡位都有选择地挂到了相应的位置，而车轮却不转动，则判定是装载机挂不上挡。

（2）故障原因及排除

① 变速操纵系统压力过低或没有压力。

a. 挂上任意的挡位，同时转动转向盘或操作升降手柄，也没有任何反应，系统压力表的压力显示为"0"。其原因是变矩器的弹性连接盘的连接螺栓被切断。

b. 系统压力表的压力显示很低，挂上任意的挡位后，还是没有任何反应，应按前述压力低的故障分别排除。

c. 如果因为踩过一次制动后出现这种现象，则可能是制动脱挡阀阀芯卡住在断油位置。在行驶和作业过程中，踩下制动踏板，从后气制动总阀和加力器之间，有一路压缩气体通变速器分配阀的制动脱挡阀，切断柴油机的动力，以防制动时动力传递系统继续提供动力而影响制动效果。如果制动后制动脱挡阀阀芯卡住，解除制动后阀芯不回位，应清洗或研磨制动脱挡阀。

d. 如果不踩制动时拧松制动脱挡阀的气管接头，有空气漏出，说明气制动总阀的推杆位置不对；回位弹簧失效；活塞杆卡死。应检修或更换气制动总阀。

e. 如果只是某个挡挂不上，应该检查该挡油道是否堵塞。

② 高低挡没有挂到位。由于操作失误，在行驶状态下挂高低挡（正确的方法是挂高低挡时应该在停车状态下），致使啮合齿被打坏，而挂不上高低挡。或由于高低挡操作杆的球头磨损，自由行程增大，操作杆感觉挂到了位，而啮合齿套并没有真正挂到高速或低速从动齿轮内，动力不能传到输出轴上。

③ 变速操纵阀及其操纵杆系卡滞。变速操纵阀操纵杆变形、咬死，杆的球头磨损过甚，以致自由行程过大，都有可能出现挂不上挡的故障。对杆系进行调整，消除过大的自由行程，就能够排除此故障。

3.3.1.6 装载机作业爬坡无力

（1）故障现象

装载机压力正常但作业爬坡或行走无力。

（2）故障原因及排除

① 柴油机动力不足。装载机作业时，油门踩得较大，而负载加大时柴油机排气管明显冒黑烟、转速下降，并且声音沉闷。具体原因和判断方法见柴油机的故障排除。

② 变矩器动力输出不足。装载机作业时间不长，柴油机熄火后，从检视窗口手摸变矩器泵轮壳，温度明显比变速器壳体的温度高，柴油机的动能在变矩器内损失明显，转化成热量。判断方法参见变矩器变速器油温过高。

③ 变速器的动力输出不足。

a. 系统压力低（见压力低故障）导致离合器主、从动摩擦片打滑，手摸变速器离合器的壳体，温度明显比变矩器壳体的温度高。先排除系统压力低的故障。

b. 变速器离合器分离不彻底。当某个离合器接合时，与之对应的不接合的那个离合器（比如1、3挡离合器接合，而2、4挡离合器分离），如果分离不彻底，就会产生干扰和抵消，从而影响动力的输出，并且变速器油温也会过高。排除方法：应检修换挡离合器，更换变形的摩擦片和回位弹簧等零件。

④ 超越离合器卡死或失效。正常情况下，超越离合器的两个齿轮只能相对于一边能转动，一边不能转动。当超越离合器卡死后，两个齿轮之间不能相对运动，装载机作业无力。若超越离合器失效，两个齿轮之间能相对运动，装载机平路上行驶无力。

⑤ 制动解除不彻底。如果行车制动器的制动解除不彻底，动力传递到车轮就会产生轻踩制动的效果。装载机行驶距离不长，几乎没有使用制动，但手摸制动器的制动盘却很热，甚至装载机行走时能听到车轮有明显的制动摩擦的声音。应检修制动系统和车轮制动器。

Chapter 1

Chapter 2

Chapter 3

Chapter 4

Chapter 5

Chapter 6

Chapter 7

Chapter 8

Chapter 9

3.3.1.7 装载机挂挡时等挡

（1）故障现象

装载机挂挡后，不是立即平稳地起步，而是等一定的时间突然地起步。装载机出现等挡，操作手很不舒服，同时装载机也因为起步冲击而加速损坏。

（2）故障原因及排除

① 操纵杆系自由行程过大。由于球头的磨损，操纵杆系各处的自由行程增大，操纵阀的阀杆会突然接合，工作油会突然进入挡位离合器，使离合器接合过快，出现等挡，应对球头进行调整或更换。

② 挡位离合器的齿圈或齿毂磨损出现台阶。离合器接合时犯卡，出现突然的接合。此时应对变速器进行检修，更换损坏的零件或总成。

③ 动力传动系统各连接和啮合部位间隙过大。传动轴的十字轴、传动轴节叉、变速器齿轮、主传动的啮合齿轮、差速器、轮边减速器，这些接合部位如果间隙过大，间隙累加起来就更大。装载机起步时要消除这些间隙，就有可能等挡。要排除这些间隙，只能对装载机进行全面的调整和检修。

④ 变矩器导轮的单向离合器磨损。单向离合器磨损过甚、处于似接合非接合状态时，容易出现这种现象。出现这种情况时应对变矩器进行大修。

⑤ 超越离合器接近失效时，单向离合器磨损过甚，处于似接合非接合状态。出现这种现象应对变速器进行大修。

3.3.1.8 装载机拖启动失灵

（1）故障现象

装载机的变矩器和变速器的主要功能之一就是当柴油机电启动失效时，能利用其他装载机进行拖启动。抛开柴油机本身的原因，如果装载机被拖动行驶的速度较快，而柴油机的转动速度却很慢或者不转动，则是拖启动失灵。

（2）故障原因及排除

① 辅助油泵不泵油、控制油泵的离合器棘轮打滑失效。如果拖启动时，变速控制系统的压力表无压力显示，则说明辅助油泵不泵油。主要原因是油泵平时不工作而造成油膜不能保持而吸不上油。如果油泵本身并无故障，那只能是控制油泵的离合器棘轮打滑失效所致。应检修离合器。

② 变矩变速器辅助系统主压力过低。系统压力过低，没有足够的油压压紧变矩器的锁紧离合器和变速器挡位离合器。压力过低的具体原因和分析排除方法参见系统压力低的故障。

③ 变矩器的锁紧离合器打滑失效。变矩器的锁紧离合器平时使用较少，只在长途行驶时才使用，效果稍差感觉也不明显。如果作业时并没有发现变速器的挡位离合器有故障，而拖启动操作也正确，但柴油机就是转速很低或不转动，原因就是变矩器的锁紧离合器打滑失效。应分解检修变矩器，如果摩擦片磨损严重，应更换摩擦片。如果锁紧离合器活塞漏油，密封差，则应更换密封零件。

■ 3.3.2 传动轴、驱动桥常见故障诊断与排除

3.3.2.1 传动轴异常响声

（1）故障现象

装载机在行驶和作业时，机身发抖，并有撞击声；行驶中产生周期性的响声，或连续性的响声，速度越高，响声越大，严重时也会使机身发抖，驾驶室振动，手握转向盘有震麻的感觉。

（2）故障原因及排除

① 万向节、传动轴花键松旷所致的响声。装载机起步时机身发抖，并有撞击声，速度突然降低，响声更加明显。停车检查：用撬杆插到十字轴与节叉中间，撬动传动轴左右晃动，或用手抱住传动轴左右晃动，能够感到万向节、传动轴花键松旷。其主要原因：万向节十字轴及滚针轴承因缺油而磨损松旷或滚针损坏；传动轴花键与键槽因缺油而磨损过甚；传动轴连接螺栓紧固不牢而引起螺栓松动。

排除方法：应更换十字轴和传动轴螺栓。

② 传动轴转动不平衡所致的响声。装载机在行驶中产生周期性的响声，速度越高，响声越大，严重时将使机身发抖，驾驶室振动，手握转向盘有震麻的感觉。停车检查：将装载机的前后桥支起，挂上高速挡，用听、看的方法，检查传动轴的摆振情况，特别要看转速突然下降时，摆振是否会更大些。主要原因：一是传动轴在使用中由于磨损、变形、安装不当、中间支承固定螺栓松动等，使传动轴不平衡量增加，从而出现不同程度的振动和响声；二是十字轴的各轴颈端面与中心线不对称，或是万向节轴承和轴颈磨损后产生较大的松旷量、十字轴松动，都会使传动轴的旋转轴心线与传动轴轴心线不重合。

排除方法：应重新按要求装配传动轴。

③ 中间支承轴承安装不当或损坏而发出的响声。装载机在行驶中产生连续性的响声，速度越高，响声越大，严重时也会使机身发抖，驾驶室振动。停车检查：用撬杆插到传动轴靠近中间支承处，撬动传动轴上下晃动，能够感到传动轴支承轴承处松旷。其主要原因是：安装不正确（安装时前后盖固定螺栓开始不要拧太紧，待传动轴试运转后再最后紧固）、轴承缺油、支架垫圈损坏及前后盖固定螺栓松动。

排除方法：应对传动轴进行维护保养。

传动轴的损坏一般是可见的，只要加强使用中的维护保养，减少作业中的冲击载荷，故障出现的概率会大大降低。

3.3.2.2 前后桥主传动异常响声

（1）故障现象

随着装载机作业时间和行驶里程的增加，驱动桥可能会出现异常响声等故障。驱动桥的响声比较复杂，零部件不符合规格、装配时安装和调整不当、磨损过甚等，在作业或行驶时便会出现各种不正常的响声。有的在加大油门时严重，有的在减小油门时严重，有的较均匀，有的不均匀，但它们的共同点则是响声随着运动速度的提高而增大。

（2）故障原因及排除

① 主减速器异响。

a. 齿轮啮合间隙过大。发出无节奏的"咯噔、咯噔"的撞击声。在装载机运动速度相对稳定时，一般不易出现，而在变换速度的瞬间或速度不稳定时容易出现。排除方法：应更换已磨损的零件，重新对各部位的间隙进行调整。

b. 齿轮啮合间隙过小。发出连续的"嗷嗷"的金属挤压声，严重时好似消防车上警笛的叫声。这主要是齿轮啮合间隙调整过小或润滑油不足所致。响声随装载机运动速度的提高而加大，加速或减速时均存在。在这种情况下，驱动桥一般会有发热现象。这种故障大多出现在刚对前后桥进行过维修的装载机上。排除方法：应重新进行装配和调整。

c. 齿轮啮合间隙不均。发出有节奏的"哽哽哽"声。响声随装载机运动速度提高而增大，加速或减速时都有，严重时驱动桥有摆动现象。主要是由于从动锥齿轮装配不当，或工作中从动锥齿轮因固定螺栓松动，而出现偏摆，使之与主动锥齿轮啮合不均而发出响声。从动锥齿轮在装配时，与差速器壳的连接如果是铆接连接，应在专门的压床上进行。如果没有专门设备，手工铆接时，要求从动锥齿轮与差速器壳的接合面贴合紧密，不能偏歪、有缝隙。

② 差速器异响。差速器常出现齿轮啮合不良、行星齿轮与十字轴卡滞、齿面擦伤等

引起的异常响声。

　　a. 齿轮啮合不良。当直线行驶速度达 15～20km/h，一般出现"嗯、嗯"的响声，装载机速度越高，响声越大，减油门时响声比较严重，转弯时除此响声外，又出现"咯噔、咯噔"的撞击声音，严重时驱动桥还伴随着抖动现象。

　　b. 行星齿轮与十字轴存在卡滞现象。转弯时出现"咔吧、咔吧"的响声，直线低速行驶有时也能听到，但行驶速度升高后，响声一般消失。

　　c. 齿面擦伤。直线高速行驶时，出现"呜呜"的响声，减小油门时响声严重，转弯时又变为"嗯嗯"的声音。

　　排除方法：应对差速器进行检修。

　　③ 轴承异响。

　　a. 轴承间隙过小。发出的是较均匀的连续"嘎嘎"的声音，比齿轮啮合间隙过小的声音尖锐，装载机运动速度越高，响声越大，加速或减速时均存在，同时驱动桥会出现发热现象。

　　b. 轴承间隙过大。发出的是非常杂乱的"哈啦、哈啦"声，装载机运动速度越快，响声越大，突然加速或减速时响声比较严重。

　　前、后桥主传动出现异常响声，说明已经有了故障，装载机不能继续作业和使用，否则会加剧前桥的损坏，应该尽快检修。

3.3.2.3　前后驱动桥主传动异常过热

　　（1）故障现象

　　装载机行驶和作业时间并不长，手摸桥壳时感觉很烫，表面温度约 70℃ 以上，即为驱动桥异常过热。

　　（2）故障原因及排除

　　驱动桥过热主要是由于轴承装配过紧，主动锥齿轮与从动锥齿轮啮合间隙过小，润滑油不足或润滑油过稀，桥壳或半轴变形等所致。以上原因应根据具体情况，加以分析后进行处理。

　　① 维修之后发现驱动桥过热，主要是由于轴承装配过紧、主动锥齿轮与从动锥齿轮啮合间隙过小所致。应重新进行装配和调整。

　　② 在使用过程中发现驱动桥过热，主要是由于润滑油不足或润滑油过稀、桥壳或半轴变形所致。应加注合格的润滑油。如果响声没有消失，则应该检修驱动桥。

3.3.2.4　驱动桥漏油

　　（1）故障现象

　　检修装载机时，发现驱动桥油封处、壳体接合面或主动锥齿轮轴的接盘处有较严重的漏油现象。

　　（2）故障原因及排除

　　导致装载机驱动桥漏油的主要原因是由于油封损坏、轴颈磨损、衬垫损坏、螺栓松动所造成。当发现有漏油现象时，应根据漏油的部位和漏油的严重程度，采取相应的方法予以消除，以免造成润滑油数量的不足，导致润滑条件变差，加剧零件的磨损和损坏。

　　但如果出现习惯性、经常性在同一部位漏油，也就是说前一次修理好后没有多长时间同一部位又出现漏油，则是因为：

　　① 油封质量不合格。应使用质量合格的油封。

　　② 轴颈密封部位磨损。应更换主动锥齿轮轴。

　　③ 衬垫损坏或接合面变形不平。应换用合格的衬垫并加注密封胶。

　　④ 齿轮啮合间隙不均匀，引起螺栓松动等原因造成的漏油。应检查从动锥齿轮是否铆接质量不合格。

　　找到故障的真正原因，并有针对性地采取相应措施加以排除。

第 **4** 章

转向系统构造与拆装维修

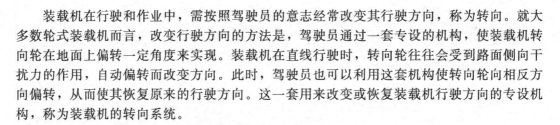

装载机在行驶和作业中，需按照驾驶员的意志经常改变其行驶方向，称为转向。就大多数轮式装载机而言，改变行驶方向的方法是，驾驶员通过一套专设的机构，使装载机转向轮在地面上偏转一定角度来实现。装载机在直线行驶时，转向轮往往会受到路面侧向干扰力的作用，自动偏转而改变方向。此时，驾驶员也可以利用这套机构使转向轮向相反方向偏转，从而使其恢复原来的行驶方向。这一套用来改变或恢复装载机行驶方向的专设机构，称为装载机的转向系统。

4.1 转向系统的组成及工作原理

4.1.1 转向系统组成及工作原理

转向系统的功用是，使装载机在行驶中或作业时能按驾驶员的要求而适时地改变其行驶方向；并在受到路面传来的偶然冲击、而意外地偏离行驶方向时，能与行驶系统配合共同恢复原来的行驶方向，即保持其稳定的直线行驶。

转向系统对装载机的使用性能影响很大。良好的转向性能不但是保证安全行驶的重要因素，而且也是减轻驾驶员的劳动强度、提高工作效率的重要方面。

根据转向系统的工作特点，轮式装载机转向系统应满足下列基本要求：

① 轮式装载机转向行驶时，要有正确的运动规律。即要求合理地设计转向梯形机构，以保证装载机的两侧转向轮在转向行驶中没有侧滑现象。

② 尽可能增大内侧转向轮的最大偏转角，以减小装载机的最小转向半径，提高装载机的机动性。

③ 工作可靠。转向系统对轮式装载机行驶安全性关系极大，因此，其零件应有足够的强度、刚度和寿命，一般通过合理地选择材料和结构来保证。

④ 操纵轻便。转动转向盘的操纵力应尽可能小，以减小驾驶员的工作强度，更有利于安全作业。此外，转向盘应有路感；转向后，转向盘应能自动回正。

⑤ 转向灵敏。当装载机朝一个方向转弯时，转向盘的转动圈数不能超过 2.5 圈。转向盘处于中间位置时，转向盘的空行程（间隙）不允许超过 15°。

⑥ 转向系统的调整应尽量少而简便。

4.1.2 转向系统分类

4.1.2.1 根据转向方式分类

按转向方式分类：可分为偏转车轮转向、铰接转向和差速转向。

（1）偏转车轮转向（整体式车架）

① 偏转前轮转向 ［图 4-1（a）］ 此种转向方式是一种常见的转向方式。采用这种方式转向时，前轮转向半径大于后轮转向半径。行驶时，驾驶员易于用前轮来估计避让障碍物，有利于安全行驶。因此，一般装载机都采用这种转向方式。

② 偏转后轮转向 ［图 4-1（b）］ 对于在前部装有工作机构的装载机，若仍然采用前轮转向，则不仅转向轮的偏转角将受妨碍，而且转向阻力矩亦会增大。

采用偏转后轮转向方式可以解决上述矛盾。但其缺点是后轮转向半径大于前轮转向半径，当前轮从障碍物内侧通过时，后轮就不一定能通过，这样，驾驶员就不能按一般偏转前轮转向方式来估计避让障碍物和掌握行驶方向。装载机大多采用这种转向方式。

③ 偏转前后轮转向方式 ［图 4-1（c）］ 此种转向方式也称为全轮转向，一般采用前后轮偏转角度相等的结构。它的优点是：转向半径小，机动性好；前后轮的转向半

径相同，易于避让障碍物；转向时前后轮轨迹相同，后轮行驶在被前轮压实的车辙上，减小了后轮在松软地面上的行驶阻力。它的缺点就是前驱动轮又作为转向车轮，所以结构复杂。

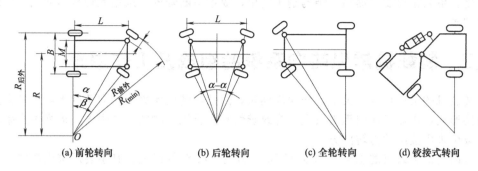

图 4-1　车轮的转向方式

（2）铰接式转向（铰接式车架）

装载机作业，要求有较大的牵引力，因此，希望全轮驱动，以充分利用全部装载机的附着重量。这样，偏转驱动轮转向在结构上就要复杂得多。通过生产实践，产生了一种用铰接车架相对偏转的方式进行转向的铰接式装载机［图 4-1（d）］。它的特点是装载机的车架不是单一整体，而是用垂直销把前后两部分车架铰接在一起组成，称为铰接车架，并利用转向器或液压缸，使前后车架发生相对偏转来达到转向的目的。为区别于偏转车轮转向，此种转向方式称为铰接转向。

铰接转向的优点是，转向半径小、机动性强，因此，作业效率高。据统计，铰接式装载机的转向半径约为后轮转向式装载机转向半径的 0.7 倍，作业效率可提高 20%。其次是结构简单、制造方便。它的缺点是转向时稳定性差，转向后不能自动回正，保持直线行驶的能力差。

（3）差速式转向

履带式装载机的转向采用差速式转向，在此不作讨论。

4.1.2.2　根据转向传动形式分类

按转向传动形式分类：可分为机械式转向、液压助力式转向和全液压式转向。

（1）机械式转向

机械式转向系统，以驾驶员的体力作为转向能源，其中，所有的传力元件都由机械零件构成。

机械式转向的主要优点是结构简单，制造方便，工作可靠。缺点是转向沉重，操纵费力。此种方式多用在中小型的装载机上。

（2）液压助力式转向

液压助力式转向是在机械式转向的基础上，增设了一套液压助力系统。在转向时，转动转向盘的操纵力，已不作为直接迫使车轮偏转的力，而变为操纵控制阀进行工作的力。车轮偏转所需的力由转向油缸产生。

液压助力式转向的主要优点是操纵轻便，转向灵活，工作可靠，可利用油液阻尼作用，吸收、缓和路面冲击，目前，被广泛应用于重型装载机上。缺点是结构复杂，制造成本高。

（3）全液压式转向

全液压式转向（又称摆线转阀式液压转向）主要由转向阀与摆线齿轮马达组成的液压

转向器、转向油缸等组成。

全液压式转向又可分为全液压偏转前轮转向和全液压铰接式转向。全液压转向的优点是整个系统在装载机上布置灵活方便，体积小、重量轻、操作省力。随着全液压转向器的标准化、系列化程度的提高，结构趋于简单，成本不断降低，采用此种转向方式的装载机日益增多。

4.2 装载机常见转向系统的组成及工作原理

装载机的工作特点是灵活、作业周期短，因此，转向频繁、转向角度大，大多采用车架铰接形式，作业时转向阻力较大。为改善驾驶人员操作时的劳动强度、提高生产率，轮式装载机采用液压动力转向方式。

国内轮式装载机的主导产品以 ZL50 型为主，占 65% 以上。其主要厂家生产的产品全都采用了全液压转向系统，但采用方式分几种不同的情况。

早期柳工和厦工生产的 ZL40 和 ZL50 型装载机，采用的是机械反馈随动的液压转向系统，但在油路设计上各有特点和不同。前者将转向系统和工作装置液压系统用流量转换阀联系在一起，形成三泵双回路能量转换液压系统，能有效地利用液压能。后者转向液压系统为一个独立的系统，采用稳流阀保证转向机构获得一恒定的能量。成工的 ZL50B 型与柳工的 ZL50C 型全液压流量放大转向系统相同。厦工、龙工的 ZL50C-Ⅱ型采用了优先流量放大转向系统，厦工在系统中增加了卸载阀，可减少泵的排量及降低系统油压的压力损失。徐工的 ZL50E 型、山工的 ZL50D 型、常林的 ZLM50E 型等均采用了普通全液压转向系统，采用 1000mL/r 排量的大排量转向器转向，转向泵采用 63mL/r 或 80mL/r 排量的齿轮泵，在泵与转向器之间装有单稳阀，使转向流量稳定。但大排量转向器的体积大，性能不及带流量放大阀的系统优越，因此已逐步被一种新的同轴流量放大转向系统所替代。将小排量全液压转向器经特殊改进设计，可起到放大器的作用。同轴流量放大转向系统既起到全液压流量放大系统的作用，又减少了一个流量放大阀，性能优越，结构简单，成本低，有可能取代其他的全液压转向系统。

国内装载机目前采用的转向系统可概括为：机械反馈随动的液压助力转向系统；普通全液压转向系统；同轴流量放大转向系统；流量放大全液压转向系统；负荷传感器转向系统等。下面将逐一介绍。

4.2.1 液压助力转向系统

4.2.1.1 液压助力转向系统组成

液压助力转向系统主要由齿轮泵、恒流阀、转向机、转向油缸、随动机构和警报器等部件组成，如图 4-2 所示，采用前后车架铰接的形式相对偏转进行转向。

两个油缸大小腔油液的进出由转向阀控制，转向阀装在转向机的下端，恒流阀装在转向阀的左侧。转向阀、转向机、恒流阀连成一体装于后车架，转向阀芯随着转向盘的转动作上下移动，阀芯最大移动距离为 3mm。

4.2.1.2 液压助力转向系统工作原理

（1）装载机转向盘不转时

如图 4-2 所示，转向随动阀处于中位，齿轮泵输出的油液经恒流阀高压腔 3 及转向机单向阀 8 进入转向机进口中槽 14，转向随动阀的中位是常开式的，但开口量很小，约为 0.15mm，相当于节流口。转向随动阀有五个槽，中槽 14 是进油的，9 与 10 分别与转向缸上、下腔连接，15 与 16 和回油口 13 相通。进入 14 的压力油通过"常开"的轴向间隙进入转向油缸，齿轮泵输出的压力油经恒流阀、转向随动阀的微小开口与转向油缸的两个工作腔相通，再通过随动阀的微小开口回油箱。由于微小开口的节流作用，使转向液压缸的两个工作腔液压力相等，因此油缸前后腔的油压相等，转向液压缸的活塞杆不运动，所以前、后车架保持在一定的相对角度位置上，不会转动，机械直线行驶或以某转弯半径行驶，这时反馈杆、转向器内的扇形齿轮及齿条螺母均不动。

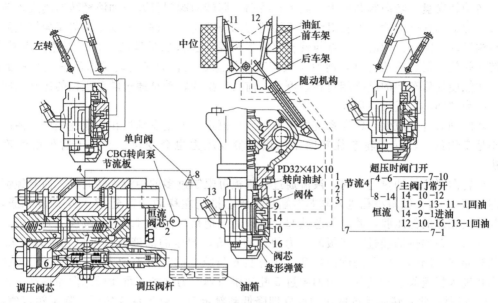

图 4-2   ZL 系列装载机液压助力转向原理

1—油箱；2—转向泵；3—恒流阀高压腔；4—接转向机油口；5—恒流阀弹簧腔；6—先导阀高压腔；7—恒流阀回油口；
8—转向机单向阀；9—转向油缸上腔；10—转向油缸下腔；11—左转向油缸；12—右转向油缸；13—转向机回油口；
14—转向机进口中槽；15、16—转向机回油槽；17—恒流阀芯的环形槽

（2）转向盘转动时

方向轴作上、下移动，带动随动阀的阀芯克服弹簧力一起移动，移动距离约 3mm，随动阀换向，转向泵输出的压力油经恒流阀、随动阀进入转向液压缸的某一工作腔，转向缸另一腔的油液通过随动阀、恒流阀回油箱，转向缸活塞杆伸出或缩回，使车身折转而转向。由于前车架相对后车架转动，与前车架相连的随动杆便带动摇臂前后摆动，摇臂带动扇形齿轮转动，齿条螺母带动方向轴及随动阀芯向相反方向移动，消除阀芯与阀体的相对移动误差，从而使随动阀又回到中间位置，随动阀不再向液压缸通油，转向液压缸的运动停止，前后车架保持一定的转向角度。若想加大转向角度，只有继续转动转向盘，使随动阀的阀芯与阀体继续保持相对位移误差，使随动阀打开，直到最大转向角。液压助力转向系统为随动系统，其输入信号是通过方向轴加给随动阀阀芯的位移，输出量是前车架的摆角，反馈机构是随动杆、摇臂、扇形齿轮、齿条螺母和方向轴。

随着转向盘的转动，由于转向杆上的齿条、扇形齿轮、转向摇臂及随动杆等与前车架相连，在此瞬时齿条螺母固定不动，因此转向螺杆相对齿条螺母作转动的同时产生向上或向下移动。装在转向阀两端面的平面垫圈和平面滚珠轴承，随着转向杆做向上或向下移动而压缩回位弹簧及转向机单向阀，且逐渐使转向油缸腔体 9 或 10 打开，将高压油输入到转向缸的一腔，同时油缸的另一腔通过 10 或 9 回油。

当压力油进入转向油缸时，由于左右转向油缸的活塞杆腔与最大面积腔通过高压油管交叉连接，因此两个转向油缸相对铰接销产生同一方向的力矩，使前后车梁相对偏转。当前后车架产生相对偏转位移时，立即反馈给装在前车架的随动杆，连接在随动杆另一端的

摇臂带动转向机内的扇形齿轮及齿条螺母做向上或向下移动，因而带动螺杆上下移动，这样，转向阀芯在回位弹簧的作用下回到中位，切断压力油继续向转向油缸供油的油道，因此装载机停止转向运动。只有在继续转动转向盘时，才会再次打开阀门9或10继续转向。

4.2.1.3 转向系统的操控过程

转向系统的操控可概括如下：

转动转向盘→转向阀芯向上（或下）滑动，即转向阀门打开→油液经转向阀进入转向油缸，油缸运动→前后车架相对绕其连接销转动→转向开始进行→固定在前车架铰点的随动机构运动→随动机构的另一端与臂轴及扇形齿轮，齿条螺母运动→转向阀芯直线滑动，即转向阀门关闭。由此可见，前后车架相对偏转总是比转向盘的转动滞后一段很短的时间，才能使前后车架的继续相对转动停止。前后车架的转动是通过随动机构的运动来实现的，称为"随动"式反馈运动。

转向助力首先应保证转向系统的压力与流量恒定，但是发动机在作业过程中，油门的大小是变化的，转向齿轮泵往转向系的供油量及压力也会变化。这一矛盾可由恒流阀解决。

当转向泵2供油量过多时，液流通过节流板可限制过多的油流入转向机，而流经恒流阀芯的槽17内，经斜小孔进入阀芯右端且把阀芯推向左移动，直至17与7两腔相通，7是与油池相通的低压腔，此时阀芯就起溢流作用，把来自油泵过多的油液溢流入油箱。

如果油泵的供油经过节流板的压力超过额定值，超压的油液通过阻尼孔进入5和6，可把先导安全阀调压阀芯的阀门打开，此时腔6与腔3的压力差增大，自3流经17通过斜小孔进入恒流阀芯右端的压力油超过5腔油压与弹簧力之和，可使阀芯向左移动，直至17与7相通，此时转向系统的压力就立即降低到额定值。由于系统的压力降至额定值，6腔的压力也随着降低，先导安全阀芯在弹簧的作用下向左移动，直至把阀门重新关紧。

节流板及恒流阀芯可保证转向系统供油量恒定，先导安全阀（调压阀）与恒流阀保证转向系统压力的恒定与安全，使系统压力的变化更为灵敏地得到安全可靠的保证。

4.2.2 全液压转向系统

4.2.2.1 全液压转向系统组成

全液压转向液压系统一般包括动力元件转向泵、流量控制元件、单稳阀、转向控制元件转向器和转向执行元件转向缸。各种转向液压系统的构造及原理各有特点。

装载机全液压转向系统主要有三种形式。

① 用一台小排量（200mL/r）的普通转向器，通过流量放大器来放大流量。这是最早开发的大排量转向系统，需要转向器、流量放大器两种元件组合，空间大，管路长，接口多，能量损失较大。

② 采用加长定子转子组件的普通型全液压转向器。取消了流量放大器，结构相对简单，但液压油在转向器中流经的路径远，所以压力损失比较大。流量的增加是靠加长定子转子组件来实现的，轴向尺寸长，质量大，空间受到限制。

③ 新型的同轴流量放大全液压转向器，具有体积小、重量轻、安装方便的特点，与优先流量控制阀组成负荷传感系统，有明显的节能特点。

4.2.2.2 全液压转向系统工作原理

国产ZL30型以下的小型装载机，均采用全液压转向系统。这种转向系统采用BZZ摆线式计量马达，作为机械内反馈的全液压转向器，转向盘转动通过转向器来控制液压缸的动作，操纵装载机的转向。全液压转向系统不需要反馈连杆，可排除不稳定性，部件通用性好。

（1）同轴流量放大器和优先阀组成的普通全液压转向系统

普通全液压转向系统由转向泵、单稳分流阀、同轴流量放大转向器、转向油缸以及连接管路组成。具有以下特点：

① 无论负载压力大小、转向盘转速高低，优先阀分配的流量均能保证供油充足，使转向平稳可靠。

② 油路输出的流量，除向转向油路分配其维持正常工作所必需的流量外，剩余部分可全部供给工作液压系统使用，从而消除了由于向转向油路供油过多而造成的功率损失，提高了系统效率。

③ 由于系统功率损失小，回油又通过冷却器冷却，因而系统热平衡温度低。元件尺寸小，结构紧凑。

该类型的全液压转向系统主要由转向油泵、同轴流量放大器、优先阀、单向缓冲补油阀块、转向油缸及油箱、冷却器、管路等组成，如图 4-3 所示，转向系统与工作液压系统共用一个油箱。

图 4-4 是其液压油路图，优先阀 2 和 TLF1 型同轴流量放大器 4 组成负荷传感系统，实现向转向油路优先稳定供油，而多余的油供给工作液压系统。若将零件 4 图形符号中的粗实线部分（与计量油路并联的放大油路）去掉，便蜕变成一个负荷传感全液压转向器。

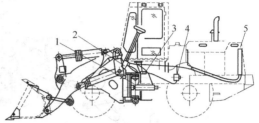

图 4-3　同轴流量放大器和优先阀组成
的全液压转向系统布置图
1—转向油缸；2—TLF1 型转向器；3—优先阀；
4—转向油泵；5—冷却器

转向系统的元件、管路如图 4-5 所示。

转向泵从工作油箱吸油后，通过油管 5 向优先阀供油，由于优先阀和转向器（放大

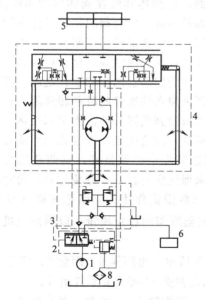

图 4-4　同轴流量放大器和优先
阀组成的转向系统油路图
1—油泵；2—优先阀；3—单向缓冲补油阀块；
4—TLF1 型同轴流量放大器；5—转向油缸；
6—多路阀；7—油箱；8—冷却器

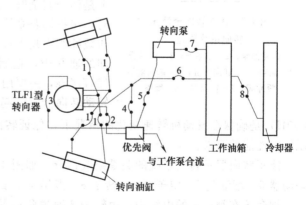

图 4-5　同轴流量放大转向系统基本布置
1—转向器至转向缸油管；2—转向器进油管；3—控制油管；
4—优先阀泄油管；5—转向泵出油管（至优先阀）；
6—转向系统回油管（至冷却器）；7—转向泵进油管；
8—冷却器至油箱油管

器）之间有控制油管 3，因而能保证优先阀首先满足对转向器的供油，多余的油则和工作油合流。

优先阀通过油管 2 向转向器供油，转向器则根据工作需要（即对转向盘的操纵），通过油管 1 向转向缸的大腔（或小腔）供油，使油缸伸长（或缩短），实现整机的转向，其中转向缸的回油经转向器通过回油管 6 经冷却器、油管 8 回油箱。

（2）优先转向全液压转向系统

优先转向全液压转向系统是由油泵、转向器、单向溢流缓冲阀组、转向油缸、油箱、单路稳流阀、冷却器和管路等部分组成，见图 4-6。

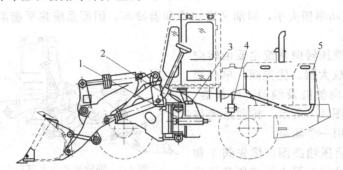

图 4-6 优先转向全液压转向系统布置图
1—转向油缸；2—液压转向器；3—单路稳定阀；4—转向油泵；5—冷却器

图 4-7 中，转向与工作液压系统共用一个液压油箱，油泵型号为 CBG2063 齿轮泵，安装在变矩器箱体下部，由发动机经变矩器传来的动力带动，油泵将压力油经单路稳流阀输送到单向溢流缓冲阀组。

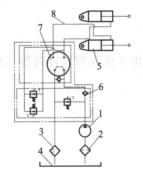

图 4-7 优先转向全液压
转向系统原理
1—齿轮油泵；2—粗滤器；3—精滤器；
4—油箱；5—转向油缸；6—单向溢流
缓冲阀；7—转向器；8—管路

单向溢流缓冲阀，由阀体和装在阀体内的单向阀、溢流阀、双向缓冲阀等组成，单向阀的作用是防止转向时，当车轮受到阻碍，转向油缸的油压剧升至大于工作油压时，造成油流反向，流向输油泵，使方向偏转。双向缓冲阀组安装在通往转向油缸两腔的油孔之间，实际上是两个安全阀，用来使在快速转向时和转向阻力过大时，保护油路系统不致受到激烈的冲击而引起损坏。双向缓冲阀组是不可调的，溢流阀装在进油孔和回油孔之间的通孔中，在制造装配中已调整好，其调整压力为 13.7MPa，主要用来保证压力稳定，避免过载，同时在转动转向盘时，起卸载溢流作用。单路稳流阀（FLD-F60H）是确保在发动机转速变化的情况下，保证转向器所需的稳定流量，以满足主机液压转向性能的要求。

液压转向器是转向系统的关键组成部分，如图 4-8 所示，由阀体 4、阀套 5、阀芯 3、联动器 6、配油盘 7、定子套 9、转子 8、拨销 13、回位弹簧 14 等主要零件组成。

阀套 5 在阀体 4 的内腔中，由转子 8 通过联动器 6 和拨销 13 带动着，可在阀体 4 内转动；阀芯 3 在阀套 5 的内腔中，可由转向盘通过转向轴带动着转动。定子套 9 和转子 8 组成计量泵。定子固定不动，有七个齿，转子有六个齿，它们组成一对摆线针齿啮合齿轮。当转向盘不转动时，阀芯和阀套在回位弹簧 14 作用下处于中立位置。阀体上有四个安装油管接头的螺孔，分别与进油、回油和油缸两腔相连。

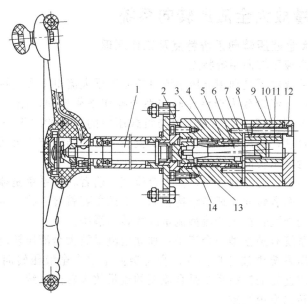

图 4-8 液压转向器

1—转向轴；2—上盖；3—阀芯；4—阀体；5—阀套；6—联动器；

7—配油盘；8—转子；9—定子套；10—针齿；11—垫块；

12—下盖；13—拨销；14—回位弹簧

工作过程：定子固定不动，转向时转子可以跟随转向盘同步自转，同时又以偏心距为半径，围绕定子中心公转。不论在任何瞬间，都形成七个封闭齿腔。这七个齿腔的容积随转子的转动而变化，通过阀体 4 上的均布的七个油孔和阀套 5 上均布的十二个油孔向这七个齿腔配油，让压力油进入其中一半齿腔，另一半齿腔油压送到转向油缸内。

当转向盘不转动时，阀套 5 和阀芯 3 在回位弹簧 14 的作用下处于中立位置，通往转子、定子齿腔和转向油缸两腔的通道被关闭，压力油从阀芯和阀套端部的小孔进入阀芯的内腔，经阀体上回油口返回油箱，而转向油缸两腔的油液既不能进，也不能出，活塞不能移动，装载机朝原定方向行驶。

当转向盘向某个方向转动时，通过转向轴带动阀芯 3 旋转，阀套 5 由于转子的制动而暂时不转动，从而使阀芯与阀套产生了相对转动，并逐渐打开通往转子、定子套齿腔和转向油缸两腔的通道，同时阀芯和阀套端部的回油小孔逐渐关闭。进入转子、定子套齿腔的压力油使转子旋转，并通过联动器 6 和拨销 13 带动阀套 5 一起跟随转向盘同向旋转。转向盘继续转动，则阀套 5 始终跟随阀芯 3（即跟随转向盘）保持一定的相对转角同步旋转。这一定的相对转角保证了向该方向转向所需要的油液通道，进入转子、定子套齿腔的压力油使转子旋转，同时又将油液压向转向油缸的一腔，另一腔的油液经转向器内部的回油道返回油箱，转向盘连续转动，转向器便把与转向盘转角成比例的油量送入转向油缸，使活塞运动，推动车架折转，完成转向动作。此时，转子和定子起计量泵的作用。

转向盘停止转动，即阀芯 3 停止转动，由于阀套 5 的随动和回位弹簧 14 的作用，使阀芯与阀套的相对转角立即消失，转向器又恢复到中立位置，装载机沿着操纵后的方向行驶。

转向系统无需经常维护保养，只要油缸两端定期加注润滑脂即可。另外，需特别注意的是：在安装时，联动器与拨销槽轴线相重合的花键齿需装在转子正对齿谷中心线的齿槽内，不然，会破坏配油的准确性。

图解装载机构造与拆装维修

4.2.3　流量放大全液压转向系统

4.2.3.1　流量放大全液压转向系统特点及工作原理

（1）流量放大全液压转向系统特点

流量放大转向系统主要是利用低压小流量控制高压大流量来实现转向操作的，特别适合大、中型功率机型。流量放大全液压转向系统操作平衡轻便、结构紧凑、转向灵活可靠；采用负载反馈控制原理，使工作压力与负载压力的差值始终为一定值，节能效果明显，系统功率利用合理；采用液压限位，减少机械冲击；结构布置灵活方便。

（2）流量放大全液压转向系统类型

其形式主要有两种：普通独立型、优先合流型。前者转向系统是独立的，后者转向系统与工作系统合流，两者转向原理与结构相同。下面主要就普通独立型流量放大转向系统进行介绍，其内容同样适合优先合流型流量放大转向系统。

流量放大转向系统有独立型与合流型：独立型流量放大全液压转向系统的液压系统是独立的，与工作液系统供油各自独立；合流型流量放大全液压转向系统由液压油源供油，双泵合分流转向优先的卸载系统是合流型的流量放大转向系统。

（3）流量放大转向系统组成

流量放大转向系统主要由流量放大阀、转向限位阀、全液压转向器、转向油缸、转向泵及先导泵等组成，如图4-9所示。

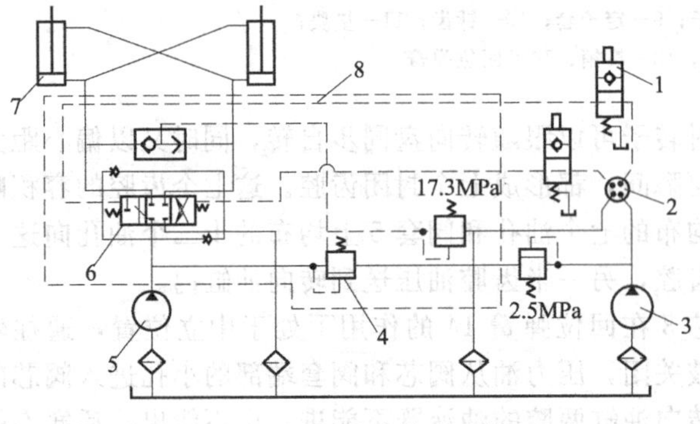

（4）流量放大转向系统工作原理

流量放大系统的主要内涵是流量放大率。流量放大率的概念是指转向控制流量放大阀的流量放大率，即先导油流量的变化与进入转向油缸油流量的变化的比例关系。例如，由0.7L/min的先导油的变化引起6.3L/min转向液压油缸油流量的变化，其放大率为9:1。

全液压转向器输出流量与转速成比例，转速快则输出流量大，转

图4-9　流量放大转向系统
1—限位阀；2—转向器；3—先导泵；4—压力补偿阀；5—转向泵；6—主控制阀芯；7—转向缸；8—流量放大阀

速慢则输出流量小。流量放大阀的先导油由其供给。转动转向盘即转动全液压转向器，全液压转向器输出先导油到流量放大阀主阀芯一端，此流量通过该端节流孔的主阀芯两端产生压差，推动主阀芯移动，主阀芯阀口打开，转向泵的高压大流量油液经主阀芯阀口进入转向油缸，实现转向。转向盘转速快，输出先导油流量大，主阀芯两端的压差就大，阀芯轴向位移也大，通流面积就大，输入到转向油缸的流量就大，从而实现了流量的比例放大控制。

左右限位阀的功能是防止车架转向到极限位置时，系统中大流量突然受到阻塞而引起压力冲击。当转向将到达极限位置时，触头碰到前车架上的限位挡块，将先导油切断，从而控制油流逐步减少，避免冲击。

流量放大阀内有主控制阀芯，其功能是根据先导油流来控制其位移量，从而控制进入转向油缸的流量。该阀芯由一端的回位弹簧回位，并利用调整垫片调整阀芯中位。

流量放大阀同时作为转向系统的卸载阀及安全阀，转向泵的有效流量可用调整垫片来调节。

Page-186

流量放大阀内还有一个压力补偿阀，该阀芯通过梭阀将负载压力反馈到弹簧腔，另一腔接受工作压力。该阀芯力平衡方程为 $p_0 = p_r + p_n$（p_0 为泵出口压力，p_n 为负载压力，p_r 为弹簧预紧力），即 $p_r = p_0 - p_n$，由于 p_r 为一定值，即主阀芯阀口压力损失（$p_0 - p_n$）为一定值。这样，通过主阀芯的流量仅决定于阀口的通流面积 A_c，而通流面积 A_c 决定于主阀芯的轴向位移量 x，由节流口流量公式可知，经主阀芯阀口到转向油缸的流量为：$Q = CA_c p_r$（C 为流量系数），可见在 p_r 一定的条件下，只要改变主阀芯阀口的通流面积 A_c，就可以改变进入转向油缸的流量 Q，由于该通流面积 A_c 控制着主阀芯的轴向位移量 x，所以控制了通流面积 A_c，就控制了到转向油缸油液的流量 Q。

4.2.3.2　独立型流量放大转向系统

独立型流量放大全液压转向系统由转向泵、减压阀（或组合阀）、转向器（BZZ3-125）、流量放大阀、转向油缸以及连接管路组成。

（1）流量放大转向系统的结构

流量放大动力转向系统分先导操纵系统和转向系统两个独立的回路，如图 4-10 所示。先导泵 6 把液压油供给先导系统和工作装置先导系统，先导油路上的溢流阀 5 以控制先导系统的最高压力，转向泵 7 把液压油供给转向系统。先导系统控制流量放大阀 9 内的滑阀 10 的位移。

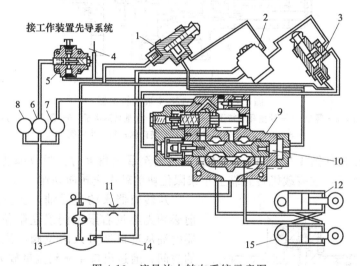

图 4-10　流量放大转向系统示意图

1—左限位阀；2—液压转向器；3—右限位阀；4—先导系统单向阀；5—先导系统溢流阀；6—先导泵；
7—转向泵；8—工作泵；9—流量放大阀；10—滑阀；11—节流孔；12—左转向油缸；
13—液压油箱；14—油冷却器；15—右转向油缸

先导操纵系统由先导泵 6、溢流阀 5、液压转向器 2、左限位阀 1 及右限位阀 3 组成。先导输出的液压油总是以恒定的压力作用于液压转向器，液压转向器是一个小型的液压泵，起计量和换向作用，当转动转向盘时先导油就输送给其中一个限位阀。如果装载机转至左极限或右极限位置时，限位阀将阻止先导油流动。如果装载机尚未转到极限位置，则先导油将通过限位阀流到滑阀 10 的某一端，于是液压油通过阀芯上的计量孔推动阀芯移动。

转向系统包括转向泵 7、转向控制阀和转向油缸 12、15。转向泵将液压油输送至流量放大阀。如先导油推动阀芯移动到右转向或左转向位置时，来自转向泵的液压油通过流量放大阀流入相应的油缸腔内，这时油缸另一腔的油经流量放大阀回到油箱，实现所需要的转向。

（2）先导操纵回路

BZZ3-125全液压转向器为中间位置封闭、无路感的转向器，如图4-11所示，由阀芯6、阀套2和阀体1组成随动转阀，起控制油流动方向的作用，转子3和定子5构成摆线针齿啮合副，在动力转向时起计量马达作用，以保证流进流量放大阀的流量与转向盘的转角成正比。转向盘不动时，阀芯切断油路，先导泵输出的液压油不通过转向器。转动转向盘时，先导泵的来油经随动阀进入摆线针齿轮啮合副，推动转子跟随转向盘转动，并将定量油经随动阀和限位阀输至转向控制阀阀芯的一端，推动阀芯移动，转向泵来油经转向控制阀流入相应的转向油缸腔。先导油流入流量放大阀阀芯某端的同时，经阀体内的计量孔流入阀芯的另一端，经与之连接的限位阀、液压转向器回油箱。

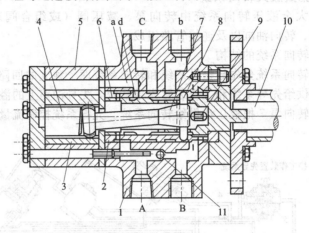

图4-11　BZZ3-125全液压转向器
1—阀体；2—阀套；3—计量马达转子；4—圆柱；5—计量马达定子；6—阀芯；7—连接轴；
8—销子；9—定位弹簧；10—转向轴；11—止回阀

限位阀的结构如图4-12所示，当装载机转向至最大角度时，限位阀切断先导油流向流量放大阀的通道，在装载机转到靠上车架限位块前就中止转向动作。

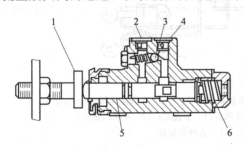

图4-12　关闭位置的限位阀
1—撞针双头螺栓组件；2—进口；3—球形单向阀；
4—出口；5—阀杆；6—弹簧

从转向器来的先导油，在流入流量放大阀前必须先经过右限位阀或左限位阀。来自转向器的油从进口2进入限位阀，流到阀杆5四周的空间，通过出口4流到流量放大阀。

当装载机右转至最大角度时，撞针1会与右限位阀的阀杆5接触，使阀杆移位，直到先导油停止从进口2流到出口4，即液压油停止从转向计量阀的阀芯计量孔流过，于是阀芯便回到中位，装载机停止转向。

在开始向左转向前，液压油必须从转向阀芯的回油端流到右限位阀，因为阀杆5有困油现象，所以阀芯端的液压油必须通过球形单向阀3回油，方能使转向阀芯移动，开始转向。如装载机左转一个小角度，撞针1将离开阀杆，使先导油重新流入阀杆的四周，而球形单向阀再次关闭。

（3）转向回路

流量放大阀阀杆处于中位位置时如图4-13所示。当转向盘停止转动或装载机转到最大角度限位阀关闭时，由于先导油不流入阀芯的任一端，弹簧8使阀芯口保持在中间位置。此时阀芯切断转向泵来油，进油口 15 的液压油压力将会提高，迫使流量控制阀 18 移动，直到液压油从出油口 5 流出，控制阀 18 才停止移动。中间位置时阀芯封闭去油缸管路的液压油，此时，只要转向盘不转动，装载机就保持在既定的转向位置，与油缸连接的出口 4 或 6 中的油压力经球形梭阀 16 作用到先导阀 19 上。当阀芯处于中位时，假如有一个外力企图使装载机转向，此时出口 4 或出口 6 内的油压将提高，会预开先导阀 19，使管道内的油压不致高于溢流阀的调定压力 (17.2 ± 0.34)MPa。

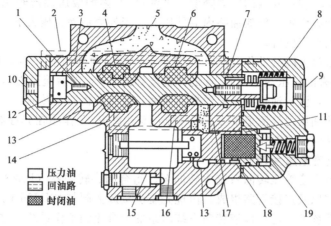

图 4-13　流量放大阀（中位）

1、7—计量孔；2、3—流道；4—左转向出口；5—出油口；6—右转向出口；8—弹簧；9—右限位阀进口；
10—左限位阀进口；11—节流孔；12—阀芯；13—回油道；14、17—流道；15—进油口（从转向泵来）；
16—球形梭阀；18—流量控制阀；19—先导阀（溢流阀）

图 4-14（a）所示为流量放大阀右转向位置。当转向盘右转时，先导油输入流量放大阀进口 9，随后流入弹簧腔 8。进口 9 压力的提高会使阀芯向左移动，阀芯的位移量受转向盘的转速控制。如转向盘转动慢，则先导油液少，阀芯位移就小，转向速度就慢。若转向盘转动加快，则先导油液增多，阀芯位移就大，转向速度就快。先导油从弹簧腔流经计量孔 7，再流过流道 2 流入阀芯左端，然后流入进口 10 经左限位阀到转向器，转向器使液压油回液压油箱。随着阀芯向左移动，从转向泵来的液压油将流入进油口 15，通过阀芯内油槽进入出口 6，再流入左转向油缸的大腔和右转向油缸的小腔。流入油缸的压力油推动活塞，使装载机向右转向。

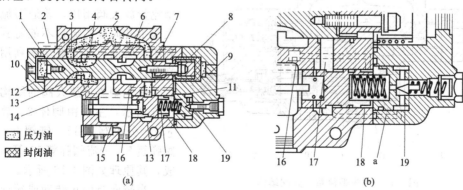

(a)　　　　　　　　(b)

图 4-14　流量放大阀（右转向位置）

1、7—计量孔；2、3、14、17—流道；4—左转向出口；5—出油口；6—右转向出口；8—弹簧腔；9—右限位阀进口；
10—左限位阀进口；11—节流孔；12—阀芯；13—回油道；15—进油口（从转向泵来）；
16—球形梭阀；18—流量控制阀；19—先导阀（溢流阀）

当压力油进入出口 6 时，会顶开球形梭阀 16，去油缸的压力油可通过流道 17 作用在先导阀 19 及流量控制阀 18 上。倘若有一个外力阻止装载机转向，出口 6 的压力将会增高，这就意味着对先导阀和流量控制阀的压力也增大，导致流量控制阀向左移动，使更多的液压油流入油缸。如果压力继续上升，超过溢流阀的调定压力 (17.2 ± 0.35) MPa，则溢流阀开启。油缸的回油经油口 4 流入回油道 13，然后通过油口 5 回油箱。

如图 4-14（b）所示，当溢流阀开启时，液压油经流道 17 流经先导阀，经流道 a 回油箱，使得流量控制阀弹簧腔内的压力降低。进油口 15 内的液压油流经流量控制阀的计量孔回油箱，起到卸载作用，释放油路内额外压力。当外力消除、压力下降时，流量控制阀和溢流阀就恢复到常态位置。

左转向时流量放大阀的动作与右转向时相似，先导油进入油口 10，推动阀芯向右移动，从进油口 15 来的液压油经阀芯 12 的油槽流到出口 4，随后流到右转向油缸的大腔和左转向油缸的小腔，流入油缸的压力油推动活塞，使装载机向左转向。当阀芯处于左转向位置时，油缸中的油压力经流道 14、球形梭阀 16 和流道 17 作用在先导阀 19 上。溢流阀余下的动作与右转向位置时相同。

4.2.3.3　合流型流量放大转向系统

合流型流量放大全液压转向系统由转向泵、组合阀、转向器（BZZ3-125）、优先流量放大阀、转向油缸以及连接管路组成。由优先型流量放大阀与 SXH25A 卸载阀配套使用，除优先供应转向系统外，还可以使转向系统多余的油合流到工作系统，这样可降低工作泵的排量，以满足低压大流量的作业工况。当工作系统的压力超过卸载阀调定压力时，转向部分多余的油就经卸载阀直接回油，以满足高压小流量时的作业工况，降低了液压系统的温升，提高柴油机功率的利用率。

（1）优先型流量放大阀

ZLF 系列优先型流量放大阀是转向系统中的一个液动换向阀，利用小流量的先导油推动主阀芯移动，来控制转向泵过来的较大流量的压力油进入转向油缸，完成转向动作。它结构紧凑，转向灵活可靠，以低压小流量来控制高压大流量。采用负载反馈控制原理，使工作压力与负载压力的差值始终保持为定值，节能效果显著，系统功率利用充分。

普通型流量放大阀和优先型流量放大阀相比，中立位置、转向位置的工作原理基本一样，只是经优先型中 PF 口合流到工作系统中去的油全部经过右移的压力补偿阀直接回油。所以与优先型流量放大阀相比，普通型流量放大阀中转向泵的流量不能得到充分利用，柴油机的有效功率利用不够充分。

优先型流量放大阀的结构如图 4-15 所示，主要由阀体 3、放大阀芯 2、分流阀芯 12、锥阀 9、转向阀弹簧 5、分流阀弹簧 10 等零件组成，其原理如图 4-16 所示。

当转向盘停止转动或转向到极端位置时，先导油被切断，转向阀弹簧 5 使放大阀芯 2 保持在中立位置，转向泵的油推动分流阀芯 12

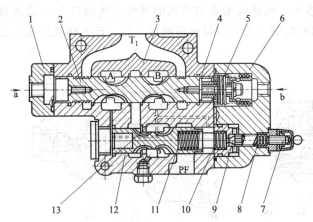

图 4-15　优先型流量放大阀结构

1—前盖；2—放大阀芯；3—阀体；4—调整垫圈；
5—转向阀弹簧；6—后盖；7—调压螺钉；
8—先导阀弹簧；9—锥阀；10—分流阀弹簧；
11—调整垫片；12—分流阀芯；13—梭阀

右移，全部从 PF 口流入到图 4-16 卸载阀中的 P 口，再打开单向阀进入到 P 口的工作系统中去，可以满足作业工况中低压大流量时的要求。这样，转向泵的油液就得到了充分的利用，所以可降低工作泵的排量。当工作系统中的压力即 P 口压力超过卸载阀的调定压力时，先导阀 8 开启，油液就通过阀芯 3 中的阻尼孔回油，由于油液在流过阻尼孔时产生的压力差推动阀芯 3 往下移动，P 口与 T 口相通。单向阀关闭，这样从转向泵过来的油液通过图 4-16 中卸载阀打开阀芯 3 直接卸载回油，可降低系统油液的温度，同时又满足作业工况中高压小流量的要求。

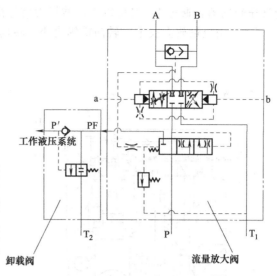

图 4-16 优先型流量放大阀组液压系统原理
P—进油口；A、B—接左、右转向油缸；T1、T2—回油口；
a、b—左、右先导控制油口；P′—通工作液压系统

如图 4-16 所示，由于放大阀芯 2 处在中立位置，所以 P 腔的液压油与左、右转向油缸 A、B 腔的液压油不再相通，保证装载机以转向盘停止转动时的方向行驶。封闭在左、右转向口 A、B 腔的液压油通过内部通道作用在安全阀的锥阀 9 上。当转向轮受到外加阻力时，A 腔或 B 腔的压力升高，直到打开锥阀 9 以保护转向油缸等液压元件不被破坏。

当转向盘向右转时，先导油就从右先导油口沿着 b 方向流进弹簧腔，随着转向阀弹簧 5 的弹簧腔压力升高，推动放大阀芯 2 向左移动，于是 P 腔与右转向口 B 接通，左转向口 A 与回油口 T1 接通，液压油就进入右转向口油缸，实现右转向。在优先满足右转向的同时，其多余油经 F 口进入到卸载阀的 P 口，再打开单向阀 9 合流到工作系统中去。当工作系统中的压力即 P 口压力超过卸载阀的调定压力时，这与中立位置时一样，多余的油液就直接卸载回油。

阀芯移动量由转向盘的转动来控制。转向盘转动越快，先导油就越多，阀芯位移就越大，转向速度也越快。反之，转向盘转动慢，阀芯位移小，转向速度也就慢。

压力油流入右转向口 B 的同时，由于负载反馈作用，使得作用在分流阀芯 12 两端的压力差保持不变，从而保证去转向油缸的流量只与阀芯的位移有关，而与负载压力无关，油的压力经过梭阀 13 作用在锥阀 9 和分流阀芯 12 的右端，起到了自动控制流量的作用。如压力继续上升超过安全阀的调定压力时，锥阀 9 开启，分流阀芯 12 右移，流量经卸载阀去工作系统，由中位时油道回油起保护作用。负载消除后，压力降低，分流阀芯 12 恢复到正常位置，锥阀 9 又关闭。

左转向与右转向完全相似。

（2）SXH25A 卸载阀

SXH25A 卸载阀结构见图 4-17。

4.2.4 负荷传感转向系统

4.2.4.1 负荷传感转向系统典型油路

（1）负荷传感转向系统的结构特点

负荷传感转向系统的结构组成如图 4-18 所示。主要控制元件是带有负荷传感口 LS 的

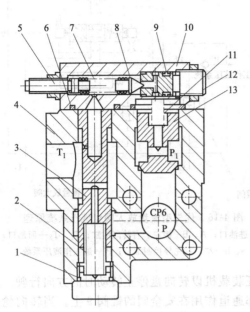

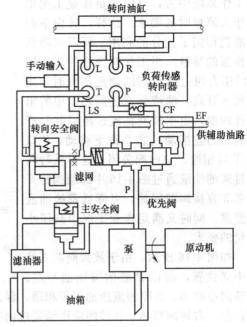

全液压转向器，通过 LS 口可以将负载压力信号馈送到压力补偿阀即优先阀。其特点是：

① 采用流量放大技术，转向操纵力小，转向灵活轻便，不受转向阻力变化的影响。

图 4-17　SXH25A 卸载阀结构示意图

1、6—O 形密封圈；2—卸载阀弹簧；3—阀芯；4—阀体；
5—调压丝杠；7—导阀弹簧；8—导阀；9—导阀座；
10—导阀体；11—单向阀弹簧；12—螺堵；13—单向阀

图 4-18　负荷传感转向系统结构

② 采用负载传感、压力补偿技术，转向流量及速度不随负载变化，系统刚度提高，适合恶劣工况下工作。同时，装载机转向的快慢与转向盘的转动快慢成正比，装载机的转向调节性能得到进一步改善。

③ 转向盘不转动时，转向油路的卸载压力低，能耗小。系统具有明显的节能效果，并有效地改善了液压系统的热平衡状况，系统温升小，从而提高了密封件、软管及液压油的使用寿命。

（2）负荷传感转向系统类型

根据系统采用的元件组成，负荷传感器转向系统有下列几种组合结构形式。

① 由定量油泵供应的负荷传感转向系统　定量油泵供应的负荷传感转向系统以系统中油泵的数量分为"单"定量泵系统及"双"定量泵系统，分别如图 4-19、图 4-20 所示。负载压力信号通过 LS 口反馈给优先阀流量控制阀，在转向盘中位或者转向行程终止时，将转向泵的来油经 EF 油路供给其他系统，避免了采用单稳阀结构的全液压转向方式在此状态下的系统温升问题，起到了较好的节能作用。随着技术的成熟和制造采购成本的下降，定量油泵供应的负荷传感转向系统在国内装载机应用逐渐扩大，中大吨位机型上渐渐取代了普通全液压转向形式。

② 由压力补偿变量油泵供油的负荷传感转向系统　如图 4-21 所示，当采用压力补偿变量油泵为负荷传感转向的系统提供动力时，系统维持一个稳定的负载反馈关系，不受负载影响，通往转向液压缸的流量仅与液控阀的过流截面有关。当转向盘转动加快时，计量马达排出的流量增加，从而迫使液控阀的开度增加，进入转向液压缸的流量增加，装载机转向速度相应加快。

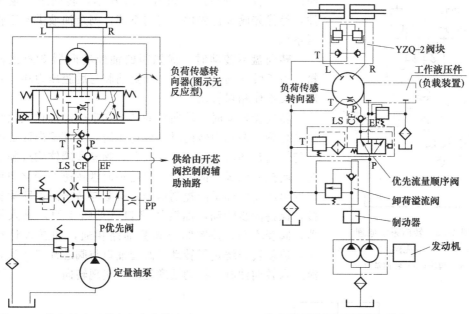

图 4-19　单定量油泵供应的负荷传感转向系统　　图 4-20　双定量油泵供应的负荷传感转向系统

　　③ 流量压力联合补偿由变量油泵供应的负荷传感转向系统　　如图 4-22 所示，流量压力联合补偿由变量油泵供应的负荷传感转向系统在功率利用方面得到了充分的体现。

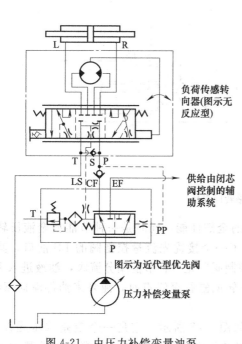

图 4-21　由压力补偿变量油泵
供油的负荷传感转向系统

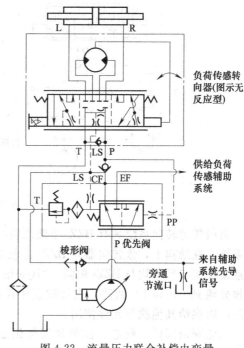

图 4-22　流量压力联合补偿由变量
油泵供应的负荷传感转向系统

4.2.4.2　负荷传感转向系统结构及工作原理

（1）负荷传感转向系统基本组成

负荷传感转向系统主要由转向齿轮油泵、优先阀、负荷传感液压转向器、转向机、转

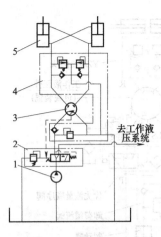

图 4-23 转向系统原理
1—转向泵；2—优先阀；3—转向器；
4—阀块；5—转向油缸

向油缸、管路等组成。如图 4-23 所示，转向泵 1 输出的油，经优先阀 2 优先供给转向系统，剩余油液供给工作液压系统。

转向盘不转动时，优先阀的油经转向器 3 直接回油箱，由于转向器处于中位，油缸前腔与后腔压力相等，前后车架不作相对转动。

转向盘转动时，转向器的转子和定子组件构成摆线针轮啮合副，在动力转向时起计量作用，保证输向油缸的油量与转向盘的转角成正比，阀芯、阀套和阀体构成随动转阀，起控制油量方向的作用并随转向盘转速的变化向优先阀发出改变供油量的控制信号；阀套与转子间由联动轴连接，保持同步转动，油液从 P 口（见图 4-24）进入转向器，阀套不动，控制阀与阀套油路相通，油进入计量马达，迫使转子绕定子转动，阀套油口与阀芯油口相通，油液进入转向油缸，推动活塞运动，实现转向。

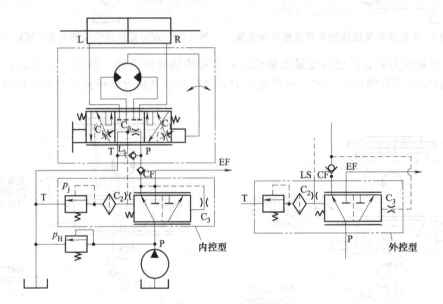

图 4-24 负荷传感转向系统

负荷传感转向系统具有 BZZl 全液压转向器的全部性能，同时是一种节能型全液压转向系统。在结构上，该转向器与 BZZl 比较增加了一个接优先流量控制阀的 LS 油口，其他连接及接口尺寸均与 BZZl 相同。"优先油量控制阀"是一种节能型分流阀，油液进入 P 口被分流到 CF 和 EF 两路，在转向盘中位时或转向缸行至终点时，油泵来油都流向 EF 回路，以供给其他执行元件使用。

优先阀由阀体、阀芯、控制弹簧等组成，如图 4-25 所示。它是一个定差减压元件，无论负荷压力和液压泵供油量如何变化，都能维持转向器内变节流口两端的压差基本不变，保证供给转向器的流量始终等于转向盘转速与转向器排量的乘积。

（2）负荷传感转向系统工作原理

① 转向盘中位时　发动机熄火时，优先阀内的滑阀在控制弹簧力作用下压向右端，CF 处于全开状态。当发动机启动时，油泵来的油经优先阀的 P 口和 CF 口进入液压转向

器的 P 口，但由于受到 P 口与 T 口之间的节流孔作用，使 CF 回路压力上升，因而优先阀控制回路压力也随之增加。于是，在优先阀两腔之间产生压差 Δp，当 Δp 大于弹簧力 p_c 时，优先阀的滑阀向左移动，EF 大部分全开，而 CF 仅稍微开一点，处于平衡状态。因此，转向盘在中位时，油泵来油主要都流入 EF，CF 的压力与 EF 回路压力无关，只由控制弹簧力 p_c 的大小来决定。

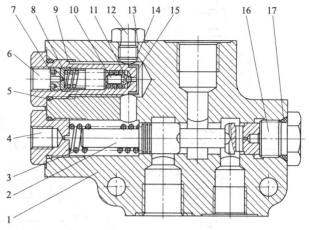

图 4-25　YXL-F80（160）L 结构示意图

1—阀体；2—阀芯；3—控制弹簧；4、12、16—丝堵；
5、13、17—O 形密封圈；6—阀体；7—调节螺母；
8—导套；9—弹簧；10—弹簧座；11—钢球；
14—卡圈；15—滤网

② 转向操作状态　当操作转向盘使转向器的转阀芯与阀套产生角变位时，液压转向器内部通路换向，供给转向器的油经节流孔计量泵 L 或 R 进入油缸，在中位时进入液压转向器的流量只有 2L/min 左右，由中位到角变位的瞬间，Δp 减少，优先阀的滑阀在弹簧力作用下向右移动，于是 CF 开度变大，进入液压转向器的流量比在中位时的流量要多。这时流量大，压力损失变大，控制弹簧力大于液体压力，使滑阀趋向到原位置，当经节流孔的压力油进入计量泵时，计量泵也和转向盘同向转向，减少角变位，这样就增大通流阻力，因而控制了 CF 的开度。

当油泵进入优先阀的流量，在 CF 回路按分流比分配的流量和使优先阀移动时的流量相当时，则处于平衡状态，这一平衡力是由通过转向器节流孔产生的压力差而形成的，因此产生这个压力差就必须使转向器的控制转阀芯和阀套之间有一定的角变位关系。以上便是连续转向的情况下转向盘的回转速度联动进行，从而控制整个液压转向系统。

③ 行程终点时转向操作状态　转向油缸行程到达终点时，CF 回路压力超过优先阀内安全阀的调定压力 p_j，安全阀溢流，通过优先阀内的固定节流孔的节流作用而产生压力差，由压力差推动滑阀向左移，于是 EF 全开，流入优先阀的油液大部分进入 EF 回路。

优先阀的"内控"或"外控"方式：由于优先阀 CF 口与转向器 P 口之间有单向阀，当转向流量小时，则可以认为无压力损失，当转向器流量增大时，其两者之间的管路损失增大（包括单向阀），LS 口控制压力减少，此时优先阀不能随转向器转速增加而继续增加 CF 口的开度，以致出现部分人力转向现象。

4.2.5　双泵合分流转向优先的卸载系统

4.2.5.1　双泵合分流优先转向液压系统概述

双泵合分流优先转向液压系统如图 4-26 所示。双泵合分流转向优先的卸载系统简称双泵卸载系统，采用全液压转向、流量放大、卸载系统，由转向泵、转向器、流量放大阀（带优先阀和溢流阀）、卸载阀、转向油缸等部件组成。

4.2.5.2　双泵卸载系统的工作原理

（1）转向盘不转动时

转向泵 8 输出的液压油部分进入转向器 6，由于转向盘没有转动，故没有输出流量。转向泵 8 的输出流量全部经流量放大阀中的优先阀 7 和卸载阀 9 中的单向阀与工作泵 10

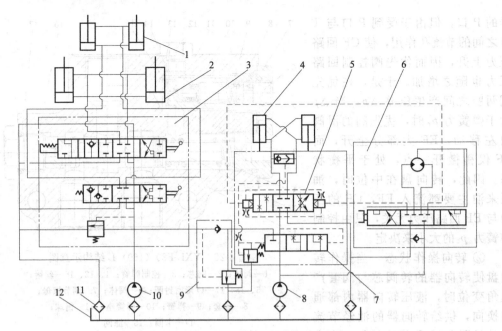

图 4-26　双泵合分流优先转向液压系统工作原理

1—转斗油缸；2—动臂油缸；3—分配阀；4—转向油缸；5—流量放大阀；6—转向器；7—优先阀；
8—转向泵；9—卸载阀；10—工作泵；11—滤清器；12—油箱

输出的液压油合流，供给工作液压系统工作。当工作液压系统也不工作时，两泵的合流流量经分配阀 3 回油箱 12。

（2）转向盘转动时

转向泵 8 输出的液压油部分通过转向器 6 进入流量放大阀先导油口，控制放大阀芯移动，打开转向油缸进油和回油通道。转向泵 8 输出的液压油除了供给转向器 6 使用外，其余流量全部进入优先阀 7，一路通过流量放大阀 5 进入油缸工作腔，使装载机转向。油缸的回油腔回油经流量放大阀 5 接通油箱。当转向泵输出的流量多于转向所需的流量时，转向泵剩余部分的流量通过优先阀 7 和卸载阀 9 中的单向阀与工作泵 10 输出的流量合流，供给工作液压系统工作，或经分配阀 3 回油箱。当转向泵输出的流量低于转向所需流量时，其流量不再通过优先阀分流到工作液压系统，而全部供给转向工作。

装载机的转向速度与转向所需的流量有关，由转向盘的转速控制，转向盘转速越快，供给转向用的流量就越多，装载机的转向速度就越快。反之，转向速度就越慢。在动力机最高转速时，转向泵输出流量最大，不可能全部流量为转向所利用，必有部分流量要分流到工作液压系统。

（3）当工作液压系统的工作压力达到或超过卸载压力时

从转向泵输出的经优先阀进入卸载阀的这部分流量不再与工作泵输出的流量合流，而是通过卸载阀低压卸载回油箱。当工作液压系统工作压力低于卸载阀的闭合压力时，卸载阀闭合，从转向泵输出的经优先阀输送过来的这部分流量又重新通过卸载阀中的单向阀，与工作泵输出的流量合流，进入工作液压系统。

4.2.6　装载机典型全液压式转向系统

4.2.6.1　郑工 955A 型装载机全液压式转向系统组成及转向原理

该机型的液压转向系统均采用全液压式铰接转向，如图 4-27 所示，由转向油泵提供的油经过单路稳定分流阀（单稳阀），以恒定的流量供给转向器。

直线行驶时，转向盘处于中间位置，转向泵提供的液压油经稳流阀、高压油管到转向器，从转向器回油口经冷却器直接回到油箱，转向液压缸的两腔处于封闭状态。

当转向盘向左转时，从转向泵出来的高压油被转向器分配给左液压缸小腔和右液压缸大腔，使前车架向左偏转，从而实现左转向。

当转向盘向右转时，从转向泵出来的高压油被转向器分配给左液压缸大腔和右液压缸小腔，使前车架向右偏转从而实现右转向。

该机采用的全液压转向器具有液压随动作用，即转向盘转动一个角度，装载机出现一个相应成比例的转向角度，转向盘停止转动，则装载机作等半径的圆周运动，转向盘回到中间位置，则装载机恢复到直线行驶状态。

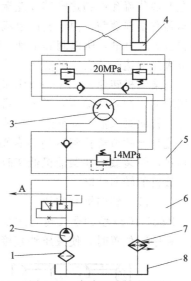

图 4-27　全液压式转向系统

1—滤油器；2—齿轮泵；3—转向器；
4—转向油缸；5—阀块；6—单稳阀；
7—冷却器；8—油箱；A—回油箱

（1）液压泵

系统中的液压泵为 CBG2080 齿轮泵，排量 80mL/r，额定压力为 16MPa，最高压力为 20MPa，额定转速为 2000r/min，最高转速为 2500r/min。

CBG 系列齿轮泵结构和工作原理在工作装置液压系统构造与拆装维修一章中详细介绍，在此不赘述。

（2）单路稳定分流阀

系统中 FLD-F60-H 单路稳定分流阀（图 4-28）的作用是要稳定地以 60L/min 的流量向转向系统供油，保证转向系统流量恒定。其工作原理是：阀体上油口 P 接转向泵，A 口接油箱，B 口通转向器。阀体 1 内装有阀芯 2，阀芯 2 左端开有节流孔，另一端开有径向孔和轴向孔。阀芯轴向孔内装有节流片 3，节流片上开有节流孔，阀芯右端还装有弹簧 14、限位导套 13。

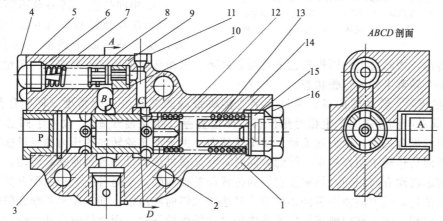

图 4-28　FLD-F60-H 单路稳定分流阀

1—阀体；2—阀芯；3—节流片；4—安全阀螺堵；5、10、16—O 形圈；6—安全阀垫片；
7—安全阀弹簧；8—安全阀阀芯；9—安全阀座；11—油堵；12—阻尼塞；
13—限位导套；14—阀芯弹簧；15—导套定位螺堵

当柴油机转速 $n_e < 800 \text{r/min}$ 时，转向泵流量小，转向泵排出的油经 P 口进入，经阀芯左上端节流孔可到达阀芯 2 左端，也可经阀芯上径向孔、轴向孔和节流片上的节流孔到达阀芯右端弹簧腔。由于转向泵流量小，节流孔节流作用小，阀芯两端压差小，不足以克服弹簧 7 的力量，所以阀芯不动，转向泵来油经 P 口、阀芯上径向孔、轴向孔和节流片上的节流孔到达阀芯右端弹簧腔，从 B 口全部供给装载机转向系统。

当柴油机转速 $n_e > 800 \text{r/min}$ 时，转向泵流量增大，转向泵排出的油经节流孔时节流作用增强，阀芯两端压差增大，可以克服弹簧 7 的预紧力时，阀芯右移，使 P 口和 A 口打开，转向泵来油一部分经 P 口直接到 A 口回油箱，另一部分经阀芯上径向孔、轴向孔和节流片上的节流孔到达阀芯右端弹簧腔，还从 B 口供给转向系统。这样，由于单稳阀的存在，使装载机在柴油机低速时转向不觉沉重，在柴油机高转速时转向不致发飘，改善了装载机的转向性能。

(3) 液压转向器和阀块

BZZ1-1000 型为摆线转阀式全液压转向器，作用是使转向轮上的外力传不到转向盘上，在中间位置时，使液压油直接回油箱。转子排量为 800mL/r，其结构如图 4-29 所示。

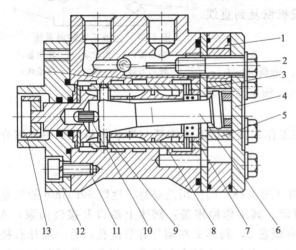

图 4-29 液压转向器
1—定子；2—钢球；3—隔盘；4—后盖；5—转子；
6—联动轴；7—阀芯；8—阀套；9—轴销；
10—弹簧片；11—阀体；12—前盖；13—连接块

此转向器体积小，重量轻，操纵轻便灵活，性能稳定，工作可靠。油泵供油时，转向盘操纵力矩 $\leqslant 49 \text{N} \cdot \text{m}$，转向盘的自由转角左右不超过 9°。

① 液压转向器 液压转向器用于控制转向液压缸的动作，实现液压转向，当转向油泵停止供油时，还能够实现手动转向。

液压转向器由转阀和摆线齿轮马达组成，如图 4-29 所示，转阀为本体，摆线马达为反馈装置，两者由螺钉连为一个整体。转阀由阀体、阀套和阀芯等组成。

转向器工作原理：

a. 中间位置 转向盘不动，阀芯和阀套在片弹簧的作用下处于封油位置，摆线马达既不进油、也不回油，转子不转动，而阀套上的两排孔也全被阀芯封闭，因而转向液压缸不动作，转向轮保持直线，或某个转弯半径的行驶状态。

b. 左转向 转动转向盘，通过十字连接块带动阀芯转过一个角度（同时压缩片弹簧），使阀芯与阀套之间产生相对角位移，即位置差（相互错开 8°），改变了阀芯与阀套各孔和槽的配合关系，压力油流动，使车轮转向。由于使车轮转向的压力油经过摆线齿轮马达，因而马达转子便作相应的转动，同时，它又通过传动轴和轴销使阀套转动，其转动方向与阀芯转动方向相同，结果使它们的位置误差被消除，于是各孔、槽的配合关系又恢复到中立位置，压力油便不再经摆线齿轮马达进入转向液压缸，使车轮不再继续偏转，这就是反馈过程。进入转向液压缸的油必先经过摆线齿轮马达，因而转向盘开始转动，马上就有反馈。就是说，转动转向盘后，车轮稍转动一个很小的角度即停止。要想继续转向，必须继续转动转向盘。

c. 右转向 转向盘向右转动，阀芯与阀套的相对位置和转向过程与上述向左转向的情形相同，只是流向不同，转向液压缸与摆线齿轮马达进出口液流方向正好与左转向方向相反。

　　d. 手动转向　当柴油机因故不能工作或转向泵损坏时，可用手动转向。其过程是：转动转向盘，通过连接块使阀芯转动，摆线齿轮马达油腔的油不是从油泵来，而从回油口经单向阀进来，显然这时摆线齿轮马达实际是起到了泵的作用，即转向盘的转动通过阀芯、轴销、传动轴、带动摆线齿轮马达转子旋转，排出的油进入转向液压缸使其转向。手动转向时，应以驾驶员一个人的最大力量为限度，禁止两人合力转动转向盘，以免损坏转向系统。

　　② FKAR-146020 型阀块　阀块内有单向阀、溢流阀和双向缓冲阀（也称过载阀），结构见图 4-30。

　　单向阀的作用是手动转向时摆线齿轮马达从回油口吸油。溢流阀可限制最高压力不超过 15MPa，防止系统过载。用户不得任意调整。双向缓冲阀可保护液压转向系统免受外界反作用力经过液压缸传来的高压油冲击，确保油路安全，调定压力为 17MPa，不得任意调整。阀块上有四个连接油

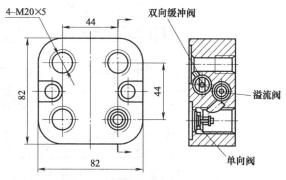

图 4-30　FKAR-146020 型阀块

孔，"P"口接进油管、"O"口接回油管、"A"口接右转向液压缸、"B"口接左转向液压缸。

　　(4) 转向液压缸

　　转向液压缸是将转向系统的液体压力转换为装载机能，通过前车架和前桥使车轮转向，结构如图 4-31 所示。

　　活塞套装在活塞杆的右端，左面抵在活塞杆凸肩上，右面用卡片、挡板、卡环固定。活塞与缸体之间用活塞环密封环和垫圈进行密封，端盖用螺栓与缸体固定。拆卸时，先将端盖卸下，然后从液压缸外面将活塞杆、活塞、端盖一起拔出。将卡环取下后，可以依次取出挡板、卡片、活塞、端盖。转向液压缸通过销轴与前后车架相连。为防止产生运动干涉，在液压缸两端都用球头销连接，球头销两侧均与球头座配合。向左转向时，液压油进入转向液压缸右油室（即大腔），推动活塞和活塞杆向左移动，而另一个液压缸则使液压油进入转向液压缸左油室（即小腔），推动活塞和活塞杆向右移动，使前车架向左偏转。如果向右转向时，则与上述情形相反。

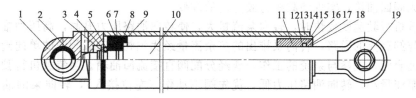

图 4-31　转向液压缸

1—缸体；2—关节轴承；3、17、19—挡圈；4—卡键帽；5—轴用卡键；6、12—O 形圈；
7—活塞密封；8—支承环；9—活塞；10—活塞杆；11—导向套；13—缓冲环；
14—孔用卡键；15—挡环；16—杆密封挡圈；18—防尘圈

4.2.6.2　厦工 ZL50C-Ⅱ型装载机转向系统

　　厦门工程机械股份有限公司生产的 ZL50C-Ⅱ型装载机的工作系统和转向系统合为一体，称为"双泵和分流转向优先的卸载系统"，简称"双泵卸载系统"。

　　(1) 系统组成

如图 4-32 所示为该装载机工作、转向液压系统原理。工作系统主要由油箱、滤油器、工作泵、分配阀、动臂油缸、转斗油缸等组成；转向液压系统主要由转向泵、转向油缸、流量放大阀（带优先阀、溢流阀和梭阀）、转向器和卸载阀等组成。两个系统通过优先阀和卸载阀连通，根据装载机工作和行驶状态，将两泵合流，或为系统卸载。

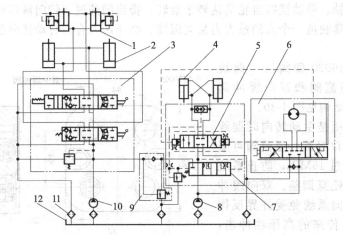

图 4-32　厦工 ZL50C-Ⅱ型装载机工作、转向液压系统原理
1—转斗油缸；2—动臂油缸；3—分配阀；4—转向油缸；5—流量放大阀；6—转向器；7—优先阀；
8—转向泵；9—卸载阀；10—工作泵；11—滤油器；12—油箱

（2）系统工作原理

① 装载机直线行驶时（不工作也不转向）　工作泵排出的油沿分配阀的中立位置回油道流回油箱。转向泵排出的油一部分进入转向器。由于转向盘没有转动，转向器没有流量输出，转向油缸不需要油，使转向泵出油口油压升高，推优先阀左移，转向泵的油全部经优先阀和卸载阀中的单向阀，与工作泵排出的油合流，经分配阀流回油箱。

若此时工作装置在工作，则两泵合流为工作系统提供液压油，可加快作业速度，提高作业效率。

② 装载机转向时　当装载机行驶速度适当时，转动转向盘，转向器将动作（左移或右移）。转向泵排出的油一部分通过转向器进入流量放大阀的先导控制油口（右或左），使放大阀的阀芯左移或右移，打开转向油缸的进、回油通道。这样，转向泵排出的油，除了供给转向器，其余全部经优先阀和流量放大阀，进入转向油缸一腔。而转向油缸另一腔的回油经放大阀回油箱，实现装载机行驶方向的改变。

当装载机行驶速度较快时，转向泵流量大，使转向油路压力升高，高压油推优先阀左移，打开与卸载阀的通路，转向泵排出的多余流量经优先阀和卸载阀中的单向阀，与工作泵排出的油合流，或参与系统的工作，或经分配阀直接流回油箱。当装载机行驶速度较慢时，转向泵流量小，转向油路压力低，优先阀不动作（左位接入），转向泵的油全部供给转向系统。

③ 转向阻力过大时　当装载机转向阻力过大，或当装载机直线行驶、车轮遇到较大障碍、迫使车轮发生偏转时，将使转向油缸某腔压力增大。此高压油经梭阀和油道到溢流阀（安全阀）的阀前，当转向油压达到安全阀调定压力（14MPa）时，安全阀开启溢流，限制转向油缸某腔的压力不再继续升高，保护转向系统的安全。

④ 卸载阀的工作　系统中的卸载阀位于工作系统和转向系统之间。当工作系统油压小于卸载阀中溢流阀的调定压力时，卸载阀关闭不卸载，转向泵排出的、经优先阀来的油，经过卸载阀中的单向阀与工作泵排出的油合流，如上所述，参与系统的工作或经分配

阀流回油箱；当工作系统油压达到卸载阀中溢流阀的调定压力（12MPa）时，卸载阀打开，转向泵排出的、经优先阀来的油，经卸载阀直接回油箱，不再经单向阀到工作系统，为转向系统卸载。

4.2.6.3 柳工 ZL50C 型装载机转向系统

（1）系统组成

柳工机械股份有限公司生产的 ZL50C 型装载机的转向系统采用了流量放大系统，它的转向系统与作业系统相互独立，其系统见图 4-33。

该系统主要由转向泵、转向器、减压阀、流量放大阀、转向油缸、滤油器、散热器等组成，其中，减压阀和转向器属于先导油路，其余属于主油路。

（2）系统工作原理

转向盘不转动时，转向器通向流量放大阀两端的两个油口被封闭。流量放大阀的主阀杆在复位弹簧作用下保持中立。转向泵排出的油经流量放大阀中的溢流阀溢流回油箱，转向油缸没有油液流动，装载机不转向。

转动转向盘时，转向泵排出的油作为先导油液进入流量放大阀，推主阀杆移动，打开通向转向油缸的控制阀口，转向泵排出的大部分油液经过流量放大阀打开的阀口进入转向油缸，实现装载机转向。转向器受转向盘操纵，转向器排出的油与转向盘的转角成正比。因此，进入转向油缸的流量也与转向盘的转角成正比，即控制转向盘的转角大小，也就是控制了进入转向油缸的流量。由

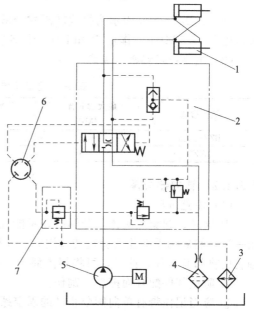

图 4-33　柳工 ZL50C 型装载机转向系统
1—转向油缸；2—流量放大阀；3—散热器；
4—滤油器；5—转向泵；
6—转向器；7—减压阀

于流量放大阀采用了压力补偿，因而进入转向油缸的流量基本与负荷无关。

转向盘停止转动后，流量放大阀杆一端的先导油液通过节流小孔与另一端接通回油箱，阀杆两端的油压趋于平衡，流量放大阀杆在两侧复位弹簧作用下回到中位，切断了通向转向油缸的通道，装载机停止转向。

当装载机转向阻力过大，或当装载机直线行驶、车轮遇到较大障碍，迫使车轮发生偏转时，将使转向油缸某腔压力增大。此高压油经梭阀和油道到溢流阀（安全阀）的阀前，当转向油压达到安全阀调定压力（12MPa）时，安全阀开启溢流，限制转向油缸某腔的压力不再继续升高，保护转向系统的安全。

4.3　转向系统的拆装与维修

4.3.1　全液压式转向系统维修

4.3.1.1　装载机常用全液压转向器型号及主要技术参数

（1）全液压转向器型号意义

BZZ □-□-□-□
  转向柱轴头连接形式:A—十字连接(可省略);B—花键连接
  排量:mL/r
  最大入口压力:MPa D—12.5(可省略);E—16
  结构代号:1—开芯无反应;2—开芯有反应;3—闭芯无反应;4—闭芯有反应;
  5—静态信号负荷传感无反应;6—静态信号负荷传感有反应;7—动态信号负
  荷传感无反应;8—动态信号负荷传感有反应
  摆线转阀式全液压转向器

  例如:BZZ5-500 表示为摆线转阀式全液压转向器,静态信号负荷传感无反应,最大入口压力 12.5MPa ,排量 500mL/r,十字连接。

  (2)主要技术参数(见表 4-1)

表 4-1　全液压转向器主要技术参数

结构形式	最大瞬时背压 /MPa	额定工作压力 /MPa	系统工作油温 /℃	动力转向转矩 /N·m
BZZ1、2、3	6.3	16	−20~80	5
BZZ5	1.6	16	60	5

4.3.1.2　转向器分解

  (1)注意事项

  ① 阀芯、阀套从阀体上分解时,不能强行打出,可先用木棍从上端孔中将其轻轻顶出一半,然后用手抓住阀套边转边用力向外拔。如遇取不出时,可能是单向阀钢球落入进油孔内将阀套卡住,此时,可将阀体翻转后使钢球脱出即可取出。

  ② 防止零件配合面擦碰、刮伤。

  ③ 应当记住带有单向阀限止杆的固定螺栓的位置,以免组装时装错。

  (2)分解顺序(见表 4-2)

表 4-2　全液压式转向器分解顺序

序号	拆卸步骤及方法	示　意　图
1	拆出螺栓 1、泵盖 2 及泵盖上的 O 形密封圈	
2	拆出内外啮合齿轮 3 及 O 形密封圈,拿掉挡圈 4	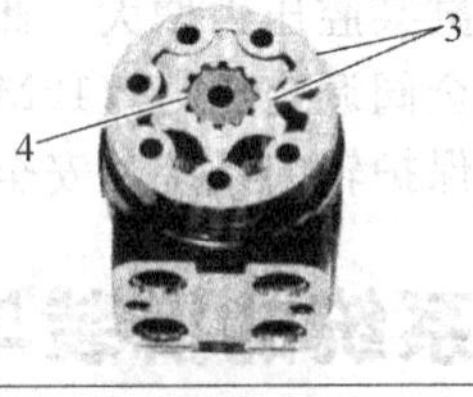
3	拆出传动花键轴 5 及导流盘 6	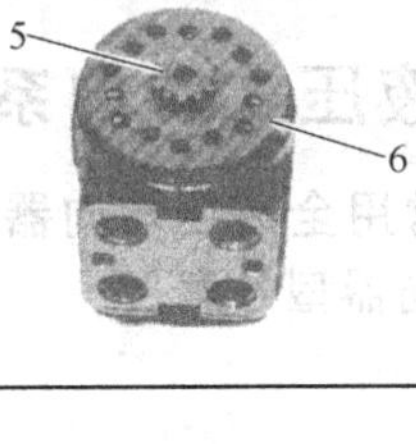

序号	拆卸步骤及方法	示 意 图
4	拿掉O形密封圈7和柱塞套8	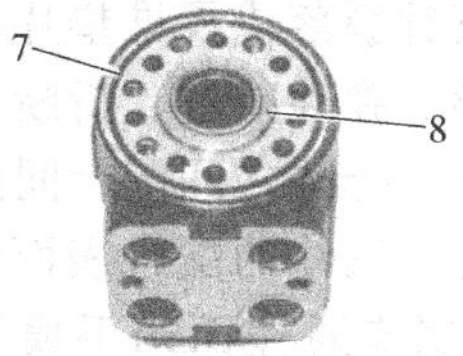
5	从柱塞套8上拆出销钉11、柱塞9,拿掉销轴9上的六个卡簧片10	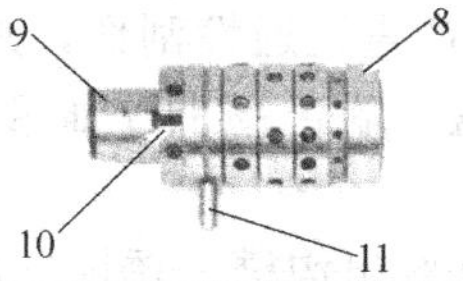
6	从泵体上拆出轴承13及轴承座12	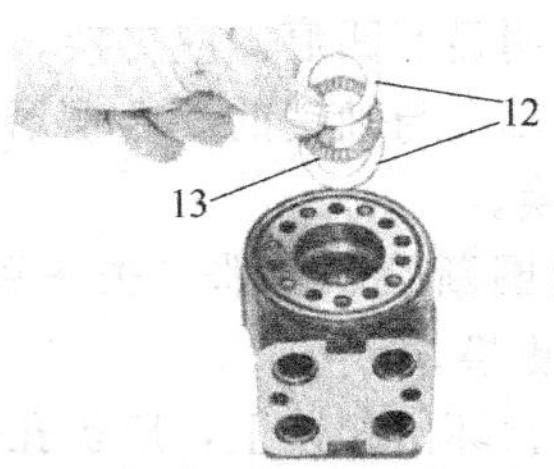
7	翻转泵体,从泵体上拆出衬圈15及锁紧圈14	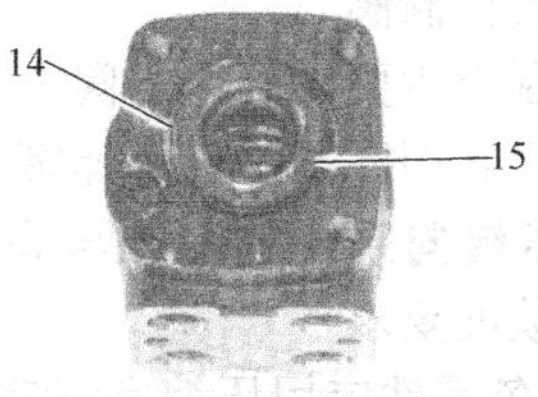
8	从衬圈15上拆出防尘圈16	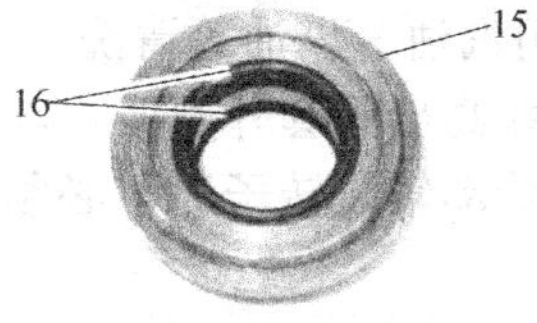
9	从泵体上拆出螺堵、柱塞、钢珠、座子,并从柱塞上拿掉O形密封圈	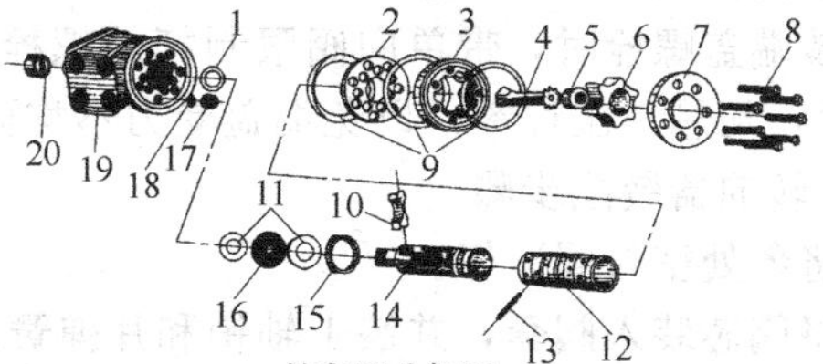 转向器分解图 1、9—O形密封圈;2—配油盘;3—定子;4—传动轴;5—支撑套;6—转子;7—端盖;8—螺栓;10—片弹簧;11—轴承座圈;12—阀套;13—销轴;14—阀芯;15—挡圈;16—推力轴承;17—螺套;18—单向阀;19—壳体;20—连接凸块

4.3.1.3　主要零件的检验与修理

（1）转向器

转向器各零件润滑条件优越,工作条件比较好,一般磨损损坏不明显。常见的有传动件磨损、密封圈性能下降及拆装不注意造成刮、碰伤等。其检验修理主要有以下几个方面:

① 连接凸块与阀芯端部榫头、转向轴凸榫配合有明显间隙感觉时，应将连接凸块焊修或更换连接凸块。

② 推力轴承滚针脱落或承推垫片不平。应更换轴承。

③ 片弹簧变形、弹性减弱、折断。应更换。

④ 阀芯、阀套、壳体之间配合间隙超过 0.04mm。应镀铬、光磨修复。

⑤ 阀套与阀芯、阀体的配合表面以及摆线齿轮马达的各接合表面，如有不连通孔或槽的刮伤，以及虽属连通性而用手摸却感觉不到的刮伤，可用细油石修磨毛刺后继续使用。如出现沟槽或严重连通性刮伤，则应更换。

⑥ 马达配油盘、端盖翘曲平面度公差值为 0.08mm。超过时应校平（禁止用砂纸磨削）。

⑦ 单向阀钢球磨出沟槽、锈蚀。应更换。

⑧ 轴销磨损明显有凹痕。应更换。

⑨ 马达传动轴上与轴销的配合槽磨损，且转动中有明显间隙感觉时，应堆焊后锉削或重新开槽或更换。

⑩ O 形密封圈断裂、膨胀、失去弹性，应更换；密封圈装于槽内应高于接合平面 0.5mm。低者应更换。

⑪ 油口螺纹损坏两扣以上，应扩孔套扣并换配相应接头。

（2）压力流量控制阀

压力流量控制阀主要由阀体、阀套、阀芯、限位套、弹簧等部件组成。其常见损伤主要是阀套、阀芯配合面磨损，以及弹簧弹力下降或折断等。

4.3.1.4 全液压转向系统的装配与调整

（1）转向器装配要求

① 安装前，各零件应用压缩空气吹除孔、槽中的脏物，并用干净的液压油清洗，禁止用铁丝乱捅或用汽油、煤油等清洗。

② 弹簧片不能高出阀套外圆面，以免刮伤阀体内壁。

③ 装配马达传动轴与转子时，必须按要求进行，否则将造成不能转向（强行转向时易使轴销折断）。

④ 单向阀钢球不能漏装，否则装机后无法转向。

⑤ 装端盖螺栓时，带单向阀限制杆的螺栓应装在原处。拧紧螺栓时，应分几次均匀用力拧紧，切忌一次拧紧，以免端盖受力不均而变形。

（2）转向器装配步骤

① 将各处密封圈装好。

② 将阀芯装入阀套，并装上轴销和片弹簧以及弹簧挡圈。

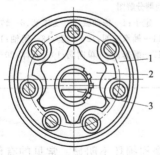

图 4-34 传动轴的安装
1—定子；2—转子；3—传动轴

③ 将推力轴承装入阀体。

④ 将阀套与阀芯装入阀体。

⑤ 将马达端盖、定子、转子、配油盘按其位置装在一起。

⑥ 将传动轴装入转子（要求：先将转子一齿对正定子一齿槽并完全啮合，将传动轴上轴销槽垂直于所啮合两齿的重合中心线装入转子，如图 4-34 所示）。

⑦ 装入单向阀。

⑧ 将传动轴上的销槽对正轴销，将马达与转阀装在一起。

⑨ 调整端盖、定子及配油盘，使其转阀螺孔重合，然后分别对称拧紧螺栓。

（3）装配后试验

转向器装配完毕后，须经试验，合格方能装车使用。在没有试验设备的情况下，可装车后就车试验。试验时，将前轮顶起，柴油机低速运转，转动转向盘，前轮能偏转自如；不转转向盘时，前轮即停止偏转。柴油机熄火后，转动转向盘，使前轮偏转应无明显阻力。前轮落地时（柴油机中速运转），转动转向盘，前轮能缓缓偏转即可。

（4）转向压力调整（图 4-35）

转向额定工作压力为 14MPa，调整步骤如下：

① 在停机状态下卸下流量放大阀上的测压口塞头 21，装上压力表。

② 将流量放大阀上的调压螺杆 14 逆时针拧到没有压住弹簧为止，然后顺时针旋转 2～3 圈（调压螺杆 14 每旋转一圈，压力变化约为 2MPa）。

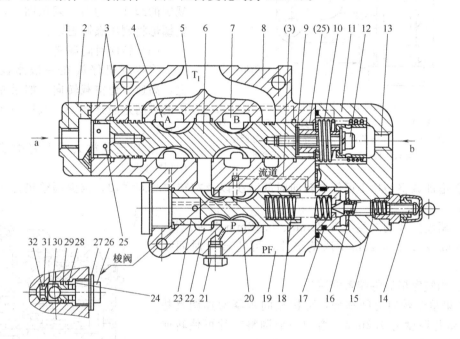

图 4-35　流量放大阀

1—左先导油口；2—前盖；3—流道；4—左转向油腔；5—回油腔；6—放大阀芯；7—右转向油腔；8—阀体；
9—调整垫片；10—弹簧；11—后盖；12—螺钉；13—右先导油口；14—调压螺杆；15—先导阀弹簧；
16—先导阀；17、27、29、31—O 形圈；18—优先阀弹簧；19—分流口；20—进油口；
21—测压口塞头；22—转向进油口；23—优先阀芯；24—垫片；25—计量孔；
26—螺塞；28—梭阀座Ⅱ；30—钢球；32—梭阀座Ⅰ

③ 启动柴油机，边转向边观察压力表压力，当转向到终端（左或右转）时，压力表显示的最高值为转向压力值。当其压力低于额定工作压力时，可再次将调压螺杆 14 顺时针旋转，压力再次升高，当其最高压力值达到额定工作压力时，调压完毕，用锁紧螺母将调压螺杆 14 固定。

（5）卸载压力调整（图 4-36）

卸载压力为 12MPa。调整步骤如下：

① 在停机状态下卸下流量放大阀上的塞头，装上压力表。

② 将卸载阀上的调压螺钉逆时针拧到没有压住弹簧为止，然后顺时针旋转 1～1.5 圈（调压螺钉每旋转一圈，压力变化为 6MPa）。

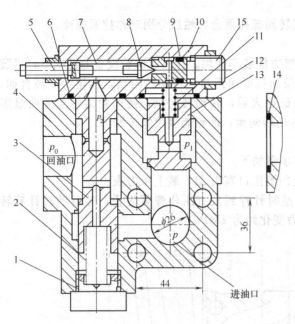

图 4-36　卸载阀

1、6、9、12、14—O形圈；2—主阀弹簧；3—阀芯；4—阀体；
5—调压螺钉；7—导阀弹簧；8—导阀；10—导阀座；
11—单向阀弹簧；13—单向阀；15—压紧螺栓

② 增加调整垫片 1 可使右转向时间减少以及左转向时间增加，减少调整垫片 1 其结果相反。

③ 调整垫片的厚度有 0.25mm、0.12mm 两种规格，增加或减少 2 个 0.25mm 调整垫片，可使转向时间变化 0.1s。

④ 调整完毕后将端盖安装好。

如果整个转向时间都慢，可按相同步骤增加调整垫片 4，垫片厚度为 1.2mm，增加一个调整垫片可使转向时间减少 0.1s。

4.3.1.5　转向油缸的维修

转向油缸与工作装置液压系统的油缸维修方法基本相同，在工作装置液压系统构造与拆装维修一章介绍，在此不多述。

4.3.2　液压助力式转向系统维修

（1）转向器分解

厦工 ZL50 型装载机转向器如图 4-38 所示。

① 拆下转向输出板连接螺栓，拆下转向输出板。

② 松开转向器总成底部的螺栓，卸下端盖。

③ 将转向器夹在虎钳上，松开恒流阀与转向阀相连接的螺栓，取下恒流阀总成。

④ 松开转向杆底部螺母，取出盘形弹簧、轴承和转向阀体。

⑤ 拆下螺母，将阀接头从转向器壳体上分离出来。

⑥ 取出喇叭按钮总成，拆下转向盘。

③ 启动柴油机，低转速动臂满载提升时，观察压力表压力。当在提升过程中，压力表没有显示压力时，可再将调压螺钉顺时针旋转 1/4～1/2 圈，再次提升并观察压力表压力。若没有显示压力，可再次将调压螺钉顺时针旋转 1/4 圈，直至提升时能显示出压力为止。当提升快接近最高点时，要手动控制慢速提到最高点。此时，压力表显示的最高压力值（瞬间下降）即为卸载压力。当此压力达到规定的卸载压力时，调压结束，用锁紧螺母将调压螺钉固定。

（6）转向时间调整

将装载机停放在一般水泥路面上，高速原地空载转向，如果左右转向的时间差超过 0.3s，按以下步骤进行调整：

① 从流量放大阀上将端盖拆下（见图 4-37）。

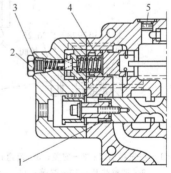

图 4-37　转向时间调整

1、3、4—调整垫片；2、5—螺塞

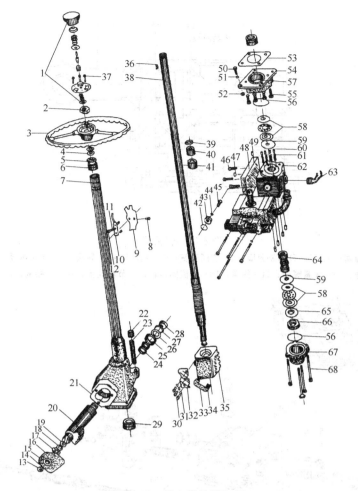

图 4-38　转向器及转向阀

1—喇叭按钮总成；2、28、35、52—螺母；3—转向盘总成；4、11、61—弹簧；5—楔入环；6、17、24、58—轴承；

7—转向器壳；8、13、14、46、50、55、68—螺栓；9—防护盖；10—触头座；12—触头；

15、26、27、31、47、51—垫圈；16—侧盖；18、59—垫片；19—调整螺钉；20—臂轴；21、53—衬垫；

22—加油盖；23—加油管；25—骨架油封；29—滚针轴承；30、37—螺钉；32—压板；33—导槽；34—钢球；

36—键；38—转向轴；39—隔离环；40—绝缘套；41—铜套；42、49、56—O形密封圈；43—阀座；

44—钢球；45—锥形弹簧；48—转向输出板；54—阀接头；57—油封；60—圆柱塞；62—转向阀体；63—回油接头；

64—转向阀芯；65—垫圈（盘形弹簧）；66—锁紧螺母；67—端盖

⑦ 拆下螺栓，取下侧盖，取出臂轴。

⑧ 将转向轴与齿条螺母等零件从壳体底部拔出。

⑨ 拆下齿条螺母上的螺钉、压板，卸下四片导槽，倒出钢珠（共98粒）。

（2）恒流阀的分解

恒流阀（图4-39、图4-40）主要由阀体、阀芯、弹簧、导阀等组成。

① 拆下阀盖。

② 拆下螺塞，取出主阀芯弹簧和主阀芯。

③ 拆下锁紧螺母，拧出调压螺杆，依次取出弹簧座、导阀弹簧、导阀芯、导阀座等零件。

（3）主要零件的检验与修理

① 转向轴杆　转向轴杆常见损伤为弯曲、断裂，以及与轴承配合处的轴颈磨损等。

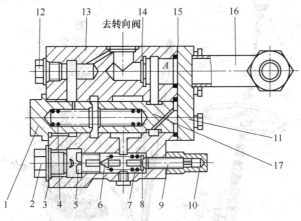

图 4-39　恒流阀

1、2、12—螺塞；3、15—O形密封圈；4—主阀弹簧；5—导阀座；6—导阀；7—导阀弹簧；8—弹簧座；
9—调压螺杆；10—锁紧螺母；11—阀盖；13—恒流阀体；14—节流孔盖；16—管接头；17—恒流阀芯

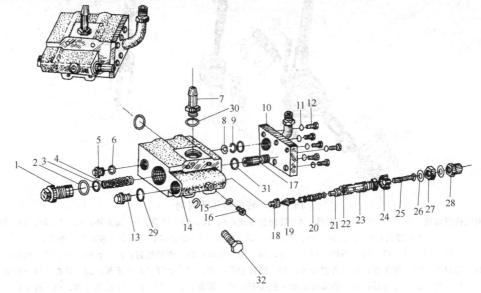

图 4-40　恒流阀分解图

1、5—螺塞；2、3、6、22、31—O形密封圈；4—主阀芯弹簧；7—回油接头；8—节流孔板；9—挡圈；
10—恒流阀盖；11、15、26—垫圈；12、13、16、32—螺栓；14—恒流阀体；17—恒流阀芯；
18—导阀座；19—导阀；20—导阀弹簧；21—弹簧座；23—压套；24—圆螺母；
25—调压螺杆；27—螺母；28—锁紧螺母；29、30—组合密封圈

　　弯曲可用百分表进行检验。将转向轴杆两端放在 V 形铁块或夹持在车床上，百分表垂直抵在轴杆上，转动轴杆，同时观察百分表的读数，即可得出轴杆的弯曲值。弯曲大于 0.5mm 时，应用冷压法校正。

　　与轴承配合处的轴颈磨损可用千分尺测量。当磨损量大于 0.1mm 时，可电镀修复。转向轴端螺纹损坏两扣以上时，应堆焊后重新套扣。断裂时，应换用新件。

　　转向轴端键槽磨损过甚，可堆焊后重新开出键槽，或更换较宽的平键。

　　② 齿条螺母及摇臂轴　齿条螺母常见损伤为齿面磨损、钢球滚道磨损等。摇臂轴常见损伤为轮齿齿面磨损，轴端花键损伤和扭曲等。

　　齿条和扇形齿轮齿面磨损时，可用油石修磨。当磨损严重或疲劳剥落面积大于 30%，

以及出现断裂现象时，应换用新件。

恒流阀主要损伤有主阀芯与阀孔磨损和拉伤，导阀芯与导阀座密封不严。

主阀芯出现轻微拉伤并有卡滞现象时，可先用油石或细砂纸修磨后，在主阀芯上涂上研磨膏，插入阀孔进行研磨。当拉伤或磨损严重时，应换用新阀。

③ 转向器壳体　转向器壳体常见损伤有变形翘曲、裂纹、螺纹孔损伤、轴承座孔磨损、轴管碰伤、弯曲等。

变形较轻微时，可用砂轮打磨修平，严重时换用新件。壳体裂纹可通过浸油法或磁力探伤法检查。如发现裂纹，应换用新件或焊修恢复。螺纹孔损伤可重新套扣恢复。

转向轴管如有凹陷、弯曲影响转向轴转动时，应予以修整校直。

④ 转向阀　转向阀常见损伤主要是阀孔与阀杆磨损、拉伤，以及弹簧损坏等。

阀杆与阀孔的配合间隙为 0.03～0.04mm。当出现轻微的拉伤和卡滞现象时，可用油石或细砂纸将毛刺去除后，在阀杆上涂上适量的研磨膏，然后再插入阀孔内研磨。当配合间隙过大时，应对阀杆进行电镀。拉伤严重时，应换用新件。

各弹簧弹力和高度应正确，且不能断裂或变形。否则应换用新件。

⑤ 恒流阀　恒流阀拉伤或磨损严重时，应换用新件。

（4）液压助力转向器的装配与调整

① 转向器装配注意事项

a. 主阀芯和阀体的配合间隙为 0.025～0.035mm，最大不超过 0.045mm，常开轴向间隙为 0.15mm。常开轴向间隙过小，转向系统油液温度升得快；间隙过大，转向易飘动不稳，灵敏性极差。

b. 安装阀体上、下端面各四个柱塞及四根回位弹簧时，柱塞与阀体的径向配合间隙为 0.03～0.04mm，不能过紧。四根弹簧在安装前应先压缩三次，检查其质量，经压缩检查后的弹簧长度应一样（约 32mm）。否则，由于回位弹簧的弹力不一致，使转向盘动力感不一样，行驶中会发现转向这一方向重，另一方向轻。

c. 在阀接头处安装骨架油封时，应注意油封唇口朝向阀体。

② 转向器的调整

a. 转向器轴向间隙调整　转向器螺杆端部螺母在锁紧时应适中。调整时，可两人配合进行。一人抓住转向盘，另一人锁螺母。转动转向盘，检查转动力感轻重程度及是否有空行程。

当转向力感觉适中又基本无空行程后，将锁紧螺母固定。

b. 反馈杆的调整（见图 4-41）　转动转向盘，使前后桥平行后，拆下摇臂。将转向

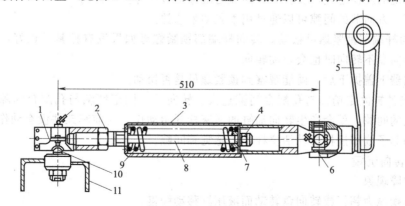

图 4-41　反馈杆

1—接头；2—锁紧螺母；3—弹簧筒；4—螺母；5—摇臂；6—十字轴；
7—弹簧座；8—螺杆；9—弹簧；10—球铰；11—前车架

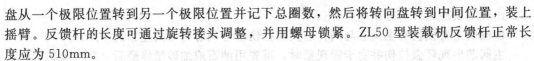

盘从一个极限位置转到另一个极限位置并记下总圈数，然后将转向盘转到中间位置，装上摇臂。反馈杆的长度可通过旋转接头调整，并用螺母锁紧。ZL50 型装载机反馈杆正常长度应为 510mm。

c. 齿条与扇形齿轮啮合间隙的调整　齿条与扇形齿轮啮合间隙应适当。间隙过大，转向盘易飘动；间隙过小，转向沉重。调整时，顺时针拧动调整螺钉到极限位置，然后退回 1/6~1/4 圈。注意：顺时针拧动调整螺钉，啮合间隙减小；逆时针拧动调整螺钉，啮合间隙增大。

③ 恒流阀的调压　恒流阀的作用是使转向平稳，并调整系统压力，使转向轻便。调压方法是：将压力表装在恒流阀上，转动转向盘，直至装载机转至极限位置，然后加大柴油机油门，观察压力表读数。顺时针转动调整螺杆，压力升高，反之降低。一般情况下，调整螺杆每转一圈，系统压力变化 3MPa。调好后，锁紧螺母，再拧紧保护螺母。

4.4　转向系统常见故障诊断与排除

4.4.1　液压助力式转向系统故障诊断与排除

4.4.1.1　转向盘游动间隙（以下简称游隙）过大

（1）故障现象

转向盘游隙过大将使转向不灵敏，或者转向盘不动而车轮自动偏转，直接影响行车安全。

（2）故障原因及排除

引起转向盘游隙过大的原因主要有：

① 齿条螺母与扇形齿轮间隙过大。齿条螺母与扇形齿轮间隙过大，将导致从转动转向盘到随动阀的油路打开的时间延长，需要消除齿条螺母与扇形齿轮间隙后，转向压力油才进入油缸。

柴油机熄火后，一人左右转动转向盘至极限位置，另一人用手抓住转向器摇臂，感觉打转向盘与摇臂的摆动是否运动基本同步。如果时间差比较大，则表明齿条螺母与扇形齿轮间隙过大。

② 反馈杆、万向节间隙过大或调整不当。反馈杆、万向节间隙过大或调整不当时，将使转向系统的反馈迟钝，反映到转向盘上就像是转向停止不及时。

反馈杆、万向节的间隙可以通过用手晃动来感觉。

③ 转向杆端部锁紧螺母松动。转向杆端部锁紧螺母如果没有拧紧或锁好，会产生松动，甚至转向盘不转向时也会自动转向。

将转向器下盖拆下后，就能观察到锁紧螺母是否松动。

④ 转向油缸固定销轴与孔配合间隙过大。转向油缸固定销轴与孔配合间隙过大，要消除这么大的间隙，就会产生转向油缸的活塞杆开始动作，而前车架并没有动作。

用长柄起子或用撬杆拨动活塞杆，能感觉到间隙。

4.4.1.2　转向沉重

（1）故障现象

转向盘操纵力超标或转向盘转动而液压缸移动缓慢。

（2）故障原因及排除

① 装载机方面的原因

a. 扇形齿轮与齿条螺母啮合间隙过小。扇形齿轮与齿条螺母啮合间隙过小，将使转向轴的径向间隙过小，转向发紧。

将扇形齿轮与齿条螺母啮合间隙调大一些，如果故障消除，则表明是此原因所致。

b. 反馈杆的球头螺母锁得过紧。反馈杆的球头螺母锁得过紧，转向阻力大，转向就沉重。

将反馈杆的球头螺母调松。如果故障消除，则表明是此原因所致。

c. 转向杆的齿条螺母与螺杆的滚珠轴承卡死，同样会转向沉重。

② 液压系统方面的原因

a. 转向齿轮泵烧伤或磨损过甚，效率过低。转向齿轮泵使用的时间太长，磨损过甚，泄漏过大，效率过低。

如果转向齿轮泵磨损过甚，大油门转向时会轻一些，油门小时转向重一些。

b. 转向油缸油封损坏，恒流阀的调压阀门无法完全封闭。转向油缸油封损坏，泄漏量大，以及恒流阀的调压阀门无法完全封闭，都会使进入油缸的有效压力油减少，压力也降低。

c. 转向器入口处的单向阀的锥弹簧损坏，使系统压力上不去或油液流量供应不足。

如果在修理以后发现转向沉重，其原因可能是由于装配不当，各摩擦副配合间隙过小所致。如在使用中发现转向沉重，多因为机件缺油、变形或者损坏等造成。

检查时，可拆下直拉杆，转动转向盘。若转动过紧，故障在转向器本身；若转动轻松，故障在传动机构或液压系统。

4.4.1.3 一边转向轻，一边转向沉重

（1）故障现象

装载机向左（右）转向时轻，而向另一侧右（左）转向时重。

（2）故障原因及排除

① 转向阀上下两端弹簧压力不同，柱塞卡死的状况也不同。转向盘转动时，通过转向杆带动转向阀芯上下滑动，使转向阀门打开或关闭，此时需克服上下两端面各四个滚柱对其施加的回位弹簧的压力。如果上下两端面的弹簧压力或柱塞"卡死"情况不同，则必然反映到左右转动力感的不同。

② 转向油缸一腔漏油，另一腔完好。

解决方法；一是检查转向阀滚柱与阀体的配合间隙。标准间隙为 0.03～0.04mm。弹簧长度应一致，且不能断裂或变形。二是更换油缸密封件。

4.4.2 全液压式转向系统故障诊断与排除

4.4.2.1 转向沉重

（1）故障现象

转向沉重实际上是指两种现象：一是慢慢转动转向盘时比较轻，快一些转动转向盘时就沉重；二是柴油机油门小时转不动，柴油机油门大时能转动。

（2）故障原因及排除

前一种现象的根本原因是系统的流量不够，后一种现象的根本原因是系统的压力不够。其具体原因如下：

① 工作油量不够或者低压油管接头进空气。工作油油量不够，油面刚好处于低压油管进油口上下位置，油泵工作时可能就要吸进空气，空气进入系统被压缩，转向液压缸动作从而变慢。

工作油油量不够，可用检视尺检查出来，同时，油箱中的油会产生大量泡沫。如果油量够但油中有空气，则是低压油管接头进空气。

② 进油管变软。油泵通过低压油管从油箱内吸油。这种低压油管是耐油管，使用寿命较长。但如果长期在高温状态下工作，油管也易变软；或者因为外力的作用，油管损坏，而更换后的新油管不是耐油管，只是普通油管或水管，虽然工作时间不长，也易变软。油泵吸油时，低压管内要产生一定的真空度，油泵的转速越高，产生的真空度就越大。油管变软后，在管外大气压力的作用下，就极易变扁，而过油能力变小。柴油机怠速时，慢转转向盘还比较轻，柴油机转速越高，进油管更容易吸扁，油泵吸油越少，转向越沉重。

③ 油泵磨损严重。柴油机只要转动，油泵就要开始工作并产生磨损。如果工作油中有杂质，或者油泵的驱动轴轴承间隙过大，驱动轴偏心，油泵的磨损就会更严重。

如果油泵磨损严重，油泵本身的泄漏量就要增加，系统的压力和流量都会变小，柴油机转速低时，转向明显无力。柴油机转速高时，转向明显轻快一些，转向液压缸的力量要大一些。

④ 单路稳定分流阀及阀块工作不正常。如果单路稳定分流阀的过载阀、阀块的溢流阀和双向缓冲阀阀芯磨损过甚、阀芯卡滞，弹簧折断，系统压力调整过低，都会使系统压力降低。

单路稳定分流阀的阀芯卡滞，将会使工作油进入转向系统的油量减少，而进入工作装置液压系统的油量增加，系统油量分油过多。如果用压力表测量系统的压力，柴油机的转速再高，压力也达不到额定值。

单路稳定分流阀的弹簧变软，分流压力调整过小，极易使阀芯在不大的压力下就被压缩，从而压力油过早、过多地流向工作装置的液压系统，使转向系统流量过小。

单路稳定分流阀及阀块工作不正常，应视情况进行清洗、研磨阀芯、更换弹簧、调试压力，或者更换单路稳定分流阀总成。

⑤ 转向器工作不正常。转向器的转阀和摆线齿轮马达密封及配合面磨损过甚，压力油从内部泄漏过多，进入转向液压缸的压力油压力降低、流量减少。如果转向器磨损严重，转向器本身的泄漏量就要增加，柴油机转速低时，转向明显无力。柴油机转速高时，转向明显轻快一些，转向液压缸的力量要大一些。

转向器的转阀和摆线齿轮马达密封及配合面磨损过甚，应换用新的转向器总成。

⑥ 转向液压缸密封不严。转向液压缸活塞处密封不严，同样也会使压力油泄漏。其原因有：一是密封圈老化失去弹性；二是密封圈磨损严重；三是液压缸内壁拉伤、磨损严重。

油封损伤时可以更换新的油封。液压缸内壁拉伤和磨损只能换用新的缸筒。

判断液压缸漏油故障时，为了与转向器和转向油泵泄漏故障相区别，还应将转向液压缸转到一端的极限位置，拧下回油管一端的接头，继续转动转向盘，看回油管是否明显回油。如果回油明显，则表明转向活塞处漏油严重。

4.4.2.2 转向失灵

（1）故障现象

转向失灵是指转向不受转向盘的控制，不需要转向时自动转向，需要转向时反而不转向。

（2）故障原因及排除

① 不需要转向时自动转向。转向盘并没有转动，而装载机却不受控制地自动转向。其根本原因是：工作油自行进到转向液压缸。具体原因有：

a. 转向器内弹簧片折断、拔销折断或变形。转向器不转动时，由于弹簧片的限位作用，转阀的进出油口都被封闭，工作油不会进入转向液压缸。一旦弹簧片折断、拔销折断或变形，转阀的进出油口就会被打开，工作油就会进入转向液压缸，从而自行转向。

　　b. 转向器装配错误。往往因为转向器漏油等原因，对转向器进行了分解并更换密封件后，随意地将转向器装上，没有按照要求将摆线齿轮马达的转子与定子的对称中心线垂直于传动轴的拔销切槽。

　　转向器装配错误后，与转向器内弹簧片折断、拔销折断或变形所产生的故障现象不同的是：不转动转向盘不会自行转向，但只要一动转向盘，就一直不受控制地连续转向，直到转到极限位置，而转向盘并没有随着转动，摆线齿轮马达失去了有效的反馈作用。

　　c. 转向液压缸内的活塞脱落。转向液压缸内的活塞靠挡圈、卡键帽、卡键定位。如果挡圈折断或松脱，活塞就会从活塞杆上脱出。转向液压缸内的活塞脱落后，转向时，压力油从有杆腔不受控制地进入无杆腔，无法实现转向。当压力油从无杆腔进入到有杆腔时，又可能能够实现转向。在这种情况下，如果将活塞杆的固定销冲开，用手不费力就能将活塞杆从液压缸内拔出。

　　② 需要转向时不转向。转动转向盘时，转向液压缸一点动作都没有，其根本原因：压力油没有进入到转向液压缸；或者是压力油虽然进入到了转向液压缸，但不足以克服外负荷而实现转向。具体原因有：

　　a. 转向油泵不泵油。

　　• 油泵没有动力。变矩器的弹性连接盘螺栓被切断，柴油机的动力传不过来。此时，工作装置也没有动作，装载机也不行走。

　　• 油箱的油量少。油量的多少可以从油箱的检视窗口观察到，并且还可以根据工作装置是否工作正常间接地进行判断。

　　• 油泵磨损严重。如果油泵磨损严重，并且装载机已经很长时间没有启动，油泵齿轮间的油膜不能保持，装载机启动后转向油泵不能泵油，或者由于油泵驱动轴的键被切断，动力传不过来。

　　拧松油泵出油管接头，如果没有压力油喷出，那就是油泵不泵油。从油泵的进油口或出油口用手拨动齿轮，如果能转动，说明动力传不过来；如果不能转动，则是油泵不能泵油。

　　b. 单路稳定分流阀故障。单路稳定分流阀的弹簧折断、阀芯卡滞（有脏物或密封圈损坏），都有可能使阀的 B 口（通转向器的油口）封闭。

　　拧松单路稳定分流阀到转向器的油管接头。如果没有压力油喷出，则表明单路稳定分流阀有故障。

　　c. 前桥差速器烧蚀，不起差速作用。转向系统本身没有故障，但如果前桥差速器或者后桥差速器烧蚀，不起差速作用，转向液压缸的作用力不足以克服前后桥差速器咬死的力量，同样不能实现转向。

　　检查差速器是否咬死的方法如下：将前后桥支起，轮胎离开地面，拆下传动轴，用手推动两个前轮反向旋转，看两个前轮是否能往相反的方向转动。如果不能往相反的方向转动，则是前桥差速器烧蚀。用同样的方法也可检查后桥差速器是否被咬死。

第**5**章

制动系统构造与拆装维修

图解装载机构造与拆装维修

Chapter 5

使行驶或作业中的装载机减速甚至停车，使下坡行驶的装载机速度保持稳定，以及使已经停驶的装载机保持不动，这些作用统称为装载机制动。

对装载机起到制动作用的是作用在装载机上，其方向与装载机行驶方向或作业方向相反的外力。作用在行驶或作业中的装载机上的滚动阻力、空气阻力等都能对装载机起制动作用，但这些外力的大小都是随机的、不可控的。因此，装载机上必须设一系列专门装置，以便驾驶员能根据道路和作业现场等情况使外界对装载机某些部分（主要是车轮）施加一定的力，对装载机进行一定程度的强制制动。这种可控制的对装载机进行制动的外力称为制动力，相应的一系列专用装置即称为制动系统。它对于提高作业生产率，保证人、机的安全起着极其重要的作用。

5.1 制动系统的组成及工作原理

▶ 5.1.1 制动系统功用及组成

5.1.1.1 功用

① 根据需要强制行驶或作业中的装载机减速或停车。

② 保证装载机在一定坡道上停车而不自动溜滑。

③ 下长坡时维持装载机速度的稳定。

5.1.1.2 组成

装载机的制动系统包括脚制动装置、手制动装置和辅助制动装置。

由驾驶员通过脚踏板操纵的一套制动装置称为脚制动装置。它主要用于装载机行驶或作业中制动减速或制动停车，因此，又称为行车制动装置，又由于该制动装置中的制动器作用在车轮上，所以也叫车轮制动装置；目前装载机的行车制动器，采用封闭结构的多片湿式制动器。其行车制动的驱动机构都是加力的，采用空气制动、液压制动、气顶油综合制动等不同的结构方案。由于气顶油综合制动能获得较大的制动力，而且制造技术成熟，成本相对低廉，所以国内生产的轮式装载机都普遍采用这种结构。

由驾驶员通过制动手柄操纵的一套制动装置，称为手制动装置。它主要用于坡道停车或装载机停驶后，使其可靠地保持在原地，防止滑移，因此又称为停车制动装置；轮式装载机的停车制动器一般有三种结构：带式、蹄式和钳盘式。停车制动器的驱动方式也由软轴装载机操纵逐渐发展成气动装载机操纵和液压操纵。由于带式结构制动器外形尺寸大，不易密封，沾水、沾泥以致制动效率显著下降，因此被蹄式结构逐步取代。大型轮式装载机上普遍采用液压操纵的钳盘式结构。现在，随着全液压制动系统的推广应用，钳盘式结构的停车制动器使用呈上升趋势。

有些装载机，为增加行车安全，还装有一套辅助制动装置。目前装载机上的辅助制动装置，多采用柴油机排气制动。

5.1.1.3 制动系统的要求

① 装载机经常行驶在人、车穿插的公路，以及作业与地形的要求，需要经常减速、停车，甚至于紧急停车，因此，要求装载机具有良好的制动性能。否则，可能造成重大事故。

② 制动稳定。制动时，不允许有明显的"跑偏"现象，前后桥上的制动力分配应合理。

③ 操纵轻便。一般制动时，施加于踏板上的力应为200~300N；紧急制动时，不超过430N。施加于手制动杆的力应为250~350N。

踏板行程一般不大于 200mm，手制动杆行程一般不大于 250mm。

④ 制动器散热可靠。温度过高，会使摩擦系数迅速减小，制动力矩急剧下降。

5.1.1.4　轮式装载机常见的制动系统

目前国内生产的轮式装载机采用的制动系统主要有以下几种形式。

① 以柳工 ZL50C、成工 ZL50B 为代表，行车制动采用单管路、气顶油四轮钳盘式制动；停车制动采用气动操纵的蹄式制动器，并具备紧急制动功能，如图 5-1、图 5-2 所示。

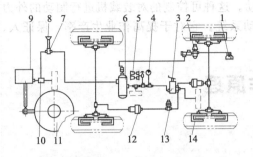

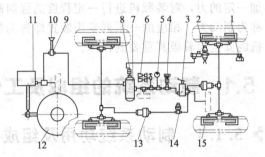

图 5-1　柳工 ZL50C 带紧急制动的制动系统

1—空气压缩机；2—组合阀；3—单管路气制动阀；
4—气压表；5—气喇叭；6—空气罐；7—紧急和
停车制动控制阀；8—顶杆；9—制动气室；
10—快放阀；11—蹄式制动器（停车制动）；
12—加力器；13—制动灯开关；
14—钳盘式制动器（行车制动）

图 5-2　成工 ZL50B 带紧急制动的制动系统

1—空气压缩机；2—组合阀；3—单管路气制动阀；
4—刮水阀接头；5—气压表；6—气喇叭；7—空气罐；
8—单向阀；9—紧急和停车制动控制阀；10—顶杆；
11—制动气室；12—蹄式制动器（停车制动）；
13—加力器；14—制动灯开关；
15—钳盘式制动器（行车制动）

② 以常林 ZLM50B、山工 ZL50D 为代表，行车制动采用双管路、气顶油四轮钳盘式制动；停车制动采用软轴机械操纵的蹄式制动器，但不具备紧急制动功能，如图 5-3 所示。

③ 以厦工、龙工、临工的 ZL50 为代表，行车制动采用单管路、气顶油四轮钳盘式制动；停车制动采用软轴装载机操纵的蹄式制动器，但不具备紧急制动功能，如图 5-4、图 5-5 所示。

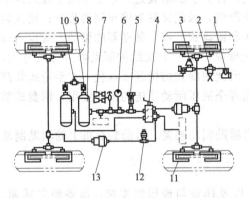

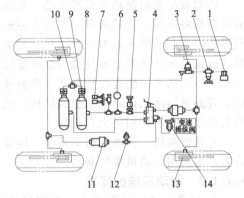

图 5-3　常林 ZLM50B、山工 ZL50D 的制动系统

1—空气压缩机；2—油水分离器；3—压力控制器；
4—双管路气制动阀；5—刮水阀接头；6—气压表；
7—气喇叭；8—空气罐；9—单向阀；10—三通接头；
11—加力器；12—制动灯开关；13—钳盘式制动器

图 5-4　厦工、龙工、临工 ZL50 的
制动系统原理简图

1—空气压缩机；2—油水分离器；3—压力调节器；
4—脚制动阀；5—气刮水阀总成；6—气压表；
7—气喇叭；8—储气筒；9—单向阀；10—三通接头；
11—加力器；12—制动灯开关；13—盘式制动器；
14—手操纵二通阀

④ 以柳工 CLG856 为代表，行车制动采用全液压双回路湿式制动；停车制动采用停车制动电磁阀，且具备紧急制动功能，如图 5-6 所示。

5.1.1.5 轮式装载机行车制动系统工作原理

国产 ZL50 型轮式装载机，其行车制动普遍采用气顶油四轮钳盘式制动，停车制动一般采用蹄式制动器，其制动的位置在变速箱的输出轴前端。停车制动的驱动方式既有手拉软轴控制的，也有气动控制的。气动控制的一般都具有紧急制动功能。当制动气压低于安全气压时，该系统能自动使装载机紧急停车。

（1）制动系统的组成

轮式装载机的制动系统通常包括：空气压缩机、压力控制与油水分离装置、空气罐、气制动阀、气顶油加力器、钳盘式制动器、蹄式制动器等。如果具备紧急制动功能，系统中通常还包括：紧急和停车制动控制阀、制动气室和快放阀。在制动系统的气路中，往往还要控制其他附件，如雨刮、气喇叭等气路。

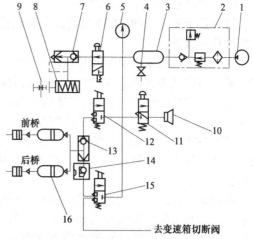

图 5-5　双制动踏板机构系统原理
1—空气压缩机；2—组合阀；3—空气罐；4—放水开关；
5—气压表；6—紧急和停车制动控制阀；7—快放阀；
8—制动气室；9—蹄式制动器（停车制动）；
10—气喇叭；11—气喇叭开关；12、15—气制动阀；
13—梭阀；14—单向节流阀；16—加力器

国产 ZL50 型轮式装载机多数采用单制动踏板结构，少量采用双制动踏板结构。双制动踏板结构的装载机，一般是踩下左制动踏板制动时变速箱自动挂空挡，踩下右制动踏板制动时变速箱挡位不变。

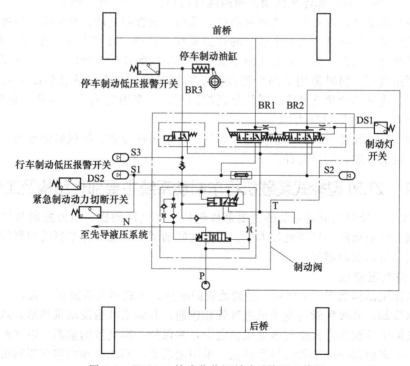

图 5-6　CLG856 轮式装载机制动系统原理简图

（2）制动系统的工作原理

国内各企业生产的 ZL50 型轮式装载机的制动系统，虽然在结构上略有差异，但其工作原理是一致的。

空气压缩机由发动机带动输出压缩空气，经压力控制阀（组合阀或压力控制器）进入空气罐。当空气罐内的压缩空气压力达到制动系统最高工作压力时（一般为 0.78MPa 左右），压力控制阀就关闭通向空气罐的出口，打开卸载口，将空气压缩机输出的压缩空气直接排向大气。当空气罐内的压缩空气压力低于制动系统最低工作压力时（一般为 0.71MPa 左右），压力控制阀就打开通向空气罐的出口，关闭卸载口，使空气压缩机输出的压缩空气进入空气罐进行补充，直到空气罐内的压缩空气压力达到制动系统最高工作压力为止。

在制动时，踩下气制动阀的脚踏板，压缩空气通过气制动阀，一部分进入加力器的加力缸，推动加力缸活塞及加力器总泵，将气压转换为液压，输出高压制动液（压力一般为 12MPa 左右），高压制动液推动钳盘式制动器的活塞，将摩擦片压紧在制动盘上制动车轮；另一部分进入变速操纵阀的切断阀的大腔，切断换挡油路，使变速箱自动挂空挡。放松脚制动踏板，在弹簧力作用下，加力器、切断阀大腔内的压缩空气从气制动阀处排出到大气，制动液的压力释放并回到加力器总泵，解除制动，变速箱挡位恢复。

对于具有紧急制动功能的制动系统，其紧急制动的工作原理是：当装载机正常行驶时，紧急和停车制动控制阀是常开的，来自空气罐的压缩空气经过紧急和停车制动控制阀、快放阀，一部分进入制动气室，推动制动气室内的活塞、压缩弹簧，存储能量；另一部分进入变速操纵阀的切断阀的小腔，接通换挡油路。当需要停车或紧急制动时，操纵紧急和停车制动控制阀切断压缩空气，制动气室、切断阀小腔内的压缩空气经过快放阀排入大气，切断换挡油路，变速箱自动挂空挡，同时制动气室内弹簧释放，推动制动气室内的活塞并驱动蹄式制动器，实施停车或紧急制动。当制动系统气压低于安全气压（一般为 0.3MPa 左右）时，紧急和停车制动控制阀能自动动作，实施紧急制动。

为确保行车安全，近年来，许多装载机上采用了双管路制动传动机构，即通向所有制动气室（或分泵）的管路分属两个独立的管路系统。这样，即使其中一个管路系统失灵，另一管路系统仍能正常工作。并且在液压制动传动机构的基础上增加了一套气压系统，因此称为双管路气压。同时采用了两个各自独立的储气筒、两个气液总泵以及双腔脚制动阀。制动时，通过两套独立的管路系统分别控制前、后车轮制动器。如果一套系统失灵，另一系统仍有 50% 的制动能力。

它具有气压式和液压式的综合优点，即气压传动工作可靠，操纵轻便省力；液压传动结构紧凑，制动平顺，润滑良好。

5.1.2 ZL50 型轮式装载机行车制动系统主要部件结构及工作原理

ZL50 型轮式装载机制动系统的主要部件包括：空气压缩机、压力控制与油水分离装置、单向阀、气制动阀、气顶油加力器、钳盘式制动器、紧急和停车制动控制阀、制动气室、快放阀、蹄式制动器等。

5.1.2.1 空气压缩机

空气压缩机结构如图 5-7 所示，是柴油机的附件，形式多为双缸活塞式，空气或发动机用冷却水冷却，其吸气管与发动机进气管相连通。其润滑油由发动机供给，从发动机引入、油量孔限定的机油进入空气压缩机油底壳，并保持一定高度的油面，以飞溅方式润滑各运动零件，多余部分经油管流回发动机。采用发动机冷却水冷却的空气压缩机，其冷却水道与发动机的相通。

发动机带动空气压缩机曲轴旋转，通过连杆使活塞在汽缸内上下往复运动。活塞向下运动时汽缸内产生真空，打开吸气阀，吸入空气。活塞向上运动时，吸气阀关闭，压缩汽缸内空气，并将吸入压缩空气自排气阀输出。

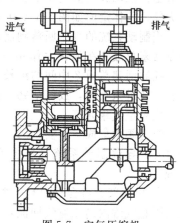

图 5-7　空气压缩机

5.1.2.2　压力控制与油水分离装置

装载机使用的压力控制与油水分离装置比较常见的有两种：组合阀、油水分离器＋压力控制器。

（1）组合阀

组合阀结构如图 5-8 所示。组合阀用途及工作原理如下。

① 油水分离。阀门 C 腔为冲击式油水分离器，使压缩空气中的油水污物分离出来，堆积在集油器 6 内，在组合阀排气时排入大气中。滤芯 10 也起到过滤作用，防止油污污染管路，腐蚀制动系统中不耐油的橡胶件。同时，由于压缩空气中的水分被排出，避免磨蚀空气罐，并且管路不会因冰冻而影响冬季行车安全。

② 压力控制。当制动系统的气压小于制动系统最低工作压力（出厂时调定为 0.71MPa 左右）时，从空气压缩机来的压缩空气进入 C 腔，打开单向阀 4 后分为两路：一路进入空气罐；另一路经小孔 E 进入 A 腔，A 腔有小孔与 D 腔间相通，这时控制活塞总成 2 及放气活塞 5 不动。气体走向如图 5-8（a）所示。

当制动系统的气压达到制动系统最低工作压力时，压缩空气将控制活塞总成 2 顶起，此时阀杆 3 浮动。当气压继续升高大于制动系统最高工作压力（出厂时调定为 0.78MPa 左右）时，D 腔内气体将阀门 7 的阀杆 3 顶起，控制活塞总成 2 继续上移，膜片压板 8 在弹簧力作用下将控制活塞总成 2 中间的细长小孔的上端封住，同时压缩空气进入 B 腔，

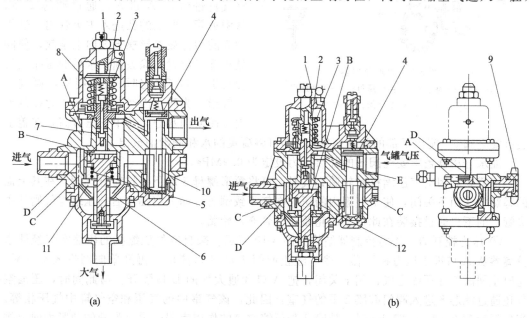

(a)

(b)

图 5-8　组合阀

1—调整螺钉；2—控制活塞总成；3—阀杆；4—单向阀；5—放气活塞；6—集油器；7—阀门；8—膜片压板；9—翼形螺母；10—滤芯；11—排气瓦；12—排气尖塞轴扇

克服阻力推动放气活塞 5 下移,打开下部放气阀门,将从空气压缩机来的压缩空气直接排入大气。气体走向如图 5-8(b)所示。

当制动系统的气压回落到制动系统最低工作压力(出厂时调定为 0.71MPa 左右)时,控制活塞总成 2 在弹簧力作用下回位,阀杆 3 推动阀门 7 下移,封住 B、D 腔相通的小孔,控制活塞总成 2 中间的细长孔上端打开,B 腔内残留气体通过控制活塞总成 2 中间的细长小孔进入大气,放气活塞 5 在弹簧力作用下回位,下部放气阀门随之关闭,空气压缩机再次对空气罐充气。

组合阀中集成一个安全阀。当控制活塞总成 2、放气活塞 5 等出现故障,放气阀门不能打开,导致制动系统气压上升达到 0.9MPa 时,右侧上部安全阀打开卸压,以保护系统。

③ 单向阀。组合阀中有一个胶质的单向阀 4,当空气压缩机停止工作时,此单向阀能及时阻止气罐内高压空气回流,并使制动系统气压在停机一昼夜后仍能保持在起步压力以上,减少了第二天开机准备时间。同时,在空气压缩机瞬间出现故障时,由于有此阀的单向逆止作用,不致使空气罐内的气压突然消失而造成意外事故。

当需要利用空气压缩机对轮胎充气时,可将组合阀侧面的翼形螺母 9 取下,单向阀 4 关闭,使空气罐内的压缩空气不致倒流,而分离油水后的压缩空气则从充气口,通过接装在此口上的轮胎充气管充入轮胎。

(2)油水分离器+压力控制器

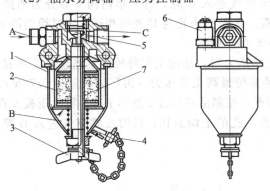

图 5-9 油水分离器
1—罩;2—滤芯;3—翼形螺母;4—放油螺塞;
5—进气阀;6—安全阀;7—中央管

① 油水分离器。油水分离器结构如图 5-9 所示。油水分离器的作用是通过滤网和流动时的离心作用,将压缩空气中所含的水分和润滑油分离出来,以免腐蚀空气罐以及制动系统中不耐油的橡胶件,并使压缩空气冷却。来自空气压缩机的压缩空气自进气口 A 进入,通过滤芯 2 后,从中央管 7 壁上的孔进入中央管内。进气阀 5 的阀杆被翼形螺母 3 向上顶起,使阀处于开启位置,除去油、水后的压缩空气便自出气口 C 流到压力控制器,再进入空气罐。为防止因滤芯堵塞或压力控制器失效而使油水分离器中气压过高,在盖上装有安全阀 6。旋出下部的放油螺塞 4,即可将凝集的水和润滑油放出。

油水分离器盖上安全阀 6 的开启压力设定为 0.9MPa。

当需要利用空气压缩机对轮胎充气时,可将翼形螺母 3 取下,这时进气阀 5 在其上面的弹簧力作用下关闭,使空气罐内的压缩空气不致倒流,而分离油水后的压缩空气则从中央管 7 的下口通过接装在此口上的轮胎充气管充入轮胎。

② 压力控制器。压力控制器结构如图 5-10 所示。来自空气压缩机的压缩空气经油水分离器从 A 口进入压力控制器,然后经止回阀 7 自 B 口流出,再经单向阀进入空气罐,这时止回阀 6 在压缩空气作用下关闭,把 A 口和通大气的 D 口隔开。与此同时,压缩空气还通过滤芯 8 进入阀门鼓膜 2 下的气室,因此,该气室中的气压和空气罐中气压相等。当气压达到 0.68～0.7MPa 时,鼓膜 2 受压缩空气的作用克服鼓膜上弹簧的预紧力向上拱起,使压缩空气得以通过阀门座 3 上的孔,经阀体上的气道进入皮碗 5 左边的气室,一方面沿放气管 4 排气,另一方面推动皮碗 5 右移,推开止回阀 6,使 A 口和 D 口相通,来自

空气压缩机的压缩空气直接在空气的压力及阀上弹簧的作用下处于关闭状态。

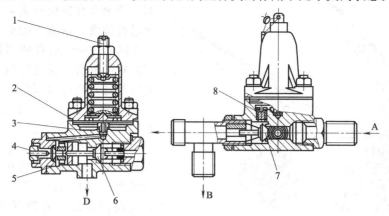

图 5-10　压力控制器

1—调整螺钉；2—阀门鼓膜；3—阀门座；4—放气管；5—皮碗；6、7—止回阀；8—滤芯

③ 单向阀。单向阀结构如图 5-11 所示。压缩空气从上口进入，克服弹簧 6 的预紧力，推开阀门 7，由下口流入空气罐。在空气压缩机失效或压力控制器向大气排气时，由于弹簧 6 的预紧力和阀门 7 左右腔的压力差，使阀门 7 压在阀座上，切断了空气倒流的气路，使空气罐中的压缩空气不能倒流。

（3）压力控制器（卸载阀）

从油水分离器过来的压缩气体，进入压力控制器（图 5-12），顶开止回阀，通过出气口 B 向储气筒充气。当系统压力达到 0.65～0.70MPa 时，气体顶动阀门，克服弹簧的压力，从排气口 D 排气。止回阀可以防止柴油机停止运转后储气筒的气体倒漏。系统的压力可以通过调节螺钉进行调整。

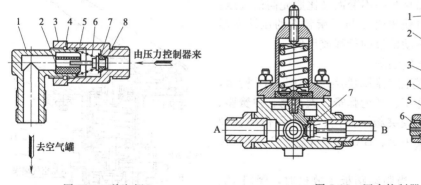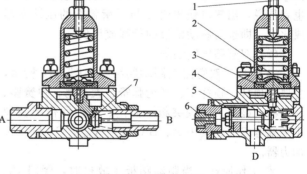

图 5-11　单向阀

1—直角接头；2—阀门导套；3—垫圈；
4—密封圈；5—阀体；6—阀门弹簧；
7—阀门；8—阀门杆

图 5-12　压力控制器

1—调节螺钉；2—阀门鼓膜；3—阀门；4、7—止回阀；
5—皮碗；6—放气管；A—进气口；B—出气口；D—排气口

5.1.2.3　气制动阀

气制动阀是控制压缩空气进出前后加力器、使制动器制动或解除制动的开关类部件。装载机常用的气制动阀有两种：一种是单管路气制动阀，另一种是双管路气制动阀。

（1）单管路气制动阀

① 组成　单管路气制动阀结构如图 5-13 所示，主要由踏板、顶杆、平衡弹簧、活塞、回位弹簧、螺杆、密封片、进气阀门等组成。

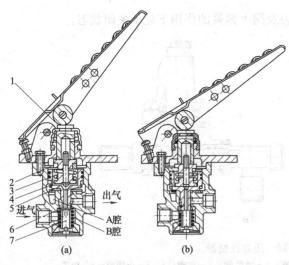

图 5-13 单管路气制动阀

1—顶杆；2—平衡弹簧；3—活塞；4—回位弹簧；
5—螺杆；6—密封片；7—进气阀门

② 工作原理　当制动踏板放松时，活塞 3 在回位弹簧 4 作用下被推至最高位置，活塞下端面与进气阀门 7 之间有 2mm 左右的间隙，出气口（与 A 腔相通）经进气阀门中心孔与大气相通，而进气阀门 7 在进气阀簧的作用下关闭，处于非制动状态，如图 5-11（a）所示。

踩下制动踏板时，通过顶杆 1 对平衡弹簧 2 施加一定的压力，从而推动活塞 3 向下移动，关闭了出气口与大气间的通道，并顶开进气阀门 7，压缩空气经进气口进入 B 腔、A 腔，从出气口输入加力器，产生制动。

在制动状态下，出气口输出的气压与踏板作用力成比例地平衡是通过平衡弹簧 2 来实现的，当踏板作用力一定时，顶杆施加于平衡弹簧的压力也为某一定值，进气阀门打开后，当活塞 3 下腔气压作用于活塞的力超过了平衡弹簧的张力时，则平衡弹簧被压缩，活塞上移，直至进气阀门关闭，此时气压作用于活塞上的力与踏板施加于平衡弹簧的压力处于平衡状态，出气口输出的气压为某一不变的气压，当踏板施加于平衡弹簧的压力增加时，活塞又开始下移，重新打开进气阀门，当活塞下腔的气压增至某一数值，作用于活塞上的力与踏板施加于平衡弹簧的压力相平衡时，进气阀门又复关闭，而出气口输出的气压又保持某一不变而又比原先高的气压。也就是说，出气口输出气压与平衡弹簧的压缩变形成比例，即也与制动踏板的行程成比例。

（2）双管路气制动阀

① 组成　双管路气制动阀结构如图 5-14 所示，主要由顶杆、顶杆座、平衡弹簧、大活塞、弹簧座、活塞杆、鼓膜、鼓膜夹板、阀门、阀门回位弹簧和小活塞等组成。其中 A、B 口接空气罐，C、D 口接加力器。

② 工作原理　当制动踏板 1 放松时，阀门 12、17 在回位弹簧和压缩空气的作用下，将从空气罐到加力器的气路关闭。同时，加力器通过阀门 12、17 和活塞杆 9、16 之间的间隙，再经过活塞杆中间的孔及安装平衡弹簧 6 的空腔，经由 F 口通大气。

踩下制动踏板一定距离，顶杆 2 推动顶杆座 5、平衡弹簧 6、大活塞 7、弹簧座 8 及活塞杆 9 一起下移一段距离。在这过程中，先是活塞杆 9 的下端与阀门 12 接触，使 C 口通大气的气路关闭。同时，鼓膜夹板 11 通过顶杆 14 使活塞杆下移到其下端与阀门 17 接触，使 D 口通大气的气路也关闭。然后，

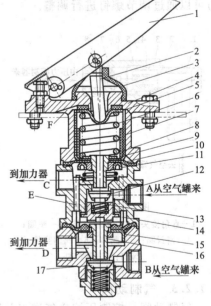

图 5-14 双管路气制动阀

1—制动踏板；2、14—顶杆；3—防尘套；
4—阀支架；5—顶杆座；6—平衡弹簧；
7—大活塞；8—弹簧座；9、16—活塞杆；
10—鼓膜；11—鼓膜夹板；12、17—阀门；
13—阀门回位弹簧；15—小活塞

活塞杆 9 和 16 再下移，将阀门 12 和 17 推离阀座，接通 A 口到 C 口、B 口到 D 口的通道，于是空气罐中的压缩空气进入加力器，同时也进入上、下鼓膜下面的平衡气室。加力器和平衡气室的气压都随充气量的增加而逐步升高。

当上平衡气室中的气压升高到它对上鼓膜的作用力加上阀门弹簧及鼓膜回位弹簧的力的总和，超过平衡弹簧 6 的预紧力时，平衡弹簧 6 便在上端被顶杆座 5 压住不动的情况下进一步被压缩，鼓膜 10 带动活塞杆 9 上移，而阀门 12 在其回位弹簧 13 的作用下紧贴活塞杆下端随之上升，直到阀门 12 和阀座接触，关闭 A 口到 C 口的气路为止，这时 C 口既不和空气罐相通，也不和大气相通，而保持一定气压，上鼓膜处于平衡位置。同理，当下平衡气室的气压升高到它对下鼓膜的作用力加上阀门回位弹簧及鼓膜回位弹簧的力的总和，大于上平衡气室中的气压对鼓膜的作用力时，下鼓膜带动活塞杆 16 上移，而阀门 17 紧贴活塞杆下端也随之上升，直到阀门 17 和阀座接触，关闭 B 口到 D 口的气路为止，这时 D 口既不和空气罐相通，也不和大气相通，保持一定气压，下鼓膜处于平衡位置。

若驾驶员感到制动强度不足，可以将制动踏板再踩下去一些，阀门 12、17 便重新开启，使加力器和上、下平衡气室进一步充气，直到压力进一步升高到鼓膜又回到平衡位置为止。在此新的平衡状态下，加力器中所保持的气压比以前更高，同时，平衡弹簧 6 的压缩量和反馈到制动踏板上的力也比以前更大。由以上过程可见，加力器中的气压与制动踏板行程（即踏板力）成一定比例关系。

松开制动踏板 1，则上、下鼓膜回复至图示位置，加力器中的压缩空气由 D 口经活塞杆 16 的中孔进入通道 E，与从 C 口进来的加力器中的压缩空气一起，经活塞杆 9 的中孔和安装平衡弹簧的空腔由 F 腔排出，制动解除。

由此可知，制动时，无论制动踏板踩到任意位置，脚制动阀都能自动达到平衡位置，使进、排气阀都处于关闭状态。

5.1.2.4　加力器

加力器又叫气液总泵，是一种加力装置。其作用是连接气压传动和液压传动机构，是将气体的压力能转变为液体的压力能，将低气压变为高液压，并通过制动分泵实施车轮制动的一种介质与能量转换装置，以保证制动要求的实施。

（1）结构

加力器由活塞式加力气室和液压总泵两部分组成，两者用螺钉连成一体，具体构造如

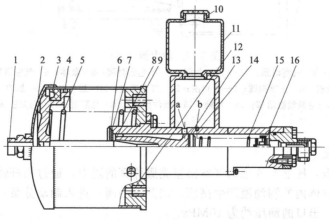

图 5-15　加力器（一）

1—接头；2—气活塞；3—Y 形密封圈；4—毛毡密封圈；5、15—弹簧；6—锁杆；7—止推垫圈；
8—皮圈；9—端盖；10—储油杯盖；11—储油杯；12—滤网；13—油活塞；14—皮碗；16—回油阀；
a—回油孔；b—补偿孔

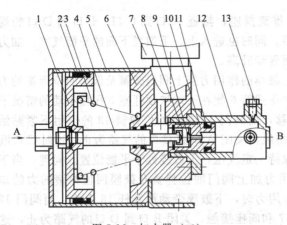

图 5-16 加力器（二）

1—活塞；2—密封圈；3—回位弹簧；4—推杆；
5—气室体；6—端盖；7—储油杯；8—推杆座；
9、11—皮碗；10—活塞；12—油缸体；
13—放气螺钉；A—进气口；B—出油口

图 5-15～图 5-17 所示。

如图 5-15 所示，活塞式加力气室主要由泵体、活塞、推杆、回位弹簧等组成。壳体端部有气管接头，通过气管与脚制动阀相通。气室活塞装在缸体内，其顶部与缸体端部的空间为气室，其上用螺钉固定着橡胶皮碗。气室活塞上装有密封圈。活塞杆球头端抵在总泵油缸活塞的底部。

回位弹簧一端顶在气室活塞上，另一端抵在气室端盖上。

液压总泵主要由总泵缸体、总泵油缸活塞、回位弹簧等组成。

储液室利用回油孔 a 和补偿孔 b（图 5-15）与主缸的工作腔相通。油缸活塞向左移动到极限位置时，被止推挡圈 8 挡住。泵端的出液孔被组合阀关闭。组合阀由单向出油阀和单向回油阀组成。回油阀是一个带有金属托片的橡胶环，被回位弹簧压在泵底。出油阀在小弹簧的作用下，紧贴在回油阀上。组合阀的设置使总泵油缸活塞右移时，允许油液由总泵压向分泵（经由出油阀）；总泵活塞左移时，允许油液由分泵流回总泵（经由回油阀）；总泵活塞不动时，则切断总泵与管道、分泵间的通路（出油阀及回油阀均关闭）。

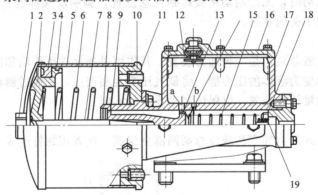

图 5-17 加力器（三）

1—气管接头；2—气室活塞；3—Y 形密封圈；4—毛毡密封圈；5—泵体；6—气室活塞回位弹簧；
7—推杆；8—止推挡圈；9—密封圈；10—气室端盖；11—通气口；12—加油口盖；
13—总泵油缸活塞；14—皮碗；15—回位弹簧；16—总泵盖；17—总泵缸体；
18—回油阀；19—出油阀

（2）工作情况

踩下制动踏板，压缩空气推动气室活塞克服弹簧的阻力，通过推杆使液压总泵的油缸活塞右移，总泵缸体内的制动液产生高压，推开出油阀，进入制动分泵，产生制动。当气压为 0.7MPa 时，出口的油压约为 10MPa。

松开制动踏板，压缩空气从气管接头返回，气室活塞和油缸活塞在弹簧力作用下复位，制动器中的制动液经油管推开回油阀流回总泵内。若制动液过多，可以经补偿孔流入储液室。

制动踏板松开过快、制动液滞后未能及时随活塞返回时，总泵缸内形成低压。在大气压力作用下，储油室的制动液经回油孔 a、穿过活塞头部的 6 个小孔、皮碗周围缝隙补充到总泵内。再次踩下制动踏板时，制动效果增大。

回油阀上装有一小阀门。它关闭时，液压管路保持 0.07～0.1MPa 的压力，防止空气从油管接头或制动器皮碗等处侵入系统。

5.1.2.5 轮边制动器

（1）结构

ZL50 型装载机钳盘式制动器主要由制动盘、制动钳（夹钳）和摩擦片等组成，如图 5-18 所示。

制动盘通过螺钉固定在轮毂上，可随车轮一起转动。两制动钳通过螺钉固定在桥壳的凸缘盘上，并对称地置于制动盘两侧。每个制动钳上有四个分泵缸，缸内装有活塞，缸壁上制有梯形截面的环槽，槽内嵌有矩形橡胶密封圈，活塞与缸体之间装有防尘圈，其中一侧泵缸的端部用螺钉固定有端盖。4 个泵缸经油管及制动钳上的内油道互相连通。为排除进入泵缸中的空气，制动钳上装有放气嘴。摩擦片装在制动盘与活塞之间，并由装在制动钳上的轴销支承。为防止轴销移动和转动，制动钳上装有止动螺钉，用于将轴销固定。

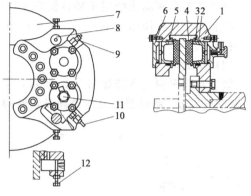

图 5-18　钳盘式制动器

1—夹钳；2—矩形密封圈；3—防尘圈；4—摩擦片；
5—活塞；6—止动缸盖；7—制动盘；8—销轴；
9—放气嘴；10—油管；11—管接头；12—止推螺钉

当油路有空气时，将制动分泵上的放气螺钉拧松，然后，踩下制动踏板。若放气螺钉处出油时，说明气已放完。每次踩下制动踏板最多放两个分泵的气。放松制动踏板 10～15s，再进行第二次放气，直到所有分泵的空气都放完为止。

（2）工作情况

不制动时，摩擦片、活塞与制动盘之间的间隙约为 0.2mm。因此，制动盘可以随车轮一起自由转动。

制动时，制动油液经油管和内油道进入每个制动钳上的 4 个分泵中。分泵活塞在油压作用下向外移动，将摩擦片压紧到制动盘上而产生制动力矩，使车轮制动。此时，矩形橡胶密封圈的刃边在活塞摩擦力的作用下，可产生微量的弹性变形［图 5-19（a）］。

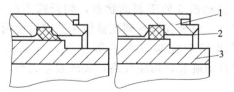

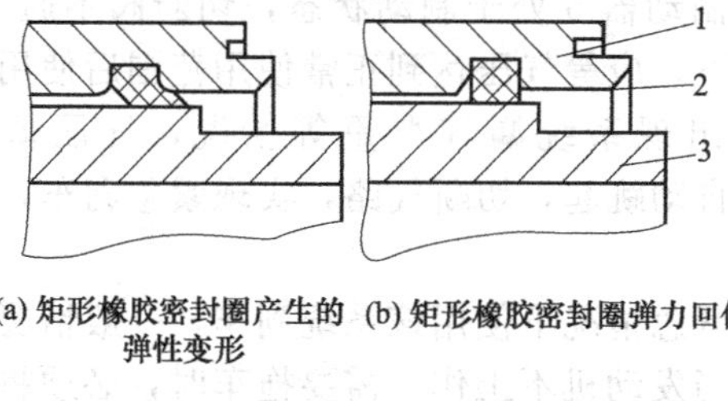

(a) 矩形橡胶密封圈产生的　(b) 矩形橡胶密封圈弹力回位
　　弹性变形

图 5-19　矩形橡胶密封圈工作原理

1—制动钳；2—矩形密封圈；3—活塞

解除制动时，分泵中的油液压力消失，活塞靠矩形橡胶密封圈的弹力自动回位，恢复其原有间隙，使摩擦片与制动盘脱离接触，制动解除［图 5-19（b）］。

如果摩擦片与制动盘的间隙因磨损而变大，则制动时矩形橡胶密封圈变形达到极限后，活塞仍可在油压作用下，克服密封圈的摩擦力而继续移动，直到摩擦片压紧制动盘为止。但解除制动时，矩形橡胶密封圈所能将活塞拉回的距离同摩擦片磨损之前是相等的，即制动器间隙仍然保持标准值。故矩形密封圈除起密封作用外，同时还起使活塞回位和自动调整间隙的作用。

5.1.2.6 手动放水阀和分离开关

位于各储气筒（储气筒与车架制成一体）下方的手动放水阀用于排水、排污。该机使用一段时间后，可斜拉放水阀的圆环进行放气、放水，利用储气筒里的高压空气把污物排尽。松开圆环后放水阀会自动关闭。注意：放水阀只有斜拉时方会放气，垂直向下拉时不会放气。

分离开关的作用是切断或接通气路。当手柄与阀轴线垂直时，分离开关为关闭状态，气路切断。手柄按顺时针转动 90°，使其与轴线平行时为打开状态，气路接通。

5.1.2.7 紧急和停车制动控制阀

（1）功用

紧急和停车制动系统用于装载机在工作中出现紧急情况时制动，以及当制动系统气压过低时起安全保护作用，主要用于停车；当装载机停止工作时，不致因路面倾斜或外力作用而移动。

（2）组成

紧急和停车制动系统如图 5-20 所示，主要由制动按钮 2、顶杆 3、紧急和停车制动阀 4、制动气室 5、制动器 6 及变速操纵切断阀 9 等组成。

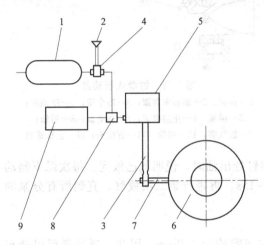

图 5-20　紧急和停车制动系统
1—空气罐；2—控制按钮；3—顶杆；4—紧急和停车
制动控制阀；5—制动气室；6—制动器；7—拉杆；
8—气制动快速松脱阀；9—变速操纵切断阀

（3）分类

紧急和停车制动分人工控制和自动控制两种制动方式。

① 人工控制　压缩空气压力在正常使用范围内时，从空气罐中来的压缩空气进入紧急和停车制动控制阀 4，按下控制按钮 2，紧急和停车制动控制阀打开，空气经气制动快速松脱阀进入制动气室，顶杆 3 上移，拉杆 7 转动，制动蹄松开，解除制动。当需紧急制动或停车时，拉控制按钮 2，紧急和停车制动控制阀关闭，切断压缩空气，系统中原有的压缩气体从紧急和停车制动控制阀及气制动快速松脱阀排出，在弹簧力作用下，顶杆 3 下移，拉杆 7 回位，制动蹄张开，实现制动。

启动柴油机后，空气罐中的压缩空气在未达到最低工作压力 0.4MPa 以前，控制按钮按不下，紧急和停车制动控制阀 4 打不开，制动器 6 处于制动状态，切断阀不通气，此时变速箱挂空挡，装载机不能起步。此种情况下，应等气压达到正常使用范围后使用。

② 自动控制　在装载机使用过程中，当出现系统漏气严重等情况，气压低于0.28MPa，紧急和停车制动控制阀 4 的控制按钮自动跳起，切断气路，实现紧急刹车，保证装载机安全使用。

注意：行车特别是高速行车过程中，除非在紧急情况下使用该系统刹车，一般情况下应避免使用该系统，否则将导致传动系统损坏。当发动机不工作，需要拖车时，必须将顶杆 3 与拉杆 7 脱开，解除制动后方可进行。

（4）紧急和停车制动控制阀

紧急和停车制动控制阀的结构见图 5-21，它安装在驾驶室操纵台架内，既可人工控制，又可自动控制。人工控制是驾驶员操纵该阀上部的控制手柄，使制动器接合或松开；

自动控制是当系统压力过低时，控制手柄自动跳起，切断气路，自动刹车。

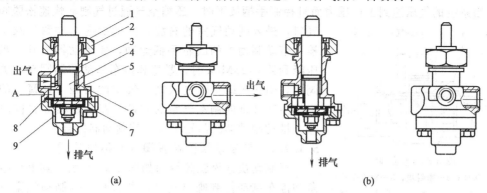

图 5-21　制动控制阀

1—防尘圈；2—固定螺母；3—O形密封圈；4—阀杆；5—阀体；6—弹簧；7—阀门总成；8—密封圈；9—底盖

　　控制手柄与阀杆 4 用销子连接，控制阀的进气口通空气罐来的压缩空气，出气口（与 A 腔相通）接气制动快速松脱阀、制动气室及切断阀，下部排气口通大气。

　　当制动系统气压达到最低工作压力时，按下控制手柄，由于控制手柄与阀杆 4 相连，阀杆下部的阀门总成 7 下移顶在底盖上，将通大气的排气口封闭，接通进、出气口，从空气罐来的压缩空气进入气制动快速松脱阀，再到制动气室及切断阀，松开制动蹄，解除制动，此时装载机方可起步。气体走向如图 5-21（a）所示。

　　当装载机需要停车或紧急制动时，拉起控制手柄（及阀杆 4），阀门总成 7 上移，将进气口封闭，从空气罐来的压缩空气被隔断，出气口接大气，阀后管路及制动气室内的压缩空气排出，制动器接合，实现制动。气体走向如图 5-21（b）所示。

　　当系统气压低于 0.28MPa 时，由于气压过低，克服不了弹簧力，阀杆 4 及阀门总成 7 自动上移，切断进气，实现制动。

5.1.2.8　制动气室

　　制动气室结构如图 5-22 所示。紧急或停车制动时，制动器的松脱和接合是通过制动气室进行的。制动气室固定在车架上，制动气室的杆端与蹄式制动器的凸轮拉杆连接。

　　在处于停车制动状态时，制动气室的右腔无压缩空气，由于弹簧 1 的作用力，将活塞体 4 推到右端，使蹄式制动器接合。

　　当制动系统气压高于 0.4MPa 并且按下紧急和停车制动控制阀的阀杆时，压缩空气通过紧急和停车制动控制阀、快放阀，进入制动气室的右腔，压缩弹簧 1 推动活塞 2 左移，双头螺柱 3 带动蹄式制动器的凸轮拉杆运动，使制动器松开，解除停车制动。

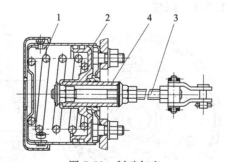

图 5-22　制动气室

1—弹簧；2—活塞；3—双头螺栓；4—活塞体

　　在停车后拉起紧急和停车制动控制阀阀杆，或是在装载机正常行驶过程中，如果制动系统出现故障，制动系统气压低于 0.3MPa 时，紧急和停车制动控制阀阀杆自动上移，打开排气口，并切断制动气室的进气。制动气室右腔的压缩空气通过紧急和停车制动控制阀、快放阀排入大气，弹簧 1 复位，将活塞 2 推向制动气室的右端，双头螺柱 3 也同时右移，推动蹄式制动器的凸轮拉杆，使制动器接合，实施制动。

　　如果装载机发生故障无法行驶需要拖车时，而此时停车制动器又不能正常脱开，应把制动气室的连接叉上的销轴拆下，使停车制动器强制松脱后再进行拖车。

当系统的气压达到工作压力而且控制手柄按下时，压缩空气通过气制动快速松脱阀出气口，进入制动气室的右腔，推动活塞 2 左移，双头螺栓 3 带动制动器的凸轮手柄运动，使制动器松开。当气压降到约 0.28MPa 时，紧急和停车制动控制阀自动关闭阀门，阻止压缩空气进入制动气室的右腔，弹簧 1 的弹力将活塞 2 推向制动气室的右端，双头螺栓 3 也同时右移，推动制动器的凸轮手柄，使制动器接合。

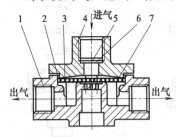

图 5-23　快放阀

1—阀体；2—密封垫；3—橡胶膜片；
4—阀盖；5—挡圈；6—滤网；7—挡板

5.1.2.9　气制动快速松脱阀（又称快放阀）

气制动快速松脱阀结构如图 5-23 所示。其上口接紧急和停车制动控制阀出气口，左右两口接制动气室及变速操纵阀的切断阀，下口通大气。其作用是：从紧急和停车制动控制阀来的压缩空气被切断时，使制动气室、切断阀内的压缩空气迅速排出，缩短变速箱挂空挡、制动蹄张紧时间，实现快速制动。

从紧急和停车制动控制阀来的压缩空气经滤网 6 过滤后进入阀体。在气压的作用下，橡胶膜片 3 变形（中部凹进）封闭下部排气口。气体从膜片周围进到左右两边出气口，进入制动气室解除制动，进入变速操纵阀的切断阀接通换挡油路，装载机方可起步。气体走向如图 5-24（a）所示。

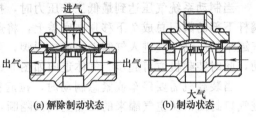

(a) 解除制动状态　　(b) 制动状态

图 5-24　快放阀气体走向

当从紧急和停车制动控制阀来的压缩空气被切断时，橡胶膜片 3 上面压力解除，下面的气压就将膜片推向上部进气口，关闭进气口，打开排气口。制动气室、切断阀内的压缩空气从排气口排出，变速箱换挡油路切断，制动蹄张开，实现制动。气体走向如图 5-24（b）所示。

▶ 5.1.3　手制动组成及工作过程

5.1.3.1　组成

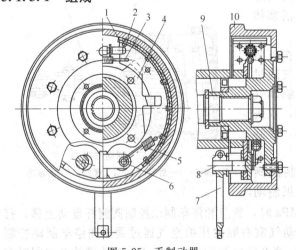

图 5-25　手制动器

1—制动蹄；2—调整杆；3、5—弹簧；4—座板；6—夹紧螺杆；
7—制动臂；8—凸轮轴；9—接盘；10—制动毂

手制动（又称驻车制动）系统采用软轴操纵双蹄内张蹄式自动增力式制动器。它安装在变速器后输出轴前端，主要由制动蹄、制动毂、凸轮轴、调整杆、弹簧等组成，如图 5-25 所示。蹄式制动器的座板安装在变速箱壳体上，制动鼓安装在变速箱前输出法兰上。

5.1.3.2　工作过程

手制动系统软轴操纵手柄安装在驾驶员座位左侧。制动时，通过软轴或制动气室拉拉杆，带动凸轮旋转，从而使两个制动蹄张开压紧制动鼓，利用作用在制动鼓内表面的摩擦力来制动变速箱输出轴。

▶ 5.1.4 全液压湿式制动系统

全液压湿式制动系统的行车制动器是全封闭的，具有制动性能不受作业环境影响的特点。因此，国外的轮式装载机均采用全液压湿式制动，国内的 CLG856 型轮式装载机也开始采用。

5.1.4.1 全液压湿式制动系统的组成与工作原理

（1）全液压湿式制动系统的组成

全液压湿式制动系统主要由制动泵、充液阀、行车制动阀、停车制动阀、蓄能器、多片湿式行车制动器、钳盘式停车制动器等组成。停车制动器也有采用蹄式的，则相应地配备制动油缸来操纵停车制动器。全液压湿式制动阀有两种结构：一种是组合式，将充液阀、行车制动阀、停车制动阀集成在一起；另一种则是分体式，即充液阀、行车制动阀、停车制动阀是分别独立的。制动泵有独立的，也有与其他液压系统共用的，但优先制动。

（2）全液压湿式制动系统的工作原理（参见图 5-26、图 5-27）

制动系统压力由蓄能器保持，每一个制动回路都单独配备蓄能器。当蓄能器内油压低于设定的系统最低工作压力时，充液阀将制动泵输出的液压油输入蓄能器。当蓄能器内油压达到设定的系统最高压力时，充液阀停止向制动系统供油，转向下一级液压系统供油。制动时，踩下制动踏板，行车制动回路中的蓄能器内储存的高压油经行车制动阀流回油箱。停车制动时，停车制动器内的液压油经停车制动器流回油箱，停车制动器内的活塞在弹簧张力作用下，将摩擦片压紧在制动盘上实施制动。解除停车制动，则使停车制动回路中的蓄能器内储存的高压油经停车制动阀进入停车制动器，反向推动活塞压缩停车制动器内的弹簧，使摩擦片与制

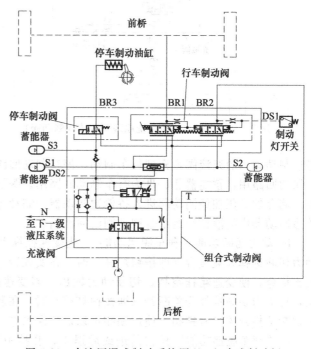

图 5-26 全液压湿式制动系统原理（组合式制动阀）

动盘脱离。对于采用蹄式停车制动器的系统，停车制动时，停车制动油缸内的液压油经停车制动阀流回油箱，停车制动油缸的活塞在弹簧张力作用下复位，同时带动蹄式停车制动器的拉杆，使制动蹄片张开压紧在制动盘上实施制动。解除停车制动，则使停车制动回路中的蓄能器内储存的高压油经停车制动阀进入停车制动油缸，反向推动活塞压缩停车制动油缸内的弹簧，放松蹄式停车制动器的拉杆，使制动蹄片与制动盘脱离。

（3）CLG856 型轮式装载机制动系统的组成及功能

① 组成　CLG856 型轮式装载机制动系统分两部分：

a. 行车制动（即脚制动）：用于经常性的一般行驶中的速度控制及停车，也叫脚制动。采用全液压双回路湿式制动。具有制动平稳、响应时间短、反应灵敏、操作轻便、安全可靠、制动性能不受作业环境影响等优点。

b. 停车/紧急制动（即手制动）：用于停车后的制动，或者在行车制动失效时的应急

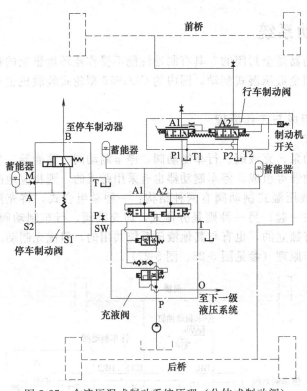

图 5-27　全液压湿式制动系统原理（分体式制动阀）

制动，用停车制动电磁阀控制。另外，当系统出现故障，行车制动回路中的蓄能器内油压低于7MPa时，能自动切断手动电磁阀电源，并使变速箱挂空挡，装载机紧急停车，以确保行车安全。

② 功能　CLG856 型轮式装载机全液压双回路湿式制动，由制动泵（与先导液压系统共用）、制动阀、蓄能器、停车制动油缸、压力开关及管路组成。制动阀内包含充液阀、双单向阀、行车制动阀、停车制动电磁阀四个功能块。

a. 系统供油采用制动优先方式，当制动系统中蓄能器内油压达到 15MPa 时，充液阀停止向制动系统供油，转为向液压先导油路供油。当蓄能器内油压低于12.3MPa 时，充液阀又转为向制动系统供油。由制动泵过来的油经过制动阀内的充液阀，充到行车制动、停车制动回路中的蓄能器内。其中蓄能器Ⅰ为停车制动回路用，蓄能器Ⅱ、Ⅲ为行车制动回路用。踩下制动踏板，行车制动回路中的蓄能器内储存的高压油经制动阀进入桥轮边制动器，制动车轮。放松制动踏板解除制动后，桥轮边制动器内的液压油经组合制动阀流回油箱。

b. 动力切断功能（刹车脱挡功能）。当变速操纵手柄处于前进或后退Ⅰ、Ⅱ挡位，且动力切断选择开关接合（即按钮灯亮）时，在实施行车制动的同时，电控盒向变速操纵阀发出指令，使变速箱挂空挡，切断动力输出。当变速操纵手柄处于前进或后退Ⅰ、Ⅱ挡位，且动力切断选择开关断开（即按钮灯灭）时，在制动的同时将不能切断动力输出。动力切断选择开关带有锁扣，使用锁扣可以避免误操作。

c. "刹车脱挡功能"只在前进或后退Ⅰ、Ⅱ挡中发生作用。当装载机处于高速挡位时，为保证行车安全，不管动力切断选择开关是闭合或是断开，在制动的同时电控盒均不会发出切断动力的指令，这是由装载机的行驶特性决定的。

在发动装载机的短时间内，行车制动低压报警灯会闪烁，报警蜂鸣器会响。这是由于此时行车制动回路中的蓄能器内油压还低于报警压力（10MPa），待蓄能器内油压高于报警压力后报警会自动停止。只有当报警停止后，才能将停车制动电磁阀的开关按下。在作业过程中，如果系统出现故障，使得行车制动回路中的蓄能器内油压低于 10MPa 时，行车制动低压报警灯会闪烁，同时报警蜂鸣器会响。这时，就应停止作业，停车检查。检查装载机时，应把装载机停在平地上，将工作装置降到地面，并将停车制动电磁阀的开关拉起。

将停车制动电磁阀的开关按下，电磁阀通电，阀口开启，出口油压 15MPa，停车制动回路中的蓄能器内储存的高压油经停车制动电磁阀进入停车制动油缸，解除停车制动。在打开装载机的电锁之后，按下停车制动电磁阀开关之前，停车制动低压报警灯会闪烁。

这是由于此时停车制动回路中油压还低于报警压力（11.7MPa）。按下停车制动电磁阀开关，要等停车制动低压报警灯熄灭后才能开动装载机。

将停车制动电磁阀的开关拉起，电磁阀断电，停车制动油缸内的液压油经停车制动电磁阀流回油箱，停车制动器实施制动。

在作业过程中，如果停车制动回路出现故障，使得蓄能器 I 内油压低于 11.7MPa 时，停车制动低压报警灯会闪烁。这时，应停止作业，停车检查。检查装载机时，应把装载机停在平地上，将工作装置降到地面，并将停车制动电磁阀的开关拉起，用垫块垫好车轮以免装载机移动。

如果行车制动的低压报警失灵，在系统出现故障，使得行车制动回路中的蓄能器内油压低于 7MPa 时，系统中的紧急制动动力切断开关会自动切断动力输出，使变速箱挂空挡。同时，停车制动电磁阀断电，停车制动油缸内的液压油经停车制动电磁阀流回油箱，停车制动器实施制动，装载机紧急停车。

5.1.4.2 全液压湿式制动系统主要元件的结构及工作原理

（1）组合式制动阀

① 组合式制动阀 外形如图 5-28 所示。

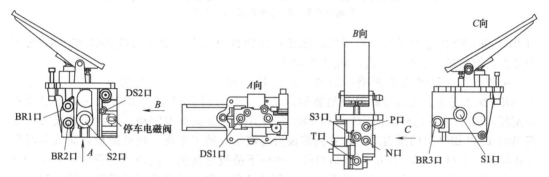

图 5-28 组合式制动阀外形

P 口—接制动泵；T 口—接油箱；N 口—接液压系统组合阀进油口；S1 口—接蓄能器Ⅲ；S2 口—接蓄能器Ⅱ；
S3 口—接蓄能器 I；DS1 口—接制动灯开关；DS2 口—接行车制动低压报警开关；BR1 口—接前桥；
BR2 口—接后桥；BR3 口—接制动油缸

② 组合式制动阀工作原理 该制动阀是集成阀，它集成了整机制动系统的所有控制阀。原理如图 5-29 所示，它集成有充液阀、低压报警开关、双单向阀、双回路制动阀、制动灯开关、单向阀、停车制动电磁阀等功能块。

当制动系统中任何一个蓄能器的压力低于 12.3MPa 时，充液阀的阀芯动作，阀芯位于①和④工作位，充液阀回油口对 T 口关闭，N 口与 P 口部分接通，从制动泵的来油进入 P 口经充液阀以 5L/min 的流量通过单向阀或双单向阀向蓄能器充液，直至所有蓄能器内压力达到 15MPa 时，充液阀的阀芯动作，阀芯位于②和③工作位，充液停止，此时充液阀回油口与 T 口接通，P 口与 N 口全开口接通，制动泵的来油进入 P 口至 N 口给先导液压系统供油。当制动系统压力（DS2 口）低于 10MPa 时，行车制动低压报警开关动作，报警蜂鸣器响。

在系统工作的过程中，两个制动回路中，只要有一个回路失效（由于泄漏等原因导致该回路建立不起压力），则双单向阀立刻投入工作，自动关闭未失效的制动回路与充液阀的通道，保证未失效的制动回路仍可实施制动功能。此时失效回路则与充液阀相通，导致DS2 口压力下降，行车制动低压报警开关动作，报警蜂鸣器响，此时应立即停车检查。因此，双单向阀的作用是保证两个制动回路互不干扰。双路制动阀的输出压力，也就是制动

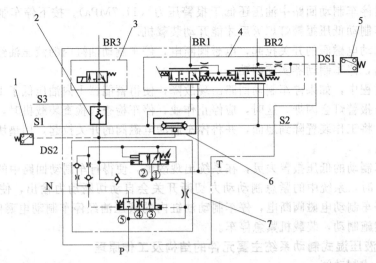

图 5-29 组合式制动阀原理

1—行车制动低压报警开关；2—单向阀；3—停车制动电磁阀；4—双回路制动阀；

5—制动灯开关；6—双单向阀；7—充液阀

口 BR1 和 BR2 的输出压力与踏板力成正比，即踏板力越大，则制动口 BR1 和 BR2 的压力越大，但其最大值在出厂前已调定为 6MPa。

由于阀芯复位弹簧的影响，制动回路工作过程中 BR2 口的压力比 BR1 口压力低 0.5MPa 属于正常。当制动阀踏板最初被踩动时，T 口对 BR1 口和 BR2 口关闭。继续踏动踏板，S1 和 S2 口分别对 BR1 口和 BR2 口打开，对整机实施制动。更大的踏板力将使得 BR1 口和 BR2 口的压力增大，直到踏板力与液压反馈力平衡。松开踏板，阀就会回到自由状态，T 口对 BR1 口和 BR2 口打开。在踩下踏板对整机实施制动过程中，只要 DS1 口压力大于 0.5MPa，则制动灯开关动作，制动灯亮。单向阀是为了保持蓄能器内的压力而设置的。

当停车制动电磁阀得电时，S3 口对 BR3 口打开，T 口对 BR3 口关闭，停车制动解除，整机可以运行。当停车或遇到紧急情况而切断停车制动电磁阀电源时，S3 口对 BR3 口关闭，T 口对 BR3 口打开，整机处于制动状态。

③ 组合式制动阀各功能块的结构原理

a. 双回路制动阀结构原理（见图 5-30） 当踏下踏板 9 时，活塞 10 向下运动，迫使弹簧 13 驱动阀芯 6 及 4 克服弹簧 3、5 力向下移动，T 口对 BR1 口及 BR2 口关闭，S1 口与 BR1 口连通，S2 口与 BR2 口连通。来自蓄能器Ⅲ的压力油经 S1 口进入 BR1 口的同时，也经阀芯 6 上的节流孔进入弹簧 5 腔作用在阀芯 6 的底部，使得阀芯 6 向上移动。当作用在阀芯 6 底部的液压力及弹簧 5 力与踏板力平衡时，阀芯 6 的运动停止，S1 口对 BR1 口关闭。来自蓄能器Ⅱ的压力油经 S2 口进入 BR2 口的同时，也经阀芯 4 上的节流孔进入弹簧 3 腔作用在阀芯 4 的底部，使得阀芯 4 向上移动。当作用在阀芯 4 底部的液压力及弹簧 3 力与弹簧 5 腔的液压力及弹簧 5 力平衡时，阀芯 4 的运动停止，S2 口对 BR2 口关闭。随着踏板力的增加，BR1 口及 BR2 口的输出压力也增加。当踏板力消失时，阀芯 4 及阀芯 6 在弹簧 3 力的作用下向上移动，直至回到初始状态，T 口对 BR1 口及 BR2 口打开，S1 口对 BR1 口关闭，S2 口对 BR2 口关闭。

b. 双单向阀结构原理（见图 5-31） 当蓄能器Ⅲ或蓄能器Ⅱ的压力低于 12.3MPa 时，

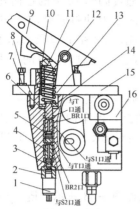

图 5-30 双回路制动阀结构

1—制动灯开关；2、12—弹簧座；3、5、11、13—弹簧；
4、6—阀芯；7—螺母；8—螺栓；9—踏板；
10—活塞；14—座；15—安装座；16—阀体

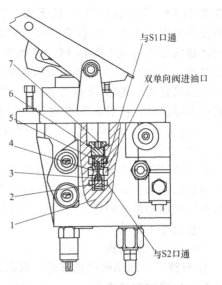

图 5-31 双单向阀结构

1—阀体；2、5—单向阀；3—阀套；4—杆；
6—堵头；7—O形圈

从充液阀 S 口的压力油进入双单向阀进油口，打开单向阀 5 或单向阀 2 对蓄能器Ⅲ或蓄能器Ⅱ进行充液，直至蓄能器Ⅲ和蓄能器Ⅱ的压力达到 15MPa，充液停止，S1口及 S2 口均与双单向阀进油口相通。

当 S1 口与 S2 口压力不相等时，压力大的口对应的单向阀在液压力的作用下关闭。该双单向阀主要是由单向阀 5 和单向阀 2 组成，两单向阀之间的关联是通过杆 4 实现。双单向阀出厂时已装配好，且不可调。

c. 充液阀结构原理　如图 5-32 所示，D 腔与 T 口相通。当系统中任何一个蓄能器的压力低于 12.3MPa 时，阀芯 12 在弹簧 18 的作用下，向上移动，处于图 5-32 所示位置，T 口经 D 腔对 E 腔关闭，F 腔通过阀套 11 上的径向孔经阀芯 12 上的沉割槽与 E 腔相通。制动泵的来油进入 P 口作用在阀芯 22 的上部，且经节流阀 21 进入 B 腔，打开单向阀 4 作用在阀芯 9 上部的同时，通过阀体 2 的内部油道进入 F 腔。由于此时 E 腔与 F 腔相通，来自 P 口的压力油通过阀芯 12 上的径向孔进入 C 腔作用在阀芯 12 及阀芯 9 的端部。通过内部油道，E 腔的压力油被引至 G 腔，推开阀芯 25 进

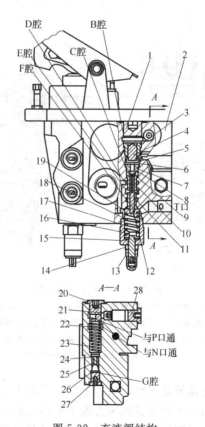

图 5-32 充液阀结构

1、20、27、28—堵头；2—阀体；3、24、26—阀座；
4—单向阀；5、7、18、23—弹簧；6、16、19—弹簧座；
8、10、11—阀套；9、12、22、25—阀芯；13、14—螺母；
15—调压丝杆；17—座；21—节流阀

入弹簧 23 腔，作用在阀芯 22 的下部。在液压力及弹簧 23 力的作用下，阀芯 22 克服其上部的液压力向上移动，减小 P 口对 N 口的开口，制动泵经由弹簧 5 腔对蓄能器进行充液。当蓄能器的压力达到 15MPa 时，在阀芯 12 上端的液压力作用下，阀芯 12 克服弹簧 18 力向下移动，直至 F 腔至 E 腔的通道被关闭，E 腔与 D 腔通过阀套 10 上的径向孔经阀芯 12 上的沉割槽相通，阀芯 12 停止移动。同时，弹簧 23 腔的压力油打开阀芯 25 进入 G 腔，再通过内部油道，被引至 E 腔向 T 口（接油箱）卸压。阀芯 22 在 P 口压力作用下克服弹簧 23 力向下移动，使得 P 口与 N 口全开口接通，充液停止。此时，P 口的压力为液压系统组合阀的设定压力。

d. 停车及紧急制动电磁阀结构原理　该阀是二位三通电磁阀，滑阀结构。当行车时，电磁阀得电，来自蓄能器Ⅰ的压力油经 BR3 口至制动油缸，停车制动释放。当停车或遇到紧急情况而操纵电磁铁失电时，来自蓄能器Ⅰ的压力油对 BR3 口关闭，T 口对 BR3 口打开，整机处于制动状态。

（2）分体式制动阀

① 双路行车制动阀结构原理　双路行车制动阀组成如图 5-33 所示。P_2、P_1 口分别接行车制动回路中的蓄能器，A_2、A_1 口放松时，阀芯 5 和 3 在弹簧 1 的作用下被推至最高位置，分别接前后桥行车制动器。当制动阀踏板 P_1、P_2 口分别与 A_1、A_2 口切断，A_1、A_2 口与 T 口相通，处于非制动状态。

踩下制动阀踏板，通过活塞 14 对平衡弹簧 8、13 施加一定的压力，从而推动阀芯 5 和 3 向下移动，A_1 口、A_2 口与 T 口关闭，继而 P_1 口与 A_1 口相通、P_2 口与 A_2 口相通，两个行车制动回路中的蓄能器内储存的高压油分别进入前后桥行车制动器，产生制动，同时制动灯开关动作，制动灯亮。双路行车制动阀的两个回路相互独立，当任一制动回路发生故障时，另一个制动回路仍能正常工作。在制动状态下，双路行车制动阀的输出油压和作用在制动踏板上的操纵力成正比例，这是通过平衡弹簧 8 和 13 来实现的。当踏板作用力一定时，施加于平衡弹簧上的压力也为某一定值，P_1、P_2 口打开后，压力油通过小孔进入到阀芯下腔 C 和 D，当阀芯下腔油压作用于阀芯的力超过了平衡弹簧的张力时，

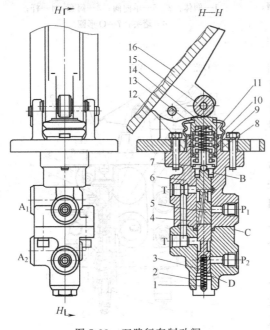

图 5-33　双路行车制动阀

1—弹簧；2、4—阀体；3—下阀芯；5—上阀芯；
6—钢球；7—弹簧座；8、13—平衡弹簧；9—星形圈；
10—Y 形密封圈；11—复位弹簧；12—调整垫片；
14—活塞；15—滚轮；16—踏板

则平衡弹簧被压缩，阀芯上移，直至 P_1、P_2 口关闭，此时，油压作用于阀芯上的力与踏板施加于平衡弹簧的压力处于平衡状态，制动阀输出的油压又保持某一定值。当踏板施加于平衡弹簧的压力增加时，阀芯又开始下移，重新打开 P_1、P_2 口。当阀芯下腔的油压增至某一数值，作用于阀芯上的力与踏板施加于平衡弹簧的压力相平衡时，P_1、P_2 口又复关阀，而输出的油压又保持某一不变而又比原先高的油压。也就是说，双路行车制动阀输出的油压与平衡弹簧的压缩变形量成正比例，即也与制动踏板的行程成比例。

② 双路充液阀结构原理　双路充液阀主要组成如图 5-34 所示。

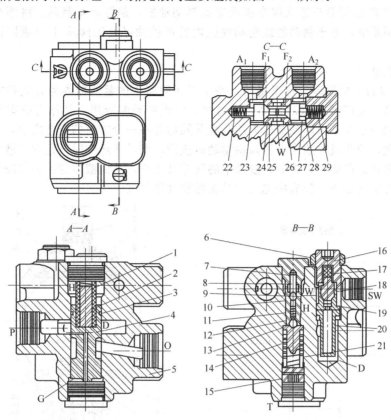

图 5-34　双路充液阀结构

1、8、14—杆；2、7、17、21、22、29—弹簧；3、10、12、24、26—密封圈；4、11、18、23、28—阀芯；
5—阀体；6、15—螺母；9、13—钢球；16—螺杆；19、25、27—阀座；20—滤芯

　　P 口接制动泵，A_1、A_2 口接行车制动回路中的蓄能器，SW 口接停车制动阀的 P 口，T 口接油箱，O 口接下一级液压系统。SW 口可以连接系统监控报警装置。

　　当任何一个制动回路中的蓄能器内油压低于设定的系统最低工作压力时，弹簧 21 推动杆 14 上移，关闭 T 口，W 腔与 H 腔相通；阀芯 4 在弹簧 2 的作用下，向下移动，减小 P 口与 O 口的开口，从制动泵来的油一路经过小孔进入 G 腔，另一路经过滤芯 20 顶开单向阀芯 18 进入 W 腔，推动阀芯 23 和 28，单向阀 F_1 和 F_2 打开，开始向蓄能器充液。当蓄能器内油压达到设定的系统最高工作压力时，W 腔油压及弹簧 7 的共同作用力大于弹簧 19 的作用力，阀芯 11 向下移动顶开阀芯 11 下方的阀门，H 腔油液流回油箱，压力下降，此时，G 腔的压力大于弹簧 2 和 H 腔油压的共同作用力，阀芯 4 向上移动，P 口和 O 口全接通，充液停止，从制动泵来的油液全部用于下一级液压系统。

　　双单向阀 F_1 和 F_2 的作用是保证两个行车制动回路互不干扰。当其中一个行车制动回路失效，压力下降，压力大的口对应的阀门（F_1 或 F_2）在油压力的作用下关闭。保证未失效的行车制动回路则与充液阀相通，SW 口压力下降，系统监控报警装置报警。

　　③ 停车制动阀结构原理　停车制动阀内集成了一个二位三通电磁阀和一个单向阀，其原理如图 5-35 所示。

　　停车制动阀的 P 口接双路充液阀 SW 口，T 口接油箱，A 口接蓄能器，B 口接停车制动器。在 P 口至 A 口之间有一单向阀，以防止蓄能器内的液压油液返流回双路充液阀。停车制动阀里集成的电磁阀是滑阀结构。

将停车制动按钮按下，电磁阀通电，阀口开启，停车制动回路中的蓄能器内储存的高压油从 A 口经电磁阀 B 口进入停车制动器或制动油缸，解除停车制动。将停车制动按钮拉起，电磁阀断电，停车制动器或制动油缸内的液压油经电磁阀从 T 口流回油箱，实施停车制动。

（3）蓄能器

① 蓄能器的结构原理　行车制动、停车制动回路中的蓄能器均为囊式蓄能器，如图5-36 所示。囊式蓄能器的作用是储存压力油，以供制动时应用。其作用原理是把压力状态下的液体和一个在其内部预置压力的胶囊共同储存在一个密封的壳体之中，由于其中压力的不断变化，吸收或释放出液体以供制动时应用。制动泵运作时，把受压液体通过充液阀输入蓄能器而储存能量，这时，胶囊中的气体被压缩，从而液体的压力与胶囊的气压相同，使其获得能量储备。胶囊中充入的是无燃性气体氮气。

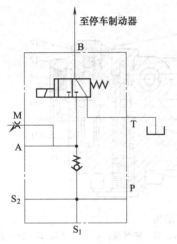

图 5-35　停车制动阀原理

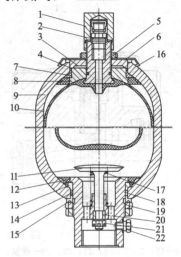

图 5-36　囊式蓄能器结构

1—保护帽；2—充气阀；3、4、14—O 形密封圈；
5、19、21—锁紧螺母；6—压紧螺母；
7、13—支承环；8、12—橡胶环；9—壳体；
10—胶囊；11—菌形阀；15—压环；16—托环；
17—弹簧；18—阀体；20—活塞；22—排气螺塞

囊式蓄能器的外壳由质地均匀、无缝的壳体构成，形如瓶状，两端成球状，壳体的一端开有孔，安装有充气阀门。另一端的开孔安装有合成橡胶制成的梨状的柔韧的胶囊。胶囊安装在蓄能器中，用锁紧螺母固定在壳体上端，壳体的底部为进出油口。同时，在其底部安装一个弹簧托架式阀体（即菌形阀），以控制出入壳体的液体，并防止胶囊从端部被挤压出壳体。囊式蓄能器的特点是胶囊在气液之间提供了一道永久的隔层，从而在气液之间获得绝对密封。

② 蓄能器的充气方法　蓄能器内只能充装氮气，不得充装氧气、压缩空气或其他易燃气体。蓄能器内氮气的充装要用专用充气工具进行。

a. 先停机，连续操作行车制动和停车制动多次，尽可能将蓄能器内的高压油放掉，然后缓慢松开蓄能器下端出油口处的排气堵头，将蓄能器内残存的压力油放掉。

b. 从蓄能器上端卸下充气阀保护帽。

c. 将充气工具（见图 5-37，型号为 CQJ-25，）上有压力表的一头接蓄能器上端的充气阀，另一头接氮气钢瓶。

d. 打开氮气钢瓶开关，当充气工具的压力表指示的压力稳定后，缓慢打开充气工具上的开关，即顶开蓄能器内的充气阀，向蓄能器充气。

e. 压力可能瞬间达到，这时应关上氮气钢瓶开关，看充气工具的压力表稳定后的压力值是否达到。若不足，再充。若压力高，可通过充气工具的放气堵头放气，把压力降低合适的值。

f. 充到所需压力后，先关氮气钢瓶开关，再关充气工具上的开关。

g. 取下充气工具。

h. 如果蓄能器漏气（用机油抹在蓄能器头部，有气泡则为漏气），用锤子、螺丝刀向下轻敲一下蓄能器内的充气阀，使其先向下，再迅速回位，使密封面接触完全即可。

i. 装上蓄能器充气阀保护帽。

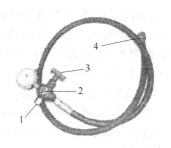

图 5-37　蓄能器充气工具
1—接蓄能器充气阀；2—放气堵头；
3—开关；4—接氮气钢瓶

（4）制动油缸结构及原理

制动油缸安装在变速箱前端左侧，如图 5-38 所示。制动油缸结构如图 5-35 所示，其工作压力为 15MPa。停车制动时制动器的松脱和接合是通过制动油缸进行的，制动油缸的杆端和制动器的凸轮拉杆连接。

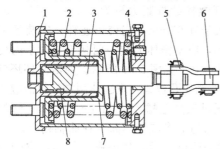

图 5-38　制动油缸
1—罐体总成；2—弹簧；3—活塞；4—端盖；
5—连接叉；6—销轴；7—弹簧座；8—密封圈

当系统油压低于制动油缸弹簧释放压力或停车制动电磁阀开关拉起时，由于弹簧 2 的作用力，将弹簧座及活塞 3 推向左端，拉动停车制动器拉杆，使停车制动器接合，实施制动。

当系统油压达到工作压力而且停车制动电磁阀开关按下时，压力油经过停车制动电磁阀进入制动油缸的左腔，压缩弹簧 2，将弹簧座及活塞 3 推向右端，推动停车制动器拉杆，使制动器松开，解除制动，这时可以行车。

当行车制动回路中的蓄能器内油压低于 7MPa 时，系统中的紧急制动力切断开关动作，使停车制动电磁阀断电，制动油缸内的液压油经停车制动电磁阀流回油箱，由于弹簧 2 的作用力，将弹簧座及活塞 3 推向左端，拉动停车制动器拉杆，使制动器实施制动，同时变速箱挂空挡，实现装载机紧急停车。

装载机装有弹簧作用、液压释放的停车制动器（通过制动油缸作用）。如果装载机发生故障无法行驶需要拖车时，应把图 5-38 中制动油缸的销轴 6 拆下，使停车制动器松脱后再进行。

5.2　制动系统的拆装与维修

▶ 5.2.1　空气压缩机修理

ZL50 型装载机采用的空气压缩机为单缸活塞式。

5.2.1.1　主要零件的检验与修理

（1）汽缸体与汽缸盖

汽缸体与汽缸盖如有裂纹，可进行焊接修复或换用新件。汽缸磨损后，其圆柱度大于0.1mm，圆度大于0.05mm或严重拉伤时，应镗磨汽缸。汽缸镗磨后，应无擦伤和刻痕，内表面粗糙度为0.4μm，圆柱度不大于0.02mm，汽缸轴线对曲轴轴线的垂直度在100mm上不大于0.08mm。

（2）曲轴和活塞连杆组

曲轴常见损伤有弯曲、裂纹和轴颈磨损。当弯曲值大于0.05mm时，应采用压力校正。轴颈与轴承（单列向心球轴承）的配合为过盈配合，其过盈量为0.032～0.03mm。当过盈量小于0.03mm时，应对轴颈或轴承内圈孔进行镀铬修复。连杆轴颈与轴承（滑动轴承）的配合为间隙配合，其间隙为0.02～0.07mm。当间隙大于0.2mm时，应更换轴承；当轴颈圆度大于0.3mm时，应光磨轴颈，光磨后的轴颈圆度不得大于0.01mm。同时，更换轴承。连杆轴颈与主轴颈两轴线的平行度不得大于0.08mm。

活塞的常见损伤有活塞裙部磨损、裂纹或拉伤。当出现裂纹时，应在裂纹末端钻一小孔，以限制裂纹继续扩大。裂纹严重时，应更换；出现拉伤现象，可用细砂布和油石修磨。活塞销与活塞销座孔的配合间隙为0～0.006mm。当间隙大于0.01mm时，应更换活塞销。活塞销与连杆衬套的配合间隙为0.004～0.01mm。当间隙大于0.02mm时，应更换连杆衬套。连杆弯曲时，可进行冷压校正或采用锤击的方法校正。但锤击校正时，应根据弯曲量的大小适当施力。否则，易造成反向弯曲。

5.2.1.2 装配与调整

活塞连杆组装配时，接触面应涂上润滑油，连杆螺栓的拧紧力矩为167～196N·m。在安装活塞环之前，应检查活塞是否偏缸。若误差大于0.07mm，应校正连杆。安装活塞环时，要注意其断面的形状及开口位置。对于梯形环，应使锥体大端一面朝下。对于内切角环，应使内切角一面朝上，如图5-39所示。两活塞环环口应错开180°，并避开活塞销座孔位置。汽缸体两端接触面应装上0.5mm厚的垫片，通过汽缸盖螺栓以11.8～19.6N·m的拧紧力矩，分两次交叉均匀地将汽缸体固定在曲轴箱上。

空气压缩机安装到柴油机上后，如果皮带传动，皮带的松紧度应合适。检查时，以28.4～39.2N的力向下压传动皮带，其挠度为15～20mm。不当时，可松开空气压缩机座上的固定螺栓，移动空气压缩机的位置进行调整。

5.2.1.3 压力能力试验

当以1200～1350r/min的转速运转15min后，空气压缩机向储气筒内充入气体的压力应从0达到0.7MPa以上。停止运转后，储气筒内气体的压力开始下降，在1min内应不超过0.02MPa。

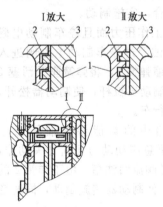

图5-39　活塞环的正确安装
1—活塞；2—活塞环；3—缸体

➤ 5.2.2 气体控制阀修理

气体控制阀也称压力控制器，或卸载阀，是用来控制进入储气筒内压缩空气压力大小的一种调节装置。为保证制动系统安全可靠地工作，必须使储气筒内的气体压力保持在0.5～0.65MPa，最大不超过0.8MPa。气体控制阀一般不允许随意拆卸。只有当储气筒内气体压力低于0.5MPa或大于0.8MPa，经调整无效时，方可分解检修。

5.2.2.1 主要零件的检验与修理

（1）气体控制阀常见损伤

主要有壳体变形、裂纹，弹簧弹性减弱，密封圈磨损、老化、变质，膜片老化或破裂，阀门关闭不严等。

（2）主要零件的修理

① 壳体不得有变形、裂纹和穿孔等现象。由于壳体的材质为铝合金，强度较低，易损坏，因此，在拆装过程中应特别注意。

② 弹簧弹性减弱时，应采用热处理恢复。当出现歪斜或断裂现象时，应换用新件。

③ 密封圈磨损、老化、变质等应换用新件。

④ 调压阀和安全阀膜片老化或破裂，会造成系统压力过低，甚至无法建立系统压力，应及时进行更换。

⑤ 阀门关闭不严，易出现漏气现象，致使系统压力过低，应进行研磨。磨损严重时，可翻面使用或换用新件。

⑥ 滤网堵塞时应进行清洗，破损后应换用新件。

5.2.2.2 调整

气体控制阀修复后，应在试验台上或在装载机上进行调整。

（1）安全阀的调整

当储气筒的气压低于 0.65MPa、安全阀阀体上的排气孔不断排气，或当储气筒的气压高于 0.8MPa、而安全阀阀体上的排气孔仍不排气时，均应对安全阀进行调整。

调整方法是：通过增减安全阀阀体内腔弹簧座与弹簧之间的垫片厚度，达到改变安全阀弹簧的预紧力的目的。调整时，先将调压阀体上的调整螺钉按顺时针方向拧到底，使气体压力逐渐升高，并注意观察安全阀阀体上排气孔排气时的压力数值。若压力过低，应增加垫片；若压力过高，则应减少垫片。垫片厚度每增减 0.1mm，气压改变 0.037MPa。

（2）调压阀的调整

当储气筒内气体压力低于 0.5MPa 时，调压阀下部的排气阀门便开始排气，或当储气筒内气体压力高于 0.65MPa、调压阀下部的排气阀门还不能排气时，应对调压阀进行调整。

调整方法是通过转动调压阀阀体上的调整螺钉，改变大弹簧预紧力的大小来实现。调整时，先松开固定螺母，当排气阀关闭、气体压力低于 0.5~0.55MPa 时，应顺时针转动调整螺钉，使气体压力升高；当排气阀开启、气体压力高于 0.65MPa 时，应逆时针转动调整螺钉，使气体压力降低。

若经上述调整仍无效时，可能的原因及相应的排除方法如下：

① 调压阀下部活塞外圈上的 O 形密封圈过紧，使正常压力的气体无法推动活塞运动。当气压上升到 0.65MPa 时，排气阀还不能开启。遇此情况时，应均匀地修磨密封圈外圆，使活塞能够灵活运动。

② 调压阀内部小弹簧预紧力过大，使堵头上的阀门始终处于关闭状态，活塞不能向下移动，排气阀不能开启，使额定压力增大；反之，小弹簧预紧力过小，堵头上的阀门在较小气压作用下便可打开，此时，气体经滑阀与顶针的间隙处至调压阀壳体上的小孔排出，造成系统压力过低。遇此情况，应先将调整螺钉卸下，将小弹簧预紧力调好，然后再调整大弹簧的预紧力。

当压力调整正常后，将调整螺钉上的固定螺母拧紧。

5.2.3 脚制动阀修理

脚制动阀是用来接通或切断储气筒进、出制动汽缸的压缩空气，从而实现车轮制动器产生制动或解除制动的一种控制装置。脚制动阀工作性能的好坏，将直接影响装载机行驶时的制动效果和安全性。

5.2.3.1 主要零件的检验与修理

（1）脚制动阀常见损伤

主要有壳体变形、裂纹，弹簧弹性减弱，阀门、密封圈、滚轮外圆及传动套顶端磨损等。

（2）主要零件的修理

① 壳体不得有变形、裂纹和穿孔等现象，否则应更换。

② 平衡弹簧弹性减弱，易使制动缓慢或失效，应采用热处理的方法恢复其弹性。如有裂纹或折断，应予以更换。

③ 活塞回位弹簧弹性减弱或折断，均会造成制动过猛，也应采用热处理的方法恢复其弹性或更换。

④ 阀门回位弹簧弹性减弱、锈蚀或断裂，应予以更换。

⑤ 密封圈磨损造成密封不严，制动时会从排气孔漏气，引起制动缓慢。检修时，可在安装密封圈的凹槽内加纸垫或铜皮，使其增强密封性；当密封圈磨损严重、失去弹性或破裂时，应换用新件。

⑥ 滚轮外圆及传动套顶端磨损，踏板自由行程会逐渐增大，应进行电镀或堆焊修复，也可在传动套与弹簧座之间增加垫片进行调整。

⑦ 阀门密封不严，可进行研磨，磨损起槽后可翻面使用或换用新件。

5.2.3.2 装配和试验

脚制动阀装配时应使排气口朝向正前方。安装进、排气阀门之前，应检查阀座与活塞杆下端面之间的距离，应为 2mm。此距离反映在踏板上，即为踏板自由行程。不当时，可通过改变传动套的长度进行调整。

5.2.4 加力器（气液总泵）修理

5.2.4.1 主要零件的检验与修理

（1）加力器（气液总泵）损伤形式

主要有缸筒磨损、腐蚀，皮碗和密封圈老化、腐蚀，回位弹簧弹性减弱、锈蚀和折断等。

（2）主要零件的修理

① 气活塞与缸筒的配合间隙为 0.42～0.60mm。当大于 0.80mm 时，应更换气活塞皮碗及密封圈。若缸筒磨损严重，也应同时更换。

② 油活塞与缸筒配合间隙为 0.09～0.134mm。当大于 0.2mm 时，可用修理尺寸法修复缸筒，并选配相应尺寸的新活塞及皮碗。缸筒的修理尺寸分四级，每一级加大 0.25mm。当缸筒最大磨损处内径达到极限尺寸时，应换用新件。

③ 皮碗及密封圈老化、腐蚀时，均应换用新件。

④ 回位弹簧弹性减弱，会使活塞及皮碗不能迅速回位，不但可引起制动不能彻底解除，而且储液室的制动液不能迅速地使工作腔得到补充，造成第二脚制动时，出现空行程，导致因油压不能迅速提高而影响制动性能。应换用新件或采用热处理方法进行修复。回位弹簧严重锈蚀或折断时，均应换用新件。

5.2.4.2 装配与试验

气液总泵在装配前，所有零件应用酒精清洗干净，不得使用其他油料清洗，以免腐蚀皮碗。装复油活塞及皮碗时，应涂少量的制动液。装复后，应检查气活塞和油活塞运动是否灵活，油活塞及皮碗位置是否合适。若位置不当，可通过改变垫圈厚度进行调整。

▶ 5.2.5　钳盘式制动器修理

钳盘式制动器具有结构简单、散热性能好、不受油污影响，以及维修方便等特点，因此被广泛应用于轮式装载机。现以 ZL50 型装载机为例，介绍钳盘式制动器的修理。

5.2.5.1　分解

制动钳总成分解时，可视情况分两种方式：第一种是将制动钳总成从车桥上拆下后，再进行分解。这种方式需将轮胎螺母松开，并将轮胎向外侧移动一段距离，而后卸下夹钳与桥壳的固定螺栓，方可将制动钳总成取下。第二种是就车进行分解，其步骤如下（见图5-40）：

① 拆下放气嘴和管接头。

② 卸下夹钳一端的两个止动螺钉，用 M10 螺栓拧进销轴中。

③ 拔出销轴，取下摩擦片。

④ 记住上、下油缸盖的位置，卸下油缸盖并取下 O 形密封圈。

⑤ 从夹钳外边的孔往里将活塞顶出，从孔内取下矩形橡胶密封圈和防尘圈。

⑥ 经检验，夹钳如需修理或更换，拆卸方法按第一种方式进行。

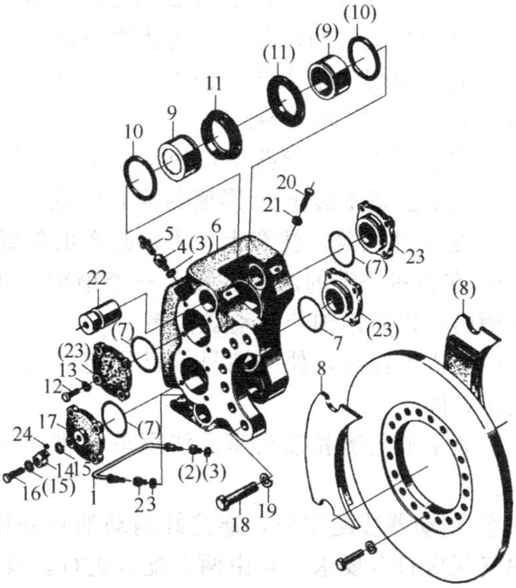

5.2.5.2　主要零件的检验与修理

（1）摩擦片

摩擦片的衬片采用酚醛树脂热压在6mm 厚的钢板上，主要损伤为磨损。衬片上有三条纵槽，槽深为 9mm。当摩擦片磨损到接近沟槽底部时，应换用新摩擦片。

图 5-40　制动钳总成分解示意图
1—油管总成；2—接头；3、13、19—垫圈；4—放气嘴座；
5—放气嘴；6—夹钳；7、15、24—O 形圈；8—摩擦衬
块总成；9—活塞；10—矩形密封圈；11—防尘圈；
12、18—螺栓；14—管接头；16—管接头螺栓；
17—下油缸盖；20—止动螺钉；21—螺母；
22—销轴；23—上油缸盖

（2）密封件

由于矩形橡胶密封圈除了起密封作用外，还起到使活塞回位和自动调整摩擦片与制动盘间隙的作用，因此，密封件损坏或失效后，会出现漏油，造成制动力矩减小、活塞卡滞、摩擦片与制动盘之间无间隙，使制动不能彻底解除等现象，直接影响制动性能。

密封件常见损伤为磨损、变形、失去弹性、拉伤、裂口等。检修时应认真仔细，如有以上损伤，必须换用新件。密封件清洗时应用制动液，严禁使用石油制品，如汽油、柴油等。

（3）活塞及活塞孔

活塞与活塞孔的配合间隙为 0.055～0.08mm。常见损伤为配合面磨损、刻痕、拉伤、腐蚀等。

活塞轻微的刻痕、拉伤和腐蚀，可用油石进行修磨。当出现严重的刻痕、拉伤和腐蚀或磨损严重致使活塞与活塞孔配合间隙大于 0.25mm 时，应更换活塞。

活塞孔损伤严重时，应更换夹钳。也可采用修理尺寸法予以修复，同时选配相应尺寸的活塞。活塞孔的修理尺寸一般分为四级，每加大 0.25mm 为一级。修理时，应保持同一车桥左右车轮上各活塞孔尺寸一致，以免制动力矩不均。

（4）销轴

销轴的常见损伤是磨损。销轴磨损后，可直接影响摩擦片的正常工作，造成摩擦片卡滞和运动不协调等故障。检修时，可将销轴转动180°安装，使未磨损的一侧与摩擦片配合。

若两侧均磨损，可进行堆焊修复或换用新件。

5.2.5.3　装配与调整

① 装配钳盘式制动器时，应先将制动钳总成装复后，再安装到装载机车桥上。在夹钳不拆卸的情况下，也可就车装配。其装配步骤如下：

a. 在活塞和夹钳上的活塞孔上涂以植物性制动液。

b. 将矩形橡胶密封圈装入活塞孔的环槽内。

c. 将防尘圈的翻边卡入活塞孔的环槽内。

d. 将活塞慢慢滑入防尘圈中。注意防尘圈的唇口不要翻转。如果唇口折叠，应取下活塞和防尘圈，重新安装。

e. 将活塞滑入活塞孔中，快拍一下，使防尘圈的唇口卡入活塞的环槽内。

f. 在油缸盖上装上O形密封圈，注意O形密封圈不得扭曲。

g. 装上油缸盖。注意上、下油缸盖的位置不得装错。

h. 在夹钳一端的两侧各装入一个销轴，并用止动螺钉固定。注意止动螺钉应顶在销轴环槽内，以防销轴与制动盘碰擦。

i. 装入摩擦片，使一端靠紧已固定的销轴，另一端对准另一销轴孔，装入销轴并用止动螺钉固定。

j. 装上放气嘴和接头座。注意放气嘴应安装在进油油缸盖相反的一端，即放气嘴应朝上。

② 制动器装配完毕，连接好制动油管并排除液压系统中的空气。排除空气时，储气筒内气压应符合要求，且由两人配合进行。具体方法如下：

a. 将放气螺钉上的护罩拔掉，把一软管套接在接头上，另一端插入盛有部分制动液的玻璃容器内。

b. 一人反复踩下和放松制动踏板（踩下时要快，放松时则要缓慢），至感到阻力很大时保持踏板不动。

c. 另一人将放气螺钉拧松3/4～1圈，带有空气的制动液便流入容器内。当看到从软管口排出的油液不带气泡时，说明空气已排除干净，然后将放气螺钉拧紧。

如果一次排除后，系统内仍有空气存在，应放松踏板后停10～15s，再重复c项内容，直至系统内排出无气泡的液柱为止。

d. 按同样方法排除其余各分泵的空气。

e. 工作完毕，趁空气罐还有压力，松开空气罐下面的放水阀，放出冷凝液体，清理干净，否则空气罐易生锈。

③ 空气排除后，总泵储液室液面高度距加油口15～20mm。制动液切勿混入矿物油，否则会迅速损坏橡胶元件。

5.2.6　制动气室（油缸）检修

5.2.6.1　制动气室的拆卸

① 用户自备压板1块，M161.5的双头螺杆1件，长度$L=420$。

② 先将双头螺杆从制动气室中间穿过，螺杆两头各用螺母并紧。

③ 双头螺杆并紧后，用扳手将螺栓松开。

④ 螺栓全部卸下后，用扳手旋转螺母，直至松开，即可拆卸。

5.2.6.2　制动油缸的拆卸与检修

① 自备如图 5-41 所示的压板 2 块，M14，$L=400mm$ 的双头螺杆 2 件。

② 拆下销轴及连接叉。

③ 先将双头螺杆穿过 2 块压板，螺杆两头各用螺母并紧。

④ 并紧后，用扳手将制动油缸的螺栓全部松开。

⑤ 螺栓全部卸下后，用扳手缓慢交替旋转右边的两个螺母 1，直到弹簧完全松开。

⑥ 拆下弹簧及弹簧座，弹簧弹力符合技术要求，弹簧座无严重磨损即可。

⑦ 拆下活塞，活塞上的密封圈应完好无损、活塞与弹簧座配合良好。

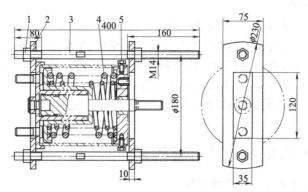

图 5-41　制动油缸分解示意图
1—螺母；2—压板；3—双头螺杆；4—弹簧；5—螺栓

装配时也要使用拆卸工具，步骤与拆卸相反。

5.2.7　制动性能检验

5.2.7.1　制动系统排气

制动系统进行检修后，管路中会存在气体，影响制动性能。因此在拆检、更换零件后要进行排气工作。在驱动桥左、右轮边制动器上和蓄能器出油口处，都有排气嘴，按如下方法进行排气：

① 将装载机停在平直的路面上。

② 将变速操纵手柄放在空挡位置上，启动发动机怠速运行，拉起停车制动电磁阀开关。

③ 在前驱动桥左右轮边制动器的排气嘴上套上透明的胶管，管的另一端放入盛油盘中。

④ 两人配合，一人负责排气嘴的松、紧，观察排气情况；另一人负责踩制动踏板。先松开排气嘴，然后踩下制动踏板到最大行程，直至排出部分油液再松开制动踏板，与此同时，拧紧排气嘴。如此反复多次，直至排出无气泡的液柱为止。

⑤ 按同样方法对后桥进行排气。

⑥ 前后桥进行排气后，连续拔起、按下停车制动电磁阀开关 3~4 次，对停车制动管路进行排气。

⑦ 发动机熄火，拉起停车制动电磁阀开关。小心而缓慢地松开蓄能器下部的排气螺塞，此时会有含气泡的油液从排气螺塞的边缘冒出。直至冒出的油液无气泡时，将螺塞拧紧。

特别注意：由于轮边制动器和蓄能器内储存着高压油，所以在排气时应特别小心，不可将排气嘴和排气螺塞完全拧开，不可将眼睛及身体对着排气嘴，以免喷射出来的油液造成人身伤害。

5.2.7.2　制动性能测试

制动系统的性能好坏直接关系着装载机的安全性和作业效率，经过拆修的制动系统应进行制动系统性能的测试，检验是否处于良好状态。

（1）测试要求

要在干燥、平直的水泥路面上测试制动系统。

在进行制动系统测试之前，司机要系好安全带。测试时要确保装载机周围无人或障碍物。

（2）测试步骤及标准

测试时装载机空载，把铲斗平举离地面 300mm，在平直、干燥的水泥路面上以 32 km/h 的速度行驶。完全制动时，其制动距离应不大于 15m。以 32km/h 的速度行驶，点式制动，应迅速出现制动现象，且不跑偏。

装载机空载时，拉起停车制动电磁阀的开关，装载机应该能停在坡度为 18% 的斜坡上不移动。

5.2.8 制动器检修

5.2.8.1 制动器分解

制动器分解见图 5-42。

5.2.8.2 制动器常见故障及检修

制动器常见的故障有摩擦片 1 的磨损、制动鼓 6 的裂纹、表面磨损或拉伤起槽、夹紧螺杆 16 所在销孔磨损、配合松动等。损坏时，应

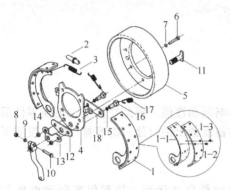

图 5-42 制动器的分解示意图
1—制动蹄；2—调整杆；3、17—弹簧；4—座板；
5—制动鼓；6、10—螺栓；7、9、15—垫圈；
8、14—螺母；11—拉杆轴；12—底板；
13—支架；16—夹紧螺杆；18—垫板

及时更换、修理。摩擦片磨损严重，或严重损伤、油污等，要及时更换。制动鼓的拉伤、起槽深度大于 0.5mm 或严重磨损、失圆者，应修复或更换。制动鼓不得有裂纹、变形。修复后，内径椭圆度不大于 0.25mm，工作面对变速箱输出轴中心线的跳动不大于 0.10mm，且应平衡。各连接销子配合间隙大于 0.20mm 时应更换，及时修理，一般控制在 0.03～0.12mm。

重新装配之后，制动蹄与制动鼓之间的间隙可用螺丝刀拨动调整杆 2 进行调整，其值应在 0.15～0.30mm。全部装配完毕，拉动拉杆，蹄片完全压紧制动鼓时，接触率应达到 85%～70%。完全制动时，应不能起步或在不小于 15° 的坡道上能停车。解除制动后，摩擦片不得与制动鼓接触。

5.3 制动系统常见故障诊断与排除

制动系统的故障通常表现为气压表显示的压力不正常、制动失灵、制动不能解除、制动时装载机跑偏、停车制动器制动失灵等。由于各种装载机制动系统的结构不同，同类故障所表现出的现象及其原因也有所不同。因此，具体情况应具体分析。

5.3.1 气压表显示的压力不正常

5.3.1.1 故障现象

气压表显示的压力在正常情况下应该在 0.65～0.70MPa。过高和过低都不合适。

5.3.1.2 故障原因及排除

（1）气压表显示的压力低

① 频繁踩制动踏板。制动时，频繁地踩下制动踏板再松开，压缩空气消耗过多，超出了空气压缩机所能提供的气体总量，即使中间环节没有任何泄漏，气压也会偏低。如果是这种情况，就应该改进操作方法，正确操作。

② 空气压缩机排气量少。空气压缩机排气量少，是因为内部磨损、密封不严所致。主要原因有：进气管堵塞；缸筒与盖之间密封不严；进气阀门和排气阀门密封不严；压力卸载阀泄漏。

如果气压表的压力上升较慢，而气路又没有漏气的声音，拧下空气压缩机出气管接头，柴油机怠速时用手压住出气口，感觉不到有多大的压力，则表明空气压缩机泵气量不足。

如果进气管有积炭、油泥堵塞，清理干净即可；如果汽缸磨损、活塞磨损、活塞环磨损，就必须换用新的空气压缩机总成；如果汽缸筒与盖之间密封不严，可以更换新的密封环；如果进气阀门和排气阀门密封不严，可以清洗或者更换进气阀门和排气阀门或空气压缩机盖总成。

③ 油水分离器和压力控制器泄漏。如果油水分离器和压力控制器泄漏，在柴油机运转状态下，会听到有明显的连续的漏气声，并且用手摸能感觉得到。应检修或更换总成。

④ 压力控制器调整压力低。如果压力控制器调整压力低，气压不到 0.65～0.70MPa 时，会听到有断续的放气声，并且用手摸能感觉到。

如果压力低是因为调整过低，应重新调整，方法是：首先将柴油机熄火，连续踩下制动踏板（或将储气筒放水开关打开，将储气筒气体放尽），直到气压表指针为零，关闭放水开关。然后启动柴油机，并稳定在 700～800r/min，使系统气压达到 0.70MPa，继续充气时，则压缩空气从压力控制器 D 口排出。排气时，如果气压低于 0.65MPa，说明放气阀压力偏低，应将压力控制器的调整螺钉拧入少许。如果气压高于 0.70MPa 才放气，说明放气阀压力偏高，应将压力控制器的调整螺钉拧出少许。

⑤ 储气筒或止回阀漏气。储气筒的放水开关、气管接头、止回阀漏气，在柴油机熄火后，气压下降很快，并能听到漏气声。

检查出具体部位及密封情况，如果零件损坏应更换。

⑥ 气压表指示不准确。如果没有漏气的迹象，并且装载机制动灵敏，在储气筒的空气放净后气压表的指示压力比零还低，则表明气压表指示不准确，应换用新的气压表。

（2）气压表显示的压力高

① 气压表指示不准确。

如果储气筒的空气放净后气压表的压力指示比零高，则表明气压表指示不准确，应更换压力表。

② 压力控制器调整压力高。参照压力控制器调整压力低的检查与调整方法进行检查和调整。

5.3.2 制动失灵

5.3.2.1 故障现象

踩下制动器踏板后，装载机减速慢或不减速，制动距离过长。

5.3.2.2 故障原因及排除

（1）制动系统气压偏低

制动系统气压低、没有足够的力量推动加力器的活塞压缩制动液，顶动摩擦片实现制动。气压低的原因在上面已经分析得很清楚，在此不再重复。

（2）气制动总阀与加力器漏气

如果气制动总阀与加力器漏气严重，踩下制动器踏板后不松开，会听到明显的漏气声，用手摸就能找到漏气的具体位置。

（3）加力器与制动钳的分泵有故障

加力器内制动液少、回油孔或补油孔堵塞、皮碗损坏、单向阀损坏、油管或接头漏油、制动分泵漏油、制动分泵锈蚀卡死等原因，都会使加力器与分泵之间的油路压力低，没有足够的力量顶动摩擦片实现制动。

如果踩下制动器踏板，气压并不低，也不漏气，故障往往出在加力器与分泵之间。检查方法是：将柴油机熄火，用一字形旋具将摩擦片往制动分泵方向拨动少许。此时，踩下制动器踏板，摩擦片应该有动作和运动声音。如果没有动静，而且制动液也不少，应先排放制动液中的空气。

如果空气排尽后，踩制动还是感到制动力量不足，但拧松放气螺钉感到制动液喷出很有力量，就需要将制动钳分解检修。如果拧松放气螺钉感到制动液喷出无力，就需要将加力器分解检修。

（4）摩擦片和制动盘磨损严重

摩擦片和制动盘磨损后，可降低摩擦面之间的摩擦系数，制动力矩减小，制动效果降低。

摩擦片和制动盘磨损，可明显观察到，可以更换相应的摩擦片或制动盘。

5.3.3 制动不能解除（非制动状态时摩擦片发热）

5.3.3.1 故障现象

摩擦片和制动盘之间不制动时，是靠制动盘转动时的偏摆顶动摩擦片，将分泵压回一定的量，使摩擦片和制动盘之间制动压力解除，甚至出现微量的间隙。

非制动状态时，摩擦片不会发热或很热。如果行驶距离不长，制动也很少使用，但摩擦片和制动盘却很热，表明制动系统有故障。

5.3.3.2 故障原因及排除

（1）制动分泵锈蚀卡死

制动分泵锈蚀卡死（在雨中淋过或在水中浸泡过、用水冲洗过，接着又很长时间不用），而导致制动器分离不彻底。

制动分泵锈蚀卡死时，应将车轮制动器分解检修，用细砂纸打磨活塞并更换矩形橡胶密封圈。

（2）油路堵塞

加力器与制动分泵间的油路堵塞，会使制动不灵敏，同时回油也缓慢，制动解除不迅速。具体原因有：油管被压扁或管内有淤泥、加力器的单向阀堵塞、皮碗卡住不回位、补油孔堵塞。

加力器和管路有故障时，要对其分解检修和保养。

5.3.4 制动时跑偏

5.3.4.1 故障现象

装载机直线行驶时，踩下制动踏板，装载机往一边偏离。

5.3.4.2 故障原因及排除

（1）个别制动分泵中有空气，导致四个车轮不能同时制动

系统中有空气时，不一定就会平均分布在各个分泵中，制动时的效果就不会相同。空气的来源有：系统高温产生"气阴"；维修或加制动液时没有排放空气。由于方法不对，即使排放了空气，但没有排放干净。

应重新排除空气。

（2）个别制动分泵活塞卡死

由于个别制动分泵活塞卡死，制动液顶不动该活塞，作用在四个制动盘上的制动力矩就不一样，四个车轮上的制动效果就不同。应保养和维修制动钳上的分泵活塞。

（3）轮胎气压不等

轮胎气压不等可直接影响制动力矩和制动效果。

轮胎的正常气压应该在 0.3～0.32MPa。如果不合适，应充气，并尽量保持四个车轮的气压一致。

5.3.5　停车制动器制动失灵

5.3.5.1　故障现象

停车制动系统完全制动时，装载机不能起步；同时能够在不小于 15％的坡道上停车，否则即为故障。

5.3.5.2　故障原因及排除

停车制动器制动失灵的原因：施加在制动蹄与制动毂之间的摩擦力小于使装载机移动时作用在制动毂上的力。具体原因及排除方法如下：

（1）制动蹄与制动毂的摩擦表面有油污

油污来源于变速器输出轴的接盘油封泄漏，油污粘在制动蹄与制动毂的摩擦表面，降低了摩擦系数。

应先排除漏油的问题，届时用汽油清洗干净制动蹄与制动毂摩擦表面的油污。

（2）制动蹄与制动毂的接触面积小

由于制动蹄与制动毂的接触面变形、翘曲，即使作用在制动毂上的压力与摩擦系数较大，制动力矩仍然不会大。

应修整、更换制动蹄片和镗磨制动毂。

（3）制动蹄张力小

操纵软轴没有调整好，就没有足够的力量使制动蹄往外张。应重新调整操纵手柄的销轴移动行程。

第**6**章

行走系统构造与拆装维修

图解装载机构造与拆装维修

Chapter 6

6.1 轮式行走系统的组成及工作原理

轮式装载机行走系统如图 6-1 所示，通常由车架 1、车桥 2、悬架 3 和车轮 4 等组成。车架通过悬架连接着车桥，而车轮则安装在车桥的两端。

轮式行走系统的功用是：将整个机械构成一体，并支撑整机重量；将传动系统传来的转矩转化为车辆行驶的牵引力；承受和传递路面作用于车轮上的各种反力及力矩，吸收振动，缓和冲击，保证机械的正常行驶。

整机的重量 G 通过车轮传到地面，引起地面产生作用于前轮和后轮的垂直反力 Z_1 和 Z_2。当内燃机经传动系传给驱动轮一个驱动力矩

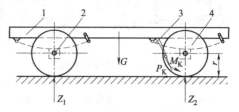

图 6-1　轮式装载机行走系统的组成示意图
1—车架；2—车桥；3—悬架；4—车轮

M_K 时，则地面便产生作用于驱动轮边缘上的牵引力 P_K。这个推动整个机械行驶的牵引力 P_K 便由行走系统来承受。P_K 从驱动轮边缘传至驱动桥，同时经车架传至前桥轴，推动车轮滚动而使整机行驶。当机械制动时，经操纵系统作用于车轮上一个制动力矩，则地面便产生作用于车轮边缘上与行走方向相反的制动力，制动力也由行走系统承受，它从车轮边缘经车桥传给车架，迫使机械减速以致停止。当整机在弯道或横坡行驶时，路面与车轮间将产生侧向反力，此侧向反力也由行走系统来承受。

对于行驶速度较低的轮式工程机械，为了保证其作业时的稳定性，一般不装悬架，而将车桥直接与车架连接，仅依靠低压的橡胶轮胎缓冲减振。因此缓冲性能较装有弹性悬架者差。对于行驶速度高于 $40\sim50km/h$ 的工程机械，悬架装置有用弹性钢板制作的，也有用气-油为弹性介质制作的。后者的缓冲性能较好，但制造技术要求高。

6.1.1 车架

车架是装载机的支承机体，是整机的基础，装载机上所有零、部件都直接或间接地安装在车架上，使整台装载机成为一个整体。车架承受着整个装载机的大部分重量，还要承受各总成件传来的力和力矩以及动载荷的作用。此外，在各种载荷的作用下将引起车架变形，若车架发生大的变形，就会使安装在其上的各部件的相对位置发生变化，从而影响它们的正常使用。因此，车架应具有足够的强度和刚度，同时重量要尽量轻，要有良好的结构工艺性，便于加工制造；此外，为了使机械具有良好的行驶和工作稳定性，车架结构应在保证必要的离地间隙下，使装载机的重心位置尽量低。车架的结构形状必须满足整机布置和整机性能的要求。

目前，轮式工程机械的车架结构形式一般可分为整体式车架和铰接式（折腰式）车架两种。

6.1.1.1 整体式车架

整体式车架一般用于车速较高的工程机械，根据机种不同，其结构也不同。

采用偏转车轮转向的装载机具有整体式车架。整体式车架是由两根位于两边的纵梁与若干横梁用铆接或焊接而构成的一个完整的框架。图 6-2 为整体式车架，由两根钢板焊成的纵梁和若干根横梁等组成。两根纵梁是用钢板焊接或者用钢板冲压而成，纵梁的断面是前后变化的，由于后半部承受较大部分的载荷，所以断面高度尺寸也是加大的，通常，为了增加其强度，采用箱形断面。前半部承受载荷较小，所以断面高度尺寸要比后半部小，采用槽形断面。两纵梁前后均用横梁相连。为了便于安装，横梁的形状并不相同。在车架

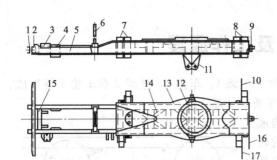

图 6-2　整体式车架

1—前托钩；2—保险杠；3—转向机构支座；4—发动机
支架板；5—纵梁；6—起重支架；7、8—支腿；
9—牵引钩；10—右尾灯架；11—平衡轴支架；
12—圆垫板；13—上盖板；14—斜梁；15—横梁；
16—左尾灯架；17—牌照灯架

后半部负荷较大的部分，为增加其强度和刚度，设置了两个 X 形横梁，而在车架的尾部，为了增加车架的局部强度，设置了 K 形梁。由于作为转向驱动桥的后桥，结构复杂，且与前桥的通用性很小。同时转弯半径大，导致整机的灵活性差，目前在轮式装载机上已不采用。

6.1.1.2　铰接式车架

轮胎式装载机广泛应用铰接式车架，如图 6-3 所示为 ZL50 型装载机的铰接式车架。它主要由前车架、后车架、铰接主销和副车架等零部件组成。

铰接式车架最基本的是前车架和后车架两大部分，两者之间用铰接主销连接，

故称为铰接式车架。它的前后车架可绕铰接主销相对转动，由转向油缸的伸缩推动前、后车架绕铰接主销转动来实现装载机的转向。前后车架以铰销为铰点形成"折腰"。

（1）前车架

前车架为焊接结构件，由钢板、槽钢焊接而成，受力大的部位则用加强筋板、加厚尺寸等措施来进行加固。工作装置的动臂、动臂油缸、转斗油缸等通过相应的销座安装在前车架上，两者一起通过前车架与前桥连接。图 6-4 为 ZL50 型装载机的前车架示意图。

（2）后车架

后车架由钢板、槽钢焊接而成，受力大的部位则用加强筋板、加厚尺寸等措施来进行加固。通过副车架与后驱动桥连接。后驱动桥可绕水平销轴转动，从而减轻了地形变化对车架和铰销的影响。后车架的各相应支点则固定有发动机、变矩器、变速箱、驾驶室等零部件。

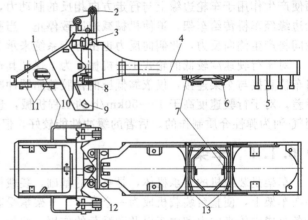

图 6-3　ZL50 型装载机铰接式车架

1—前车架；2—动臂铰点；3—上铰销；4—后车架；5—螺栓；
6—副车架；7—水平铰销；8—下铰销；9—动臂液压缸铰销；
10—转向液压缸前铰点；11—限位块；12—转向液压缸
后铰点；13—横梁

目前轮式装载机后车架基本结构由左右两块大板，适当用一些小槽钢及板进行加强，加上横梁组成板式框架结构，而后桥直接用支撑桥的摆动架与后车架相连，取消了副车架，后桥沿摆动架的中心作横向摆动。图 6-5 为 ZL50 型装载机的后车架示意图。图 6-6 为轮式装载机铰接式车架立体图。

（3）副车架

副车架由副车架销与后车架相连，可绕后车架纵轴作横向摆动，带动安装在副车架上的后驱动桥作横向摆动，一般摆动角为 $\pm 11° \sim \pm 13°$，不同企业的不同产品稍有差别，但都在这一范围之内。由于后桥的这种横向摆动，使装载机在崎岖不平的野外作业或行驶时仍能四轮着地，使整机具有良好的通过性和稳定性。

（4）铰接主销

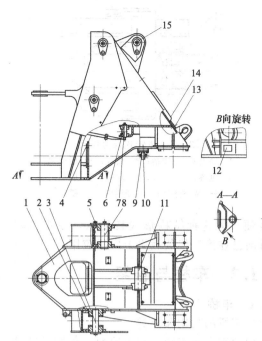

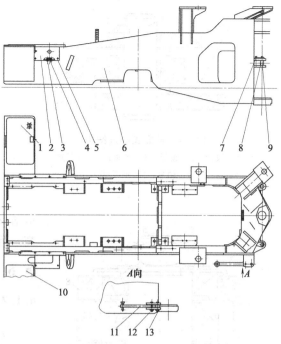

图 6-4　ZL50 型装载机前车架
1—前车架；2—调整垫片；3—动臂缸销轴；
4—黄油管路；5、6、13—螺栓及垫圈；
7—前转向销；8—动臂销轴；9—垫圈；
10—管夹总成；11—转斗缸销；12—限位块；
14—前罩板；15—油杯

图 6-5　ZL50 型装载机后车架
1—左蓄电池箱总成；2—盖板；3、5、7—螺栓及垫圈；
4—提升支架；6—后车架；8—转向销；9—油杯；
10—右蓄电池箱总成；11—固定杆；12、13—销轴及销

前、后车架铰接点的结构形式主
要有三种，即：销套式、球铰式、滚
锥轴承式。

① 销套式　如图 6-7 所示，前、
后车架通过垂直铰销 1 连接。销套 5
压入后车架 4 的销孔中，铰销 1 插入
前后车架的销孔后，通过锁板 2 固定
在前车架 6 上，使之不能随意转动。
垫圈 3 可避免前后车架直接接触而造
成磨损。这种结构简单，工作可靠，

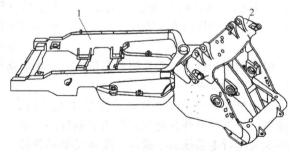

图 6-6　装载机铰接式车架立体图
1—后车架；2—前车架

但要求上、下铰点销孔有较高的同轴度，因此，上、下铰点距离不宜太大。目前中、小型
装载机广泛采用这种形式。

② 球铰式　如图 6-8 所示。与销套式不同的是，在前车架 8 的销孔处装有由球头 6 和
球碗 7 组成的关节轴承，增减调整垫片 9 可调整球头 6 和球碗 7 之间的间隙。关节轴承的
润滑油可通过油嘴 5 注入黄油来实现。这种结构由于采用了关节轴承，可使铰销受力情况
得到好转，同时，由于球铰式具有一定的调心功能，因此可增大上、下铰销的距离，从而
减小铰销的受力。

③ 滚锥轴承式　如图 6-9 所示，在前车架 1 的销孔处装有圆锥滚子轴承 7，铰销 2 通
过弹性销 8 固定在后车架 9 上。这种结构由于采用了圆锥滚子轴承，使前后车架偏转更为

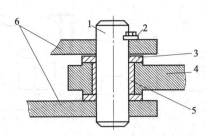

图 6-7 销套式铰点结构
1—铰销；2—锁板；3—垫圈；4—后车架；
5—销套；6—前车架

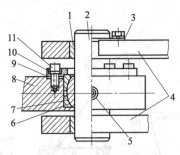

图 6-8 球铰式铰点结构
1—销套；2—铰销；3—锁板；4—后车架；
5—油嘴；6—球头；7—球碗；8—前车架；
9—调整垫片；10—压盖；11—螺钉

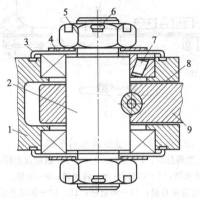

图 6-9 滚锥轴承式铰点结构
1—前车架；2—铰销；3—盖；4—垫圈；
5—螺母；6—开口销；7—圆锥滚子轴承；
8—弹性销；9—后车架

灵活轻便，但这种结构形式较复杂，成本也较高，目前已在第三代装载机上广泛应用。

6.1.2 车桥与悬架

6.1.2.1 车桥

（1）车桥的功用和分类

车桥两端安装车轮，支于地面；车桥又通过悬架与车架连接，用以支承车架，并在车轮与车架之间传力。

车桥根据安装的前后位置，可分为前桥和后桥；根据安装的车轮类型，可分为驱动桥（桥端安装驱动轮）、转向桥（桥端安装转向轮）、转向驱动桥（桥端车轮既能转向、又能驱动）和支持桥（桥端车轮仅起支承作用）。作为行走系统的组件，驱动桥仅指它的桥壳。目前装载机广泛采用转向驱动桥，这里主要介绍驱动桥壳，关于驱动桥的功用及组成参见传动系统。

（2）驱动桥壳

驱动桥壳是一根空心梁，是安装主减速器、差速器、半轴等部件并起保护作用的基础件。驱动桥壳又是行走系统的承载件，要承受驱动轮传来的各种反力和力矩，并通过悬架传给车架。大多数装载机的驱动桥壳还要直接支承工作装置。驱动桥壳受力复杂，要求有足够的强度和刚度，重量要轻，结构上要便于主减速器的拆装和调整。

驱动桥壳的结构形式有整体式和分段式两种。整体式桥壳又有铸造式和冲压焊接式之分。

① 整体式桥壳 整体铸造式桥壳如图 6-10 所示。

其中部是用铸钢或锻铁铸造的环形空心梁，两端的凸缘盘用来固定制动底板。无缝钢管制成

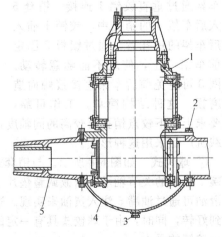

图 6-10 整体铸造式驱动桥壳
1—主减速器壳；2—固定螺钉；3—螺塞；
4—后盖；5—空心梁

的半轴套管压入桥壳，并用螺钉 2 止动，半轴套管外端安装轮毂轴承。主减速器和差速器先安装在主减速器壳内，然后把主减速器壳用螺钉固定在空心梁中部前端面上。中部后端大孔供检查主减速器和差速器之用，平时用后盖盖住。后盖上的螺塞用以检查和加注润滑油。

整体式桥壳的强度和刚度大，拆装、检修主传动装置方便。但是桥壳重量重，而且整体铸造工艺复杂。

图 6-11 是整体冲压焊接式桥壳。它由钢板冲压成形的上下两个主件 1、四块三角形镶块 2、前后两个加强环 5 和 6、一个后盖 7 以及两根半轴套管 4 组焊而成。冲压式桥壳重量轻，材料利用率高，但需要特殊的压延设备。

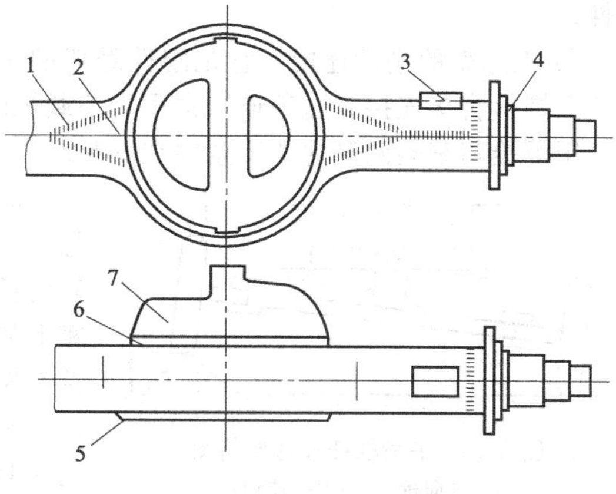

② 分段式驱动桥壳　它由两段或三段组成。

图 6-12 所示的分段式桥壳由两段组

图 6-11　冲压焊接式驱动桥壳

1—壳体主件；2—三角形镶块；3—钢板弹簧座；
4—半轴套管；5—前加强环；
6—后加强环；7—后盖

成。铸造的桥壳 9 和桥壳盖 3 用螺栓 2 连成一体，中间夹有垫片 10 以防漏油。两根钢制的半轴套管 1 和 8 分别压入桥壳盖和桥壳的座孔中，并用铆钉固定。半轴套管外端安装轮毂轴承，轴承用调整螺母 7、止动垫圈 6 和锁紧螺母 5 固定。安装制动底板的凸缘盘和钢板弹簧座都焊在半轴套管上。桥壳的颈部安装主减速器的主动锥齿轮。差速器轴承直接安装在桥壳和桥壳盖的轴承座孔内，轴承座的外端装有油封 4。

这种分段式桥壳制造较为容易，拆卸或检修内部机件时，不需要将整个驱动桥拆下来，使维修比较方便，故这种形式的桥壳应用较广泛。

郑工 955A 型装载机的驱动桥壳是分段式桥壳，共分左、中、右三段，焊接成一体。桥壳中段安装主传动器、差速器等零部件，并用螺栓与机架相连。桥壳左、右两段完全相同，用来安装最终传动和轮毂等零部件。主传动器和差速器预先装在主传动器壳内，然后，将主传动壳用螺栓固定在驱动桥中段。

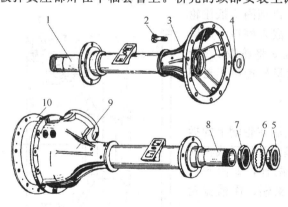

图 6-12　分段式驱动桥壳

1、8—半轴套管；2—螺栓；3—桥壳盖；4—油封；
5—锁紧螺母；6—止动垫圈；7—调整螺母；
9—桥壳；10—垫片

6.1.2.2　悬架

（1）悬架的功用和类型

悬架又称悬挂，是车桥和车架之间的连接装置。它的功用是连接车桥和车架，在两者之间传递因载荷引起的路面垂直反力、因牵引或制动引起的纵向反力、因转向引起的侧向反力以及这些反力造成的力矩。悬架中的弹性元件可以缓和冲击、衰减振动，以保证乘员舒适，避免货物和机件的损伤。

悬架有两种类型：用钢板弹簧或其他弹性元件把车桥和车架连接起来的称为弹性悬架；用螺栓或铰轴把车桥和车架连接起来的称为刚性悬架，装载机普遍采用。

（2）刚性悬架

装载机通常采用结构简单的刚性悬架，这样也有利于降低整车重心和提高作业平稳性。

① 无悬架的刚性连接　它是刚性悬架的一种形式，它实际上没有悬架装置，车桥与车架用螺栓直接连接。这种连接常用于装载机的驱动桥。在驱动桥壳的两端制有连接支承板，用螺栓与车架两侧的凸缘紧固在一起。

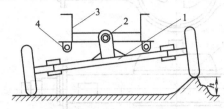

图 6-13　平衡杠杆式悬架简图
1—转向桥；2—水平铰轴；
3—车架纵梁；4—限位块

② 平衡杠杆式悬架　它又称中央水平铰轴式悬架，常用于装载机的转向桥。如图 6-13 所示，转向桥 1 中部的水平铰轴 2 与固定在车架后部支座上的轴承座铰接，中间没有弹性元件，故属刚性悬架。

平衡杠杆式悬架的工作情况如图 6-13 所示。当一侧转向轮因路面不平而产生垂直位移时，转向桥即绕水平铰轴 2 摆动，所有车轮仍能同时着地。只要此时驱动桥不倾斜，车架仍能保持水平，各车轮的负荷也不变。硬橡胶制成的限位块 4 用于限制摆动的幅度，并防止车桥与车架直接相碰。

6.1.3　车轮与轮胎

6.1.3.1　车轮

车轮介于轮胎和车轴之间，由轮辋、轮盘和轮毂组成。图 6-14 所示为装载机通用车轮构造。轮胎由右向左装于轮辋 2 之上，以挡圈 7 抵住轮胎右壁，插入斜底垫圈 6，最后以锁圈 8 嵌入槽口，用以限位。轮盘 5 与轮辋 2 焊为一体，由螺栓 3 将轮毂 1、行星架 4、轮盘 5 紧固为一体，动力便由行星架传给车轮和轮胎。

（1）轮辋

轮辋是用来固定轮胎的，为了便于轮胎在轮辋上的拆装，轮胎内径应该略大于轮辋直径。轮辋的常见形式根据其断面形状可分为深槽轮辋和平底轮辋两种，如图 6-15 所示。此外，还有对开式轮辋、半深槽轮辋、深槽宽轮辋、平底宽轮辋、全斜底轮辋等。

深槽轮辋如图 6-15（a）所示，是用钢板冲压成形的整体式结构。中部深凹的环槽便于轮胎的拆装，凹槽两侧肩部略向中间倾斜，是安放外胎胎圈的部位。深槽轮辋结构简单、刚度大、重量轻，适用于尺寸小、弹性大的轮胎。尺寸大、质地硬的轮胎很难装入这种整体式的轮辋。

平底轮辋的底面成平环状，适合安装较大、较硬的轮胎。平底轮辋有多种结构形式。

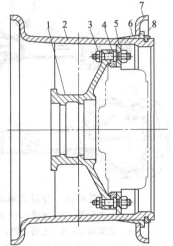

图 6-14　装载机通用车轮
1—轮毂；2—轮辋；3—轮毂螺栓；
4—轮边减速器行星架；5—轮盘；
6—斜底垫圈；7—挡圈；8—锁圈

图 6-15（b）所示的平底轮辋一侧是凸缘，另一侧用整体挡圈 1 和开口锁圈 2 使轮胎定位。这种结构拆装方便、工作可靠，是使用最为普遍的形式。

图 6-15（c）所示的是对开式平底轮辋。轮辋制成内外两部分，内轮辋与辐板焊接在一起，外轮辋用螺栓与辐板连接。拆装轮胎时需卸下螺母。图示轮辋有一个可拆卸的整体

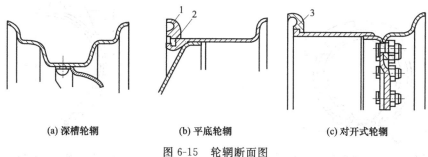

(a) 深槽轮辋　　　　　　(b) 平底轮辋　　　　　　(c) 对开式轮辋

图 6-15　轮辋断面图

1、3—挡圈；2—锁圈

式挡圈。有的无挡圈，内轮辋制有凸缘代替挡圈。

（2）轮毂

轮毂位于车轮的中心，它通过轮毂内的圆锥轴承安装在车桥轴头或转向节轴上，以保证车轮在车桥两端灵活地转动。圆锥滚子轴承的间隙可由调节螺母进行调节，调整后锁定调节螺母，使轴承在调整位置保持固定，以免因螺母松动而使车轮脱出。为了使轴承空腔内的润滑脂不溢出，在轮毂上装有油封。

轮毂外围的凸缘用来固定轮盘和制动鼓。轮盘与轮毂的同心度是由轮胎螺栓的锥面和轮盘螺栓孔锥面来保证的。常用的轮盘固定方案有单胎轮盘和双胎轮盘两种，如图 6-16 所示。双胎轮盘的内轮盘用具有锥形端面的特制螺母 6 和螺栓 3 固定在轮毂凸缘

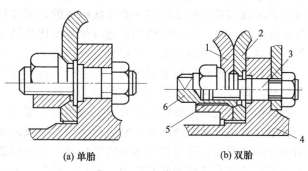

(a) 单胎　　　　　　(b) 双胎

图 6-16　轮毂固定方法

1—外轮盘；2—内轮盘；3—螺栓；4—轮毂；

5—螺母；6—特制螺母

的外端面上，外轮盘 1 紧靠着内轮盘 2，通过旋在特制螺母 6 上的螺母 5 来固定。为防止螺母自动松脱，一般左边车轮采用左螺纹，右边车轮采用右螺纹。

6.1.3.2　轮胎

轮胎是装载机的重要弹性缓冲元件，它安装在轮辋上，与轮辋构成了车轮，并与地面直接接触。轮胎是装载机的重要组成部件，对装载机的使用质量有很大的影响。它的主要功用是保证车轮和路面具有良好的附着性能，缓和和吸收由不平路面引起的振动和冲击。尤其现代轮式装载机多采用刚性悬架，吸振缓冲的作用是完全靠轮胎来实现的。

（1）轮胎的组成

由于充气轮胎富有弹性，能缓和和吸收轮式装载机在行驶或作业时，由于路面不平产生的冲击和振动，因此，轮式装载机广泛采用各种结构的充气轮胎。

充气橡胶轮胎主要由外胎、内胎和垫带等组成，如图 6-17 所示。

外胎是一个具有一定强度的弹性外壳，能起到保护内胎的作用。它一般由胎体、胎面和胎圈等组成，如图 6-18 所示。

胎体由帘布层和缓冲层组成，将外胎的各部分连成一体，保证外胎有足够的强度和刚度。

帘布层是外胎的骨架，用以给轮胎提供必要的强度，以承受胎内气体的压强和外载荷，同时它还能保持外胎的形状和尺寸。轮胎帘布层数的多少，取决于载荷的大小、所需

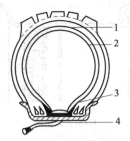

图 6-17 充气橡胶轮胎的组成
1—外胎；2—内胎；3—垫带；4—气门嘴

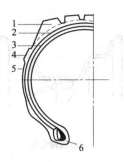

图 6-18 外胎的组成
1—胎冠；2—缓冲层；3—帘布层；
4—胎肩；5—胎侧；6—胎圈

的内压以及轮胎的型号和用途。帘布层数越多，内压就越高，能承受的外载荷也就越大，但轮胎的弹性反而会降低。帘布层通常是若干层涂胶的帘布按一定的角度贴合而成，各层帘布之间垫有辅助的橡胶层，用以保证在变形时各层帘布之间的弹性关系。帘布是由纵向的强韧的经线和各经线之间的少数纬线织成的，帘线可以采用棉线、人造丝线、尼龙线和钢丝帘线几种。由于人造丝线和尼龙线的强度比棉线大，它们已经基本取代了过去棉线的位置，但对于高质量的轮胎，采用尼龙丝的占主导地位。

缓冲层位于帘布层和胎面之间，由若干层挂胶布组成。主要用来吸收由外部传来的冲击和振动，保证胎面胶与帘布层之间结合良好。

胎面包括胎冠、胎侧以及两者之间的胎肩三部分。

胎冠经常与地面直接接触，是由耐磨橡胶制成的具有一定形状的实心胶条。它承受着轮胎的冲击和磨损，并保护胎体和内胎免受冲击和损伤。胎面有各式各样的花纹，以保证轮胎和道路之间有良好的附着能力，避免轮胎纵、横向打滑。

胎侧是贴在胶体帘布两侧壁的胶层，用以保护胎体的侧面免受损伤。

胎肩位于较厚的胎冠和较薄的胎侧之间，主要起到局部加强的作用。为了提高该部分的散热能力，胎肩也可制成各种各样的花纹。

胎圈由钢丝圈、帘布层包边和胎圈包布组成。轮胎充气后，钢丝圈承受张力，避免了外胎变形，从而使外胎牢固地固定在轮辋上。

内胎是一个环形的橡胶管，管壁上装有气门嘴，气体通过气门嘴充入内胎，使内胎保持一定的压力。因此，内胎对轮胎的寿命影响很大。内胎应具有良好的弹性、耐高温性和密封性。

垫带装在内胎和轮辋之间，使内胎不与轮辋及外胎上坚硬的胎圈直接接触，以免擦伤内胎。

（2）轮胎的类型和花纹形式

轮胎是行走机械的重要部件，而轮胎的使用寿命并不长，尤其在工作环境比较恶劣的条件下，轮胎的使用寿命更短。因此延长轮胎的寿命很有意义。

轮胎的分类方法很多，按轮胎的结构类型可分为实心轮胎和充气轮胎两种。由于充气轮胎轻便、富有弹性，能缓和、吸收振动和冲击，在装载机上得到了广泛应用。

充气轮胎根据其部件构成的不同，又可分为有内胎和无内胎两种。无内胎轮胎内表面上衬有一层高弹性的、不透气的橡胶密封层，因此，要求轮胎和轮辋之间要有良好的密封性。无内胎轮胎结构简单、气密性好、工作可靠、重量轻、使用寿命长，由于可通过轮辋散热，因而散热性能也好。目前，大部分装载机都广泛采用无内胎式轮胎。

充气轮胎按胎内的充气压力的大小，又可分为高压轮胎、低压轮胎和超低压轮胎三种。一般充气压力在 0.5～0.7MPa 的为高压轮胎；充气压力在 0.2～0.5MPa 的为低压轮胎；充气压力低于 0.2MPa 的为超低压轮胎。低压轮胎具有外形尺寸大、弹性好、接地面积大、接地比压小、散热良好等优点。它在凹凸不平的路面行驶时，还能很好地吸收冲击和振动，在软基路面上行驶时，下陷小，通过性能好。目前，轮式装载机广泛采用低压轮胎。超低压轮胎的断面特别宽，适合于在十分松软的路面上使用。

图 6-19 为一种无内胎式超低压轮胎，其形状呈拱形，采用凸缘夹紧的轮辋，这样可保证在充气压力很小的情况下，轮胎和轮辋一起转动，并且保证了轮胎不漏气。

根据帘线的排列形状，轮胎可分为普通轮胎、带束斜交形轮胎和子午线轮胎三种形式。

普通轮胎是指胎体帘布层间交角为 48°～54°的一种轮胎。普通轮胎的帘布层通常是由成双数的多层帘布用橡胶贴合而成。这种轮胎的转向和制动性能良好，胎体坚固，胎壁不易损伤，生产成本低，但它的耐磨性能、减振性能和附着性能等较差。

斜交形轮胎如图 6-20（a）所示，是指胎体帘布层帘线延伸到胎圈并与胎面中心线成小于 90°夹角（一般为 48°～60°）排布的轮胎。这种轮胎构造比较简单，具有转向和制动性能良好、胎体坚固、稳定性能好、胎壁不易受损伤、制造成本低等优点。它的主要缺点是耐磨性能、缓冲性能、附着性能较差、滚动阻力大。

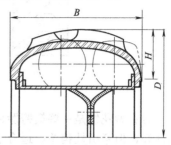

图 6-19　无内胎式超低压轮胎

(a)斜交形轮胎　　(b)子午线轮胎

图 6-20　轮胎形式

子午线轮胎如图 6-20（b）所示，是指胎体帘布层帘线延长到胎圈并与胎面中心线成 90°排列，很像地球的子午线，因此而得名。它的主要两个受力部件帘布层和缓冲层，分别按不同的受力情况排列，使帘线的变形方向和轮胎的变形方向一致，从而能更大限度地发挥各自的作用。子午线轮胎与普通轮胎相比，子午线轮胎胎体中帘线的排列方向不同，帘布的层数少，缓冲层的帘布层数多，轮胎胎体所有帘线都彼此不交叉，每层帘布可以独立地工作。与斜交形轮胎相比，子午线轮胎也比斜交形轮胎的帘布层数少，胎圈部分的刚性差，所以采用特殊断面的硬三角胶条、钢丝外包布等来补偿。而且，仅有这种构造还不能抵抗轮胎胎体冠部周向的伸张，所以在轮胎的周向还配置了一条基本不伸张的环形带束层箍紧。这种带束层通常是采用高模数、伸张率极小的钢丝帘线制造。子午线轮胎具有滚动阻力小、附着性能好、缓冲性能好、不易爆破、散热好、工作温度低、使用寿命长等一系列优点，但这种轮胎的胎壁薄、变形大，因此胎壁易产生裂口，侧向稳定性较差，生产成本高。随着子午线轮胎技术的不断提高，大型子午线结构的轮胎在国内外已开始应用，大型装载机的轮胎将会逐渐向子午线结构发展。

此外，根据轮胎的断面宽度可将轮胎分为标准轮胎、宽基轮胎和超宽基轮胎。

标准轮胎的断面形状近似圆形，宽基轮胎的断面形状近似椭圆形。由于宽基轮胎比标准轮胎宽度大，因此接地面积大，接地比压小，在软基路面上通过性能好，牵引力也大。但宽基轮胎的转向阻力大，滚动阻力也大。

轮胎花纹的形状对车辆的行驶性能有很大的影响，它的主要作用是保证轮胎和路面之间具有良好的附着力。随着使用条件的不同，胎面花纹的形状也形形色色。装载机常用轮胎的胎面花纹有岩石型花纹、牵引型花纹、混合型花纹和块状花纹，如图 6-21 所示。

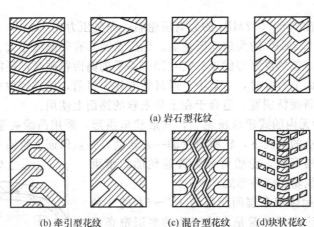

(a) 岩石型花纹

(b) 牵引型花纹　　(c) 混合型花纹　　(d) 块状花纹

图 6-21　轮胎花纹形式

岩石型花纹是一些横跨胎面的条形、波纹形花纹，接地幅宽、沟槽窄，耐切伤和耐磨伤性好，但牵引性稍差，适合于岩石路面上使用；牵引型花纹是八字形和人字形花纹，前者在松软土地上或雪地上行驶有足够的附着力，并具有较好的自行清泥作用，但耐磨性稍差些。后者耐磨性和横向稳定性较前者好，但自行清泥作用和附着性较差；混合型花纹是一种中间部分是纵向而两肩是横向的花纹，中间纵向花纹可保证操纵稳定，两肩横向花纹可提供驱动力和制动力，并具有较好的耐磨性和耐切伤的性能；块状花纹是一种由密集的小凸块组成的人字形花纹，当载荷增加时，接地面积容易增大，因此接地压力小，浮力大，适合于在松软地面上使用。

6.2　行走系统的拆装与维修

6.2.1　车架检修

6.2.1.1　车架常见损伤形式

车架在使用过程中，车架会发生各种损坏，最常见的是车架变形和产生裂纹。车架有下列情况时，应予拆旧换新：

① 由于锈蚀，初始截面已损失了 50% 以上。

② 出现两条以上长度大、位置危险的严重的疲劳裂纹。

③ 在已经补焊过的地方或其附近再次出现疲劳裂纹。

④ 出现裂纹，或者由于事故产生裂口，在修理后不能达到所要求的承载能力的车架，也要予以更换。

⑤ 在一个节点上，各种缺陷数量较多时，也应换新。

6.2.1.2　车架的修理

（1）车架体、侧板、边梁上有凹痕或变形

当变形不大于 6mm 时，可用冷校正法校正。但冷校正只能在气温 0℃ 以上进行。校正时可用弓形卡钳、千斤顶等工具进行校正。

当凹陷和变形较大时，可用快速加热到 700～1100℃（碳钢）或者在 900～1150℃（低合金钢）的方法来消除大的变形。

在各种情况下，当温度低于 700℃ 时，校正工作应即刻停止，对变形的部分用喷嘴在变形量最大处沿外凸面加热。校正以后，构件应在周围气温 0℃ 以上的状态下冷却。

（2）车架裂纹的检验与修理

裂纹多半发生在截面发生剧烈变化的构件、构件的连接点和焊缝过多的节点处。检验时可在可能产生裂纹的地方，清除涂料、灰尘和泥土，露出金属光泽，并用6～8倍放大镜检查，还可用浸油锤击法，显示出裂纹的分布。

对检查出的裂纹，可在距可见裂纹始末两端10～15mm处，钻直径为8～25mm的孔，以控制裂纹的发展。补焊前应沿裂纹磨坡口，对碳素结构钢用E4315或E4316、对低合金结构钢用E5015-A1或E5016-A1型电焊条补焊。

焊后应检查焊接有无裂缝，如果有了裂纹，则应用砂轮将焊口磨掉，并重新焊接。磨掉的长度应超过明显的裂纹尾部50～100mm。新焊缝应当平直、密实，确实焊透，并与基本金属之间过渡很平顺。

6.2.2 车桥的修理

装载机的驱动桥壳安装在车架上。由于驱动桥和车架是刚性连接，装载机在铲取或搬运作业中，驱动桥部分重量，而且还有道路不平、载荷不均等的情况，这样驱动桥将出现弯曲、断裂，半轴套管轴承孔磨损和半轴套管轴颈磨损等损伤。

6.2.2.1 驱动桥壳弯曲的检验与修理

（1）驱动桥壳弯曲的检验

检验前，应首先校正半轴及轮毂端平面接触突缘的平整度，消除其端面圆跳动误差，再将标准半轴装在驱动桥壳上，校紧轴承，从壳内测试左右半轴的中心位置（见图6-22），判断有无弯曲。两轴线之差应不大于0.75mm，极限值为1mm。

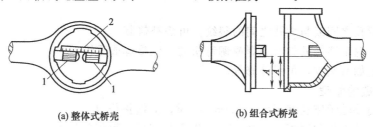

(a) 整体式桥壳   (b) 组合式桥壳

图 6-22 驱动桥壳的弯曲检验

1—半轴；2—直尺

（2）驱动桥壳弯曲超限时应进行校正

校正时，校正变形量应不大于原有弯曲变形量，并将校正压力保持一段时间，使桥壳得到一定的塑性变形。如果变形过大，弯曲变形大于2mm时，可预热后校正，但加热温度应在700℃以下，防止温度过高金属组织发生变化，影响桥壳的强度和刚度。铸造的桥壳最好避免加热校正。

6.2.2.2 驱动桥壳裂纹的修理

驱动桥壳中部裂纹及突缘上裂纹，可用焊接法修复，其操作要点如下：

① 沿裂纹开成90°的V形坡口，其深度为厚度的2/3。

② 在距裂纹两末端6～10mm处，各钻直径5mm孔。

③ 电焊焊补裂纹，其焊层应高于基本金属，但不超过1mm。正面焊好后再在反面进行焊补，焊后应将焊缝修平。焊补在工作平面的，其平面度误差应不大于0.25mm。

④ 裂纹焊补后应在裂纹处焊接加强腹板，其厚度一般为4～6mm，加强腹板应与驱动桥壳中心对称。

⑤ 如裂纹穿透至驱动桥壳盖或主减速器突缘平面，则在焊补后应另焊加强腹环（厚

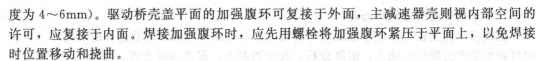
度为 4～6mm）。驱动桥壳盖平面的加强腹环可复接于外面，主减速器壳则视内部空间的许可，应复接于内面。焊接加强腹环时，应先用螺栓将加强腹环紧压于平面上，以免焊接时位置移动和挠曲。

⑥ 焊补加强后的驱动桥壳，要重新进行检验其直线度误差、壳盖面和主减速器突缘平面的平面度误差，并校正、修磨到符合标准。

6.2.2.3 其他部分的检修

① 桥壳两端内外轴承座颈同轴度误差应不大于 0.01mm；轴承座颈与其止推端面的垂直度误差应不大于 0.05mm；轴承座颈应与制动底板突缘平面垂直，垂直度误差应不大于 0.1mm。

② 螺孔的螺纹损伤应不多于 2 扣，超过时可镶螺套修复或焊修。

③ 油封轴颈磨损大于 0.15mm 时，可镶套修复。

④ 半轴套管装滚动轴承的轴颈磨损大于 0.04mm 时，可镀铬或堆焊修复。

⑤ 半轴套管有任何性质的裂纹和缺损时，应予以更换。

⑥ 驱动桥壳装半轴套管内外端座孔磨损不得大于 0.06mm，否则可将半轴套管轴颈镀铬或扩大至修理尺寸。

⑦ 驱动桥壳折断时，应予更换。

6.2.3 车轮与轮胎修理

6.2.3.1 车轮盘（或称轮胎钢圈）的修理

① 装螺栓的承孔如磨损，圆度误差大于 1.5mm 或轮胎螺栓承面不均衡时，可堆焊修复。

② 螺栓承孔之间或与大孔之间的裂纹，可焊补修复。

③ 轮辐与轮辋连接处如有脱焊或铆钉松动，应重焊或重铆。

④ 轮辋上如有裂纹，可焊补修复。

6.2.3.2 轮毂的修理

① 轮毂内外轴承座孔磨损大于 0.05mm 时，应镀铬修复。

② 油封座孔不均匀磨损或有 0.15mm 以上的凹痕，可焊补修复。

③ 与制动毂接触的圆周面应平整，对其轮毂中心线的圆跳动大于 0.1mm 时，应予车削加工修复。

④ 轮毂的制动毂出现裂纹时，可开坡口焊接并车平。

⑤ 固定半轴螺栓孔内螺纹损坏时，可堆焊后，重新钻孔攻螺纹。

⑥ 与半轴突缘接触的端面圆跳动误差应不大于 0.1mm，否则应予修正。

图 6-23 轮胎分解示意图
1—轮辋；2—轮胎；3—轮缘；
4—挡圈；5—锁环

6.2.3.3 轮胎的损坏和修理

装载机轮胎有充气轮胎和实心轮胎。轮胎充气气压必须按原厂规定标准，不得过高或过低。过高则使轮胎弹性降低，线层容易断裂。气压过低会引起轮胎的剧烈变形，温度增高，造成脱胶或断裂，还可能使外胎在轮辋上移动、磨损胎圈，严重时内胎气门嘴会被撕裂。

（1）轮胎的分解

轮胎的分解参见图 6-23。

（2）外胎

外胎有裂口、穿洞、起泡、脱层等损伤时，应根据具体情况修补或翻修。

外胎胎体周围有连续不断的裂纹，胎面胶已磨光并有大洞口、胎体线层有环形破裂及整圈分离等情况时，应予更换。

（3）内胎

发现有小孔眼时，可进行热补或冷补。

① 热补　将内胎损坏处周围锉得粗糙，将火补胶贴在损坏处，并使破洞小孔刚好在补胶的中心，然后将补胎夹对正火补胶装上，拧紧螺杆压紧，再点燃火补胶上的加热剂，待 10～15min，即可粘接严密。

② 生胶补（冷补）　将内胎破口处周围锉得粗糙，涂上生胶水，待胶水表面微干后再涂二次胶水，当胶水风干后，将准备好的生胶（应比破口略大，也要锉粗糙再涂胶水和风干）贴附在破口上，加压并加温 140～145℃，保温 10～20min 使生胶硫化，待冷却后，即可粘接严密。

内胎有折叠、破裂严重且无法修复；老化发黏变质；变形、裂口过甚均应报废换新。

6.3　行走系统常见故障诊断与排除

行走系统的常见故障主要有：装载机跑偏、转向轮摆振和轮胎异常磨损等。

6.3.1　跑偏

（1）故障现象

装载机行驶时偏向一侧，司机要把住转向盘或转向盘加力于一侧装载机才能正常行驶，否则极易偏离行驶方向。

（2）故障原因

① 装用不合乎规格的或磨损的轮胎，两侧轮胎大小不一；两侧轮胎气压不同等，或一侧轮胎磨损过甚。

② 转向轮轮毂轴承调整不当，过紧或松；两侧转向轮定位不同或发生变化。

③ 车架一侧断裂；车架变形不正。

④ 驱动桥壳弯曲变形或断裂。

⑤ 驱动桥与车架错位。

（3）故障诊断与排除

① 轮胎换位，使轮胎气压一致。

② 调整转向轮轮毂轴承。

③ 检查更换前钢板弹簧。

④ 维修车架，校正变形。

⑤ 校正或更换驱动桥壳。

⑥ 检查与调整驱动桥与车架的相对位置。

6.3.2　轮胎异常磨损

装载机在使用中轮胎会出现一些异常磨损情况，表 6-1 列出了几种典型的异常磨损，但由于使用情况不同，往往轮胎的磨损表现形式不够典型或几种现象同时发生，这时就应综合检查、分析并及时地给予排除。

图解装载机构造与拆装维修

表 6-1　轮胎不正常的磨损模式和矫正方法

状态	两肩快速磨损	中间快速磨损	秃斑
结果			
原因	气压不足或换位不够	气压太足或换位不够	车轮不平衡或轮胎歪斜
矫正	在冷状态下调整到规定压力		轮胎静平衡、动平衡

第 **7** 章
电气系统构造与拆装维修

装载机电气系统由电源系统、用电装置及电气控制与保护装置等组成。电源系统包括蓄电池、发电机、调节器和电源系统工作情况指示装置；用电装置包括启动装置、仪表与信号及照明装置等；电气控制与保护装置指各种控制开关、继电器、熔断器和电气线路等。

7.1 蓄电池构造与拆装维修

蓄电池是一种放电后可接受充电而被重复使用的直流电电源，也称为二次电池。按照蓄电池电解质的性质区分，有酸性和碱性蓄电池。在装载机上广泛采用的蓄电池，是由铅及其氧化物和硫酸为主要原料制成的，称为铅酸蓄电池。

7.1.1 蓄电池的功用及组成

7.1.1.1 蓄电池功用

装载机用蓄电池因向启动机供电要提供很大的输出电流，其类型为启动型蓄电池，如

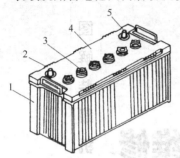

图 7-1 12V 启动型蓄电池
1—外壳；2—正极柱；3—加液孔塞；
4—盖；5—负极

图 7-1 所示。启动型蓄电池功用是向启动机提供强大电流，实现发动机的顺利启动，并在发电机不发电时，向用电设备供电。由于其主要功能是满足内燃机"启动"的需要，因此要求启动型蓄电池的容量大、内阻小，在较短时间（5～10s）内能提供 200～800A 的大电流。

7.1.1.2 普通型蓄电池的结构

普通型铅酸蓄电池由极板、隔板、电解液、外壳、极柱和连接板组成。每单格的端电压为 2V，六个完全相同单格互相串联得到标定电压为 12V 的蓄电池，如图 7-2 所示。

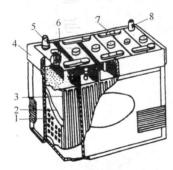

(a) 橡胶壳蓄电池

1—负极板；2—隔板；3—正极板；4—外壳；5、8—正、负极柱；
6—加液孔塞；7—连接条

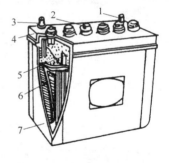

(b) 塑料壳蓄电池

1、3—正、负极柱；2—加液孔塞；4—盖；
5—连接条；6—极板组；7—外壳

图 7-2 蓄电池的构造

（1）极板和极板组

极板由栅架和涂在上面的活性物质组成。活性物质中的主要成分是铅，将铅块研磨成粉在空气中氧化，然后与硫酸、添加剂调和成膏状，涂在极板栅架上，干燥后放入一定密度的硫酸溶液中进行充电，使正极板上的活性物质转化成二氧化铅（PbO_2），呈棕色；负极板上的活性物质转化成海绵状铅（Pb），呈青灰色。极板的构造如图 7-3 所示。

为增大蓄电池的输出电量（容量），将数片正或负极板分别并联，用横板焊接，组成正负极板组，横板上连有连接柱，用于各单格间的连接，如图7-4所示。极板组各片间有一定的间隙，以便插入对应的极板和隔板。为防止蓄电池工作中正极板上活性物质的脱落，每个单格内负极板片数较正极板组多一片，

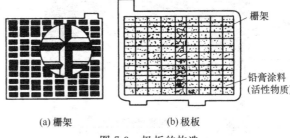

(a) 栅架　　　　　　(b) 极板

图7-3　极板的构造

确保正极板处于负极板之间，使之充、放电均匀。在极板面积一定时，极板组的片数越多，蓄电池的容量越大。

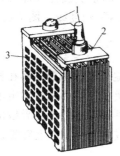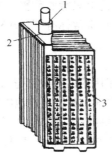

(a) 启动型蓄电池　　　(b) 动力型蓄电池

图7-4　蓄电池的极板组

1—极柱；2—横板；3—极板

（2）隔板

隔板放置在正负极板之间，避免正负极板接触造成内部短路，如图7-5中的标号3所示。隔板材料应具有多孔性，以便电解液渗透。由于隔板浸泡在硫酸溶液中，要求隔板具有良好的耐酸性和抗氧化性。制造隔板的材料有木质、微孔橡胶、微孔塑料、玻璃纤维、纸袋式等，其中以微孔橡胶和微孔塑料用得最多。有的隔板一面带槽，安装时有槽的一面应竖直放置并面向正极板。

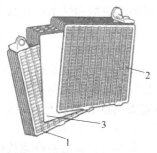

图7-5　蓄电池极板与隔板

1—正极板组；2—负极板组；3—隔板

图7-6　工程塑料外壳的蓄电池

（3）外壳

蓄电池外壳是用来盛放电解液和极板组的，要求其耐酸、耐热、耐震。制造外壳的材料有硬橡胶和工程塑料（图7-6），后者因重量轻、美观透明已逐步取代前者。外壳为整体结构，内分六个互不相通的单格，底部有突起的支撑条以放置极板组，支撑条间的空隙形成沉淀池，用于积存脱落下来的活性物质。每个单格的盖子中间有加液孔（图7-7），可用来检查液面高度和测量电解液密度。加液孔平时用螺塞拧紧。在螺塞顶部有一通气孔，应保持通畅，使蓄电池工作中的化学反应气体能随时逸出。在极板组上部通常装有一片耐酸塑料防护网（图7-8），以防测量电解液密度、液面高度或加液时损坏极板。

硬橡胶外壳蓄电池有六个上盖，与外壳用沥青、机油及石棉等组成的封口剂封闭固定。橡胶壳的蓄电池由于各单格均有独立上盖，其各单格串联的连接板露出于蓄电池的上表面，便于对单个进行检测和更换。塑料壳电池上盖是一体的，用热封的方法将盖与壳连

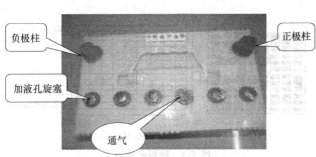

负极柱

加液孔旋塞

正极柱

通气

图 7-7　蓄电池的上盖

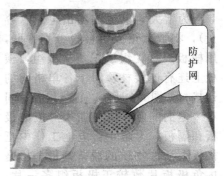

防护网

图 7-8　蓄电池极板上部防护网

接在一起。其单格的连接置于上盖下方，上盖上只能看到整只蓄电池的正负极柱和加液孔旋塞。塑料壳的蓄电池，在其正面（或背面）常常标有"MAX、MIN"刻度线（图 7-6），用于检查判定电解液液面的高低。

（4）连接板、极柱

连接板、极柱是实现蓄电池内外电路连接用的。硬橡胶壳的蓄电池连接板和极柱露在蓄电池的上表面；塑料壳的蓄电池连接板封在内部，只留出电池组的正负极柱。为减少蓄电池的内阻，希望连接板短而截面大。蓄电池的极柱外形有锥圆柱形和吊耳形，与外电路导线的连接有所不同。为区别正、负极柱，通常极柱有"＋"、"－"标记，或将正极柱涂上红漆。

（5）电解液

电解液是蓄电池内部进行化学反应的电解质，是纯硫酸（H_2SO_4）和纯水（H_2O）按一定比例配制而成的。初次加入蓄电池的电解液密度一般为 $1.26\sim1.28g/cm^3$；使用过程中蓄电池的电解液密度是变化的，其范围为 $1.10\sim1.28g/cm^3$。电解液纯度是影响蓄电池电性能和使用寿命的重要因素，配制电解液一定要用专用的纯硫酸和纯水，并且储存电解液需用加盖的陶瓷、玻璃或耐酸塑料容器。

7.1.1.3　干式荷电铅蓄电池

干式荷电铅蓄电池与普通蓄电池的区别是，极板组在干燥状态时，能够较长时间（两年）地保存在制造过程中所得到的电荷。如果干式荷电铅蓄电池在规定的保存期内需要使用，只要加入规定密度的电解液，搁置 $15\sim20min$，调整液面高度和密度至规定标准后，不需要进行充电即可使用，且其荷电量可达到蓄电池额定容量的 80% 以上。

干式荷电铅蓄电池主要是负极板的制造工艺与普通蓄电池不同。普通蓄电池负极板上的活性物质——海绵状铅（Pb），由于面积大，化学活性高，容易氧化，而使其电量消失。干式荷电铅蓄电池在负极板的铅膏中加入松香、油酸、硬脂酸等防氧化剂，并且在化成过程中有一次深放电循环，或者反复地进行充电、放电。化成后的负极板，先用清水冲洗后，再放入防氧化剂（硼酸、水杨酸混合液）中进行浸渍处理，让负极板表面生成一层保护膜，并采用特殊干燥工艺，即制成干荷电极板。正极板的活性物质——二氧化铅（PbO_2）化学活性比较稳定。由于负极板经特殊处理，其抗氧化性得到提高，因此，其荷电性能可以较长期地保持。

7.1.1.4　免维护蓄电池

（1）结构特点

① 极板栅架材料采用了低锑合金（含锑量 2%～3%）或无锑合金。根据极板栅架所用合金材料的不同，免维护蓄电池一般分为两种类型：一种是采用低锑多元合金，其含锑量在 1%～3%，除含锑量减少外，还增加了铜、砷、锡、硒等合金元素，以改善因含锑量减少而造成栅架铸造和机械强度方面的不足；另一种为铅钙合金或铅钙锡合金，含钙量

在 0.08%～0.1%，含锡量在 0.3%～0.9%。

以铅钙合金作为极板栅架的免维护蓄电池，由于完全消除了锑的副作用，其自放电少，耐过充能力强，出气量和耗水量也非常小，因而在整个使用过程中无需加水，可以实现真正的免维护，所以称为真正免维护蓄电池。

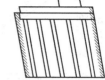

图 7-9　袋式隔板

② 隔板采用袋式微孔聚氯乙烯隔板（见图 7-9），将正极板包住，可保护正极板上的活性物质不致脱落，防止极板短路，这样可取消壳体内底部的凸筋，使极板上部容积增大，提高电解液的储存量。

③ 通气孔采用新型安全的通气装置和气体收集器，见图 7-10，可避免聚集在蓄电池顶部的酸气析出与外部火花接触产生爆炸。有的免维护蓄电池的通气塞中还装有催化剂钯，它能将析出的绝大部分氢气、氧气再结合成为水蒸气，经冷凝而成

图 7-10　新型通气装置

水滴后返回蓄电池内部，从而进一步减少了水的消耗，还可使蓄电池盖和接线极柱保持清洁，减少对极柱的腐蚀。

④ 单体电池间的连接采用穿壁式贯通连接，使内阻减小，输出电流增大。同时采用聚丙烯塑料热压外壳和整体式电池盖，壳体内壁薄，储液多，与同容量蓄电池相比，重量轻、体积小。

⑤ 免维护蓄电池顶上装有一个带指示器的液体密度计，用以显示蓄电池的充电状态。不同生产厂家生产的免维护蓄电池，其密度计中心点显示的颜色有所区别，检查时应根据使用说明进行判断，如图 7-11 所示。当相对密度为 1.22 或较高时（充电程度在 65% 以上），密度计中心点呈绿色或蓝色时，说明蓄电池存电状态良好，不需要充电；如果密度计中心点看不到绿点而呈全暗色或白色时，电解液相对密度降低，蓄电池充电不足，应及时充电；如果电解液液面已下降到低于内装小型密度计，则密度计中心点呈全暗色或白色时，说明蓄电池已无法正常工作，应更换。

图 7-12 为免维护蓄电池结构示意图。

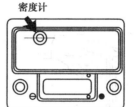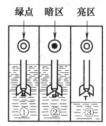

图 7-11　内装式密度计工作示意图

（2）优点

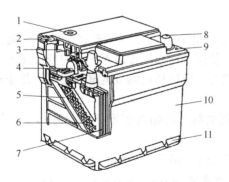

图 7-12　免维护蓄电池结构

1—内装小型密度计；2—壳内起消除火焰作用的排烟孔；
3—液-气隔板；4—中心极板连接夹板和单体电池连接器；
5—高密度活性物质；6—铅钙栅架上锻制的小窗；
7—密封极板的隔板封条；8—冷锻制成的极柱；
9—模压代号；10—聚丙烯壳体；
11—用于安装的下滑面

① 使用中不需加注蒸馏水或很少加注蒸馏水　蓄电池在使用中消耗水主要有两个途径：一个是水的蒸发（占 10% 左右）；另一个是充电过程中水的电解（占 90% 左右），尤其在过充电情况下，水的电解更为严重。免维护蓄电池由于采用了低锑多元合金或铅钙合金作为栅架材料，其耐过充电能力增强，因此，充电末期水的电解量大大减少。

② 自放电少，容量保持时间长　图 7-13 所示为两种蓄电池容量保持能力的比较，由图可看出，免维护蓄电池可以在较长时间（一般为 2 年以上）湿式储存。

③ 使用寿命长　免维护蓄电池的使用寿命一般都在 4 年左右，为普通蓄电池使用

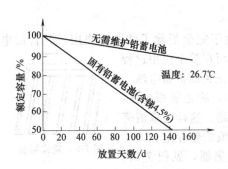

图 7-13　两种蓄电池容量保持能力比较

寿命的 2～3 倍。

④ 接线极柱腐蚀小　免维护蓄电池由于设计有新型安全的通气装置，不但能保存单体电池中的酸气，并能预防火花或火焰引起的爆炸，还能保持其顶部干燥，因而减少了接线极柱的腐蚀。

⑤ 内阻小、启动性能好　免维护蓄电池由于单体电池间采用穿壁式连接，减小了蓄电池内阻，可使连接条功率损失减少 80％，放电电压提高 0.15～0.4V，因此，比普通蓄电池具有较好的启动性能。

免维护蓄电池的主要缺点是极板制造工艺复杂，价格高。

7.1.2　蓄电池检测

7.1.2.1　液面高度的检查

塑料壳电池，因外壳透明，上面标有最低、最高标志线（图 7-6），可直接观察是否在合适范围内。橡胶外壳的蓄电池或蓄电池装载机的蓄电池组，液面高度的检查可用玻璃管测量，电解液应高出极板 10～15mm。检测方法如图 7-14 所示，将玻璃管垂直放入蓄电池的加液孔中，直到与极板接触为止，然后用手指堵紧管口将玻璃管取出，管内所吸取的液面即为液面高度。当液面不足时，应补充蒸馏水。

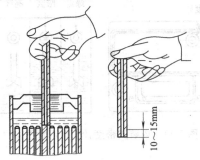

图 7-14　电解液液面高度的检查

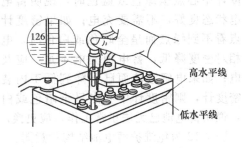

图 7-15　电解液密度的测量

7.1.2.2　电解液密度和放电程度的检查

用密度计（浮子式比重计）检查电解液密度如图 7-15 所示，首先将密度计气囊内空气排出，然后将吸管插入加液孔，吸入电解液，使浮子浮起，读出浮子上的刻度即为电解液密度值。因为电解液密度的大小与温度密切相关，所以还应测量电解液温度，并修正到 25℃ 的标准密度，然后求得蓄电池的放电程度。

实践证明：蓄电池从充足电到放电终了，其电解液的相对密度下降约为 0.16，因此可通过式（7-1）、式（7-2）换算。

$$\rho_{25℃} = \rho_t + (t-25) \times 0.0075 \tag{7-1}$$

式中　ρ_t——电解液温度为 t 时，所测得的电解液密度。

蓄电池的放电程度可用下式求得：

$$放电程度 = (\rho_{始} - \rho_{25℃})/0.16 \times 100\% \tag{7-2}$$

7.1.2.3　用高率放电计测试

对于橡胶外壳的启动型蓄电池，用高率放电计模拟启动机负荷，测量蓄电池大电流放电时的端电压，判断其放电程度和技术状态。

额定电压为 12V 的干荷电和免维护蓄电池广泛采用新型 12V 高率放电计，如图 7-16 所示，中部电压表的刻度盘上标示有 0~20V 电压值和红、黄、绿三段刻线。检测蓄电池状态时，表针指在红、黄、绿刻度线范围内，分别表示蓄电池"有故障"、"存电不足"和技术状态"良好"。

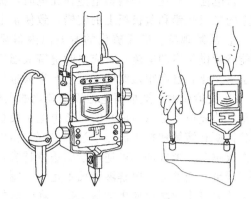

图 7-16　12V 高率放电计

7.1.2.4　蓄电池电压检测

用车上电压表或万用表就车检测蓄电池的电压来判断其技术状况。

对于装载机用启动型蓄电池，首先接通启动开关，发动机尚未启动时，电压表指示蓄电池的端电压范围为：24V 电气系统为 22.8~25.2V。如果端电压过低，说明蓄电池严重亏电或内部短路。如果接通启动开关，在启动发动机 3~5s 内，电压表指示的 24V 电气系统蓄电池端电压读数应为 18~22V。若低于 18V，说明蓄电池有故障，需要维修或更换新的电池；若电压表读数高于 22V，说明蓄电池技术状态良好，可以继续使用，不需要补充充电。

7.1.3　蓄电池常见故障诊断与排除

7.1.3.1　蓄电池维护

为了使蓄电池经常处于完好状态，延长其使用寿命，蓄电池使用中应注意：

① 拆装、搬运蓄电池时应注意防震，电池在车上应固定稳妥。

② 尽量保持蓄电池处于充足电的状态，避免过量放电。对于启动型蓄电池，每次使用启动机时间不超过 5s，两次使用时间不短于 15s，连续三次启动不成功，应查明原因，防止蓄电池过放电。

③ 加注电解液应纯净，防止灰尘进入电池内部，经常擦除电池表面的灰尘脏物，保持加液口塞通气孔畅通。若通气孔不畅通，蓄电池内部发生化学反应所产生的气体不能及时排除，可能使蓄电池胀裂。

④ 检查并清洁蓄电池。经常清除蓄电池盖上的泥土、灰尘，擦去蓄电池盖上的电解液，清除导线接头及极柱上的腐蚀物，紧固接头，涂保护剂。

⑤ 定期检查电解液液面高度和密度。蓄电池就车使用过程中，电解液液面高度保持在蓄电池壳体所标注最高、最低刻度线之间。当液面过低时，应补充蒸馏水，除非确知液面降低由于电解液溅出所致外，一般不允许补充电解液。此外，蓄电池各单格间的密度差应 $\leqslant 0.01 \text{g/cm}^3$。

⑥ 定期补充充电。蓄电池在装车使用过程中，每使用两个月必须进行一次补充充电；如果蓄电池加注电解液后储存备用，因存放过程中会自行放电，所以每间隔一个月补充充电一次。

⑦ 经常检查并判定蓄电池的放电程度，夏季放电超过 50%，冬季超过 25% 时，及时进行补充充电。

7.1.3.2　蓄电池常见故障诊断与排除

铅酸蓄电池的常见故障主要有极板硫化、活性物质脱落、正极板栅架腐蚀和自行放电等。

（1）极板硫化

图解
装载机
构造
与
拆
装
维
修

蓄电池"硫化"是指蓄电池在充电时，极板上白色粗结晶的硫酸铅不能转化原来正极板上的二氧化铅和负极板上的纯铅，致使蓄电池不能正常使用。

① 故障现象。极板硫化的蓄电池内阻显著增大，在启动发动机时，电压急剧下降，不能持续供给启动电流；在充电时电解液温度上升得过快，电解液的密度却上升得很慢，甚至不变化，且在很短时间内就会产生大量气泡，而出现"沸腾"的现象。

② 故障原因。造成蓄电池极板硫化的主要原因有蓄电池长期亏电和电解液液面过低。当蓄电池充电不足（亏电）时，蓄电池正负极板上有硫酸铅存在，在电解液温度变化时，硫酸铅便有溶解和析出的化学过程出现。蓄电池充电不足的时间越长，温度上升和下降变化次数越多，形成的不可逆硫酸铅量就越多，蓄电池放电时输出的容量就越少，电池的硫化越严重。当蓄电池电解液液面不足时，露出电解液液面的极板上的工作物质，便会与空气中的氧发生化学反应生成氧化铅。在装载机运行中电解液的波动或补充纯水后，空气中氧化所形成的二氧化铅，极易与电解液中的硫酸反应生成不可逆硫酸铅。

③ 故障预防与排除。防止蓄电池形成极板硫化故障的措施有：

a. 蓄电池使用后亏电时及时进行补充充电。

b. 经常注意检查蓄电池的电解液液面高度，液面不足时，及时添加蒸馏水。

c. 蓄电池装载机停用时，定期检查蓄电池的放电程度，在电量损失时及时充电。

d. 装载机长时间不用时，将蓄电池集中保管，定期检查与维护。有条件时，在蓄电池上设置保护器，对蓄电池进行防硫化保护。

极板硫化的蓄电池，轻者按过充电方法充电，重者按去硫化充电方法或小电流充电，以消除硫化。

（2）正极板栅架腐蚀

① 故障现象。蓄电池栅架腐蚀后，会造成活性物质脱落，容量大大减小，蓄电池内阻增大。拆开蓄电池后会看到极板腐烂剥落，尤其常见于正极板。

② 故障原因。造成蓄电池正极板栅架腐蚀的主要原因是蓄电池长时间过充电和充电时电解液的温度过高。长时间过充电会使电解液中产生大量气体，在氧气从正极板上析出时，会造成极板氧化腐蚀。若充电时电解液的温度过高，会使极板氧化腐蚀加剧。在极板氧化腐蚀后，会使极板上的工作物质大量脱落，严重时造成极板短路，蓄电池输出电量减少，甚至无法输出电量，从而造成蓄电池报废。

③ 防止措施。防止蓄电池正极板栅架腐蚀的主要措施有：

a. 避免蓄电池长时间过充电，对蓄电池充电时，若蓄电池确已充足，应及时断开充电电路。

b. 充电时控制电解液的温度，当电解液温度超过45℃时，应对蓄电池进行冷却降温或暂时停充，待温度降低后再行充电。

c. 控制充电电流，如果时间允许，尽量采用较小的电流充电。

（3）活性物质脱落

① 故障现象。电解液中有沉淀物，充电时电解液混浊；蓄电池的输出容量显著减小。

② 故障原因。蓄电池活性物质脱落的主要原因是蓄电池长时间过充电和低温大电流放电。长时间过充电会使电解液中产生大量气体，在氧气从正极板上析出时，会造成极板氧化腐蚀。若大电流放电，极板易弯曲变形而导致活性物质脱落，严重时造成极板短路，蓄电池输出电量减少，甚至无法输出电量，从而造成蓄电池报废。

③ 故障预防与排除。防止蓄电池活性物质脱落的主要措施有：

a. 避免蓄电池长时间过充电，对蓄电池充电时，若蓄电池确已充足，应及时断开充电电路。

b. 控制放电电流，杜绝过量放电。稳固蓄电池，减小震动，切勿敲击电池极柱。脱落的活性物质沉积少时，可清除后继续使用；沉积多时，需更换极板。

（4）自行放电

① 故障现象。充足电的蓄电池在无负载状态下，电量自行减少的现象称为"自行放电"。电量自行减少是不可避免的，对于充足电的蓄电池，若一昼夜容量降低不超过0.7%，则属于正常自行放电；若每昼夜容量降低超过2%，则为故障性自放电。

② 故障原因。蓄电池自行放电故障的主要原因是电解液不纯净，电池表面过脏，有短路故障。例如，电解液杂质含量过多，这些杂质在极板周围形成局部电池而产生自行放电；或电池盖上洒有电解液，也会造成自行放电。

③ 故障预防与排除。防止蓄电池自行放电故障的措施有：加入蓄电池中的电解液要用纯净的硫酸和水配制而成。电解液液面不足时，添加的水要纯净，电解液的液面也不要超过最高限度。保持电池表面清洁，电池充电打开加液孔旋塞时，避免灰尘、污水和金属物进入。装载机停止工作时，及时关断电源开关或切断应急开关。

产生自行放电故障后，应倒出电解液，取出极板组，抽出隔板，再用蒸馏水冲洗干净后重新组装，加入新的电解液即可使用。

▶ 7.1.4 蓄电池的充电

装载机使用的启动型蓄电池，虽然在发动机工作时能接受发电机的充电，但是当装载机充电系统出现故障或停用时，蓄电池就会亏电，当蓄电池的放电程度夏季超过50%、冬季超过25%时，需要补充充电，否则就会影响蓄电池的使用性能，缩短其使用寿命。蓄电池的充电需要在充电场所的充电机上进行。

7.1.4.1 电解液的配制

新蓄电池在启用时，应首先注入规定密度的电解液，配制电解液应用专用硫酸和蒸馏水。其密度应符合蓄电池制造厂的要求，不同密度时的硫酸与水的比例见表7-1。

表 7-1 不同密度时，硫酸与水的比例

电解液密度(25℃)/(g/cm³)	硫酸与水的体积比	硫酸与水的质量比
1.240	1:3.62	1:2.13
1.250	1:3.42	1:2.03
1.260	1:3.23	1:1.91
1.270	1:3.06	1:1.81
1.280	1:2.83	1:1.67

配制电解液时应注意：配制电解液应用耐酸的玻璃、陶瓷、硬橡胶或铅质的容器；配制时须先将水放入容器，然后将硫酸徐徐加入水中，并不断地用玻璃棒或塑料棒搅拌，绝对禁止将蒸馏水倒入浓硫酸中，以免发生爆溅，伤害人体和设备；配制电解液时，操作人员必须配戴防护眼镜、橡皮手套、塑料围裙、高筒胶鞋，以防烧伤。

配制电解液时，因硫酸稀释发热，使电解液温度升高，因此配制好的电解液需待冷却至35℃以下，才能注入蓄电池内。

7.1.4.2 蓄电池与充电机的连接

蓄电池充电应在充电机（直流电源）上进行。在连接时，必须保证蓄电池的正极接充电机的正极，蓄电池的负极接充电机的负极。通常充电机和蓄电池上均标有正负极（用"＋"、"－"号表示），或正极涂红色。若无把握，在打开充电机开关之前，可试接一下，如电压表正向摆动，则为正确。

蓄电池的标记模糊不清时，可参照下面方法区别：观察极柱颜色，用过的蓄电池，正极呈深棕色，负极呈青灰色；用直流电压表接电池极柱，指针正摆时，红表笔接的为正极；利用对电解液进行电解识别，从电池两极上引出两条导线相近地置于电解液中，导线周围产生气泡多的为负极。

7.1.4.3 充电规范

新蓄电池内注入合适密度和数量的电解液，放置 3～6h 至温度低于 35℃，即可按充电机对应的充电方式进行充电。

充电临近完毕应测量电解液密度，不符合要求应进行调整，并适当充电，最后调好液面高度，拧上加液口，擦净蓄电池，即可投入使用。

蓄电池的充电方法有定电压充电、定电流充电和快速充电等。不同的充电方法有相应的充电工艺要求，具体实施时应重视，不然会损坏蓄电池。

（1）定电压充电

定电压充电是保持蓄电池充电电压一定的充电方法。其特点是，充电速度较快，且随着充电的进行，充电电流会自动减小，电压设定适当时，充足电时会自动停充。但这种充电方法不能保证蓄电池彻底充足。铅酸蓄电池定电压充电时，一般按单格电压 2.4V 确定，如 12V 的蓄电池充电电压为 14.4V；一组 24V 的铅酸蓄电池，定电压充电的电压为 28.8V。免维护蓄电池（12V）用恒压 16.0V（最大不能超过 16.2V，超过将造成水被大量电解，致使液位下降，电眼发白，蓄电池报废）限流 25A 充电器对蓄电池充电至电眼发绿。蓄电池电眼发绿，说明已充足电。切勿对蓄电池串联（24V）充电。

（2）定电流充电

定电流充电是保持蓄电池的充电电流不变的充电方法。在充电过程中，随着充电的进行，蓄电池的电动势会逐渐增大，为保持充电电流一定，必须逐步提高加到蓄电池两端的电压。该电压的提高可通过人工调节，也可由充电机自动调节。定电流充电的方式通常分为两个阶段，第一阶段的充电电流取额定容量的 1/10（新启用的蓄电池充电电流取额定容量的 1/15），第二阶段的充电电流减小一半，即取额定容量的 1/20。当蓄电池的单格电压上升到 2.4V，电解液中有气泡冒出时，由第一阶段转入第二阶段，直至蓄电池充足电。

定电流充电分两阶段的目的是，既缩短充电时间，又减少蓄电池充电时的能量消耗和电解液中水的损失，保证蓄电池充足电。定电流充电的特点是可以保证蓄电池彻底充足电，减少蓄电池"硫化"故障产生的倾向，延长蓄电池的使用寿命。但其缺点是充电时间长。到目前为止，定电流两阶段充电方法仍是铅酸蓄电池充电中最成熟、最常用的方法。定电流充电时蓄电池的端电压、充电电流随时间的变化关系如图 7-17 所示。

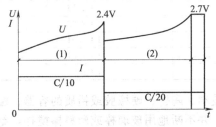

图 7-17　定电流充电的特性

免维护蓄电池恒流充电工艺：

① 选用额定容量的 1/8～1/10 充电电流，充电末期电压要达到但不能超过 16V（末期电压低于 16V 易造成充完电后电眼仍发黑）。在充电器无法保证充电电压限制在 16V 以下时，必须每小时人工监控一次充电电池端电压，否则会导致电池因过压充电失水而影响寿命，甚至失效。

② 充电时间与电池充电前电压对应关系见表 7-2。

③ 充电结束后，检查蓄电池电眼颜色。电眼显示为绿色，说明蓄电池已充足电。如果电眼为黑色，检查充电连线是否接牢，连接点是否清洁，充电末期电压是否达到 16V，放置 24h 后测量电压，对照电压与补充充电时间的关系继续补充充电。

④ 若发现电眼发白，有可能是电眼中有气泡，可轻微摇晃电池将气泡赶走。若摇晃后仍然发白，说明电解液已损失，该蓄电池已报废，应更换。

表 7-2　充电时间与电池充电前电压对应关系

电池电压/V	12.55～12.45	12.45～12.35	12.35～12.20	12.20～12.05	12.05～11.95	11.95～11.80	11.80～11.65	11.65～11.50	11.50～11.30	11.30～11.00	11.00以下
充电时间/h	2	3	4	5	6	7	8	9	10	12	14

⑤ 对于蓄电池电压低于 11.0V 的蓄电池，充电初期可能会出现蓄电池充不进电现象。因为严重亏电，蓄电池内硫酸相对密度已接近纯水，蓄电池内阻很大。这时可减小充电电流或换用较大功率的充电机，随着蓄电池充电的进行，蓄电池内硫酸相对密度上升，蓄电池的充电电流可以逐步恢复正常。

⑥ 充电过程中，如发生蓄电池排气孔大量喷酸，应立即停止充电并查明原因。

⑦ 充电过程中，蓄电池温度超过 45℃时，停止充电，至电池温度降到室温后，将充电电流减半，继续充电。

⑧ 蓄电池充电过程中，每小时检查一次电眼状态。蓄电池电眼显示绿色，说明蓄电池已充足电，停止充电。

⑨ 充电结束并测试合格后，应在端柱上涂凡士林，防止电蚀现象的发生。

7.2　发电机与调节器构造及拆装维修

7.2.1　发电机和调节器的功用及组成

装载机充电系统由发电机、调节器和电源系统工作情况指示装置等构成。

7.2.1.1　发电机的种类、形式与型号

在装载机上，发电机是发动机正常工作时的主要电源，它向用电设备供电，并向蓄电池充电。现在装载机上使用的发电机是三相同步交流发电机，由于用电设备和向蓄电池充电要求是直流电，所以交流发电机上设置有整流装置。又由于整流装置用硅整流二极管制成，因此，交流发电机也称为硅整流发电机。按照发电机的结构不同，交流发电机有普通式（JF×××）、整体式（JFZ×××）、无刷式（JFW×××）和带泵式（JFB×××）等。

按照整流二极管数目区分有六管、八管、九管和十一管之分。按照发电机磁场绕组搭铁方式的不同，又有内搭铁式和外搭铁式发电机之分。

整体式发电机是将调节器与发电机制成一体，简化了发电机与调节器之间的连线，提高了电源系统的工作可靠性，减少了电气系统故障的发生。无刷式发电机取消了发电机工作时的薄弱环节——电刷、滑环结构，提高了发电机工作的可靠性。带泵式发电机是在普通发电机的基础上，增设了由发电机轴驱动的一只真空泵，用于驱动装用柴油发动机作动力的真空助力装置。

装载机发电机型号意义为：

1	2	3	4	5

第一部分为产品代号，由字母表示，如 JF、JFZ、JFB、JFW 分别表示普通交流发电机、整体式交流发电机、带泵交流发电机和无刷交流发电机。

第二部分为电压等级代号，用一位阿拉伯数字表示，其中有：1—12V；2—24V。

第三部分为电流等级代号，用一位阿拉伯数字表示，各代号表示的电流等级：

电流等级代号	1	2	3	4	5	6	7	8	9
电流范围/A	～19	20～29	30～39	40～49	50～59	60～69	70～79	80～89	90～99

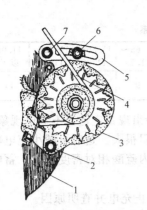

图 7-18　发电机皮带的调整

1—发动机缸体；2—安装螺栓；
3—发电机；4—传动皮带；
5—调整杆；6—调整螺栓；
7—固定螺栓

第四部分为发电机的结构代号，如发电机的安装挂脚形式、带轮的槽数等。

第五部分为设计序号，用一位阿拉伯数字表示产品的顺序。

7.2.1.2　发电机在车上的调整

发动机工作时，通过皮带带动发电机的转子旋转，皮带的松紧度可以通过调整杆调整，如图 7-18 所示。

7.2.1.3　发电机与调节器的功用

交流发电机的功用是当发动机在息速以上运行时，向除启动机以外的所有用电系统供电，同时还向蓄电池充电。调节器是一种电压调节装置，是在发电机转速变化时自动调节发电机的输出电压并使其保持稳定。

7.2.1.4　交流发电机的结构

图 7-19 为 JF13 型发电机的组件，它主要由转子、定子、整流器和前后端盖及传动散热装置等组成。

（1）转子

转子是用来建立磁场的，转子的磁极单个形状像鸟嘴，称"鸟嘴形磁极"。整体磁极是由六个鸟嘴形磁极浇铸而成，像一个爪子，所以又叫爪极。共有两个相互交错的爪极，组成 N、S 相间的六对磁极（见图 7-20），两个爪极中间放置磁场绕组。磁极做成鸟嘴形，可以保证定子绕组产生的交流电动势近似于正弦曲线（见图 7-21）。

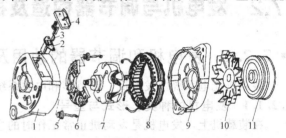

图 7-19　发电机结构组件

1—后端盖；2—电刷架；3—电刷及弹簧；4—盖板；
5—整流二极管；6—元件板；7—转子；8—定子；
9—前端盖；10—风扇；11—传动带轮

爪极和套有磁场绕组的磁轭（铁芯），都压装在滚有花纹的转子轴上，转子一端压装有滑环，滑环由两个彼此绝缘的铜环组成。磁场绕组两端引出导线，通过爪极的出线孔后，再焊到两个滑环上。滑环与电刷接触，然后引至磁场接线柱上。

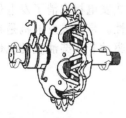

图 7-20　转子总成结构

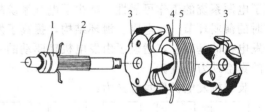

图 7-21　转子结构

1—滑环；2—转子轴；3—爪极；4—铁芯；5—磁场绕组

（2）定子

定子是产生和输出交流电的，它由铁芯和三相绕组组成。

定子铁芯由带槽的硅钢片叠成圆柱体，然后用铆钉铆接在一起。组装后固定在两端盖之间。定子槽内置有三相绕组，用星形或三角形接法连接在一起，端头 A、B、C 分别与装在散热板和端盖上的整流二极管相连（见图 7-22）。

（3）整流器

定子绕组中三相交流电是经整流器整流后转变成直流电的。整流器由六只硅二极管组成三相桥式整流电路。

二极管分为正极型二极管和负极型二极管。所谓正极型二极管，就是指中心引出线的电极为阳极，外壳为阴极，底部有红字标记；所谓负极型二极管，就是指中心引线的电极为阴极，外壳为阳极，底部有黑字标记（见图7-23、图7-24）。

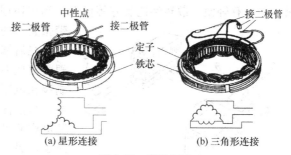

图7-22　定子绕组

（a）星形连接　　　　（b）三角形连接

三只正极二极管压装或焊接在与后端盖绝缘的散热板上，散热板经螺栓引至后端盖外部的"电枢"接柱上，其管壳和散热板一起成为发电机的正极（对管子而言，是二极管的阴极）。分别将一只阳极和一只阴极二极管引线相连，便形成两二极管串联的桥形整流电路。发电机工作时，电流从"电枢"接柱（或标注"B+"、"B"、"BAT"）流出，经过外电路，从发电机端盖（负极，标注"E"或"⊥"）流入，这种发电机为负极接铁。另外三只负极型二极管压装在后端盖上，其管壳和发电机端盖一起成为发电机的负极（对管子而言，是二极管的阳极）。

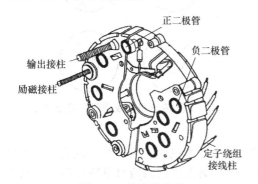

图7-23　整流器总成

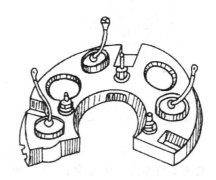

图7-24　正元件板

散热板或称元件板由铝合金制成，以利散热。散热板固定在后端盖上并与之绝缘。其外形如图7-25所示，发电机的输出接线柱B由此经发电机的后端盖引出。

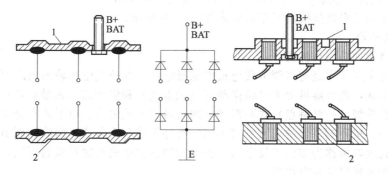

图7-25　散热板安装示意图
1—正整流板；2—负整流板

（4）前后端盖、电刷及传动散热装置

前、后端盖均由铝合金压铸或用砂模铸造而成。铝合金为非导磁性材料，可减少漏磁，并具有轻便、散热性能良好等优点。端盖还用于发电机在发动机上的安装固定和传动带张紧力的调整。

在后端盖上装有电刷组件，它由酚醛玻璃纤维塑料模压而成或用玻璃纤维增强尼龙制成。两个电刷装在电刷架的孔内，借弹簧弹力与滑环保持接触。目前国产交流发电机的电刷架有两种结构，一种电刷架可直接从电机的外部拆装，如图 7-26 （a）所示；另一种则不能直接在发电机外部进行拆装，如图 7-26 （b）所示，如需要更换电刷，必须将发电机拆下，由于拆装不便，因此很少采用，目前广泛采用的为外装式，如图 7-27 所示。

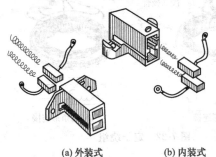

(a) 外装式　　　　　(b) 内装式

图 7-26　发电机的电刷架及电刷

两个电刷的引线分别与后端盖上的磁场接线柱"F"（或"磁场"）、搭铁接线柱"一"（或"搭铁"）连接。如果是外搭铁的发电机，电刷的引线连接两磁场接线端子（F$_1$、F$_2$）。

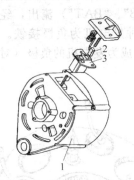

图 7-27　外装式交流发电机

1—后端盖；2—电刷；3—电刷架

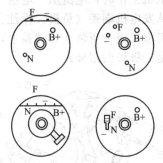

图 7-28　发电机接线端子布置形式

接线端子"B+"（或"+"、"BAT"、"电枢"）为发电机的正极，与电流表"+"或蓄电池正极连接；接线端子"F"和"一"（或"E"）为发电机的两只电刷接线柱，通常称为磁场和搭铁接柱，与调节器的对应接线端相连。若为外搭铁的发电机，两只电刷接线柱均不搭铁，不与外壳相通，常标注为"F1"和"F2"，分别与电源开关和调节器的磁场接线端子相连；接线端子"N"为发电机的中性点接线柱，其输出直流电压为发电机正极电压的 1/2，可用于控制充电指示灯继电器、磁场继电器等。

装载机常用发电机接线端子布置形式如图 7-28 所示。

7.2.1.5　调节器

（1）调节器的功用与种类

调节器的主要作用是通过调节发电机的励磁电流，保持发电机输出电压恒定。按照调节器的结构不同，调节器可分为电磁振动式（触点式）和电子式（无触点式）两大类。电磁振动式又有单级（一对触点）式和双级（两对触点）式之分。电子式有分立元件式和集成电路式之分。按照调节器的安装方式不同，有外装式和内装式。内装式调节器装在发电机的内部，其发电机称为整体式发电机。按照配用的发电机搭铁形式的不同，又可分为内搭铁发电机用和外搭铁发电机用。

电磁振动式调节器用 FT××× 表示，电子式调节器用 JFT××× 表示。依据专业标准，第一位数字表示调节器的电压等级，意义同发电机。实际应用中，常常将电压调节与磁场控制、充电指示灯控制、过电压保护等功能与调节器制成一体，构成多功能调节器。

（2）电磁振动式电压调节器的结构

常用的电磁振动式电压调节器有单级触点式和双级触点式两种结构，均是通过触点的振动（开闭），控制发电机磁场电流的方法，保持发电机输出电压的稳定。单级触点式电压调节器的典型应用实例是FT111、FT211型，双触点式电压调节器的典型应用实例是FT61、FT70型。

图7-29为FT221型单触点电磁振动式电压调节器的结构。它由电磁铁机构、触点组件和调节电阻R_1、R_2、R_3等组成。通过触点的闭合与断开，将励磁电路中的附加电阻短路或串入，从而改变发电机励磁电流的大小，达到控制输出电压的目的。触点的闭合与断开由铁芯产生的磁力的大小来决定。线圈内电流的大小控制铁芯产生磁力的大小。

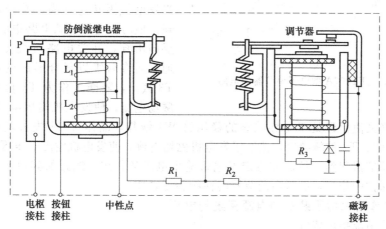

图7-29　FT221型单触点电磁振动式电压调节器

工作原理是：交流发电机未转动时，触点在弹簧的作用下保持闭合状态，将调节电阻短路。当发电机电压低于蓄电池电压时，磁场绕组和调压线圈由蓄电池供电。当发电机电压高于蓄电池电压，但尚低于调节电压上限值时，磁场绕组和调压线圈则由发电机供电。当发电机转速升高到一定值，其输出电压达到调节电压上限值时，触点断开，磁场电路中串入了调节电阻，磁场电路的总电阻增大，磁场电流减小，磁极磁通减少，发电机输出电压下降。

（3）电子式电压调节器

由于触点式调节器工作中产生触点火花，会引起对无线电设备的干扰，且需要维护，现逐渐被电子式调节器所取代。

① 结构　电子式调节器按照结构形式分为分立元件式和集成电路式；按照安装方式分为外装式和内装式；按照搭铁形式分为内搭铁式和外搭铁式。

电子式调节器是利用晶体三极管的开关特性制成的，根据发电机输出电压的高低，控制晶体三极管的导通和截止，来调节发电机磁场绕组的电流，使发电机输出电压稳定在某一规定的范围内。

外搭铁型电子式调节器的基本电路由电压信号监测电路、信号放大与控制电路、功率放大电路以及保护电路四部分组成。

② 工作原理

a. 发电机未转动或转速低时，输出电压低于蓄电池电压，蓄电池供电，发电机的输出电压将随转速升高而升高。

b. 当发电机输出电压上升到高于蓄电池电压但尚低于调节电压上限值时，磁场电流由发电机自己供给。

c. 当发电机输出电压随转速升高而升高到调节电压上限值时，磁场电流切断，发电机输出电压降低。

d. 当发电机输出电压降到调节电压下限值时，磁场电流接通，发电机输出电压升高。

③ JFI207A 型电子调节器　内搭铁式电子调节器的基本电路的显著特点是：接通与切断磁场绕组电流的开关三极管 V2 为 PNP 型三极管，且串联在磁场绕组的电源端。

图 7-30 为 JFT207A 型电子式调节器的印制电路。其用晶体管的开关电路来控制发电机的励磁电流，以达到稳定发电机输出电压的目的。

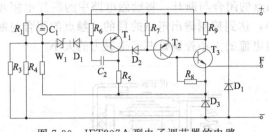

图 7-30　JFT207A 型电子调节器的电路

JFT207A 型电子调节器的工作原理：当发电机因转速升高、其输出电压超过规定值时，电压敏感电路中的稳压管 W1 反向击穿，开关电路前级晶体管 T1 导通，而将后级以复合形成的晶体管 T2、T3 截止，隔断了作为 T3 负载的发电机磁场电流，使发电机输出电压随之下降。

输出电压下降又使已经处于击穿状态的稳压管 W1 恢复，晶体管 T1 失去基极电流而截止，晶体管 T2、T3 重新导通，接通了发电机磁场电流，使发电机输出电压再次上升。如此反复，使调节器起到了控制和稳定发电机输出电压的作用。线路的其他元件分别起稳定、补偿和保护的作用，以提高调节器的性能和可靠性。

7.2.1.6　工作情况指示装置和电源系统的电路

（1）工作情况指示装置

电源系统工作情况指示装置有电流表、充电指示灯和电压表几种方式。在装载机上常用的是电流表或充电指示灯的方式，也有将两种方式并用，如图 7-31 所示。

① 电流表　通过其指针的摆向指示蓄电池的充放电状态或电源系统的工作情况。电流表串联在蓄电池正极与发电机正极之间，通常电流表正极与发电机正极相连。电流表的指针可以向正向（＋）和反向（－）摆动，电流表指针正摆，表示发电机正常发电、蓄电池处于充电状态；电流表指针反

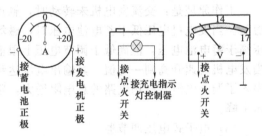

图 7-31　充电系统的工作情况指示装置

摆，表示发电机不发电或供电电压过低、或用电负荷过大，蓄电池处于放电状态。注意在发动机刚刚启动后的一段时间里，充电电流较大。如蓄电池电量很足，电流表指针指向靠近于零的位置属于正常现象。

② 充电指示灯　通过其亮灭变化指示电源系统的工作情况，接通电源开关（或电锁）发电机未发电时，充电指示灯亮，蓄电池向用电设备供电。当发电机正常发电后，充电指示灯熄灭，表示电源系统工作正常，蓄电池接受发电机充电。如果在发动机正常运转时，充电指示灯亮起，表明发电机、调节器或电气线路出现故障，蓄电池处于放电状态。充电指示灯的控制有继电器和励磁二极管控制两种常用方式。

③ 电压表　通过指针的摆动指示电源系统的电压。接通电锁，发动机启动前指示蓄电池的电压，通常在黄色区域；发动机启动后指示发电机的工作电压，应在绿色区域内。如果发动机正运转时，电压表仍然指示黄色区，表明发电机不发电或调节器工作电压过低；如果电压表指示到红色区域，表明调节器工作电压过高。

（2）电源系统的电路

装载机电气设备中电源系统电路常见的有两种形式，如图 7-32 和图 7-33 所示。

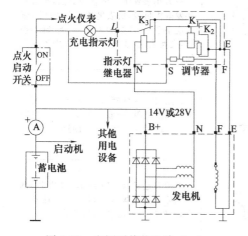

图 7-32　电源系统的电路（一）

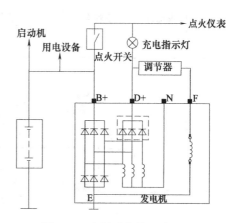

图 7-33　电源系统的电路（二）

图 7-32 中工作指示装置有电流表和充电指示灯，指示灯采用继电器控制，并将充电指示灯继电器与调节器设置在一起。

在图 7-32 中，电流表串联在发电机与蓄电池的正极之间，电流表的正极与发电机的正极相连。当蓄电池向用电设备（除启动机之外）供电时，电流从电流表的负极进入，从正极流出，电流表的指针向"－"方向摆动，表示蓄电池处于放电状态。当发电机建立电压后，向用电设备供电并向蓄电池充电，电流表的指针向"＋"方向摆动，表示蓄电池处于充电状态。在接通电锁后，发电机未发电时，蓄电池向用电设备供电，充电指示灯因其继电器的触点闭合而亮起。当发电机发电时，其中性点"N"输出直流电压作用于充电指示灯继电器的线圈上，继电器触点断开，充电指示灯熄灭，从而指示了电源系统的工作情况。

图 7-33 是利用充电指示灯指示电源系统工作情况的另一种方式。接通电锁后，蓄电池经电锁、充电指示灯、调节器向发电机的磁场线圈供电，因磁场电流通过了充电指示灯，指示灯亮起。当发电机发电时，发电机的励磁二极管整流得到直流电压，经发电机"D＋"接线柱、调节器向磁场线圈自励供电。发电机向外供电时，由于其"B＋"与"D＋"两接线柱的电压相等，充电指示灯中无电流通过，指示灯自行熄灭，表示发电机处于正常工作状态。

7.2.2　发电机及调节器的检测

7.2.2.1　发电机的检测

交流发电机的检修主要是转子、定子的检修及整流器的检查。

（1）转子的检修

当转子有短路、断路、搭铁或滑环污损等故障时，将造成不充电、充电电流过小、充电电流不稳定的故障，转子故障的检查见表 7-3。

（2）定子的检查

当定子绕组有短路、断路、搭铁故障时，将造成不充电或充电电流过小的故障。定子绕组故障检查的方法见表 7-3。

图解 **装载机** 构造 与 拆装 维修

表 7-3 发电机的故障检查

序号	名称	检查内容		示意图	检查方法及结果分析
1	发电机	不解体			将万用表置于二极管检查挡,正表笔接发电机负极,负表笔接 B+或 D+,读数应小于 1,读数为 0 或∞,整流器损坏,交换表笔,读数应为∞,否则整流器损坏
2	转子	磁场绕组	短路与断路		万用表置于 Ω 挡,用两表笔测量两个滑环间的电阻,一般为 2.5~5Ω。电阻为零,磁场绕组短路,∞为断路
			搭铁		万用表置于 R×1k 或 R×10k 挡,两表笔分别接爪极或两滑环中的任意一个,阻值应为∞,否则为搭铁故障
		滑环的检查			滑环表面应光洁、无烧损,两滑环间不得有污物,否则应用蘸有汽油的布擦拭干净,若有轻微烧蚀,应用 00 号砂布打磨;有较深刮痕或失圆,应车光,用片尺检查滑环直径,不得小于规定值,否则应更换
3	定子	短路与断路的检查			万用表置于 Ω 挡,一表笔接三相绕组的中性点,另一表笔分别接三相绕组的首端,阻值一般不大于 1Ω,且三相绕组阻值相等,阻值为零,绕组短路,阻值∞,为断路
		搭铁的检查			万用表置于 R×1k 或 R×10k 挡,两表笔分别接三相绕组的引线和铁芯,其阻值应为∞,否则具有搭铁故障
4	整流器	正极二极管	正向电阻的检查		万用表置于 R×1 挡,正表笔接三个二极管的引出线,负表笔接元件板,正向电阻应为 8~10Ω,电阻为 0 或∞,表明二极管损坏
			反向电阻的检查		交换表笔,再次测量电阻,应为 10kΩ 以上,若电阻为 0 或过小,表明二极管损坏
		负极二极管	正向电阻的检查		万用表置于 R×1 挡,正表笔接元件板(或端盖),负表笔接各二极管的引线,正向电阻应为 8~10Ω,电阻为 0 或∞,表明二极管损坏

序号	名称	检查内容		示意图	检查方法及结果分析
4	整流器	负极二极管	反向电阻的检查		交换表笔,再次测量,电阻应大于10kΩ,电阻为 0 或∞,表明二极管损坏
5	电刷与刷架	外观检查			电刷表面不得有油污,否则用干布浸汽油擦拭干净,电刷在刷架中应能自由滑动,电刷架不得有裂痕或破损,电刷弹簧张力应符合出厂规定,一般为 1.5~2N,电刷外露长度应符合出厂规定

（3）整流器的检查

当整流器的硅二极管出现短路、断路或反向击穿的故障时，也会出现不充电或充电电流过小的故障。对整流器进行检查时，应区分正极二极管和负极二极管，即与发电机输出端 B+相连的元件板上的二极管为正极二极管，其引线为二极管的正极，元件板为二极管的负极。与发电机负极相连的元件板上的二极管为负极二极管，元件板为二极管的正极，引出线为二极管的负极，整流器的检查方法见表 7-2。

（4）电刷与刷架的检查

当电刷磨损，电刷在刷架中卡住，电刷弹簧损坏，电刷架松动等，也将造成不充电或充电电流过小的故障，电刷与刷架的检查见表 7-3。

（5）装配

检修后的发电机应按与解体时相反的顺序进行装配，装配时还应检查轴承的配合情况，必要时予以更换。

7.2.2.2　调节器检测与维修

（1）电磁振动式调节器的使用与维护

① 日常维护　FT221 型调节器在使用过程中一般不允许拆卸护盖。正常情况下，每工作 200h 左右进行一次全面检查和维护，内容如下：

a. 拆下护壳，检查触点表面有无污物和烧损。若有污物，可用较干净的纸擦拭触点表面。若触点出现烧蚀或平面不平而导致接触不良时，一般用"00"号砂纸或砂条将其磨平，最后再用干净的纸擦净。

b. 检查各个接头的牢固程度，测量电阻和各个线圈的电阻值。若有损坏，应及时修复或更换。

c. 检验断流器的闭合电压和逆电流、节压器的限额电压、节流器的限额电流以及各种触点的间隙和气隙。若不符合要求，应进行调整。

d. 检查调整后的调节器，在启动柴油机时，要注意观察充电电流表指针的指示。若柴油机中等以上转速运转时，电流表的指针仍指向"一"一边，说明断流器的触点未断开，应迅速断开接地开关，否则，会损坏蓄电池、调节器和发电机等器件。若柴油机启动至额定转速后，电流表的指针仍指向"0"位，说明调节器的触电间隙调整不当。应重新进行检查和调整。

② 技术参数　FT221 型调节器的技术参数详见表 7-4。

表 7-4　FT221 型调节器的技术参数

用于柴油机型号	直列 6 缸柴油机	半载时电压调节器调整电压/V	27～29
型号	FT221	试验调整电压时发电机转速/(r/min)	3500
额定电压/V	28	试验调整电压时发电机负载电流/A	9
动作电压/V	8～10	配用发电机型号	3JF500A

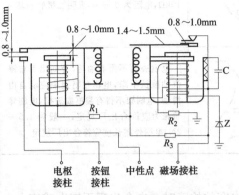

图 7-34　FT221 型调节器各触点的正常间隙

③ 调节器的触点间隙调整　调节器触头和衔铁与铁芯间的间隙应在图 7-34 所示的范围内。当确认调节器发生故障时，一般应首先检查触头是否有污损，而导致不能闭合和断开。弹簧起调节电压数据的加减作用。拉长弹簧时电压上升，反之电压下降。

（2）电磁振动式调节器的检修

① 直观检查　目视触点有无烧蚀，查看各电阻及线圈有无烧焦现象和断路、搭铁等故障。

② 仪表检查　用万用表测量调节器各连接端子间的电阻值，判断电磁式调节器电气部件的技术状况。

③ 修理方法　发现故障部位，视情况采取调整、修复或换件等方法进行修理。

（3）晶体管电压调节器的检查

晶体管电压调节器的检查见表 7-5。

表 7-5　晶体管电压调节器的检查

检查项目	示　意　图	检查方法及结果分析
测"+"与"F"间电阻	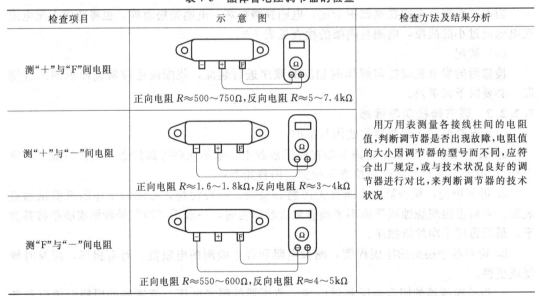 正向电阻 $R \approx 500～750\Omega$，反向电阻 $R \approx 5～7.4k\Omega$	用万用表测量各接线柱间的电阻值，判断调节器是否出现故障，电阻值的大小因调节器的型号而不同，应符合出厂规定，或与技术状况良好的调节器进行对比，来判断调节器的技术状况
测"+"与"-"间电阻	正向电阻 $R \approx 1.6～1.8k\Omega$，反向电阻 $R \approx 3～4k\Omega$	
测"F"与"-"间电阻	正向电阻 $R \approx 550～600\Omega$，反向电阻 $R \approx 4～5k\Omega$	

▶ 7.2.3　发电机与调节器常见故障诊断与排除

电源系统的常见故障主要有不充电、充电电压过低、充电电压过高等。可以使用万用表的直流电压挡，通过测量蓄电池或发电机两端的电压值来判断。24V 电气系统装载机上发电机的工作电压约为 28.8V（通常为 27.4～29.5V）。

7.2.3.1　不充电

发动机正常工作时充电指示灯亮或电流表指示负值方向，表明发电机不发电，蓄电池不充电。其主要原因有发电机故障、调节器故障或电气线路故障等。拆下发电机磁场（F）接线端子连线。接通电锁开关，用万用表（直流试灯）检查连线端头，若有电，表明发电机有故障。可进一步检查发电机电刷、滑环、转子、定子等部件或更换发电机；若无电，接着检查调节器磁场（F）接线端子，该端子有电，表明调节器到发电机的连线有断路；该端子无电，接着检查调节器火线（S或＋）接线端子，该端子有电，表明调节器故障，可检查、更换调节器；检查调节器火线（S或＋）接线端子，该端子无电，则为电锁、电锁至调节器的连线有断路等。

7.2.3.2　充电电压过低（充电不足）

发动机工作过程中，充电指示灯闪烁或电流表在零位左右摆动，启动机运转无力，甚至不能带动发动机转动。可能原因有调节器工作电压失调或有故障、皮带过松、发电机内部故障或蓄电池故障。

首先使用万用表的直流电压挡，通过测量蓄电池或发电机两端的电压值，如低于标准值，表明充电电压过低。接着检查风扇皮带的张紧度是否过松打滑，若过松，则应按标准重新调整。若正常，接着检查发电机和蓄电池是否有故障，方法是：在发动机中速以上运行时，断开蓄电池搭铁线，如果发动机运转正常，表明发电机输出的功率能满足点火系统以及用电设备的要求，同时说明蓄电池存在故障。若断开蓄电池搭铁线后，发动机熄火，则表明蓄电池和发电机均有故障。

7.2.3.3　充电电压过高

如果发电机电压过高，发动机工作过程中灯泡易烧毁，蓄电池电解液中水消耗过快。可能原因有调节器工作电压失调或有故障。

启动发动机并使其中速运行，将万用表置于直流电压挡（25V），红表笔接发电机电枢接柱（"B"），黑表笔接发电机外壳，测量蓄电池或发电机两端的电压值，如高于标准值，表明充电电压过高。当充电电压过高时，应换用新的电子调节器。

7.3　启动系统的构造与拆装维修

7.3.1　启动机的功用及组成

7.3.1.1　启动机的功用

启动系统的功用是实现发动机的顺利启动。它由启动机、启动继电器等组成。启动机的作用是将蓄电池的电能转化成机械能，并传至发动机的飞轮，带动发动机的曲轴转动。启动继电器的作用是控制启动机的工作，有的机型上将充电指示灯继电器与启动继电器布置成一体，称为组合继电器，同时可起到启动保护的作用。

为了满足低温条件下顺利启动发动机的要求，有些装载机上设置了低温辅助启动装置（也称为启动预热装置），通过预热装置加热进入汽缸的空气或可燃混合气，可大大提高发动机的低温启动性能。

7.3.1.2　启动机的组成

启动机由串励直流电动机、传动装置和操作控制装置三部分组成，如图7-35所示。

（1）电动机

电动机的功用是产生转矩。启动用电动机的励磁方式为串励式。由于启动机工作电流大，转矩大、工作时间短，一般不超过5～10s。电动机由磁场、电枢和电刷组件等组成。

① 磁场　它由磁场绕组、磁极（铁芯）和电动机的外壳组成。绕有励磁线圈的四个磁极，N、S极相间安装在外壳上（见图7-36）。磁场绕组由扁而粗的铜质导线绕成，每

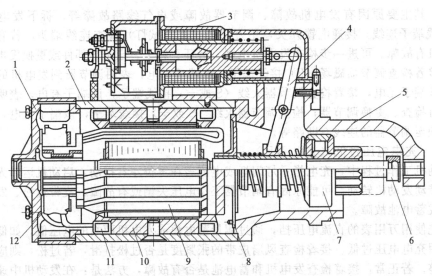

图 7-35　启动机的结构

1—前端盖；2—电动机壳体；3—电磁开关；4—拨叉；5—后端盖；6—限位螺母；7—单向离合器；
8—中间支承板；9—电枢；10—磁极；11—磁场线圈；12—电刷

图 7-36　电动机的磁场

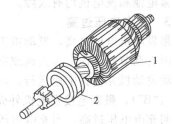

图 7-37　电动机的电枢

1—电枢；2—单向离合器

个绕组匝数较少。四个绕组中每两个串联一组然后两组并联，其一端接在外壳绝缘接柱上，另一端和电刷相连。

② 电枢　它由电枢绕组、铁芯、电枢轴和换向器组成（见图 7-37）。铁芯由硅钢片叠压而成，并固定在轴上。铁芯的槽内嵌有电枢绕组，硅钢片间用绝缘漆或氧化物进行绝缘。绕组采用粗大矩形截面裸铜线绕制而成，为防止裸铜线短路，导体与铁芯、导体与导体之间，均用绝缘性能较好的绝缘纸隔开。为防止导体在离心力作用下甩出，在槽口两侧的铁芯上用轧压方式挤紧。

电枢绕组的各端头均焊于换向器上，通过换向器和电刷的接触，将蓄电池的电流引进电枢绕组。换向器是由铜片和云母片叠压而成的。

电枢轴上制有传动键槽，用以与单向离合器配合。电枢轴一般均由前、后端盖和中间支撑板三点支撑，使用石墨青铜滑动轴承。轴的尾端较细，肩部与后端盖之间装有止推垫圈。

③ 电刷　安装在电刷架内，电刷由弹簧压在换向器上。为了减少电刷上的电流密度，一般电刷数与磁极数相等，即四个电刷，正、负相间排列。电刷材料由 $80\% \sim 90\%$ 的铜和石墨压制而成。电刷架固定在电动机的电刷端盖上。

（2）传动装置

① 组成　各种启动机中实现驱动齿轮与飞轮齿轮环啮合与分离的传动装置基本相同，它主要由驱动齿轮和单向离合器组成。传动机构的作用是启动时使驱动齿轮与飞轮齿环啮

合，将启动机转矩传给发动机曲轴，启动后使启动机和飞轮齿环自行脱开，防止发动机带动启动机超速旋转。

单向离合器的结构有滚柱式、摩擦片式和弹簧式等。滚柱式单向离合器构造见图7-38。它主要由驱动齿轮、内外滚道、滚柱及弹簧、花键套、拨叉滑套及缓冲弹簧组成。内外滚道形成楔形室。其中装有滚柱及弹簧，为减少内外滚道之间的摩擦，在楔形室内加注有润滑脂，通过护套进行密封。保养启动机时不要将单向离合器放入汽油中清洗，以免润滑脂流失。

② 工作原理　如图7-39所示，在启动机带动发动机曲轴运转时，电枢轴是主动的，飞轮是被动的，电枢轴经传动导管首先带动单向离合器外座圈（外滚道）顺时针方向旋转（从发动机的后端向前看），而与飞轮相啮合的驱动齿轮处于静止状态，在摩擦力和弹簧7的推动下，滚柱处在楔形室较窄的一边，使外座圈和驱动齿轮尾部之间被卡紧而结合成一体，于是驱动齿轮便随之一起转动并带动飞轮旋转，使发动机开始工作。

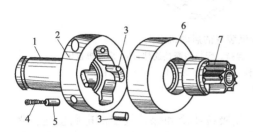

图7-38　滚柱式单向离合器的构造
1—传动导管；2—外座圈；3—滚柱；4—弹簧；
5—压帽；6—防护罩；7—驱动齿轮

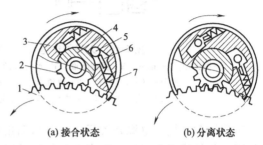

(a) 接合状态　　　(b) 分离状态

图7-39　单向离合器的工作
1—飞轮；2—驱动齿轮；3—外座圈；4—内座圈；
5—滚柱；6—压帽；7—弹簧

在启动发动机后，飞轮带动驱动齿轮转动，因为飞轮将带动驱动齿轮高速转动，且比电枢的转速高得多，所以可以认为飞轮是主动的，电枢轴是被动的，即驱动齿轮是主动的，外座圈是被动的。在这种情况下，驱动齿轮尾部将带动滚柱克服弹簧力，使滚柱向楔形室较宽的一侧滚动，于是滚柱在驱动齿轮尾部与外座圈间发生滑动摩擦，仅驱动齿轮随飞轮旋转，发动机的动力并不能传给电枢轴，起到自动分离的作用。此时电枢轴只按自己的速度空转，避免了超速的危险。

（3）操纵控制装置

操纵装置的作用：一是操纵单向离合器与飞轮齿圈的啮合和分离；二是控制启动机电路的接通和断开。它通常由电磁铁机构、电动机开关、拨叉机构等组成。

① 电磁铁机构　它的作用是用电磁力来操纵单向离合器和控制电动机开关。构造示意图如图7-40所示。在铜套外绕有两个线圈，其中导线较粗、匝数较少的称为吸引线圈，导线较细、匝数较多的称为保持线圈。吸引线圈的两端分别接在电磁开关接线柱和电动机开关上。保持线圈的一端接在电磁开关接线柱上，另一端搭铁。在铜套内装有固定铁芯和活动引铁，引铁尾部旋装连接杆并与拨叉上端连接，以便线圈通电时，引铁带动拨叉绕其轴摆动，将单向离合器推出，使之与飞轮齿圈啮合。

②电动机开关　位于电磁铁机构的前方，其外壳与电磁铁机构的外壳连在一起。电动机开关的两个接柱分别与蓄电池和电动机的磁场线圈相连，接柱内端为电动机开关的固定触点。当电磁铁机构通电时，在动铁推动下，触盘将电动机开关接通，电动机通电运转。启动机不工作时，在回位弹簧的作用下，触盘与触点保持分开状态。

（4）常见启动机操纵装置

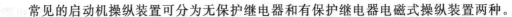
常见的启动机操纵装置可分为无保护继电器和有保护继电器电磁式操纵装置两种。

① 无保护继电器的电磁式操纵装置　由电磁铁机构、启动机开关和启动按钮等组成。启动机电路如图 7-40 所示。

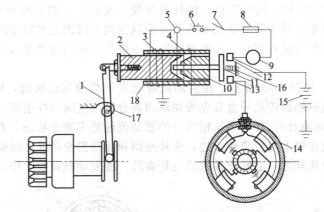

图 7-40　无保护继电器电磁式操纵装置的启动机电路
1—拨叉杆；2—衔铁；3—保持线圈；4—吸拉线圈；5—保持、吸拉线圈接线柱；6—启动机按钮；
7—电源开关；8—熔丝；9—电流表；10—固定铁芯；11—触盘；12、13—接线柱；
14—启动机；15—蓄电池；16—触盘弹簧；17—回位弹簧；18—铜套

工作原理：接通电源开关后，按下启动按钮，使吸拉线圈和保持线圈的电路接通。吸拉线圈和保持线圈通电后，两者磁场使衔铁回位弹簧受力而被吸入，拨叉杆将单向离合器推出，使小齿轮在缓慢旋转中与飞轮齿圈啮合。当小齿轮与飞轮齿圈全部啮合后，蓄电池便以大电流通过启动机产生正常转矩，带动曲轴旋转。与此同时，吸拉线圈被触盘短路而失去作用，只靠保持线圈的磁力保持衔铁仍处于吸入位置。柴油机启动后，在松开按钮的瞬间，吸拉线圈和保持线圈形成串联。这时，吸拉线圈、保持线圈中的电流产生的磁场方向相反，电磁力迅速减弱，于是衔铁退出，使触盘与触头分离，切断了电路，使启动机停止转动。同时，拨叉带动单向离合器右移，使驱动小齿轮与飞轮齿圈脱离。

② 有保护继电器的电磁式操纵装置　由启动继电器和保护继电器两部分构成，其工作原理如图 7-41 所示。启动开关未接通时启动继电器线圈无电，触点保持断开，离合器驱动齿轮与飞轮处于分离状态。

a. 启动继电器的作用　用来接通、切断启动机电磁开关中吸引线圈和保持线圈电路。启动继电器是一组单独的部件，有的机型将启动继电器与充电指示灯继电器设置在一起，构成组合继电器，同时实现启动保护作用。启动继电器的设置，减小了通过启动开关的电流，它主要由一个匝数较多、线径较细的线圈和一对触点组成。其触点串联在吸引、保持线圈的电路中，故起到接通与切断电磁开关电路的作用。

b. 启动开关接通

• 启动继电器线圈通电，其触点闭合。

启动继电器线圈电路为：蓄电池"＋"→电动机开关 2→电流表→点火-启动开关→启动继电器"点火锁"（或 S）接线柱→启动继电器线圈→启动继电器"搭铁"（或 E）接线柱→蓄电池"－"。

• 电磁铁机构吸引线圈和保持线圈通电。

吸引线圈的电路为：蓄电池"＋"→电动机开关 2→启动继电器"电源"（或 B）→启动继电器触点→启动继电器"启动机"（或 M）→接线柱 6→吸引线圈 11→接线柱 5，导电片4→电动机开关 1→电动机磁场绕组→电动机绝缘电刷→电枢绕组→电动机搭铁电刷→蓄

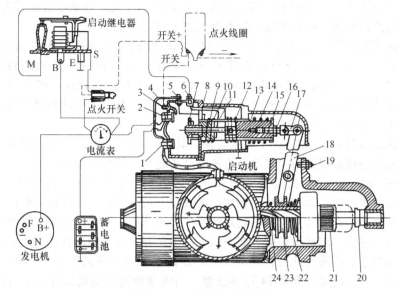

图 7-41 启动机的工作过程

1、2—电动机开关；3—点火线圈附加电阻；4—导电片；5—吸引线圈尾端接线柱；6—吸引、保持
线圈公用接线柱；7—触盘；8—挡板；9—推杆；10—固定铁芯；11—吸引线圈；
12—保持线圈；13—活动铁芯；14—回位弹簧；15—调整螺杆；16—锁紧螺母；
17—连接片；18—拨叉；19—调整螺钉；20—限位环；21—驱动齿轮；
22—啮合弹簧；23—滑套；24—缓冲弹簧

电池"—"。

保持线圈的电路为：蓄电池"＋"→电动机开关 2→启动继电器"B"→启动继电器触点→启动继电器"M"→接柱 6→保持线圈 12→蓄电池"—"。

• 驱动齿轮与发动机飞轮啮合。

吸引线圈和保持线圈通电后，由于两者电流方向相同，磁场相加，固定铁芯 10 和活动铁芯 13 磁化，互相吸引，使活动铁芯左移，并通过调整螺杆 15、连接片 17 带动拨叉 18 上端左移，下端右移，推动单向离合器，使驱动齿轮与发动机飞轮齿圈啮合。

若驱动齿轮与飞轮相抵，拨叉下端可推动滑套 23 的右半部（压缩锥形啮合弹簧 22）继续右移，使电动机开关接通。电动机轴稍许转动至驱动齿轮与飞轮齿槽相对时，则顺利啮合。

驱动齿轮沿电枢轴螺旋花键向外移动到极限位置时，限位环 20 起缓冲限位作用，以防损坏电动机端盖。

• 电动机开关接通，电动机带动发动机曲轴转动。

当驱动齿轮与发动机飞轮接近完全啮合时，活动铁芯向左移动一定位置，通过触盘推杆 9 使触盘 7 与触点接触，电动机开关接通。驱动齿轮与飞轮完全啮合时，引铁移至极限位置，保持电动机开关的可靠接通，以便通过大的电流。

电动机开关接通后，蓄电池直接向启动机磁场绕组和电枢绕组供电。电路为：蓄电池"＋"→电动机开关→磁场绕组→电动机绝缘电刷→电枢绕组→搭铁电刷→蓄电池"—"。电动机产生强大的转矩带动发动机转动。

电动机开关接通后，吸引线圈 11 被短路，只靠保持线圈 12 的磁力，将引铁保持在吸合后的位置。

在电动机开关接通的同时，活动触盘也与点火线圈热变电阻短路开关接柱内的黄铜片接触，使点火线圈热变电阻短路，从而保证可靠地点火。

c. 启动开关断开　发动机启动后，应及时放松启动开关，启动继电器首先停止工作。启动继电器电路被切断，铁芯退磁，启动继电器触点立即张开。

继电器触点张开后，电动机开关断开之前，保持线圈 11 和吸引线圈 12 均有电流通过，其电路是：蓄电池"＋"→电动机开关→导电片 4→吸引线圈 11→保持线圈 12→搭铁→蓄电池"－"。这时两线圈虽均有电流通过，但因电流方向相反，产生的磁力相互削弱，于是活动铁芯在回位弹簧的作用下后移。活动铁芯后移时，带动触盘也后移，使触盘 7 与触点分离，电动机电路切断并停止工作。

活动铁芯后移时，推动拨叉 18 上端后移，其下端带动滑套 23 左移，使离合器传动套管沿着电枢轴上的螺旋键槽向左移动，迫使驱动齿轮与飞轮脱离啮合。

d. 发动机未能发动而将启动开关断开　若因蓄电池电力不足或因严寒低温等原因，有时会发生启动机不能带动发动机曲轴转动的现象。虽将启动开关放松，但由于电动机已通过电流产生转矩，在驱动齿轮与飞轮之间形成很大压力，阻碍齿轮脱出的摩擦力超过回位弹簧的张力。这样，驱动齿轮就不能脱出，电动机开关也不能断开，电动机会因继续通过强大电流而烧毁。为避免此种情况的发生，所以采用可分开式滑套 23，并在分开式滑套的左侧，装一较细的缓冲弹簧 24 可供压缩。当驱动齿轮不能脱出时，在回位弹簧的作用下，拨叉 18 下端可以带动滑套左侧的一半继续前移，首先切断电动机电路，使电动机不能产生转矩，齿面间的压力和摩擦力随之消失，驱动齿轮与发动机飞轮齿圈即可分离。

e. 启动后未及时放松启动开关，或启动后误将启动开关接通　启动后未及时放松开关，则启动机继续工作，造成单向离合器长时间滑动摩擦而加速损坏；若启动后又误将启动开关接通，则启动机工作，将使驱动齿轮和高速旋转的飞轮牙齿相碰，打坏齿轮。而这两种错误操作方法，在实际中又很难避免，为解决这个问题，在启动电路中设置了"误操作"保护电路，如图 7-42 所示。

图 7-42 中将充电指示灯继电器与启动继电器设置在一起，称为"组合继电器"。启动继电器的线圈，经充电指示灯继电器的常闭触点搭铁。这样，当发动机启动后

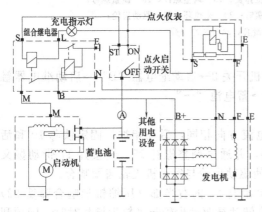

图 7-42　启动系统的误操作保护电路

或正常运转时，发电机中性点输出直流电压，作用于充电指示灯继电器线圈上，使其触点断开，在充电指示灯熄灭的同时，自动切断了启动继电器线圈的电路，起到误操作保护作用。

7.3.2　启动机的检修

7.3.2.1　磁场绕组的检修

启动机磁场绕组的检修主要是检查磁场绕组有无短路、搭铁和断路故障。

（1）磁场绕组断路

磁场绕组导线截面积比较大，线圈匝间一般不会出现断路故障。但如果通电时间过长，由于电流很大，线圈会过热，线圈连接处容易脱焊，造成断路。检测断路故障时，可用万用表测量。将两只表笔分别连接机壳上的接线柱（磁场绕组的端头）和绝缘电刷，如图 7-43 所示。若电阻值为零，说明无断路，如果电阻值为无穷大，说明磁场绕组断路。修理时先用钢丝钳夹紧连接部位，再用电烙铁焊牢。

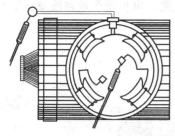

图 7-43　磁场绕组断路检测

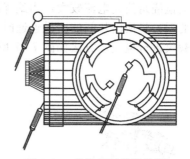

图 7-44　磁场绕组搭铁检测

（2）磁场绕组搭铁

启动机磁场绕组搭铁用万用表测量。两只表笔分别连接磁场绕组引线端头和启动机壳体。如图 7-44 所示，应不导通（即电阻值为无穷大）。如万用表导通（电阻值约为零），说明磁场线圈绝缘损坏而搭铁，需要更换磁场线圈或启动机。

（3）磁场绕组短路

检查磁场绕组短路可用图 7-45 所示方法进行。当开关接通时（通电时间不超过 5s），用小起子检查每个磁极的电磁吸力是否相同。如某一磁极吸力过小，说明该磁极上的磁场线圈匝间短路。磁场线圈一般不易发生短路，如有短路故障，则需重新绕制或更换启动机。

7.3.2.2　电枢的检修

启动机电枢的电枢绕组也容易发生断路、搭铁和短路故障以及电枢轴弯曲。

（1）电枢绕组断路

电枢绕组电路故障多发生在线圈端部和换向器的连接处，由于长时间大电流运转或电枢铁芯与磁极摩擦，电枢温度过高，焊接处出现甩锡现象，造成断路。甩锡严重时，可通过外观观察到。个别虚焊断路应使用专用电枢检验仪检查。检查方法如下：将电枢放在检验仪铁芯的 V 形槽中，将检验仪附带的微安表的两试笔连接换向器的两个对称的换向片。接通电源后，若微安表无读数，移动试笔至微安表指示某一电流值，固定试笔，然后慢慢转动电枢。转动一周后，若每两个对称换向片与试笔接触时，微安表的读数均相等，说明电枢绕组无断路故障，若某两个换向片与试笔连接时微安表无读数，说明与这两个换向片相连的线圈发生断路。

（2）电枢绕组搭铁

电枢绕组搭铁故障可用万用表来测量。方法如图 7-46 所示，两只表笔分别连接电枢铁芯与换向片，万用表应不导通。如万用表导通（电阻为零），说明电枢绕组搭铁，需要更换电枢总成。

（3）电枢绕组短路的检修

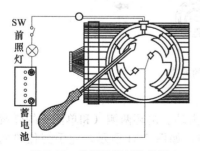

图 7-45　磁场绕组短路检测

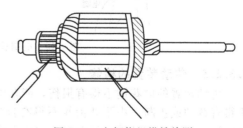

图 7-46　电枢绕组搭铁检测

电枢绕组流过电流较大，当绝缘纸烧坏时就会导致绕组匝间短路。除此之外，当电刷磨损的铜粉将换向片间的凹槽连通时，也会导致绕组短路。电枢绕组短路故障也是利用电枢检验仪进行检查，方法如图 7-47 所示。

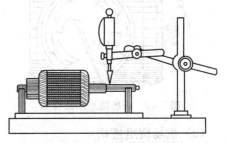

图 7-47　电枢绕组短路故障检测　　　　　　　图 7-48　电枢轴弯曲度检测

先将电枢放在检验仪的 V 形铁芯上，并在电枢上部放一块钢片（如锯条），然后接通检验仪电源，再缓慢转动电枢一周，钢片应不跳动。如钢片跳动，说明电枢绕组有短路故障。由于绕制电枢绕组的导线截面积较大，因此绕线形式均采用波形绕法，所以当换向器有一处短路时，钢片将在四个槽上出现跳动现象。当同一个线槽内的上、下两层线圈短路时，钢片将在所有槽上出现跳动现象。

当短路发生在换向器片之间时，用钢丝刷清除换向片间的铜粉即可排除。当短路发生在电枢线圈之间时，只能更换电枢总成。

7.3.2.3　换向器和电枢轴的检查

换向器工作表面应平整、光滑，无烧蚀。换向片的厚度应不小于 2mm，换向片之间的云母应低于换向片 0.4～0.8mm，换向器外圆表面对轴线的径向跳动应不大于 0.05mm。

启动机的电枢轴较长，如果发生弯曲，电枢旋转时就会出现"扫膛"现象（即电枢与磁极发生摩擦现象），而影响启动机工作。因此在检修启动机时，应当使用百分表检查电枢轴的弯曲度，方法如图 7-48 所示，其摆差应不大于 0.15mm，否则应予矫直或更换电枢总成。

7.3.2.4　电刷的检修

电刷高度应不低于新电刷高度的 2/3，电刷与换向器的接触面积不应小于 75%，电刷在电刷架内应无卡滞现象，电刷弹簧应有足够的弹力，如图 7-49 所示。电刷架应固定牢固，绝缘电刷架可通过测量绝缘电阻来检查其绝缘性能，如图 7-50 所示。

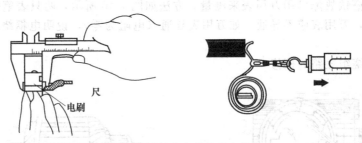

图 7-49　电刷长度和弹簧弹力的检查

7.3.2.5　传动装置的检修

传动装置的内花键不得有损伤，能在电枢轴上顺畅滑动。滑环两侧（和单侧）的弹簧不得有锈蚀或折断。小驱动齿轮不得有打齿和过度磨损，如图 7-51 所示。左手握住单向离合器，右手顺时针转动驱动齿轮应能卡住，逆时针转动驱动齿轮应能顺畅滑转。

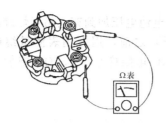

图 7-50 电刷架的检查

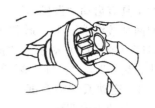

图 7-51 单向离合器的检查

7.3.2.6 电磁开关的检修

（1）吸引线圈和保持线圈的检修

电磁开关的吸引线圈和保持线圈可用万用表测量线圈的电阻值进行检查。如图 7-52 所示，用指针式万用表 R×1 挡，检测吸引线圈时，两只表笔分别连接电磁开关和电动机开关，电阻值为 0.5Ω；检测保持线圈时，两只表笔分别连接电磁开关和外壳，电阻值应为 1.0Ω 左右。如果阻值为无穷大，说明线圈断路；如电阻值过小，说明线圈匝间短路。断路一般是线圈端头与接线端子的焊点脱焊所致；线圈如短路，需重新绕制或更换电磁开关总成。

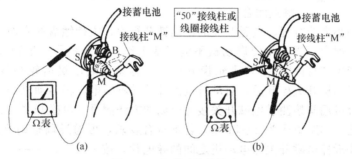

图 7-52 电磁开关的检查

（2）回位弹簧或电动机开关的检查

如图 7-53 所示，用手先将挂钩及活动铁芯压入电磁开关，然后放松，活动铁芯应能迅速复位。如果铁芯不能复位或出现卡滞现象，则应更换复位弹簧或电磁开关总成。

图 7-53 电磁开关回位弹簧和电动机开关的检查

电动机开关应检查触盘和接线螺栓端部有无烧蚀现象。如有轻微烧蚀，可用细砂纸磨平；如严重烧蚀，可将触盘翻面使用，接线螺栓可转动 180°使用。

7.3.2.7 启动继电器的检查

检修启动继电器时应将万用表置于 R×1（数字式万用表置于 Ω）挡，两只表笔分别接启动机继电器的"SW"（或"点火锁"、"S"）端子与"搭铁"（或"E"）端子，阻值应符合规定。如阻值为无穷大，说明线圈断路；如阻值过小，说明线圈匝间短路。断路一般是线圈端头与继电器接线端子间的焊点脱焊或虚焊所致，可拆开继电器外壳用 50W 电烙铁焊好即可；有短路现象时，应更换继电器总成。

当将蓄电池电压加到接线式启动继电器线圈的两个接线端子上（通常为"S"与"E"接线端子），再用万用表测量继电器"电池"（或"B"）端子与"启动机"（或"M"）端子之间的电阻应小于 0.5Ω。否则说明继电器触点接触不良，可用"00"号砂纸进行打磨或更换继电器。

对于具有启动"误操作"保护的组合继电器，当将蓄电池电压加到充电指示灯继电器线圈的两个接线端子上（通常为"N"与"E"接线端子）之前，用万用表测量继电器"指示灯"（或"L"）端子与"搭铁"（或"E"）端子之间的电阻应小于 0.5Ω；施加蓄电池电压之后，"L"与"E"端子的电阻应为无穷大。

7.3.2.8 启动系统的调试

（1）启动机的调整

① 驱动齿轮端面与端盖凸缘距离的调整　启动机不工作时，驱动齿轮端面与端盖凸缘间的距离：不同型号的发动机其要求不同。若不符合要求，可转动定位螺钉进行调整，如图 7-54 所示。

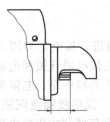

图 7-54　启动机驱动
齿轮原始位置的调整

② 配合行程的调整　为了确保启动机驱动齿轮与飞轮齿圈实现全齿长啮合，但又不至于齿轮移动后与后端盖相碰撞击碎铸铁端盖，启动机需限制小齿轮行程，使小齿轮啮合到位时与止推垫圈留有 1～4mm 间隙。

为了保证电磁开关触点的可靠闭合，当触点闭合后，活动铁芯应能继续移动 1～3mm 附加行程，使主接触盘完全可靠地与静触点闭合。

启动机驱动小齿轮行程、电磁开关的活动铁芯行程、主接触盘的附加行程三者配合是至关重要的，若配合不当，将使启动机不能正常工作；一是容易产生顶齿，启动机不工作；二是容易产生"打齿"，损坏飞轮齿圈；三是容易使启动机齿轮与发动机飞轮齿圈"发咬"，造成启动机开关松开后，启动机电磁开关并不断电，将启动机烧毁。

三行程配合可用间接测量电磁开关接通时刻的方法测量。电磁开关接通时，驱动小齿轮与限位螺母之间的距离应为 4～5mm。若不符合要求，可通过调整调节螺钉进行调整。

其方法是：首先拆掉电磁开关与电动机之间的导电片，按照如图 7-55 所示的线路接好线。在驱动齿轮与限位螺母之间插入厚度为 4～5mm 的厚薄规片。然后，闭合开关 K，驱动齿轮被推出，若试灯不亮，说明过迟（易顶齿）；若闭合开关 K 时，试灯亮，说明过早（易打齿）。

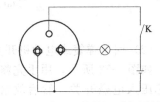

图 7-55　主开关接通时间测量

启动机行程调节根据结构不同，一般有以下三种方法：

a. 偏心螺栓法　这种启动机拨叉中心支点为一偏心轴销。旋转偏心螺栓可使拨叉在 360°范围内变动，相应地使齿轮行程和开关移动铁芯行程变化。根据图 7-56（a）位置，如发生顶齿，可将偏心轴销向右旋，当发生"打齿"时则向左旋。

b. 增减垫片法　在电磁开关底面与前端盖之间增减垫片。当发生打齿故障时，需增加开关铁芯行程，可增加垫片；反之发生顶齿故障时，需减少开关铁芯行程，这可减少垫片，如图 7-56（b）所示。这种方法的行程调节量不大，一般仅增减一片约 1mm。如增减后仍有故障，则应检查启动机其他部件。

c. 开关铁芯螺栓　如图 7-56（c）所示，在开关铁芯端与拨叉连接处有连接销，用螺钉连接。根据需要应用调节螺钉调节开关的铁芯行程。当需要增大行程时，

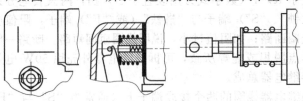

(a) 偏心螺栓式　　(b) 增减垫片式　　(c) 开关铁芯螺栓式

图 7-56　启动机行程调整方式

将螺钉往外旋，反之往里旋。

一些启动机没有调节的地方，各行程由制造厂家零部件尺寸精度保证。

（2）启动继电器的调整

启动继电器正常与否，主要取决于触点闭合和张开的时机是否正确，而这又由闭合电压和张开电压来决定。所谓闭合电压，就是指触点由张开转为闭合时作用在继电器线圈两端的电压；张开电压是指触点由闭合转为断开时作用在继电器线圈两端的电压，应符合表7-6中的技术要求。

若不符合规定数据，需调整闭合电压和张开电压。检验之前，将可变电阻值调到最大。检验时，缓慢调小可变电阻阻值，使作用在继电器线圈两端的电压逐渐升高。当触点闭合时，继电器闭合电压在规定范围之间。若闭合电压不符合，可弯曲调整钩子来改变触点臂与铁芯间的气隙。同理若张开电压不符合规定数据，则应改变固定触点支架的形状，从而改变触点间隙的调整。

表7-6　常见启动继电器调整参数

继电器型号	标称电压/V	闭合电压/V	张开电压/V ≥
JQA1、JD236	24	10～13.2	6
JD271	24	≤14	3

（3）启动机的空转试验

如图7-57所示，将启动机接在与额定电压相同的蓄电池上，从蓄电池正极取电，按

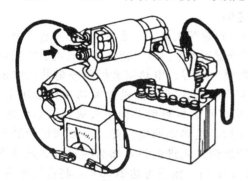

图7-57　启动机的空转试验

图示箭头方向接触电磁开关吸引与保持线圈接线端子，电磁开关应吸合，驱动齿轮应推出，电动机应顺畅地快速转动。如果电磁开关不吸合，则为吸引线圈、保持线圈断路或活动铁芯卡死，需要更换电磁开关。如果齿轮推出位置不足或过量，则需要重新调整。如果电动机不转，则为电动机开关烧坏或电动机磁场、电枢、换向器与电刷电路有断路。如果启动机转动无力、电流表读数大，则为电动机装配过紧、电枢轴弯曲、电动机扫膛等故障。

7.3.3　启动系统常见故障诊断与排除

启动系统的常见故障有启动机不工作、启动机动力不足、启动机不能停止、启动机空转和启动噪声大等。

7.3.3.1　启动机不工作

接通电源启动开关，启动机不工作，可在蓄电池与启动机电磁开关"吸引线圈和保持线圈"接线端子连接一条较粗的导线（如图7-58所示），启动机转动，可能原因是启动继电器、启动开关不通或连接导线有断路；若排除故障后启动机仍不转动，表明启动机内部有故障。可能原因有启动机电磁开关中电磁线圈故障、电动机开关烧蚀、接触不良，电动机电刷、换向器、电枢、磁场有

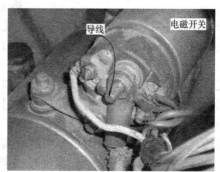

图7-58　启动机不工作的检查

断路故障。

7.3.3.2　启动机动力不足

启动机虽然能带动发动机曲轴旋转，但运转速度过低，发动机不能顺利启动，表明负载能力降低，实际输出功率减小。可能原因有蓄电池亏电，蓄电池接线端子松动、氧化腐蚀而接触不良，电动机开关烧蚀，换向器烧蚀，电刷磨损过量或弹簧弹力不足，电动机电枢、磁场绕组局部短路；发动机装配过紧或环境温度低而导致启动阻力矩过大。

7.3.3.3　启动机不能停止

放松电源-启动开关，启动机不能停止工作，可能原因有电源-启动开关故障，启动继电器故障或电动机开关粘接。

7.3.3.4　启动机空转

启动机虽转，但发动机曲轴不转。可能原因有单向离合器打滑，拨叉机构失调或发卡，驱动齿轮推出量不足，齿轮打齿或磨损量过大，拨叉轴丢失等。更换离合器，故障即可排除。

7.3.3.5　启动噪声大

如果启动时产生有节奏的撞击声，可能原因有电磁开关中的保持线圈断路、启动继电器损坏、蓄电池亏电或极柱接触不良等；如果出现持续摩擦或啸叫声，可能是轴承磨损、电枢轴弯曲、转子失圆而造成电机扫膛，或换向器烧蚀与电刷接触不良等。

7.3.4　低温辅助启动系统

7.3.4.1　低温辅助启动系统的组成、功用与控制

装载机的辅助低温启动装置有集中预热和分缸预热两大类型。集中预热是在进气道内设置预热器，加热进气道的空气或混合气，然后分配到各个汽缸。预热器的种类有电预热器、易燃燃料喷射装置、电热塞和燃料喷射共同组成火焰预热装置等，常用于汽油机和大功率柴油机上。图 7-59 为电热塞和燃料喷射共同组成火焰预热装置。接通预热开关后，电热塞通电加热，电磁阀将经低压输油泵加压的燃油送入进油口，燃油蒸发后被炽热管点燃，1～1.5min 后，温度可达 1000℃，将进气加热。

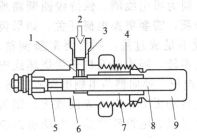

图 7-59　火焰预热装置
1—燃油计量口；2—进油口；3—滤网；4—安装螺纹；5—密封圈；6—壳体；7—蒸发管；8—炽热管；9—防护罩

分缸预热采用电热塞加热进入各个汽缸的空气，广泛地用于各型柴油机上。电热塞的结构如图 7-60 所示。

分缸预热的电热塞又称预热塞，其控制方式有电热控制和电子控制等。前者在预热塞电路串接一只电热元件作为预热指示装置，当接通预热电路（将预热开关接通）后，30s 左右内电热元件发红，预热塞达到额定工作温度，可将电源-启动开关打到"启动"位置，进行低温辅助启动。

电子控制的预热塞功能更加完善，电路如图 7-61 所示。接通电源-启动开关，当该开关打到"预热"位置时，预热控制器加电，如果环境温度低于一定数值（如 0～5℃）时，预热控制器接通预热继电器并进行定时控制，电热塞通电发热，经历一定时间后电热塞达到既定温度，预热指示灯点亮。此时，将电源-启动开关打到"启动"位置，启动继电器接通，启动机工作，发动机即可顺利实现低温辅助启动。

有的控制电路中未设置温度传感器，只要将电源-启动开关打到"预热"位置，电热塞就会通电发热。在这种情况下，应注意只有在低温时（环境温度 0℃以下）才能使用低

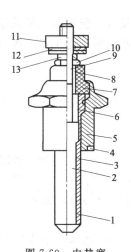

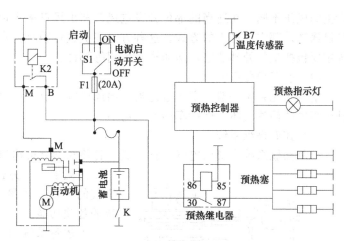

图 7-60　电热塞
1—钢套；2—电热丝；3—石英；
4—密封圈；5—外壳；6—填充物；
7—绝缘体；8—导电杆；9—固定
螺母；10～13—接线组件

图 7-61　电子控制的低温启动预热装置电路

温辅助启动装置。

7.3.4.2　低温辅助启动系统的检查

在低温条件下，如环境温度低于5℃（或0℃）时，将电源启动开关打到"预热"位置，低温辅助启动指示灯在15～30s内应亮起，表示可以进行启动了。

火焰式集中预热装置的燃料储存罐内，在低温条件下应装满燃料。"预热"开关接通时，预热器、电磁阀等应工作正常。

用万用表的Ω挡，测量电热塞的汇流导线与发动机缸体之间应相通。在电热塞上施加于电气系统相同的蓄电池电压，开始时电流较大，15s左右温度达到180～220℃时，通电电流应减小。

7.4　空调系统结构与拆装维修

7.4.1　空调系统的组成与构造

7.4.1.1　空调系统的组成

装载机空调系统通常由制冷系统、暖风系统、通风系统、控制操纵系统和空气净化系统五个部分组成。

（1）制冷系统

该系统用以对车内空气或由外部进入车内的新鲜空气进行冷却，来实现降低车内温度的目的。作为冷源的蒸发器，其温度低于空气的露点温度。因此，制冷系统还具有除湿和净化空气的作用。

（2）暖风系统

装载机的暖风系统一般利用冷却液的热量，将柴油机的冷却液引入车内的暖风散热器中，通过鼓风机将被加热的空气吹入车内，以提高车内空气的温度；同时，暖风系统还可以对前风窗玻璃进行除霜、除雾。

（3）通风系统

车内通风一般分为自然通风和强制通风。自然通风是利用装载机行驶时，根据车外所产生的风压不同，在适当的部位开设进风口和出风口来实现通风换气；强制通风是采用鼓风机强制外部空气进入的方式。这种方式在机械行驶时，常与自然通风一起工作。通风系统主要包括空气处理器室、送风道及风门等部件。

（4）空气净化系统

空气净化系统一般由空气过滤器、出风口等组成，用以对引入的空气进行过滤，不断排出车内的污浊气体，保持车内空气清洁。

（5）控制操纵系统

控制操纵系统主要由电气元件、真空管路和操纵机构组成，一方面用以对制冷和暖风系统的温度、压力进行控制，另一方面对车室内空气的温度、风量、流向进行操纵，完善空调系统的各项功能。

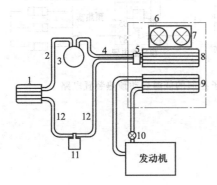

图 7-62　ZL50 型装载机空调系统组成
1—冷凝器；2—1/2in 高压管；3—压缩机；
4—5/8in 低压管；5—膨胀阀；6—蒸发器组；
7—鼓风机；8—制冷蒸发器；9—制热换热器；
10—水阀；11—储液干燥器；12—3/8in 高压管

上述各系统可有机地结合起来，组成同时具有通风、暖风、降温降湿、挡风玻璃除霜除雾等功能的冷、暖一体化空调系统（称全空调系统）。这种空调系统冷、暖、通风合用一只鼓风机和一套统一的操纵机构，采用冷暖混合式调温方式和多个功能的送风口，使得整个空调系统总成数量减少、占用空间小、安装布置方便，且操作和调控简单、温湿度调节精度高、出风分布均匀、容易实现空调系统的自动化控制。

图 7-62 是 ZL50 型装载机的空调系统各部件连接关系。该空调系统为分体式、冷暖两用型，主要由蒸发器、压缩机、冷凝器、储液干燥器等组成。蒸发器由制冷蒸发器（以下简称蒸发器）、制热换热器（以下简称换热器）和鼓风机等组成。换热器连接到柴油机的冷却系统上，蒸发器通过膨胀阀连接到制冷系统上。

鼓风机可迫使空气通过蒸发器和换热器，然后从出风口排出。

蒸发器安装在驾驶室内，可以随时调节空调的工作状态。当需要加热时，打开连接换热器入口的水阀，然后打开风量开关即可。当需要制冷时，关闭水阀，然后先打开风量开关，后打开温控器即可。

构成制冷系统的各部件，如压缩机、冷凝器、储液干燥器、蒸发器等由耐氟软管连接，组成封闭的制冷循环系统。压缩机的动力来自柴油机。压缩机上装有电磁离合器，以控制压缩机的工作状态。当离合器通电时，离合器的压板吸附到皮带轮上，使皮带轮带动压缩机主轴转动而工作。当离合器断电时，皮带轮空转，压缩机停止工作。

7.4.1.2　空调制冷系统构造及工作原理

（1）制冷系统的组成与工作原理

① 制冷系统的组成　装载机采用的空调制冷系统一般都是以 R-12（氟利昂 12）或 R134a（无氟利昂的环保型制冷剂）为制冷剂的蒸气压缩式封闭循环系统，如图 7-63 所

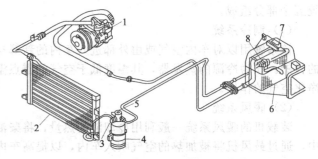

图 7-63　空调制冷系统的组成
1—压缩机；2—冷凝器；3—低压开关；4—储液干燥器；
5—高压阀；6—蒸发器；7—热控开关；8—膨胀阀

示，主要由压缩机、冷凝器、储液干燥器、膨胀阀（或节流孔管）和蒸发器等部件组成，各部件由耐压金属管路或耐压耐氟橡胶软管依次连接而成。

②制冷系统的工作原理　空调制冷系统的制冷是根据系统内充入的制冷剂在物态变化时能够吸热和散热原理来实现的。图7-64为空调制冷循环原理，压缩机由皮带轮带动旋转，吸入蒸发器中吸收热量而汽化的低温（约5℃）、低压（约0.15MPa）制冷剂蒸气，将其压缩成为高温（70～80℃）、高压（1.3～1.5MPa）的气体，然后经高压管路送入冷凝器。进入冷凝器的高温高压制冷剂气体与外界空气进行热交换，释放热量，当温度下降至50℃左右时

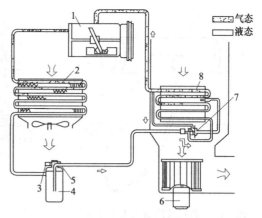

图7-64　空调制冷循环原理
1—压缩机；2—冷凝器；3—高压阀；4—储液干燥器；
5—低压开关；6—鼓风机；7—膨胀阀；8—蒸发器

（压力仍为1.3～1.5MPa），便冷凝为液态。冷凝为液态的高温高压制冷剂进入储液干燥器，除去水分和杂质，经高压管送至膨胀阀。因为膨胀阀有节流作用，所以高温高压的液态制冷剂流经膨胀阀时，变为低温（约−5℃）、低压（0.15MPa）的雾状喷入蒸发器，蒸发器吸收周围空气的热量而沸腾汽化，使周围空气温度降低。蒸发器出口处的制冷剂气体由于吸热温度升至5℃左右。当鼓风机将附近空气吹过蒸发器表面时，空气被冷却变为凉气送进驾驶室，使驾驶室内空气变得凉爽。吸热汽化的制冷剂又被压缩机吸入。如果压缩机不停运转，上述过程将连续不断地循环，蒸发器周围的空气始终保持较低的温度。

综上所述，制冷系统工作时，制冷剂以不同的状态在空调密闭系统中流动。每一循环可概括为四个过程：一是压缩过程。压缩机吸入蒸发器出口处的低温、低压的制冷剂气体，把它压缩成高温、高压的气体排出压缩机。二是冷凝过程。高温、高压的过热制冷剂气体进入冷凝器。由于压力及温度的降低，制冷剂气体冷凝成液体，并放出大量的热。三是膨胀过程。温度和压力较高的制冷剂气体通过膨胀装置后体积变大，压力和温度急剧下降，以雾状（细小液滴）排出膨胀装置。四是蒸发过程。制冷剂液体进入蒸发器。因为此时制冷剂沸点远低于蒸发器内的温度，故制冷剂液体蒸发成气体，在蒸发过程中大量吸收周围空气的热量，而后低温、低压的制冷剂蒸气又进入压缩机。

（2）制冷系统各部件的构造与工作原理

①制冷压缩机　制冷压缩机是空调制冷系统的心脏，其作用是维持制冷剂在制冷系统中的循环，吸入来自蒸发器的低温、低压制冷剂蒸气，压缩制冷剂蒸气，其压力和温度升高，并将制冷剂蒸气送往冷凝器。

目前，装载机上大多采用曲轴连杆式压缩机和轴向活塞斜板式压缩机。两者均以活塞在汽缸中往复运动来改变容积进行增压。下面以常用斜板式压缩机为例介绍其结构与工作过程。

斜板式压缩机是一种轴向活塞式压缩机，其工作原理如图7-65所示。斜板式压缩机的结构如图7-66所示。斜板式压缩机的主要零件是主轴和斜板（盘）。各汽缸以压缩机主轴为中心布置，活塞运动方向与压缩机的主轴平行，以便活塞在汽缸体中运动。活塞为双头活塞。如果是轴向6缸，则3缸在压缩机前部，另外3缸在压缩机后部；如是轴向10缸，5缸在压缩机前部，另外5缸在压缩机后部。双头活塞的两活塞各自在相对的汽缸（一前、一后）中滑动。活塞一头在前缸中压缩制冷剂蒸气时，活塞的另一头就在后缸中

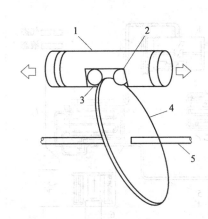

图 7-65　斜板式压缩机工作原理
1—双头活塞；2、3—钢珠；
4—斜板；5—主轴

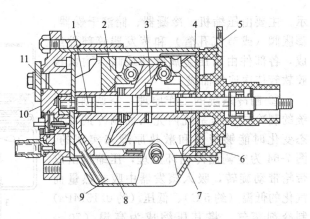

图 7-66　斜板式压缩机结构
1—主轴；2—活塞；3—斜板；4—吸气阀；5—前排气阀；
6—前盖；7—前缸半部；8—后缸半部；9—油底壳；
10—后盖；11—机油齿轮泵

吸入制冷剂蒸气。反向时互相对调。各缸均备有高低压气阀。另有一根高压管，用于连接前后高压腔。

斜板与压缩机主轴固定在一起，斜板的边缘装合在活塞中部的槽中，活塞槽与斜板边缘通过钢球轴承支承在一起。当主轴旋转时，斜板也随着旋转，斜板边缘推动活塞作轴向往复运动。如果斜板转动一周，前后两个活塞在完成压缩、排气、膨胀、吸气一个循环，相当于两个汽缸作用。如果是轴向 6 缸压缩机，缸体截面上均匀分布 3 个汽缸和 3 个双头活塞，当主轴旋转一周，相当于 6 个汽缸的作用。

② 冷凝器　装载机空调制冷系统中的冷凝器是一种由管子与散热片组合起来的热交换器。其作用是将压缩机排出的高温、高压制冷剂蒸气进行冷却，使其凝结为高压制冷剂液体。

装载机空调制冷系统冷凝器均采用风冷式结构，其冷凝原理是：让外界空气强制通过

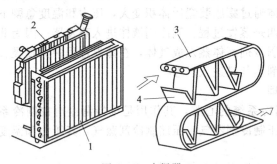

图 7-67　冷凝器
1—冷凝器；2—冷却水箱；3—芯管；4—散热片

冷凝器的散热片，将高温的制冷剂蒸气的热量带走，使之成为液态制冷剂。制冷剂蒸气所放出的热量，被周围空气带走，排到大气中。

冷凝器的结构如图 7-67 所示。冷凝器由铜管或者铝管制成芯管，并在芯管周围焊接散热片。多数机械的冷凝器装在水箱的前方，芯管中的制冷剂被冷却风扇或机械行驶中的迎面风冷却。为保证良好的散热效果，提高制冷能力，常在冷凝器前装有电控辅助风扇。当空调系统或柴油机的冷却液温度上升到一定数值时，温控开关自动接通辅助风扇电路，加强冷凝器的散热效果。

③ 蒸发器　蒸发器和冷凝器一样，也是一种热交换器，也称冷却器，是制冷循环中获得冷气的直接器件。其作用是将来自热力膨胀阀的低温、低压液态制冷剂在其管道中蒸发，使蒸发器和周围空气的温度降低，同时对空气起除湿作用。

蒸发器的结构和工作原理如图 7-68 所示。进入蒸发器排管内的低温、低压液态制冷

剂，通过管壁吸收穿过蒸发器传热表面空气的热量，使之降温。与此同时，空气中所含的水分由于冷却而凝结在蒸发器表面，经收集排出，使空气减湿。被降温、减湿后的空气由鼓风机吹进车室内，使车内获得冷气。因此，蒸发器是制冷装置中产生和输出冷气的设备。

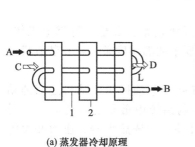

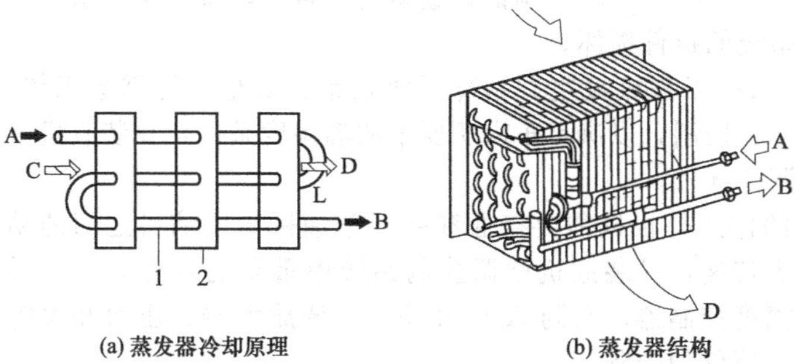

图 7-68　蒸发器
1—排管；2—散热片；A—来自膨胀阀的液态制冷剂；
B—气态制冷剂；C—车内热空气；D—吹出的冷气

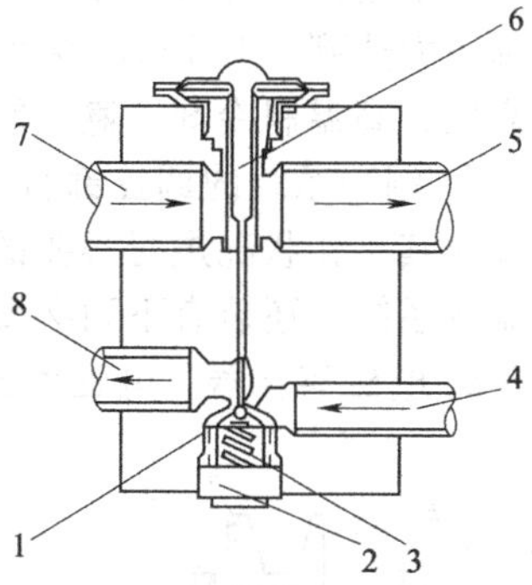

图 7-69　H 形膨胀阀
1—球阀；2—调整螺栓；3—弹簧；
4—接储液干燥器；5—接压缩机进口；
6—感温器；7—接蒸发器出口；
8—接蒸发器进口

④ 膨胀阀　装载机制冷系统使用的膨胀阀为温度自动控制式膨胀阀。其作用一是降低制冷剂的压力，保证在蒸发器内沸腾蒸发。二是调节流入蒸发器的制冷剂流量，以适应制冷负荷变化的需要。

H 形膨胀阀是因其内部通路像字母 H 而得名，其结构如图 7-69 所示。

由图 7-69 可知，在高压液体进口和出口之间，设置一个由球阀控制的节流孔。节流孔的开度由弹簧和感温器控制。感温器内充注制冷剂，可直接感受蒸发器出口的温度。当蒸发器出口的蒸气温度高时，感温器内制冷剂吸热蒸发压力增大，迫使球阀压缩弹簧使阀门开度增大，制冷剂流量增加，制冷量增大。反之，当蒸发器出口的蒸气温度低时，阀门开度减小，制冷剂流量减小，制冷量减小。

⑤ 储液干燥器　储液干燥器的作用是过滤、除湿、气液分离及临时储存一些制冷剂。

储液干燥器的结构如图 7-70 所示。储液干燥器是一个焊装的密封铁瓶，安装在冷凝器一侧，由储液罐、干燥剂、过滤器、观察玻璃、引出管、易熔塞等组成。

储液罐可临时储存一些制冷剂，当蒸发器负荷变化或制冷系统有微量泄漏时，及时向制冷系统补充制冷剂，同时起气液分离作用。

干燥剂是一种能从气体或液体中去掉潮气的固体物质，可以吸收制冷剂中的水分，防止制冷系统有水而结冰。

过滤器可滤掉制冷剂中的灰尘及金属微粒，以

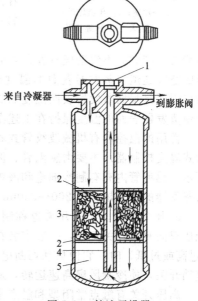

图 7-70　储液干燥器
1—观察玻璃；2—过滤网；3—干燥剂；
4—引出管；5—储液罐

保证制冷剂的洁净。

引出管安插到储液罐底部，可确保离开储液罐的制冷剂完全是液体。

观察玻璃又叫视液玻璃，安装在引出管的上方。通过它，可以观察制冷系统是否有足够的制冷剂或制冷剂中是否有水分。

易熔塞是一种安全保护装置，安装在储液干燥器上部，用螺塞旋入。当储液干燥器的内部压力达到 3.0MPa，温度达到 100～105℃时，铜铝合金易熔塞熔化，排出制冷系统中的高压、高温制冷剂，避免制冷系统的机件损坏。

⑥ 制冷系统的调控部件　为保证工程机械空调制冷系统正常、安全、可靠地工作，以及对其工作状况进行必要的调节和控制，以满足车内所要求的温湿度条件，在装载机空调制冷系统中还装有下列必要的调控部件。

a. 电磁离合器。电磁离合器的作用是根据需要接通和断开柴油机与压缩机之间的动力传递，是装载机空调控制系统中重要的部件之一，受温度控制器、空调 A/C 开关、空调放大器、压力开关等元器件的控制。

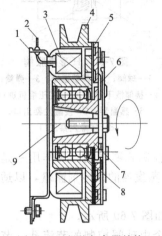

图 7-71　电磁离合器结构
1—压缩机前端盖；2—电磁线圈引线；
3—电磁线圈；4—皮带轮；5—压盘；
6—片簧；7—压盘轮毂；
8—轴承；9—压缩机轴

电磁离合器一般安装在压缩机前端，成为压缩机总成的一部分，主要由电磁线圈、皮带轮、压盘、轴承等零件组成，如图 7-71 所示。皮带轮通过 V 带由柴油机曲轴前端的皮带轮驱动；压盘通过三只片簧或橡胶弹簧与压盘轮毂相连接；压盘轮毂则通过一只平键与压缩机前端的伸出轴相连接；电磁线圈固定在皮带轮内压缩机前端盖上。

当电磁线圈不通电时，三只片簧使压盘与皮带轮外端面之间保持一定的间隙（0.4～1.0mm），皮带轮在曲轴皮带带动下空转，压缩机不工作；当电磁线圈通电时，在皮带轮外端面产生很强的电磁吸力，将压盘紧紧地吸在皮带轮端面上，皮带轮便通过压盘带动压缩机轴一起转动而使压缩机工作。

b. 蒸发器温度控制器。为充分发挥蒸发器的最大冷却能力，同时又不致造成蒸发器表面的冷凝水（除湿水）结冰结霜而堵塞蒸发器换热翅片间的空气通道，蒸发器表面的温度应控制在 1～4℃。蒸发器温度控制器（简称温控器）的作用即是根据蒸发器表面温度的高低接通和断开电磁离合器电路，控制压缩机开与停，而使蒸发器表面的温度保持在上述温度范围之内。

常用的温控器有机械波纹管式和热敏电阻式两种。机械波纹管式温度控制器（又称压力式温度控制器）主要由感温管、波纹管、温度调节凸轮、弹簧、触点等组成，如图 7-72 所示。感温管内充有制冷剂饱和液体，一端与温控器内的波纹伸缩管相连通，另一端则插入蒸发器的盘管翅片内 200～250mm。

c. 压力开关。压力开关也称制冷系统压力继电器，分为高压开关、低压开关和高、低压双向复合开关三种，一般安装在空调制冷系统高压管路上。当制冷系统工作压力异常（过高或过低）时，它便自动切断电磁离合器电路，使压缩机停止运转或接通冷凝风扇高速挡开关，使冷凝风扇高速运转，从而保护制冷系统不致进一步损坏。

高压开关有触点常闭型和触点常开型两种。触点常闭型用于当制冷系统压力过高时中断压缩机的工作，其触点跳开压力为 2.1～2.8MPa，恢复闭合的压力约为 1.9MPa。

低压开关也称制冷剂泄漏检测开关，作用是在制冷系统严重缺少制冷剂、使系统高压

图解装载机构造与拆装维修

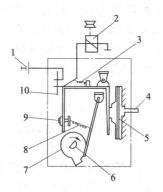

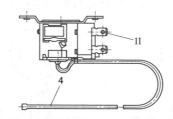

图 7-72　机械波纹管式温度控制器

1—蓄电池；2—电磁离合器；3—支撑弹簧；4—感温管；5—波纹管伸缩管；6—转轴；
7—温度调节凸轮；8—调节弹簧；9—调整螺钉；10—触点；11—接线插头

侧压力低于 0.2MPa 时，低压开关动作，切断电磁离合器电路，使压缩机无法运转，以防止压缩机在没有润滑保障的情况下运转而损坏（由于车用小型压缩机是靠制冷剂将润滑油带入各润滑部位的）。

　　高、低压双向复合开关则同时具有高压开关和低压开关的双重功能。高压开关和低压开关的构造及外形如图 7-73 所示。

　　d. 冷却液温度开关。冷却液温度开关也称水温开关，其作用是防止柴油机在过热的情况下使用空调，一般安装在柴油机冷却液管路上。当冷却液温度超过某一规定值（如 106℃）时，触点断开，使压缩机停止运转。冷却液温度下降后开关自动恢复闭合状态。

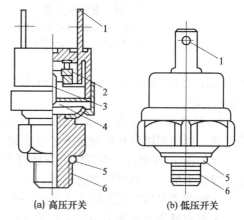

（a）高压开关　　　　（b）低压开关

图 7-73　高压和低压开关的构造及外形

1—接线插头；2—触点；3—推杆；4—膜片；
5—O 形圈；6—接头螺纹（与制冷系统管路相连接）

7.4.2　空调系统的维护

7.4.2.1　使用维护注意事项

　　① 各部件连接处不要任意拆卸，防止制冷剂泄漏。
　　② 系统连接用橡胶管不要碰伤，避开热源。
　　③ 定期检查各部件的安装螺钉是否有松动现象。如有松动，应随时紧固。
　　④ 检查压缩机皮带的松紧程度，并按规定调整。
　　⑤ 定期清洗冷凝器表面，防止灰尘过多，影响散热效果。
　　⑥ 制冷系统长期停用时，每隔一周，启动压缩机，循环几分钟，以保证使用寿命。

7.4.2.2　空调系统的检查及维修

　　（1）空调系统的检查

　　空调的制冷系统是一个完全密封的循环系统，其中任何一个零部件损坏都会使制冷能力下降或不能制冷。由于制冷系统的密封性要求高，系统出现故障时，不能随便拆检，因此，故障诊断较困难。

　　制冷系统的常见故障一般分为电器故障、功能部件的故障、制冷剂和冷冻机油故障等。系统发生故障之后表现为：系统不制冷、制冷不足或产生异响。系统故障一般靠直观检查和利用仪表配合来检查。判断空调制冷系统工作是否正常时可以利用"一看、二听、三摸"的方法进行。"看"空调运行后，储液罐视液镜内制冷剂的流动情况，均匀透明、平稳流动的液体为正常；看压缩机低压管金属接头表面结霜为正常；看蒸发器运行 8min 左右，有水从排水口流出为正常。"听"空调运行后的压缩机和蒸发风机运转时无杂声、无撞击声为正常。"摸"空调运行后的制冷系统的高压管烫手，此处温度较高，只能轻触。低压管凉或冰手时为正常；冷凝器热为正常；储液罐温热，且进口与出口无明显的温差为正常；膨胀阀进口与出口有明显温差为正常；出风口吹出的风有冰凉的感觉为正常。

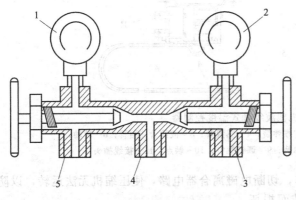

图 7-74 支管压力表
1—低压表；2—高压表；3—高压接头；
4—真空泵接头；5—低压接头

（2）空调系统的维修

① 维修工具的使用方法

a. 支管压力表。支管压力表和制冷剂瓶启开阀是抽真空和加氟的必要工具。支管压力表如图 7-74 所示，表上装有高、低压表，分别测量制冷系统的高、低压。低压表一般有两种用途，一是测量低压段系统压力，其范围为 $0 \sim 8 \text{kgf/cm}^2$。二是可测量低于大气压力的真空度（$0 \sim 760 \text{mmHg}$）。高压表测量高压段压力，测量范围为 $0 \sim 30 \text{kgf/cm}^2$。

b. 制冷剂瓶启开阀。如果用 400g 装的制冷剂罐对系统充灌制冷剂，则要用制冷剂罐启开阀。制冷剂罐启开阀应按下述方法操作：

• 如图 7-75 所示，在氟罐上安装启开阀之前，朝逆时针方向旋转蝶形手柄，直到阀针完全缩回为止。

• 将阀紧紧地拧到氟罐中心的凸斗台上。

• 把支管压力表的中间注入软管安装在该阀接头上。

• 再朝顺时针方向旋转蝶形手柄，用蝶形手柄前端的柱针在氟罐的凸台上刺穿小孔。

• 朝逆时针方向旋转蝶形手柄，使柱针返回，制冷剂便会沿注入软管流到支管压力计里。

② 抽真空　空气中的水分易在膨胀阀中结冰，造成膨胀阀的堵塞，影响制冷剂的畅通，严重时系统几乎处于停顿；空气使系统冷却压力升高，造成运转恶化，轻者造成系统制冷量降低及能量消耗大，严重者会使系统管道爆裂；空气中的水分腐蚀系统设备，降低润滑油的润滑效率。新装空调或系统检修后，在未加制冷剂之前，必须对系统抽真空。抽真空步骤如下：

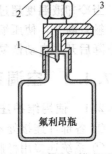

图 7-75 制冷剂罐启开阀
1—针阀；2—蝶形手柄；
3—螺纹接头

• 把支管压力表的中间软管接到真空泵上，把支管压力表的高低压端分别接到系统的高低压端。

• 打开支管压力表的高低压阀，启动真空泵。

• 真空泵至少抽 15min，使低压表的指示值在 94kPa（708mmHg）以下。

• 关闭高、低压阀，其表针在 10min 内不得回升 3.4kPa（25.4mmHg）。否则，说明系统有泄漏，必须找出泄漏原因并处理好后方可重新抽真空。

• 如果没有明显回升，继续抽 15min，低压表可达真空度 98kPa（736mmHg）。若时间容许，可继续进行。系统水分越少，制冷效果就越佳。

③ 检漏　一般有正压力检漏、制冷剂检漏和真空检漏三种方法。下面主要介绍前两种方法。

a. 把支管压力表的中间软管接到气源上，把支管压力表高压端接到真空系统的高压段。

b. 打开高压阀，向系统充入氮气。如果没有氮气，也可用干燥的压缩空气代替氮气。压力一般为 1.5MPa 左右，然后停止充气。

c. 用肥皂水涂在系统的各连接头处，如发现有排气的"嘶嘶"声或出现泡沫，则说明该处是泄漏部位。

d. 用制冷剂检漏和用压力检漏不同之处是，向系统充入的不是氮气，而是制冷剂。然后用检漏仪测试系统是否泄漏或用肥皂水检查。

④ 充灌制冷剂　一般是从低压段充入制冷剂（氟利昂或 R-134a）。步骤如下：

a. 把支管压力表的低压端接到真空系统的低压段，把中间软管接上制冷剂罐启开器后接到制冷剂瓶上。这时，应注意支管压力表的高、低压阀都要关闭。

b. 打开制冷剂瓶，拧松中间注入软管在支管压力表侧的螺母，直到有制冷剂蒸气"嘶嘶"地往外出，然后拧紧螺母。其目的是将注入软管中的空气赶走。

c. 开启低压阀，让制冷剂进入系统。当系统内的压力值达到 0.42MPa 时，关闭低压阀。

启动柴油机，把风量开关开到最大，把温控器旋到最低温度，然后再拧开低压阀，让制冷剂进入制冷系统，直至观察到示液镜中没有气泡（示液镜在干燥瓶的顶部）。

⑤ 添加冷冻油　新压缩机在出厂时，已经加好了润滑油，不可再加润滑油。如果发现制冷系统有严重泄漏，制冷剂大量流失，则需要补充润滑油。压缩机用的润滑油为专用的冷冻油，不能用普通的润滑油代替。最好采用与原来牌号相同的冷冻油。如果必须采用不同牌号的冷冻油时，就必须彻底清洗压缩机内部和制冷系统，以免不同牌号的冷冻油相互作用，形成沉淀物，使压缩机的润滑受到影响。更换部件时冷冻油补充量见表 7-7。

表 7-7　更换部件时冷冻油补充量　　　　　　　　　　mL

更换零件	冷冻油补充量	更换零件	冷冻油补充量
冷凝器	40～50	制冷剂循环管	10～20
蒸发器	40～50	干燥剂	10～20

冷冻油的补充方法有直接从压缩机注油口加入法和抽真空法两种。从注入口加入的方法比较简单，但是易带入杂质而损害润滑。下面介绍抽真空法补充冷冻油的操作步骤。

a. 选一个带有刻度值的量筒，注入比所补充量要多的冷冻油。

b. 从支管压力表的低压端把软管拧下来，一端接到制冷系统的低压段，一端插入量筒里。把支管压力表的高压端接到制冷系统的高压段，再将支管压力表的中间软管接到真空泵上。

c. 启动真空泵，打开支管压力表的高压阀，冷冻油就会通过压缩机的低压侧进入压缩机，当冷冻油达到规定量后，关闭真空泵，并关闭高压阀。

7.4.3　空调系统常见故障诊断与排除

在对空调系统进行故障检查和维修时，一定要根据空调运行的不正常的现象，查出不正常工作的原因，然后采取修理措施。空调系统常见的故障为系统不制冷、系统制冷量不足、系统间断工作三种。

7.4.3.1　系统不制冷

启动柴油机，柴油机在高速空转下工作。将转换开关置于制冷位，温控开关置于最大制冷位，风扇开关置于 H（高速）位。空调系统稳定运行 2min 后，出风口应有冷风吹出。否则，要进行以下检查（空调系统工作时，严禁将出风口全部关闭，以免造成系统无法出风）。

① 空调电路熔断器是否熔断，电路是否有短路，各个插接件是否接触良好，蒸发器风机、压缩机离合器是否工作，温度开关是否打开，继电器是否吸合。

② 储液罐上的高低压开关有故障。开关的工作范围：高压截至 2.65MPa，低压截至 0.20MPa。当系统的压力过高时，高压开关动作，或系统中没有制冷剂时，低压开关动作，切断离合器的工作电源。判断高低压开关是否有故障，可将高低压开关短路，若离合器吸合，系统开始工作，说明高低压开关有故障，需要更换。

在检查中，不允许将高低压开关长时间短接进行工作，否则，可能会损坏整个系统。

③ 压缩机的传动皮带太松。压缩机在 110N 的压力下，皮带应下垂 14～20mm。调节时，先拧松、转动螺母，直到获得合适的皮带张力。

压缩机在使用和维护中应注意：

a. 压缩机的进气口与排气口必须向上安装，允许的偏转角度小于 45°。

b. 系统连接软管要固定牢固，不能与高温部件接触，避免软管的损坏。

④ 制冷系统中没有制冷剂。当系统制冷剂泄漏严重，可用高低压组合表检测，高低压指示很低，即使压缩机工作，也不会有冷风吹出。

当气温在 32～37℃、压缩机转速 1800～2000r/min 时，系统的正常压力为：

高压表压力：1.27～1.52MPa。

低压表压力：0.12～0.15MPa。

用制冷剂漏气检测仪找出制冷系统的泄漏点并做相应处理，再将制冷系统抽真空和充注制冷剂。

⑤ 制冷系统被污物堵死，制冷剂不能流动，失去制冷作用。高低压组合表的低压呈真空指示，高压指示偏高。这种情况多出现在储液罐或膨胀阀。处理方法：更换储液罐或膨胀阀。

⑥ 系统压缩机损坏，排不出高温、高压制冷剂。高低压组合表显示高低压几乎相等。处理方法：更换压缩机或拆开压缩机修理。

在检修制冷系统时，应注意：

a. 检修时应尽可能戴上防护眼镜或防护面罩。应戴上手套，防止制冷剂溅到皮肤上，造成皮肤冻伤。

b. 应先将柴油机熄火，然后用高低压组合表与压缩机连接进行检测。

c. 不要触摸柴油机的高温及运动部分。

d. 更换系统部件时，应保证系统接头及系统内腔清洁。管路安装前，接头的密封圈应涂一层冷冻机油。管路接头拧紧时，要求使用力矩扳手。拧紧力矩见表 7-8。更换系统零部件时，应按表 7-9 所示的标准，补充 SUN-5GS 冷冻机油。

表 7-8　管路接头拧紧力矩

螺　　母	拧紧力矩/N·m
5/8-18UNF	15.7～19.6
3/4-16UNF	19.6～24.5
7/8-14UNF	29.4～34.3

表 7-9　冷冻机油数量

部件名称	补充数量/mL
蒸发器	40～50
冷凝器	40～50
系统连接软管	30～40
储液罐	15～25

7.4.3.2　系统制冷量不足

① 冷凝效果不好。冷凝器上有油污、泥垢、杂物可影响冷凝器向外散发热量。用高低压组合表检测，高低压指示很高。需要清洗冷凝器、清除杂物。在清洗冷凝器时，要注

意：不能损坏冷凝器的翅片。

② 蒸发器的蒸发风机的出风量小，带出的冷气量会很少，感觉冷气不足。主要由于风道中有阻碍物，使进出风口不畅通。

③ 制冷系统中的制冷剂不足。用高低压组合表检测，高低压指示值偏低。从储液罐视液镜可以观察到有气泡翻腾。应补足制冷剂。

④ 制冷剂充注超量，使蒸发温度提高。必须放掉部分制冷剂。

⑤ 如制冷系统中混有空气，用高低压组合表检测，高低压指示值偏高，冷凝器温度偏高，散热效果不好。必须放掉制冷剂，抽真空，重新充入制冷剂。

⑥ 暖水电磁阀损坏。在制冷时，暖水电磁阀不得电时应闭合，用手触摸进水管较暖，出水管是常温。暖水电磁阀损坏后，用手触摸进水管和出水管都比较热。蒸发器中的制冷及供热芯片同时工作，制冷效果不好。应更换暖水电磁阀。

7.4.3.3　制冷系统自行间断工作

① 制冷系统自行间断工作，最主要的原因是制冷系统中混入潮气，少量的水汽在膨胀阀处结冰堵塞，导致系统停止工作。待冰化掉后系统又重新工作。制冷后又在膨胀阀处结冰，往复循环造成系统自行间断工作。排除方法：应放掉制冷剂，更换储液罐，在干燥的环境中将制冷系统抽真空。抽真空时间相对要长一些。先抽真空 30min，保压 30min，再抽真空 30min，最后充注制冷剂。

② 电路接触不良，电器处于时通时断的状态。要仔细检查电路。

7.4.3.4　检修空调系统时的注意事项

① 空调系统工作时，严禁将出风口全部关闭，造成系统无法出风。

② 不能在驾驶室内放置棉纱、废纸、塑料薄膜等容易堵塞进风口的杂物。进风口堵塞严重，空气不能流通，会出现系统电器故障，甚至可能导致系统电器起火。

③ 应从低压侧排放制冷剂。应保证工作场地通风良好，防止发生人员窒息事故。

④ 储液罐的进出液口连接要正确，否则系统将不制冷。

7.4.3.5　常见故障诊断与排除

空调系统常见故障的排除见表 7-10。

表 7-10　空调系统常见故障的排除

序号	故障现象		故障原因	排除方法
1	风扇不转		插接件接触不良 风量开关、继电器、冷热开关损坏 熔丝断或蓄电池电压太低	修理或更换
2	风扇运转正常		吸入侧有障碍物，蒸发器、冷凝器的肋片被灰尘堵塞	清理
3	压缩机不转或运转困难		电路因断线、接触不良导致压缩机离合器不吸合 压缩机皮带张紧装置松动，脱落，皮带太松 压缩机离合器线圈断线，失效 储液罐高低压开关起作用，制冷剂太多或太少	修理 修理 更换吸合线圈 排出或充入制冷剂
4	制冷剂不足		制冷剂泄漏 制冷剂充入量太少	排除漏气，补足制冷剂
5	根据高低压表的读数测定高压、低压压力		当气温在 32～37℃，压缩机转速 1800～2000r/min 时： 低压表压力 0.12～0.15MPa 高压表压力 1.2～1.52MPa	
	低压压力偏高	低压管表面有霜	膨胀阀开启太大 膨胀阀感温包接触不良 系统内制冷剂过量	更换膨胀阀 正确安装感温包 排出部分制冷剂

图解装载机构造与拆装维修

序号	故障现象		故障原因	排除方法
5	低压压力偏低	低压表低于正常值	由于振动引起管路接头松动,出现泄漏,导致制冷剂不足	用检漏仪找出漏处,小心拧紧松动部位。按规定量补充制冷剂
		低压表压力有时呈负压状态	低压胶管有堵塞或膨胀阀冰堵	排空系统,更换储液罐,重新充制冷剂
		蒸发器冻结	温控器失效	更换温控器
		膨胀阀入口侧凉,有霜附着	膨胀阀有堵塞	清洗或更换膨胀阀
		膨胀阀出口侧不凉,低压表压力有时呈负压	膨胀阀感温管、感温包漏气	更换膨胀阀
6	高压压力偏高	空调系统	空调系统中有空气混入	放空系统,重新抽真空,保压,充注制冷剂
		制冷剂	制冷剂充注过量	放出一定量的制冷剂,使系统内制冷剂适量
		冷凝器的肋片被灰尘、杂物堵塞或冷凝风机损坏	冷凝器冷凝效果不好	清洗冷凝器,清除杂物检查更换坏的冷凝风机
	高压压力偏低	管路	由于振动引起管路接头松动,出现泄漏,导致制冷剂不足	用检漏仪找出漏处,小心拧紧松动部位。按规定量补充制冷剂
		低压压力有时呈负压状态	低压管路有堵塞、损坏	清洗或更换管路
		压缩机及高压管不烫	压缩机有故障	更换压缩机
7	制冷效果差		切断阀损坏	更换切断阀

7.4.3.6 空调系统的常见故障维修流程

空调系统的常见故障维修流程如图 7-76 所示。

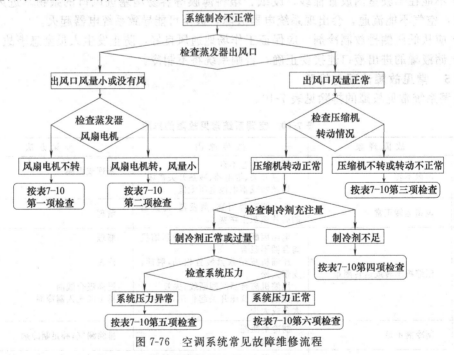

图 7-76 空调系统常见故障维修流程

7.5 轮式装载机全车线路

不同企业、不同品牌、不同型号的装载机的电路组成是不完全一样的,然而其基本原理是相同的，因此，只要掌握了一种型号的装载机电路工作原理及检修，其他的都可以触类旁通。

▶ 7.5.1 装载机全车线路的组成及电路分析

将各电气部件的图形符号通过导线连接在一起的关系图称为全车电路图。可分为电路原理图、布线图和线束布置图三种。电路原理图可清楚反映出电气系统各部件的连接关系、电路原理。布线图是装载机电路图中应用较广泛的一种，它较充分地反映了装载机电气和电子设备的相对位置，从中可看出导线的走向、分支、接点（插接件连接）等情况，对查找电路故障较为方便，但识图比较困难。线束布置图是将有关的电器的导线汇合在一起，通过安装布置在装载机前车架、后车架等装置上的形式表现出来。

7.5.1.1 电气线路的组成

任一机型，无论其电器线路如何复杂，均可将其分解成局部电路进行分析，然后再推广至全车线路。全车线路通常由以下几部分组成：

（1）电源电路

也称充电电路。它是由蓄电池、发电机、调节器及工作情况指示装置组成的电路，电路保护器件也可归入此部分。

（2）启动电路

即由启动机、启动继电器、启动开关（电锁）及启动保护装置组成的电路，有的也将低温条件下启动预热装置及控制电路列入此部分。

（3）照明与灯光信号装置电路

它是由前照灯、转向灯、制动灯、倒车灯、壁灯及其控制继电器和开关组成的电路。

（4）仪表电路

即由仪表指示器、传感器、各种报警指示灯及控制器组成的电路。

（5）辅助装置电路

即为提高装载机安全性、舒适性等各种功能的电器装置组成的电路，因机型不同而有所差异，一般包括自动复位系统、刮水器与清洗器系统、空调系统、点烟器、音响装置等。

7.5.1.2 电路分析

电路分析方法是先研究各部分的线路，然后按照由部分到整体的顺序，逐次地进行研究。在研究某一部分或某一设备的线路时，应熟悉该部分的工作原理，根据它的工作性质，运用有关的连接原则，分析和掌握它的线路。具体方法可以沿着工作电流的流动方向，由电源查向用电设备，也可以逆着工作电流的方向，由用电设备查向电源。尤其查询一些不太熟悉的电路，后者比前者更方便些。

在布线图中，电气设备的图形符号一般由其外形演变而来，易于辨认；在电路原理图中则有行业公认的符号；且连线端头常常标有字母和数字，用来说明图形和线条所反映不出来的内容。由这些字母和数字所组成的图解，是表达图面内容的一种特殊语言，如导线的线号（编号）、截面积、颜色等。例如 1.5RW（或 1.5R/W）表示导线截面积为 1.5mm²，红底带白色条纹的导线。

在懂得电路图符号及数码意义的基础上，按照"化整为零、闭合回路"的原则，即可读懂电气原理图，很方便地在两个相连器件上找到这条导线，这对检查排除电路故障很有帮助。

尽管各种装载机电气设备的组成、复杂程度不同，形式各异，安装位置不一，接线也有差异，但它们都有以下几个特点：

① 装载机上多数电气设备采用单线制，分析电路原理时，从电气设备沿电路查至电

路开关、保护器件等，到电源正极。为了构成电的回路，电气设备必须搭铁，查找故障时不要忽略电器本身搭铁不良造成的故障。

② 装载机上有两个电源，即发电机和蓄电池是并联的，其间设有仪表或电路保护器（如易熔线）。

③ 各用电设备电路是并联的，并受有关的开关控制。其控制方式分为控制电源线和控制搭铁线。

④ 为防止因短路或搭铁造成线路或用电设备损坏，各电气线路中设有电路保护器件。

▶ 7.5.2　装载机全车线路识读

以柳工 CLG856 型装载机电气系统为例说明。

7.5.2.1　电源系统线路

（1）电源系统工作原理

图 7-77 所示为 CLG856 型装载机的电源系统。

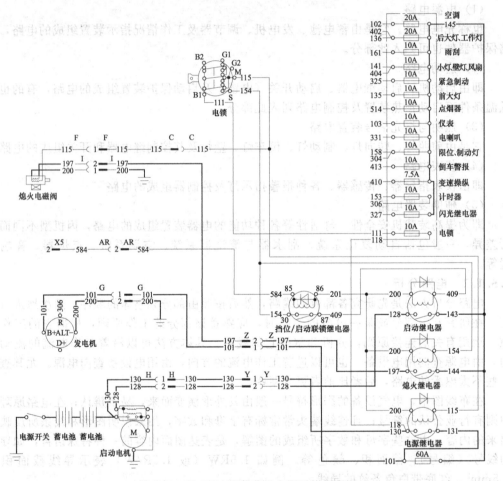

图 7-77　CLG856 型装载机电源系统原理图

① 电源开关（也称负极开关）闭合后，蓄电池（两个蓄电池串联，标称电压为 24V）的电压通过 130 号导线、插接件 H、插接件 Y 到达电源继电器的一个触点处，再通过 118 号导线、10A 电锁保险、111 号导线到达电锁的电源端（B1-B2）。

② 将电锁拧至 ON，B1-B2 端便与 M 端接通，111 号导线与 115 号导线接通，电流通

过 115 号导线、电源继电器的线圈至地（注意：地线为 200 号线）。

③ 电源继电器线圈得电后，触点开关闭合，130 号导线便与 131 号导线接通，电压通过 60A 保险到达熄火继电器触点、启动继电器触点、十五路熔断器盒中的各路分保险，全车电器负载得电。

④ 将电锁拧至启动（START）挡：

a. B1-B2 端、M 端、S 端互相接通，111 号导线、115 号导线、154 号导线接通。

b. 如果 DW-3 换挡手柄挂在空挡，则 EST-17T 控制器通过 X5 插接件处的 584 号导线输出 24V 的电压，通过 AR 插接件、挡位/启动联锁继电器的线圈至地，线圈得电后，挡位/启动联锁继电器触点闭合（30 与 87 接通），电流通过 409 号导线、启动继电器线圈至地，使启动继电器触点闭合，128 号导线与 143 号导线接通，电流通过 128 号导线、Y 插接件、H 插接件流入启动电机的电磁开关线圈，启动电机开始工作。

c. 电流同时通过 115 号导线、C 插接件、F 插接件流过熄火电磁铁的保持线圈至地；通过 154 号导线流过熄火继电器的线圈至地，使熄火继电器触点闭合，197 号导线与 144 号导线接通，电流通过 197 号导线、Z 插接件、I 插接件流经熄火电磁铁的启动线圈至地，熄火电磁铁开始工作，将燃油油路打开。

d. 启动电机带动发动机飞轮旋转，发动机启动。

e. 发动机启动后，发电机在传动皮带的带动下开始发电（标称电压 28V），发电机一方面通过 101 号导线、G 插接件、Z 插接件、131 号导线、电源继电器触点、130 号导线、Y 插接件、H 插接件、蓄电池正极输出电缆给蓄电池充电，一方面通过 60A 保险至分保险给全车负载供电。

⑤ 发动机启动后，驾驶员松开电锁钥匙，电锁自动复位至“ON”挡，154 号导线断电，启动继电器触点断开，128 号导线断电，启动电机停止工作；同时，熄火继电器触点断开，197 号导线断电，熄火电磁铁启动线圈断电，但保持线圈仍然工作，使燃油油路继续打开，发动机继续运转。

⑥ 关电锁（将电锁拧至“OFF”挡），115 号导线断电，熄火电磁铁保持线圈断电，燃油油路关闭，发动机熄火，发电机不再发电；同时，电源继电器线圈断电，触点断开，131 号导线断电，整车电器负载断电。

⑦ 断开电源开关，整车断电。

（2）主要元器件组成及检修

① 电锁（JK412A）

a. 电锁俗称钥匙开关，用来控制全车通电/断电、启动、熄火等功能。

b. JK412A 电锁有 B1-B2、M、S、G1、G2 五个引脚，G1 与 G2 引脚一般不用。

c. B1-B2 为电源引脚，接 111 号导线；M 为点火引脚，接 115 号导线；S 为启动引脚，接 154 号导线。

d. JK412A 电锁的功能挡位见表 7-11（说明：“●”表示接通，如将电锁拧至“ON”挡，则 B1-B2 与 M 接通）。

e. 判断电锁是否损坏的方法。脱开 111、115、154 号导线与电锁的连接，将电锁从车上拆下，用数字万用表的电阻 200Ω 挡按功能挡位（表 7-11）检查，如导通则为好，不导通则有故障，应修复或换新。

② 熔断器（也称保险） 熔断器是一种结构简单、使用方便、价格低廉的电气保护元件，使用时熔断器被串联在被保护电路中，当被保护电路出现过载或短路时，熔断器的熔体熔断，起到安全保护作用。

表 7-11　电锁功能与挡位的关系

项目	B1	B2	M	S	G1	G2
OFF	●	●				
ON	●	●	●			
START	●	●	●	●		●
辅助	●	●			●	

更换熔断器时，一定要用相同规格的熔断器，不允许采用铜丝作应急处理。装载机所采用的片式熔断器与平板式熔断器（60A）必须严格符合 QC/T420《汽车用熔断器》的有关规定。各种规格的片式熔断器的颜色见表 7-12。

熔断器是否熔断通过目测即可判断，也可用数字万用表的电阻 200Ω 挡检查。

表 7-12　片式熔断器的规格和颜色

BX2011C-5A	橙	BX2011C-15A	蓝
BX2011C-7.4A	棕	BX2011C-20A	黄
BX2011C-10A	红	BX2011C-30A	绿

③ 挡位/启动联锁继电器，后退警报继电器

a. 图 7-77 中使用了两个 JQ201S-PLD 型号的继电器，一个用做挡位/启动联锁继电器，一个用做后退警报继电器。

JQ201S-PLD 型继电器有 30、87、85、86 四个接线柱。85、86 之间为线圈，电阻值约 300Ω。30、87 之间为触点；且内部带有续流二极管（也称"抑制"二极管）。

b. 继电器的工作原理是线圈通电后，30、87 接通，断电后，30、87 断开。

c. 继电器是否损坏的判断方法。用万用表的电阻挡测量：85、86 之间的电阻约为 300Ω；30、87 之间的电阻无穷大。将 85 接至直流 24V 电源的正极，86 接至直流 24V 电源的负极，30 与 87 应导通。

d. 由于本继电器内部带有续流二极管，故 86 端必须接 200 号地线，不能将 200 号导线接至 85 端！否则，继电器将不能正常工作。

④ 启动继电器/熄火继电器

a. 图 7-77 中使用了两个 MZJ50A/006 型号的接触器，一个用做启动继电器，一个用做熄火继电器。该接触器有四个接线柱。两个小螺栓之间为线圈，电阻值约 70Ω。两个大螺栓之间为触点。

b. 接触器的工作原理是当线圈中有一定的电流流过时，两触点导通，当线圈断电后，两触点断开。

c. 判断启动继电器/熄火继电器是否损坏的方法。用万用表的电阻挡测量：两个小螺栓之间的电阻约为 70Ω；两个大螺栓之间的电阻无穷大。将直流 24V 电源的正极接至一个小螺栓，负极接至另一个小螺栓，两个大螺栓应导通。

⑤ 电源继电器

a. 图 7-77 中的电源继电器使用 MZJ100A/006 型接触器。该接触器有四个接线柱。两个小螺栓之间为线圈，电阻值约 6.5Ω。两个大螺栓之间为触点。

b. 接触器的工作原理基本上与 MZJ50A/006 型接触器相同，所不同的是，本继电器的线圈由推拉和保持两线圈并联组成，接触器吸合瞬间，两个线圈产生的电磁合力使衔铁动作，闭合触点开关。衔铁在推动触点开关闭合的瞬间，同时顶开接触器内部的与推拉线圈串联的小开关，使推拉线圈断电，触点开关在保持线圈的电磁力作用下，保持在闭合状态；保持线圈断电后，触点开关断开。

c. 判断本接触器是否损坏的方法。用万用表的电阻挡测量：两个小螺栓之间的电阻

约为 6.5Ω；两个大螺栓之间的电阻无穷大。将直流 24V 电源的正极接至一个小螺栓，负极接至另一个小螺栓，两个大螺栓应导通。

⑥ 熄火电磁铁

a. 图 7-77 中的熄火电磁铁属于"断电断油"型，即得电开启油路，断电关闭油路。

b. 熄火电磁铁控制发动机燃油油路的开启与关闭，因此，如果熄火电磁铁不能正常工作，发动机将不能启动，或启动后自行熄火。

c. 熄火电磁铁外接红、白、黑三线，红线与黑线之间的线圈（维持线圈）电阻约40Ω，白线与黑线之间的线圈（推拉线圈）约 1Ω。

d. 熄火电磁铁接线时，红—115，白—197，黑—200，切勿接反！否则会导致熄火电磁铁烧毁，甚至整车线路起火。

e. 熄火电磁铁的安装需严格保证拉杆的同轴度与行程。更换熄火电磁铁时，应严格按照熄火电磁铁的安装要求安装。

f. 熄火电磁铁是否正常工作的判断方法。开电锁，熄火电磁铁拉杆不会动作；将电锁拧至"START"挡的瞬间，拉杆应迅速向前动作，开启燃油油路；松开电锁钥匙，电锁自动复位至"ON"挡后，拉杆应不动（即保持在油路开启状态）；关闭电锁，熄火电磁铁拉杆复位至初始状态。否则，可断定熄火电磁铁不能正常工作，具体故障判断流程见图 7-78。

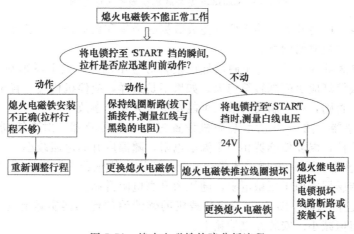

图 7-78 熄火电磁铁故障分析流程

7.5.2.2 仪表系统线路

轮式装载机仪表系统一般包括温度表（如发动机水温表、发动机机油温度表、变矩器油温表等）、压力表（发动机油压表、制动气压表、变速箱油压表等）、燃油油位表、电压表、计时器等指示仪表和温度表传感器、压力表传感器、燃油油位表传感器等。

轮式装载机仪表有动磁式仪表、液晶可编程段位式仪表、液晶可编程虚拟指针式仪表、步进电机仪表等。以 CLG856 型装载机采用的液晶可编程段位式仪表进行说明。

（1）仪表系统原理图

CLG856 型装载机仪表系统包括仪表板总成、传感器及报警压力开关，原理图见图7-79。

（2）主要元器件组成及检修

① 仪表板总成 图 7-79 所示仪表板总成包括发动机水温表、机油温度表、发动机油压表、燃油油位表、变矩器油温表、变速油压表、电压表、工作小时计八个仪表，均为十段柱状液晶显示且带背光。位于仪表盘内部的微型计算机随时监控整机的运行状况，并根

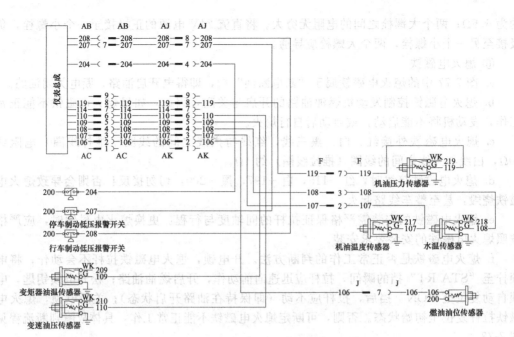

图 7-79 CLG856型装载机仪表系统原理图

据仪表、传感器、压力开关的输入信号完成数据的采集和数据处理，必要时驱动报警单元进行二级声光报警提醒驾驶员。

　　装载机发动大约30s后，行车制动低压报警灯应不闪烁；按下停车制动电磁阀开关，停车制动低压报警灯应由闪烁转至熄灭。如果不是这样，应停机检查，直至排除故障后方可行车或作业。否则，由于制动失效，可能发生重大安全事故。

　　② 温度传感器　图7-79所示装载机设置三个温度传感器，对变矩器油温、机油温度、水温进行监控，温度传感器相当于温敏电阻，随温度升高电阻减小。

　　③ 压力传感器　图7-79所示装载机设置两个压力传感器，对机油压力、变速油压进行监控。压力传感器类似于压敏电阻，随压力升高电阻升高。

　　④ 燃油油位传感器　图7-79所示装载机的燃油油位传感器实际上是一个滑线电阻，油位上升，其阻值减小。安装在燃油箱上。

　　⑤ 报警压力开关　图7-79所示装载机设置行车制动低压报警、停车制动低压报警、液压油污报警三个压力开关。

　　行车制动低压报警开关检测点与蓄能器相通，如果蓄能器压力正常，压力油将行车制动低压报警开关触点顶开，仪表板上的行车制动低压报警灯熄灭，指示系统压力正常。

　　按下停车制动电磁阀开关，制动油进入停车制动油路，当压力达到一定数值时，压力油将停车制动低压报警开关触点顶开，仪表板上的停车制动低压报警灯熄灭，指示系统压力正常。

　　随着液压油污染度的升高，液压油污报警开关检测点处的压力也会升高，当压力达到一定数值时，压力开关的触点闭合，仪表板上的液压油污报警灯闪烁，指示液压油污染严重。

　　(3) 仪表系统常见故障排除

　　① 温度表指示不正常　将温度传感器处的传感线（变矩器油温、机油温度、水温分别对应109、107、108号导线）拆下，如果传感线搭铁，仪表将显示满量程，传感线悬空，仪表将显示最小读数，说明仪表与线路良好，传感器损坏，更换传感器。否则，检查

线路，如线路良好，则为仪表故障。

② 压力表指示不正常　将压力传感器处的传感线（机油压力、变速油压分别对应119、110 号导线）拆下，如果传感线搭铁，仪表将显示最小读数，传感线悬空，仪表将显示满量程，说明仪表与线路良好，传感器损坏，更换传感器。否则，检查线路，如线路良好，则为仪表故障。

③ 燃油油位表指示不正常　将燃油油位传感器处的传感线（106 号导线）拆下，如果传感线搭铁，仪表将显示满量程，传感线悬空，仪表将显示最小读数，说明仪表与线路良好，传感器损坏，更换传感器。否则，检查线路，如线路良好，则为仪表故障。

7.5.2.3　灯光线路

（1）前大灯线路

① 原理图（见图 7-80）　开电锁后，十五路熔断器盒中的 10A 前大灯保险处得电（24V），通过 135 号导线到达变光开关，当变光开关处于断开状态时，202 与 203 号导线都不得电，左、右前大灯都不工作，当变光开关处于远光或近光挡时，202 或 203 号导线得电（24V），左、右前大灯便工作在相应挡位。

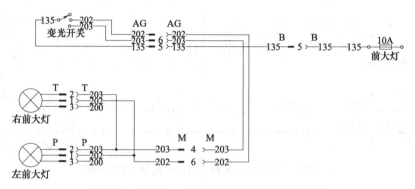

图 7-80　CLG856 型装载机前大灯线路原理图

② 主要元件组成及检修　变光开关：采用翘板开关控制。

③ 常见故障检修　前大灯线路常见故障主要是前大灯不亮：

a. 检查灯泡是否发黑，如发黑，可确定灯泡损坏，更换灯泡。

b. 拔 F 插接件 T 或 P，将变光开关分别按至远光挡与近光挡，用万用表的直流电压挡检测插接件 T 与 P 处 202 与 203 号导线的电压，如电压为 24V，检查插接件 T 与 P 连接是否可靠，如连接松动，重新连接，如连接可靠，则为前大灯内部接线松动或灯泡损坏。

如电压为 0V，按以下步骤检查。

c. 检查 10A 前大灯保险是否熔断。

d. 检查插接件 B、AG、M 连接是否可靠以及线束是否磨损。

e. 检查变光开关的挡位功能。

（2）工作灯、后大灯、壁灯线路

驾驶室顶上前面两个灯定义为工作灯，后面两个灯定义为后大灯，壁灯开关自带。

工作灯、后大灯、壁灯线路原理见图 7-81。基本原理、系统故障检修与前大灯线路基本一致，此处不再赘述。

（3）转向灯线路

① 转向灯线路原理图见图 7-82。

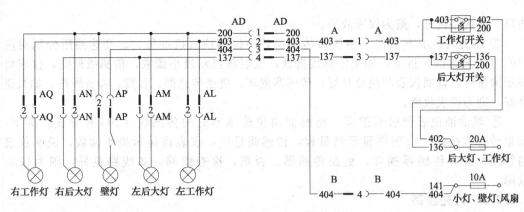

图 7-81　CLG856 型装载机工作灯、后大灯、壁灯线路原理图

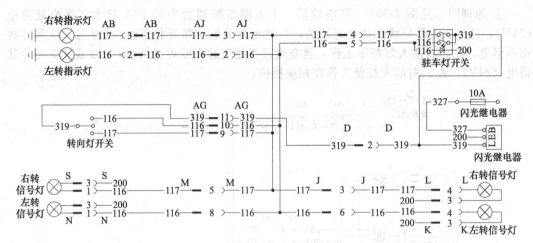

图 7-82　CLG856 型装载机转向灯线路工作原理图

② 主要元件组成及检修。

a. 组合开关　转向灯开关由组合开关的部分功能实现，用到的三个引脚为 49a、R、L，其中 49a 接转向闪烁电源（319 号导线），R 接左转信号线（116 号导线），L 接右转信号线（117 号导线）。

b. 闪光继电器（SG253）　闪光继电器三个引脚定义为：B—电源端，接 327 号导线，L—闪烁信号输出端，接 319 号导线，E—地，接 200 号导线。正常工作时，闪光继电器会发出轻微的"哒、哒、哒"声，频率约为每分钟 50 次。否则，可断定闪光继电器损坏。

c. 驻车灯开关　驻车灯开关控制四个转向灯与仪表板上的两个转向指示灯，闭合本开关，四个转向灯与两个转向指示灯同时闪亮。在某些特殊情况下（例如，装载机在夜间因某种原因需停靠路边），可闭合本开关，使四个转向灯与两个转向指示灯同时闪亮，以警示过往车辆。

（4）小灯线路

小灯线路原理（见图 7-83）、系统故障检修与前大灯线路基本一致，此处不再赘述。

（5）制动灯线路

① 制动灯线路原理（见图 7-84）　踩刹车时，制动灯开关处的制动油压将制动灯开关触点闭合，电流便由 10A 限位、制动灯保险处通过 304 号导线、制动灯开关、301 号导线流过两个制动灯，使制动灯亮。

② 主要元件组成　制动灯开关：为常开触点，约 5bar 时动作，触点闭合。

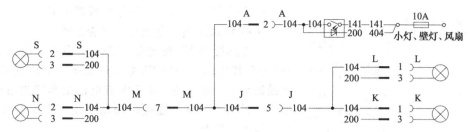

图 7-83　CLG856 型装载机小灯线路原理图

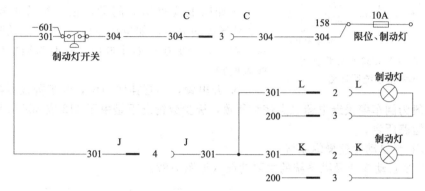

图 7-84　CLG856 型装载机制动灯线路原理图

③ 常见故障检修　首先确定制动压力是否正常（开电锁，如仪表板上行车制动低压报警灯不闪烁，说明制动压力正常，否则，发动装载机，至行车制动低压报警灯不闪烁为止），如正常，拔下制动灯开关处的导线，用万用表的电阻 200Ω 挡检测检测开关的两个引脚，若在不踩刹车时测量，电路应为"断"，当踩刹车时测量，电路应为"通"。如检测结果不一致，说明压力开关已损坏，需要更换。

7.5.2.4　信号系统线路

（1）电喇叭线路

① 电喇叭线路原理（见图 7-85）　开电锁，10A 电喇叭保险处得电（24V），按下电喇叭开关，电流便由 10A 电喇叭保险—电喇叭—电喇叭开关—地，电喇叭断续蜂鸣。

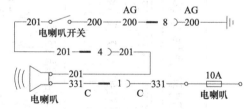

图 7-85　CLG856 型装载机电喇叭线路原理图

② 常见故障检修　开电锁，按下电喇叭开关时，电喇叭不响：

a. 检查 20A 电喇叭保险是否熔断。

b. 检查电喇叭开关（方向机中间的按钮开关或组合开关上的按钮开关）是否正常工作，正常情况下，按下电喇叭按钮开关，201 号导线接地。

c. 检查插接件是否松动及线束是否磨损。

d. 检查电喇叭是否损坏（将电喇叭的两个接线柱一个接 24V 电源，一个接地，如电喇叭不响，可确定为电喇叭损坏）。

（2）倒车警报系统线路

① 倒车警报系统线路原理（见图 7-86）　开电锁，10A 倒车警报保险处有电（24V），挂倒挡，控制单元 EST-17T 便通过插接件 X5 处的 588 号导线输出 24V 电压，倒车警报继电器线圈使继电器触点闭合，412 号导线得电，倒车警报器蜂鸣。

② 常见故障检修

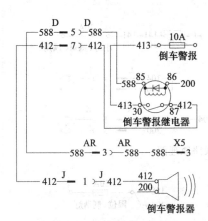

图 7-86 CLG856 型装载机倒车警报系统原理图

a. 开电锁，挂倒挡，倒车警报器不响：

• 检查 10A 倒车警报保险是否熔断。

• 在插接件 X5 处与倒车警报继电器处分别检测 588 号导线电压。如果 X5 处 588 无电，请检查 ZF 变速操纵系统，如果 X5 处 588 有电而倒车警报继电器处 588 无电，一般为插接件松动或线束磨损导致 588 号导线中间断路。

• 检查倒车警报继电器是否损坏。

• 如以上检查均无问题，在倒车警报器处检查 412 号导线的电压，如电压正常（24V），说明倒车警报器损坏，需更换；如无电压，一般为插接件松动或线束磨损。

b. 开电锁，不管挂何挡位，倒车警报器都响。此类故障一般为倒车警报继电器触点烧结所致，极少数情况下是由于 412 或 588 号导线与某根电源线短路所致。

（3）ZF 半自动变速操纵系统

① ZF 半自动变速操纵系统的主要功能（见图 7-87）

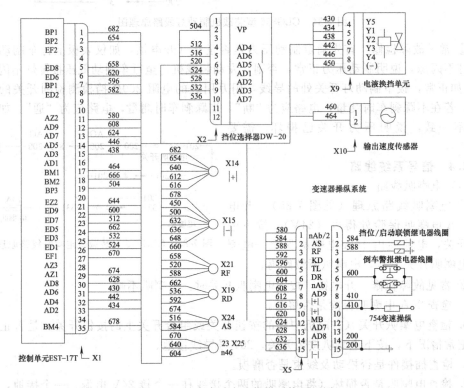

图 7-87 ZF 半自动变速操纵系统原理图

a. 空挡/启动联锁保护功能 只有当换挡手柄挂空挡时整车才能启动，这是本系统特有的空挡保护功能。当手柄挂挡时，584 号导线输出 24V 电压至挡位/启动联锁继电器线圈，使挡位/启动联锁继电器触点闭合，接通后续电路，整车方可启动。

b. 动力切断功能（刹车脱挡功能） 控制单元 EST-17T 通过检测制动阀上的制动灯开关及紧急制动动力切断开关的状态后决定是否给电液换挡单元（也称变速操纵阀）发出

切断动力的指令。当驾驶员踩下制动阀踏板时，制动灯开关闭合，EST-17T检测到这一信号后给变速操纵阀发出切断动力的指令；同样，当驾驶员提起停车制动电磁阀开关时，停车制动电磁阀断电，EST-17T检测到这一信号后也给变速操纵阀发出切断变速箱动力输出的指令。

动力切断功能在前进或后退1、2挡中发生作用，当装载机处于高速挡位时，为保证行车安全，控制单元EST-17T不会切断变速箱动力输出，这是由装载机的行驶特性决定的。

c. 直接换向功能　该机换挡手柄没有换向联锁，驾驶员可以根据装载机车速进行直接换向。说明如下：

对前进1挡和2挡，可随时直接挂入相应的倒挡[1F (=) 1R和2F (=) 2R]。

当超过二挡的最高车速时，本系统通过程序控制，先将挡位降到目前行驶方向的二挡位置，稍后挂上反方向二挡，最后变速至预选的挡位。

d. 起步限速功能　该机起步时，不管手柄选择的挡位如何，变速箱的实际挡位都处于一挡或二挡，也就是说：机器只能以低于二挡的车速起步，起步后方可一步一步往新的高挡挂挡。速度传感器随时将车速的检测信号传给控制单元EST-17T，控制单元EST-17T再决定是否允许挂高挡，限速值约为14km/h，即最高只能挂2挡起步，只有在车速超过限速值时，才允许挂3、4挡，如车速未达此值，虽然挂了3或4挡，装载机也只以2挡的速度行走（也就是根据路面状况决定车速），本功能与空挡联锁保护功能均为保护行车安全设置。

e. 专用强制换低挡功能　通过变速操纵手柄上的强制换低挡按钮，当挡位设置在前进2挡"2F"或倒2挡"2R"时轻轻按一下这个功能键，变速箱挡位可自动切换到相应的1挡。通过程序，以下途径可消除强制换低挡功能：再按强制换低挡键；改变行驶方向；转动手柄改变挡位；超过限速范围。

一旦换入空挡后，强制换低挡功能便自动中止。此功能和直接换向功能配合，使得装载机在铲装物料作业时，频繁地切换挡位变得十分方便。例如，装载机以前进二挡的速度行走，接近料堆时，按KD键，自动降为前进一挡，在装好料后，再挂倒挡，则自动挂为后退二挡，装载机以二挡速度退出，从而节省了装载机传统的从前二挡换至前一挡、空挡、后一挡，后二挡所花费的时间，提高了工作效率。

f. 失效时系统自我保护功能　控制单元EST-17T连续监控着所有来自换挡手柄和速度传感器的输入信号和电磁阀的输出信号，当出现异常信息组合（如线路断开，控制单元EST-17T地线断路，离奇信号）时，控制单元EST-17T立即转换至空挡状态锁止所有输出信号，电源超过规定限制或发生断路时也如此，因此当装载机出现挂挡得不到实现时，应仔细检查控制单元EST-17T外围电路，以判断是否出现元件或线路故障。

输出速度传感器发生故障时，挂高挡便不能超过2挡，但能从3或4挡往低挡挂，此外倒车时，也只能从3挡降至2挡，然后挂入相应的最高挡位，由于传感器失效，变速箱会自动一步一步换入预选的较低挡位（2挡）。

② 系统主要部件组成及检测

a. 控制单元EST-17T

• 控制单元是本系统的核心，它检测换挡手柄的换挡指令、压力开关的动力切断信号以及输出速度传感器的频率信号并作出相应处理后，控制电液换挡单元的五个电磁铁的组合动作，同时控制输出相应的高、低电平通过584号导线控制挡位/启动联锁继电器的线圈，通过588号导线控制倒车警报继电器的线圈。

• 控制单元EST-17T是否损坏的判定方法：

听——开电锁，将耳朵贴近控制单元 EST-17T，应能听到内部继电器吸合的"滴答"声，否则，可断定控制单元 EST-17T 已损坏。

闻——如闻到控制单元 EST-17T 烧糊的味道，可断定控制单元 EST-17T 已损坏。

看——拆出控制单元 EST-17T 的内部印制板，看是否烧毁。

有时，控制单元 EST-17T 已损坏，但通过上述三种方法都无法断定。此时，首先请仔细检查系统其他元件（换挡手柄、变速操纵阀、速度传感器、压力开关等）是否损坏、7.4A 变速操纵保险是否熔断、线束是否磨损以及各插接件连接是否可靠，如仍不能排除故障，则应更换控制单元 EST-17T 再试车。

• 在控制单元 EST-17T 上的线束插接件（X1）处检测系统的其他电器故障。具体检测方法如下：

拔下 X1 插接件（35 芯），插接件插芯的排列顺序为：左下角为 1 号芯，顺序排列至左上角的 18 号芯，右下角为 19 号芯，顺序排列至右上角的 35 号芯。

检测系统电压与地：在 X1 处检测电源与地，18 号芯与 35 号芯应与车架接通，开电锁后，1 号芯与 2 号芯应有 24V 的电压。否则检查 7.4A 变速操纵保险是否熔断，X5 插接件是否松动，线束是否磨损并做出相应处理。

检测速度传感器：在 X1 处检测速度传感器，17 号芯与 27 号芯之间的电阻值应在 920～1120Ω。否则，按以下步骤检查：首先检查速度传感器处的插接件（X10）连接是否可靠。接着拧开速度传感器处的插接件（X10），观察速度传感器的两个插针上是否有油漆、是否生锈，并作出相应处理。然后用万用表测量速度传感器两个插针之间的电阻。如测量值接近 1020Ω，检查线束是否磨损；如测量值不在 920～1120Ω，可断定为速度传感器损坏，应更换速度传感器。

检测换挡手柄 DW-3：F、R、N1、N2、N3、N4 表示手柄挂相应的挡位，25、5、8、23、26、29 为 X1 插接件的芯号，"●"表示"通"（如手柄挂在"F"挡时，25 号芯与 23 号芯接通，用万用表测量 25 号芯与 23 号芯之间的电阻，测量值应在 1Ω 以内；又如手柄挂在"N1"挡时，25 号芯、26 号芯、29 号芯互相接通，用万用表测量 25、26、29 号芯之间任意两个插芯之间的电阻，测量值应在 1Ω 以内）。如果测量结果与表 7-13 不一致，请检查换挡手柄插接件（X2）是否松动，线束是否磨损；否则，可断定换挡手柄损坏，更换手柄。

检查变速操纵阀上的五个电磁铁：用万用表电阻 200Ω 挡在 X1 处检测电磁铁组件，35 号芯与 14 号芯、35 号芯与 15 号芯、35 号芯与 31 号芯、35 号芯与 32 号芯、35 号芯与 33 号芯之间的测量值均应为 85～100Ω。否则，检查变速操纵阀上的 X9 插接件，如插接件连接可靠，可断定为电磁铁损坏。

检测动力切断压力开关：开电锁，发动机发动大约 30s 后，观察仪表板上的行车制动报警灯应不闪烁；按下停车制动电磁阀开关，紧急制动报警灯应由闪烁转至熄灭。如果不是这样，请停机检查，直至排除故障后方可行车，如果是这样，可进行下一步的检测工作。将装载机停在平坦的地方，提起停车制动电磁阀开关，接合动力切断选择开关（开关上的指示灯亮，表示开关已闭合）。关电锁，使整机熄火。拔下 X1 插接件，再开电锁，用数字万用表的直流 200V 挡进行测量，红表笔搭 X1 插接件的 22 号芯，黑表笔搭地。测量数据应如表 7-14 所示，如与表不一致，说明动力切断线路已发生电器故障，具体故障分析及处理方法见有关"动力切断线路"章节。

b. 换挡手柄 DW-3（或 DW-2）

• 启动装载机时，手柄一定要挂空挡，否则整车无法启动。

表 7-13　换挡手柄 DW-3 的检测

项目	在 X1 处检测换挡手柄					
	25	5	8	23	26	29
F	●			●		
R		●				
N1	●				●	●
N2	●					●
N3	●		●			●
N4	●				●	

• 当机器熄火后或维修检测时，将锁定钮旋向 "N" 位置，此时，手柄内部机械锁定，手柄无法挂 "F" 与 "R" 挡，请勿用力前推或后拉手柄，否则将损坏手柄！应先将红色锁定钮旋至 "D" 位置，方可挂 "F" 或 "R" 挡行车。

• 插接件 X2 松动将导致整车无任何挡位或挡位时有时无。

表 7-14　动力切断压力开关检测

动力切断选择开关状态	行车制动踏板状态	停车制动电磁阀开关状态	22 号芯的电压/V
闭合	不踩	按下	0
闭合	踩	按下	约 24
闭合	不踩	提起	约 24
断开	任意	按下	0
断开	任意	提起	约 24

• 换挡手柄 X2 检测方法见图 7-88。"●" 表示与红线（ED1）相通〔如手柄挂在 "F1" 挡时，有且仅有导线 AD4（黄色）与红线接通，AD1（蓝色）与红线接通，AD3（黑色）与红线接通，当按 "KD" 键时，AD7（紫色）与红线接通〕。注意：不管手柄处于任何挡位，AD3（黑色）与 ED1（红色）总接通。

如果检测结果与图示不一致，说明手柄损坏，需更换换挡手柄。

• 手柄损坏可能导致：整车无任何挡位；无前进挡或后退挡；无某一挡位；挡位混乱等。

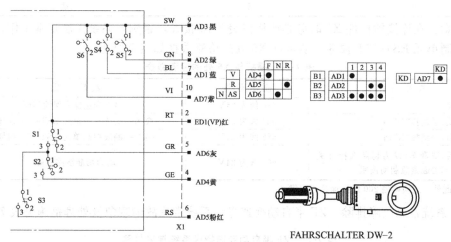

图 7-88　CLG856 型装载机换挡手柄原理与挡位检测

c. 换挡电磁铁组件　指变速操纵阀上的五个电磁铁，作为本系统的执行元件，换挡电磁铁接收控制单元 EST-17T 发出的换挡指令，通过控制变速操纵阀内部油路来控制变速箱内的挡位离合器，从而使整车处于某一挡位。

• 五个电磁铁的电阻均为 90Ω 左右，X9 插接件处有 A、B、C、D、E、F 六个插芯，

F 为五个电磁铁的公共插芯。（可用万用表的电阻 200Ω 挡在 X9 插接件 X9 处检测，A-F、B-F、C-F、D-F、E-F 的电阻值均应在 85～100Ω），否则，可断定电磁铁损坏，需更换电磁铁。

• X9 插接件松动会导致整车无任何挡位或挡位时有时无。

d. 速度传感器　速度传感器检测变速箱输出齿轮的转速，控制单元 EST-17T 采集此转速信号后，再综合换挡手柄的挡位指令，决定是否将变速箱挂高挡（由 2 挡至 3 挡）。因此，如果速度传感器损坏，整车将无三、四挡。

速度传感器的电阻值为（1020±100）Ω。可用万用表电阻挡进行检测，拧松后拔下插接件 X10，测量速度传感器两个插针之间的阻值，测量值应在 1020Ω 左右，否则，可断定速度传感器损坏。

此外，速度传感器插针上有油漆、灰尘等脏物或插针生锈等都会导致接触不良，从而导致整车无三、四挡或三、四挡时有时无。

注意：连接速度传感器处的插接件 X10 必须线束朝下，以免雨水沿线束流入插接件内，腐蚀插接件插芯与速度传感器的插针。

e. 插接件 X5　插接件 X5 是 CLG856 装载机线束与 ZF 线束的连接端口。具体接线见表 7-15。

表 7-15　插接件 X5 与 ZF 线束的连接端口

导　　线	对应插芯	功能描述
584	2	空挡联锁信号输出
588	3	后退挡位信号输出
600	6	动力切断信号输入
410	9	电源
410	10	电源
200	14	地
200	15	地

注意：在连接插接件 X5 时务必严格按表 7-15 接线，否则，系统无法正常工作，甚至引起控制单元 EST-17T 损坏。插接件 X5 处的检测数据如表 7-16 所示。

表 7-16　插接件 X5 处的检测数据

检测条件	检测数据	故障原因
开电锁	410 线为 24V	7.4A 变速操纵保险熔断
开电锁，手柄挂"N"挡	584 线为 24V	换挡手柄或控制单元 EST-17T 损坏
开电锁，手柄挂"R"挡	588 线为 24V	换挡手柄或控制单元 EST-17T 损坏
发动后，踩刹车（动力切断选择开关闭合时）或提起紧急制动按钮	600 线为 24V	动力切断线路故障

注：此外，还须检测 200 线接地是否牢靠。

③ 系统常见故障排除　ZF 半自动变速操纵系统常见故障现象及处理措施见表 7-17。

表 7-17　ZF 半自动变速操纵系统常见故障

故障现象	故障原因	处理措施
不能启动	未挂空挡	挂空挡，重新启动
	7.4A 保险烧断	更换 7.4A 保险，如保险仍然熔断，需仔细检查电路，查明原因后再更换
	控制单元 EST-17T 损坏	更换控制单元 EST-17T
	手柄 DW-3 损坏	更换手柄 DW-3

故障现象	故障原因	处理措施
无任何挡位	紧急制动按钮未按下	按下紧急制动按钮，重新挂挡
	手柄 DW-3 损坏	更换手柄 DW-3
	控制器 EST-17T 损坏	更换控制单元 EST-17T
	变速箱油位不正常	检查油位，并作出相应处理
无三、四挡	速度传感器损坏	更换速度传感器
无一、二挡	制动灯开关损坏	更换制动灯开关，应急处理时可断开动力切断选择开关
	紧急制动动力切断开关损坏	更换紧急制动动力切断开关，应急处理时可在插接件 X5 处断开 600 号导线

注：1. 有时，装载机表面故障现象也无三、四挡，实际上是由于挂不上二挡（通过仪表板上的变速油压表可以判断，手柄在1挡与2挡之间切换时，如变速油压表无反应，说明整车无二挡），整车速度无法达到二挡至三挡的切换速度，从而使整车无三、四挡

2. 如果在检测后确定电器部分正常，则应考虑机械原因，如油位不正常、变速操纵阀卡住、换挡油路泄漏等，详细的信息请参考变速箱部分的相关内容。

7.5.2.5 辅助装置线路

（1）自动复位系统

① 自动复位系统工作原理（见图 7-89）

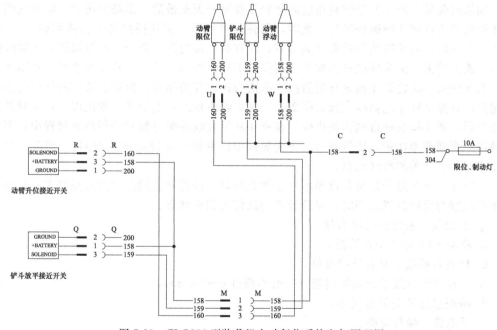

图 7-89　CLG856 型装载机自动复位系统电气原理图

a. 动臂提升限位

• 功能。由安装在动臂上的磁铁及相关位置的接近开关与先导操纵阀上的动臂提升限位电磁线圈实现。

• 在接近开关上有一红一绿两个指示灯；绿灯指示电源状态，开电锁后，绿灯一直点亮；红灯指示接近开关的状态（实指接近开关上的红色电源线与蓝色输出线是否接通）。

如果驾驶员将动臂操纵杆扳至最后，磁路即闭合，电磁线圈所产生的磁场力将动臂操纵杆吸住（此时，驾驶员可松手，动臂操纵杆不会弹回中位），动臂将一直上升，直至磁铁与接近开关对齐，在对齐的一瞬间，接近开关断开，红灯熄灭，电磁线圈失电，磁力消失，动臂操纵杆在弹簧力的作用下自动弹回中位，动臂不再提升，之后，接近开关又将闭

合，红灯点亮，电磁线圈得电。但由于磁路不闭合，线圈中只通过很小的电流，并且全部以热量的形式散发。

• 特征。在磁铁与接近开关对齐的瞬间，接近开关的红灯迅速由亮—灭—亮，其余时间，红灯一直处于点亮状态。

b. 动臂浮动　动臂浮动功能由先导阀中的动臂浮动线圈实现，开电锁后，线圈一直得电，当驾驶员将动臂操纵杆推至最前时，磁路即闭合，电磁线圈所产生的磁场力将动臂操纵杆吸住（此时，驾驶员可松手，动臂操纵杆不会弹回中位），先导阀通过控制分配阀使得动臂油缸大、小油腔的油路都与油箱接通，大、小油腔的压力都为零，压差也为零。如果驾驶员在进行铲装作业时将动臂操纵杆推至浮动位置，则铲斗将随着地面的起伏而起伏；如果驾驶员将动臂操纵杆推至浮动位置以操纵动臂下降，则动臂将在自重的作用下以最快速度下降，从而提高工作效率。

c. 铲斗收平限位

• 功能。由安装在转斗油缸上的磁铁及相关位置的接近开关与先导操纵阀上的铲斗收平限位电磁线圈组成。

• 在接近开关上有一红一绿两个指示灯；绿灯指示电源状态，开电锁后，绿灯一直点亮；红灯指示接近开关的状态（实指接近开关上的红色电源线与蓝色输出线是否接通）。

如果驾驶员在铲斗处于卸料角度时将铲斗操纵杆扳至最后，磁路即闭合，电磁线圈所产生的磁场力将铲斗操纵杆吸住（此时，驾驶员可松手，铲斗操纵杆不会弹回中位），铲斗将一直回收，直至磁铁与接近开关对齐，对齐后，接近开关断开，红灯熄灭，电磁线圈失电，磁力消失，铲斗操纵杆在弹簧力的作用下自动弹回中位，铲斗停在水平位置不再回收，当驾驶员再次将铲斗操纵杆朝后扳，磁铁与接近开关错位，但接近开关的红灯仍然保持熄灭，且操纵杆不能保持在极后位置，至最大收斗角时，由于机械限位停止，此时驾驶员松手后，铲斗操纵杆自动弹回中位。在铲斗从最大收斗角外倾至卸料角的过程中，需要驾驶员一直朝前推住铲斗操纵杆（因为先导阀中没有铲斗前倾的电磁线圈），铲斗通过水平位置时接近开关的红灯点亮。

• 铲斗。铲斗处于卸料角度至水平位置之间时，接近开关的红灯为点亮状态；铲斗处于水平位置与极后位置之间时，接近开关的红灯为熄灭状态。

② 自动复位系统的故障检修

a. 检查 10A 保险是否熔断。

b. 检查各插接头是否连接良好。

c. 检查磁铁与接近开关的间隙（一般不超过 8～10mm）。

d. 检查接近开关是否损坏。

e. 开电锁，绿灯应亮。

f. 模拟工作装置工作时磁铁与接近开关的相对运动关系，观察红灯状态是否正确。

g. 检查先导线圈：三个先导线圈的电阻值应大致相等且约为几百欧姆。

h. 检查压板与先导电磁线圈阀杆的间隙：将操纵杆扳至任一方向（前或后）的极限位置，在相反方向的电磁线圈阀杆与压板的间隙应在 0.5～1.27mm。

(2) 停车制动与动力切断线路

① 停车制动与动力切断线路原理（见图 7-90）

a. 开电锁，7.4A 变速操纵、10A 紧急制动、10A 限位/制动灯保险处都有电（24V）。

b. 提起停车制动电磁阀开关，325 与 600 号导线接通，24V 电压信号通过插接件 X5 处的 600 号导线输入控制单元 EST-17T，从而切断变速箱一、二挡动力输出。

c. 按下停车制动电磁阀开关，325 与 326 号导线接通，此时，如果蓄能器压力低于

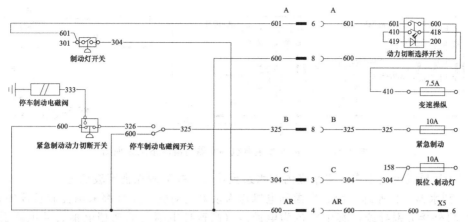

图 7-90　CLG856 型装载机停车制动与动力切断线路原理图

正常范围，紧急制动动力切断开关常闭触点接通（即 326 与 600 号导线接通），24V 电压信号通过插接件 X5 处的 600 号导线输入控制单元 EST-17T，从而切断变速箱一、二挡动力输出；同时，333 号导线无电，停车制动电磁阀不工作，整车处于停车制动状态。如果蓄能器压力正常，紧急制动动力切断开关常开触点接通（即 326 与 333 号导线接通），停车制动电磁阀得电工作，解除紧急制动；同时，600 号导线无电，变速箱动力正常输出。

　　d. 踩刹车时，制动灯开关触点闭合，601 号导线得电，此时，如果动力切断选择开关闭合（指示灯亮），600 号导线得电（24V）且通过插接件 X5 输入控制单元 EST-17T，从而切断变速箱一、二挡动力输出；如果动力切断选择开关断开，600 号导线无电，变速箱动力正常输出。

　　② 主要元件组成

　　a. 停车制动电磁阀开关。本开关由按钮与两个触点块（一个常开触点块，一个常闭触点块）组成，提起按钮时，常闭触点接通，常开触点断开，按下按钮时，常闭触点断开，常开触点接通。

　　b. 动力切断选择开关。

　　c. 制动灯开关：见制动灯线路。

　　d. 紧急制动动力切断开关：本压力开关有两组触点，一组常开，一组常闭，三个接线柱，中间接线柱为两组触点的公共接线柱。当压力达到某一数值时，常闭触点断开，常开触点闭合。

　　③ 常见故障检修　常见故障是整车无一、二挡。一般是由于压力开关（制动灯开关与紧急制动动力切断开关）损坏、停车制动电磁阀开关触点块损坏等原因导致 600 号导线总有 24V 电压输入控制单元 EST-17T，从而切断变速箱一、二挡动力输出所致。可通过检测 600 号导线的电压判定。具体步骤如下：

　　a. 断开动力切断选择开关后，试车，如一、二挡恢复，一般为制动灯开关损坏（判断方法见制动灯线路）；如仍无一、二挡，接下一步骤。

　　b. 拔下紧急制动动力切断开关处的 600 号导线，试车，如一、二挡恢复，一般为紧急制动动力切断开关损坏；如仍无一、二挡，检查停车制动电磁阀开关是否损坏。

　　（3）刮水器与清洗器系统

　　① 刮水器与清洗器系统原理（见图 7-91）

　　a. 清洗器工作原理　开电锁，10A 雨刮保险得电（24V），接通水洗开关，水洗马达

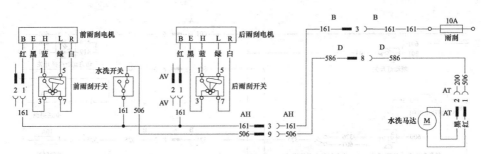

图 7-91　CLG856 型装载机刮水器与清洗系统原理图

通过 506 号导线得电工作，将水壶内的水泵至喷头，并喷洒在视窗玻璃上。

　　b. 刮水器工作原理　前、后雨刮电机均为永磁电动机，并且都采用控制负极的方法。雨刮电机外接五根导线，其中红色为电源线（高速挡电枢与低速挡电枢公共电刷引线），黑色为负极线（通过电机外壳与地相连），蓝色为高速挡电枢另一电刷引线，绿色为低速挡电枢另一电刷引线，白色为复位线。开电锁后，161 号导线得电（24V）。如果雨刮开关处于 I 挡，引脚 3 与引脚 5 接通，电机运行在低速挡；如果雨刮开关处于 11 挡，引脚 3 与引脚 1 接通，电机运行在高速挡；如果关闭雨刮开关（即由 I 挡变为 0 挡），引脚 5 与引脚 7 接通，由于关闭开关的瞬间，刮水器未停止在初始位置，电流通过 161 号导线—低速挡电枢—雨刮开关引脚 5—雨刮开关引脚 7—白色复位线—地（说明：电机内部有一自动停位装置，保证刮水器总能停止在初始位置，当刮水器处于初始位置时，复位线与电源线接通，否则，复位线与负极线接通），电机继续运转，当刮水器运转至初始位置时，复位线与电源线接通，雨刮电机低速挡电枢被短路，电机在惯性的作用下继续运转而发电，产生电磁制动力矩而立即停止转动。

　　② 常见故障检修

　　a. 雨刮电机不工作　检查 10A 雨刮保险是否熔断。检查雨刮开关是否损坏。检查插接件是否松动及线束是否磨损。检查雨刮电机电枢是否短路或断路。

　　b. 喷头不喷水　观察电机是否运转且能否泵水。检查水路是否断开（水管断开或扎得过紧）。检查喷头是否堵塞。

　　（4）点烟器线路

　　① 点烟器线路原理（见图 7-92）　开电锁，10A 点烟器、电喇叭保险得电（24V），通过 514 号导线、插接件 B、AH 至点烟器底座的电源接线柱，当按下点烟器时，电阻丝通电，到达一定温度时，点烟器自动弹起，此时，可取出点烟器点烟。

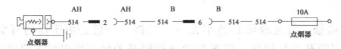

图 7-92　CLG856 型装载机点烟器线路原理图

　　② 常见故障检修　点烟器不能正常工作：检查 20A 点烟器保险是否熔断。检查插接件是否松动及线束是否磨损。检查点烟器是否损坏。

　　（5）空调电路

　　① 空调电路原理图　参见图 7-93。

　　② 空调操纵面板　参见图 7-94。

　　③ 主要元件介绍

　　a. 风量开关　挡位见表 7-18（说明："●"表示接通，如低速时，则 B、C、L 相互接通）。

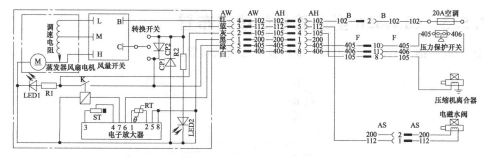

图 7-93 空调电路原理图

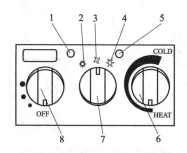

图 7-94 空调操纵面板示意图

1—红色指示灯；2—暖风；3—自然风；4—冷风；5—绿色指示灯；6—温控开关；7—转换开关；8—风量开关

表 7-18 挡位

项　　目	B	C	L	M	H
OFF					
低速	●	●	●		
中速	●	●		●	
高速	●	●			●

b. 温控开关 温控开关（对应原理图中的 ST）实际上是一个带滑动触点和断开位置的电阻器，其阻值范围为 0～10kΩ。

c. 热敏电阻 RT 负温度系数，此电阻装在蒸发器内部，其阻值与蒸发器内部温度一一对应。当温度为 0℃时，电阻 12.5kΩ，当温度为 15℃时，电阻 4.8kΩ。

d. 电子放大器 电子放大器的 1、2 脚之间接热敏电阻 RT，3、4 脚之间接温控开关，5 与 8 脚接地，6、7 脚之间为一个无触点开关，此开关受温控开关与热敏电阻控制，当温控开关设定在某个阻值上时，通过电子放大器的比较放大，便确定了使无触点开关由通转断与由断转通的热敏电阻的两个临界电阻值（对应蒸发器内部的两个临界温度，一般来说，由通转断的临界温度比由断转通的临界温度要低）。表 7-19 给出了温控开关电阻值为 10kΩ 与 200Ω 时电子放大器无触点开关动作的临界温度（℃），以供参考。

表 7-19 无触点开关动作的临界温度　　　　　　　　　　　　℃

温控开关电阻值为 10kΩ 时		温控开关电阻值为 200Ω 时	
由通转断	由断转通	由通转断	由断转通
0	3.5	14.5	18

e. 压缩机离合器功率：42W。

f. 电磁水阀：线圈电阻约 20Ω。

g. 压力保护开关：当压力在 0.2～2.65MPa 时，触点闭合。此开关安装在储液瓶上。

④工作原理及常见故障排除参见有关章节内容。

7.5.3 CLG856 型装载机的线束布置

图 7-95～图 7-105 为 CLG856 型装载机的线束布置。

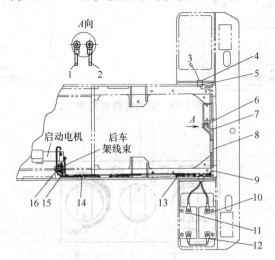

图 7-95 蓄电池线路线束布置

1—负极开关电缆；2、9—蓄电池负极搭铁电缆；3—接电举升系统；4—橡胶圈；5—护孔圈；6—负极开关；
7—负极开关搭铁电缆；8、14—双头螺栓；10—蓄电池；11—蓄电池正极至启动机电缆；
12—蓄电池连接电缆；13—扎带；15—启动机搭铁电缆；16—胶板

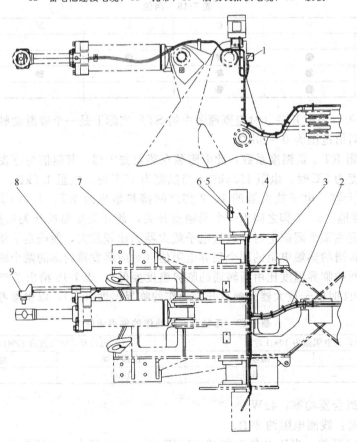

图 7-96 前车架线路线束布置

1—动臂限位开关；2—前车架线束；3—扎带；4—垫圈；5、7—螺栓；6—电喇叭；8—线夹；9—铲斗放平限位开关

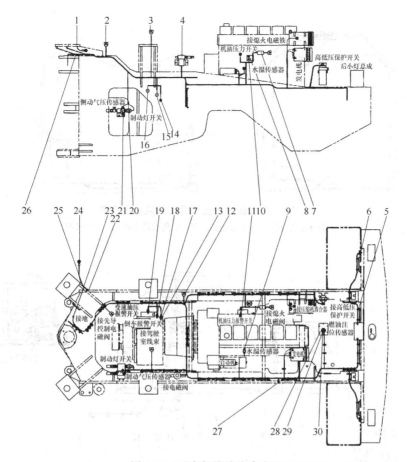

图 7-97　后车架线路线束布置

1—至驾驶室接地螺纹孔；2—接先导电磁控制阀；3—接驾驶室线束；4—电磁水阀；5—扎带；

6—橡胶圈；7—线圈管理器；8—固定板；9—水温传感器；10、27—螺栓；

11—机油压力报警开关；12—接乙醚辅助启动电磁阀；13、14—变矩器油温传感器；

15—倒车警报压力开关；16—变速油压报警开关；17—温度传感器；

18～20—压力开关；21—气压传感器；22、30—垫圈；23—接地；

24—至驾驶室接地螺纹孔；25—车架连接电缆；

26—后车架线束；28——橡胶垫；29—油位计

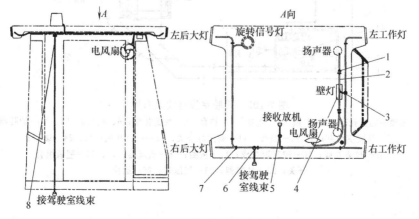

图 7-98　顶灯线路线束布置

1、3、5、8—护孔圈；2—室内线束；4—壁灯；6—顶灯线束；7—扎带

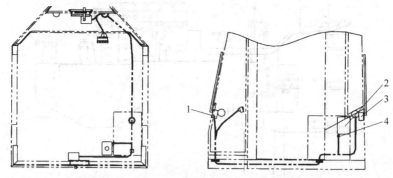

图 7-99　刮水器与清洗器系统线路线束布置

1—前刮水器总成；2—水壶总成；3—后刮水器总成；4—护孔圈

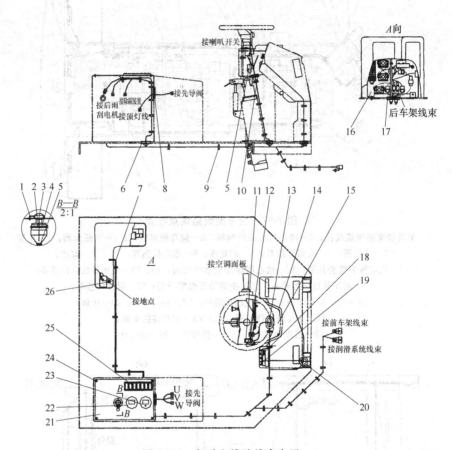

图 7-100　驾驶室线路线束布置

1—电锁钥匙护孔套；2—电锁；3—扎带；4—护套；5—尼龙扎带；6、8、10、13、20—护孔圈；
7—驾驶室线束；9、21—盖板；11—前大灯开关；12—组合开关；14、24—螺钉；
15—仪表总成；16—控制箱总成；17—垫圈；18—点烟器；19、25—翘板组合
开关；22—计时器；23—气压表；26—螺栓

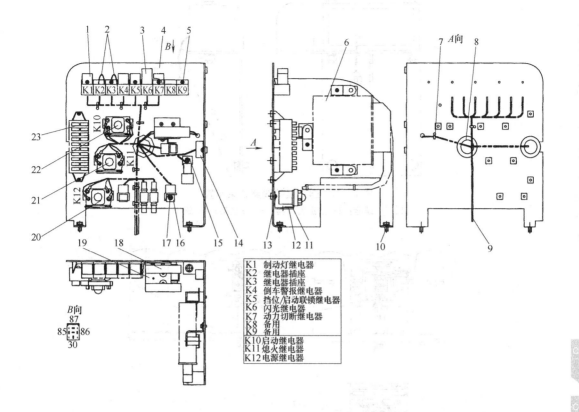

图 7-101　控制箱总成线路线束布置

1—控制继电器；2—短接线；3—电子闪光器；4—控制器安装板；5、13、17—螺钉；6—ZF变速控制器；

7—扎带；8—护孔圈；9—驾驶室线束；10、12—螺栓；11—继电器板；14—二极管组件；

15—KET插接件安装板；16—16芯插接件；18—保险；19—保险安装板；

20—MZJ-100A/006继电器；21—MZJ-50A/006启动继电器；

22—继电器；23—保险铭牌

K1	制动灯继电器
K2	继电器插座
K3	继电器插座
K4	倒车警报继电器
K5	挡位/启动联锁继电器
K6	闪光继电器
K7	动力切断继电器
K8	备用
K9	备用
K10	启动继电器
K11	熄火继电器
K12	电源继电器

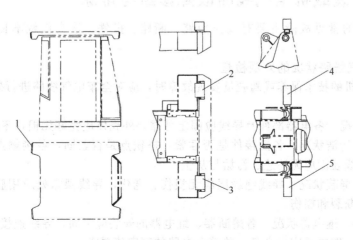

图 7-102　灯组件线路线束布置

1—顶灯；2—右后灯总成；3—左后灯总成；4—左前灯总成；5—右前灯总成

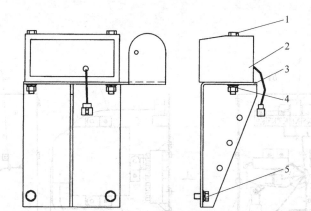

图 7-103　倒车报警线路线束布置
1、5—螺栓；2—后退警报器；3—安装架；4—螺母

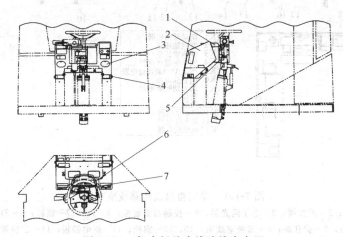

图 7-104　仪表板总成线路线束布置
1—仪表板安装座；2—前台；3—盖；4—螺栓；5—支座总成；
6—仪表板底座；7—线夹

7.5.4　装载机电气线路故障诊断与排除

电气线路的常见故障主要有线路短路、断路、搭铁、接头接触不良、控制器件失效等。

7.5.4.1　电气线路状况的外观检查

结合装载机的技术保养或驾驶员发现故障时，应对全车电气线路进行外观检查，主要包括：

① 固定状况　各电器部件及导线应固定可靠，外壳体应完好无损，零部件完整无缺。

② 接触及清洁状况　各插接件是否插紧，搭铁点是否紧固，各接触点有无锈蚀、油污与烧蚀，导线表面应无油迹、污垢与灰尘。

③ 绝缘与屏蔽状况　导线绝缘层应无损伤、老化，导线裸露处应用胶布包好，导线的屏蔽层应无断裂和擦伤。

④ 熔断器、继电器状况　各熔断器、继电器的安装应牢固，导线连接应当接触良好，选用的熔断器、继电器应当齐备，并符合电路的额定值要求。

⑤ 各开关操作状况　各开关、按钮工作应动作轻便、无发卡失灵现象。

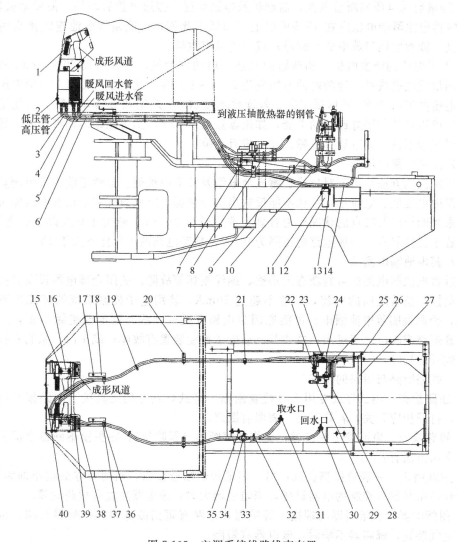

图 7-105 空调系统线路线束布置

1—出风口；2、13、15、17、22、24、26、35、36—螺栓；3—蒸发器至压缩器管；4—储液罐至蒸发管；
5、6、8—水管；7—电磁阀安装板；9—板；10—压缩机至冷凝器管；11—储液罐支架；12—储液罐总成；
14—冷凝器至储液罐总成；16—蒸发器总成；18—弯板；19、32—尼龙扎带；20、22、37—双管夹；
21、23—管夹；25—压缩机；27—冷凝器总成；28—冷气 V 带；29—压缩机支架总成；
30—暖风回水口；31—暖风取水口；33—螺母；34—电磁阀总成；
38—空调控制面板；39—大出风口；40—新风过滤罩

7.5.4.2 仪表检测

利用仪表或专用的检测仪对电气线路进行检查，可以准确地判断故障部位，进而加以排除。在电路中采用电子元器件时，不允许用刮火方法检查电路，但可用电压表、直流试灯等检查。

（1）电压检测

通过测量有关部位的电压，可以判断启动和电源系统的技术状态，它作为装载机定期保养的项目之一，对电气系统的正确使用、及时排除故障等有着重要意义。

① 测量蓄电池电压，接通前照明灯历时大约 30s，除去蓄电池"表面浮电"，然后关闭前照灯，测量蓄电池正负极之间的电压，电压值应为 24.5V（24V 电气系统）以上。

② 测量启动电压判断蓄电池、启动机及连线状况，接通电锁启动挡，使发动机转动，在 15s 内蓄电池两端电压应在 19.5V 以上，如低于此值，可能是蓄电池连线接头腐蚀或接触不良；或蓄电池过放电或有故障；或启动机有故障。

③ 测量电压判断发电机、调节器的状态，启动发动机，使其约以 2000r/min 的转速运转，测量发电机或蓄电池两端的电压应为 27.4～29.5V。此时也可根据车上的电压表判断，若电压高于启动前 2V 即属正常；若读数超过 30V，表明调节器有故障。为使结果准确，此时可以打开前照灯或辅助电器，如果读数低于 27V，则可能是传动带松弛、导线接点腐蚀或接触不良、调节器有故障或发电机有故障。

(2) 测量线路电压降

电压降测试方法可用于对导线、蓄电池电缆及接头的检测。虽然用欧姆表可测量线路电阻，但因电压低、电流小，往往不能反映出实际情况，因此通过测量正常电流流过时的电压降来判断导线及接点的状况更为合理，选用量程 0～3V、精度 1.0 级以上的电压表，将电路置于工作状态，一般电路的压降为 0.1V，启动电路的电压降不大于 1V。

(3) 蓄电池漏电测试

通过蓄电池漏电测试可判断有无搭铁、绝缘损坏等故障。关闭全部电器设备开关，测量电池负极与搭铁之间的电流，一般不超过 30mA，装用电子控制系统的装载机不大于 300mA，否则表明蓄电池漏电。可能原因是电路开关或导线有漏电或绝缘不良；或发电机二极管短路或漏电电流过大；或调节器或电子控制装置有故障；或车门、杂物和行李室未关严或开关故障。

(4) 线路断路与短路的检查

① 断路检查 用试灯或专用工具检查断路，将试灯或专用工具接于电路接头与搭铁点之间，打开相应开关，若灯不亮，表明有断路。

② 短路检查 电路发生短路时，会烧坏熔断器（保险丝），在更换熔断器之前应查明原因，常用方法有：

a. 用欧姆表 一表笔接搭铁点；另一表笔接熔断器接点，阻值为零或很小即为短路。依次断开该熔断器所控制的电器设备，当阻值增大时，该电器装置有短路故障。

b. 用蜂鸣器 在熔断器两端接一蜂鸣器，电路有短路故障时，蜂鸣器会响。依次断开所控电气装置，蜂鸣器不响时，该电器有短路。

c. 用电路断续器和磁通量表（高斯表）检查 将电路断续器接至熔断器的两端，持高斯表沿线路检测导线周围的脉冲磁场，当表针不动时即为短路点。

▶▶ 第**8**章

工作装置液压系统构造
与拆装维修

装载机的工作装置是用来进行挖掘、装载、整地、推土、除雪、起重等作业并能短途运输，是装载机的重要组成部分之一。工作装置液压系统根据装载机不同的工作情况，通过操纵分配阀手柄，使分配阀处于相应的位置，以完成相应的作业。

8.1　工作装置结构与工作原理

▶ 8.1.1　工作装置功用与组成

工作装置由油泵、动臂、铲斗、杠杆系统、动臂油缸和转斗油缸等构成。油泵的动力来自柴油发动机。动臂铰接在前车架上，动臂的升降和铲斗的翻转，都是通过相应液压油缸的运动来实现的。

8.1.1.1　工作装置的结构形式与布置

装载机工作装置是完成装卸作业并带液压缸的空间多杆机构，是组成装载机的关键部件之一，工作装置性能的好坏，影响整机的工作效率与经济性指标。

装载机工作装置分为有铲斗托架和无铲斗托架两种基本结构形式，如图 8-1 所示。它由运动相互独立的两部分构成——连杆机构和动臂举升机构，主要由铲斗、动臂、连杆、上下摇臂、转斗油缸（以下简称转斗缸）、动臂举升油缸（以下简称动臂举升缸或举升缸）、托架、液压系统等组成。带铲斗托架的工作装置［图 8-1（a）］，其动臂及连杆的下铰接点与铲斗托架铰接，上铰接点与前车架支座铰接；转斗缸铰接在托架上部，活塞杆及托架下部与铲斗铰接。由托架、动臂、连杆及前车架构成一个平行四边形连杆机构，使得转斗缸闭锁时，动臂在举升过程中，铲斗始终保持平动。无铲斗托架的工作装置［图8-1（b）］，其动臂下铰接点与铲斗铰接，上铰接点与前车架支座铰接；转斗缸一端与前车架铰接，另一端与上摇臂铰接；连杆一端与摇臂铰接，另一端与铲斗铰接；摇臂铰接在动臂上。

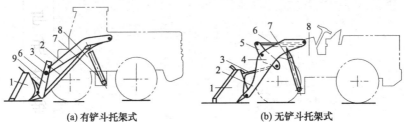

(a) 有铲斗托架式　　　　　　　　(b) 无铲斗托架式

图 8-1　装载机工作装置结构组成

1—铲斗；2—动臂；3—连杆；4—下摇臂；5—上摇臂；6—转斗缸；7—动臂举升缸；8—前车架；9—铲斗托架

动臂举升缸一般采用立式（又称竖式）［图 8-2(a)］或卧式（又称横式）［图 8-2(b)］布置形式，常见有两种连接方式：一种是油缸顶端与前车架铰接，另一种是油缸中部通过销轴与前车架铰接。铲斗是装载物料的容器，通常具有两个铰接点，一个与动臂下铰接点铰接，另一个与连杆铰接。操纵转斗缸实现铲斗的装载或卸料；操纵举升缸实现动臂和铲斗升降运动。

8.1.1.2　工作装置的构造

装载机的工作装置：有铲斗托架式工作装置，其铲斗装在托架上，由托架上的转斗油缸控制铲斗的转动。由于铲斗托架重量大，使得铲斗的装载重量相应减少，因此，有铲斗托架式工作装置应用较少。

无铲斗托架式工作装置，其铲斗直接装在动臂上，转斗油缸通过连杆控制铲斗的翻转。如图8-3所示，无铲斗托架式工作装置由动臂、摇臂、连杆、铲斗、转斗油缸和动臂举升油缸等组成。工作装置铰接在前车架上。铲斗1通过连杆5和摇臂2与转斗油缸3铰接。动臂6后端支撑在前车架上，前端与铲斗1相连，中部与动臂举升油缸铰接。铲斗的翻转和动臂的升降采用液压操纵。

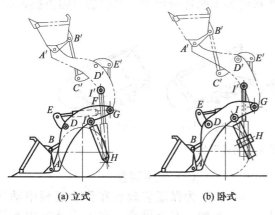

(a) 立式　　　　(b) 卧式

图8-2　工作装置布置形式

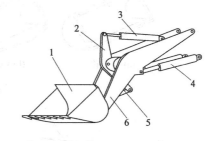

图8-3　无铲斗托架式工作装置结构
1—铲斗；2—摇臂；3—转斗油缸；4—动
臂举升油缸；5—连杆；6—动臂

（1）铲斗

铲斗是装载机铲装物料的重要工具，它是一个焊接件，如图8-4所示，斗壁和侧板组成具有一定容量的斗体。斗壁呈圆弧形，以便装卸物料。由于斗底磨损大，在斗底下面焊加强板。为了增加斗体的刚度，在斗壁后侧沿长度方向焊接角钢10。

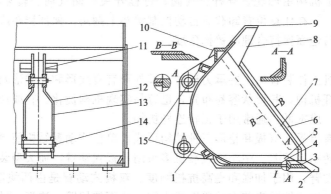

图8-4　装载机铲斗
1—后斗壁；2—斗齿；3—主刀板；4—斗底；5、8—加强板；6—侧刀板；7—侧板；9—挡板；
10—角钢；11—上支撑板；12—连接板；13—下支撑板；14—销轴；15—限位块

在铲斗上方用挡板9将斗壁加高，以免铲斗举到高处时，物料从斗壁后侧撒落。斗底前缘焊有主刀板3，侧板7上焊有侧刀板6。为了减少铲掘阻力和延长主刀板寿命，在主刀板上装有斗齿2。斗齿与主刀板之间用螺栓连接，以便在磨损之后随时更换。

如图8-4所示，装载机有两套连杆机构。在铲斗背面焊有与动臂和连杆连接的支撑板，即上支撑板11和下支撑板13，为使支撑板与斗壁有较大的连接强度，将上、下支撑板之间用连接板12连接。在上、下支撑板上各有与动臂和连杆相连接的销孔。如图8-3所示的装载机工作装置有一套连杆机构，连杆与铲斗的铰接点在铲斗的后上方中间位置。

铲斗切削刃的形状分为四种，如图 8-5 所示。齿形分尖齿和钝齿，轮胎式装载机多采用尖形齿，履带式装载机多采用钝形齿。斗齿数视斗宽而定，斗齿距一般为 150～300mm，斗齿过密，则铲斗的插入阻力增大，并且齿间容易嵌料。斗齿结构分整体式和分体式两种，中小型装载机多采用整体式，而大型装载机由于作业条件差、斗齿磨损严重，常采用分体式。分体式斗齿由基本齿 2 和齿尖 1 两部分组成，磨损后只需更换齿尖，如图 8-6 所示。

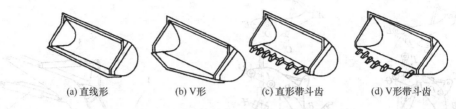

(a) 直线形   (b) V形   (c) 直形带斗齿   (d) V形带斗齿

图 8-5 铲斗切削刃形状

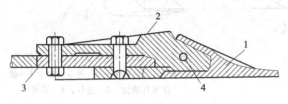

图 8-6 分体式斗齿

1—齿尖；2—基本齿；3—切削刃；4—固定销

（2）限位装置

为保证装载机在作业过程中动作准确、安全可靠，在工作装置中常设有铲斗前倾、铲斗后倾自动限位装置，动臂升降自动限位装置和铲斗自动放平机构。

装载机在进行铲装、卸料作业时，对铲斗的前后倾角有一定要求，因此对其位置要进行限制，常采用限位块限位方式。前倾角限位防止事故发生。

铲斗自动放平机构由凸轮、导杆、气阀、行程开关、储气筒、转斗油缸控制阀等组成。其功能是使铲斗在任意位置卸载后自动控制铲斗上翻角，保证铲斗降落到地面铲掘位置时铲斗的斗底与地面保持合理的铲掘角度。

（3）动臂

动臂是装载机工作装置的主要承力构件，其外形有直线形和曲线形两种。曲线形动臂常用于反转式连杆机构，其形状容易布置，也容易实现机构优化。直线形动臂结构和形状简单，容易制造，成本低，通常用于正转连杆机构。

动臂的断面有单板、双板和箱形三种结构形式。单板式动臂结构简单，工艺性好，制造成本低，但扭转刚度较差。中小型装载机多采用单板式动臂，而大型装载机多采用双板式或箱形断面的动臂，用于加强和提高抗扭刚度。双板式动臂是由两块厚钢板焊接而成，这种形式的动臂可以把摇臂安装在动臂双板之间，从而使摇臂、连杆、转斗油缸、铲斗与斗壁的铰点都布置在同一平面上。箱形断面动臂的强度和刚度较双板式动臂更好，但其结构和加工均较复杂。

（4）连杆机构

装载机工作时，连杆机构应保证铲斗的运动接近平移，以免斗内物料撒落。通常要求铲斗在动臂的整个运动过程中（此时铲斗液压缸闭锁）角度变化不超过 15°。动臂无论在任何位置卸料（此时动臂液压缸闭锁），铲斗的卸料角度都不得小于 45°。此外，连杆机构还应具有良好的动力传递性能，在运转中不与其他机件发生干涉，使驾驶员视野良好，并且有足够的强度和刚度。

连杆机构的类型，按摇臂转向与铲斗转向是否相同，分为正转连杆机构和反转连杆机构，摇臂转向与铲斗转向相同时为正转连杆机构，相反时为反转连杆机构。按工作机构的

图解装载机构造与拆装维修

构件数不同,可分为四杆式、五杆式、六杆式和八杆式等。

反转连杆机构的铲起力特性适合于铲装地面以上的物料,但不利于地面以下的铲掘。由于其结构简单,特别是对于轮式底盘容易布置,因此广泛应用于轮式装载机。

正转连杆机构的铲起力特性适合于地面以下的铲掘,对于履带式底盘容易布置,一般用于履带式装载机。

① 正转八杆机构　如图 8-7 所示为正转八杆机构,正转八杆机构在油缸大腔进油时转斗铲取,所以铲掘力较大;各构件尺寸配置合理时,铲斗具有较好的举升平动性能;连杆系统传动比较大,铲斗能获得较大的卸载角和卸载速度,因此卸载干净、速度快;由于传动比大,还可适当减小连杆系统尺寸,因而驾驶员视野得到改善,缺点是机构结构较复杂,铲斗自动放平性较差。

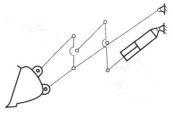

图 8-7　正转八杆机构

② 六杆机构　六杆机构工作装置是目前装载机上应用较为广泛的一种结构形式,常见的有以下几种结构形式。

a. 转斗油缸前置式正转六杆机构　如图 8-8 所示。转斗油缸前置式正转六杆机构的转斗油缸与铲斗和摇臂直接连接,易于设计成两个平行的四连杆机构,它可使铲斗具有很好的平动性能。同八杆机构相比,结构简单,驾驶员视野较好。缺点是转斗时油缸小腔进油,铲掘力相对较小;连杆系统传动比小,使得转斗油缸活塞行程大,油缸加长,卸载速度不如八杆机构;由于转斗

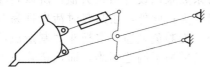

图 8-8　转斗油缸前置式正转六杆机构

缸前置,使得工作装置的整体重心外移,增大了工作装置的前悬量,影响整机的稳定性和行驶时的平移性,也不能实现铲斗的自动放平。

b. 转斗油缸后置式正转六杆机构　如图 8-9 所示。转斗油缸布置在动臂的上方。与转斗油缸前置式相比,机构前悬较小,传动比较大,活塞行程较短;有可能将动臂、转斗油缸、摇臂和连杆机构设计在同一平面内,从而简化了结构,改善了动臂和铰销的受力状态。缺点是转斗油缸与车架的铰接点位置较高,影响了驾驶员的视野,转斗时油缸小腔进油,铲掘力相对较小;为了增大铲掘力,需提高液压系统压力或加大转斗油缸直径,这样质量会增大。

c. 转斗油缸后置式正转六连杆机构　如图 8-10 所示。转斗油缸布置在动臂下方。在铲掘收斗作业时,以油缸大腔工作,故能产生较大的铲掘力。但组成工作装置的各构件不易布置在同一平面内,构件受力状态较差。

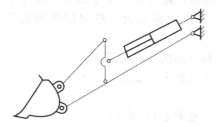

图 8-9　转斗油缸后置式正转六连杆机构

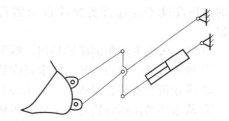

图 8-10　转斗油缸后置式正转六连杆机构

d. 转斗油缸后置式反转六杆机构　如图 8-11 所示。转斗油缸后置式反转六杆机构有如下优点:转斗油缸大腔进油时转斗,并且连杆系统的倍力系数能设计成较大值,所以可获得较大的掘起力;恰当地选择各构件尺寸,不仅能得到良好的铲斗平动性能,而且可以

实现铲斗自动放平；结构十分紧凑，前悬小，驾驶员视野好。缺点是摇臂和连杆布置在铲斗与前桥之间的狭窄空间，各构件间易于发生干涉。

e. 转斗油缸前置式反转六杆机构　如图 8-12 所示，铲掘时靠小腔进油作用。这种机构现已很少采用。

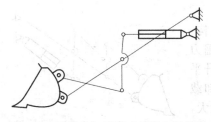
图 8-11　转斗油缸后置式反转六杆机构

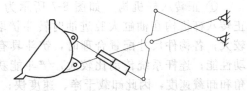
图 8-12　转斗油缸前置式反转六杆机构

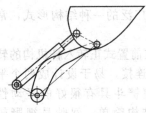
图 8-13　正转四杆机构

③ 正转四杆机构　正转四杆机构（图 8-13）是连杆机构中最简单的一种，它容易保证四杆机构实现铲斗举升平动，此机构前悬较小。缺点是转斗时油缸小腔进油，油缸输出力较小，又因连杆系统倍力系数难以设计出较大值，所以转斗油缸活塞行程大，油缸尺寸大；此外，在卸载时活塞杆易与斗底相碰，所以卸载角小。为避免碰撞，需把斗底制造成凹形，这样既减小了斗容，又增加了制造困难，而且铲斗也不能实现自动放平。

④ 正转五杆机构　为克服正转四杆机构卸载时活塞杆易与斗底相碰的缺点，在活塞杆与铲斗之间增加一根短连杆，从而使正转四杆机构变为正转五杆机构，如图 8-14 所示。当铲斗反转铲取物料时，短连杆与活塞杆在油缸拉力和铲斗重力作业下成一直线，如同一杆；当铲斗卸载时，短连杆能相对活塞杆转动，避免了活塞杆与斗底相碰。此机构的其他缺点同正转四杆机构。

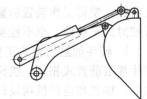
图 8-14　正转五杆机构

⊹ 8.1.2　工作装置检修

8.1.2.1　工作装置的分解

ZL50C 工作装置分解示意图如图 8-15 所示。

8.1.2.2　工作装置维修

（1）更换铲斗的斗齿

① 启动发动机，将铲斗举起。在铲斗下放上垫块，然后将铲斗平放在垫块上。铲斗的垫块高度不应超过更换斗齿所需要的高度。将发动机熄火，拉起停车制动器的按钮。

② 从斗齿的卡环侧面将销拆出，拆下齿套和卡环（如图 8-16 所示）。

③ 清理齿体、销和卡环，将卡环安装在齿体侧面的槽上（如图 8-17 所示）。

④ 将新齿套安装在齿体上（如图 8-18 所示）。

⑤ 从卡环的侧面将销打入卡环、齿体和齿套内（如图 8-19 所示）。

（2）铰接轴承检修

① 上铰接轴承安装（参见图 8-20）

a. 先用二硫化钼锂基润滑脂涂抹各孔内壁以及唇形密封圈的唇口少许，将唇形密封圈 2 按图所示唇口朝下分别装入盖 9、11 内。

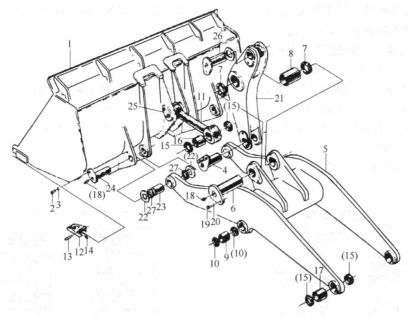

图 8-15　ZL50C 工作装置分解示意图

1—铲斗；2、19—螺栓；3、20—垫圈；4—摇臂下销轴；5—动臂；6—中摇臂销轴；7、10、15、27—密封圈；
8—摇臂缸套；9、17—动臂缸套；11—拉杆；12—齿套；13—斗齿固定销；14—卡圈；16—拉杆缸套；
18—油杯；21—摇臂；22—垫片；23—铲斗缸套；24、25—铲斗销轴；26—摇臂上销轴

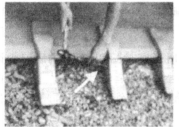

图 8-16　拆出销、齿套和卡环

图 8-17　安装卡环

图 8-18　安装新齿套

图 8-19　打入销

b. 在下盖 11 上均布安装三个螺栓 4，将轴承外圈 3 及轴承 12 冷却到（-75±5）℃后，把下轴承外圈 3 装入轴承座内，并使其与下盖 11 接触。

c. 用油润滑两个轴承锥体后，将其装入轴承座内，再在上面装配已冷却过的上轴承外圈，使轴承外圈与轴承锥体间有轻微的接触压力。

d. 安装调整垫 10 及上盖 9，拧紧三个螺栓 4，其拧紧力矩为（120±10）N·m。

e. 测量转动轴承锥体所需的转矩值，如果该转矩值在 2.3~13.6N·m，则装上余下

的三个螺栓并拧紧,如果转矩值小于 2.3N·m 或大于 13.6N·m,则通过减少或增加调整垫来达到正确的转动转矩值。

② 上铰接销安装规程(参见图 8-20)

a. 将轴衬 8 装入上铰接孔内。

b. 将已冷却过的轴承 12 装入图示孔中,轴承 12 上表面与车架铰接面平齐。

c. 如图所示将轴 1 通过轴衬 8、上铰接轴承及轴承 12 装入。

d. 装配上盖板时,先以同值力矩拧紧对角两个螺栓,然后再拧紧另外两个螺栓,其拧紧力矩为(90±12)N·m。

③ 下铰接轴承安装(参见图 8-21)

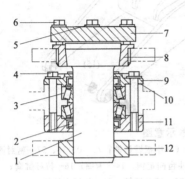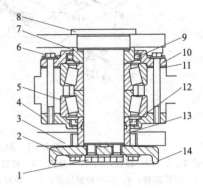

图 8-20　上铰接

1—上铰接销;2—唇形密封圈;3—圆锥滚子轴承外圈;4、6—螺栓;5—垫圈;7—盖板;8—轴衬;9、11—盖;10—调整垫;12—轴承

图 8-21　下铰接

1—螺栓及垫圈;2、6—螺栓;3—调整垫;4—下盖;5—圆锥滚子轴承外圈;7、13—隔套;8—下铰接销;9、12—唇形密封圈;10—上盖;11—调整垫;14—锁板

a. 先用二硫化钼锂基润滑脂涂抹各孔内壁以及唇形密封圈 9 和 12 的唇口少许,按图示将唇形密封圈 9 唇口朝上装入上盖 10 内,唇形密封圈 12 唇口朝上装入下盖 4 内。

b. 在下盖 4 上均布安装四个螺栓 2,将轴承外圈 5 冷却到(−75±5)℃后,把下轴承外圈 5 装入轴承座内,并使其与下盖 4 接触。

c. 用油润滑两个轴承锥体后,将其装入轴承座内,再在上面装配已冷却过的上轴承外圈,使轴承外圈与轴承锥体间有轻微的接触压力。

d. 安装调整垫 3 及上盖 10,拧紧四个螺栓 2,其拧紧力矩为(120±10)N·m。

e. 测量转动轴承锥体所需的转矩值,如果该转矩值在 7.9~22.6N·m,则装上余下的四个螺栓 6 并拧紧,如果转矩值小于 7.9N·m 或大于 22.6N·m,则通过减少或增加调整垫来达到正确的转动转矩值。

④ 下铰接销安装(参见图 8-21)

a. 装配隔套 7。

b. 通过下铰接孔装配隔套 13。

c. 将下铰接销 8 通过隔套 7、下铰接轴承及隔套 13 装入。

d. 装配锁板 14,相隔 180°安装两个螺栓 1,其拧紧力矩为(68±14)N·m,环绕360°测量车架与锁板 14 之间的间隙,在锁板上面装上调整垫 3,其厚度为最小测量间隙减去 0.25,装上余下的所有螺栓并拧紧。

(3)工作装置维护

工作装置的各个销轴要定期按以下要求进行维护和检查:

① 整机每工作 50h 或一周,用二硫化钼锂基润滑脂润滑工作装置的各个销轴,以保

证各活动部件运转灵活，延长其使用寿命。

② 整机每工作 500h，应对工作装置各部件进行清洁，检查各个螺栓是否有松动现象，各焊接件是否有弯曲变形及脱焊、裂纹产生，特别是动臂横梁连接处，若发现，必须及时进行修理。

③ 整机工作 2000h 后，应检查各销轴与轴套之间的间隙，如图 8-22 所示，如超过表 8-1 中所允许的最大间隙，则应更换销轴或轴套。在条件允许的情况下，进行焊接修复，以某型装载机铲斗下销座摩擦损伤的修复为例介绍方法。

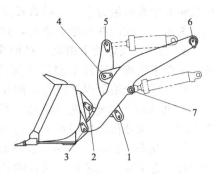

图 8-22　工作装置的各个销轴示意图

表 8-1　销轴与轴套之间的间隙　　　　　　　　　　　　　　　　　　　　mm

销轴	销轴位置	检查项目	公称尺寸	装配间隙	磨损后允许最大间隙	超过允许值应采取的措施
1	拉杆与摇臂铰销	间隙	$\phi75$	0.200～0.348	0.85	更换销轴或轴套
			$\phi90$	0.220～0.394	0.90	
2	拉杆与铲斗铰销		$\phi75$	0.200～0.348	0.85	
			$\phi90$	0.220～0.394	0.90	
3	动臂与铲斗铰销		$\phi63$	0.200～0.348	0.80	
4	动臂与摇臂铰销		$\phi110$	0.240～0.414	1.00	
5	转斗油缸与摇臂铰销		$\phi75$	0.200～0.348	0.85	
			$\phi90$	0.220～0.394	0.90	
6	动臂与车架铰销		$\phi75$	0.200～0.348	0.85	
			$\phi90$	0.220～0.394	0.90	
7	动臂油缸与动臂铰销		$\phi63$	0.200～0.348	0.80	
			$\phi90$	0.220～0.394	0.90	

a. 分析磨损情况　修复前应记录下铰销、销套以及销套座孔的磨损状况，测量下铰销与轴套的配合间隙，与最大使用极限相对比，若磨损量超过最大使用极限后，就应及时修复。

b. 测量并确定下销座尺寸　采用焊接修复下销座时，必须把损坏的下销座切割下来，重新焊接上新加工的下销座。而新下销座的加工需要保证准确的尺寸数据，这就需要对旧的下销座进行数据测量。但是，旧下销座经过长期使用后，一般都损伤严重，已失去原有的尺寸精度和外部形状，这就影响到测量数据的准确性。

为此可采取以下方法：一是找到该产品的技术图纸；二是找相同型号的较新的该型机进行比对性测量；三是用游标卡尺测量磨损情况最轻的下销座尺寸，并对磨损量进行相应推算，调整所测数据。如测得的下销座厚度为 35mm，确定新的下销座尺寸时，可把其厚度调整为 45mm。一是基于对下销座轴向间隙的测量以及对轴向磨损量的估算；二是动臂下端的下销座两侧因磨损变薄，在不对动臂下端的销座两侧堆焊加厚时，通过适当加厚铲斗销座，可以弥补动臂下销轴孔两侧面的磨损量，使轴向间隙恢复正常；三是便于焊接、确保牢固；四是加厚铲斗新下销座在空间位置上不受限制，则不会造成其他不利影响。

c. 制作新下销座和芯轴　根据确定的尺寸，制作新的下销座。考虑到强度和焊接性要求，材料可以选用 40Cr，也可以用 45 钢代替。

制作的芯轴主要用来避免新下销座在焊接过程中出现歪斜等位置偏差，以保证铲斗上 4 个新下销座焊接后的同轴度。芯轴长度视装载机铲斗大、小有所不同，但装载机铲斗宽度一般不超过 3000mm，铲斗上、下销座之间的距离一般为 2500～2600mm，所以芯轴长度以略大于此数值为宜。芯轴直径应以确定的下销座孔径为依据，以保证适当用力能插入座孔为准。芯轴应在车床上矫直，并将其外圆车至 50mm。

d. 切割掉损坏的下销座　将铲斗放平，使两侧下销座处于便于操作的自然状态。先选择 4 个下销座中座孔偏磨最严重的 1 个，用氧-乙炔焰将旧下销座从铲斗筋板上割掉。气割时应尽可能沿原焊缝进行，割孔直径以略大于新下销座外径为好。

e. 放入新下销座并插入芯轴　将新下销座放入割孔中，同时将芯轴从 4 个下销座孔中穿过，以保证待焊接固定的下销座与其余 3 个在同一轴线上。

f. 焊接新下销座　将新下销座焊在铲斗筋板上，待完全冷却后轻轻敲击芯轴，在完全冷却之前不要抽出芯轴，其目的是以芯轴抵抗焊缝冷却收缩变形，以保证新焊上去的下销座孔与其他下销座孔同轴。

待新焊下销座完全冷却后，将芯轴轻轻敲击。然后再按上述方法更换其他发生严重偏磨的下销座。

图 8-23　焊接前断开蓄电池的端子

（4）焊接操作

在装载机上进行焊接作业时，应按如下规定操作，以免损坏机器，或发生安全事故。

① 在焊接前，关闭发动机启动开关，断开电源负极开关，必须断开蓄电池的端子，以防止蓄电池爆炸。如图 8-23 所示。拔掉 EST 电脑控制器上的电缆接头，切断通向电脑控制器的电路，避免可能会因电焊时的冲击电流把电脑控制器烧毁。

② 在焊接前，必须拆下仪表板的接头，以免损坏仪表板。也可以将驾驶室线束与整车线束断开。

③ 在液压设备或管道上，或是其非常靠近的地方电焊，将发生可燃的蒸气和火花，这就有着火和爆炸的危险，因此要避免在这样的地方电焊。在轮胎附近的地方进行焊接作业时，由于轮胎可能爆炸，应特别注意，如图 8-24 所示。

④ 电焊时飞溅的火花会直接落在橡胶软管、电线或有压力的管道上，这些管子可能突然破裂，电线的绝缘皮会损坏，因此要用防火挡板盖住。

⑤ 焊接区域与接地电缆的距离在 1m 以内。

⑥ 避免密封圈和轴承在焊接区域与接地电缆之间。

图 8-24　焊接操作注意事项示意图

⑦ 切勿焊接或切割有燃油、机油和液压油的管子、容器。

⑧ 切勿焊接或切割密封的或通气不良的容器。

（5）铲斗限位装置调整

① 调整铲斗自动放平装置

a. 将机器停放在平坦的场地上，变速操纵手柄置于空挡位置。操作先导阀操纵手柄，将铲斗平放在地面上，拉起停车制动器的按钮，将发动机熄火；装上车架固定保险杠。

b. 松开图 8-25 中的螺栓 4，将接近开关总成 3 往前移动，使得接近开关 2 越过磁铁 1 一段距离。

c. 将启动开关沿顺时针方向转到第一挡，接

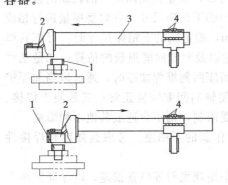

图 8-25　调整铲斗自动放平装置示意图

1—磁铁；2、3—接近开关；4—螺栓

通整车电源。将先导阀的转斗操纵手柄向后扳至极后位置，被电磁力吸住。

d. 将接近开关总成往后移动，使得接近开关 2 对准磁铁 1，此时先导阀的电磁力消失，转斗操纵杆自动返回中位；拧紧螺栓 4 即可，接近开关 2 与磁铁 1 的距离应保持在 4～6mm。

e. 完成后，拆除车架固定保险杠，启动发动机，检查所作调整是否合适。

② 调整动臂举升限位装置　调整动臂举升限位高度时要注意安全，非工作人员不得靠近机器，动臂附近区域不得站人。

a. 将机器停放在平坦的场地上，变速操纵手柄置于空挡位置，拉起停车制动器的按钮。操作先导阀操纵杆将动臂举升到要求的卸料高度，将发动机熄火，装上车架固定保险杠。

b. 启动开关沿顺时针方向转到第一挡，接通整车电源。将先导阀的转斗操纵杆向后扳至极后位置，被电磁力吸住。

c. 松开图 8-26 中的螺栓 3，快速转动接近开关总成，使得接近开关 2 对准磁铁 1，此时先导阀的电磁力消失，先导阀的转斗操纵杆自动返回中位，拧紧螺栓 3 即可。

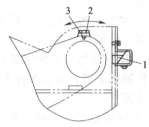

图 8-26　调整动臂举升
限位装置示意图
1—磁铁；2—接近开关；3—螺栓

d. 接近开关 2 与磁铁 1 的距离应保持在 4～6mm。在转动接近开关总成时，顺时针方向转动可降低限位高度，逆时针方向转动可增加限位高度。

e. 完成后，拆除车架固定保险杠，启动发动机，检查所作调整是否合适。

8.2　工作装置液压系统原理及组成

液压传动是利用工作液体传递能量的传动机构。装载机液压传动是通过油液把运动传给工作油缸，以达到铲卸货物的目的。因此，液压系统是装载机的重要组成部分之一。

▶ 8.2.1　液压传动的基本工作原理

液压传动借助于承载密闭容积内的液体的压力能来传递能量或动力。液体虽然没有一定的几何形状，却有几乎不变的容积，因而当它被容纳于密闭的容器之中时，就可以将压力由一处传递到另一处。当高压液体在几何容器内被迫移动时，就能传递机械能。

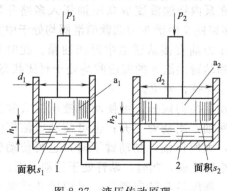

图 8-27　液压传动原理
1、2—容器

液压传动原理如图 8-27 所示。图中有两个被活塞密封并以导管相连通的筒式容器，容器 1 可看成是油泵，容器 2 则可视为油缸或油马达。当活塞 a_1 受力 p_1 时即向下移动，其底部的液体受到压力，并经导管传到活塞 a_2 底部，迫使 a_2 向上移动。显然，在容器 1 和容器 2 完全封闭及液体实际不可压缩的情况下，活塞 a_1 移动距离 h_1，活塞 a_2 便相应移动一个确定的距离 h_2。可见，通过一个密封容积内的液体，便可将活塞 a_1 上的作用力和运动传递到活塞 a_2 上去。

显然，密封容积中的液体不但可传递力，还可传递运动。但要强调指出，液体必须在密封容积中才能起传动介质的作用。

任何液压传动都是建立在这种通过处于密封容积内的受压液体流动来传递机械能的基础上而实现的。

液压传动装置具有结构紧凑、传动平稳、调节及换向均较方便等优点，所以被广泛地应用在装载机中。

▶ 8.2.2 轮式装载机液压系统的组成及类型

8.2.2.1 轮式装载机液压系统的基本组成

轮式装载机液压传动系统一般都包括以下几个组成部分：

① 动力机构 油泵（又称工作泵），用以将发动机的机械能传给液体，转化成液体的压力能。

② 执行机构 油缸（铲斗液压缸、动臂液压缸等）把液体的压力能转换为机械能，输出到工作装置上去。

③ 操纵机构 又称控制调节装置。通过它们来控制和调节液流的压力、流量（速度）工作性能的要求，并实现各种不同的工作循环。该部分包括分配阀（多路阀）、双作用安全阀等部件。

④ 辅助装置 包括油箱、油管、管接头、滤油器、密封元件、冷却器、蓄能器等。它们如果安装使用不当，出了故障，都会严重影响，甚至破坏整个液压系统的正常工作，因此必须给予足够的重视。

⑤ 传动介质 传递能量的流体，即液压油。

为了说明装载机液压系统各组成部件的作用和相互之间的关系，现以 ZL50C 型装载机液压传动系统为例加以叙述。

图 8-28 所示为 ZL50C 型装载机液压系统原理。由图可知，该系统由油箱、滤油器、油泵、转斗油缸、动臂油缸、转斗油缸小腔双作用安全阀、转斗油缸大腔双作用安全阀、分配阀等元件组成，其作业装置有铲斗和动臂两个。控制这两个液压缸的换向阀的油路为串并联油路。所以，这两个动作不能同时进行，即使同时操纵了这两个操纵杆，装载机也只有铲斗的动作，动臂不动。只有铲斗动作完毕，松开操纵手柄，使换向阀回位，动臂才能动作。

图中油泵 3 将液压油自工作油箱 1 经过吸油管吸出，在泵内将油液变成高压油压入多路分配阀 9。当多路阀 9 中铲斗和动臂两滑阀均处于中立位置时，压力油直接从通道中返回油箱。此时转斗油缸 5 和动臂油缸 6 的前后腔均处于封闭状态，动臂和铲斗保持在原位置。

操纵动臂换向阀杆，可使动臂液压缸大腔进油，小腔回油，则动臂上升；也可使动臂液压缸小腔进油，大腔回油，则动臂下降；也可使动臂液压缸大小腔连通，此时，动臂处于浮动状态。

同理，操纵转斗换向阀杆，可使铲斗前倾或后转。

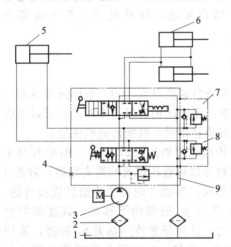

图 8-28 柳工 ZL50C 型装载机
工作装置液压系统示意图

1—油箱；2—滤油器；3—油泵；4—测试点；
5—转斗油缸；6—动臂油缸；7—转斗油缸
小腔双作用安全阀；8—转斗油缸大腔
双作用安全阀；9—FPF32 分配阀

8.2.2.2　轮式装载机工作液压系统类型

　　轮式装载机工作装置液压系统常见的结构形式有手动型和先导型两种，图 8-29 所示为手动型工作装置液压系统（软轴操纵），图 8-30 所示为先导型工作装置液压系统，两者的根本区别在于操纵系统。

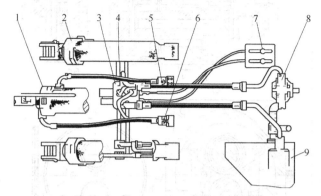

图 8-29　手动型（软轴操纵）工作液压系统示意图

1—转斗油缸；2—动臂油缸；3—FPF32 分配阀；4～6—螺塞；7—操纵杆；8—工作泵；9—油箱

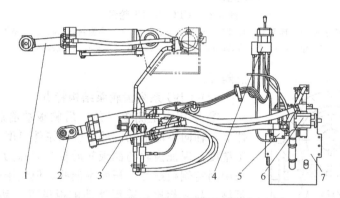

图 8-30　先导型工作装置液压系统示意图

1—转斗油缸；2—动臂油缸；3—先导型分配阀；4—先导阀；5—组合阀；6—工作泵；7—液压油箱

8.2.3　工作装置液压系统主要元件构造及工作原理

8.2.3.1　工作泵

　　目前，装载机液压传动系统使用 CBG 系列齿轮泵较为普遍，国内生产此产品的厂家也较多。

　　（1）CBG 系列齿轮泵结构及工作原理

　　① CBG 系列齿轮泵结构　CBG 系列齿轮泵由前泵盖、旋转密封轴、密封环、O 形密封圈、侧板、泵体、轴承、后泵盖、主动齿轮和被动齿轮等组成，如图 8-31 所示。

　　② CBG 系列齿轮油泵的工作原理　齿轮油泵的工作原理如图 8-32 所示。一对啮合着的渐开线齿轮安装于壳体内部，齿轮的两端面密封，齿轮将泵的壳体分隔成两个密封油腔——图中标记数字 1 和 2 的空间。当齿轮泵的齿轮按图示方向转动时，数字 1 所表示的空间（轮齿脱开啮合处）的体积从小变大，形成真空，油箱中的油在大气压力的作用下经泵吸油管进入吸油腔，填充齿间。而数字 2 所表示的空间（齿轮进入啮合处）的体积由大变小，而将油液压入压力油路中去。即 1 是吸油腔，2 是压油腔，它们由两个齿轮的啮合

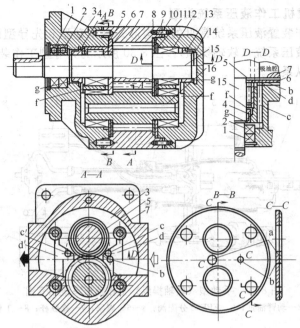

图 8-31　CBG 系列齿轮泵

1、2—旋转密封轴；3—前泵盖；4、13—密封环；5、8、11—O 形密封圈；6、10—侧板；7—泵体；
9—定位销；12—轴承；14—后泵盖；15—主动齿轮；16—被动齿轮

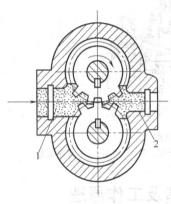

图 8-32　齿轮泵工作原理

1—吸油腔；2—压油腔

点隔开。

（2）CBG 系列齿轮泵结构特点

① 采用固定侧板　前、后侧板被前后泵盖压紧在泵体上，轴向不能活动。通过控制泵体厚度与齿轮宽度的加工精度，保证齿轮与侧板间的轴向间隙为 0.05～0.1lmm。采用固定侧板虽然容积效率低些，但使用中磨损少，工作可靠。与之相比，采用浮动侧板虽可自动补偿轴向间隙，但侧板在油压作用下始终贴紧在齿轮端面上，磨损较快。

② 采用二次密封　在主动齿轮轴的两端装有密封环，在泵盖、侧板和轴承之间装有橡胶密封圈。高压油经齿轮端面和侧板之间的间隙漏到各轴承腔 f（图 8-31 中 D—D），各轴承腔的油是连通的。只要能保证密封环内孔和与之相配合的轴的外圆以及密封环的大端凸缘平面和与之相配合的前、后泵盖台肩处有较高的精度和较低的表面粗糙度，就可使这里的径向间隙和轴向间隙都很小，从而就可以使通过这里的油泄漏量很小。相应的轴承腔（f 腔）的油压提高，排油腔与轴承腔之间的压差也就减小，因而经过齿轮端面与侧板之间轴向间隙的泄漏也就减少。

在传动轴和前泵盖之间装有两个旋转轴密封圈。里边的密封圈唇口向内，可防止轴承腔内的油向外泄漏；外边的密封圈唇口向外，防止外部的空气、尘土和水等污物进入泵内。

8.2.3.2　手动型工作装置液压系统分配阀

分配阀（又称多路阀）是用来实现液压油路改变方向的阀门。目前，装载机应用的分配阀有组合式和整体式两种，组合式分配阀是将几种阀共用一个壳体，形成组合式控制阀，优点是构造简单，易于加工，而且可以根据工作需要，随意增减阀体的数量，例如装载机采用的 ZL 系列。缺点是阀体接触面的加工精度要求高，目前有淘汰的趋势。整体式分配阀是将外壳铸成一体，使其结构紧凑、不易泄漏，但铸造粗加工困难。装载机广泛采用整体式多路阀。

(1) 整体式分配阀的结构与作用

分配阀的结构如图 8-33 所示。该分配阀为整体双联滑阀式，由转斗换向阀、动臂换向阀、安全阀三部分组装而成，两换向阀之间采用串并联连接油路。

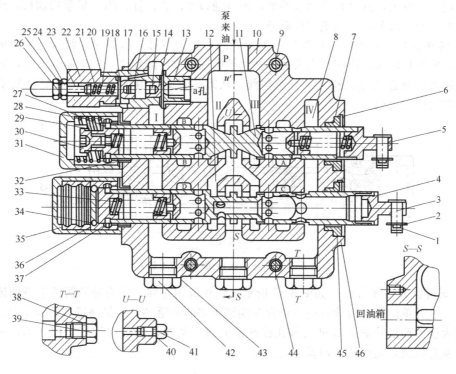

图 8-33 分配阀

1—销；2—垫圈；3—圆肩销；4、17、20、38、40、43—O 形密封圈；5、19、29、36—弹簧座；6—挡圈；7—密封圈；8—单向阀；9、44—螺栓和垫圈；10—阀体；11—转斗滑阀；12—动臂滑阀；13—主阀套；14—主阀芯；15—主阀弹簧；16—导阀座；18—导阀；21—导阀弹簧；22—导阀体；23—调压丝杠；24—螺母；25—垫片；26—锁紧螺母；27—弹簧压座；28—复位弹簧；30—定位座；31—转斗回位套；32—单向弹簧；33—钢球；34—弹簧；35—动臂回位套；37—定位套；39、41、42—螺塞；44—螺栓；45—套；46—防尘圈

分配阀的作用是通过改变油液的流动方向控制转斗油缸和动臂油缸的运动方向，或使铲斗与动臂停留在某一位置以满足装载机各种作业动作的要求。

转斗换向阀是三位置阀，它可控制铲斗前倾、后倾和保持三个动作。

动臂换向阀是四位置阀，它可控制动臂上升、保持、下降、浮动四个动作。动臂回位套内的弹簧，将钢球压向两端，卡紧在定位套内壁的 V 形槽内，故可将动臂滑阀固定在四个中任何一个作业位置。

安全阀是控制系统压力的，当系统压力超过 17MPa 时，安全阀打开，油液溢流回油箱，保护系统不受损坏。

分配阀侧口 P 与双联泵接通，为进油口。其上口（见 S—S）与油箱接通，为回油口。A、B 腔分别与转斗油缸小腔、大腔相通；C、D 腔分别与动臂油缸小、大腔相通。阀体内的七油槽为左右对称布置，中立位置卸载油道为三槽结构，从而可消除换向时的液动力，减少回油阻力。

在转斗滑阀的两端装有两个单向阀，它们由弹簧压紧在阀座上。在动臂滑阀的左端也装有一个单向阀，它由弹簧压紧在阀座上。单向阀的作用为换向时避免压力油向油箱倒流，从而克服工作过程中的"点头"现象。此外，回油时产生的背压也能稳定系统的工作。

（2）分配阀的工作原理

① 中立位置（封闭位置）　如图8-33所示，转斗、动臂油缸两端油路被锁闭，而停止在一定的位置上，这时来自油泵的油，经进油口P、Ⅱ、Ⅲ、Ⅳ、Ⅴ至回油口，经管路流到油箱，安全阀关闭，系统空载循环。

② 转斗后倾（上转）　如图8-34所示，转斗滑阀右移，压力油从阀体上进油道Ⅱ进入阀孔，推开单向阀，由阀孔进入通油缸大腔的油道B，经管路到转斗油缸大腔，转斗油缸小腔回油从油道A进入阀孔推开单向阀，从阀孔流回油道Ⅳ回油箱，使转斗缸活塞杆伸出，实现铲斗后倾。

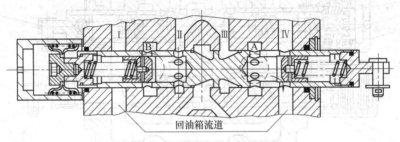

图8-34　转斗滑阀后倾位置（上转）

③ 转斗前倾（下转）　如图8-35所示，转斗滑阀左移，压力油从阀体上进油道Ⅲ进入阀孔，推开单向阀，由阀孔进入通转斗油缸小腔的油道A，经管路进入油缸小腔，而转斗油缸大腔的回油从油道B进入阀孔推开单向阀，从阀孔流入回油道Ⅰ回油箱，使转斗油缸活塞杆缩进，实现铲斗前倾。

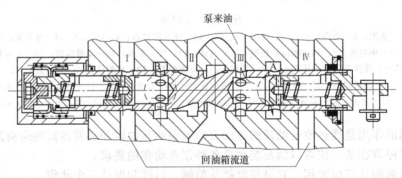

图8-35　转斗滑阀前倾位置（下转）

④ 动臂提升　如图8-36所示，动臂滑阀右移，压力油从阀体上进油道Ⅳ进入阀孔，推开单向阀，由阀孔进入通动臂油缸大腔的油道D。动臂油缸小腔的回油，经管路回到油道C进入阀孔到阀杆中心孔道，再从阀孔流回油道Ⅳ回油箱，使动臂油缸活塞杆伸出，实现动臂提升。

⑤ 动臂下降　如图8-37所示，动臂滑阀左移，压力油从阀体上进油道Ⅴ，进入阀孔到阀杆中心孔流道，再从阀孔流到通动臂油缸小腔的油道C。动臂油缸大腔的回油，经管路回到油道D，进入阀孔推开单向阀后，从阀流回油道Ⅰ回油箱，使动臂油缸活塞杆缩

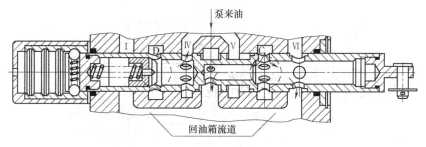

图 8-36　动臂滑阀提升位置

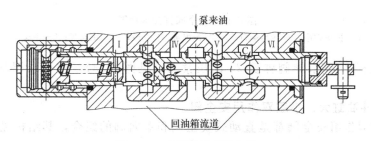

图 8-37　动臂滑阀下降位置

进，实现动臂下降。

⑥ 动臂浮动　如图 8-38 所示，从油泵的来油经中立卸载槽通到回油道Ⅳ流回油箱，而油缸大、小腔分别通过油道 D、C 阀杆上的阀孔与右侧中心孔流道都与回油道相通，系统内形成无压力空循环，油缸受工作装置重量和地面作用力的作用而处于自由浮动状态。

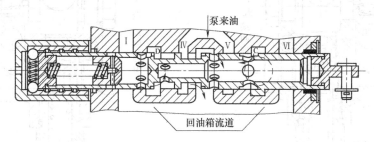

图 8-38　动臂滑阀浮动位置

（3）安全阀

控制系统压力的安全阀装在分配阀内，它是先导型结构，由主阀和导阀两部分组成，如图 8-33 所示。主阀部分的开启与关闭由导阀部分控制，当系统压力较低，还不能克服导阀弹簧 21 的压紧力打开导阀 18 时，锥阀关闭，没有油液流过主阀芯 14 中心的小阻尼孔 a，因而主阀芯 14 左右两端的油压相等，在主阀弹簧 15 的作用下，使柱塞阀芯保持在最右端位置，关闭阀体上压力腔 P 与回油腔Ⅰ之间的旁通油道。

当系统压力升高到能够克服导阀弹簧压紧力顶开导阀 4 时（见图 8-39），压力油中有一小股油液经过小阻尼孔 a，从导阀的开口流回到油腔回油道Ⅰ。由于小阻尼孔 a 的作用，产生压力差，所以主阀芯左部油压小于右部油压，当两端压力差对主阀芯所产生的向左作用力大于主阀弹簧 1 的压紧力，推动主阀芯左移，阀口打开，大股压力油就通过回油孔道 H 溢流回油箱，起过载安全保护作用，此时系统的工作压力为 17MPa。

当系统压力低于 17MPa 时，导阀关闭，通小阻尼孔 a 油液流动停止，压力差消失，主阀芯复位回油口关闭。

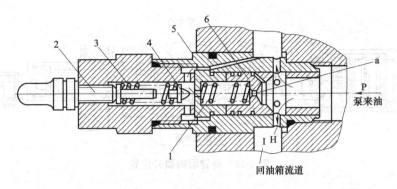

图 8-39　安全阀打开示意图

1—主阀弹簧；2—调压螺钉；3—导阀弹簧；4—导阀；5—主阀套；6—主阀芯

用调整丝杆 23 调节导阀弹簧 21 的压紧力（见图 8-33），就可以调整系统的工作压力。

8.2.3.3　转斗油缸大、小腔双作用安全阀

大、小腔双作用安全阀都是直动式安全阀和单向阀的组合，其结构见图 8-40 和图 8-41。

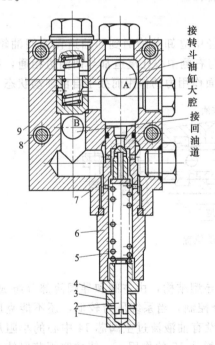

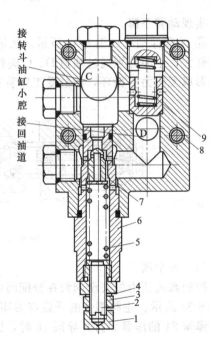

图 8-40　大腔双作用安全阀

1、3—螺母；2—开槽平端紧定螺钉；4—铜垫；
5、9—弹簧；6—阀体；7—阀芯；8—单向滑阀

图 8-41　小腔双作用安全阀

1、3—螺母；2—开槽平端紧定螺钉；4—铜垫；
5、9—弹簧；6—阀体；7—阀芯；8—单向滑阀

大小腔双作用安全阀通过螺栓安装于分配阀上，两阀的 A、C 口分别与分配阀内接转斗油缸大、小腔的油道相通，B、D 口与回油道相通。对转斗油缸的大腔和小腔起过载保护和补油作用。大腔双作用安全阀的调整压力为 20MPa，小腔双作用安全阀的调整压力为 12MPa。当工作过程中转斗油缸的大、小腔油压分别超过大、小腔双作用安全阀的调整压力时，油压克服了弹簧 5 的压紧力顶开阀芯 7，压力油溢流回油箱，此时单向滑阀 8

在油压力和弹簧9的作用下呈封闭状态，见图8-42。

当铲斗前倾快速卸载时，由于分配阀来油跟不上而产生真空，油箱的油液在大气压力作用下克服弹簧9的压紧力推开单向滑阀8，向转斗油缸小腔补油，从而防止"气穴"现象的产生，保证系统正常工作，并可使铲斗能快速前倾撞击限位块，实现铲斗振动卸料，见图8-43。

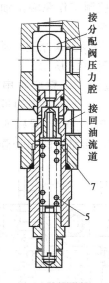

图8-42　双作用安全阀过载溢流原理

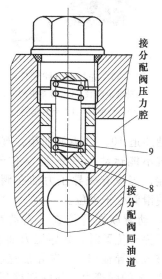

图8-43　双作用安全阀补油原理

大小腔双作用安全阀的另一个作用是铲斗前倾到最大角度提升动臂时，由于工作装置杆系运动的不协调，会迫使转斗油缸的活塞杆外拉，使油缸小腔的压力升高，这时小腔双作用安全阀过载溢流；同时大腔双作用安全阀向油缸真空的大腔补油。相反，当铲斗后倾到最大角度下降动臂时，转斗油缸活塞杆内压，油缸大腔油压升高，小腔产生真空，此时大腔双作用安全阀过载溢流，小腔双作用安全阀真空补油，从而解决了工作装置干涉的问题，稳定系统工作，保证系统有关辅件的作用。

8.2.3.4　先导型工作装置液压系统分配阀

（1）先导型工作装置液压系统原理

先导型工作装置液压系统原理（如图8-44所示）与手动型工作装置液压系统基本相似，不同之处在于采用了先导型分配阀，其动作由先导阀控制，通过操纵先导阀的操纵杆，即可改变分配阀内主油路油液的流动方向，从而实现铲斗的升降与翻转。铲斗的升降与翻转不能同时工作，当铲斗翻转时，举升油路被切断，只有翻转油路不工作时举升动作才能实现。

（2）先导型分配阀

ZL50型轮式装载机先导型工作液压系统分配阀外形如图8-45所示，该分配阀主要由阀体、动臂滑阀、转斗滑阀、主安全阀、转斗大腔安全阀、转斗小腔安全阀以

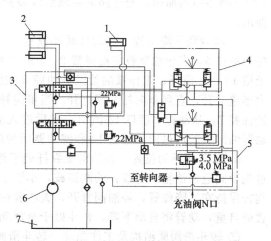

图8-44　先导型工作装置液压系统原理

1—转斗油缸；2—动臂油缸；3—分配阀（先导型）；
4—先导阀；5—组合阀；6—工作泵；7—液压油箱

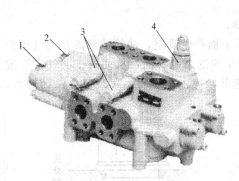

图 8-45 先导型分配阀外形
1—动臂滑阀联；2—转斗滑阀联；
3—补油阀；4—主安全阀

及单向阀组成。主安全阀为先导式，系统的压力由该安全阀调定。转斗大腔安全阀、转斗小腔安全阀为直动式，起保护转斗油缸及其管路的作用。转斗操纵杆配属转斗先导阀，控制工作泵输出油进入转斗油缸的有杆腔或无杆腔。动臂操纵杆配属动臂先导阀，控制工作泵输出油进入动臂油缸的有杆腔或无杆腔。

① 动臂滑阀联结构及工作原理　动臂滑阀联简称动臂联，结构如图 8-46 所示。

a. 动臂联中间位置　动臂联在串联阀的后端，当柴油机运转时，工作泵的来油进入阀的进油腔 8。当动臂联处于中位时，阀杆 6 里的油进入回油通道 10、11 返回油箱，阀杆切断大小腔的通道 12、13，回路中的油是静止的，动臂油缸不能运动，弹簧 2、3 位于滑阀的左端，当没有先导压力油在阀端时，弹簧使滑阀处于中位。

b. 动臂联提升位置　当动臂操纵杆处于提升位置时，先导压力油通过先导阀进入先导油口 1，先导油克服左端弹簧 2、3 的弹簧力，使阀杆移到右边，将进油道 8 与回油道 10、11 隔开，工作泵的油经进油腔 8 被阻止进入进油通道 7，这样通道 8 内油的压力迅速上升，直到单向补油阀打开。当单向补油阀打开后，工作泵的来油通过补油阀进入进油腔 7，从动臂大腔口 12 流出，然后进入动臂油缸的大腔，从而提升动臂，回油从动臂油缸小腔通过回油通道

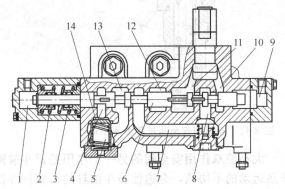

图 8-46 动臂滑阀联油路
1、9—先导油口；2、3—弹簧；4、10、11—回油通道；
5—浮动腔；6—动臂滑阀阀杆；7—进油通道；8—进油腔；
12—动臂油缸大腔通道；13—动臂油缸小腔通道；14—补油阀

4 和滤油器回到油箱，先导阀的电磁限位装置保持动臂提升杆在提升位置，直到动臂全部伸出。

c. 动臂联下降位置　当动臂联操纵杆处于下降位置时，先导压力油通过先导阀进入先导油口 9，先导油克服左端弹簧 2、3 的弹簧力，使阀杆 6 移到左边，将进油道 8 与回油道 10、11 隔开，工作泵的油经进油腔 8 被阻止进入进油通道 7，这样通道 8 内油的压力迅速上升，直到单向补油阀打开。当单向补油阀打开后，工作泵的来油通过补油阀进入进油腔 7，从动臂小腔口 13 流出，然后进入动臂油缸的小腔，从而使动臂下降，回油从动臂油缸大腔通过回油通道 11 和滤油器回到油箱。

d. 动臂联浮动位置　当动臂操纵杆处于浮动位置时，分配阀中的补油阀 14 中的油通过先导阀返回油箱，随着补油阀卸载，小腔 13 内的高压油克服补油阀 14 的弹簧力，由于阀杆保持在下降位置，补油阀打开，大小腔油口和进油口及回油口全部连通，由于工作装置的自重，动臂将自动下降，铲斗处于全浮动位置。

② 转斗滑阀联结构及工作原理　转斗滑阀联简称转斗联，结构如图 8-47 所示。

a. 转斗联中间位置　转斗联处于串联阀的前端，当柴油机运转时，工作泵的来油进入阀的进油腔 8。当转斗联处于中位时，阀杆 5 里的油进入回油通道 7、9 后返回油箱。

如动臂联也处于中位，油通过动臂联返回油箱，阀杆切断大小腔的通道12、13，回路中的油是静止的，转斗油缸直到转斗操纵杆移到后倾或卸载位置时才能运动，弹簧2、3位于阀杆的左端，当没有先导压力油在阀端时，弹簧使阀杆处于中位。

b. 转斗联后倾位置　当转动操纵杆处于后倾位置时，先导压力油通过先导阀进入先导口1，先导油克服左端弹簧2、3的弹簧力，使阀杆5移到右边，将进油道8与回油道7和9隔开，工作泵的油经进油腔8被阻止进入进油通道6，这样通道8

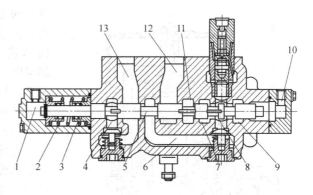

图 8-47　转斗滑阀联结构

1、10—先导油口；2、3—弹簧；4、7、9—回油通道；5—转斗阀杆；6、11—进油通道；8—进油腔；12—大腔油口；13—小腔油口

内油的压力迅速上升，直到补油阀打开。当补油阀打开后，泵的来油通过补油阀进入进油腔6，从转斗大腔油口12流出，然后进入转斗油缸的大腔，从而使转斗后倾，回油从转斗油缸小腔13经回油通道4或从动臂油缸小腔通过回油通道4和滤油器回到油箱。

c. 转斗联前倾位置　当转动操纵杆处于前倾位置时，先导压力油通过先导阀进入先导口10，先导油克服左端弹簧2、3的弹簧力，使阀杆5移到左边，将进油道8与回油道7和9隔开，工作泵的油经进油腔8被阻止进入进油通道6，这样通道8内油的压力迅速上升，直到补油阀打开。当补油阀打开后，泵的来油通过补油阀进入进油腔6，从转斗小腔油口13流出，然后进入转斗油缸的小腔，从而使转斗前倾，回油从转斗油缸大腔12经回油通道11或从动臂油缸大腔通过回油通道4和滤油器回到油箱。

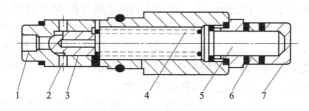

图 8-48　转斗联的过载阀

1—进油通道；2—回油通道；3—阀芯；4—弹簧；5—调压螺钉；6—锁紧螺母；7—螺母

③ 过载阀　见图8-48，两个过载阀安装在转斗联上，大、小腔端的压力均设定为22MPa，泵的来油通过进油通道1作用在阀芯3上，阀芯3的压力由弹簧4控制。当转斗缸两端无论哪一端压力超过设定值时，阀芯3移向右边而打开。工作泵的来油经过通道2回油箱。转斗联的过载阀起到保护作用。

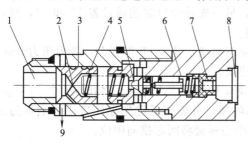

图 8-49　主安全阀

1—油道；2—孔；3—阀芯；4、6—弹簧；5—提升阀；7—调压螺钉；8—螺塞；9—回油道

④ 主安全阀　见图8-49，它位于分配阀的进油位置，压力设定为20MPa。该主安全阀的结构形式及工作原理与前述的主安全阀完全相同，这里不再赘述。压力油通过油道1到阀芯3的孔2作用在提升阀5上，提升阀5的压力由弹簧6控制，当出口压力大于设定值时，油压克服弹簧力6，提升阀5打

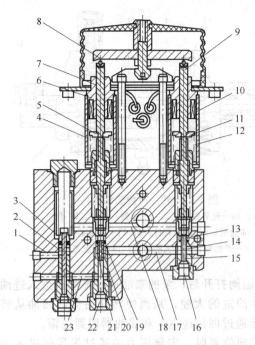

图 8-50　先导阀（动臂操纵联）

1、2、14、16、17、20、22、23—油道；
3、15、21—计量阀芯；4、12—中心弹簧；
5、11—限位块；6、10—线圈组件；7、9—压
杆；8—转盘；13、19—孔；18—回油通道

开，阀芯 3 在差动压力油作用下向右移动，高压油通过油道经过打开的阀从回油道 9 返回油箱，从而保证系统最高压力不超过20MPa。主安全阀的压力可以通过螺塞 8 来调节，顺时针旋转螺钉 7，调定压力升高，逆时针旋转螺钉 7，调定压力降低。

（3）先导阀

先导阀是一个叠合式两片阀，由动臂操纵联和转斗操纵联两个阀组成，由在驾驶室内的操纵杆来控制动作。先导油来自转向泵，泵的来油经过组合阀进入先导阀，回油进入油箱。

① 动臂操纵阀　动臂操纵阀简称动臂联，结构如图 8-50 所示。

a. 动臂操纵阀中位　当操纵杆处于中位时，压杆 7 和 9 在弹簧 4 和 12 的作用下处于相同位置，两边的力相等，计量阀芯 15、21处于中位，从通道 16、22 到通道 17 的油是静止的，孔 13、19 与通道 18 连通回油箱，操纵阀芯在弹簧作用下处于中位。

b. 动臂操纵阀提升位置　当操纵杆推向提升位置时，将转盘 8 旋向右边，推动压杆 9 向下移动，使计量弹簧 12 推动计量阀芯 15向下移动，先导油从通道 17 经过孔 13、通道 16 输出到分配阀动臂联的提升端先导油口，同时腔内压力升高，分配阀动臂联滑阀移动，高压油从工作泵进入动臂油缸大腔，另一先导油口的油通过腔 22 和 20，经过计量阀芯压杆 21 上的孔 19 回到腔 18 流回油箱。

当操纵杆推向提升位置时，计量阀芯继续向下移动，孔 13 开得更大，腔内压力升高，分配阀阀芯推过去更远，流量增加，动臂提升更快。

当操纵杆推回全举升位置时，中心弹簧 4 推动限位块 5 接触线圈组件 6，线圈组件 6磁性吸力吸住限位块，直到被推回到中位。

c. 动臂操纵阀下降位置　当操纵杆推向下降位置时，将转盘 8 旋向左边，推动压杆 7向下移动，使计量弹簧 4 推动计量阀芯 21 向下移动，先导油从通道 17 经过孔 19、通道20 从通道 22 输出到分配阀动臂联的下降端先导油口，同时腔内压力升高，分配阀动臂联滑阀移动，高压油从工作泵进入动臂油缸小腔，另一先导油口的油通过腔 16 和 14，经过计量阀芯压杆 15 上的孔 13 回到腔 18 流回油箱。

当操纵杆推向下降位置时，计量阀芯继续向下移动，孔 19 开得更大，腔内压力升高，分配阀阀芯推过去更远，流量增加，动臂下降更快。

当操纵杆放开时，中心弹簧 4 推向上限位块 5 和压杆 7，转盘 8 将操纵杆推回中位。中心弹簧移动计量阀芯 21，先导油被计量阀芯隔断，分配阀低端先导油口压力油经过通道 22 和 20，由孔 19 进入回油通道，分配阀的中心弹簧将阀芯推向中位。

d. 动臂操纵阀浮动位置　可通过操纵阀处于浮动位置下降动臂。当操作者将操纵杆推过下降位置时，中心弹簧 12 推动限位块 11 接触线圈组件 10，线圈磁性吸力将先导阀锁住，保持在浮动位置，除了计量阀芯位置更远之外，先导阀同样处于下降位置，更高的

压力油进入通道 23 推动计量阀芯 3 上移，打开通道 1 和 2 回到通道 18，即顺序阀打开，使分配阀中的补油阀弹簧腔的油回到油箱，补油阀打开卸载，从泵来的高压油能克服弹簧力，随着补油阀打开和操纵阀弹簧腔在下降位置，油缸大小腔油回油箱，由于工作装置的自重，动臂自由下降。

② 转斗操作阀　转斗操纵阀简称转斗联，结构如图 8-51 所示。

a. 转斗操纵阀中位　当操纵杆处于中位时，压杆 7 和 9 在弹簧 4 和 12 的作用下处于相同位置，两边的力相等，计量阀芯 15、1 处于中位，分配阀处于中位，从通道 16、19 到通道 17 的油是静止的，孔 13、3 与通道 18 连通回油箱，操纵阀芯在弹簧作用下处于中位。

b. 转斗操纵阀前倾位置　当操纵杆推向前倾位置时，将转盘 8 旋向左边，推动压杆 7 向下移动，使计量弹簧 4 推动计量阀芯 1 向下移动，先导油从通道 17 经过孔 3、通道 2 从通道 19 输出到分配阀转斗联的前端先导油口，同时腔内压力升高，分配阀转斗联滑阀移动，高压油从工作泵进入转斗油缸小腔，另一先导油口的油通过腔 16 和

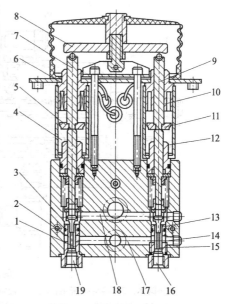

图 8-51　先导阀（转斗联）

1、15—计量阀芯；2、14、16、17、19—油道；
3、13—孔；4、12—中心弹簧；5、11—限位块；
6—线圈组件；7、9—压杆；8—转盘；
10—套；18—回油通道

14，经过压杆 15 上的孔 13 回到腔 18。当操纵杆推过前倾位置时，计量阀芯继续向下移动，孔 3 开得更大，腔内压力升高，分配阀阀芯推过去更远，流量增加，转斗前倾更快。

当操纵杆放开时，中心弹簧 4 推向上限位块 5 和压杆 7，转盘 8 将操纵杆推回中位。前倾位置没有线圈组，操作者必须将操纵杆保持在所需位置。

c. 转斗操纵阀后倾位置　当操纵杆推向后倾位置时，将转盘 8 旋向右边，推动压杆 9 向下移动，使计量弹簧 12 推动计量阀芯 15 向下移动，先导油从通道 17 经过孔 13、通道 14 从通道 16 输出到分配阀转斗联的后倾端先导油口，同时腔内压力升高，分配阀转斗联滑阀移动，高压油从工作泵进入动臂油缸大腔，另一先导油口的油通过腔 19 和 2，经过压杆 1 上的孔 3 回到腔 18。

当操纵杆推向后倾位置时，计量阀芯继续向下移动，孔 13 开得更大，腔内压力升高，分配阀阀芯推过去更远，流量增加，转斗收斗更快。

当操纵杆推回全后倾位置时，中心弹簧 4 推动限位块 5 接触线圈组件 6，线圈组件 6 磁性吸力吸住限位块 5，直到被推回中位。

（4）组合阀

组合阀由溢流阀和选择阀两部分组成，其作用是给转向器和先导阀提供压力油源，特别是当发动机熄火而铲斗处于举升状态时，动臂油缸大腔压力油通过组合阀进入先导阀。因此仍然可以操纵先导阀将铲斗放下。当发动机正常运转时，工作泵正常来油时此油路被切断。组合阀的结构及工作原理如图 8-52 所示。

从图 8-52 可以看出，组合阀下半部为溢流阀部分，主要由阀体 1、复位弹簧 7、调整垫片 8、阀座 9、锥阀 10、调压弹簧 11、阀芯 12、接头 13、螺塞 14、单向阀芯 16、复位弹簧 17、定位螺塞 18 等零部件组成。上半部为选择阀部分，主要由接头弹簧座 2、调整垫片 3、接头 4、弹簧 5、选择阀芯 6、去先导直角接头 15、接动臂缸大腔直角接头 19 等

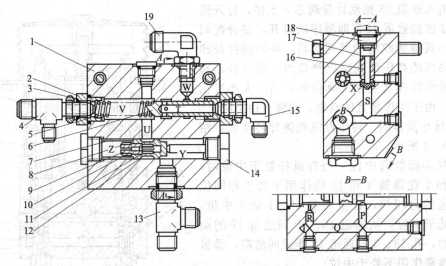

图 8-52 组合阀

1—阀体；2—接头弹簧座；3、8—调整垫片；4—回油二通接头；5—弹簧；6—选择阀芯；
7、17—复位弹簧；9—阀座；10—锥阀；11—调压弹簧；12—阀芯；13—进油三通接头；
14—限位螺塞；15—去先导阀直角接头；16—单向阀芯；18—定位螺塞；19—接动臂缸大腔直角接头

零部件组成。

① 溢流阀工作原理　如图 8-52 所示，在调压弹簧 11 的作用下处于密封状态，没有油通过阀座 9 中心的阻尼孔小孔，主阀芯 12 保持在最右端。当从接头 13 继续进油，Y 腔的压力升高超过调定值时，因 Y 腔压力油通过 P、Q、R 油道（见图 8-52 的 B—B 剖面），进入阀的左端 Z 腔，通过阀座 9 的小孔，压缩调压弹簧 11，打开锥阀 10，经阀芯 12 上的小孔流向 U、V 而流回油箱，由于小孔的节流作用，使 Y、Z 腔产生压力差，压力越高，压力差越大，从而推动阀芯 12 左移，打开 Y 与 U 的通道，从而使压力腔 Y 腔泄压。当压力降低，锥阀 10 关闭，阀芯 12 回复原位，从而使溢流阀的压力保持在调定值 4MPa 范围内。

② 选择阀工作原理　见图 8-52 的 A—A 剖面，从溢流阀 Y 腔来的压力油通过 S 通道打开单向阀芯 16，再通过 X 通道及选择阀芯 6 左端部的孔流入 T 通道去先导阀，其调定压力为 3.5MPa。当压力升高时，油压推动阀芯 6，压缩弹簧 5，使 T 油道与回油道 V 接通而回油箱。当压力降低时，在弹簧 5 的作用下使阀芯 6 回原位，使其去先导阀的压力油压力平衡在调定值 3.5MPa。

通向动臂大腔的管路上有一单向阀，油液只能从动臂大腔通到接头 19，再通至 W 油腔，油液向相反方向不通。当发动机熄火时，Y 腔、T 腔等均没有压力油，选择阀芯 6 在弹簧 5 的作用下右移，使阀芯在左端的进油孔与 W 油道相通，并将提起的动臂大腔压力油 W 及 T，流向先导阀，此时先导阀仍可操作，将动臂带着铲斗放至地面。这就是选择阀既可调

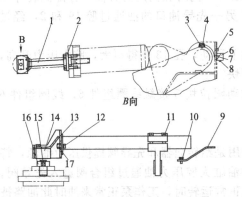

图 8-53　自动复位系统

1—连接杆；2—支板；3、5、8、11、12—螺栓；4—动臂磁铁；6—动臂接近开关座；7—动臂接近开关；9—固定板；10—转斗磁铁；13—转斗接近开关座；14—转斗接近开关；15—定位螺钉；16—转斗磁铁；17—螺母

压、又可熄火放斗的作用。

选择阀的压力由调整垫片 3 来调整，增加垫片厚度会使选择阀的压力升高，减少厚度会使选择阀的压力降低。

(5) 自动复位系统

自动复位系统包括动臂限位和铲斗放平控制两部分（见图 8-53）。动臂提升到限定位置或者铲斗翻转转到水平位置时，动臂接近开关或者转斗接近开关发出电信号，使先导阀中的定位线圈断电，先导阀操纵杆回复中位，从而使动臂停止在限定位置或者铲斗处于放平状态。接近开关与电磁铁之间的间隙应调整为 4～6mm。

8.2.3.5 工作缸

(1) 结构与特点

图 8-54 所示为 ZL50 型装载机铲斗动臂液压缸示意图；图 8-55 所示为 ZL50 型装载机铲斗转斗液压缸示意图，不同厂家生产的装载机的工作缸的结构是不完全一样的，目前大多数工作缸采用单杆（指仅有一个活塞杆）双作用（指油压作用于活塞的两端）活塞缸。铲斗动臂液压缸为中间铰接式。转斗液压缸为尾部耳环式，杆端带缓冲。工作缸主要由缸筒、活塞杆、活塞、端盖等组成。为了减少摩擦阻力以及不致磨损缸筒内壁，活塞上套有填充四氟乙烯做成的支承环，活塞与活塞杆连接处采用 O 形密封圈密封，活塞与缸筒采用了组合密封，密封圈由聚四氟乙烯外环和 O 形密封圈组成，运动时 O 形密封圈不直接

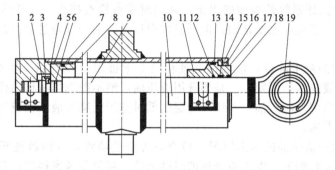

图 8-54　ZL50 型装载机铲斗动臂液压缸

1—缸体；2、16、17—挡圈；3—卡键帽；4—轴用卡键；5—支承环；6、13—O 形密封圈；7—SPG 形活塞密封；8—活塞；9—活塞杆；10—标牌；11—导向套；12、14—杆密封；15—孔用卡键；18—防尘圈；19—关节轴承

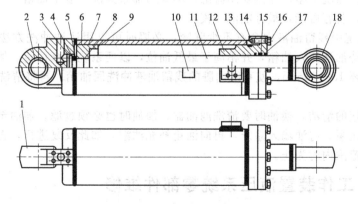

图 8-55　铲斗转斗液压缸

1—缸体；2—衬套；3—挡圈；4—卡键帽；5—孔用卡键；6—支承环；7—SPG 形活塞密封；8、14—O 形密封圈；9—活塞；10—标牌；11—活塞杆；12—导向套；13—缓冲环；15、17—杆密封；16—螺栓；18—关节轴承

与缸筒摩擦,具有摩擦阻力小、寿命长的优点。活塞杆与缸盖的密封采用 Yx 形密封圈和防尘圈,防止活塞杆外露部分黏附尘土带入缸内。活塞杆经热处理并镀铬。

(2) 工作原理

当司机操纵动臂操纵杆到提升位置,压力油进入油缸大腔,推动活塞杆外伸,进而控制与其连接的动臂提升,这时小腔的油液经分配阀回油箱。同理,可以操纵动臂的下降。当操纵动臂操纵杆到浮动位置时,大腔的油液通过分配阀补充到小腔,并且共同与回油口接通,形成浮动工况。

当司机操纵转斗操纵杆到后倾位置,压力油进入油缸大腔,推动活塞杆外伸,通过连杆机构控制铲斗后倾,由于后倾时是大腔进油,因而整机的掘进力大。同时,可以操纵铲斗的前倾。

8.3 工作装置液压系统维修

▶ 8.3.1 工作装置液压系统维护

液压系统的维护与一般机械系统的维护不同,液压系统的维护比较简单,但对液压系统的性能、效率和寿命都有很大的影响。液压系统的维护应按照以下步骤进行:

① 清理整个液压系统外表面的尘土,并同时重点检查接头、元件结合面等处有没有泄漏情况。管接头松动应重新紧固,但不能拧得过紧。由于拧得过紧引起变形,反而使泄漏增加。

② 经常检查油箱中油位,液面应在油标尺上下极限位置之间,油不足应及时注油。液压油的选择一般有两个原则:一是要选用液压油,绝不能选用机械油代替;二是工作环境温度高时选用高牌号液压油,工作环境温度低时选用低牌号液压油或防冻液压油。尽量避免两种液压油混用。

③ 要经常检查液压油的污染情况。检查时可将玻璃管插入油箱底部取样,滴在过滤纸上,若呈黄色环状图形,即表明液压油轻度污染,可暂不考虑换油;若呈深黑色点状图形,即表明液压油重度污染,应考虑立即更换新液压油或过滤旧液压油。

④ 换油时对油箱要进行清洗。清洗的目的在于除去工作油劣化时的生成物、锈垢及沉积于油箱的异物等。换油时将油箱底部的螺塞打开,将油排放干净。拆下油箱的清洗盖,将油箱底部擦洗干净,注意要用海绵,不要用棉布擦洗。取下油箱中的滤油器,将其浸泡在煤油中,若有可能,最好能泡一夜。

⑤ 液压系统中残留油液中含有不少脏物,必要时可以用注油冲洗方法清洗掉。冲洗时将足够的清洗油液注入油箱,并稍高于最低油位,以便系统安全运转。然后使清洗油在整个系统内循环 15~20min,使系统内脏的残留油液冲洗回油箱,再将清洗油从油箱中完全排出。

为保证油液的清洁,换油时要清洗滤油器,加油时也必须过滤。加油至油箱最高油位线后,开动液压泵,将油输入系统,再向油箱补充油液,如此反复进行,直至油箱内油液保持在油位线范围内时为止。

▶ 8.3.2 工作装置液压系统零部件维修

8.3.2.1 工作泵的维修

(1) 工作泵的分解

CBG 型齿轮泵分解示意图如图 8-56 所示,注意做到:

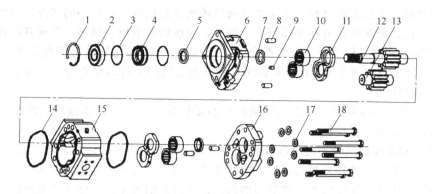

图 8-56　CBG 齿轮泵分解图

1—孔用弹性挡圈；2—滚珠轴承；3—O 形密封圈；4—油封骨架；5—骨架油封；6—前泵盖；
7—二次密封环；8—圆柱销；9—螺塞；10—滚针轴承；11—侧板；12—主动齿轮；
13—被动齿轮；14—方形密封圈；15—泵体；16—后泵盖；17—垫圈；18—螺栓

① 为保证拆后正确装配，拆前应用废锯条或类似工具沿泵轴线方向在前盖、泵体、后盖上做记号。

② 齿轮泵是精密元件，要确保拆卸过程无尘土和杂质混入，不能用棉纱擦拭零件，零件清洗后用压缩空气吹干或风干。

③ 需在台钳上夹紧轴泵时，应垫铜皮，以防壳体变形。如需榔头敲击时，注意用力不要过大，轻轻敲击，多敲几次。

（2）主要零件的修理

① 齿轮　当齿轮泵运转很长时间之后，在齿轮两侧端面的齿廓表面上均会有不同程度的磨损和擦伤，对此，应视磨损程度进行修复或更换。

a. 若齿轮两侧端面仅仅是轻微磨损，则可用研磨法将磨损痕迹研去并抛光，即可重新使用。

b. 若齿轮端面已严重磨损，齿廓表面虽有磨损但并不严重（用着色法检查，即指齿高接触面积达 55%、齿向接触面积达 60% 以上者）。对此，可将严重磨损的齿轮放在平面磨床上，将磨损处磨去（若能保证与孔的垂直度，亦可采用精车）。但必须注意，另一只齿轮也必须修磨至同等厚度（即两齿轮厚度的差值应在 0.005mm 以下），并将修磨后的齿轮用油石将齿廓的锐边倒钝，但不宜倒角。

c. 齿轮经修磨后厚度减小，为保证齿轮泵的容积效率和密封性，泵体端面也必须作相应的磨削，以保证修复后的轴向间隙合适，防止内泄漏。

d. 若齿轮的齿廓表面因磨损或刮伤严重形成明显的多边形时，此时的啮合线已失去密封性能，则应先用油石研去多边形处的毛刺，再将齿轮啮合面调换方位，即可继续使用。

e. 若齿轮的齿廓接触不良，或刮伤严重，已没有修复价值时，则应予以更换。

② 泵体　泵体的吸油腔区域内常产生磨损或刮伤。为提高其机械效率，该类齿轮泵的齿轮与泵体间的径向间隙较大，通常为 0.10～0.16mm，因此，一般情况下齿轮的齿顶圆不会碰擦泵体的内孔。但泵在刚启动时压力冲击较大，压油腔处会对齿轮形成单向的径向推动，可导致齿顶圆柱面与泵体内孔的吸油腔处碰擦，造成磨损或刮伤。由于该类齿轮泵的泵体两端面上开有卸载槽，故不能翻转 180° 使用。如果吸油腔有轻微磨损或擦伤，可用油石或砂布去除其痕迹后继续使用。因为径向间隙对内泄漏的影响较轴向间隙小，所以对使用性能没有多大影响。

泵体与前、后泵盖的材料无论是普通灰口铸铁还是铝合金，它们的结合端面均要求有严格的密封性。修理时，可在平面磨床上磨平，或在研磨平板上研平，要求其接触面一般不低于85%；其精度要求是：平面度允差0.01mm，端面对孔的垂直度允差为0.01mm，泵体两端面平行度允差为0.01mm，两齿轮轴孔轴心线的平行度允差为0.01mm。

③ 轴颈与轴承

a. 齿轮轴轴颈与轴承、轴颈与骨架油封的接触处出现磨损，磨损轻的经抛光后即可继续使用，严重的应更换新轴。

b. 滚柱轴承座圈热处理的硬度较齿轮的高，一般不会磨损，若运转日久后产生刮伤，可用油石轻轻擦去痕迹即可继续使用。对刮伤严重的，可将未磨损的另一座圈端面作为基准面，将其置于磨床工作台上，然后对磨损端面进行磨削加工。应保证两端面的平行度允差和端面对内孔的垂直度允差均在0.01mm范围内，若内孔和座圈均磨损严重，则应及时换用新的轴承座圈。

c. 滚柱（针）轴承的滚柱（针）长时间运转后，也会产生磨损，若滚柱（针）发生剥落或出现点蚀麻坑时，必须更换滚柱（针），并应保证所有滚柱（针）直径的差值不超过0.003mm，其长度允差为0.1mm左右，滚柱（针）应如数地充满于轴承内，以免滚柱（针）在滚动时倾斜，使运动精度恶化。

d. 轴承保持架若已损坏或变形时，应予以更换。

④ 侧板　侧板损坏程度与齿轮泵输入端的外连接形式有着十分密切的关系，通常原动机通过联轴套（器）与泵连接，联轴套在轴向应使泵轴可自由伸缩，在花键的径向面上应有0.5mm左右的间隙，这样，原动机械在驱动泵轴时就不会对泵产生斜推力，泵内齿轮副在运转过程中即自动位于两侧板间转动，轴向间隙在装配时已确定（0.05～0.10mm），即使泵运转后温度高达70℃时，齿轮副与侧板间仍会留有间隙，不会因直接接触而产生"啃板"现象，以致烧伤端面。但是轴与联轴套的径向间隙不能过大，否则，花键处容易损坏；因CBG泵本身在结构上未采取有效的消除径向力的措施，在泵运行时轴套会跳动，进而会导致齿轮与侧板因产生偏磨而"啃板"。

修理侧板的常用工艺：

a. 由于齿轮表面硬度一般高达62HRC左右，故宜选用中软性的小油砂石将齿轮端面均匀打磨光滑，当用平尺检查齿轮端面时，须达到不漏光的要求。

b. 若侧板属轻微磨损，可在平板上铺以马粪纸进行抛光；对于痕迹较深者，应在研磨平板上用粒度为W10的绿色碳化硅加机油进行研磨，研磨完后应将黏附在侧板上的碳化硅彻底洗净。

c. 若侧板磨损严重，但青铜烧结层尚有相当的厚度，此时可将侧板在平面磨床上精磨，其平面度允差和平行度允差均应在0.005mm左右，表面粗糙度应优于$Ra0.4\mu m$。

d. 若侧板磨损很严重，其上的青铜烧结层已很薄甚至有脱落、剥壳现象时，应更换新侧板，建议两侧侧板同时更换。

⑤ 密封环　CBG系列齿轮泵中的密封环是由铜基粉末合金烧结压制而成的，具有较为理想的耐磨和润滑性能。该密封环的制造精度高，同轴度也有保证，且表面粗糙度优于$Ra1.61\mu m$。密封环内孔表面与齿轮轴轴颈需有0.024～0.035mm的配合间隙，以此作为节流阻尼的功能来密封泵内轴承处的高压油，以提高泵的容积效率，保证达到使用压力的要求。当泵的输入轴联轴器处产生倾斜力矩或滚柱轴承磨损产生松动时，均会导致密封环的不正常磨损。若液压油污染严重，颗粒磨损会使密封环内孔处的配合间隙扩大，此间隙若超过0.05mm时，容积效率将显著下降。

修复密封环的常用方法：

a. 缩孔法。车制一个钢套 2 （见图 8-57）作为缩孔套，其内径比密封环 3 的外径小 0.05mm，在压力机上将密封环压入套 2 内并保持 12h 以上，或在 200～230℃ 电热炉内定形保温 2～3h，然后用压出棒压出，密封环的内径即可缩小 0.03mm 左右。在采用此法修复密封环时，要注意密封环凸肩的外圆柱面和内端面均不能遭到损伤或形成凸块状，因为此处若出现高低不平的状态，可造成泵的容积效率和压力下降。

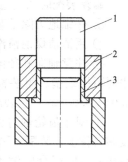

图 8-57 缩孔法
修复密封环
1—压出棒；2—套；
3—密封环

b. 镀合金法。在有刷镀或电镀设备的地方，可采用内孔镀铜或镀铅锌合金的方法，以加大内孔厚度尺寸。电镀后因其尺寸精度较差，故须经精磨或精车，以保证其配合尺寸。车、磨加工时最好采用一个略带锥形的外套，将密封环推进套内再上车床或磨床加工，以避免因直接用三爪卡盘夹持而引起变形。

（3）检查要点和装配顺序

检查 CBG 系列齿轮泵时应注意下列事项。

① 拆开后须重点检查的部位

a. 检查侧板是否有严重烧伤和磨痕，其上的合金金属是否脱落或磨耗过甚或产生偏磨；若存在无法用研磨方法消除上述缺陷，应及时更换。

b. 检查密封环与轴颈的径向间隙是否小于 0.05mm，若超差应予以修理。

c. 测量轴和轴承滚柱之间的间隙是否大于 0.075mm，超过此值时，应更换滚柱轴承。

② 操作顺序与装配要领

a. 齿轮泵的转向应与机器的要求相一致，若需要改变转向，则应重新组装。

b. 切记将前侧板上的通孔放在吸油腔侧，否则高压油会将旋转油封冲坏。

c. 清洗全部零件后，装配时应先将密封环放入前、后泵盖上的主动齿轮轴孔内。

d. 将轴承装入前、后泵盖轴承孔内，但须保证其轴承端面低于泵盖端面 0.05～0.15mm。

e. 将前侧板装入泵体一端（靠前泵盖处），使其侧板的铜烧结面向内，使圆形卸载槽（即盲孔 a，见图 8-58）位于泵的压油腔一端，侧板大孔与泵体大孔要对正，并将 O 形密封圈装在前侧板的外面。

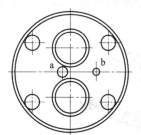

图 8-58 前侧板

f. 将带定位销的泵体装在前泵盖上，并将定位销插入前泵盖的销孔内，轻压泵体，使泵体端面和侧板压紧，装配时要注意泵体进、出油口的位置应与泵的转向一致。

g. 将主动齿轮和被动齿轮轻轻装入轴承孔内，使其端面与前侧板端面接触。

h. 将后侧板装入泵体的后端后，再将 O 形密封圈装在后侧板外侧。

i. 将后泵盖装入泵体凹缘内，使其端面与后侧板的端面接触。

j. 将泵竖立起来，放好铜垫圈后穿入螺钉拧紧，其拧紧力矩为 132N·m。

k. 将内骨架旋转油封背对背地装入前泵盖处的伸出轴颈上。

l. 将旋转油封前的孔用弹性挡圈装入前泵盖的孔槽内。

m. 装配完毕后，向泵内注入清洁的液压油，用手均匀转动时应无卡阻、单边受力或过紧的感觉。

n. 泵的进、出油口用塞子堵紧，防止污染物质侵入。

（4）修复、装配及试验

修复装配时的注意事项：

① 仔细地去除毛刺，用油石修钝锐边。注意，齿轮不能倒角或修圆。

② 用清洁煤油清洗零件，未退磁的零件在清洗前必须退磁。

③ 注意轴向和径向间隙。现在的各类齿轮泵的轴向间隙是由齿厚和泵体直接控制的，中间不用纸垫。组装前，用千分尺分别测出泵体和齿轮的厚度，使泵体厚度较齿轮大 0.02～0.03mm，组装时用厚薄规测取径向间隙，此间隙应保持在 0.10～0.16mm。

④ 对于齿轮轴与齿轮间是用平键连接的齿轮泵，齿轮轴上的键槽应具有较高的平行度和对称度，装配后平键顶面不应与键槽槽底接触，长度不得超出齿轮端面，平键与齿轮键槽的侧向配合间隙不能太大，以齿轮能轻轻拍打推进为好。两配合件不得产生径向摆动。

⑤ 须在定位销插入泵体、泵盖定位孔后，方可对角交叉均匀地紧固固定螺钉，同时用手转动齿轮泵长轴，感觉转动灵活并无轻重现象时即可。

齿轮泵修复装配以后，必须经过试验或试车，有条件的可在专用齿轮泵试验台上进行性能试验，对压力、排量、流量、容积效率、总效率、输出功率以及噪声等技术参数一一进行测试。而在现场，一般无液压泵试验台的条件下，可装在整机系统中进行试验，通常叫做修复试车或随机试车，其步骤如图 8-59 所示。

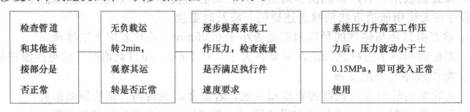

| 检查管道和其他连接部分是否正常 | 无负载运转2min，观察其运转是否正常 | 逐步提高系统工作压力，检查流量是否满足执行件速度要求 | 系统压力升高至工作压力后，压力波动小于±0.15MPa，即可投入正常使用 |

图 8-59　齿轮泵现场修复试运行步骤

8.3.2.2　分配阀维修

（1）分配阀的分解

以 FPF32 分配阀为例，如图 8-60 所示。

① 清洁、检查分配阀总成外部。严格防止外部污染物进入分配阀内部，以免污染阀

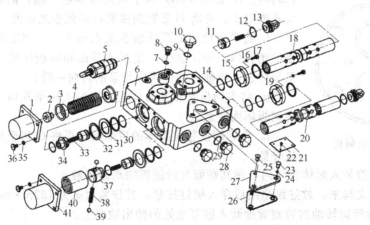

图 8-60　分配阀分解示意图

1—转斗回位套；2—定位座；3—弹簧压座；4—复位弹簧；5—主安全阀；6—阀体；7、9、12、29—O形密封圈；8、10、28—螺塞；11—单向阀；13、34、37—弹簧座；14—O形圈；15—套；16、32、35—垫圈；17、22—螺钉；18—转斗滑阀；19—防尘圈；20—动臂滑阀；21—铭牌；23、25、36—螺栓；24—螺母；26—垫板；27—盖；30—挡圈；31—挡板；33—单向阀弹簧；38—弹簧；39—钢球；40—定位套；41—动臂回位套

体造成新的故障。

② 拧去转斗回位套上及动臂回位套上的螺栓。

③ 拆掉转斗回位套。

④ 拆掉动臂回位套（内有定位套）。在拆卸过程中，防止动臂阀杆弹簧座中的两颗钢球弹出丢失，且注意两个回位套上的小孔方向向上。

⑤ 拆卸下来的零件按照螺栓、动臂回位套、转斗回位套、钢球和弹簧的顺序依次摆放整齐。

⑥ 分配阀总成在出厂前喷漆过程中，两阀杆露出部位黏附有少许油漆，在阀杆退出阀体前，使用细砂布把两阀杆上的油漆清除干净，然后用布擦拭清洁，阀杆表面不允许有油漆、颗粒异物，以免造成阀杆卡紧，对阀孔造成损伤。

⑦ 将阀杆从回位套侧退出阀体。如在退出时遇阀杆较紧，首先检查阀杆上的油漆是否清除干净、阀杆端头是否有磕碰伤，在确认没有油漆和磕碰伤的情况下，可用木槌或铜棒轻轻将其敲出。

⑧ 用手轻轻旋转、拔出转斗阀杆组件和动臂阀杆组件，拔出的组件应与相应的回位套对应摆放。

⑨ 依次拆去套上的螺钉，取出套、挡圈和O形密封圈，并从转斗阀杆上取出O形密封圈、挡圈、挡板和垫圈，从动臂阀杆组件上取出O形密封圈、挡圈和挡板，将拆卸的螺钉、套、挡圈和O形密封圈依次摆放整齐。

⑩ 转斗阀杆组件和动臂阀杆组件分解完毕。

（2）分配阀的检修

① 用煤油或柴油清洗阀体、阀杆及所有零件后，用不起毛的干净布擦干或用压缩空气吹干。

② 检查阀孔和阀杆拉沟、划伤、磨损情况。阀孔与阀杆配合的标准间隙为 $0.015\sim0.025$mm，修理极限（即间隙极限）为 0.04mm。阀杆装在相应的阀孔内，用手轻压不应感觉到间隙。如果阀杆明显磨损、划伤、损坏，或阀孔磨损，拉沟损坏，应更换新的阀体、阀杆。

若阀杆外径磨损，可采用镀铬的方法加粗，经光磨后再与阀孔研配。研磨剂可采用氧化铬磨膏加适量煤油或机油。研磨后应符合下列要求：

a. 表面粗糙度达到 $Ra0.3\sim0.2\mu$m，不允许有任何毛刺。

b. 圆柱度误差不大于 0.005mm。

c. 配合间隙要求为 $0.020\sim0.045$mm。

③ 检查导阀锥面与导阀座接触的密封性，如果因破损、压溃、缺口而使接触不良影响密封性，应研磨修复，严重的应换新。

④ 检查阀杆内单向阀与阀座接触的密封性，若因变形、磨损影响密封，应研磨阀座，更换新的单向阀。

⑤ 主阀芯与主阀套配合的标准间隙为 $0.017\sim0.023$mm，修理极限（间隙极限）为 0.03mm。

（3）装配及注意事项

① 装配动臂滑阀，在动臂阀杆组件上依次装上挡板、挡圈、新O形密封圈。在阀孔内涂上适量的液压油后，将动臂滑阀装入动臂阀孔，在装的过程中要找准平衡位置，慢慢旋转组件进入，在弹簧座内依次装入钢球、弹簧、钢球，然后装上动臂回位套，动臂回位套的小孔方向向上。

② 装配转斗阀杆，依次将垫圈、挡板、挡圈、新O形密封圈装入阀杆组件上，在阀

Chapter 1

Chapter 2

Chapter 3

Chapter 4

Chapter 5

Chapter 6

Chapter 7

Chapter 8

Chapter 9

孔内涂上适量的液压油后，将动臂滑阀装入座孔，在装的过程中要找准平衡位置，慢慢旋转组件进入，装上转斗回位套，装好后的转斗回位套平面应与阀体面贴紧，应检查回位套是否压住垫圈，在压住垫圈的情况下上紧回位套会造成回位套拉裂或阀杆卡紧。

③ 依次将螺栓放入回位套螺栓孔内，使用套筒扳手对角交替拧紧。

④ 将新O形密封圈套入动臂阀杆，并沿阀杆放入孔内。将挡圈套入动臂阀杆，并沿阀杆放入孔内，与O形密封圈靠紧。将套套入动臂阀杆并靠紧阀孔。

⑤ 使用同样方法依次将新O形密封圈、挡圈、套放入转斗阀孔。

⑥ 依次将螺栓放入螺栓孔内，使用套筒扳手对角交替拧紧。

⑦ 工作装置分配阀装配完后，应分别拉动动臂和转斗阀杆进行检验。要求动臂阀杆在各位置应灵活、无卡滞现象，并能定位；转斗阀杆也应灵活、无卡滞现象，且能自动回位。

工作装置操纵阀应在试验台上或装车后，对液压系统的工作压力进行调整。首先将压力表安装到工作装置操纵阀上，启动柴油机，保持额定转速。然后扳动转斗操纵杆，使铲斗上翻至极限位置时，观察压力表所显示的数值是否为 16MPa。若压力过低，应将调整螺杆沿顺时针方向转动，使压力升高；若压力过高，则逆时针转动调整螺杆，使压力降低。当系统工作压力调整至额定数值后，拧紧固定螺母和护帽。

8.3.2.3 转斗油缸大、小双作用安全阀检修

① 检查阀芯与阀体、单向滑阀与阀体座接触的密封性，如果损坏，影响密封性能，则损坏的零件应更换新件。

② 检查各O形橡胶密封圈，如有切皮、损坏，影响密封性能，应更换新件。

③ 检查弹簧变形，当弹簧压缩到长度为 49.4mm 时，施加的力应大于 660N，如有断裂或状态不良，应更换新弹簧。

8.3.2.4 工作缸的维修

（1）工作缸的分解

动臂油缸分解如图 8-61 所示。转斗油缸分解如图 8-62 所示。

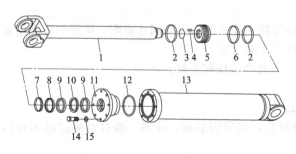

图 8-61 动臂油缸分解示意图

1—活塞杆；2、9—支承环；3、12—O形圈；4—螺钉；5—活塞；6—组合密封环；7—AY防尘圈；8—U形圈；10—组合圈；11—导向套；13—油缸体；14—螺栓；15—垫圈

（2）检修

① 密封件　当密封件出现老化、磨损、断裂、变质等现象时应更换。

② 活塞　检查有无磨损（尤其单面）或裂纹。如单面磨损严重，将影响密封圈的密封效果。应进行镀铬或更换；如有裂纹，应更换。

③ 活塞杆　表面应光洁无伤。当其弯曲量大于 0.15mm 时，应校正。无法校正时应更换。

如活塞杆表面出现沟槽、凹痕，轻微时，可用胶黏剂修补或用细油石修磨；如果严重或镀铬层剥落、有纵向划痕时，应换用新品。

④ 缸体　应主要检查缸体内壁的磨损情况，有无拉伤、偏磨、锈蚀等现象。如拉伤、锈蚀不严重时，可用 00 号砂纸加润滑油进行打磨；如有为数不多的纵向沟槽时，可用胶黏剂修补；如拉伤、偏磨或磨损严重时应更换。

其次，还应检查缸体外表面有无严重伤痕。

⑤ 导向套　检查是否有破裂，尤其外端最易产生裂纹。如有裂纹，应更换。检查导向套筒内孔有无拉伤，与活塞杆的配合间隙超过1mm时，应更换导向套。

（3）装配

油缸装配的顺序和方法如下：

① 将零件用洗油清洗干净，用压缩空气吹除，并擦拭干净，然后将缸体内壁、活塞杆等摩擦表面涂抹少量液压油。

② 先将 O 形密封圈装上，密封环、支撑环加热并用专用工具安装在活塞上。

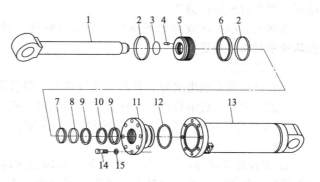

图 8-62　转斗油缸分解示意图

1—活塞杆；2、9—支承环；3、12—O 形圈；4—螺钉；
5—活塞；6—组合密封环；7—AY 防尘圈；8—U 形圈；
10—斯特封；11—导向套；13—油缸体；14—螺栓；15—垫圈

③ 将防尘圈（唇边向外）依次装入导向套筒内孔的密封圈槽内，将大 O 形密封圈装在导向套筒外圆的密封圈槽内。将导向套筒装上活塞杆。

④ 再装上 O 形密封圈、活塞、轴用卡键、卡键帽、挡圈。

⑤ 将活塞和活塞杆一起装入缸筒内。

⑥ 用螺栓固定导向套筒并拧紧。

（4）试验

液压缸安装好后要进行试验。试验项目一般有以下几项：

① 运动平稳性检查　在最低压力下往复运行 5～10 次，检查活塞运动是否平稳、灵活，应无卡滞现象。

② 负荷试验　在活塞杆上加最大工作负荷，此时缸中的压力 P 为最大工作压力。在 P 作用下，运行 5 次全行程往复运动。此时，活塞杆移动应平稳、灵活，且缸的各部分部件没有永久变形和其他异常现象。

③ 液压缸的外部泄漏试验　负荷作业 5～10min，各密封和焊接处不得漏油。

④ 液压缸内部泄漏试验　在活塞杆上加一定的静负荷（装载机铲斗装满料），在 10min 内，活塞移动距离不超过额定值。

⑤ 试验后再度紧固　在以上各项试验之后，可能出现缸的紧固松弛现象。为慎重起见，在试验后再度拧紧紧固压盖螺栓等。否则，在耐压试验后直接使用，由于各螺栓上荷重的不均匀，而使螺栓逐个破坏，最终造成严重的故障。

8.3.2.5　辅助元件的检修

（1）油箱

① 油箱拆下后要洗净，油箱内外要去掉油迹。

② 检查油箱是否有裂纹、孔洞或锈蚀，如果有这类现象，必须焊接好，且应遵守安全操作规则。

箱壁如出现凸起或凹陷，应进行修整。如果损坏严重，应予更换。

③ 检查油箱的密闭性，将油箱放入水池内通入压力 0.5MPa 的压缩空气 2min，不允许水中出气泡。

④ 检查油箱的注油口，不允许有裂纹等现象。油口的滤网损坏时，应予更换。

（2）液压油过滤器

液压油过滤器安装在低压油管上，用来过滤从油缸回来的油，分解后必须用汽油清洗滤网，吹干后再进行检查。

滤网上有小孔洞或焊料脱落时，应重焊修复。焊层厚度不应低于 3mm，应无焊瘤。损坏的密封圈应予更换。

（3）连接管

装载机液压系统由油导管并利用螺纹接头、联管螺母和螺栓将相应的部分连通。油管分为橡胶软管和无缝钢管两种。油管最容易脱落或损坏的地方是油管接头和折弯的地方。

① 橡胶高压软管。橡胶管外层橡胶因龟裂和胀大而失效。损坏的和密封性不良的应予以更换。

② 橡胶软管爆裂，多数是由于弯折、扭转和终端固定不良的结果。在修理时，可去掉软管的损坏部分，将合格部分用可拆或不可拆方法连接起来。修好的软管不应有渗漏油的现象。

③ 压紧环和导管端部，应没有裂纹。

④ 当钢管出现无法修复的损坏时，应予更换。如果有局部裂纹，可进行补焊，也可将损坏部分锯掉，再焊上一段新钢管。

⑤ 联管接头之间应装有铝或铜的密封垫，密封垫应平整，不应有凹陷。

⑥ 油管有以下缺陷时应更换：

a. 管子弯曲部分内、外壁有锯齿形，曲线不规则，内壁扭坏或压坏及波纹凹凸不平。

b. 管子表面凹入达管子直径的 20% 以上。

c. 管子弯曲部分的直径差与原直径比值大于 10%。

d. 扁平弯曲部分的最小外径为原管外径的 70% 以下。

8.3.2.6 液压油的更换

装载机每工作 2000h 或每年或者液压油受到严重污染而发生变质，如颜色发黑、油液发泡，应及时更换液压油。方法如下：

① 将铲斗中的杂物清除干净，将机器停放在平坦空旷的场地上，变速操纵手柄置于空挡位置，拉起停车制动器的按钮，装上车架固定保险杠。启动发动机并在急速下运转 10min，其间反复多次进行提升动臂、下降动臂、前倾铲斗和后倾铲斗等动作。最后，将动臂举升到最高位置，将铲斗后倾到最大位置，发动机熄火。

② 将先导操纵阀的铲斗操纵手柄往前推，使铲斗在自重作用下往前翻，排出转斗油缸中的油液；在铲斗转到位后，将先导阀动臂操纵杆往前推，动臂在自重作用下往下降，排出动臂油缸中的油液。

③ 清理液压油箱下面的放油口，拧开放油螺塞，排出液压油，并用容器盛接。同时，拧开加油口盖，加快排油过程。

④ 拆开液压油散热器的进油管，排干净散热器内残留的液压油。

⑤ 从液压油箱上拆下液压油回油过滤器顶盖，取出回油滤芯，更换新滤芯。打开加油口盖，取出加油滤网清洗。

⑥ 拆下加油口下方的油箱清洗口法兰盖，用柴油冲洗液压油箱底部及四壁，最后用干净的布擦干。

⑦ 将液压油箱的放油螺塞、回油过滤器及顶盖、加油滤网、油箱清洗口法兰盖、液压油散热器的进油管安装好。

⑧ 拆下液压油散热器上部的回油管，从液压油散热器回油口加入干净的液压油。加满后，装好液压油散热器回油管。

⑨ 从液压油箱的加油口加入干净的液压油，使油位达到液压油油位计的上刻度，拧好加油盖。

⑩ 拆除车架固定保险杠，启动发动机。操作先导阀操纵手柄，进行 2～3 次升降动臂和前倾、后倾铲斗以及左右转向到最大角度，使液压油充满油缸、油管。然后在急速下运行发动机 5min，以便排出系统中的空气。

⑪ 发动机熄火，打开液压油箱加油盖，添加干净液压油至液压油箱液位计的 2/3 刻度。

8.3.2.7 工作液压系统的检查和调整

工作装置液压系统可通过对动臂提升、下降及铲斗前倾时间，分配阀、双作用安全阀的释放压力，动臂沉降量等参数的测定来检查。

（1）时间检查

铲斗装满额定载荷降到最低位置，柴油机和液压油在正常的操作温度下，踩大油门，使柴油机以额定转速运转，操纵分配阀的动臂阀杆，使动臂提升到最高位置所需时间应不大于规定值（ZL50C 型为 7.5s，CLG856 型为 6.5s）。

柴油机急速运转，操纵分配阀动臂阀杆到浮动或下降位置，铲斗空载从最高位置下降到地面的时间应不大于规定值（ZL50C 型为 4.0s）。

在相同于铲斗提升的条件下铲斗从最大后倾位置翻转到最大前倾位置所需时间应不大于规定值（ZL50C 型为 5.0s，CLG856 型为 3.6s）。

（2）操作压力检查

① 检查系统最大工作压力　拧下分配阀进油接头上的螺塞，装上 25MPa 量程的压力表，然后将工作装置动臂提升到水平位置，柴油机和液压油在正常的操作温度下，柴油机以额定转速运转，操纵分配阀转斗滑阀，使铲斗后倾直到压力表显示最高压力（ZL50C 型为 16～17MPa，CLG856 型为 20MPa）。如果有差别，则应调整分配阀上的主安全阀（首先拆下锁紧螺母和垫圈，拧下螺母，然后转动调整丝杆，顺时针转，压力增加，逆时针转，压力减少，转一整圈调整丝杆，ZL50C 型改变压力大约 4.1MPa）。

当调整正确后，用螺丝刀握住调整丝杆，拧紧螺母，保证丝杆锁紧，然后装上锁紧螺母，力矩为 50N·m。

重复铲斗动作，以便复查调整压力的正确性。

② 双作用安全阀压力的检查与调整

a. 大腔双作用安全阀压力的检查与调整　拧下分配阀至转斗油缸大腔油路中的弯管接头上的螺塞（或液压系统上右边的接头体上的螺塞，接上一个三通接头）。三通接头的一端接 25MPa 量程的压力表，提升动臂到最高位置，柴油机和液压油在正常操作温度下，柴油机以急速运转，操纵分配阀转斗滑阀，使铲斗转到最大后倾位置后，回复中位，然后操纵分配阀动臂滑阀到下降位置，动臂下降，此时压力表的最大压力应为规定值（ZL50C 型为 20MPa，CLG856 型为 22MPa）。如压力不符，则按下列步骤进行调整。

• 拆下锁紧螺母和铜垫，拧松螺母。

• 转动调压丝杆时，拧进时压力将增加，拧出时压力将减少。

• 再检查转斗油缸双作用安全阀，调整阀直到压力为规定值为止。调整正确后，用内六角扳手固定调整丝杆，拧紧螺母，保证丝杆锁紧，然后装上锁紧螺母。

重复铲斗动作，以便复查调整压力的正确性。

b. 小腔双作用安全阀压力的检查与调整　拧下接分配阀至转斗油缸小腔油路中的弯管接头上的螺塞，装上 25MPa 量程的压力表，提升动臂到水平位置，柴油机和液压油在正常温度下，柴油机急速运转，操纵分配阀转斗滑阀，使铲斗转到最大前倾位置，此时压力表显示压力应为 22MPa，如压力不符，应按上述方法调整分配阀的转斗小腔过载阀。

注意：在拧下分配阀至转斗油缸大小腔油路中的弯管接头上的螺塞之前，应将动臂、铲斗降至地面，然后关闭发动机，反复几次操作先导操纵杆，直到确认管路内的残余压力已完全消除。

（3）动臂沉降量检查

在铲斗满载时，柴油机和液压油在正常操作温度下，将动臂举升到最高位置，分配阀置于封闭位置，然后发动机熄火，此时测量动臂油缸活塞杆每小时的移动距离，如果液压元件为良好状态，其沉降量应小于 15mm/5min。

8.4 装载机工作装置及液压系统故障诊断与排除

ZL50C 型装载机工作装置及液压系统常见故障有：液压缸动作缓慢或举升无力；工作时尖叫或振动；动臂自动下沉；油温过高等。

8.4.1 液压缸动作缓慢或举升无力

8.4.1.1 故障现象

铲斗装满料从最低位置上升到最大高度的时间超过 14s，或者装满料举不起来。应先观察动臂和转斗油缸动作是否只有一部分慢或无力，还是两部分都慢或无力。

8.4.1.2 故障原因及排除

故障现象 1：两部分动作都慢或无力。

① 油箱油量少。从检视口可以观察到。应将工作油加到油箱总容量的三分之二以上。

② 油箱通气孔堵塞。打开油箱盖故障马上消失。应清理通气孔。

③ 滤网堵塞或进油管太软变形。油门越大，动作越慢，且伴随有振动和尖叫。应清理滤网，更换新进油管。

④ 油泵磨损严重。油门大时动作能够快一些。此时应维修或更换油泵。

⑤ 溢流阀压力调得低、弹簧变软、阀芯动作不灵活。若将溢流阀压力调高一些，动作能快一些。

⑥ 溢流阀磨损泄漏或卡滞。首先调整溢流阀压力到标准值，或更换弹簧、阀芯，其次再调整溢流阀压力到标准值。最后更换溢流阀总成。

故障现象 2：只有其中一个动作慢。

① 油缸内漏。将铲斗举到顶，卸开有杆腔油管，加大油门，看是否漏油。若故障不能排除，应更换油缸油封。

② 操纵软轴调整不合适或损坏。可以直接观察到操纵软轴损坏，且阀杆运动量小。应更换操纵软轴并调整。

③ 滑阀磨损，泄漏严重。拆卸滑阀后能发现明显磨损。更换分配阀总成。

8.4.2 工作时尖叫或振动

8.4.2.1 故障现象

柴油机启动后，扳动工作装置操纵杆，能听到一种尖锐的叫声。

8.4.2.2 故障原因及排除

① 低压系统进空气。不管柴油机油门大小，工作时都有叫声。在接头或管连接处抹肥皂水检查，解决进空气问题。

② 油箱油少。工作油明显偏少，且动臂举升到一定高度后再也举不起。按规定加够工作油。

③ 进油管软或管内剥皮。柴油机油门越大时，尖叫声越大，且进油管明显变扁。此

种故障有可能是进油管软或管内剥皮造成的,应更换新的进油管。

④ 滤芯堵塞。以上部位未发现原因所在,则可能是由于滤芯堵塞所致,应拆检保养滤芯。

▶ 8.4.3 动臂自动下沉

8.4.3.1 故障现象

铲斗装满料举升到最大高度,柴油机熄火后,动臂油缸活塞杆下沉量超过150mm/h。

8.4.3.2 故障原因及排除

① 油缸活塞油封损坏,油缸拉伤。铲斗举升到最大高度,拆下有杆腔油管,柴油机加大油门,油管有大量油漏出。更换油封,或修理油缸内腔。

② 滑阀磨损、中立位置不正确。在油缸油封不漏油的情况下,故障只能出现在滑阀上,则应更换分配阀总成。

▶ 8.4.4 油温过高

8.4.4.1 故障现象

装载机工作时间不长,工作油温度达到100~120℃,且工作无力。

8.4.4.2 故障原因及排除

① 系统压力低。压力表显示的压力低,并且有压力低引起别的故障同时出现。先排除系统压力低故障。

② 工作油量偏少,散热效果差。从检视口能观察到。加够足量的工作油。

③ 环境温度高,连续作业时间长。断续作业或夜间作业时未出现此故障。改变作业方式。

④ 系统内泄漏量大。装载机一开始作业就工作无力,且系统压力低。参见工作无力故障的检查与维修。

Chapter 1
Chapter 2
Chapter 3
Chapter 4
Chapter 5
Chapter 6
Chapter 7
Chapter 8
Chapter 9

第**9**章

装载机使用

装载机是一种以实施装载作业为主的工程机械，目前，中国装载机一年的产销量达 5 万多台，使用维修人员几十万。要想最大限度地发挥其技术性能，就必须了解它、熟悉它，只有正确把握轮式装载机的操作要点，做到合理使用，认真维护保养，才能提高装载机使用的可靠性，延长使用寿命，提高作业效率，提高经济效益，节约维修成本。本章以社会保有量最大、使用频度最高的 ZL50C 型、CLG856 型装载机为典型代表，介绍其正确操作和使用。

9.1 装载机驾驶

▶ 9.1.1 操作装置及仪表识别与运用

9.1.1.1 ZL50C 型装载机操纵装置及仪表的识别与运用

（1）ZL50C 型装载机操纵杆件识别

ZL50C 型装载机操纵杆件均设置在驾驶室内，其位置如图 9-1 所示。

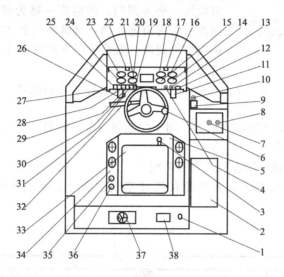

图 9-1 ZL50C 型装载机操纵装置

1—熄火开关；2—工具箱；3—座椅前后位置调节锁定手柄；4—启动开关；5—空调蒸发器；6—方向盘；7—转斗操纵手柄；8—动臂操纵手柄；9—保险丝盒；10—紧急及停车制动手柄；11—油门踏板；12—雨刮开关；13—转向灯开关；14—发动机油压表；15—制动气压表；16—变速油压表；17—右转向指示灯；18—电流表；19—示廓灯开关；20—发动机水温表；21—变矩器油温表；22—左转向指示灯；23—计时器；24—发动机油温表；25—前大灯开关；26—行车制动踏板；27—工作灯开关；28—后大灯开关；29—气喇叭开关；30—变速操纵手柄；31—仪表灯开关；32—壁灯开关；33—驾驶员座椅；34—空调风口；35—空调总开关；36—空调制冷温度开关；37—空调暖水开关；38—空调储液瓶视孔

（2）ZL50C 型装载机操纵杆件运用

① 柴油机熄火拉钮　位于座椅右后方，用于控制柴油机熄火。将拉钮向外拉出，柴油机熄火。熄火后复位，使油门处于正常供油位置。

② 铲斗操纵杆　位于座椅右方，用于控制铲斗翻转。中间位置为铲斗固定，向后拉为铲斗上转，向前推为铲斗下转。铲斗翻转的快慢决定于柴油机转速高低及铲斗操纵手柄操纵的行程。

③ 动臂操纵杆 位于座椅右方、铲斗操纵杆的外侧，用于控制动臂升、降与浮动。中间位置为动臂固定，向前推为动臂下降，继续前推为动臂浮动，但不能在浮动位置下降重载铲斗。向后拉时动臂提升。动臂升降的快慢决定于柴油机转速的高低及动臂操纵手柄的行程。

④ 转向灯开关 位于转向盘立柱右侧，用于控制左右转向灯电路的通、断。转向灯开关手柄前推，左转向灯亮，后拉右转向灯亮，中间位置左右转向灯都不亮。

⑤ 转向盘 位于座椅正前方，用于控制装载机的行驶方向。

⑥ 油门踏板 位于座椅右前方的底板上，用于控制柴油机供油量的大小。踩下踏板，供油量增加，柴油机转速升高；松开踏板，供油量减小，柴油机转速降低。

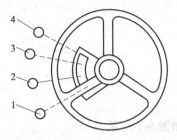

图 9-2 变速操纵杆操纵示意图
1—倒挡；2—空挡；3—前进Ⅰ挡；
4—前进Ⅱ挡

⑦ 制动踏板 位于座椅左前方的底板上，用于控制装载机减速或停车。踩下踏板为制动，松开踏板解除制动。

⑧ 变速操纵杆 位于转向盘立柱左侧，用于改变装载机行驶速度和进退方向。中间位置为空挡。变速操纵杆向后拉一格为倒挡。向前推一格为前进Ⅰ挡；再向上抬、前推一格为前进Ⅱ挡，其具体位置如图 9-2 所示。使用挡位应由低到高。变换进退方向时，装载机须先停稳后，再进行换挡。

⑨ 手制动操纵杆 位于座椅左后方，用于装载机停机后的制动。手柄拉起为制动，推下为解除制动。

⑩ 电源总开关 位于座椅左后方，用于控制整机电路的通、断。拉起开关手柄电路接通，压下手柄电路断开。

（3）ZL50C 型装载机仪表及开关的识别

ZL50C 型装载机仪表、开关安装在驾驶室仪表板上，其名称和安装位置如图 9-3 所示。

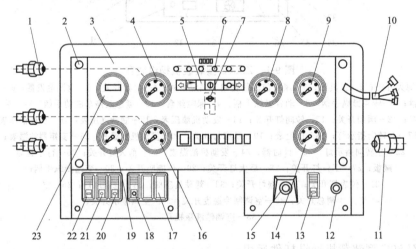

图 9-3 ZL50C 型装载机仪表板
1—温度传感器；2、6—螺钉；3—仪表板；4—变矩器油温表；5—符号片；7—线夹；8—电压表；9—变速油压表；10—仪表板线束；11—气压传感器；12—转向灯开关；13—前大灯开关；14—制动气压表；15—电锁；16—发动机水温表；17—盖板；18—雨刮开关；19—发动机油温表；20—工作灯开关；21—后大灯开关；22—小灯、仪表灯开关；23—计时器

（4）ZL50C 型装载机仪表及开关的运用

① 电锁　为两挡开关，电锁顺时针方向旋转是第一挡，即可给灯系供电，按下电锁再旋转为第二挡，即可启动发动机，松开自动复位为第一挡，钥匙回位，电路断开。

② 制动气压表　指示制动系统的气压值。正常气压在 0.5～0.7MPa。

③ 变速油压力表　指示变速箱变速操纵阀的主油压力值。正常油压在 1.1～1.5MPa。

④ 变矩器油温表　指示变矩器压力油温度值。正常温度在 80～95℃。最高温度不得超过 120℃。当温度指示值超过 120℃时，应将变速手柄换到较低挡，并降低发动机转速，直至油温降到正常范围内，否则应停车检查并排除故障。

⑤ 计时器　记录发动机工作时间（摩托小时数），最大量程 99999.9h，溢出后自动复零。只要柴油机运转，计时器就工作。

⑥ 转向灯开关　控制转向灯电路的通、断。转向开关拨至左侧，左转向指示灯及左侧前后转向灯断续闪亮，转向开关拨至右侧，右转向指示灯及右侧前后转向灯断续闪亮。

⑦ 发动机水温表　指示柴油发动机冷却水温度。正常工作温度在 45～90℃。

⑧ 电压表　指示电气系统电压，正常指示值为 21～28V。发动机未启动前，电压表指示的电压为蓄电池的电压，当发动机以中等转速运转时，如果电压表数值上升到 28V 左右，说明发电机工作正常，如果电压表读数不变化，说明充电系统有故障，需检修。

⑨ 发动机油温表　指示发动机润滑系机油温度值。正常工作温度在 80～90℃。

⑩ 后大灯开关　控制后大灯电路的通、断。向下按一下，后大灯亮；向上按一下，后大灯灭。

⑪ 前大灯开关　控制前大灯电路的通、断。向下按一下近光挡，再按一下为远光挡。向上按一下开关回位，前大灯电路断开。

⑫ 雨刮开关　控制雨刮电路的通、断。向下按一下为高速挡，再按一下为低速挡。向上按一下开关回位，雨刮器电路断开。

⑬ 工作灯开关　控制工作灯电路的通、断。向下按一下工作灯亮。向上按一下开关回位，工作灯电路断开。

⑭ 小灯、仪表灯开关　控制仪表灯、小灯电路的通、断。向下按一下小灯、仪表灯亮。向上按一下开关回位，小灯、仪表电路断开。

9.1.1.2　CLG856 型装载机操纵装置及仪表的识别与运用

（1）操纵装置识别（见表 9-1）

表 9-1　CLG856 型装载机操纵装置

序号	名称	示　意　图	特点及位置	备注
1	方向盘		方向盘转过的角度和装载机转向的角度并不相等，连续转动方向盘，则装载机转向角度加大，直至所需转向位置 方向盘转动的速度越快，则装载机转向速度越快 方向盘转动后不会自动回位，装载机的转向角度保持不变。因此当装载机转向完成后，应当反向转动方向盘，以使装载机在平直的方向行驶	

序号	名称	示意图	特点及位置	备注
2	蓄电池负极开关		打开装载机发动机罩的后门,蓄电池负极开关安装在后车架的右后方	负极开关与启动开关有所不同。关断负极开关,即关闭整车电气系统。然而,关掉启动开关时,蓄电池仍然与整车电气系统相连,部分电器部件仍可工作
	负极开关关断状态		要关断整车电器系统的电源,需要将负极开关手柄逆时针方向转换到关断状态。负极开关处于关断状态时,开关的手柄指向开关面板的"OFF"位置	
	负极开关接通状态		在装载机发动之前,必须要把负极开关的手柄顺时针方向转到接通的状态。当负极开关处于接通状态时,开关的手柄指向开关面板的"ON"位置	
3	停车制动按钮		向上拉起时,停车制动器闭合,按下时松开停车制动器 停车制动器也用作紧急制动器。在装载机工作时,若出现紧急情况,手动拨起停车制动器按钮,即可实施紧急制动 当行车制动系统出现故障,行车制动回路中的蓄能器内油压低于0.4MPa时,停车制动器自动实施制动,装载机紧急停车,以确保行车安全	
4	启动开关		启动开关(也称电锁)在驾驶室操纵箱面板上,沿顺时针方向分四个挡位: 辅助——插入启动开关钥匙后逆时针转动的一个挡位,该挡位是自动复位的(松手后会自动回转到"OFF"挡) OFF——在这个挡位时,发动机油路被切断而熄火,整机的电源控制电路被切断,所有用电设备的电路均被切断 ON——插入启动开关钥匙后顺时针转动的第一个挡位。在此挡位时,整车电器系统得电而正常工作 START——插入启动开关钥匙后顺时针转动的第二个挡位。在此挡位启动电机得电工作从而启动发动机,在发动机启动成功后,立即松开启动开关钥匙,该挡位不能自保持,松手后启动开关钥匙即自动回转到启动开关的"ON"挡位	如果发动机启动失败,必须把启动开关转到"OFF"位置才可以再次启动,否则会损坏启动开关

序号	名称	示 意 图	特点及位置	备注
5	行车制动踏板	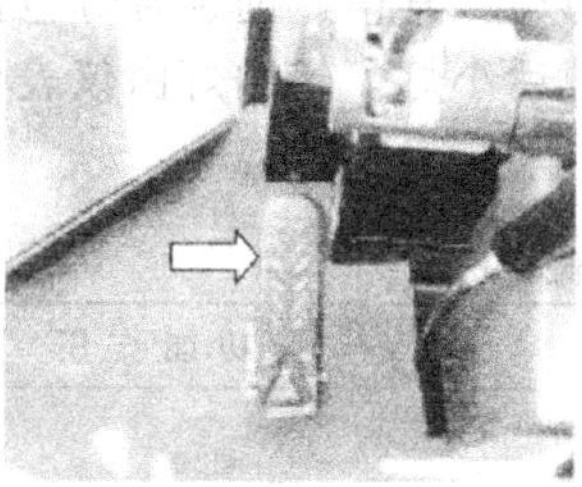	行车制动踏板在驾驶室地板左前方。该机为单踏板双回路系统,当其中一个回路发生故障时,不影响另一回路的正常使用,使装载机保持部分制动能力,以保证行车安全 踩下行车制动踏板,前后驱动桥实施制动,同时接通制动灯开关,制动灯变亮。松开行车制动踏板即可释放行车制动器	
6	加速踏板	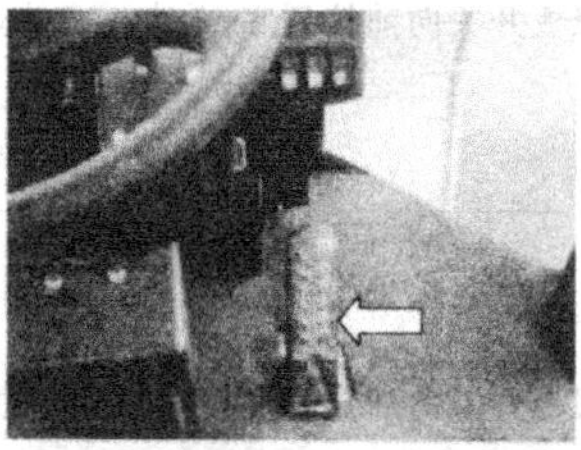	油门踏板在驾驶室地板的前右方。在自然位置时发动机处在怠速状态,踩下油门,则增加柴油机的燃油供油量,提高柴油机的功率输出	
7	变速操纵手柄		变速操纵手柄位于方向盘下方 前后拨动手柄,可以分别操作装载机前进一挡(手柄在"1"的位置)、前进二挡(手柄在"2"的位置)、后退挡以及空挡	
		空挡锁止器 	在空挡状态下,按下变速操纵空挡锁止器将空挡锁定,手柄将不能前后拨动而被锁定在空挡位置。将其拨出如图示位置时,解除空挡锁定	利用该开关可防止误操作
8	先导操纵手柄	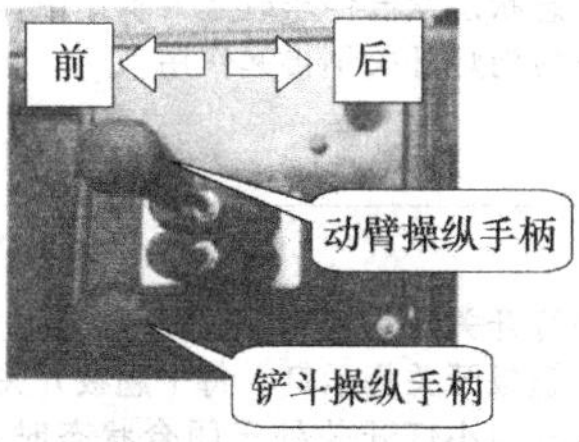 前 后 动臂操纵手柄 铲斗操纵手柄	先导操纵手柄用于控制工作装置进行作业,内侧的铲斗操纵手柄用于控制铲斗的运动,外侧的动臂操纵手柄用于控制动臂的运动,这两个手柄在自然状态为保持位置,即中位。发动机运转时,把铲斗操纵手柄往前推,则铲斗向前翻转;把铲斗操纵手柄往后拉,则铲斗向后翻转。动臂操纵手柄往前推,则动臂往下降;动臂操纵手柄往后拉,则动臂往上升。若两个手柄向前或向后小幅度移动,则可以控制主阀阀口的开度,配合柴油机的油门开度,则可以控制工作装置的运动位置和运动速度	
9	手垫		在先导操纵手柄的后面有一个手垫,驾驶员工作时,可将右手前小臂搁在手垫上,减轻疲劳程度。手垫可上下进行调节,以便适应不同驾驶员的需要	

图解 **装载机** 构造 与 拆装 维修

（2）灯具及其开关识别

CLG856 型装载机的灯具分为前组合灯（左右各一件），后组合灯（左右各一件），室内灯，工作灯（左右各一只），后大灯（左右各一只）。其中，前组合灯包括前大灯、前小灯、前转向灯，后组合灯包括后转向灯、刹车灯、后小灯，转向灯由仪表板上的组合开关控制（见表 9-2）。

表 9-2　灯具开关

序号	名称	示　意　图	功能作用
1	前大灯开关	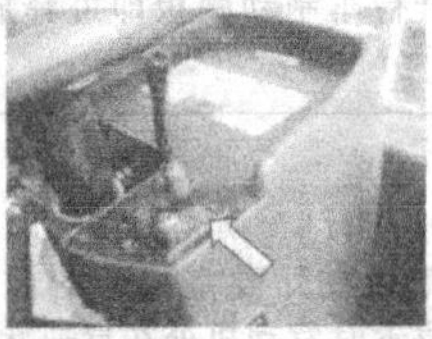	翘板开关向前按到底，前大灯开关处于关断位置
			翘板开关向后拨动一挡，前大灯开关处于近光位置
			翘板开关向后按到底，前大灯开关处于远光位置
2	后大灯开关	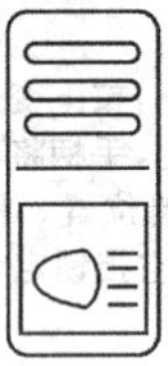	后大灯开关控制左、右后大灯同时亮或灭
3	驻车灯开关	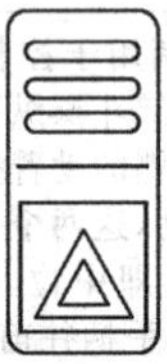	闭合驻车灯开关后，前、后转向灯（共四个）同时闪亮，在危急状态紧急停车时起警示作用，闭合驻车灯开关后，左右转向灯开关不再起作用
4	小灯开关	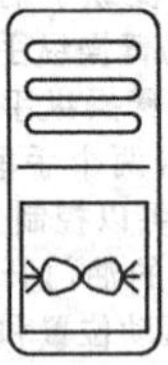	小灯开关除了控制前、后小灯同时亮或灭之外，还控制所有翘板开关指示灯。每个翘板开关上都有一个开关指示灯。当小灯开关处于闭合状态时，开关指示灯亮；反之，在小灯开关处于断开状态时，开关指示灯不亮
5	工作灯开关		工作灯开关控制驾驶室顶上的两个工作灯同时亮或灭

序号	名称	示 意 图	功 能 作 用
6	旋转信号灯开关		旋转信号灯开关控制驾驶室顶部左后方的旋转信号灯亮或灭
7	除霜开关		除霜开关控制除霜装置启动或关闭

（3）监测仪表及其开关识别

CLG856 型装载机仪表、开关安装在驾驶室仪表板上，其名称和安装位置如图 9-4 所示。

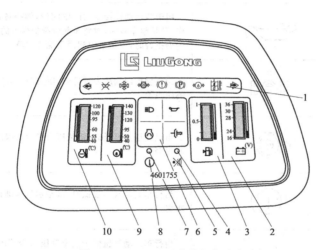

图 9-4　CLG856 型装载机仪表盘

1—组合报警项目灯；2—电压表；3—燃油油位表；4—报警消音指示灯；5—蜂鸣器报警消音开关；
6—组合指示灯；7—仪表总成电源指示灯；8—电源指示灯开关；9—变矩器油温表；
10—发动机水温表

CLG856 型装载机的绝大部分监控仪表和报警、转向指示系统集成在方向盘下的仪表总成中；另外还有制动气压表、工作小时计两个独立仪表安装在座椅右侧的控制箱盖板上。仪表系统对变速油温、冷却水温、变速油压、燃油油位、发动机油压、电源电压、油污报警、紧急制动报警、行车制动低压报警、集中润滑系统故障报警、液压马达故障报警、整机工作小时计、左右转向灯等进行显示。监测仪表及其开关识别如表 9-3 所示。

表 9-3　监测仪表及其开关

序号	名 称	示 意 图	功 能 作 用
1	发动机水温表		指示发动机冷却水的温度，正常工作范围应在 65～100℃；当水温高于 100℃时，发动机水温显示液晶段闪烁报警。此时，应检查发动机散热风扇和皮带以及水箱水位

序号	名 称	示 意 图	功 能 作 用
2	变矩器油温表		指示变矩器的工作油温度。正常工作范围应在55～127℃；当油温高于127℃时，变矩器油温显示液晶段闪烁报警，此时，应检查变速箱及变速箱油位
3	燃油油位表		指示整机的燃油油位，仪表指示到"1"时油位最高，仪表指示到"0"时油位最低。燃油油位指示低到"0.2"时，应及时添加燃油
4	电压表		指示整机的电源电压状态。正常的电源电压约为26V。当电压低于24V或高于30V时，电压显示液晶段闪烁报警。此时，应将装载机停泊在安全地方进行检查
5	行车制动气压表		指示制动气路中的空气压力值。正常工作压力范围为4～8bar，当气压低于4bar或高于8bar时，制动气压项目指示灯闪烁报警，同时蜂鸣器鸣叫报警
6	工作小时计		指示整机的工作时间，以小时为单位。小时计的计时范围为0～9999.99h。当开电锁，仪表总成得电工作时，工作小时计也同时开始计时
7	集中润滑故障指示		用于各活动铰接点的间歇润滑，维持各活动铰接点的正常工作，延长整车寿命，对整车起着维护保养的作用。当红色指示灯闪烁报警时，表示集中润滑系统有故障
8	驱动桥油压低压报警		当驱动桥内油压力过低时，压力指示灯闪烁报警，同时蜂鸣器鸣叫报警
9	机油压力报警		当机油压力过低时，机油压力指示灯闪烁报警，同时蜂鸣器鸣叫报警
10	行车制动低压报警		当行车制动气压过低时，该指示灯闪烁报警，同时蜂鸣器鸣叫报警
11	紧急制动低压报警		当行车制动气压低于安全气压0.28MPa时，该系统自动使装载机紧急停车，确保整机及人员安全，同时，指示灯闪烁、蜂鸣器鸣叫报警
12	变速油压报警		当变速油压过低时，该指示灯闪烁报警，同时蜂鸣器鸣叫报警
13	液压油温报警		当液压油油温过高时，该指示灯闪烁报警，同时蜂鸣器鸣叫报警
14	转向指示		当把组合开关向上拨动时，左转向指示灯闪亮，前、后左转向灯也同时闪亮
			当把组合开关向下拨动时，右转向指示灯亮，前、后右转向灯也同时闪亮

序号	名　称	示　意　图	功　能　作　用
15	组合指示灯	① ② ④ ③ ① ② ④ ③	①前大灯远光指示 绿色指示灯亮时，表示前大灯工作在远光状态 ②集中润滑工作指示 当油路中的杂质过多发生堵塞，油脂滤油器的报警装置向外顶出，发生报警，绿色指示灯亮时，表示集中润滑系统正在工作 ③动力切断指示 当黄色指示灯点亮时，表示变速器电子控制盒检测到动力切断信号 ④启动电机工作指示 黄色指示灯亮的时候，表示启动电机线路已接通 在发动机启动过程中，当开关钥匙从启动挡"START"回转到启动开关的"ON"挡位，此时启动电机工作指示灯应熄灭，如果指示灯继续发亮，说明启动电机触点黏着或者线路有故障
16	喇叭开关		有两个喇叭开关，一个在转向盘的中央，一个在转向组合手柄的尾端。两个开关的作用是一样的，随便按下其中的一个喇叭开关喇叭都会响

9.1.2 装载机操作准备

（1）启动前的检查

① 检查柴油机燃油、润滑油和冷却水是否充足。

② 检查油管、水管、气管、导线和各连接件是否连接固定牢靠。

③ 检查柴油机风扇皮带和发电机皮带张紧度是否正常。

④ 检查蓄电池电解液液面高度是否符合规定，桩柱是否牢固，导线连接是否可靠。

⑤ 检查有无松动的固定件，特别是轮辋螺栓、传动轴螺栓。

⑥ 检查各操纵杆件是否连接良好、扳动灵活。

⑦ 检查轮胎气压是否正常。

⑧ 各种操纵杆是否置于空挡位置。

⑨ 拉紧手制动器。

⑩ 查看装载机周围，柴油机罩上是否有工具或其他物品。

（2）常规启动

① ZL50C 型装载机启动

a. 接通电源总开关，将电源钥匙插入电锁内并顺时针转动。

b. 将油门踏板踩到中速供油位置。

c. 按下启动按钮，使柴油机启动。

d. 柴油机启动后立即松开启动按钮。如果一次启动未成功，须在 30s 后进行第二次启动，但每次启动时间不得超过 10s。

② CLG856 型装载机启动　见表 9-4。

（3）拖启动

拖启动是装载机启动的应急方式，只有在启动电路有故障和紧急情况下，才可采用拖

表 9-4   CLG856 型装载机启动

序号	内　容	示　意　图
1	清理装载机周围的人员,清除行驶方向上的障碍物;注意车底下是否有修理人员存在;除驾驶员可以坐在驾驶室内进行操作外,不允许任何人站在装载机的任何部位或坐在驾驶室内	
2	接通负极开关	
3	调整后视镜到合适的位置,使操作人员有良好的视野	
4	关好驾驶室左右门,不可自由敞开驾驶室的门扇	
5	上机或下机之前要检查扶手或阶梯,如果有油污,应立刻将它们擦干净,预防上、下机时滑倒 　绝不可跳上或跳下装载机。绝不允许在装载机移动时上机或下机 　上机或下机时要面对装载机,手拉扶手,脚踩阶梯,保持三点接触(两脚一手或两手一脚),以确保身体稳当 　上机或下机时绝对不能抓住任何的操纵杆。不能从装载机后面的阶梯上到驾驶室或从驾驶室旁边的轮胎下机	
6	检查安全带是否正常并系好安全带	
7	检查变速操纵手柄是否处在空挡位置;如果不是,请将变速操纵手柄拨到空挡位置	

序号	内　容	示　意　图
8	检查变速操纵空挡锁止器是否处在锁止位置,如果处在锁止状态,请将其拔出(如图示位置)	
9	检查先导操纵手柄是否处在中位。如果不是,应将其扳到中位	
10	检查空调系统的风量开关是否处在"自然风"位置及转换开关是否处在"OFF"位置,如果不是,请将其拨到相应的位置	
11	将钥匙插入电锁并顺时针旋转一格,接通整车电源,鸣响喇叭,声明本装载机即将启动,其他人员不得靠近装载机	
12	检查燃油油量,不足时应及时加注燃油	
13	稍微踩下油门踏板,再将钥匙继续沿顺时针方向旋转一格,将会接通柴油机启动马达。正常情况下发动机会在 10s 之内发动工作,此时应立即松手让启动电锁回位	 油门跳板
14	启动后应在急速下(600~750r/min)进行暖机,待发动机的冷却水温度达到 55℃、机油温度达到 45℃ 后才允许全负荷运转	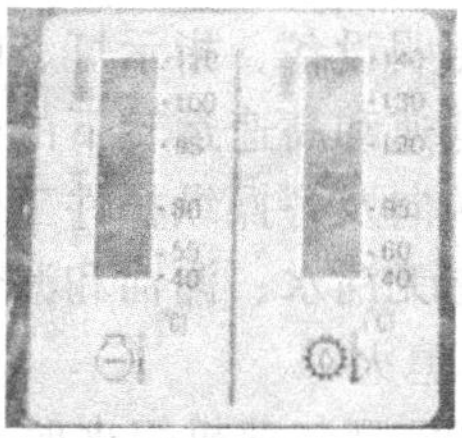

序号	内　　容	示　意　图
15	低速运转中倾听发动机工作是否正常,变速箱是否有异响	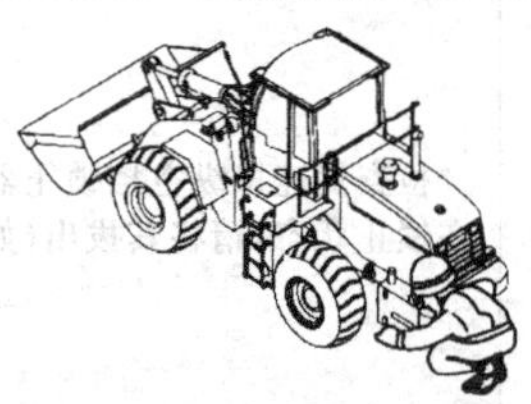
16	检查各仪表是否运行良好,各照明设备、指示灯、喇叭、雨刮器、制动灯是否能正常工作 要特别注意发动机机油压力的指示值,不应低于0.07MPa(在怠速状态),如低于此值,应停车检查发动机是否存在故障	
17	严寒季节,应对液压油进行预热。将先导阀铲斗操纵手柄向后扳并保持4～5min,同时加大油门,使铲斗限位块靠在动臂上,使液压油溢流,这样液压油油温将上升得较快	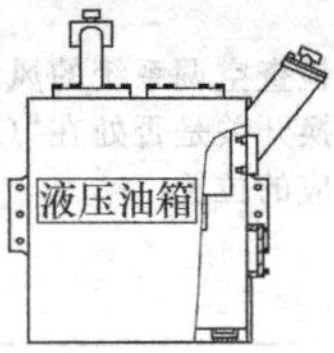 液压油箱
18	检查行车制动、停车制动系统工作是否正常,观察装载机是否有左右转向动作	

启动。而且,装载机只有在前进时才能有效拖启动,倒车牵引时不能拖启动。ZL50C型装载机不能拖启动。拖启动方法如下:

① 将变矩器锁紧,使拖启动手柄置于拖启动位置。

② 进退操纵杆向前推,变速杆挂3挡,松开手制动器。

③ 油门控制在中速位置。

④ 将钢丝绳挂在装载机牵引钩上,牵引车与装载机的距离不得少于5m。还可用机械从后面推动。

⑤ 牵引车徐徐起步,带动柴油机启动。

⑥ 装载机启动后,立即将变速杆置于空挡,将变矩器锁紧及使拖启动手柄置于中位,并向牵引车发出信号,以示启动完毕。

(4) 启动后的检查

柴油机启动后,应以低、中速预热,并在预热过程中作如下检查:

① 仪表指示是否正常。

② 照明设备、指示灯、喇叭、刮水器、制动灯、转向灯是否完好。

③ 低速和高速运转下的柴油机工作是否平稳可靠,有无异常响声。

④ 转向及各操纵杆件工作是否灵活可靠。

⑤ 有无漏水、漏油和漏气现象。

(5) 熄火

ZL50C型装载机熄火时,松开油门踏板,使柴油机低速空转几分钟,然后将熄火拉钮拉出，使柴油机熄火。熄火后将拉钮送回原位，断开电源总开关。

CLG856 型装载机发动机熄火是通过启动开关的"OFF"位实现的。在发动机运转时，将启动开关的启动钥匙逆时针转动一格，到达启动开关的"OFF"位，发动机熄火。

除紧急情况外，柴油机不得在高速运转时突然熄火。

（6）人员上、下装载机

两手分别握住梯子两边的扶手上或下装载机，弯腰进出驾驶室，小心碰头，随手把门关上。

（7）驾驶姿势

上机后，身体对正转向盘坐下。座椅可根据需要进行上下、前后调节。两手分别握于转向盘轮缘左右两侧，两肘自然下垂，右脚放在油门踏板上，左脚置于制动踏板后方的底板上，目视前方，全身自然放松。

在行驶或作业中，驾驶员除保持正确的驾驶姿势外，还应兼顾工作装置作业情况，观察路面情况，注意行人和来往车辆及交通标志；留意各仪表指示是否正常，倾听柴油机及其他部位有无异常响声等。

9.1.3 装载机基础驾驶

9.1.3.1 ZL50C 型装载机驾驶步骤及操作要领

（1）起步

① 升动臂，上转铲斗，使动臂下铰点离地面约 400mm。

② 右手握转向盘，左手将变速操纵杆置于所需挡位。

③ 打开左转向灯开关。

④ 观察周围情况，鸣喇叭。

⑤ 放松手制动器操纵杆。

⑥ 逐渐下踩油门踏板，使装载机平稳起步。

⑦ 关闭转向灯。

⑧ 操作要领：起步时要倾听柴油机声音，如果转速下降，油门踏板要继续下踩，提高柴油机转速，以利起步。

（2）停机

① 打开右转向灯开关。

② 放松油门踏板，使装载机减速。

③ 根据停车距离踩动制动踏板，使装载机停在预定地点。

④ 将变速操纵杆置于空挡。

⑤ 将手制动器操纵杆拉到制动位置。

⑥ 降动臂，使铲斗置于地面。

⑦ 关闭转向灯。

（3）换挡

① 加挡

a. 逐渐加大油门，使车速提高到一定程度。

b. 在迅速放松油门踏板的同时，将变速操纵杆置于高挡位置。

c. 踩下油门踏板，高挡行驶。

② 减挡。

a. 放松油门踏板，使行驶速度降低。

b. 将变速操纵杆置于低挡位置，同时踩下油门踏板。

注意：装载机前进挡和倒退挡互换应在停车时进行。

③ 操作要领　加挡前一定要冲速，放松油门踏板后，换挡动作要迅速。减挡前除将柴油机减速外，还可用脚制动器配合减速。加、减挡时两眼应注视前方，保持正确的驾驶姿势，不得低头看变速操纵杆；同时，要掌握好转向盘，不能因换挡而使装载机跑偏，以防发生事故。

（4）转向

① 打开左（右）转向灯开关。

② 两手握转向盘，根据行驶需要，按照前述转向盘的操纵方法修正行驶方向。

③ 转向后关闭转向灯。

④ 操作要领：

a. 转向前，视道路情况降低行驶速度，必要时换入低速挡。

b. 在直线行驶修正行驶方向时，要少打少回，及时打及时回，切忌猛打猛回，造成装载机"画龙"行驶。转弯时，要根据道路弯度，快速转动转向盘，使前轮按弯道行驶。当前轮接近新方向时，即开始回轮。回轮的速度要适合弯道需要。

c. 转向灯开关使用要正确，防止只开不关。

（5）制动

制动方法可分为预见性制动和紧急制动。在行驶中，驾驶员应正确选用，保证行驶安全。尽量避免使用紧急制动。

（6）倒退

倒退须在装载机完全停驶后进行，起步、转向、制动的操作方法与前进时相同。

① 倒退时及时观察车后的情况，可用以下姿势：

a. 从后窗注视倒机。左手握转向盘上缘控制方向，上身向右侧转，下身微斜，右臂依托在靠背上端，头转向后窗，两眼视后方目标。

b. 注视后视镜倒机。这是一种间接看目标的方法，即从后视镜内观察车尾与目标的距离来确定转向盘转动的多少。在后视观察不便时一般采用此法。

② 目标选择。后窗注视倒机时，可选择机库门、场地和停机位置附近的建筑物或树木为目标，看机尾中央或两角，进行后倒。

③ 操作要领。

a. 倒退时，应首先观察周围地形、车辆、行人，必要时下机观察，发出倒机信号，鸣喇叭警示，然后挂入倒挡，按照前述倒机姿势，行驶速度不要过快，要稳住油门踏板，不可忽快忽慢，防止倒退过猛造成事故。

b. 倒退转弯时，欲使机尾向左转弯，转向盘亦向左转动；反之，向右转动。弯急多转快转，弯缓少转慢转。要掌握"慢行驶、快转向"的操纵要领。由于倒退转弯时，外侧前轮轮迹的行驶半径大于后轮，因此，在照顾方向的前提下，还要特别注意前外车轮以及工作装置是否刮碰其他物体或障碍物。

9.1.3.2　CLG856 型装载机驾驶步骤及操作要领

（1）CLG856 型装载机行驶操作

CLG856 型装载机行驶操作见表 9-5。

（2）CLG856 型轮式装载机电液换挡定轴式变速器特殊功能操作

① 组成　4WG200 变速器总成的变速操纵系统见图 9-5（a），操纵手柄位置见图 9-5（b）。从图 9-5（a）可以看出，4WG200 变速器总成的变速操纵系统由 EST-17T 变速器换挡电控盒 1、4WG200 变速器 2、DW-2 换挡选择器 3、电液变速操纵阀 7 及一些电线电缆等零部件组成。

图解**装载机**构造与拆装维修

表 9-5　CLG856 型装载机行驶操作

序号	内容及方法	示　意　图
1	操作先导操纵阀手柄,将铲斗向后转到限位状态 将动臂提高到运输位置,即动臂下铰接点离地面距离为 500mm 左右	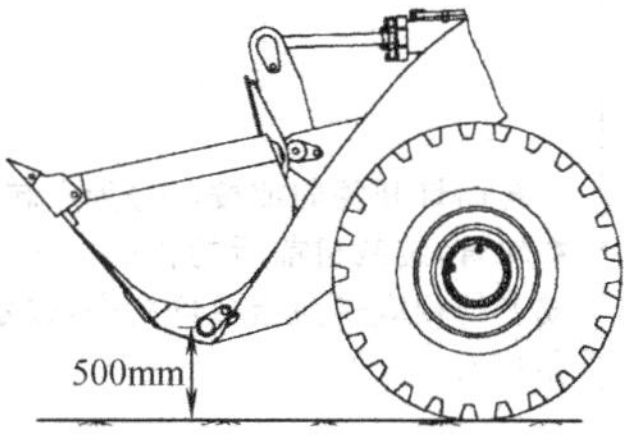 500mm
2	踩下行车制动踏板,同时按下停车制动器的按钮,解除停车制动。慢慢松开行车制动踏板,观察装载机是否会移动 如果装载机发生移动,马上踩下行车制动踏板,并拉起停车制动器按钮,实施制动。然后检查变速控制系统是否存在故障。如果在坡上,请先用楔块垫好车轮,防止装载机移动,然后再检查装载机	
3	检查变速操纵空挡锁止器是否处在锁止位置,如果处在锁止状态,应将其拔出	
4	将变速操纵手柄往前推挂到前进 1 挡或往后推挂后退挡,同时适当地踩下油门踏板,装载机即可前进或后退	
5	将装载机开到空旷平坦的场地,转动方向盘,检查装载机是否能进行左右原地转向 检查各挡位的接合情况。将装载机开到空旷平坦的场地上,分别接合各挡位,检查装载机的换挡反应情况	
6	检查行车制动性能。在空旷平坦的场地上,装载机以前进 1 挡或前进 2 挡速度行走,先松开油门踏板,再平缓地踩下行车制动踏板,装载机应明显地减速并停下来 如果在踩下行车制动踏板后,感觉不到装载机在明显地减速,应立即拔起停车制动器的按钮,实施紧急制动。同时操作先导操纵手柄,将动臂下降到最低位置,并向前翻转铲斗,使铲斗斗齿或斗刃插入或顶住地面,迫使装载机停下来,确保安全	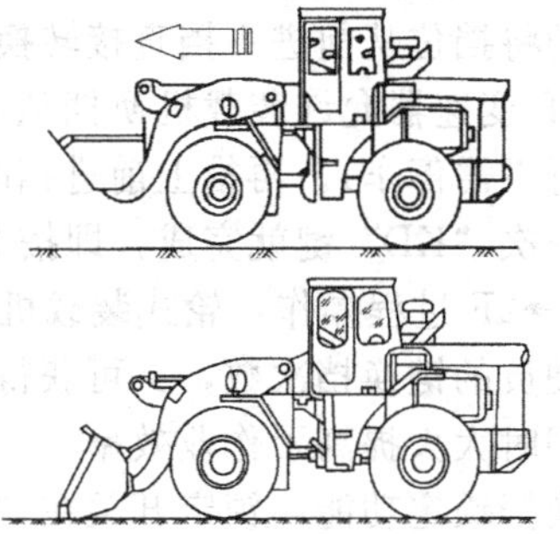

续表

序号	内容及方法	示意图
7	转向灯开关向前按（拨）为左转弯，向后按（拨）为右转弯，装载机前后的相应一侧的转向灯和仪表总成上的相应转向指示灯会亮，提示前后相邻的车辆和行人	

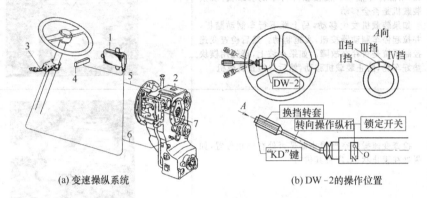

(a) 变速操纵系统　　　　　(b) DW-2的操作位置

图 9-5　4WG200 变速器变速控制系统

1—变速器换挡电控盒（内装 EST—17T 电脑控制板）；2—4WG200 变速器；3—DW—2换挡选择器；
4—整车电路；5—变速器控制换挡操纵（电缆）；6—输出转速传感器电缆；7—电液变速操纵阀

② 特点　该变速器的变速操纵为电脑-液压半自动控制，因此在变速操纵方面有许多特点。一是变速操纵冲击力很小，换挡十分平稳。因换挡相当于接通或断开一个电源开关，因此操纵非常灵活、方便，操纵力很小。二是换挡操纵也非常简便，见图 9-5（b），只需轻轻前后转动 DW-2 上换挡转套，即可获得前进 1～4 挡或后退 1～3 挡。只需将换向操纵杆轻轻向前或向后扳动，即可实现前进或后退。

③ 特殊功能操作　该变速操纵有三项特殊功能，即"KD"功能、换挡锁定功能及空挡启动功能。

"KD"功能使用：铲装作业时，为提高作业效率，一般情况下装载机以 2 挡起步，然后挂 3 挡前进，当装载机接近沙、石料堆时挂 2 挡，即按 2R→2F→3F→2F 过程变速。铲掘物料，用手指轻轻按一下 DW-2 端部的"KD"键（并不用转动换挡手柄），这时变速器挡位自动从前进 2 挡降至前进 1 挡。铲装作业完后，将操纵杆置于后退位置，这时变速器又自动将挡位从前进 1 挡直接转换为后退 2 挡（"KD"功能在拨动换挡手柄后，会被解除，ZF 变速器允许装载机换挡从前进 1 挡直接到倒退 1 挡，前进 2 挡直接到倒退 2 挡，换挡时不需停车）。再推上前进挡时变为前进 2 挡，即整个 1、2 挡切换过程中只要用手指头按一次"KD"键就完成，即按 2F（按 KD）→1F（向后拨至倒退挡）→2R（向前拨至前进挡）→2F 过程操作，轮式装载机使用 KD 功能的工作循环如图 9-6 所示。这样，既减少了驾驶员的键换挡次数，又可获得较高的作业速度，在很大程度上降低了驾驶员的劳动强度，同时大大提高了作业效率。

换挡锁定功能：锁定开关在"O"位置为开启状态，在"N"位置为锁定状态。为保

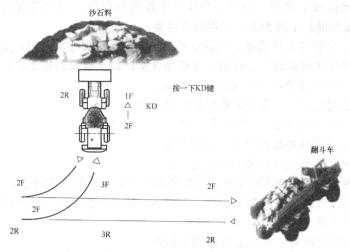

图 9-6 轮式装载机使用 KD 功能的工作循环

证安全，当装载机停机时，将变速操纵杆置于空挡位置即可利用锁定开关将其锁定。同时，如因转移工作场地等情况下需要，也可利用锁定开关锁定在某一个挡位上。

空挡启动功能：为保证启动时的安全性，装有启动保护功能，即只有挂上空挡才能启动发动机。

（3）CLG856 型装载机的停放

① 将装载机开到平坦的场地上，那里应该没有落石、滑坡或遭遇洪水的危险。

② 使用行车制动将装载机停下来。

③ 将变速操纵手柄拨到空挡位置。

④ 拉起停车制动器的按钮，实施停车制动。

⑤ 操纵先导阀操纵手柄，将动臂下降并使铲斗平放在地面上，然后将铲斗轻微向下压。

⑥ 让发动机怠速运转 5min，以便各零件均匀散热。

⑦ 将电锁钥匙沿逆时针方向转到"OFF"位置，发动机熄火，切断整机电源，然后拔出钥匙。

⑧ 将各开关扳到中位或"OFF"位。

⑨ 将左右门关好，按相关规定下扶梯。

⑩ 如果装载机要长时间停放（如过夜等），则打开发动机罩后门，将电源负极开关扳到关断状态，如图 9-7 所示。

图 9-7 负极开关处在关断
状态示意图

⑪ 装载机出厂时，若没有加防冻液，则冬季停车后应及时打开发动机所有放水阀，放完冷却系统和空调系统的蒸发器中的全部冷却液，防止机件冻裂。装载机出厂时，若已加防冻液，请参照车尾防冻液标牌的说明执行。

⑫ 把所有的设备锁好，取下钥匙随身携带。

注意：应将装载机停放在平地上。如果必须将装载机停放在斜坡上，则应用楔块顶住车轮，防止装载机移动。

（4）CLG856 型装载机长期存放

装载机如果需要长期存放时，应按如下要求操作：

① 存放前

a. 清洗装载机每个部分、晾干，存放于干燥的库房内。如果装载机只能露天存放，则应停在易排水的混凝土地面上，并用帆布遮盖。

b. 存放前，将燃油箱注满油，向各运动销轴、传动轴加注润滑脂，更换液压油。

c. 将变速操纵手柄拨到空挡位置，变速操纵空挡锁止器扳到锁止位置。

d. 拉起停车制动器的按钮，实施停车制动。

e. 铲斗平放在地面上，先导阀操纵手柄扳到中位。

f. 将各开关扳到中位或"OFF"位，锁好所有的门。

g. 液压油缸活塞杆外露部分涂一薄层黄油。

h. 将蓄电池从装载机上拆离，单独存放。

i. 如果气温将可能降到0℃以下，则在发动机冷却水中加入防冻液，并使得防冻液能到达发动机机体和空调系统的蒸发器。或将冷却系统中的水放干净，注意将空调系统的蒸发器中的水也放干净。

j. 用车架固定保险杠，将前后车架固定起来。

② 存放中

a. 每月应启动一次装载机，对各个系统进行运转，并对各运动销轴、传动轴加注润滑脂，这样可以使各运动部件得到润滑。同时也给蓄电池充电。

b. 在启动装载机前，擦去液压油缸活塞杆上的黄油。结束操作后，再涂一薄层黄油。

c. 在易锈蚀部位涂抹防锈剂。

注意：如果在屋内使用防锈剂，应打开门窗保持通风，以排除有毒气体。

③ 存放后　当装载机结束长期存放时，要进行如下操作：

a. 更换发动机、变速箱、驱动桥的润滑油，以及液压油和防冻液。

b. 对所有运动销轴、传动轴加注润滑脂。

c. 启动装载机前，擦去液压油缸活塞杆上的黄油。

9.2　装载机作业

9.2.1　装载机基本作业

9.2.1.1　作业前的准备

① 检查液压油箱内的油位，不足时应加注。

② 检查工作装置各销轴是否连接可靠。

③ 在工作装置各部润滑点加注润滑脂。

④ 观察周围环境及条件。根据作业量的大小，制定施工方案及作业路线。

⑤ 清理作业现场，削除凸起，填平凹坑，铲除湿滑的地面表层，清理场地上大的以及尖锐的石块，以免划伤轮胎和妨碍作业。

⑥ 当使用CLG856型装载机对运输车或料斗进行装卸物料，应根据运输车或料斗的高度，使得装载机的铲斗能安全地进出运输车或料斗，又不至于因为卸料高度太高、物料的冲击造成运输车或料斗的损坏。

9.2.1.2　基本作业过程

当装载机用于将货物从料堆装入运输车辆或将货物由一地转移至另一地时，其工作过程大体包括：空斗运行、铲取货物、铲斗提升、满斗运行、卸货5个循环作业过程（如表9-6所示）。

表 9-6 装载机基本作业过程

序号	作业过程	示 意 图	作业特点与要求
1	空斗运行		装载机铲装货物时，需空斗驶向料堆，在卸货后，后退、落斗并驶向料堆。运行中，铲斗处于运输位置，使铲斗底面与前轮的公切线和地面成15°运行，以保证必要的离地间隙
2	铲取货物		当装载机驶近料堆前1~1.5m处时，换入低挡，并下降动臂使铲斗底面贴地，以全力切进料堆。在铲取货物时，一般采用两种方法，即一次切入铲装法和复合铲装法。前者是铲斗一次切进料堆达一定深度，随后铲斗上转，再提升动臂完成铲取作业；而后者是利用多次边切进边上转铲斗的复合动作，来完成铲装物料。复合铲装法能缩短作业循环时间约10%
3	铲斗提升		完成铲装作业后，为保证装载机移动和不使货物散落，铲斗应提升到某一高度，该动作是通过液压系统完成，由动臂操纵杆予以控制
4	满斗运行		装载机完成上述动作后，后退一定距离，并转向驶向运输车辆或卸货点，并再度举升铲斗
5	卸货		动臂举升至卸料位置（以铲斗前翻时不致碰到车厢边缘为限），对正车厢后，使铲斗前翻将货物卸入运输车辆，随后返回料堆，进行循环作业

注：作业过程中，熟练的操作手通常是在驶向料堆的过程中放平铲斗和变速，铲斗插入一定深度时边上转铲斗、边升动臂使铲斗装满，后退调头；在驶往卸载点的过程中提升动臂至卸载高度，并把物料卸入运输车内或料场。

装载机作业过程中的空斗运行（接近物料）、铲取货物、铲斗提升、满斗运行、卸载等各基本动作所消耗的动力是不同的。由表9-7可以看出，铲装物料时所需动力最大。了解这一情况，可更合理地控制柴油机的转速和行驶速度，最大限度节约动力和提高作业效率。

表 9-7 装载机一个工作循环各部分动力消耗情况

作业位置	柴油机转速	行走动力	装载动力	转向动力
接近物料	加速	大	小	小
铲取货物	低于额定转速	大	大	小
转运、卸载	减速	小	中	大
满斗运行	中到高	小	中	小

（1）铲装

铲装是将松散物料从料堆中装入铲斗的过程。铲装物料时，装载机要对准料堆，不要以高速向物料冲击。轮胎出现打滑时，不要强行操纵。

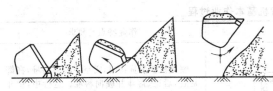

图 9-8 一次铲装示意图

① 一次铲装 作业时，铲斗不经翻转或提升，即能使铲斗装满物料的作业方法，如图 9-8 所示。装载机对正料堆以 1 挡前进，使斗底与地面平行，待铲斗距料堆约 1m 时，边降动臂边加速，使铲斗底紧贴地面插入料堆。当铲斗装满物料时，卷收铲斗并停止前进。然后提升动臂，在动臂下铰点离地面约 400mm 时，驶离料堆。此作业适于铲装堆积高度 1.5m 以上的砂、煤炭等松散物料。

② 配合铲装 作业时，铲斗卷收和动臂提升配合进行使铲斗装满物料的作业方法，如图 9-9 所示。装载机 1 挡前进，待铲斗插入料堆深度为斗底纵长的 1/3～1/2 时，便间断地适度提升动臂和卷收铲斗（注意卷收铲斗不要过多，过多容易使前轮打滑、离地，铲斗不易装满），使料堆上部物料滑落装满铲斗。斗齿的运动轨迹基本与料堆的坡面平行。此作业适于铲装堆积高度大于 2m 的碎石、土等松散物料。

图 9-9 配合铲装示意图

装载机工作效率的高低在很大程度上取决于铲斗能否装满。这就要根据不同的物料采用不同的铲装方法。

（2）转运

转运是指装载机将装入铲斗的物料运送到卸载点的作业过程。转运物料时，动臂下铰点距离地面约 400mm，以保证稳定行驶。按其运行路线分，可分为"V"式、"I"式、"L"式和"T"式四种转运方法。

① "V"式转运 装载机从铲装物料结束至倾卸物料开始，其运动路线近似于"V"形的作业方法，如图 9-10 所示。作业时，运输车辆停放在与作业面约成 60°的位置上。装载机满载后，以机尾远离运输车辆方向约 30°的转向角，倒车驶离作业面，待铲斗对正运输车辆与作业面夹角的顶点后，再前进并转向，至垂直于运输车辆时卸载。"V"式转运具有行程短、工作效率高的特点，适于在作业正面较宽而纵深较短的地段上装车作业。

② "I"式转运 装载机和运输车垂直放置，两者通过交替前进和后退，完成铲装、卸载的作业方法，如图 9-11 所示。作业时，装载机满载后倒退 6～8m 等待卸载。待运输车驶至装载机与料堆之间的适当位置，装载机即举斗前行，将物料卸于车内。当运输车装载后离开 5～8m 时，装载机又前行铲取物料，重复前述作业过程。当运输车载重与一部装载机铲斗装载量相匹配时，可采用单机多车作业法。当运输车载重量与两部或三部装载机铲斗装载总量相匹配时，可采取多机多车的并排作业法。在高大料堆面前，采取多机多

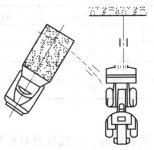

图 9-10 "V"式转运示意图

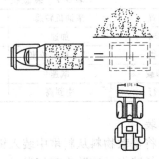

图 9-11 "I"式转运示意图

车按一定顺序作业的方法，铲装时间最短，作业效率最高，适于在作业量大或作业场地狭窄、车辆不便转向和调头的地方应用。

③ "L"式转运 装载机从铲装物料结束至开始倾卸物料，其运行路线近似于 "L" 形的作业方法，如图9-12所示。作业时，运输车停放在与作业面约成直角的位置上，装载机满载后倒退至适当位置，然后前进并做90°转弯，至垂直于车厢时卸载。这种方法，每个作业循环需要的时间长，效率低，适于在作业正面狭窄、车辆出入受场地限制时应用。

④ "T"式转运 装载机从铲装物料结束至倾卸物料开始，其运行路线近似于 "T" 形的作业方法，如图9-13所示。作业时，运输车、装载机与作业面平行放置，装载机转向90°行驶至作业面，铲装物料，装载后倒回原位，然后再向相反方向转向90°行驶，至垂直于运输车时卸载，最后倒回原位。这种方法，每一循环需要的时间长，效率低，适于在作业正面较宽、车辆出入受场地限制时应用。

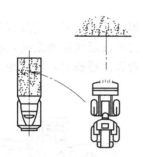
图9-12 "L"式转运示意图

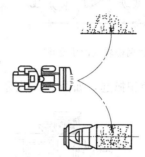
图9-13 "T"式转运示意图

（3）卸载

卸载是将铲斗内的物料倒出的作业过程。装车卸载时，装载机应垂直于车厢，缓慢前进，在行进中扳动动臂操纵杆，将铲斗提升，使铲斗前倾不碰到车厢，高度超过车厢200～500mm，对准卸料位置，注意机械与车辆保持一定的安全距离，慢推铲斗操纵杆，使物料呈"流沙状"卸入车厢内，做到不间断、不过猛、不偏载、不超载。当弃料、卸载填塞较大的弹坑或壕沟时，在土肩前500mm处卸载，待堆积物料较多后，再用铲斗将物料推至坡下，但铲斗不能伸出坡缘。

（4）回程

卸载后的装载机返回铲装点的驾驶过程称为回程。装载机回程行驶路线与转运路线相同，但其方向相反。行驶中需顺便铲高填低，平整机械运行道路。

▌ 9.2.2 装载机应用作业

9.2.2.1 铲运作业

铲运作业是指铲斗装满物料并转运到较远的地方卸载的作业过程，通常在运距不超过500m、用其他运输车辆不经济或不适于车辆运输时采用。

运料时，动臂下铰点应距地面约400mm，并将铲斗上转至极限位置，如图9-14所

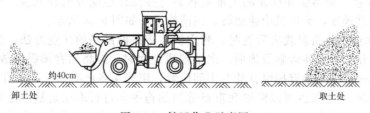
约40cm
卸土处 取土处
图9-14 铲运作业示意图

示。行驶速度应根据运距和路面条件决定。如路面较软或凸凹不平，则低速行驶，防止行驶速度过快引起过大的颠簸冲击而损坏机件。在回程中，对行驶路线可做必要的平整。运距较长、而地面又较平整时，可用中速行驶，以提高作业效率。

铲斗满载越过土坡时，要低速缓行。上坡时，适当踩下油门踏板。当其到达坡顶、重心开始转移时，适当放松油门踏板，使装载机缓慢地通过，以减小颠簸振动。

9.2.2.2 铲掘作业

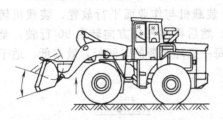

图 9-15　铲掘松软地面示意图

铲掘作业是指装载机铲斗直接开挖未经疏松的土体或路面的作业过程。铲掘路面或有砂、卵石夹杂物的场地时，应先将动臂略微升起，使铲斗前倾 10°～15°，如图 9-15 所示。然后，一边前进一边下降动臂，使斗齿尖着地。这时，前轮可能浮起，但仍可继续前进，并及时上转铲斗使物料装满。

铲掘沥青等硬质地面时，应从破口处开始，将铲斗斗齿插入沥青面层与地基之间，在前进的同时上卷铲斗，使沥青面层破裂，脱离地基，然后提升动臂，使其大面积掀起，如图 9-16 所示。

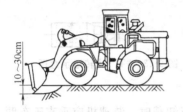

图 9-16　铲掘硬质地面示意图

铲掘土坡时，应先放平铲斗，对准物料，用低速铲装，上转铲斗约 10°，然后升动臂逐渐铲装，如图 9-17 所示。铲装时不得快速向物料冲击，以免损坏机件。

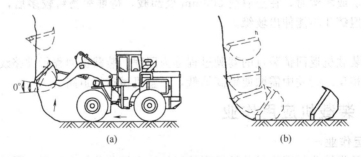

(a)　　　　　　　　　　　　　　(b)

图 9-17　铲掘土坡示意图

9.2.2.3 其他作业

① 推运作业　是将铲斗前面的土堆或物料直接推运至前方的卸载点。推运时，动臂下降使铲斗平贴地面，柴油机中速运转，向前推进，如图 9-18 所示。

② 刮平作业　是指装载机后退时，利用铲斗将路面刮平的作业方法。作业时，将铲斗前倾到底，使刀板或斗齿触及地面。刮平硬质地面时，应将动臂操纵杆放在浮动位置。刮平软质地面时，应将动臂操纵杆放在中间位置，用铲斗将地面刮平，如图 9-19 所示。

③ 牵引作业　装载机可以配置载重量适当的拖平车进行牵引运输。运输时，装载机工作装置置于运输状态，被牵引的拖平车要有良好的制动性能。此外，装载机还可以完成

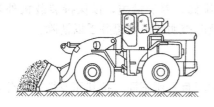

图 9-18 推运作业

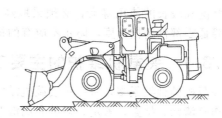

图 9-19 刮平作业

起重作业。

④ 接换四合一铲斗进行作业　将装载机动臂两边钢管上的快换接头的堵塞拔下，四合一铲斗通过管路连到快换接头上，用辅助操纵杆控制整体式多路阀的辅助阀杆，即可控制抓具油缸，实现斗门闭合和斗门翻开。

四合一铲斗具有装载、推土、平整、抓取四大功能。其作业状况如图 9-20 所示。

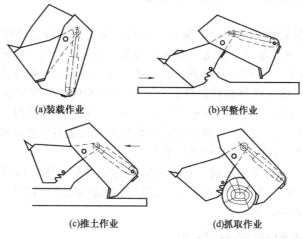

(a)装载作业 　　　　　　　　　(b)平整作业

(c)推土作业 　　　　　　　　　(d)抓取作业

图 9-20　"四合一斗"作业示意图

如换装液压镐或其他附件，方法与换装四合一铲斗相同，但需注意：

辅助操纵杆只有在装四合一铲斗、液压镐等附加装置时方可使用。

将四合一铲斗换装装载机标准斗时，应反复操纵辅助操纵杆，使抓具油缸和油路里的油压降为零，方可更换。

装装载机标准斗时，应用快换接头上的堵塞堵住快换接头的油口，以防脏物进入。装四合一铲斗时，应把快换接头上的堵塞相互堵好，以防脏物进入，以后无法再堵快换接头油口。

9.2.2.4　夜间作业

装载机夜间作业前必须进行检查、保养全车电气设备、作业用照明灯等工作情况，燃油、润滑油质量以及工作装置易损件是否完好，备好工作灯以便急需。

当作业场地光照不良时，可下机勘察，全面了解周围环境及特点，做到心中有数。

作业中对沟边、坑边或其他障碍物应适当加大安全距离，起步前、行驶中注意观察，作业一段时间后可停机检查，确认无隐患后继续作业。

9.3　装载机维护

装载机在使用中，由于受各种因素的影响，其零部件必然会产生不同程度的松动、磨损、损伤和锈蚀。为保证装载机在使用中运行正常可靠，发挥其潜在能力，并保持良好的技术状况和较长的使用寿命，必须采取经常性的维修、养护措施，以保持装载机外观整洁，降低零部件磨损速度，防止不应有的损坏、及时查明故障隐患并予以消除。

9.3.1 装载机维护的主要工作

装载机的种类很多，每一种装载机需要维护的项目有所不同。按其作业性质区分，主要工作有清洁、检查、紧定、调整和润滑等。

① 清洁　清洁工作是提高维护质量，减轻机件磨损和降低油料、材料消耗的基础，并为检查、紧定、调整和润滑作好准备。因此，清洁工作必须做到：装载机外观整洁，发动机及各总成部件和随车工具无油污，各滤清器工作正常，液压油、机油无污染，各管路畅通无阻。

② 检查　检查是通过检视、测量、试验和其他方法，来确定各总成、部件技术性能是否正常，工作是否可靠，机件有无变异和损坏，为正确使用、保管和维修提供可靠的依据。因此，检查工作必须做到：发动机和各总成、部件状态正常，机件齐全可靠，各连接、紧固件完好。

③ 紧定　由于装载机在工作中的颠簸、震动、机件热胀冷缩等原因，各紧固件的紧固程度会发生变化，甚至松动、脱落、损坏和丢失。因此，紧定工作必须做到：发动机和各总成、部件状态正常，机件齐全可靠，各连接、紧固件完好，确保作业安全、可靠。

④ 调整　调整工作是恢复装载机良好技术性能和确保零部件间正常配合间隙的重要工作，调整工作的好坏，直接影响装载机的动力性、经济性和可靠性。所以，调整工作必须根据实际情况及时进行。因此，调整工作必须做到：熟悉各部的调整技术要求，按照正确的调整方法、步骤，认真、细致地进行调整。

⑤ 润滑　润滑工作是保证装载机正常可靠工作、延长使用寿命的重要工作。一定要按不同地区和季节，正确选用润滑剂品种，加注的油品和工具应清洁，加油口和油嘴应擦拭干净，加注量应符合要求。

9.3.2 装载机维护的分类

装载机的维护坚持“预防为主、强制维护、视情修理”的原则。保持外观整洁，及时发现和消除故障隐患，防止早期损坏。

装载机维护分为走合维护（又称初驶维护）、换季维护和定时维护（包括每天维护、每周维护、每月维护、每季维护、半年维护和年维护）。

9.3.2.1 走合维护

新装载机或大修后的装载机在规定的作业时间内的使用磨合，称为装载机走合（初驶）。它对于延长装载机的使用寿命，消除故障隐患，避免重大故障的发生具有重要的作用。

（1）走合要求

① 新车走合期，开始使用100h为走合（初驶）期。

② 减载：走合期间以装载松散物料为宜，在走合期内，装载量不得超过额定载重的70%。

③ 减速：发动机不得高速运转，限速装置不得任意调整或拆除，行驶速度不得超过额定最高车速的70%。

④ 按规定正确选用燃油和润滑剂。

⑤ 正确操作。正确启动，空转5min，发动机预热到40℃以上，以平稳低速小油门起步，逐步提高速度；走合期间，各种挡位应均匀安排走合，适时换挡，避免猛烈撞击；作

业不得过猛过急，应避免突然启动、突然加速、突然减速和突然转向；使用过程中密切注意变速箱、变矩器、前后桥、轮毂、停车制动器、中间支承轴以及液压油、发动机冷却液、发动机机油的温度，在装卸作业时，严格遵守操作规程。

（2）走合（初驶）前维护

装载机走合（初驶）前维护应按表 9-8 所列步骤和内容完成。

表 9-8　装载机走合（初驶）前维护作业项目

步骤	项　　目	方　　法	注意事项
1	检查、紧固全车各总成外部的螺栓、螺母、管路接头、卡箍及安全锁止装置	目测、检查、紧固	用力均匀、防止碰手
2	检查全车油、水、液的液面高度	目测、添加、紧固	容器要干净，严禁不同牌号的油混合使用
3	检查轮胎气压	气压表对准轮胎气门芯测量，目测压力值	
4	检查、调整制动踏板自由行程和手制动器操纵杆行程	用钢板尺测量各行程。若不符合要求，通过调整螺钉进行调整	发动机处于熄火状态
5	检查、调整风扇皮带松紧度	当手压皮带挠度超 15mm 时应紧皮带，当挠度小于 8mm 时应放松皮带，通过发电机支架导轨固定螺栓进行调整	发动机熄火，皮带松紧适中
6	检查蓄电池电解液液面高度、密度和负荷电压	目测液面高度，用密度计测量电解液的密度，用高率放电计测量蓄电池负荷电压	防止电解液溅到身上
7	检查各仪表、照明、信号、开关按钮及随车附属设备工作情况	启动发动机或用万用表检查各仪表、照明、信号、开关等的可靠性	必须关闭发动机，切断蓄电池电源
8	检查液压装置工作情况，必要时调整分配阀操纵杆行程	用钢板尺测量各操纵杆行程距离，操纵杆自由行程标准值为 7mm 左右，若不符合要求，通过调整螺钉进行调整，达到标准值	调整时发动机必须熄火，工作装置降至最低

（3）走合（初驶）后维护

装载机走合（初驶）后维护应按表 9-9 所列步骤和内容完成。

表 9-9　装载机走合（初驶）后维护作业项目

步骤	项　　目	方　　法	注意事项
1	清洁全车	由外至内进行擦拭、清洁灰尘	清洗上部时防止跌落；清洗内部时防止电路系统和液压系统进水
2	更换发动机机油和机油滤清器	启动发动机运转 5min，热车放出机油，拆下机油滤清器，用清洁的煤油或柴油清洗发动机油底壳，控干后拧紧油底壳放油堵，装上新的滤清器，按规定的牌号加入新油	
3	清洁空气滤清器	打开空气滤清器外罩，取出滤芯，用气泵吹扫干净	发动机处于熄火状态
4	清洗高压泵进油口滤网，更换燃油滤清器，放出燃油箱沉淀物	打开高压泵进油口处的过油螺栓，取出滤网，用清洁煤油或柴油进行清洗，按原位置装好拧紧，然后用链条扳手或皮带扳手更换新的滤清器	滤网和滤清器油管接头必须要装好拧紧，防止发动机启动时有空气进入不易发动

Chapter 1
Chapter 2
Chapter 3
Chapter 4
Chapter 5
Chapter 6
Chapter 7
Chapter 8
Chapter 9

步骤	项 目	方 法	注意事项
5	更换变速箱、驱动桥的用油	打开变速箱、驱动桥的放油堵,放出旧油,用清洁的煤油或柴油从变速箱、驱动桥的加油口处加入进行冲洗,控干后拧紧放油堵,然后加入规定牌号的油	加油容器应干净
6	检查轮边减速器轴承松紧度	将驱动桥支起,检查轮边减速器轴承的松紧度,轴承的间隙量以无轴向旷量为宜	驱动桥支架应平稳,防止倒塌,发动机处于熄火状态
7	检查紧固全车各总成外部的螺栓、螺母及安全锁止装置	目测、检查、紧固	
8	检查制动装置技术状况	测量制动踏板行程;目测制动液的液面高度,目测制动摩擦片的损坏程度,摩擦片损坏超过 2/3 时应更换	必须在发动机熄火状态下进行
9	检查、调整风扇皮带松紧度	当手压皮带挠度超 15mm 时应紧皮带,当挠度小于 8mm 时应放松皮带,通过发电机支架导轨固定螺栓进行调整	发动机熄火,皮带松紧适中
10	检查蓄电池电解液液面高度、密度	目测液面高度,用密度计测量电解液的密度,用高率放电计测量蓄电池负荷电压	防止电解液溅到身上
11	检查工作装置的工作性能	启动发动机,检查各操纵杆自由行程,若不符合要求,通过调整螺钉进行调整,达到标准值	调整时发动机必须熄火,工作装置降到最低点
12	润滑全车各润滑点	用黄油枪按顺序,依次加注润滑脂	直到将各润滑点的旧油脂压出来为止

9.3.2.2　日常维护（每天维护）

日常维护是指每 10 工作小时或每天的维护,包括使用前检查、作业中检查和回场后维护。

（1）使用前检查

装载机使用前检查应按表 9-10 所列步骤和内容完成。

表 9-10　装载机使用前检查作业项目

步骤	项 目	方 法	注意事项
1	清洁全车	由外至内进行擦拭、清洁灰尘	清洗上部时应注意安全保护,防止跌落;清洗内部时防止电路系统和液压系统进水
2	检查全车有无渗漏现象和燃油、液压油、润滑油、冷却液、制动液是否加足	目测、添加、紧固	需要补充的油料、冷却液必须与原来的油料、冷却液的牌号相同,所用的油料、冷却液和器具要干净清洁
3	检查蓄电池电解液的液面高度、密度及电压是否符合规定,外接线接头是否牢固	目测液面高度,用密度计测量电解液的密度,用高率放电计测量蓄电池负荷电压	测量电解液时防止电解液溅到身上
4	检查各仪表、照明、开关、按钮及其他附属设备工作情况是否正常	用万用表检查各仪表、照明、信号、开关等的可靠性	关掉总电源

步骤	项　目	方　法	注　意　事　项
5	检查发动机有无异响,工作是否正常	安装蓄电池,接通电源,启动发动机至急速倾听;检查润滑油的油位、水位是否达到标准	启动前应检查润滑油的油位、水箱水位,清除柴油机周围杂物,确认无误后,方可启动。柴油机运转时,操作人员不允许靠近转动部位,进行必要的检查、调整时,须关闭发动机
6	检查转向、制动、轮胎和牵引装置的技术状况及紧固情况	启动发动机。转动方向盘,方向盘左、右的操纵力应该均匀,不允许存在卡滞现象	前、后轮胎的标准气压均为0.28～0.33MPa。牵引装置要紧固可靠,不得松动
7	检查各工作装置的技术状况及紧固情况	启动发动机,检查各操纵杆自由行程,若不符合要求,通过调整螺钉进行调整,达到标准值	检查、调整时工作装置降到最低点,关闭发动机,各操纵杆销轴要牢固可靠,各操纵杆灵敏可靠,技术性能参数达标
8	检查随车工具及附件是否齐全		常用的呆扳手、活动扳手、螺丝刀、密封件应配备齐全

（2）作业中检查

装载机作业中检查应按表 9-11 所列步骤和内容完成。

表 9-11　装载机作业中检查作业项目

步骤	项　目	方　法	注　意　事　项
1	检查发动机、底盘、工作装置、液压系统、电器系统的工作情况	启动发动机前应检查润滑油的油位、水箱的水位,确认无误后,连接电源方可启动,启动后观察发动机、液压系统、电器系统的工作情况	工作装置降到最低点;检修调整时关闭发动机
2	检查机油、润滑油、液压油的温度是否正常,全车有无油、水渗漏现象	目测、添加、紧固	油温超过 110℃、水温超过100℃时,应立即关闭发动机,等温度降下后再进行工作,然后排除渗、漏油现象
3	检查制动装置的状态,转向系统的灵敏度和渗漏现象	接通电源,启动发动机。转动方向盘时,方向盘左、右的操纵力应该均匀,不允许存在卡滞现象。用钢板尺测量,制动踏板自由行程标准值应为 100mm 左右;目测制动液的液面高度和制动片磨损情况,制动片磨损超过 2/3 时应更换	如果制动盘温度过高,应停止工作,等温度降下后再进行工作

（3）回场后维护

装载机回场后维护应按表 9-12 所列步骤和内容完成。

表 9-12　装载机回场后维护作业项目

步骤	项　目	方　法	注　意　事　项
1	清洁全车	关闭发动机,切断电源,由外至内进行冲洗	清洗内部时防止电路系统和液压系统进水
2	添加燃油,检查润滑油、冷却液、液力油、制动液	目测、添加	需要补充的油料、冷却液必须与原来的油料、冷却液的牌号相同,所用的油料、冷却液和容器要干净清洁

步骤	项　目	方　法	注意事项
3	检查风扇皮带的完好情况和松紧度	手压检查,当手压皮带挠度超15mm时应紧皮带,当挠度小于8mm时应放松皮带,通过发电机支架导轨固定螺栓进行调整	发动机熄火,皮带松紧适中
4	检查并紧固各部位螺栓、螺母	目测、检查、紧固	
5	检查液压系统各管路接头有无渗漏现象	将发动机启动后,工作油泵正常工作。目测、检查、紧固	更换液压密封件时,关闭发动机,管接头处应擦拭干净,所更换的密封件应按原规格型号的标准进行更换,拧紧时扭力不应过大,以不渗漏油为宜
6	检查各电器线路,接头要牢固,接触要良好	用万用表检查电器线路各接头接触情况	调整、检修时必须关闭发动机,切断电源,防止短路
7	排除工作中发现的故障	首先按部位故障进行分析,由外至内顺序进行清洗排除、或更换损坏的部件	维修时发动机必须在熄火状态下进行,工作装置降到最低点
8	检查、整理随车工具及附件	目测检查、擦拭干净	将随车工具用棉纱擦拭干净,按工具箱内的位置摆放整齐
9	北方冬季未用防冻液或没有置于暖库的应放尽冷却水	发动机处于怠速状态,水温降至50～60℃时熄火,打开水箱盖,将机体的放水开关和水箱的放水开关打开,将水放净;再启动发动机,怠速2～3min,将水泵里的水排出,发动机熄火,关闭电源	

9.3.2.3　换季维护

全年最低气温在-5℃以下地区,装载机在入夏和入冬前要进行换季维护。装载机换季维护应按表 9-13 所列步骤和内容完成。

表 9-13　装载机换季维护作业项目

步骤	项　目	方　法	注意事项
1	按地区、季节要求更换燃油,清洗燃油箱	用活动扳手将燃油箱放油堵打开,放出油箱的燃油,清洗后加入新油	按规定牌号加入新油,防止雨雪及污物进入燃油系统,以免堵塞油路;根据不同的环境温度选用不同牌号的轻柴油,参见表 9-14
2	按地区、季节要求更换润滑油、液压油	用活动扳手将液压油箱和润滑油箱放油堵打开,放出油箱内的液压油和润滑油,清洗后加入新油	按规定牌号加入新油,更换液压油、润滑油必须经过滤油器滤过以后才能使用,加油口须清洗干净。根据不同的环境温度选用不同牌号的油,参见表 9-15
3	按地区、季节要求清洁蓄电池、调整电解液密度并进行充电	用吸出器将旧的电解液吸出,然后将蓄电池用棉纱擦拭干净	寒冷地区使用密度较高的电解液,冬季的电解液密度应比夏季高 0.02～0.04g/cm³
4	检查发动机冷启动装置	启动发动机前应检查润滑油的油位、水位,确认无误后,安装蓄电池连接电源,启动发动机	冬季未使用防冻液进行冷启动,应先用 60～70℃、后用 90～100℃的热水灌入水箱,直到机体放水开关流出温水为止。然后,用热水加满水箱方可启动

表 9-14　不同环境温度所用柴油牌号

表 9-14　不同环境温度所用柴油牌号

环境温度/℃	≥4	−5～4	−5～−14
柴油牌号	0	−10	−20

表 9-15　不同环境温度、不同地区所用不同等级、牌号润滑油

种　类		使用地区	名　称		应 用 部 位
			夏季用油	冬季用油	
润滑脂		平原地区	3 号二硫化钼锂基润滑脂		各滚动轴承、滑动轴承、工作装置销轴、转向缸销轴、车架销轴、后桥摆动架、传动轴花键、万向节、水泵轴等处
		高原、高寒地区	2 号二硫化钼锂基润滑脂		
变矩器油		平原地区	AF8 液力传动油		变矩器、动力换挡变速箱用
		高原、高寒地区	C3/SAE10W		
液压油		平原地区	HM46 抗磨液压油	HV46 低温抗磨液压油	工作装置液压系统、转向液压系统用
		高原、高寒地区	HV46 低温抗磨液压油		
发动机机油	增压	平原地区	SAE/CF15W-40 美孚黑霸王 1300	SAE/CF5W-40	柴油机用
		高原、高寒地区	SAE/CF5W-40 美孚多威力 1 号		
齿轮油		平原地区	SAE80W-90（API GL-5）重负荷车辆齿轮油		桥内主传动及轮边减速用
		高原、高寒地区			
制动液		平原地区	美孚 DOT3		制动系统加力器用
		高原、高寒地区			

9.3.2.4　每月维护

装载机每月维护（或每 250 工作小时），是在完成每周维护的基础上，按表 9-16 所列内容和步骤完成。

表 9-16　装载机每月维护作业项目

步骤	项　目	方　法	注 意 事 项
1	清洁全车	由外至内进行擦拭、清洁灰尘	清洗上部时应注意安全保护，防止跌落；清洗内部时防止电路系统和液压系统进水
2	清洁空气滤清器	打开空气滤清器外罩，取出滤芯，用气泵吹扫干净	发动机处于熄火状态
3	更换机油滤清器和燃油滤清器	用链条扳手或皮带扳手将机体上旧的滤清器拆下，然后装上新的滤清器	将密封圈装好、拧紧，防止发动机启动后漏油
4	清洁发电机内部，润滑轴承，检查炭刷与滑环的接触情况	将发电机用工具从柴油机上拆下，进行解体清洁检查	把发电机与线束连接的线路做好标记；清洁检查后的发电机轴承应更换润滑油脂
5	检查调整制动踏板自由行程和手制动操纵杆行程	用钢板尺测量各行程，制动踏板自由行程标准值为 100mm 左右，手制动器操纵杆行程标准值为 150mm 左右，若不符合要求，通过调整螺钉进行调整，达到标准值	调整时发动机处于熄火状态
6	检查轮边减速器轴承松紧度	检查轴承松紧度	工作装置降到底，关闭发动机；轴承的间隙量调到无旷量为宜；间隙量调好后，将止退垫圈锁紧
7	检查分配阀操纵杆的灵活性及行程	按分配阀操纵杆的顺序，用钢板尺测量各行程，操纵杆自由行程标准值为 7mm 左右，若不符合要求，通过调整螺钉进行调整，达到标准值	调整时工作装置降到最低点，发动机必须熄火

步骤	项　目	方　法	注意事项
8	检查管路接头的连接及漏油状况	按液压系统管路的排列顺序进行检查	更换密封件时工作装置降至最低点，发动机必须关闭；将管路接头处擦拭干净，拧紧时扭力适中，以不渗漏为宜
9	检查全车各总成外部螺栓、螺母紧固及安全锁止状况	目测、检查、紧固	
10	清洁蓄电池外部，检查蓄电池技术状况	目测液面高度，用密度计测量电解液的密度	防止电解液溅到身上
11	检查各仪表、照明、信号的工作状况并紧定各电线接头	开启动钥匙，用万用表检查各仪表、照明、信号、开关的可靠性	关闭电源，防止短路
12	润滑全车各润滑点	用黄油枪按顺序加注润滑脂	直到将各润滑点的旧油脂压出来为止

9.3.2.5　每季维护

装载机每季维护（或每 1000 工作小时），是在完成每月维护的基础上，按表 9-17 所列内容和步骤完成。

表 9-17　装载机每季维护作业项目

步骤	项　目	方　法	注意事项
1	更换"三滤"	用工具将空气滤清器滤芯拆下，然后用链条扳手、皮带扳手将燃油滤清器和机油滤清器总成拆下，装上新的"三滤"	发动机处于熄火状态
2	清洗发动机润滑系，更换润滑油	拧开发动机油底壳放油堵，放出旧油，用清洁的煤油或柴油清洗，控干后拧紧油底壳放油堵，加入新油	换油时严禁新油旧油、不同牌号的油混合使用
3	检查喷油器喷油压力和喷雾质量，清理喷油头积炭和调整压力	从发动机机体上拆下喷油器后，在柴油机喷油泵试验台上进行打压试验	经过打压试验后的部件应保持干净整洁
4	调整进排气门间隙，检查气门密封情况	将气门室盖打开，按发火顺序进行调整，按规定标准用塞尺调整间隙量，经两次调整气门间隙后，应再检查一遍，然后将紧固螺母拧紧	
5	按规定检查螺栓、螺母的拧紧情况	将发动机总成全部螺栓用扭力扳手按顺序进行紧固检查	按对角线顺序紧固
6	检查水泵并更换水泵轴承的润滑脂	用工具将水泵从发动机上拆下解体	清除水泵中的水垢，更换水封，清除水泵轴承的润滑脂，加入新油脂
7	检查变速箱的技术状况，更换润滑油	用工具、起重机将变速箱拆下放油，进行解体检查	检查齿轮的啮合情况和轴承的磨损情况，更换新油时箱内要清洗干净，按季节更换所需牌号用油
8	检查驱动桥的技术状况，更换润滑油	用工具、起重机将驱动桥拆下放油进行解体检查	检查齿轮的啮合情况和轴承的磨损情况及半轴的磨损情况，更换新油时桥壳内应清洗干净，换季时更换所需牌号用油
9	检查制动管路连接和制动片的磨损情况，补充制动液	用钢板尺测量制动踏板行程，制动踏板自由行程标准值为 100mm 左右，目测制动液液面的高度和制动摩擦片的磨损情况，当摩擦片的磨损程度达到 2/3 时须更换新片	磨损严重的摩擦片应更换，制动液应按原规格牌号进行补充，制动管路接头应紧固，防止制动时管路内有空气进入

步骤	项　目	方　法	注意事项
10	检查转向系统的渗漏和操纵情况	接通电源,启动发动机。当转动方向盘时,方向盘左、右的操纵力应该均匀,不允许存在卡滞现象	
11	检查轮胎、轮辋	用轮胎气压表对准轮胎气门芯测量,目测压力值	前、后轮胎的气压值均为0.28～0.33MPa,轮辋如果有漆脱落现象,应及时进行除锈处理,涂漆防护
12	检查分配阀操纵杆的灵活性及行程	用钢板尺测量各操纵杆的行程,操纵杆自由行程标准值为7mm左右,若不符合要求,通过调整螺钉进行调整,达到标准值	调整时发动机处于熄火状态,工作装置降至最低点
13	检查油缸的工作情况和渗漏情况	接通电源,启动发动机,原地操纵多路阀,使油缸进行工作,目测油缸的工作情况和渗漏情况	
14	检查铲斗、动臂、摇臂、拉杆的裂纹、变形、损伤情况	检查时工作装置降至最低,发动机处于熄火状态	如果需要铲斗起升检查,将铲斗升到一定高度,用支架支好无误后,关闭发动机再进行工作;需要焊接时,应切断电源
15	检查全车各总成外部螺栓、螺母紧固及安全锁止状况	目测、检查、紧固	
16	检查各仪表、照明开关的工作情况,各紧固点线接头的可靠性	接通电源,打开启动钥匙,用万用表检查各仪表、照明、信号、开关和各紧固点线接头的可靠性	维修时应关闭电源,防止短路

9.3.2.6　月、季维护完成后检验验收要求

① 发动机启动顺畅,在各种转速下运转均匀、平稳,改变转速时过渡圆滑,工作正常。

② 发动机工作温度正常,机油压力、汽缸压力符合要求。

③ 变速器换挡时轻便灵活,不乱挡,不跳挡。

④ 轮胎安装可靠,轮胎气压正常。

⑤ 转向机构各部螺栓紧定、锁止可靠。

⑥ 制动踏板自由行程符合要求,制动效能良好。

⑦ 手制动操纵杆行程符合要求,制动性能良好。

⑧ 轮毂轴承松紧度及制动蹄片间隙调整适当,工作中温度正常。

⑨ 蓄电池外部清洁,固定可靠,电解液密度及液面高度符合要求。

⑩ 发电机调节器的调节电压符合要求。

⑪ 发电机工作性能良好,防尘箍无损坏,风扇皮带无损伤,皮带张紧力符合要求。

⑫ 启动机工作性能良好,调整正确,防尘箍无损坏。

⑬ 各仪表、灯光、信号、开关工作正常,全车线路整齐、完好,固定可靠。

⑭ 液压系统工作正常,油管连接正确,操纵平稳可靠,无渗漏现象。

⑮ 工作装置升降自如,润滑良好,前、后倾角、翻转符合技术要求。

⑯ 各总成内部润滑油的数量、质量符合要求,各润滑点及活动关节按要求加注润滑脂(油)。

⑰ 全车各部无漏油、水、气现象,所有连接螺栓紧固、锁止可靠。

⑱ 车容整洁,驾驶室、覆盖件、发动机机罩等无明显缺陷。

9.3.2.7　装载机润滑

定期(维修后)润滑,对装载机正常使用、延长使用寿命具有重要意义,因此,在润滑作业中,应注意做到:

(1) 品种要对路

装载机各部件使用的润滑油，必须根据工作条件、所在地区、气候季节等因素来确定，不能随意替代。

(2) 用量要适当

装载机各总成加注的润滑油，其加注量都有一定的要求。若加注量过少，则不能保证正常润滑，会加速机件的磨损，若加注量过多，则将会增加运转阻力，消耗功率，甚至造成漏油。

(3) 添加要及时

装载机在运行中，各总成、部件的润滑油或润滑脂，由于局部渗漏、蒸发、消耗等，长时间使用会变质。因此，要适时添加或更换，在加注润滑油或润滑脂前，应先清除油盖、油塞、油嘴等零部件上的污垢、灰尘，加注后，必须将溢出零件外的油液擦净。

郑工 955A 型装载机整车润滑和加油种类及润滑点见图 9-21，徐工 LW220 型轮式装载机润滑示意图见图 9-22。

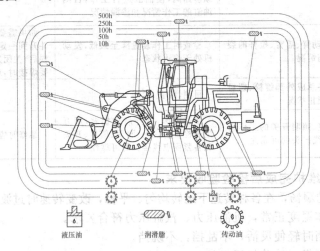

图 9-21　郑工 955A 型装载机整车润滑和加油种类及润滑点

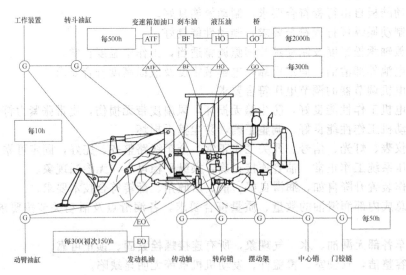

图 9-22　LW220 型轮式装载机润滑示意图

○—润滑；△—检查、注油；□—更换；G—多用途润滑脂；GO—齿轮油；EO—发动机机油；
HO—液压油；ATF—液力传动油；BF—刹车油

9.4 装载机安全

➤ 9.4.1 安全标识

轮式装载机常见安全标识如表 9-18 所示。

表 9-18 轮式装载机常见安全标识

序号	标识示意图	标识说明
1		不能在工作装置下面行走
2		请勿靠近
3	液压油箱 燃油箱	油箱标识
4		请阅读说明书并用正确的方法操作
5		装载机吊起位置
6	STOP	发动机运转时不要靠近风扇
7		不要靠近装载机

➤ 9.4.2 安全操作注意事项

轮式装载机行驶或作业中必须自觉遵守的安全规定及安全操作注意事项见表 9-19。

表 9-19　轮式装载机行驶或作业中安全规定及安全操作注意事项

序号	安全规定内容及操作注意事项	示意图
1	要时常调整身体状况,绝不可在身体不佳的时候操作装载机,如果您身体不舒服,或者吃药后觉得发困或喝酒以后,不要操作装载机。在这种情况下,会由于您的失误给您和他人带来伤害	
2	彻底了解操作中的各种规章制度,学会使用工作中的所有信号,要做到一眼就能看出各种信号旗、信号、标志的含义 当操作员与指挥员一起工作时,必须保证所有人员都明白所使用的手语信号	
3	在操作或保养装载机时,应根据工作具体情况确定需要的个人保护用品。如应戴硬质材料的安全帽和安全眼镜,穿安全鞋、反光背心或戴面罩、耳塞和手套等 当抛撒金属屑片和微小杂物,尤其是用锤子钉销和用压缩空气清除空气滤清器内杂质时,切记佩带安全风镜,戴硬质材料安全帽和厚手套 不要穿宽松的衣服,否则可能扣入或卷入控制系统或移动部件,造成重伤或死亡 切记勿穿油腻衣服以防引燃	
4	操作和保养装载机时要熟悉并遵守所有的安全规定、注意事项及指令 学习装载机随机提供的资料,学习装载机构造、操作和保养,熟悉装载机各按钮、手柄、仪表、报警装置等的位置和功能	
5	了解操作中的各种规章制度,学会使用工作中的所有信号	
6	操作前后务须准确进行各项检查,例如:检查所有安全保护装置是否处于安全状态。检查轮胎是否磨损及轮胎气压是否正常等。若将漏油、漏水、漏气、变形、松动、异常声音等置之不理,有发生故障和严重事故之隐患,因此检查必须定期进行	

序号	安全规定内容及操作注意事项	示　意　图
7	装载机前方视野有障碍,同时装载货物时重量集中在前轮,在道路上行驶时,应观测有无造成视觉障碍的大雾、烟尘或沙尘等天气、环境 　事先了解工作场地,观测路况,有无孔洞、障碍物、泥泞和冰雪等	
8	若在公路或高速公路上行驶,应熟知并遵守当地法规和道路行驶规则,使用"慢行车"标志,确保标识、警灯和警示标记到位,不可引起道路交通的障碍,特别是在道口要迅速通过,不要停留	
9	操作人员从座椅起身时,一定要先将工作装置降至地面并放平,然后把所有操纵杆放至中位(如果有锁紧装置,一定要把操纵杆锁紧),并把紧急制动置于制动位置。避免工作装置运动和装载机移动而引起事故 　离开装载机时要将工作装置完全降低到地面并平放,所有操纵杆放至中位,并把停车制动置于制动位置,然后关闭发动机,始终把钥匙带在身边	
10	火焰远离燃油、润滑油和冷却剂的混合液等易燃物质,烟火接近非常危险 　加注燃油时,必须关闭发动机,在加油过程中禁止吸烟和明火靠近 　拧紧所有可燃液体的存储箱盖 　将可燃液体装在标有相应标记的容器中,置于安全地方,分类存放,防止非工作人员使用 　将堆积在装载机上的可燃材料或其他碎物清理干净,确保没有油布或其他易燃品存在	
11	应有灭火器,并知道如何使用,按照说明牌上的说明检查、维修	
12	在作业工地一定要备有急救箱。要定期检查,如有必要则增补一些药品	
13	勿将手、胳膊或身体的任何其他部位置于可移动的部件之间。如工作装置和油缸之间、装载机和工作装置之间、前后车架铰接处。随着工作装置的运动,连杆机构处的空间会增大或减小,如果靠近就可能导致严重事故或人员损伤。如果需要进入到装载机的运动部件前面,就一定要关闭发动机,并将工作装置锁紧	

图解**装载机**构造与拆装维修

序号	安全规定内容及操作注意事项	示　意　图
14	在装载机下面工作时要正确地支承好设备或附件。不要依靠液压油缸来支撑 　要避开所有旋转和运动的零件 　要保证发动机风扇扇叶中没有杂物。风扇扇叶会把落进或推进其间的工具、杂物抛出或切断	
15	开动车辆前,应先鸣喇叭发出信号,确认安全后再开动。特别要确认前后左右没有人或障碍物	
16	向外边伸手伸腿自招受伤,不可将胳膊和脚放在作业装置上,或伸出车辆之外	
17	操作时不可分心,四处张望,心不在焉,一瞬间的疏忽会招大祸,应当对行进方向和周围作业的人加以十分注意,有危险时应鸣喇叭示警	
18	在装载机上让人搭乘运行很危险,除驾驶员以外不可让人上车 　严禁用铲斗作为工作平台或载人	
19	在行驶道路上应遵守交通规则,不可引起道路交通的障碍,特别在道口要迅速通过,不要停留 　在道路上要靠边行走,注意为其他汽车让路,并保持适当车距	
20	不要高举装满物料的铲斗运输,这样很危险,容易翻车。当满载运输时,应选择合适的速度,并应使铲斗置于最大后翻位置,以适当的离地高度(400~500mm)运行。这样可以降低重心,保证车辆的稳定性 　装载货物量不可超过装载机的额定承载能力,应确认装载机的载荷在允许范围内,避免过载	

序号	安全规定内容及操作注意事项	示 意 图
21	运输时,避免急行车、急刹车、急转弯和迂回行走 工作装置急速停止、急速下降很危险。如果工作装置急速停止或急速下降时,有时将装卸物抛出去,或是发生车辆翻倒,应避免此危险	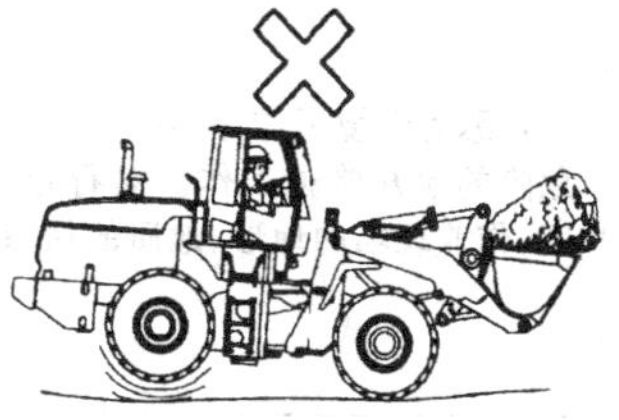
22	要十分熟悉车辆的性能,按照作业现场的实际情况,决定适当的行驶速度。同时,决定装载机运行路线和作业方法 保持中低速运行,以便车辆时刻处于可控制状态 在崎岖、光滑路面或山坡上行驶时,避免高速行车、急转弯和急刹车	
23	在没经整理的地方,或高低不平的路面,或路面上有散乱物时,有时会发生方向盘控制困难,以致引起翻倒等事故,因此通行时,必须降低速度 发动机运转要平稳,严禁高速度行驶时急转向	
24	在前方视线不佳处,或到狭窄的道路路口要降低速度或暂停再行,必要时鸣喇叭告知其他车辆,或让人引导,避免野蛮操作 沙尘、浓雾、暴雨等天气会影响能见度。当能见度降低时,要尽量减速慢行	
25	夜间对于距离的远近、地面的高低很容易发生错觉,务请维持适合于照明的速度行走 作业时要打开大灯和顶灯等	
26	有障碍物(建筑物的顶棚或门口上部等)的地方,车辆进行转弯或行走时,注意不要使车辆和装载物与之碰撞 在狭窄的地方行驶或转向时,要注意到周围的安全,降低速度,确认周围是否有障碍物 路面状况不良时,装卸不安全,应当谨慎操纵,要避免装卸发生失稳现象	

Chapter 1
Chapter 2
Chapter 3
Chapter 4
Chapter 5
Chapter 6
Chapter 7
Chapter 8
Chapter 9

图解装载机构造与拆装维修

序号	安全规定内容及操作注意事项	示意图
27	在恶劣环境下作业和行驶时要十分注意安全,不要在危险的地方单独工作。对行走路面的状况、桥梁的强度、作业现场的地形、地质的状态,应当事前进行勘查	
28	堆放在地面上的泥土和沟渠附近的泥土是松软的。在装载机的重量或装载机的振动下可能坍塌,致使装载机倾翻 避免操纵装载机靠近悬崖或深的沟壑。有可能因为装载机的重量或振动使这些地方塌陷,造成装载机倾翻,人员伤亡	
29	连续在雨天作业时,由于作业环境与刚下雨时不同,应谨慎作业。在地震和爆破之后的场地上有堆积物,作业时要特别小心 在雪地工作时,装载工作会因雪地而发生很大的变化。所以应减小装载量,并小心不要使装载机打滑	
30	在坡道上横行或变换方向,有车辆翻倒的危险。不可进行此种危险操作 避免在斜坡上转向。只有当装载机到达平坦地面时方可转向。在山头、岸堤或斜坡上作业时,应降低速度和只能采用小角度转向	
31	当装载机在坡地上行走时,如果发动机熄火,应立即把制动踏板完全踏下实施制动,把铲斗降到地面上,然后施加停车制动以固定住装载机的位置	
32	牵引与被牵引装载机均应安装防滚翻装置,选择合适的钢丝绳,不能有切断的股线、扭结或直径缩小的 在斜坡上牵引装载机是很危险的,应选择一个坡度尽可能平缓的地方 当连接需要牵引的装载机时,不准任何人走到牵引装载机和被牵引装载机之间	绳芯露出　呈鸟笼状
33	操作时应始终坐在座椅上,并确保系紧安全带和安全保护装置,装载机应始终处于可控状态 工作装置操纵杆要安全准确地操作,避免误操作	

序号	安全规定内容及操作注意事项	示 意 图
34	装载物不可超过其承载能力,进行超过装载机性能的作业极其危险。因此应预先确认装卸物重,避免过载	
35	高速冲进等于自杀行为。高速冲进,不但使装载机破坏,而且操纵者会受伤,又将货物损坏,非常危险,绝不可试之	
36	装载机与装卸物要保持垂直角度。如果从斜方向勉强作业,会使装载机失掉平衡而不安全,不可如此作业	
37	当进行卡车或翻斗车装载时,应注意防止铲斗撞击卡车或翻斗车。铲斗下方不能站人,也不能将铲斗置于卡车驾驶室上方	
38	倒车前应仔细清楚地观察装载机后方,必要时,派监视员或专人指挥	
39	因烟、雾、扬尘等降低能见度时应停止作业。如果作业现场光线不足,必须安装照明设备	
40	通过桥梁或其他建筑物之前,应确保其有足够强度使装载机通过	

序号	安全规定内容及操作注意事项	示意图
41	装载机不可利用工作装置的头端或一部分进行抓、拨、推等操作,这将会造成破坏或事故	
42	作业范围内不准闲人进入。由于作业装置是上升下降、左转右旋以及前移启动的,工作装置的周围(下边、前边、后边、里边、两侧面)危险,不准进入。如果作业时无法检查周围,应将工作地点用切实的方法(设置栅栏、围墙)围定后进行	
43	在道崖子或山崖可能崩塌的地方进行作业时必须实行确保安全的方法,派监视员并听从其指挥	
44	当筑堤或推土,或者在悬崖上倒土时,先倒一堆,然后用第二堆去推第一堆	
45	如果必须要在一封闭的或通风很不好的地方操作装载机或处理燃油、清洗零件或油漆,需要把门窗打开,以保证有足够的通风,以防止气体中毒。如果打开门窗仍不能提供足够的通风,应安装风扇等通风设备	
46	在封闭空间进行作业时,应先设置灭火器并且记住其保管地方和使用方法	
47	如果将消音器的排出气向易燃物喷射,或将排气管接近易燃物时,容易发生火灾。因此有油脂类、原棉、纸张、枯草、化学制品等危险物或是易于燃烧的物品的地方,要特别注意	
48	不能让装载机触到架空的电缆。即使是靠近高压电缆,也能引起电击	

序号	安全规定内容及操作注意事项	示 意 图
49	如果进行装载机的修理,部件的装配和拆卸时,应预先决定其作业的负责人,制定其作业程序,进行有步骤的作业 应穿上紧缩袖口、裤脚的作业服装;应戴上安全眼镜 正确使用维修工具,不得使用损坏的、低质量的工具	
50	实施维修工作之前,应在启动开关和仪表盘上粘贴标有"禁止操作"的标签,或其他类似警示标签。防止其他人启动发动机或操作操纵杆。否则,将会造成操作人员受伤或死亡	
51	检查和维修装载机之前用固定杆将前后车架固定,防止转动伤人 如果确有必要在动臂铲斗举升状态下进行检修和保养工作,必须确保使用必要的动臂油缸支撑装置,以防止工作装置落下,并使各操作杆处于中位和用锁紧装置将操纵杆锁紧	
52	将装载机顶起时,不可让人进入其另一侧面 在顶起之前,从相对的一侧把车轮楔住。在顶起之后,在装载机下面放垫块 装载机停在坚实的平地上,在保养或在装载机修理之前,将工作装置降到地面放平	
53	用楔块把轮胎固定住,如果让轮胎离地面只靠工作装置来支撑,这时在装载机下工作是非常危险的 绝对不要在支撑不良的装载机下面工作	
54	轮胎储存时应放在干燥、清洁的地方,水汽会加快橡胶的氧化,污物或油类会对轮胎造成腐蚀。轮胎储存时应尽可能遮光、隔热并避免空气流通,存放中的轮胎应盖以帆布、塑料布或其他防尘布 轮胎立在水平地面上,用楔块牢固楔住。轮胎应该至少每个月转动一次(转90°)	60°~70°

参 考 文 献

[1] 陈家瑞主编. 汽车构造 [M]. 第 3 版. 北京：机械工业出版社，2010.

[2] 王凤喜，马才志等. 工程机械维修问答 [M]. 北京：机械工业出版社，2006.

[3] 上海柴油机厂. 135 系列柴油机使用保养说明书 [M]. 北京：人民交通出版社，1990.

[4] 刘士通主编. 装卸搬运机械 [M]. 北京：解放军出版社，2007.

[5] 张育益，李国锋主编. 图解叉车结构、拆装与维修 [M]. 北京：化学工业出版社，2011.

[6] 潘科第，童仲良. 装载机的构造、使用与维修 [M]. 北京：机械工业出版社，1993.

[7] 沈贤良主编. 装载机操作与故障检排 [M]. 北京：金盾出版社，2010.

[8] 王胜春，靳同红等编著. 装载机构造与维修手册 [M]. 北京：化学工业出版社，2011.

[9] 刘良臣主编. 装载机维修图解手册 [M]. 南京：江苏科学技术出版社，2007.

[10] 张佑益，韩佑文编著. 汽车起重机、装载机故障诊断与排除 [M]. 北京：机械工业出版社，1998.

[11] 黄忠叶主编. 装载机维修速成图解 [M]. 南京：凤凰出版传媒集团，江苏科学技术出版社，2009.

[12] 李宏主编. 装载机操作工培训教程 [M]. 北京：化学工业出版社，2008.

[13] 杨占敏，王智明，张春秋等编著. 轮式装载机 [M]. 北京：化学工业出版社，2006.

[14] 裘玉平主编. 汽车电气设备维修 [M]. 北京：人民交通出版社，1997.

[15] 黄志坚编著. 图解液压元件使用与维修 [M]. 北京：中国电力出版社，2008.